Quantenmechanik II

Oliver Tennert

Quantenmechanik II

Vom Drehimpuls bis zur nichtrelativistischen Quantenfeldtheorie

Springer Spektrum

Oliver Tennert
Tübingen, Deutschland

ISBN 978-3-662-68586-0 ISBN 978-3-662-68587-7 (eBook)
https://doi.org/10.1007/978-3-662-68587-7

Die Deutsche Nationalbibliothek verzeichnet diese Publikation in der Deutschen Nationalbibliografie; detaillierte bibliografische Daten sind im Internet über https://portal.dnb.de abrufbar.

Planung/Lektorat: Gabriele Ruckelshausen
Springer Spektrum ist ein Imprint der eingetragenen Gesellschaft Springer-Verlag GmbH, DE und ist ein Teil von Springer Nature.
Die Anschrift der Gesellschaft ist: Heidelberger Platz 3, 14197 Berlin, Germany

Für Ilka, Victoria, Sarah, Jan & Martin

Vorwort

Das vorliegende Buch ist der zweite Band eines auf insgesamt vier Bände ausgelegten Lehrbuchs zur Quantenmechanik. Alle Angaben zur Zielgruppe (Studenten der Physik ab etwa dem dritten Semester oder höher, die idealerweise die Grundvorlesungen im heutigen Kanon des typischen Bachelor-Studiengangs Physik bereits hinter sich haben), zu den Voraussetzungen (Kenntnisse der Theoretischen Mechanik, der Elektrodynamik und der Speziellen Relativitätstheorie), zu den zentralen Leitmotiven (Symmetrien und Propagatoren, sowie Wegweisungen hin zur Quantenfeldtheorie) und zur Bedeutung der Beschäftigung mit Originalarbeiten können ganz einfach dem Vorwort des ersten Bandes entnommen werden. Sie gelten unverändert weiter. Das Gleiche gilt für die Darstellungsform und die flache Gliederung.

Zum Inhalt des zweiten Bandes im Einzelnen:

Am Anfang von Band II steht Kapitel 1 – der Drehimpuls. Neben den üblichen Standardbetrachtungen zum allgemeinen Spektrum untersuchen wir ausführlich das Phänomen des Spins. Eine „Linearisierung" der zeitabhängigen Schrödinger-Gleichung, die zum nichtrelativistischen Grenzfall der Dirac-Gleichung führt und damit quasi als Nebeneffekt den Spin beinhaltet, wird gezeigt. Allein dies findet in sehr wenigen Darstellungen Niederschlag – wir diskutieren allerdings darüber hinaus den gesamten Linearisierungsansatz an sich kritisch, da er unerlaubterweise eine Geschwindigkeitsskala in die nichtrelativistische Physik einführt. Der gesamte Ansatz ist damit aber um so mehr von großer konzeptioneller Bedeutung und zeigt einen fundamentalen Unterschied zwischen nichtrelativistischer und relativistischer Physik auf. In jedem Falle ergibt sich aber die Pauli-Gleichung und der korrekte g-Faktor des Elektrons auf natürliche Weise im Rahmen der nichtrelativistischen Quantenmechanik aus der Darstellungstheorie der Rotationsgruppe. Außerdem zeigen wir einen darstellungsunabhängigen, sprich rein algebraischen Beweis für die Ganzzahligkeit des Bahndrehimpulses nach Born und Jordan. Eine Berechnung der Wignerschen D-Matrizen wird im Rahmen des Schwingerschen Oszillatormodells für den Drehimpuls durchgeführt. Kohärenten und gequetschten Drehimpuls-Zuständen ist ebenfalls ein Abschnitt gewidmet. Der Mathematik von Spinoren und ihrer korrekten algebraischen Definition im allgemeinen Rahmen der Clifford-Algebren steht dann am Ende ein sehr ausführlicher Abschnitt zur Verfügung – sicher der mit Abstand mathematisch abstrakteste Teil des Buchs.

Kapitel 2 behandelt nun in Tiefe eines der zentralen Themen dieses Buchs: Symmetrien in der Quantenmechanik. Nachdem wir den Satz von Wigner bewiesen und seine Aussage verstanden haben, können wir uns ausführlich den Symmetrien der nichtrelativistischen Quantenmechanik und der Darstellungstheorie der Galilei-Gruppe zuwenden. Dabei wird der Zusammenhang zwischen den kanonischen Kommutatorrelationen und den zentralen Ladungen der Galilei-Algebra gezeigt, denn im Unterschied zur relativistischen Poincaré-Gruppe existieren nur projektive Darstellungen der Galilei-Gruppe. Schließlich werden wir die drei (eigentlich nur zwei) Casimir-Invarianten der zentral erweiterten Galilei-Algebra ableiten und die damit einhergehenden Superauswahlregeln untersuchen. Der gesamte Teilchenbegriff in der Quantenphysik fußt auf diesen Betrachtungen, damit insbesondere auch der später – in Kapitel 6 – notwendig einzuführende Begriff der identischen Teilchen.

Damit haben wir das vollständige Rüstzeug zusammen, um uns in Kapitel 3 einem weiteren großen Standard-Themenblock zuzuwenden, nämlich dem der dreidimensionalen Probleme, der naturgemäß in der Betrachtung des Coulomb-Potentials und seiner gebundenen Zustände kulminiert. Ein kleines Highlight ist hierbei unter anderem die algebraische Herleitung des Spektrums des Wasserstoffatoms (ohne Spin) mit Hilfe des Runge–Lenz-Vektors – Paulis frühes Meisterwerk.

Die Behandlung geladener Teilchen im äußeren elektromagnetischen Feld in Kapitel 4 ist nicht nur aus Anwendungssicht von großer Bedeutung, sie eröffnet vielmehr das Tor zur Mathematik von Eichtheorien. Diese mutet zwar auf den ersten Blick sehr formidabel an, bietet aber am Ende Einblicke in mathematische Zusammenhänge enormer Tiefe und stellt einen abstrakten Rahmen dar, der eine zusammenhängende Formulierung sehr vieler topologischer Themen wie magnetischer Monopole, Aharonov–Bohm-Effekt, Landau-Niveaus (und später auch geometrischer Phasen) ermöglicht. Für die spätere Vertiefung in die Quantisierung von Eichtheorien ist eine zumindest oberflächliche Auseinandersetzung mit den wichtigen differentialgeometrischen Grundbegriffen unerlässlich.

Kapitel 5 bringt die üblichen fortgeschrittenen Themen zum Drehimpuls wie Drehimpulsaddition, Wigner–Eckart-Theorem sowie die daraus abzuleitenden Auswahlregeln und bringt diesen Themenkomplex damit zum Abschluss.

Kapitel 6 behandelt nun das letzte Grundlagenkapitel, nämlich jenes über identische Teilchen. Es liefert einen Vorgeschmack auf die Beschäftigung mit der Quantenfeldtheorie und legt deren konzeptionelle und formale Grundlagen, anknüpfend an den „bisherigen" Formalismus der nichtrelativistischen Quantenmechanik samt dem neu einzuführenden Postulat der Ununterscheidbarkeit identischer Teilchen und seinen Konsequenzen. Um sich nicht in einem Zirkelschluss zu verheddern, wird zunächst der Begriff identischer Teilchen in der Quantenmechanik definiert, wofür der in Kapitel 2 erklärte Zusammenhang zwischen Superauswahlregeln und Casimir-Operatoren die Voraussetzungen liefert. Neben der Einführung in den Fock-Raum-Formalismus werden abschließend bereits die Grundlagen der Feldquantisierung gelegt, zunächst natürlich im nichtrelativistischen Rahmen, sowie in diesem Zusammenhang die notwendigen Konzepte aus der klassischen Feldtheorie erörtert – die in ihrer modernen Form überhaupt erst aus der Notwendigkeit einer Quantenfeldtheorie heraus entstanden ist. Die frühe Einführung des kanonischen Formalismus zur Feldquantisierung nach Pauli und Heisenberg drängt sich an dieser Stelle geradezu auf und fügt sich auf natürliche Weise in den Fock-Raum-Formalismus ein, welcher sich im Rahmen dieses Kapitels ebenfalls geradezu zwangsläufig ergibt. Dessen späterer Verwendung in Kapitel IV-1 ist damit bereits der Weg geebnet. Die Komplikationen bei der kanonischen Quantisierung des Schrödinger-Felds werden oft unterschlagen – nicht bei uns!

Mit einem Anhang über einführende Betrachtungen zur Quantenstatistik endet Band II.

Konventionen

Viele mathematische Formeln und Zusammenhänge, die ohne Herleitung dargestellt werden, wie beispielsweise Lösungen von Differentialgleichungen oder Konventionen in der Definition oder der Notation der Speziellen Funktionen sind hauptsächlich dem *''Arfken''*, einem unverzichtbaren Referenzwerk [AWH13; AW05], entnommen. Bis auf wenige Ausnahmen stimmen die dortigen Konventionen mit dem alten *''Abramowitz and Stegun''* des ehemaligen *National Bureau of Standards (NBS)* überein, welcher seit 1965 von Dover Publications verlegt wird [AS65]. Dessen vollkommene Neubearbeitung mit angepasster Notation kommt in Form des *NIST Handbook of Mathematical Functions* daher, das seit 2010 als Druckversion [Olv+10] und darüber hinaus in Form einer ständig aktualisierten und verbesserten Online-Version [Olv+22] existiert. Ebenfalls weitestgehend konsistent mit diesen Konventionen ist das hervorragende Online-Portal *Wolfram MathWorld™* [Wei], das es in unregelmäßigen Abständen auch als Druckversion gibt [Wei09].

In diesem Buch wird konsequent das insbesondere in der relativistischen Physik verbreitete **Gaußsche Einheitensystem** verwendet. Die Naturkonstanten $\hbar$ und c werden stets mitgeführt und nicht – wie in der weiterführenden Literatur der relativistischen Quantenfeldtheorie üblich – zu Eins gesetzt. Die Maxwell-Gleichungen – die gewissermaßen die Referenzformeln liefern – lauten dann:

$$\begin{aligned}
\nabla \cdot \boldsymbol{E} &= 4\pi\rho, \\
\nabla \times \boldsymbol{E} &= -\frac{1}{c}\frac{\partial \boldsymbol{B}}{\partial t}, \\
\nabla \cdot \boldsymbol{B} &= 0, \\
\nabla \times \boldsymbol{B} &= \frac{4\pi}{c}\boldsymbol{j} + \frac{1}{c}\frac{\partial \boldsymbol{E}}{\partial t}.
\end{aligned}$$

Zusammenhang zwischen Feldstärken und Feldpotentialen:

$$\begin{aligned}
\boldsymbol{E} &= -\nabla\phi - \frac{1}{c}\frac{\partial \boldsymbol{A}}{\partial t}, \\
\boldsymbol{B} &= \nabla \times \boldsymbol{A}.
\end{aligned}$$

Weitere wichtige Formeln lauten:

$$\begin{aligned}
\boldsymbol{F} &= q\left(\boldsymbol{E} + \frac{\boldsymbol{v}}{c} \times \boldsymbol{B}\right) \quad \text{(Lorentz-Kraft)}, \\
\boldsymbol{E} &= \frac{q}{r^2}\boldsymbol{e}_r \quad \text{(Coulomb-Feld)}, \\
\boldsymbol{S} &= \frac{c}{4\pi}\boldsymbol{E} \times \boldsymbol{B} \quad \text{(Poynting-Vektor)}, \\
H_{\text{em}} &= \frac{1}{8\pi}\int \mathrm{d}^3\boldsymbol{r}(\boldsymbol{E}^2 + \boldsymbol{B}^2) \quad \text{(Energie des elektromagnetischen Felds)}.
\end{aligned}$$

Wichtige physikalische Konstanten sind:

$$\alpha = \frac{e^2}{\hbar c} \quad \text{(Feinstrukturkonstante)},$$
$$\mu_\mathrm{B} = \frac{e\hbar}{2m_\mathrm{e}c} \quad \text{(Bohrsches Magneton)},$$
$$\Phi_0 = \frac{2\pi\hbar c}{e} \quad \text{(magnetisches Flussquantum)},$$
$$\lambda_\mathrm{C} = \frac{h}{m_\mathrm{e}c} \quad \text{(Compton-Wellenlänge des Elektrons)},$$
$$\lambda\!\!\!^{-}_\mathrm{C} = \frac{\hbar}{m_\mathrm{e}c} \quad \text{(reduzierte Compton-Wellenlänge des Elektrons)}.$$

In relativistisch kovarianter Notation wird die „Westküstenmetrik" verwendet:

$$\eta_{\mu\nu} = \begin{pmatrix} 1 & 0 & 0 & 0 \\ 0 & -1 & 0 & 0 \\ 0 & 0 & -1 & 0 \\ 0 & 0 & 0 & -1 \end{pmatrix},$$
$$x^\mu = (ct, \boldsymbol{r}),$$
$$p^\mu = (E/c, \boldsymbol{p}),$$
$$\partial^\mu = \left(\frac{1}{c}\frac{\partial}{\partial t}, -\nabla\right).$$

Für das vollständig antisymmetrische Levi-Civita-Symbol $\epsilon^{\mu\nu\rho\sigma}$ gilt:

$$\epsilon^{0123} = +1 \Longrightarrow \epsilon_{0123} = -1, \epsilon^{1230} = -1.$$

Elektromagnetischer Feldstärketensor:

$$F^{\mu\nu} = \begin{pmatrix} 0 & -E_1 & -E_2 & -E_3 \\ E_1 & 0 & -B_3 & B_2 \\ E_2 & B_3 & 0 & -B_1 \\ E_3 & -B_2 & B_1 & 0 \end{pmatrix}, \quad F_{\mu\nu} = \begin{pmatrix} 0 & E_1 & E_2 & E_3 \\ -E_1 & 0 & -B_3 & B_2 \\ -E_2 & B_3 & 0 & -B_1 \\ -E_3 & -B_2 & B_1 & 0 \end{pmatrix}.$$

Die Einsteinsche Summenkonvention verwenden wir auch im nichtrelativistischen $\mathbb{R}^3$:

$$\epsilon_{ijk}\hat{r}_j\hat{p}_k = \sum_{j=1}^{3}\sum_{k=1}^{3} \epsilon_{ijk}\hat{r}_j\hat{p}_k.$$

Danksagung

Wie bereits im Vorwort des ersten Bands zum Ausdruck gebracht, gilt mein ganz besonderer Dank Professor Dr. Markus King, der mich mit seinem exzellenten Detailwissen an vielen

Stellen immer wieder dazu gebracht hat, Dinge neu zu sehen und Inhalte anders darzustellen. Ich habe unsere freudig angeregten, teilweise abendfüllenden Diskussionen immer sehr genossen und genieße sie noch! Dipl.-Physiker Mark Pröhl gebührt der Dank, mich seit vielen Jahren ständig über die *gory details* der TeX-Engine und der LaTeX-Umgebung mit all ihren Erweiterungen aufzuklären und mich immer wieder auf die Subtilitäten korrekter Typographie aufmerksam zu machen. Jede Stelle in diesem Buch, die von den Standards hervorragenden Textsatzes abweicht, geht vollkommen auf meine Kappe.

Für die zahlreichen Ermunterungen, inhaltlichen Beiträge, Verbesserungsvorschläge oder konstruktives Feedback möchte ich mich außerdem bei Professor Dr. Bernhard Wunderle, Dr. Roland Bosch, Professor Dr. Beate Stelzer und Dr. Rasmus Wegener bedanken. Ein herzlicher Dank geht diesbezüglich ebenfalls an Dipl.-Physiker Bernd Zell sowie an Dr. Michael Arndt.

Nie verjähren wird sicherlich meine Prägung durch das jahrelange akademische Umfeld, das mir die Arbeitsgruppe meines damaligen Doktorvaters Professor Dr. Hugo Reinhardt am Institut für Theoretische Physik der Universität Tübingen bot. Die Atmosphäre wissenschaftlichen Austauschs, ja das regelrechte Baden in wissenschaftlicher Kreativität und die Freundschaftlichkeit dieser Arbeitsgruppe waren beispielhaft herausragend und eine wunderbare Erfahrung.

Ganz gewiss nicht unerwähnt lassen darf ich an dieser Stelle einen weiteren akademischen Lehrer von mir, Professor Dr. Herbert Pfister, der leider im Jahre 2015 nach kurzer Krankheit verstarb. Seine damaligen Vorlesungen, Seminare und besonders meine Erfahrungen im direkten Austausch mit ihm hatten mich maßgeblich beeinflusst in der Art und Weise, auf die Theoretische Physik zu sehen und sie zu verstehen.

Ich freue mich sehr über die Veröffentlichung der vier Bände dieses Lehrbuchs im Springer-Verlag. In diesem Zusammenhang möchte ich Gabriele Ruckelshausen und Stefanie Adam recht herzlich für ihre fortwährende und engagierte Unterstützung während der Umsetzung des Projekts danken.

Nach all den vorgenannten Personen dürfen natürlich die wichtigsten Menschen in meinem Leben nicht fehlen: meine Frau Ilka und meine vier Kinder Victoria, Sarah, Jan und Martin (in chronologischer Reihenfolge). Ihr Langmut und ihr ungläubiges Kopfschütteln während der zahllosen Abende und Wochenenden, an denen ich gedankenversunken bis spät am Rechner saß und in die Tastatur tippte, boten mir Ansporn und Geborgenheit zugleich. Ich bin sehr glücklich, sie zu haben, und widme ihnen dieses Buch.

Korrekturen

Die Elimination von Druckfehlern ergibt eine nicht besonders gut konvergierende Folge von Dokumentenversionen. Mit der Hinzufügung neuer Inhalte wird diese Folge sogar semi-konvergent. Ich bin für alle Leserinnen und Leser dankbar, die mich auf alle Arten von Fehlern aufmerksam machen und mir diese am besten an `tennert.quantenmechanik@t-online.de` senden.

Kolophon

Dieser Text wurde mit LuaTEX in der Version 1.18.0 erstellt. Als Editor habe ich TEXworks, Version 0.6.5, verwendet, die Dokumentenklasse ist `scrbook` (KOMA-Script v3.41). Die Hauptschriftart ist Times (aus der Fontfamilie TEX Gyre Termes), wofür ich die recht neuen `newtx`-Pakete in der Version 1.742 verwendet habe. Für numerische Ausdrücke und Maßeinheiten wurde das `siunitx`-Paket (v3.3.12) verwendet. Die Hervorhebung wichtiger Gleichungen wurde mit dem Paket `empheq` bewerkstelligt. Die mathematischen Einschübe sind mit Hilfe des `mdframed`-Pakets realisiert. Für das Literaturverzeichnis mit BibLATEX (Version 3.19) wurde das Biber-Backend in Version 2.19 verwendet und für das Stichwort- und das Personenverzeichnis das `imakeidx`-Paket sowie Xindy in der Version 2.5.1.

Die mathematische Notation ist weitestgehend konform zum Standard ISO/IEC 80000-2, ehemals ISO 31-11. Das bedeutet unter anderem, dass die mathematischen Konstanten $\mathrm{\pi}$, i und e oder das Kronecker-Symbol $\mathrm{\delta}_{ij}$ beziehungsweise das Dirac-Funktional $\mathrm{\delta}(x)$ aufrecht geschrieben werden, genauso wie Differentialoperatoren wie d, ∂ oder $\mathrm{\delta}$.

Ebenfalls aufrecht geschrieben werden bekannte mathematische Funktionen wie die Heaviside-Funktion $\Theta(x)$, die Gamma-Funktion $\Gamma(x)$, die sphärischen Bessel-Funktionen $\mathrm{j}_l(r)$ oder die Kugelflächenfunktionen $\mathrm{Y}_{lm}(\theta, \phi)$.

Vektoren werden dick und kursiv gesetzt: $\boldsymbol{r}$, auch wenn die Komponenten Matrizen sind: $\boldsymbol{\sigma}$. Daneben werden die Permutationsoperatoren π kursiv belassen, genauso wie Winkelvariable $\alpha, \beta, \gamma, \delta$. Mit großen griechischen Buchstaben bezeichnete Variablen werden kursiv gesetzt.

Die Menge $\mathbb{N}$ der natürlichen Zahlen beinhaltet die Null!

Quantenmechanische Operatoren, gleich ob hermitesch oder unitär, bekommen ein Dach verpasst: $\hat{p}, \hat{a}, \hat{H}, \hat{U}$. Konsequenterweise sind vektorwertige Operatoren dann fett, kursiv und haben ein Dach: $\hat{\boldsymbol{A}}, \hat{\boldsymbol{r}}$. Und die imaginäre Einheit i taucht im Allgemeinen nie in einem Nenner auf, die Ausnahme besteht beim in der Funktionentheorie häufig vorkommenden Ausdruck $2\pi\mathrm{i}$.

Die meisten Diagramme, speziell Funktionsgraphen, wurden mit `gnuplot` in der Version 5.4.3 erstellt, unter Zuhilfenahme des `gnuplottex`-Pakets und mit `cairolatex` als Ausgabeterminal. Einige Vektorgrafiken wurden mit `inkscape` in der Version 1.0.1 erzeugt. Die diagrammatischen Illustrationen in der Störungs- und Streutheorie und der nichtrelativistischen Quantenfeldtheorie – auch wenn sie keine Feynman-Diagramme darstellen – wurden mit dem `tikz-feynman`-Paket in der Version 1.1.0 erstellt.

Inhaltsverzeichnis

Verzeichnis der mathematischen Einschübe

Teil 1

Theorie des Drehimpulses I

Nach den eindimensionalen Problemen wollen wir uns als nächstes dreidimensionalen Problemen zuwenden. Zuvor müssen wir allerdings zunächst die quantenmechanische Behandlung von Rotationen und dem Drehimpuls betrachten.

Der Drehimpuls ist bereits in der klassischen Mechanik äußerst wichtig. Für Systeme, deren Dynamik unter dem Einfluss eines Zentralpotentials steht, ist der Bahndrehimpuls eine Erhaltungsgröße. Und auch in der Quantenmechanik spielt der Drehimpuls eine zentrale Rolle: die Lösung des Coulomb-Problems und damit das Spektrum des Wasserstoffatoms beruht maßgeblich auf der Quantisierung des Drehimpulses. Ein Verständnis über die Quantentheorie des Drehimpulses ist eine wichtige Voraussetzung in der Kern-, der Atom- und der Molekülphysik. Die gruppentheoretische Betrachtung des Drehimpulses liefert den Einstieg in die Darstellungstheorie von Symmetriegruppen.

O. Tennert, *Quantenmechanik II*, https://doi.org/10.1007/978-3-662-68587-7_1

1 Der Bahndrehimpuls in der Quantenmechanik

In der klassischen Mechanik ist der Drehimpuls $\boldsymbol{L}$ eines Teilchens mit Impuls $\boldsymbol{p}$ und Ortsvektor $\boldsymbol{r}$ definiert durch

$$\boldsymbol{L} = \boldsymbol{r} \times \boldsymbol{p} = \epsilon_{ijk} \boldsymbol{e}_i r_j p_k,$$

mit $i, j, k \in \{1, 2, 3\}$. Entsprechend kann der quantenmechanische Operator für den Bahndrehimpuls $\hat{\boldsymbol{L}}$ definiert werden:

$$\hat{\boldsymbol{L}} = \hat{\boldsymbol{r}} \times \hat{\boldsymbol{p}} \Longrightarrow \hat{L}_i = \epsilon_{ijk} \hat{r}_j \hat{p}_k. \tag{1.1}$$

Der Operator des $\hat{\boldsymbol{L}}^2$ des Betragsquadrats des Drehimpuls ist dann gegeben durch:

$$\hat{\boldsymbol{L}}^2 = \hat{L}_x^2 + \hat{L}_y^2 + \hat{L}_z^2$$

beziehungsweise

$$\hat{\boldsymbol{L}}^2 = \sum_i \hat{L}_i \hat{L}_i. \tag{1.2}$$

Alle Operatoren $\hat{L}_x, \hat{L}_y, \hat{L}_z, \hat{\boldsymbol{L}}^2$ sind per Konstruktion hermitesch, denn:

$$\begin{aligned}
(\hat{L}_i)^\dagger &= \epsilon_{ijk} (\hat{r}_j \hat{p}_k)^\dagger \\
&= \epsilon_{ijk} \hat{p}_k^\dagger \hat{r}_j^\dagger \\
&= \epsilon_{ijk} \hat{p}_k \hat{r}_j \\
&= \epsilon_{ijk} (-\mathrm{i}\hbar \delta_{jk} + \hat{r}_j \hat{p}_k) \\
&= \epsilon_{ijk} (\hat{r}_j \hat{p}_k) = \hat{L}_i,
\end{aligned}$$

womit im Nachhinein gerechtfertigt ist, warum wir an dieser Stelle keine Weyl-Symmetrisierung durchführen müssen.

Im Folgenden wollen wir, ausgehend von unserer Definition (1.1) für den Banhdrehimpuls einige Kommutatorrelationen ausrechnen. Die mit Abstand wichtigste hiervon ist die später als die definierende Eigenschaft des Drehimpulses dienende Kommutatorrelation:

$$[\hat{L}_i, \hat{L}_j] = \mathrm{i}\hbar \epsilon_{ijk} \hat{L}_k. \tag{1.3}$$

Beweis. Die Rechnung ist elementar, unter Ausnutzung der Summenregel für das ϵ-Symbol:

$$\epsilon_{ijk} \epsilon_{ilm} = \delta_{jl} \delta_{km} - \delta_{jm} \delta_{kl}.$$

Man erhält so:

$$\begin{aligned}
[\hat{L}_i, \hat{L}_j] &= \mathrm{i}\hbar \left(\hat{r}_i \hat{p}_j - \hat{r}_j \hat{p}_i \right) \\
&= \mathrm{i}\hbar (\delta_{il} \delta_{jm} - \delta_{im} \delta_{jl}) \hat{r}_l \hat{p}_m \\
&= \mathrm{i}\hbar \epsilon_{ijk} \epsilon_{klm} \hat{r}_l \hat{p}_m \\
&= \mathrm{i}\hbar \epsilon_{ijk} \hat{L}_k.
\end{aligned}$$

■

Da also die Operatoren $\hat{L}_i$ nicht miteinander kommutieren, können die kartesischen Komponenten des Bahndrehimpulses nicht paarweise mit beliebiger Genauigkeit gemessen werden. Es lässt sich außerdem schnell ableiten:

$$\epsilon_{ijk}\hat{L}_j\hat{L}_k = \mathrm{i}\hbar\hat{L}_i, \tag{1.4}$$

was auch geschrieben werden kann als

$$\hat{\boldsymbol{L}} \times \hat{\boldsymbol{L}} = \mathrm{i}\hbar\hat{\boldsymbol{L}}. \tag{1.5}$$

Ferner gilt:

$$[\hat{\boldsymbol{L}}^2, \hat{L}_i] = 0, \tag{1.6}$$

was sich wegen der Kontraktion zweier Indizes des ϵ-Symbols elementar ergibt.

Weitere interessante Kommutatoren sind:

$$[\hat{r}_i, \hat{L}_j] = \mathrm{i}\hbar\epsilon_{ijk}\hat{r}_k, \tag{1.7}$$

$$[\hat{p}_i, \hat{L}_j] = \mathrm{i}\hbar\epsilon_{ijk}\hat{p}_k. \tag{1.8}$$

Wir werden in Abschnitt 39 sehen, dass (1.7) beziehungsweise (1.8) eine definierende Eigenschaft von Vektoroperatoren ist, in diesem Fall des Ortsoperators $\hat{\boldsymbol{r}}$ und des Impulsoperators $\hat{\boldsymbol{p}}$.

Zuguterletzt können wir noch ausrechnen:

$$[\hat{r}_i, \hat{\boldsymbol{L}}^2] = \mathrm{i}\hbar\epsilon_{ijk}\left(\hat{L}_j\hat{r}_k - \hat{r}_j\hat{L}_k\right) \tag{1.9}$$

und

$$[\hat{p}_i, \hat{\boldsymbol{L}}^2] = \mathrm{i}\hbar\epsilon_{ijk}\left(\hat{L}_j\hat{p}_k - \hat{p}_j\hat{L}_k\right). \tag{1.10}$$

2 Das Spektrum des Drehimpulsoperators

Wir führen nun den allgemeinen Drehimpulsoperator $\hat{\boldsymbol{J}}$ mit den kartesischen Komponenten $\hat{J}_i$ $(i = 1, 2, 3)$ ein und erheben die Kommutatorrelationen

$$[\hat{J}_i, \hat{J}_j] = \mathrm{i}\hbar\epsilon_{ijk}\hat{J}_k \tag{2.1}$$

zu dessen definierenden algebraischen Relationen. „Allgemein" deswegen, weil wir in diesem und im nächsten Abschnitt alle weiteren Eigenschaften direkt aus diesen Kommutatorrelationen ableiten werden und uns nicht mehr darum kümmern werden, wie der Drehimpuls genau zustande kommt. Neben dem aus der klassischen Mechanik bereits bekannten Bahndrehimpuls werden wir in Abschnitt 4 den Spin in den Formalismus einführen, dessen Natur tiefe Zusammenhänge in der Darstellungstheorie von Symmetriegruppen offenbart. Wir wollen nun sämtliche Eigenzustände und Eigenwerte des Drehimpulsoperators ableiten, alleine aus den Kommutatorrelationen (2.1) heraus.

Da die Operatoren $\hat{J}_x, \hat{J}_y, \hat{J}_z$ nicht miteinander kommutieren, können sie nicht gleichzeitig diagonalisiert werden, sie besitzen also keine gemeinsamen Eigenzustände. Der Operator des Betragsquadrat des Drehimpulses $\hat{\boldsymbol{J}}^2 = \hat{J}_x^2 + \hat{J}_y^2 + \hat{J}_z^2$ ist hingegen ein skalarer Operator, denn es ist ja

$$[\hat{\boldsymbol{J}}^2, \hat{J}_i] = 0. \tag{2.2}$$

Wegen (2.2) können also $\hat{\boldsymbol{J}}^2$ und eine der Komponenten $\hat{J}_i$ gleichzeitig diagonalisiert werden. Per Konvention wird allseits $\hat{J}_z$ hierfür gewählt, obwohl grundsätzlich auch $\hat{J}_x$ oder $\hat{J}_y$ gewählt werden könnten. Alle Operatoren $\hat{J}_i, \hat{\boldsymbol{J}}^2$ sind nach Voraussetzung hermitesch, ihre Eigenwerte sind also reell.

Wir betrachten nun die zu $\hat{\boldsymbol{J}}^2, \hat{J}_z$ gemeinsamen Eigenzustände $|\alpha, \beta\rangle$ mit den Eigenwertgleichungen

$$\hat{\boldsymbol{J}}^2 |\alpha, \beta\rangle = \hbar^2\alpha |\alpha, \beta\rangle, \tag{2.3}$$

$$\hat{J}_z |\alpha, \beta\rangle = \hbar\beta |\alpha, \beta\rangle. \tag{2.4}$$

Die Faktoren $\hbar^2$ und $\hbar$ wurden eingeführt, damit α und β dimensionslos sind. Erinnern wir uns, dass der Drehimpuls die Dimension einer Wirkung hat: $[J] = [x] \cdot [p]$. Außerdem seien die $|\alpha, \beta\rangle$ orthonormiert:

$$\langle\alpha', \beta'|\alpha, \beta\rangle = \delta_{\alpha',\alpha}\delta_{\beta',\beta}. \tag{2.5}$$

Wir führen nun ähnlich wie beim harmonischen Oszillator (siehe Abschnitt I-34) **Leiteroperatoren** $\hat{J}_+, \hat{J}_-$ ein:

$$\hat{J}_\pm = \hat{J}_x \pm \mathrm{i}\hat{J}_y, \tag{2.6}$$

so dass

$$\hat{J}_+ = \hat{J}_-^\dagger \tag{2.7}$$

und

$$\hat{J}_x = \frac{1}{2}(\hat{J}_+ + \hat{J}_-), \tag{2.8}$$

$$\hat{J}_y = -\frac{\mathrm{i}}{2}(\hat{J}_+ - \hat{J}_-). \tag{2.9}$$

Damit gilt:

$$\hat{J}_x^2 = \frac{1}{4}\left(\hat{J}_+^2 + \hat{J}_+\hat{J}_- + \hat{J}_-\hat{J}_+ + \hat{J}_-^2\right), \tag{2.10}$$

$$\hat{J}_y^2 = -\frac{1}{4}\left(\hat{J}_+^2 - \hat{J}_+\hat{J}_- - \hat{J}_-\hat{J}_+ + \hat{J}_-^2\right), \tag{2.11}$$

so dass die folgenden Kommutatoren berechnet werden können:

$$[\hat{\boldsymbol{J}}^2, \hat{J}_\pm] = 0, \tag{2.12}$$

$$[\hat{J}_z, \hat{J}_\pm] = \pm\hat{J}_\pm. \tag{2.13}$$

In einem weiteren Zwischenschritt kann man ausrechnen:

$$\hat{J}_+\hat{J}_- = \underbrace{\hat{J}_x^2 + \hat{J}_y^2}_{\hat{\boldsymbol{J}}^2 - \hat{J}_z^2} + \hbar\hat{J}_z, \tag{2.14}$$

$$\hat{J}_-\hat{J}_+ = \underbrace{\hat{J}_x^2 + \hat{J}_y^2}_{\hat{\boldsymbol{J}}^2 - \hat{J}_z^2} - \hbar\hat{J}_z, \tag{2.15}$$

so dass die Relationen

$$\hat{\boldsymbol{J}}^2 = \hat{J}_\pm\hat{J}_\mp + \hat{J}_z^2 \mp \hbar\hat{J}_z, \tag{2.16}$$

beziehungsweise

$$\hat{\boldsymbol{J}}^2 = \frac{1}{2}\left(\hat{J}_+\hat{J}_- + \hat{J}_-\hat{J}_+\right) + \hat{J}_z^2, \tag{2.17}$$

sowie

$$[\hat{J}_+, \hat{J}_-] = 2\hbar\hat{J}_z \tag{2.18}$$

gelten.

Betrachten wir nun, wie die Operatoren $\hat{J}_\pm$ auf $|\alpha, \beta\rangle$ wirken. Da die $\hat{J}_\pm$ nicht mit $\hat{J}_z$ kommutieren, sind die $|\alpha, \beta\rangle$ keine Eigenzustände von $\hat{J}_\pm$. Vielmehr haben wir mit (2.12–2.13):

$$\begin{aligned}\hat{J}_z(\hat{J}_\pm\,|\alpha, \beta\rangle) &= (\hat{J}_\pm\hat{J}_z \pm \hbar\hat{J}_\pm)\,|\alpha, \beta\rangle \\ &= \hbar(\beta \pm 1)(\hat{J}_\pm\,|\alpha, \beta\rangle),\end{aligned} \tag{2.19}$$

das heißt, der Zustand $\hat{J}_\pm |\alpha, \beta\rangle$ ist ein Eigenzustand von $\hat{J}_z$ zum Eigenwert $\hbar(\beta \pm 1)$. Da ja nun $\hat{J}_z$ und $\hat{\boldsymbol{J}}^2$ kommutieren, muss $\hat{J}_\pm |\alpha, \beta\rangle$ auch ein Eigenzustand von $\hat{\boldsymbol{J}}^2$ sein. Wieder mit (2.12–2.13) können wir ausrechnen:

$$\begin{aligned} \hat{\boldsymbol{J}}^2(\hat{J}_\pm |\alpha, \beta\rangle) &= (\hat{J}_\pm \hat{\boldsymbol{J}}^2 |\alpha, \beta\rangle \\ &= \hbar^2 \alpha (\hat{J}_\pm |\alpha, \beta\rangle), \end{aligned} \tag{2.20}$$

der Zustand $\hat{J}_\pm |\alpha, \beta\rangle$ ist also ein Eigenzustand von $\hat{\boldsymbol{J}}^2$ zum Eigenwert $\hbar^2\alpha$.

Aus (2.19) und (2.20) schließen wir demnach, dass das Wirken von $\hat{J}_\pm$ auf $|\alpha, \beta\rangle$ die zu $\hat{\boldsymbol{J}}^2$ gehörige Quantenzahl α nicht ändert, aber die zu $\hat{J}_z$ gehörige Quantenzahl β um eine Einheit erhöht beziehungsweise erniedrigt. Also muss $\hat{J}_\pm |\alpha, \beta\rangle$ proportional zu $|\alpha, \beta \pm 1\rangle$ sein:

$$\hat{J}_\pm |\alpha, \beta\rangle = C^\pm_{\alpha\beta} |\alpha, \beta \pm 1\rangle . \tag{2.21}$$

Die Konstanten $C^\pm_{\alpha\beta}$ werden wir weiter unten berechnen.

Es ist es nun wichtig festzustellen, dass es zu einem gegebenen $\hat{\boldsymbol{J}}^2$-Eigenwert α ein oberes Limit für die Quantenzahl β gibt. Da nämlich der Operator $\hat{\boldsymbol{J}}^2 - \hat{J}_z^2 = \hat{J}_x^2 + \hat{J}_y^2$ positiv-definit ist, gilt:

$$\begin{aligned} \langle \alpha, \beta | \hat{\boldsymbol{J}}^2 - \hat{J}_z^2 | \alpha, \beta\rangle &= \hbar^2(\alpha - \beta^2) \geq 0 \\ &\Longrightarrow \alpha \geq \beta^2. \end{aligned} \tag{2.22}$$

Da also β eine obere Schranke β_{max} hat, muss es einen Zustand $|\alpha, \beta_{\text{max}}\rangle$ geben, so dass

$$\hat{J}_+ |\alpha, \beta_{\text{max}}\rangle = 0.$$

Dann ist aber auch $\hat{J}_- \hat{J}_+ |\alpha, \beta_{\text{max}}\rangle = 0$, und mit (2.15) ist dann:

$$\begin{aligned} (\hat{\boldsymbol{J}}^2 - \hat{J}_z^2 - \hbar \hat{J}_z) |\alpha, \beta_{\text{max}}\rangle &= \hbar^2(\alpha - \beta_{\text{max}}^2 - \beta_{\text{max}}) |\alpha, \beta_{\text{max}}\rangle = 0 \\ &\Longrightarrow \alpha = \beta_{\text{max}}(\beta_{\text{max}} + 1). \end{aligned} \tag{2.23}$$

Natürlich gibt es ebenso ein $\beta_{\text{min}} = -\beta_{\text{max}}$, und ein Zustand $|\alpha, \beta_{\text{min}}\rangle$ lässt sich durch n-faches Anwenden von $\hat{J}_-$ auf $|\alpha, \beta_{\text{max}}\rangle$ erreichen. Daraus folgt dann trivialerweise, dass $\beta_{\text{max}} = \beta_{\text{min}} + n$ oder

$$\beta_{\text{max}} = \frac{n}{2}, \tag{2.24}$$

Also kann β_{max} ganz- oder halbzahlige Werte annehmen, je nach dem, ob n gerade oder ungerade ist.

Nach diesen algebraischen Betrachtungen führen wir nun die konventionelle Notation ein:

$$\begin{aligned} \beta_{\text{max}} &=: j, \\ \beta &=: m, \\ \Longrightarrow \alpha &= j(j+1), \end{aligned}$$

und fassen die Ergebnisse zum Spektrum von $\hat{\boldsymbol{J}}^2$ und $\hat{J}_z$ zusammen:

Die zum Zustand $|j,m\rangle$ gehörigen Eigenwerte von $\hat{\boldsymbol{J}}^2$ und $\hat{J}_z$ sind wie folgt gegeben:

$$\hat{\boldsymbol{J}}^2\,|j,m\rangle = \hbar^2 j(j+1)\,|j,m\rangle\,, \quad \text{mit} \quad j \in \{0, \tfrac{1}{2}, 1, \tfrac{3}{2}, \dots\} \tag{2.25}$$

und

$$\hat{J}_z\,|j,m\rangle = \hbar m\,|j,m\rangle\,, \quad \text{mit} \quad m \in \{-j, -j+1, \dots, j-1, j\}\,. \tag{2.26}$$

Zu jeder Quantenzahl j gibt es also $2j+1$ Werte von m. Bei $j = 1$ beispielsweise kann m die Werte $-1, 0, 1$ annehmen. Für $j = \frac{1}{2}$ kann $m = \frac{1}{2}$ oder $m = -\frac{1}{2}$ sein.

Das Spektrum von $\hat{\boldsymbol{J}}^2$ und $\hat{J}_z$ ist diskret, und die Orthonormalitätsbedingung für die Eigenzustände lautet:

$$\langle j', m' | j, m\rangle = \delta_{j',j}\delta_{m',m}. \tag{2.27}$$

Es gilt nun noch, die Konstanten $C^{\pm}_{jm}$ aus (2.21) zu berechnen. Da die Zustände $|j,m\rangle$ normiert sind, können wir mit (2.7) rechnen:

$$\langle j,m|\hat{J}_{\mp}\hat{J}_{\pm}|j,m\rangle = |C^{\pm}_{jm}|^2\,\langle j, m\pm 1|j, m\pm 1\rangle = |C^{\pm}_{jm}|^2.$$

Wegen (2.14,2.15) ist aber auch:

$$\begin{aligned}\langle j,m|\hat{J}_{\mp}\hat{J}_{\pm}|j,m\rangle &= \langle j,m|\hat{\boldsymbol{J}}^2 - \hat{J}_z^2 \mp \hbar\hat{J}_z|j,m\rangle \\ &= \hbar^2\,(j(j+1) - m(m\pm 1))\,,\end{aligned}$$

so dass wir erhalten:

$$C^{\pm}_{jm} = \hbar\sqrt{j(j+1) - m(m\pm 1)}. \tag{2.28}$$

Damit können wir (2.21) nun vollständig schreiben:

$$\hat{J}_{\pm}\,|j,m\rangle = \hbar\sqrt{j(j+1) - m(m\pm 1)}\,|j, m\pm 1\rangle \tag{2.29}$$

$$= \hbar\sqrt{(j\mp m)(j\pm m+1)}\,|j, m\pm 1\rangle\,. \tag{2.30}$$

Allgemeiner wollen wir dies zu einer allgemeinen Rekursionsformel weiterführen:

$$|j,m\rangle = \frac{1}{\hbar^{j-m}}\sqrt{\frac{(j+m)!}{(2j)!(j-m)!}}(\hat{J}_-)^{j-m}\,|j,j\rangle \tag{2.31}$$

$$= \frac{1}{\hbar^{j+m}}\sqrt{\frac{(j-m)!}{(2j)!(j+m)!}}(\hat{J}_-)^{j+m}\,|j,-j\rangle\,. \tag{2.32}$$

Beweis. Wir führen den induktiven Beweis für den ersten Teil, also für $\hat{J}_-$, und setzen zunächst $m = l - x$ mit $x = 0, 1, 2, \ldots, 2l$. Wir müssen dann also zeigen, dass

$$(\hat{J}_-)^x \, |j, j\rangle = \hbar^x \sqrt{\frac{(2j)!x!}{(2j-x)!}} \, |j, j-x\rangle \, .$$

Dann ist für $x = 1$ wegen (2.29):

$$\hat{J}_- \, |j, j\rangle = \hbar\sqrt{2j} \, |j, j-1\rangle \, .$$

Und der Induktionsschluss von x auf $x + 1$ lautet:

$$\begin{aligned}
(\hat{J}_-)^{x+1} \, |j, j\rangle &= \hbar^x \sqrt{\frac{(2j)!x!}{(2j-x)!}} \, \underbrace{\hat{J}_- \, |j, j-x\rangle}_{\hbar\sqrt{(2j-x)(x+1)}|j,j-x-1\rangle} \\
&= \hbar^{x+1} \sqrt{\frac{(2j)!(x+1)!}{[2j-(x+1)]!}} \, |j, j-(x+1)\rangle \, .
\end{aligned}$$

Der Beweis für den zweiten Teil der Behauptung ist auf gleiche Weise zu führen. ■

Die Relationen (2.8,2.9) können nun ebenfalls berechnet werden:

$$\begin{aligned}
\hat{J}_x \, |j, m\rangle &= \frac{\hbar}{2} \Big[\sqrt{(j-m)(j+m+1)} \, |j, m+1\rangle \\
&\quad + \sqrt{(j+m)(j-m+1)} \, |j, m-1\rangle \Big] \, , \qquad (2.33) \\
\hat{J}_y \, |j, m\rangle &= -\frac{\mathrm{i}\hbar}{2} \Big[\sqrt{(j-m)(j+m+1)} \, |j, m+1\rangle \\
&\quad - \sqrt{(j+m)(j-m+1)} \, |j, m-1\rangle \Big] \, , \qquad (2.34)
\end{aligned}$$

und es ist trivial zu sehen, dass die Erwartungswerte $\langle \hat{J}_x \rangle = 0$ und $\langle \hat{J}_y \rangle = 0$ sind.

Ebenfalls recht einfach lassen sich $\langle \hat{J}_x^2 \rangle$ und $\langle \hat{J}_y^2 \rangle$ ausrechnen. Mit (2.10,2.11) sowie mit (2.14,2.15) gilt:

$$\begin{aligned}
\hat{J}_x^2 &= \frac{1}{4} \left[\hat{J}_+^2 + \hat{J}_-^2 + 2(\hat{\boldsymbol{J}}^2 - \hat{J}_z^2) \right] , \\
\hat{J}_y^2 &= -\frac{1}{4} \left[\hat{J}_+^2 + \hat{J}_-^2 - 2(\hat{\boldsymbol{J}}^2 - \hat{J}_z^2) \right] .
\end{aligned}$$

Da aber die Leiteroperatoren $\hat{J}_+, \hat{J}_-$ jeweils einen Eigenzustand von $\hat{\boldsymbol{J}}^2, \hat{J}_z$ auf einen anderen Eigenzustand abbilden, ist $\langle \hat{J}_+^2 \rangle = \langle \hat{J}_-^2 \rangle = 0$. Somit ist für alle Zustände $|l, m\rangle$:

$$\begin{aligned}
\langle \hat{J}_x^2 \rangle = \langle \hat{J}_y^2 \rangle &= \frac{1}{2} \langle \hat{\boldsymbol{J}}^2 - \hat{J}_z^2 \rangle \\
&= \frac{\hbar^2}{2} \left[j(j+1) - m^2 \right] . \qquad (2.35)
\end{aligned}$$

Wir haben nun alleine aus den Kommutatorrelationen (2.1) das komplette Spektrum des Drehimpulsoperators erhalten, einschließlich halbzahliger Werte für die Quantenzahlen j und m. Wenn wir in Abschnitt 3 die Ortsdarstellung des Bahndrehimpulses und dessen Eigenzustände behandeln, werden wir sehen, dass für den Bahndrehimpuls jedoch nur ganzzahlige Werte erlaubt sind. Die Frage ist daher, warum sich aus der Drehimpulsalgebra Eigenwerte ableiten lassen, die für den Bahndrehimpuls nicht realisiert sein können. Wir werden die Antwort auf diese Frage im Abschnitt 4 im Zusammenhang mit der Behandlung des **Spins** geben.

Matrixdarstellungen der Drehimpulsoperatoren

Der Formalismus in diesem Abschnitt ist allgemein und darstellungsunabhängig. Es ist Konvention, $\hat{\boldsymbol{J}}^2$ und $\hat{J}_z$ gleichzeitig zu diagonalisieren und die Quantenzahlen j, m für die gemeinsamen Eigenzustände einzuführen. Damit bietet sich auch direkt eine Vektor- beziehungsweise Matrixdarstellung für die Zustände beziehungsweise Operatoren bei gegebenem j an, indem jeder Zustand nach der Basis von Eigenzuständen von $\hat{\boldsymbol{J}}^2, \hat{J}_z$ entwickelt wird. Diese Basis ist diskret, orthonormiert und vollständig: es gilt die Orthonormalitätsrelation (2.27)

$$\langle j', m'|j, m\rangle = \delta_{j',j}\delta_{m',m}$$

und die Vollständigkeitsrelation

$$\sum_{m=-j}^{j} |j, m\rangle\langle j, m| = \mathbb{1}_j,$$

wobei $\mathbb{1}_j$ die Einheitsmatrix im $(2j + 1)$-dimensionalen Unterraum zu gegebenem j ist.

Per definitionem sind $\hat{\boldsymbol{J}}^2$ und $\hat{J}_z$ in dieser Basis diagonal:

$$\langle j', m'|\hat{\boldsymbol{J}}^2|j, m\rangle = \hbar^2 j(j+1)\delta_{j',j}\delta_{m',m} \tag{2.36}$$

und

$$\langle j', m'|\hat{J}_z|j, m\rangle = \hbar m\delta_{j',j}\delta_{m',m}. \tag{2.37}$$

Aus (2.29) lässt sich die Matrixdarstellung für $\hat{J}_+, \hat{J}_-$ ableiten:

$$\langle j', m'|\hat{J}_\pm|j, m\rangle = \hbar\sqrt{j(j+1) - m(m\pm 1)}\delta_{j',j}\delta_{m',m\pm 1} \tag{2.38}$$

$$= \hbar\sqrt{(j\mp m)(j\pm m+1)}\delta_{j',j}\delta_{m',m\pm 1}. \tag{2.39}$$

Und aus (2.33,2.34) lassen sich die Matrixdarstellungen für $\hat{J}_x, \hat{J}_y$ ableiten:

$$\langle j', m'|\hat{J}_x|j, m\rangle = \frac{\hbar}{2}\Big[\sqrt{j(j+1) - m(m+1)}\delta_{m',m+1} + \sqrt{j(j+1) - m(m-1)}\delta_{m',m-1}\Big]\delta_{j',j}, \tag{2.40}$$

$$\langle j', m'|\hat{J}_y|j, m\rangle = -\frac{i\hbar}{2}\Big[\sqrt{j(j+1) - m(m+1)}\delta_{m',m+1} - \sqrt{j(j+1) - m(m-1)}\delta_{m',m-1}\Big]\delta_{j',j}. \tag{2.41}$$

3 Der Bahndrehimpuls in der Ortsdarstellung

Nach den algebraischen Ausführungen über den allgemeinen Drehimpuls $\hat{\boldsymbol{J}}$ kommen wir nun im Folgenden wieder zurück auf den Bahndrehimpuls $\hat{\boldsymbol{L}}$ und wollen die Eigenzustände von $\hat{\boldsymbol{L}}^2$ und $\hat{L}_z$ in der Ortsdarstellung herleiten. Dazu betrachten wir:

$$\langle \boldsymbol{r}|\hat{\boldsymbol{L}}|\Psi\rangle = \langle \boldsymbol{r}|\hat{\boldsymbol{r}} \times \hat{\boldsymbol{p}}|\Psi\rangle = -\mathrm{i}\hbar \boldsymbol{r} \times \nabla\Psi(\boldsymbol{r}),$$

und damit:

$$\hat{\boldsymbol{L}} \mapsto -\mathrm{i}\hbar \boldsymbol{r} \times \nabla. \tag{3.1}$$

Die kartesischen Komponenten von $\hat{\boldsymbol{L}}$ in Ortsdarstellung sind dann:

$$\hat{L}_i \mapsto -\mathrm{i}\hbar\epsilon_{ijk} r_j \partial_k. \tag{3.2}$$

Für alle weiteren Berechnungen in diesem Abschnitt bietet sich nun die Verwendung von Kugelkoordinaten (r, θ, ϕ) an. Dann können wir für $\hat{\boldsymbol{L}}$ schreiben:

$$\begin{aligned}
\hat{\boldsymbol{L}} &\mapsto -\mathrm{i}\hbar \boldsymbol{r} \times \nabla \\
&= -\mathrm{i}\hbar \boldsymbol{r} \times \left(\boldsymbol{e}_r \frac{\partial}{\partial r} + \boldsymbol{e}_\theta \frac{1}{r} \frac{\partial}{\partial \theta} + \boldsymbol{e}_\phi \frac{1}{r \sin\theta} \frac{\partial}{\partial \phi} \right) \\
&= -\mathrm{i}\hbar \left(\boldsymbol{e}_\phi \frac{\partial}{\partial \theta} - \boldsymbol{e}_\theta \frac{1}{\sin\theta} \frac{\partial}{\partial \phi} \right).
\end{aligned} \tag{3.3}$$

Führen wir den **lateralen Nabla-Operator** ∇_Ω ein:

$$\nabla_\Omega = \boldsymbol{e}_\phi \frac{\partial}{\partial \theta} - \boldsymbol{e}_\theta \frac{1}{\sin\theta} \frac{\partial}{\partial \phi}, \tag{3.4}$$

so können wir kompakt schreiben:

$$\hat{\boldsymbol{L}} \mapsto -\mathrm{i}\hbar \nabla_\Omega. \tag{3.5}$$

Für die Komponenten von $\hat{\boldsymbol{L}}$ finden wir die Ausdrücke:

$$\begin{aligned}
\hat{L}_x = \boldsymbol{e}_x \cdot \hat{\boldsymbol{L}} &\mapsto -\mathrm{i}\hbar\left(\boldsymbol{e}_r \sin\theta\cos\phi + \boldsymbol{e}_\theta \cos\theta\cos\phi - \boldsymbol{e}_\phi \sin\phi\right) \cdot \left(\boldsymbol{e}_\phi \frac{\partial}{\partial\theta} - \boldsymbol{e}_\theta \frac{1}{\sin\theta}\frac{\partial}{\partial\phi}\right) \\
&= \mathrm{i}\hbar\left(\sin\phi\frac{\partial}{\partial\theta} + \cot\theta\cos\phi\frac{\partial}{\partial\phi}\right), \qquad (3.6) \\
\hat{L}_y = \boldsymbol{e}_y \cdot \hat{\boldsymbol{L}} &\mapsto -\mathrm{i}\hbar\left(\boldsymbol{e}_r \sin\theta\sin\phi + \boldsymbol{e}_\theta \cos\theta\sin\phi + \boldsymbol{e}_\phi \sin\phi\right) \cdot \left(\boldsymbol{e}_\phi \frac{\partial}{\partial\theta} - \boldsymbol{e}_\theta \frac{1}{\sin\theta}\frac{\partial}{\partial\phi}\right) \\
&= \mathrm{i}\hbar\left(-\cos\phi\frac{\partial}{\partial\theta} + \cot\theta\sin\phi\frac{\partial}{\partial\phi}\right), \qquad (3.7) \\
\hat{L}_z = \boldsymbol{e}_z \cdot \hat{\boldsymbol{L}} &\mapsto -\mathrm{i}\hbar\left(\boldsymbol{e}_r \cos\theta - \boldsymbol{e}_\theta \sin\theta\right) \cdot \left(\boldsymbol{e}_\phi \frac{\partial}{\partial\theta} - \boldsymbol{e}_\theta \frac{1}{\sin\theta}\frac{\partial}{\partial\phi}\right) \\
&= -\mathrm{i}\hbar\frac{\partial}{\partial\phi}. \qquad (3.8)
\end{aligned}$$

Die Leiteroperatoren $\hat{L}_\pm$ lauten dann in der Ortsdarstellung:

$$\hat{L}_\pm = \hat{L}_x \pm \mathrm{i}\hat{L}_y \mapsto \pm\hbar\mathrm{e}^{\pm\mathrm{i}\phi}\left(\frac{\partial}{\partial\theta} \pm \mathrm{i}\cot\theta\frac{\partial}{\partial\phi}\right), \qquad (3.9)$$

und für $\hat{\boldsymbol{L}}^2$ finden wir den Ausdruck:

$$\hat{\boldsymbol{L}}^2 \mapsto -\hbar^2 r^2 \nabla_\Omega^2 = -\hbar^2\left[\frac{1}{\sin\theta}\frac{\partial}{\partial\theta}\left(\sin\theta\frac{\partial}{\partial\theta}\right) + \frac{1}{\sin^2\theta}\frac{\partial^2}{\partial\phi^2}\right]. \qquad (3.10)$$

Wir bezeichnen die gemeinsamen Eigenzustände von $\hat{\boldsymbol{L}}^2$ und $\hat{L}_z$ als $|l, m\rangle$ mit:

$$\hat{\boldsymbol{L}}^2 |l, m\rangle = \hbar^2 l(l+1) |l, m\rangle, \qquad (3.11)$$

$$\hat{L}_z |l, m\rangle = \hbar m |l, m\rangle. \qquad (3.12)$$

Da die Operatoren $\hat{\boldsymbol{L}}^2, \hat{L}_z$ in der Ortsdarstellungen nur die Variablen θ und ϕ enthalten, hängen auch die Eigenfunktionen nur von θ und ϕ und damit von der **Raumrichtung** $\boldsymbol{e}_r$ ab, wobei $\boldsymbol{e}_r$ ein Einheitsvektor mit azimutaler Koordinate θ und Polarkoordinate ϕ ist. Dann können wir schreiben:

$$\langle \boldsymbol{e}_r | l, m\rangle = \mathrm{Y}_{lm}(\theta, \phi), \qquad (3.13)$$

wobei die $\mathrm{Y}_{lm}(\theta, \phi)$ stetige Funktionen von θ und ϕ sind. Damit lauten die Eigenwertgleichungen:

$$\hat{\boldsymbol{L}}^2 \mathrm{Y}_{lm}(\theta, \phi) = \hbar^2 l(l+1) \mathrm{Y}_{lm}(\theta, \phi), \qquad (3.14)$$

$$\hat{L}_z \mathrm{Y}_{lm}(\theta, \phi) = \hbar m \mathrm{Y}_{lm}(\theta, \phi), \qquad (3.15)$$

und für die Leiteroperatoren $\hat{L}_\pm$ gilt:

$$\hat{L}_\pm \mathrm{Y}_{lm}(\theta,\phi) = \hbar\sqrt{l(l+1) - m(m \pm 1)}\,\mathrm{Y}_{l,m\pm 1}(\theta,\phi). \tag{3.16}$$

Da außerdem $\hat{L}_z$ nur von ϕ abhängt, müssen die $\mathrm{Y}_{lm}(\theta,\phi)$ separabel sein:

$$\mathrm{Y}_{lm}(\theta,\phi) = \Theta_{lm}(\theta)\Phi_m(\phi). \tag{3.17}$$

Eigenfunktionen und Eigenwerte von $\hat{L}_z$

Mit dem Separationsansatz (3.17) und dem Ausdruck (3.8) für $\hat{L}_z$ in Ortsdarstellung lautet nun die Eigenwertgleichung (3.15):

$$\begin{aligned} -\mathrm{i}\hbar\Theta_{lm}(\theta)\frac{\partial\Phi_m(\phi)}{\partial\phi} &= m\hbar\Theta_{lm}(\theta)\Phi_m(\phi) \\ \Longrightarrow -\mathrm{i}\frac{\partial\Phi_m(\phi)}{\partial\phi} &= m\Phi_m(\phi). \end{aligned}$$

Die normierten Lösungen sind einfach zu finden und lauten:

$$\Phi_m(\phi) = \frac{1}{\sqrt{2\pi}}\mathrm{e}^{\mathrm{i}m\phi},$$

mit

$$\int_0^{2\pi} \mathrm{d}\phi \Phi^*_{m'}(\phi)\Phi_m(\phi) = \delta_{m',m}.$$

Damit $\mathrm{Y}_{lm}(\theta,\phi)$ eine eindeutige Funktion des Ortes ist, muss gelten: $\Phi_m(\phi+2\pi) = \Phi_m(\phi)$, also muss m ganzzahlig sein. Also muss auch die Quantenzahl l ganzzahlig sein. Für den Bahndrehimpuls gilt daher: *die Quantenzahlen l, m können keine halbzahligen Werte annehmen!*

Wenden wir uns nun den Eigenfunktionen von $\hat{\boldsymbol{L}}^2$ und der Berechnung von $\Theta_{lm}(\theta)$ zu. Wir werden zwei Wege vorstellen: die Methode über explizite Differentialgleichungen und eine zweite, algebraische, unter Verwendung der Leiteroperatoren $\hat{L}_\pm$.

Eigenfunktionen von $\hat{\boldsymbol{L}}^2$: Methode der speziellen Funktionen

Mit dem Ausdruck (3.10) für $\hat{\boldsymbol{L}}^2$ in Ortsdarstellung und der Eigenfunktion $\mathrm{Y}_{lm}(\theta,\phi)$ in der Form

$$\mathrm{Y}_{lm}(\theta,\phi) = \frac{1}{\sqrt{2\pi}}\Theta_{lm}(\theta)\mathrm{e}^{\mathrm{i}m\phi} \tag{3.18}$$

lautet nun die Eigenwertgleichung (3.14):

$$-\frac{\hbar^2}{\sqrt{2\pi}}\left[\frac{1}{\sin\theta}\frac{\partial}{\partial\theta}\left(\sin\theta\frac{\partial}{\partial\theta}\right) + \frac{1}{\sin^2\theta}\frac{\partial^2}{\partial\phi^2}\right]\Theta_{lm}(\theta)\mathrm{e}^{\mathrm{i}m\phi} = \frac{\hbar^2 l(l+1)}{\sqrt{2\pi}}\Theta_{lm}(\theta)\mathrm{e}^{\mathrm{i}m\phi},$$

wobei ϕ sofort eliminiert werden kann, so dass sich ergibt:

$$\frac{1}{\sin\theta}\frac{\mathrm{d}}{\mathrm{d}\theta}\left(\sin\theta\frac{\mathrm{d}\Theta_{lm}(\theta)}{\mathrm{d}\theta}\right) + \left[l(l+1) - \frac{m^2}{\sin^2\theta}\right]\Theta_{lm}(\theta) = 0.$$

Führen wir vorübergehend $\xi := \cos\theta$ ein, so kann mit $\bar{\Theta}(\xi) := \Theta(\theta(\xi))$ und $\mathrm{d}\xi = -\sin\theta\mathrm{d}\theta$ die Differentialgleichung geschrieben werden als:

$$\frac{\mathrm{d}}{\mathrm{d}\xi}\left[(1-\xi^2)\frac{\mathrm{d}\bar{\Theta}_{lm}(\xi)}{\mathrm{d}\xi}\right] + \left[l(l+1) - \frac{m^2}{1-\xi^2}\right]\bar{\Theta}_{lm}(\xi) = 0. \tag{3.19}$$

Diese Differentialgleichung ist in der Mathematik bekannt als die **Legendre-Differentialgleichung**, und ihre Lösungen können mit Hilfe der **zugeordneten Legendre-Polynome** $\mathrm{P}_l^m(\xi)$ geschrieben werden:

$$\bar{\Theta}_{lm}(\xi) = C_{lm}\mathrm{P}_l^m(\xi) \tag{3.20}$$

mit einer zu bestimmenden Normierungskonstanten C_{lm}. Da die Eigenzustände $|l, m\rangle$ normiert sind, muss gelten:

$$\begin{aligned}\langle l', m'|l, m\rangle &= \int \mathrm{d}\Omega \, \langle l', m'|\boldsymbol{e}_r\rangle \, \langle \boldsymbol{e}_r|l, m\rangle \\ &= \int_0^{2\pi} \mathrm{d}\phi \int_0^{\pi} \mathrm{d}\theta \sin\theta \mathrm{Y}^*_{l',m'}(\theta,\phi)\mathrm{Y}_{lm}(\theta,\phi) \stackrel{!}{=} \delta_{l',l}\delta_{m',m},\end{aligned} \tag{3.21}$$

unter Verwendung der Vollständigkeitsrelation für die Richtungseigenzustände $\{\ |\boldsymbol{e}_r\rangle\ \}$:

$$\int \mathrm{d}\Omega \, |\boldsymbol{e}_r\rangle \, \langle \boldsymbol{e}_r| = \mathbb{1}. \tag{3.22}$$

Also ist mit (3.18) und (3.20):

$$\begin{aligned}\int_0^{2\pi} \mathrm{d}\phi \int_0^{\pi} \mathrm{d}\theta \sin\theta |\mathrm{Y}_{lm}(\theta,\phi)|^2 &= \frac{|C_{lm}|^2}{2\pi}\int_0^{2\pi} \mathrm{d}\phi \int_0^{\pi} \mathrm{d}\theta \sin\theta |\mathrm{P}_l^m(\cos\theta)|^2 \stackrel{!}{=} 1 \\ \Longrightarrow C_{lm} &= \sqrt{\left(\frac{2l+1}{2}\right)\frac{(l-m)!}{(l+m)!}},\end{aligned}$$

wobei in der letzten Zeile (3.51) verwendet wurde. Setzen wir diesen Ausdruck in (3.20) ein, können wir für die Funktionen $\Theta_{lm}(\theta)$ schreiben:

$$\Theta_{lm}(\theta) = \sqrt{\left(\frac{2l+1}{2}\right)\frac{(l-m)!}{(l+m)!}}\mathrm{P}_l^m(\cos\theta),$$

und erhalten somit den endgültigen Ausdruck für die Eigenfunktionen von $\hat{\boldsymbol{L}}^2, \hat{L}_z$, die sogenannten **Kugelflächenfunktionen** $\mathrm{Y}_{lm}(\theta,\phi)$ (englisch: *"spherical harmonics"*):

$$\mathrm{Y}_{lm}(\theta,\phi) = \sqrt{\left(\frac{2l+1}{4\pi}\right)\frac{(l-m)!}{(l+m)!}}\mathrm{P}_l^m(\cos\theta)\mathrm{e}^{im\phi}, \tag{3.23}$$

mit $l \in \{0, 1, 2, \dots\}$ und $m \in \{-l, -l+1, \dots, l-1, l\}$.

Wir wollen noch einige Eigenschaften der Kugelflächenfunktionen zeigen. Wir haben bereits in (3.21) gesehen, dass sie als gemeinsame Eigenfunktionen von $\hat{\boldsymbol{L}}^2$ und $\hat{L}_z$ eine Orthonormalbasis im Hilbert-Raum der auf der Einheitskugel S^2 quadratintegrablen Funktionen von θ und ϕ darstellen. Nun können wir schnell die Vollständigkeit zeigen. Aus

$$\sum_{m=-l}^{l} |l, m\rangle \langle l, m| = \mathbb{1}_l$$

folgt:

$$\begin{aligned}\sum_m \langle \boldsymbol{e}_r | l, m\rangle \langle l, m | \boldsymbol{e}_{r'}\rangle &= \sum_m \mathrm{Y}^*_{lm}(\theta', \phi')\mathrm{Y}_{lm}(\theta, \phi)\\ &= \delta(\cos\theta - \cos\theta')\delta(\phi - \phi') \qquad (3.24)\\ &= \frac{\delta(\theta - \theta')}{\sin\theta}\delta(\phi - \phi'), \qquad (3.25)\end{aligned}$$

wobei wir die Vollständigkeitsrelation (3.36) für die Legendre-Polynome verwendet haben.

Es ist in der Ortsdarstellung leicht zu zeigen, dass $|l, m\rangle$ ein Eigenzustand zum Paritätsoperator $\hat{\mathcal{P}}$ mit Eigenwert $(-1)^l$ ist: Eine Paritätsoperation $\boldsymbol{r} \mapsto -\boldsymbol{r}$ führt in Kugelkoordinaten zu $r' = r$, $\theta' = \pi - \theta$ und $\phi' = \pi + \phi$. Das führt zu:

$$\mathrm{P}_l^m(\cos\theta') = \mathrm{P}_l^m(-\cos\theta) = (-1)^{l+m}\mathrm{P}_l^m(\cos\theta)$$

und

$$\mathrm{e}^{\mathrm{i}m\phi'} = \mathrm{e}^{\mathrm{i}m\pi}\mathrm{e}^{\mathrm{i}m\phi} = (-1)^m\mathrm{e}^{\mathrm{i}m\phi}.$$

Da aber $\mathrm{Y}_{lm}(\theta, \phi) \sim \mathrm{P}_l^m(\cos\theta)\mathrm{e}^{\mathrm{i}m\phi}$, wird durch die Paritätsoperation $\mathrm{Y}_{lm}(\theta, \phi)$ auf $\mathrm{Y}_{lm}(\theta', \phi') = (-1)^l\mathrm{Y}_{lm}(\theta, \phi)$ abgebildet. Wir werden in Abschnitt 20 den Paritätsoperator formal betrachten.

Eigenfunktionen von $\hat{\boldsymbol{L}}^2$: algebraische Methode

Während die Herleitung der Eigenwerte und -funktionen von $\hat{\boldsymbol{L}}^2, \hat{L}_z$ aus der Legendre-Differentialgleichung heraus den Vorteil hat, dass sie schnell und einfach ist, sofern man eben die Vertrautheit mit dieser und den auftretenden speziellen Funktionen voraussetzt, ist die im Folgenden vorgestellte algebraische Methode konstruktiv und geht den gleichen Weg, den wir in Abschnitt 2 beschritten haben, als wir das Spektrum der Drehimpulsoperatoren $\hat{\boldsymbol{J}}^2, \hat{J}_z$ algebraisch hergeleitet haben, diesmal nur eben für die Operatoren $\hat{\boldsymbol{L}}^2, \hat{L}_z$ des Bahndrehimpuls und in Ortsdarstellung.

Daher beginnen wir an dieser Stelle mit der Feststellung, dass die Wirkung von $\hat{L}_+$ auf Y_{ll} null ergibt, da ein weiteres Aufsteigen der Quantenzahl m über l hinaus nicht möglich ist. Mit (3.9) kann man dann schreiben:

$$\begin{aligned}&\langle \boldsymbol{e}_r | \hat{L}_+ | l, l\rangle = \hat{L}_+\mathrm{Y}_{ll}(\theta, \phi) = 0\\ \Longrightarrow\ &\frac{\hbar\mathrm{e}^{\mathrm{i}\phi}}{\sqrt{2\pi}}\left[\frac{\partial}{\partial\theta} + \mathrm{i}\cot\theta\frac{\partial}{\partial\phi}\right]\Theta_{ll}(\theta)\mathrm{e}^{\mathrm{i}l\phi} = 0,\end{aligned}$$

was schnell zu

$$\frac{1}{\Theta_{ll}(\theta)}\frac{\partial\Theta_{ll}(\theta)}{\partial\theta} = l\cot\theta$$

umgeformt werden kann. Die Lösungen zu dieser Differentialgleichung sind von der Form

$$\Theta_{ll}(\theta) = C_l \sin^l\theta,$$

mit einer Normierungskonstanten C_l, die sich aus (3.20) ergibt und den Wert

$$C_l = \frac{(-1)^l}{2^l l!}\sqrt{\frac{(2l+1)!}{4\pi}}$$

besitzt. Damit ist

$$\mathrm{Y}_{ll}(\theta,\phi) = \frac{(-1)^l}{2^l l!}\sqrt{\frac{(2l+1)!}{4\pi}}\sin^l\theta e^{il\phi}.$$

Wir beachten nun, dass

$$l\cot\theta = \frac{1}{\sin^l\theta}\frac{\mathrm{d}}{\mathrm{d}\theta}\sin^l\theta,$$

und somit ist

$$\begin{aligned}
\hat{L}_-\mathrm{Y}_{ll}(\theta,\phi) &= -\hbar\frac{(-1)^l}{2^l l!}\sqrt{\frac{(2l+1)!}{4\pi}}\mathrm{e}^{-\mathrm{i}\phi}\left(\frac{\partial}{\partial\theta} - \mathrm{i}\cot\theta\frac{\partial}{\partial\phi}\right)\sin^l\theta\mathrm{e}^{\mathrm{i}l\phi}\\
&= -\hbar\frac{(-1)^l}{2^l l!}\sqrt{\frac{(2l+1)!}{4\pi}}\mathrm{e}^{\mathrm{i}(l-1)\phi}\left(\frac{\mathrm{d}}{\mathrm{d}\theta} + l\cot\theta\right)\sin^l\theta\\
&= -\hbar\frac{(-1)^l}{2^l l!}\sqrt{\frac{(2l+1)!}{4\pi}}\mathrm{e}^{\mathrm{i}(l-1)\phi}\left(\frac{\mathrm{d}}{\mathrm{d}\theta} + \frac{1}{\sin^l\theta}\frac{\mathrm{d}}{\mathrm{d}\theta}\sin^l\theta\right)\sin^l\theta\\
&= -\hbar\frac{(-1)^l}{2^l l!}\sqrt{\frac{(2l+1)!}{4\pi}}\mathrm{e}^{\mathrm{i}(l-1)\phi}\frac{1}{\sin^l\theta}\frac{\mathrm{d}}{\mathrm{d}\theta}(\sin^2\theta)^l,
\end{aligned}$$

wobei wir in der letzten Zeile die umgekehrte Kettenregel verwendet haben.

Wenden wir jetzt noch $\mathrm{d}(\cos\theta) = -\sin\theta\mathrm{d}\theta$ an:

$$\hat{L}_-\mathrm{Y}_{ll}(\theta,\phi) = \hbar\frac{(-1)^l}{2^l l!}\sqrt{\frac{(2l+1)!}{4\pi}}\mathrm{e}^{\mathrm{i}(l-1)\phi}\frac{1}{\sin^{l-1}\theta}\frac{\mathrm{d}}{\mathrm{d}(\cos\theta)}(1-\cos^2\theta)^l.$$

Induktiv kann man nun zeigen, dass

$$(\hat{L}_-)^n\mathrm{Y}_{ll}(\theta,\phi) = \hbar^n\frac{(-1)^l}{2^l l!}\sqrt{\frac{(2l+1)!}{4\pi}}\mathrm{e}^{\mathrm{i}(l-n)\phi}\frac{1}{\sin^{l-n}\theta}\frac{\mathrm{d}^n}{\mathrm{d}(\cos\theta)^n}(\sin^2\theta)^l. \tag{3.26}$$

Beweis. Wir setzen, um die Notation zu vereinfachen:

$$K := \frac{(-1)^l}{2^l l!}\sqrt{\frac{(2l+1)!}{4\pi}}.$$

Für $n = 1$ haben wir die Behauptung gerade bewiesen. Daher nehmen wir nun an, dass die Behauptung für n gilt, und schließen auf $n + 1$:

$$\begin{aligned}
(\hat{L}_-)^{n+1}\mathrm{Y}_{ll}(\theta,\phi) &= K(-\hbar)\mathrm{e}^{-\mathrm{i}\phi}\left(\frac{\partial}{\partial\theta} - \mathrm{i}\cot\theta\frac{\partial}{\partial\phi}\right)\hbar^n\mathrm{e}^{\mathrm{i}(l-n)\phi}\frac{1}{\sin^{l-n}\theta}\frac{\mathrm{d}^n}{\mathrm{d}(\cos\theta)^n}(\sin^2\theta)^l \\
&= K(-\hbar)\hbar^n\mathrm{e}^{\mathrm{i}(l-(n+1))\phi}\left(\frac{\mathrm{d}}{\mathrm{d}\theta} + (l-n)\cot\theta\right)\frac{1}{\sin^{l-n}\theta}\frac{\mathrm{d}^n}{\mathrm{d}(\cos\theta)^n}(\sin^2\theta)^l \\
&= K(-\hbar)\hbar^n\mathrm{e}^{\mathrm{i}(l-(n+1))\phi}\left(\frac{\mathrm{d}}{\mathrm{d}\theta} + \frac{1}{\sin^{l-n}\theta}\frac{\mathrm{d}}{\mathrm{d}\theta}\sin^{l-n}\theta\right)\frac{1}{\sin^{l-n}\theta}\frac{\mathrm{d}^n}{\mathrm{d}(\cos\theta)^n}(\sin^2\theta)^l \\
&= K\hbar^{n+1}\mathrm{e}^{\mathrm{i}(l-(n+1))\phi}\frac{1}{\sin^{l-(n+1)}}\frac{\mathrm{d}^{n+1}}{\mathrm{d}(\cos\theta)^{n+1}}(\sin^2\theta)^l.
\end{aligned}$$

Damit ist (3.26) bewiesen. ■

Setzen wir nun speziell $n = l - m (m \geq 0)$, so erhalten wir:

$$(\hat{L}_-)^{l-m}\mathrm{Y}_{ll}(\theta,\phi) = \hbar^{l-m}\frac{(-1)^l}{2^l l!}\sqrt{\frac{(2l+1)!}{4\pi}}\mathrm{e}^{\mathrm{i}m\phi}\sin^{-m}\theta\frac{\mathrm{d}^{l-m}}{\mathrm{d}(\cos\theta)^{l-m}}(\sin^2\theta)^l, \tag{3.27}$$

und es bleibt nun, diese Konstruktionsvorschrift mit den $\mathrm{Y}_{lm}(\theta,\phi)$ in Verbindung zu bringen. Aus (2.31) können wir aber ableiten:

$$\mathrm{Y}_{lm}(\theta,\phi) = \frac{1}{\hbar^{l-m}}\sqrt{\frac{(l+m)!}{(2l)!(l-m)!}}(\hat{L}_-)^{l-m}\mathrm{Y}_{ll}(\theta,\phi). \tag{3.28}$$

Ein Vergleich von (3.27) und (3.28) ergibt nun:

$$\begin{aligned}
\mathrm{Y}_{lm}(\theta,\phi) &= \sqrt{\frac{(l+m)!}{(2l)!(l-m)!}}\frac{1}{2^l l!}\sqrt{\frac{(2l+1)!}{4\pi}}\mathrm{e}^{\mathrm{i}m\phi}\sin^{-m}\theta\frac{\mathrm{d}^{l-m}}{\mathrm{d}(\cos\theta)^{l-m}}(-\sin^2\theta)^l \\
&= \sqrt{\left(\frac{2l+1}{4\pi}\right)\frac{(l-m)!}{(l+m)!}}\mathrm{e}^{\mathrm{i}m\phi}\mathrm{P}_l^m(\cos\theta),
\end{aligned}$$

in Übereinstimmung mit (3.23), wenn für $\mathrm{P}_l^m(\cos\theta)$ hier der alternative Ausdruck (3.50) verwendet wird.

Auf dasselbe Ergebnis wären wir selbstverständlich auch gekommen, wenn wir als Ausgangspunkt nicht die Relation $\hat{L}_+|l,l\rangle = 0$ genommen hätten, sondern $\hat{L}_-|l,-l\rangle = 0$, und wir uns dann mittels der aufsteigenden Leiteroperatoren $\hat{L}_+$ gewissermaßen „nach oben gehangelt" hätten. Wir wären dann anstatt auf (3.27) auf die alternativen Ausdrücke für die $\mathrm{P}_l^m(\cos\theta)$ gestoßen und hätten die alternativen Rekursionsrelationen (2.32) verwendet.

Mathematischer Einschub 1: Legendre-Polynome

Die **Legendre-Polynome** $\mathrm{P}_l(x)$ mit $l = 0, 1, 2, \ldots$ bilden ein fundamentales Lösungssystem der **Legendre-Differentialgleichung**:

$$\left[(1-x^2)\frac{d^2}{dx^2} - 2x\frac{d}{dx} + l(l+1)\right] P_l(x) = 0, \tag{3.29}$$

und sie erfüllen die Rekursionsrelationen:

$$P'_{l+1}(x) - xP'_l(x) = (l+1)P_l(x), \tag{3.30}$$
$$(l+1)P_{l+1}(x) = (2l+1)xP_l(x) - lP_{l-1}(x), \tag{3.31}$$
$$xP'_l(x) - P'_{l-1}(x) = lP_l(x), \tag{3.32}$$
$$P'_{l+1}(x) - P'_{l-1}(x) = (2l+1)P_l(x), \tag{3.33}$$
$$(x^2-1)P'_l(x) = lxP_l(x) - lP_{l-1}(x). \tag{3.34}$$

Der allgemeine Ausdruck für $P_l(x)$ ist:

$$P_l(x) = \frac{1}{2^l}\sum_{n=0}^{[l/2]} \frac{(-1)^n}{n!}\frac{(2l-2n)!}{(l-n)!(l-2n)!}x^{l-2n}. \tag{3.35}$$

Sie bilden ein vollständiges Orthogonalsystem im Raum der quadratintegrablen Funktionen über $[-1,+1]$, also über $L^2[-1,+1]$:

$$\frac{1}{2}\sum_{l=0}^{\infty}(2l+1)P_l(x')P_l(x) = \delta(x-x'), \tag{3.36}$$

$$\int_{-1}^{1} P_l(x)P_{l'}(x)dx = \frac{2}{2l+1}\delta_{l,l'}. \tag{3.37}$$

Die **Rodrigues-Formel** lautet:

$$P_l(x) = \frac{1}{2^l l!}\frac{d^l}{dx^l}(x^2-1)^l, \tag{3.38}$$

woraus sofort

$$P_l(-x) = (-1)^l P_l(x) \tag{3.39}$$

folgt.

Für $|z| < 1$ besitzen die Legendre-Polynome die **erzeugende Funktion**

$$(1-2zx+z^2)^{-1/2} = \sum_{l=0}^{\infty} P_l(x)z^l, \tag{3.40}$$

sowie die Integraldarstellung

$$\mathrm{P}_l(x) = \frac{1}{2^l 2\pi \mathrm{i}} \oint_C \frac{(z^2-1)^l}{(z-x)^{l+1}} \mathrm{d}z, \tag{3.41}$$

wobei der Weg C den Punkt $z = x$ mit positiver Windungszahl umläuft.

Für $l = 0 \ldots 5$ lauten die ersten $\mathrm{P}_l(x)$ explizit:

$$\mathrm{P}_0(x) = 1, \qquad \mathrm{P}_3(x), = \frac{1}{2}(5x^3 - 3x),$$

$$\mathrm{P}_1(x) = x, \qquad \mathrm{P}_4(x), = \frac{1}{8}(35x^4 - 30x^2 + 3),$$

$$\mathrm{P}_2(x) = \frac{1}{2}(3x^2 - 1), \qquad \mathrm{P}_5(x) = \frac{1}{8}(63x^5 - 70x^3 + 15x).$$

Die **zugeordneten Legendre-Polynome** $\mathrm{P}_l^m(x)$ mit $m = -l, -l+1, \ldots, l-1, l$ stellen ein fundamentales Lösungssystem der **zugeordneten Legendre-Differentialgleichung**:

$$\left[(1-x^2)\frac{\mathrm{d}^2}{\mathrm{d}x^2} - 2x\frac{\mathrm{d}}{\mathrm{d}x} + l(l+1) - \frac{m^2}{1-x^2}\right]\mathrm{P}_l^m(x) = 0 \tag{3.42}$$

dar und erfüllen die folgenden Rekursionsrelationen:

$$\mathrm{P}_l^{m+1}(x) = -\frac{2mx}{\sqrt{1-x^2}}\mathrm{P}_l^m(x) - [l(l+1) - m(m-1)]\,\mathrm{P}_l^{m-1}(x), \tag{3.43}$$

$$(l-m+1)\mathrm{P}_{l+1}^m(x) = (2l+1)x\mathrm{P}_l^m(x) - (l+m)\mathrm{P}_{l-1}^m(x), \tag{3.44}$$

$$(2l+1)\sqrt{1-x^2}\mathrm{P}_l^m(x) = \mathrm{P}_{l-1}^{m+1}(x) - \mathrm{P}_{l+1}^{m+1}(x) \tag{3.45}$$

$$= (l-m+1)(l-m+2)\mathrm{P}_{l+1}^{m-1}(x) - (l+m)(l+m-1)\mathrm{P}_{l-1}^{m-1}(x). \tag{3.46}$$

Sie hängen bei gegebenem l und zunächst für $m > 0$ mit den Legendre-Polynomen zusammen über:

$$\mathrm{P}_l^m(x) = (-1)^m(1-x^2)^{m/2}\frac{\mathrm{d}^m}{\mathrm{d}x^m}\mathrm{P}_l(x). \tag{3.47}$$

Der Faktor $(-1)^m$ ist hierbei Konvention und wird auch **Condon–Shortley-Phasenfaktor** genannt. Der Ausdruck (3.47) lässt sich für den gesamten Bereich $l \geq m \geq -l$ fortsetzen, denn wie sich zeigen lässt, sind die resultierenden Ausdrücke für $\mathrm{P}_l^{\pm m}$ zueinander proportional:

$$\mathrm{P}_l^{-m}(x) = c_{lm}\mathrm{P}_l^m(x).$$

Betrachten wir hierzu in der Relation

$$\frac{\mathrm{d}^{l-m}}{\mathrm{d}x^{l-m}}(x^2-1)^l = c_{lm}(1-x^2)^m \frac{\mathrm{d}^{l+m}}{\mathrm{d}x^{l+m}}(x^2-1)^l$$

die verallgemeinerte Produktregel für Ableitungen, auch als Leibniz-Regel bekannt:

$$\begin{aligned}
\frac{\mathrm{d}^{l-m}}{\mathrm{d}x^{l-m}}(x^2-1)^l &= \frac{\mathrm{d}^{l-m}}{\mathrm{d}x^{l-m}}\left[(x+1)^l(x-1)^l\right] \\
&= \sum_{k=0}^{l-m}\binom{l-m}{k}\left[(x+1)^l\right]^{(k)}\left[(x-1)^l\right]^{(l-m-k)} \\
&= \sum_{k=0}^{l-m}\binom{l-m}{k}\frac{l!}{(l-k)!}(x+1)^{l-k}\frac{l!}{(m+k)!}(x-1)^{m+k},
\end{aligned}$$

und analog:

$$\begin{aligned}
\frac{\mathrm{d}^{l+m}}{\mathrm{d}x^{l+m}}(x^2-1)^l &= \frac{\mathrm{d}^{l+m}}{\mathrm{d}x^{l+m}}\left[(x+1)^l(x-1)^l\right] \\
&= \sum_{k=0}^{l+m}\binom{l+m}{k}\left[(x+1)^l\right]^{(k)}\left[(x-1)^l\right]^{(l+m-k)} \\
&= \sum_{k=m}^{l}\binom{l+m}{k}\frac{l!}{(l-k)!}(x+1)^{l-k}\frac{l!}{(k-m)!}(x-1)^{k-m} \\
&= \sum_{k=0}^{l-m}\binom{l+m}{k+m}\frac{l!}{(l-k-m)!}(x+1)^{l-k-m}\frac{l!}{k!}(x-1)^{k},
\end{aligned}$$

wobei wir berücksichtigt haben, dass keiner der beiden Faktoren öfters als l-fach abgeleitet werden muss, da alle höheren Ableitungen identisch verschwinden, also stets gelten muss: $l \geq k \geq m$. In der letzten Zeile haben wir die Ersetzung $k \mapsto k+m$ gemacht.

Dann ist aber:

$$\begin{aligned}
c_{lm}(1-x^2)^m\frac{\mathrm{d}^{l+m}}{\mathrm{d}x^{l+m}}(x^2-1)^l &= c_{lm}(-1)^m(x^2-1)^m\frac{\mathrm{d}^{l+m}}{\mathrm{d}x^{l+m}}(x^2-1)^l \\
&= c_{lm}(-1)^m\sum_{k=0}^{l-m}\binom{l+m}{k+m}\frac{l!}{(l-k-m)!} \\
&\qquad \times (x+1)^{l-k}\frac{l!}{k!}(x-1)^{m+k},
\end{aligned}$$

so dass wir nur noch die Fakultäten im einzelnen Summanden ausdividieren müssen, um zu erhalten:

$$c_{lm} = (-1)^m \frac{(l-m)!}{(l+m)!},$$

und daher gilt:

$$\mathrm{P}_l^{-m}(x) = (-1)^m \frac{(l-m)!}{(l+m)!} \mathrm{P}_l^m(x). \tag{3.48}$$

Somit haben sich zwei alternative Ausdrücke für die zugeordneten Legendre-Polynome ergeben:

$$\mathrm{P}_l^m(x) = (-1)^m \frac{1}{2^l l!} (1-x^2)^{m/2} \frac{\mathrm{d}^{l+m}}{\mathrm{d}x^{l+m}} (x^2-1)^l \tag{3.49}$$

$$= \frac{1}{2^l l!} \frac{(l+m)!}{(l-m)!} (1-x^2)^{-m/2} \frac{\mathrm{d}^{l-m}}{\mathrm{d}x^{l-m}} (x^2-1)^l. \tag{3.50}$$

Für die zugeordneten Legendre-Funktionen gilt folgende Orthonormierung:

$$\int_{-1}^{1} \mathrm{d}x \mathrm{P}_l^m(x) \mathrm{P}_{l'}^m(x) = \frac{2}{2l+1} \frac{(l+m)!}{(l-m)!} \delta_{l,l'}. \tag{3.51}$$

Und aus (3.47,3.38) können sofort

$$\mathrm{P}_l^m(-x) = (-1)^{l+m} \mathrm{P}_l^m(x) \tag{3.52}$$

geschlossen werden. Außerdem sieht man, dass für alle l

$$\mathrm{P}_l^0(x) = \mathrm{P}_l(x) \tag{3.53}$$

gilt. Die ersten zugeordneten Legendre-Polynome für $m \neq 0$ lauten explizit:

$$\mathrm{P}_1^1(x) = -\sqrt{1-x^2}, \qquad \mathrm{P}_2^1(x) = -3x\sqrt{1-x^2},$$

$$\mathrm{P}_2^2(x) = 3(1-x^2), \qquad \mathrm{P}_3^1(x) = -\frac{3}{2}(5x^2-1)\sqrt{1-x^2},$$

$$\mathrm{P}_3^2(x) = 15x(1-x^2), \qquad \mathrm{P}_3^3(x) = -15(1-x^2)^{3/2},$$

und es ist ersichtlich, dass sie trotz der üblichen Bezeichnung im Allgemeinen gar keine Polynome sind.

Mathematischer Einschub 2: Kugelflächenfunktionen

Die **Kugelflächenfunktionen** (englisch: *"spherical harmonics"*) $\mathrm{Y}_{lm}(\theta, \phi)$ stellen ein vollständiges und orthonormiertes Eigenfunktionssystem des lateralen Laplace-Operators ∇^2_Ω dar und bilden ein fundamentales Lösungssystem der Differentialgleichungen:

$$\left[\frac{1}{\sin\theta}\frac{\partial}{\partial\theta}\left(\sin\theta\frac{\partial}{\partial\theta}\right)+\frac{1}{\sin^2\theta}\frac{\partial^2}{\partial\phi^2}\right]\mathrm{Y}_{lm}(\theta,\phi)=l(l+1)\mathrm{Y}_{lm}(\theta,\phi), \tag{3.54}$$

$$-\mathrm{i}\frac{\partial}{\partial\theta}\mathrm{Y}_{lm}(\theta,\phi)=m\mathrm{Y}_{lm}(\theta,\phi), \tag{3.55}$$

mit den Parametern l, m wie bei den zugeordneten Legendre-Polynomen. Ihr Zusammenhang mit diesen ist gegeben durch:

$$\mathrm{Y}_{lm}(\theta,\phi)=\sqrt{\left(\frac{2l+1}{4\pi}\right)\frac{(l-m)!}{(l+m)!}}\mathrm{P}_l^m(\cos\theta)\mathrm{e}^{\mathrm{i}m\phi}, \tag{3.56}$$

und man sieht daher, dass gilt:

$$\mathrm{Y}_{l,-m}(\theta,\phi)=(-1)^m\mathrm{Y}^*_{lm}(\theta,\phi), \tag{3.57}$$

$$\mathrm{Y}_{lm}(\pi-\theta,\phi+\pi)=(-1)^l\mathrm{Y}_{lm}(\theta,\phi). \tag{3.58}$$

Für den Spezialfall $m = 0$ lauten die Kugelflächenfunktionen:

$$\mathrm{Y}_{l,0}(\theta,\phi)=\sqrt{\frac{2l+1}{4\pi}}\mathrm{P}_l(\cos\theta). \tag{3.59}$$

In älteren Darstellungen wird der optionale **Condon–Shortley-Phasenfaktor** $(-1)^m$ nicht in der Definition (3.47) der zugeordneten Legendre-Polynome eingeführt, sondern in (3.56) – der Effekt ist natürlich derselbe.

Die Kugelflächenfunktionen bilden ein vollständiges Orthonormalsystem in $L^2(S^2)$:

$$\int \mathrm{d}\Omega\mathrm{Y}^*_{l',m'}(\theta,\phi)\mathrm{Y}_{lm}(\theta,\phi)=\delta_{l',l}\delta_{m',m}, \tag{3.60}$$

$$\sum_m \mathrm{Y}^*_{lm}(\theta',\phi')\mathrm{Y}_{lm}(\theta,\phi)=\delta(\cos\theta-\cos\theta')\delta(\phi-\phi') \tag{3.61}$$

$$=\frac{\delta(\theta-\theta')}{\sin\theta}\delta(\phi-\phi'), \tag{3.62}$$

mit

$$\int \mathrm{d}\Omega\cdots=\int_0^{2\pi}\mathrm{d}\phi\int_0^{\pi}\mathrm{d}\theta\sin\theta\ldots. \tag{3.63}$$

Ferner kann man aus den Definitionen der Legendre-Polynome schnell zeigen, dass gilt:

$$Y_{lm}(0, \phi) = \sqrt{\frac{2l+1}{4\pi}}\,\delta_{m,0}, \tag{3.64}$$

das heißt, wenn $\theta = 0$ ist – der Richtungseinheitsvektor also entlang der z-Achse liegt, ist ϕ unbestimmt, und $Y_{l,0}(0, \phi)$ ist dann konstant.

Die Kugelflächenfunktionen für $l = 0, 1, 2$ in Kugelkoordinaten und in kartesischen Koordinaten lauten explizit:

Y_{lm} in Kugelkoordinaten	Y_{lm} in kartesischen Koordinaten
$Y_{00}(\theta, \phi) = \frac{1}{\sqrt{4\pi}}$	$Y_{00}(x, y, z) = \frac{1}{\sqrt{4\pi}}$
$Y_{10}(\theta, \phi) = \sqrt{\frac{3}{4\pi}}\cos\theta$	$Y_{10}(x, y, z) = \sqrt{\frac{3}{4\pi}}\frac{z}{r}$
$Y_{1,\pm1}(\theta, \phi) = \mp\sqrt{\frac{3}{8\pi}}e^{\pm i\phi}\sin\theta$	$Y_{1,\pm1}(x, y, z) = \mp\sqrt{\frac{3}{8\pi}}\frac{x \pm iy}{r}$
$Y_{20}(\theta, \phi) = \sqrt{\frac{5}{16\pi}}(3\cos^2\theta - 1)$	$Y_{20}(x, y, z) = \sqrt{\frac{5}{16\pi}}\frac{3z^2 - r^2}{r^2}$
$Y_{2,\pm1}(\theta, \phi) = \mp\sqrt{\frac{15}{8\pi}}e^{\pm i\phi}\sin\theta\cos\theta$	$Y_{2,\pm1}(x, y, z) = \mp\sqrt{\frac{15}{8\pi}}\frac{(x \pm iy)z}{r^2}$
$Y_{2,\pm2}(\theta, \phi) = \sqrt{\frac{15}{32\pi}}e^{2i\phi}\sin^2\theta$	$Y_{2,\pm2}(x, y, z) = \sqrt{\frac{15}{32\pi}}\frac{x^2 - y^2 \pm 2ixy}{r^2}$

4 Der Spin I: formale Grundlagen

Wir sind in Abschnitt I-11 auf die Entdeckungsgeschichte des Spin eingegangen und haben das historisch wichtige Stern–Gerlach-Experiment beschrieben, das einige Zeit später durch das Spinpostulat korrekt gedeutet werden konnte: In Anlehnung an die Formel aus der klassischen Elektrodynamik für das magnetische Dipolmoment eines Teilchens mit Ladung q und Masse m auf einer Kreisbahn:

$$\boldsymbol{\mu}_l = \frac{q}{2mc}\boldsymbol{L}$$

ist mit dem Spin des Elektrons mit Ladung $q = -e$ und Masse m_e ebenfalls ein magnetisches Dipolmoment verknüpft, genannt **magnetisches Spin-Moment**:

$$\boldsymbol{\mu}_s = -g_s \frac{e}{2m_\mathrm{e}c}\boldsymbol{S}, \tag{4.1}$$

wobei g_s das sogenannte **gyromagnetische Verhältnis** oder den **Landé-Faktor** des Elektrons darstellt und experimentell zu etwa $g_s \approx 2$ bestimmt wurde. Aus der Aufspaltung des Elektronenstrahls in zwei Teilstrahlen war dann abzuleiten, dass zum Spin $\hat{\boldsymbol{S}}$ des Elektrons als quantenmechanischen Drehimpuls die Quantenzahlen $s = \frac{1}{2}$ und $m_s \in \{-\frac{1}{2}, \frac{1}{2}\}$ gehören.

In der Natur zeigt sich, dass jedes Elementarteilchen einen spezifischen Spin besitzt. Teilchen mit ganzahligem Spin ($s = 0, 1, 2, \dots$) werden **Bosonen** genannt, diejenigen mit halbzahligem Spin ($s = \frac{1}{2}, \frac{3}{2}, \dots$) werden **Fermionen** genannt. Es ist an dieser Stelle jedoch festzuhalten, dass das Elektron wie viele andere Elementarteilchen auch nach heutigem Kenntnisstand ein Punktteilchen ist, also keine innere Struktur besitzt. Die Vorstellung eines sich um die eigene Achse drehenden Teilchens ist daher irreführend. In den meisten Lehrbuchdarstellungen wird daher konstatiert, Spin sei eine rein quantenmechanische Eigenschaft ohne klassisches Gegenstück. Diese Sichtweise ist jedoch ebenfalls irreführend: bei einem Punktteilchen ist die Größe Spin nicht problematischer als die Größe Masse, die zu einer singulären Dichte führt. Richtig ist, dass es beispielsweise nicht möglich ist, halbzahlige Drehimpulse „klassisch", also als Bahndrehimpuls zu konstruieren, da sie verbunden sind mit der Fundamentaldarstellung der SU(2) und damit in der Tat ein reines Quantenphänomen. Weil Spin auch unabhängig von den räumlichen Freiheitsgraden ist, gibt es auch keine Ortsdarstellung von $\hat{\boldsymbol{S}}$.

Eine bessere Sichtweise ist daher die, dass punktförmige Elementarteilchen wie Elektronen neben der (Ruhe-)Masse eben noch eine weitere intrinsische Eigenschaft besitzen, nämlich Spin. Denn beide Eigenschaften, Masse und Spin, tragen ja letztendlich auch im klassischen Grenzfall zu bekannten mechanischen Größen wie Gesamtmasse und Gesamtdrehimpuls bei. In Abschnitt 19 werden wir sehen, wie sich die Existenz des Spins wie auch der Masse aus der Darstellungstheorie der Galilei-Gruppe ableiten lässt und in den nächsten Abschnitten, wie sich das gyromagnetische Verhältnis $g_s = 2$ aus der linearisierten Schrödinger-Gleichung für Spin-$\frac{1}{2}$-Teilchen, beziehungsweise heuristisch ableiten lässt.

Spin erweitert den Zustandsraum eines Teilchens um eine neue Dimension: der Hilbert-Raum der physikalischen Zustände $\mathcal{H}$ ist das Tensorprodukt des bisherigen Zustandsraums

$\mathcal{H}_B$, für den es unter anderem eine Orts- oder Impulsdarstellung gibt, und des **Spin-Raums** $\mathcal{H}_S$:

$$\mathcal{H} = \mathcal{H}_B \otimes \mathcal{H}_S. \tag{4.2}$$

Ist $\{ \mid \psi_n\rangle \}$ eine vollständige Orthonormalbasis in $\mathcal{H}_B$ (für die es eine Ortsdarstellung gibt), so bilden die direkten Produktzustände aus dem räumlichen Zustandsteil $|\psi_n\rangle$ und dem Spin-Teil $|s, m_s\rangle$:

$$|\Psi_{n,s,m_s}\rangle = |\psi_n\rangle\,|s, m_s\rangle \tag{4.3}$$

ein vollständiges Orthonormalsystem in $\mathcal{H}$. Die Elemente $|s, m_s\rangle \in \mathcal{H}_S$ werden **Spinoren** genannt. Ein allgemeiner Zustand $|\Psi\rangle$ ist für gegebenes s dann eine Linearkombination von Eigenzuständen gemäß:

$$|\Psi\rangle = \sum_{n,m_s} c_{n,m_s}\,|\psi_n\rangle\,|s, m_s\rangle\,,$$

was üblicherweise als Spaltenvektor in der Form

$$|\Psi\rangle = \sum_n \begin{pmatrix} c_{n,s}\psi_n \\ c_{n,s-1}\psi_n \\ \vdots \\ c_{n,-s}\psi_n \end{pmatrix} = \begin{pmatrix} \psi_s \\ \psi_{s-1} \\ \vdots \\ \psi_{-s} \end{pmatrix} \tag{4.4}$$

mit

$$\psi_{m_s} = \sum_n c_{n,m_s}\psi_n \tag{4.5}$$

notiert wird. Die Ket-Symbole werden also der einfacheren Notation halber meist weggelassen und nur für den Zustand im gesamten Hilbert-Raum $\mathcal{H} = \mathcal{H}_B \otimes \mathcal{H}_S$ verwendet.

Da der Spin-Operator $\hat{\boldsymbol{S}}$ nur in $\mathcal{H}_S$ wirkt, kommutiert er mit allen Operatoren in $\mathcal{H}_B$, insbesondere mit dem Drehimpulsoperator $\hat{\boldsymbol{L}}$ und den Ort- und Impulsoperatoren $\hat{\boldsymbol{r}}$, $\hat{\boldsymbol{p}}$:

$$[\mathbb{1}_B \otimes \hat{S}_i, \hat{L}_j \otimes \mathbb{1}_S] = 0, \tag{4.6}$$

$$[\mathbb{1}_B \otimes \hat{S}_i, \hat{r}_j \otimes \mathbb{1}_S] = 0, \tag{4.7}$$

$$[\mathbb{1}_B \otimes \hat{S}_i, \hat{p}_j \otimes \mathbb{1}_S] = 0, \tag{4.8}$$

für jeweils $i \in \{ 1, 2, 3 \}$.

Der Spin-Operator $\hat{\boldsymbol{S}}$ teilt als quantenmechanischer Drehimpuls natürlich alle Eigenschaften des allgemeinen Drehimpulsoperators $\hat{\boldsymbol{J}}$ (siehe Abschnitt 2): er ist ein Vektoroperator mit den Komponenten $\hat{S}_x, \hat{S}_y, \hat{S}_z$, die die Kommutatorrelationen

$$[\hat{S}_i, \hat{S}_j] = \mathrm{i}\hbar\epsilon_{ijk}\hat{S}_k \tag{4.9}$$

erfüllen. Eigenwerte und Eigenzustände sind von der Form:

$$\hat{\boldsymbol{S}}^2\,|s, m_s\rangle = \hbar^2 s(s+1)\,|s, m_s\rangle\,, \tag{4.10}$$

$$\hat{S}_z\,|s, m_s\rangle = \hbar m_s\,|s, m_s\rangle\,, \tag{4.11}$$

mit $s \in \{0, \frac{1}{2}, 1, \frac{3}{2}, \ldots\}$ und $m_s \in \{-s, -s+1, \ldots, s-1, s\}$. Die Eigenzustände $|s, m_s\rangle$ bilden eine vollständige Orthonormalbasis in $\mathcal{H}_S$:

$$\langle s', m_s' | s, m_s \rangle = \delta_{s',s} \delta_{m_s', m_s} , \tag{4.12}$$

$$\sum_{m_s=-s}^{s} |s, m_s\rangle \langle s, m_s| = \mathbb{1}_S . \tag{4.13}$$

Des weiteren gilt mit $\hat{S}_\pm = \hat{S}_x \pm \mathrm{i}\hat{S}_y$:

$$\hat{S}_\pm |s, m_s\rangle = \hbar\sqrt{s(s+1) - m_s(m_s \pm 1)}\, |s, m_s\rangle \tag{4.14}$$

und

$$\langle \hat{S}_x^2 \rangle = \langle \hat{S}_y^2 \rangle = \frac{1}{2} \langle \hat{\boldsymbol{S}}^2 - \hat{S}_z^2 \rangle \tag{4.15}$$

$$= \frac{\hbar^2}{2} \left[s(s+1) - m_s^2 \right] . \tag{4.16}$$

Für Spin-0-Teilchen ist die Wellenfunktion $\psi(\boldsymbol{r})$ eines Ein-Teilchen-Systems wie bislang gegeben durch $\psi(\boldsymbol{r}) = \langle \boldsymbol{r} | \psi \rangle$. Besitzt das Teilchen Spin, ist die Ortsdarstellung gegeben durch:

$$\psi_{m_s}(\boldsymbol{r}) = \langle \boldsymbol{r}, m_s | \psi \rangle . \tag{4.17}$$

Die Quantenzahl m_s repräsentiert dann den Anteil des Zustands im Spin-Raum, und die Wellenfunktion besitzt m_s Komponenten.

Spin-$\frac{1}{2}$ und die Pauli-Matrizen

Für den sehr wichtigen Fall $s = \frac{1}{2}$ lassen sich die Matrixdarstellungen von $\hat{\boldsymbol{S}}^2, \hat{S}_i, \hat{S}_\pm$ sofort aus (2.36–2.41) ableiten, in der Basis, in der $\hat{S}_z$ diagonal ist:

$$\hat{\boldsymbol{S}}^2 = \frac{3\hbar^2}{4} \mathbb{1}_S , \tag{4.18a}$$

$$\hat{S}_z = \frac{\hbar}{2} \begin{pmatrix} 1 & 0 \\ 0 & -1 \end{pmatrix} , \tag{4.18b}$$

$$\hat{S}_x = \frac{\hbar}{2} \begin{pmatrix} 0 & 1 \\ 1 & 0 \end{pmatrix} , \tag{4.18c}$$

$$\hat{S}_y = \frac{\hbar}{2} \begin{pmatrix} 0 & -\mathrm{i} \\ \mathrm{i} & 0 \end{pmatrix} , \tag{4.18d}$$

$$\hat{S}_+ = \hbar \begin{pmatrix} 0 & 1 \\ 0 & 0 \end{pmatrix} , \tag{4.18e}$$

$$\hat{S}_- = \hbar \begin{pmatrix} 0 & 0 \\ 1 & 0 \end{pmatrix} . \tag{4.18f}$$

Die gemeinsamen Eigenvektoren $|s, m_s\rangle$ von $\hat{\boldsymbol{S}}^2$ und $\hat{S}_z$ lassen sich in dieser Darstellung als zweikomponentige Spaltenvektoren schreiben:

$$|+\rangle := \left|\tfrac{1}{2}, \tfrac{1}{2}\right\rangle = \begin{pmatrix} 1 \\ 0 \end{pmatrix}, \tag{4.19}$$

$$|-\rangle := \left|\tfrac{1}{2}, -\tfrac{1}{2}\right\rangle = \begin{pmatrix} 0 \\ 1 \end{pmatrix}. \tag{4.20}$$

Ein allgemeiner Zustand $|\Psi\rangle$ besitzt die Form:

$$|\Psi\rangle = \begin{pmatrix} \psi_+ \\ \psi_- \end{pmatrix} \tag{4.21}$$

und wird **Pauli-Spinor** genannt.

Für alles weitere ist es vorteilhaft, die sogenannten **Pauli-Matrizen** einzuführen: die definierende Gleichung

$$\hat{\boldsymbol{S}} = \frac{\hbar}{2}\boldsymbol{\sigma} \tag{4.22}$$

führt so in der $\hat{S}_z$-Darstellung zu:

$$\sigma_1 = \begin{pmatrix} 0 & 1 \\ 1 & 0 \end{pmatrix}, \tag{4.23}$$

$$\sigma_2 = \begin{pmatrix} 0 & -\mathrm{i} \\ \mathrm{i} & 0 \end{pmatrix}, \tag{4.24}$$

$$\sigma_3 = \begin{pmatrix} 1 & 0 \\ 0 & -1 \end{pmatrix}. \tag{4.25}$$

Da die Pauli-Matrizen proportional zu den Spin-Operatoren sind, gelten für sie die bis auf den Vorfaktor gleichen Kommutatorrelationen

$$[\sigma_i, \sigma_j] = 2\mathrm{i}\epsilon_{ijk}\sigma_k, \tag{4.26}$$

sowie alle weiteren algebraischen Relationen. Mit Blick auf später wollen wir an dieser Stelle jedoch folgende leicht nachzurechnende Eigenschaften erwähnen, zum einen die Involution:

$$\sigma_i^2 = \mathbb{1}_S \quad (i \in \{1, 2, 3\}), \tag{4.27}$$

sowie die Relation:

$$\sigma_i\sigma_j + \sigma_j\sigma_i = 0 \quad (\text{für } i \neq j). \tag{4.28}$$

Beides zusammen lässt sich kürzer in Form einer Antikommutatorrelation schreiben:

$$\{\sigma_i, \sigma_j\} = 2\delta_{ij}\mathbb{1}_S. \tag{4.29}$$

Aus (4.26) und (4.29) zusammen folgt:

$$\sigma_i \sigma_j = \delta_{ij} \mathbb{1}_S + \mathrm{i}\epsilon_{ijk}\sigma_k, \tag{4.30}$$

so dass daraus für jedes Paar von Vektoroperatoren $\hat{\boldsymbol{A}}, \hat{\boldsymbol{B}}$ die **Pauli-Identität** abgeleitet werden kann:

$$(\boldsymbol{\sigma} \cdot \hat{\boldsymbol{A}})(\boldsymbol{\sigma} \cdot \hat{\boldsymbol{B}}) = (\hat{\boldsymbol{A}} \cdot \hat{\boldsymbol{B}})\mathbb{1}_S + \mathrm{i}\boldsymbol{\sigma} \cdot (\hat{\boldsymbol{A}} \times \hat{\boldsymbol{B}}). \tag{4.31}$$

Als wichtiges Korollar folgt für einen Einheitsvektor $\boldsymbol{n}$:

$$(\boldsymbol{\sigma} \cdot \boldsymbol{n})^2 = \mathbb{1}_S. \tag{4.32}$$

Eine wichtige Relation ist:

$$\exp(\mathrm{i}\omega \boldsymbol{n} \cdot \boldsymbol{\sigma}) = \mathbb{1}_S \cos\omega + \mathrm{i}\boldsymbol{n} \cdot \boldsymbol{\sigma} \sin\omega. \tag{4.33}$$

Beweis. Der einfache Beweis ergibt sich durch die Reihenentwicklung der Exponentialfunktion:

$$\begin{aligned}
\exp(\mathrm{i}\omega \boldsymbol{n} \cdot \boldsymbol{\sigma}) &= \sum_{k=0}^{\infty} \frac{(\mathrm{i}\omega \boldsymbol{n} \cdot \boldsymbol{\sigma})^k}{k!} \\
&= \sum_{k \text{ gerade}}^{\infty} \underbrace{\frac{(\mathrm{i}\omega \boldsymbol{n} \cdot \boldsymbol{\sigma})^k}{k!}}_{=\frac{(\mathrm{i}\omega)^k}{k!}} + \sum_{k \text{ ungerade}}^{\infty} \underbrace{\frac{(\mathrm{i}\omega \boldsymbol{n} \cdot \boldsymbol{\sigma})^k}{k!}}_{=\frac{(\mathrm{i}\omega \boldsymbol{n}\cdot\boldsymbol{\sigma})^k}{k!} = \boldsymbol{n}\cdot\boldsymbol{\sigma}\frac{(\mathrm{i}\omega)^k}{k!}} \\
&= \mathbb{1}_S \cos\omega + \mathrm{i}\boldsymbol{n} \cdot \boldsymbol{\sigma} \sin\omega.
\end{aligned}$$

■

Zuletzt wollen wir noch einige weitere nützliche Relationen erwähnen: wie sich aufgrund ihrer Definition (4.22) unmittelbar ableiten lässt, sind die Pauli-Matrizen

$$\text{Hermitesch:} \quad \sigma_i^\dagger = \sigma_i, \tag{4.34}$$

$$\text{spurlos:} \quad \mathrm{Tr}\,\sigma_i = 0, \tag{4.35}$$

und besitzen die Determinante -1:

$$\det \sigma_i = -1 \tag{4.36}$$

für jeweils $i \in \{1, 2, 3\}$.

5 Zur Ganzzahligkeit des Bahndrehimpulses

Die algebraische Ableitung des Spektrums des Drehimpulsoperators in Abschnitt 2 hat gezeigt, dass auch halbzahlige Werte für die Quantenzahlen j und m möglich sind. Dagegen haben wir in Abschnitt 3 gezeigt, dass für den Bahndrehimpuls nur ganzzahlige Eigenwerte l und m erlaubt sind. Als Begründung haben wir dort die Forderung nach der Eindeutigkeit der Wellenfunktion als Funktion des Ortes geliefert.

In einigen Darstellungen, zum Beispiel [Noa85], wird gegen diese Forderung mit dem Hinweis argumentiert, dass die Wellenfunktion als Wahrscheinlichkeitsamplitude keine messbare Größe darstellt, sondern nur das Betragsquadrat als Wahrscheinlichkeit, und es daher unzulässig sei, aus dieser Forderung heraus die Ganzzahligkeit des Bahndrehimpulses zu begründen.

Andererseits setzt ja bereits die Schrödinger-Gleichung voraus, dass die Wellenfunktion mindestens einmal stetig und einfach differenzierbar sein muss, die Eindeutigkeit ergibt sich schon aus dem Funktionsbegriff. Es ist durchaus richtig, dass ein globaler Phasenfaktor $\mathrm{e}^{\mathrm{i}\alpha}$ angewandt auf einen Zustandsvektor beziehungsweise als Faktor vor der Wellenfunktion ebenfalls zum selben Zustand führt, aber eben nur ein globaler Faktor, kein ortsabhängiger! Das wäre ja gleichbedeutend mit einer Symmetrie der Schrödinger-Gleichung unter der Transformation $\psi(\boldsymbol{x}) \mapsto \mathrm{e}^{\mathrm{i}\alpha(\boldsymbol{x})}\psi(\boldsymbol{x})$, die es im Allgemeinen nicht gibt! Das „Gegenargument" ist also problematisch.

Tatsächlich geht die Diskussion über die Ganzzahligkeit des Bahndrehimpulses zurück bis auf die Väter der Quantenmechanik. Schon Wolfgang Pauli ließ das Argument einer eindeutigen Wellenfunktion (das aus der Sicht vieler eben eine Tautologie darstellt) nicht gelten, obwohl es auf der anderen Seite heute wie damals überhaupt nicht als problematisch angesehen wurde, andere Operatorspektren explizit in Ortsdarstellung auszurechnen und die Ergebnisse als allgemeingültig zu akzeptieren – nichts anderes wird ja gemacht, wenn die stationäre Schrödinger-Gleichung für zahlreiche Systeme gelöst wird.

Es ist aber hilfreich zu sehen, dass es auch algebraische und damit darstellungsunabhängige Beweise für die Ganzzahligkeit des Banhdrehimpulses gibt. In Anlehnung an [Noa85] (wo er allerdings unvollständig geführt wird) führen wir an dieser Stelle einen instruktiven Beweis von Max Born und Pascual Jordan aus dem Jahre 1930 [BJ30], der lediglich ausnutzt, dass für den Bahndrehimpulsoperator $\hat{\boldsymbol{L}}$ die folgenden Relationen gelten:

$$\hat{\boldsymbol{r}} \cdot \hat{\boldsymbol{L}} = 0, \tag{5.1a}$$

$$\hat{\boldsymbol{p}} \cdot \hat{\boldsymbol{L}} = 0, \tag{5.1b}$$

die sich beide direkt aus der Konstruktionsvorschrift (1.1) ergeben.

Im Vorgriff auf Abschnitt 39 sei ein allgemeiner Vektoroperator $\hat{\boldsymbol{V}}$ dadurch definiert, dass gelte:

$$[\hat{V}_i, \hat{L}_j] = \mathrm{i}\hbar\epsilon_{ijk}\hat{V}_k, \tag{5.2}$$

und die sphärische Darstellung von $\hat{\boldsymbol{V}}$ sei:

$$\hat{V}_{\pm 1} = \hat{V}_x \pm \mathrm{i}\hat{V}_y, \tag{5.3}$$

$$\hat{V}_0 = \hat{V}_z. \tag{5.4}$$

Außerdem gelte $[\hat{V}_i, \hat{V}_j] = 0$. Beispiele für Vektoroperatoren haben wir bereits kennengelernt: den Ortsoperator $\hat{\boldsymbol{r}}$ und den Impulsoperator $\hat{\boldsymbol{p}}$.

Dann gilt:

Satz (Ganzzahligkeit von l nach Born und Jordan 1930). *Gibt es einen wie oben definierten Vektoroperator* $\hat{\boldsymbol{V}}$*, der die Bedingung*

$$\hat{\boldsymbol{V}}^2 |l, l\rangle \neq 0 \quad \textit{für alle } l > 0 \tag{5.5}$$

erfüllt und für den überdies

$$\hat{\boldsymbol{V}} \cdot \hat{\boldsymbol{L}} = 0 \tag{5.6}$$

gilt, so sind die Drehimpulsquantenzahlen l *ganzzahlig.*

Beweis. Wir definieren der einfacheren Notation halber einen neuen Vektoroperator

$$\hat{\boldsymbol{A}}^{(l)} := \mathrm{i}(\hat{\boldsymbol{V}} \times \hat{\boldsymbol{L}}) - l\hbar\hat{\boldsymbol{V}}, \tag{5.7}$$

der nach kurzer Rechnung in sphärischer Darstellung die Form besitzt:

$$\hat{A}_{\pm}^{(l)} = \mp\hat{V}_0\hat{L}_{\pm} \pm \hat{V}_{\pm}\hat{L}_0 - l\hbar\hat{V}_{\pm}, \tag{5.8a}$$

$$\hat{A}_0^{(l)} = \hat{V}_-\hat{L}_+ + \hat{V}_0(\hat{L}_0 - l\hbar) - \hat{\boldsymbol{V}} \cdot \hat{\boldsymbol{L}}. \tag{5.8b}$$

Man findet dann nach ebenfalls schneller Rechnung die Kommutatorrelationen

$$[\hat{A}_+^{(l)}, \hat{A}_-^{(l)}] = 2\hbar\hat{\boldsymbol{V}}^2\hat{L}_0, \tag{5.9}$$

sowie

$$[\hat{L}_+, \hat{A}_-^{(l)}] = 2\hbar\hat{A}_0^{(l)}, \tag{5.10}$$

$$[\hat{L}_0, \hat{A}_-^{(l)}] = -\hbar\hat{A}_-^{(l)}. \tag{5.11}$$

Es sei nun $|lm\rangle$ ein gemeinsamer Eigenvektor von $\hat{\boldsymbol{L}}^2$ und $\hat{L}_z$. Dann folgt aus (5.8):

$$\hat{A}_+^{(l)} |l, l\rangle = 0,$$

$$\hat{A}_0^{(l)} |l, l\rangle = -\hat{\boldsymbol{V}} \cdot \hat{\boldsymbol{L}} |l, l\rangle,$$

und aus (5.9) folgt:

$$\hat{A}_+^{(l)} \hat{A}_-^{(l)} |l, l\rangle = 2l\hbar^2\hat{\boldsymbol{V}}^2 |l, l\rangle,$$

so dass also $\hat{A}_-^{(l)} |l, l\rangle$ für $l > 0$ sicher nicht verschwindet, wenn $\hat{\boldsymbol{V}}^2 |l, l\rangle$ nicht verschwindet. Für $l = 0$ allerdings folgt aus (5.8): $\hat{A}_-^{(0)} |0, 0\rangle = 0$.

Aus (5.10) und (5.11) folgt nun:

$$\hat{L}_+\hat{A}_-^{(l)}|l,l\rangle = -2\hbar\hat{\boldsymbol{V}}\cdot\hat{\boldsymbol{L}}|l,l\rangle\,,$$
$$\hat{L}_0\hat{A}_-^{(l)}|l,l\rangle = (l-1)\hbar\hat{A}_-^{(l)}|l,l\rangle\,,$$

und ferner, unter Berücksichtigung von (2.16) (diese entscheidende Betrachtung fehlt in [Noa85]):

$$\begin{aligned}\hat{\boldsymbol{L}}^2\hat{A}_-^{(l)}|l,l\rangle &= \left(\hat{L}_-\hat{L}_+ + \hat{L}_0^2 + \hbar\hat{L}_0\right)\hat{A}_-^{(l)}|l,l\rangle \\ &= -2\hbar\hat{L}_0\hat{\boldsymbol{V}}\cdot\hat{\boldsymbol{L}}|l,l\rangle + l(l-1)\hbar^2\hat{A}_-^{(l)}|l,l\rangle\,.\end{aligned}$$

Also ist $\hat{A}_-^{(l)}|l,l\rangle$ genau dann ein Vielfaches von $|l-1,l-1\rangle$, wenn $\hat{\boldsymbol{V}}\cdot\hat{\boldsymbol{L}}=0$.

Der Witz ist nun: der Vektoroperator $\hat{\boldsymbol{V}}$ ist gewissermaßen ein „Dummy"-Operator. Es ist nicht festgelegt, welcher Operator es sein muss, nur, was für ihn gelten muss, sollte er existieren.

Es gibt nun, wie jeder ahnt, der die Eingangsbemerkung aufmerksam gelesen hat, mindestens zwei natürliche „Kandidaten" für $\hat{\boldsymbol{V}}$, nämlich den Ortsvektor $\hat{\boldsymbol{r}}$ und den Impulsvektor $\hat{\boldsymbol{p}}$. Also folgt aus der Existenz einer Drehimpulsquantenzahl $l>0$ die Existenz der Drehimpulsquantenzahl $l'=l-1$, wobei aber natürlich immer noch ganz allgemein $l'\geq 0$ gelten muss. Also kann l nicht halbzahlig sein, denn ansonsten würde man entlang der Kaskade $l\longrightarrow(l-1)\longrightarrow(l-2)\ldots$ irgendwann aus einer Drehimpulsquantenzahl $l=\frac{1}{2}$ eine Drehimpulsquantenzahl $l=-\frac{1}{2}$ erhalten, was im offensichtlichen Widerspruch zum allgemeinen Drehimpulsspektrum steht. ■

Der Vollständigkeit halber wollen wir an dieser Stelle nicht unerwähnt lassen, warum der obige Beweis zwar die Ganzzahligkeit des Bahndrehimpulses erklärt, im Falle des Spins jedoch zusammenbricht. Die entscheidenden Voraussetzungen für die Gültigkeit des Beweis sind (5.1a) beziehungsweise (5.1b), die für den Spin nicht gelten. Vielmehr ist die **Helizität** eines Punktteilchens gegeben durch

$$\begin{aligned}h &:= \left\langle\frac{\hat{\boldsymbol{J}}\cdot\hat{\boldsymbol{p}}}{|\hat{\boldsymbol{p}}|}\right\rangle \\ &= \left\langle\frac{\hat{\boldsymbol{S}}\cdot\hat{\boldsymbol{p}}}{|\hat{\boldsymbol{p}}|}\right\rangle,\end{aligned} \tag{5.12}$$

also der Erwartungswert der Projektion des Spin-Operators auf die Impulsrichtung. Für masselose Teilchen ist die Helizität eine feste Teilcheneigenschaft, für massive Teilchen eine dynamische Größe, die eben *nicht* identisch verschwindet. Aber Vorsicht! Das alleine heißt zumindest an dieser Stelle nicht, dass es nicht dennoch so sein *könnte*, dass der Spin nur ganzzahlige Werte annimmt, es heißt eben nur, dass der Beweis oben nicht geführt werden kann. Aber wir wissen ja ohnehin bereits aus experimenteller Erfahrung – und wir werden das ab Abschnitt 4 auch theoretisch untersuchen – dass es halbzahlige Spins gibt, also ist jede weitere Diskussion hierüber Makulatur.

In der weiterführenden Literatur sind ausführliche Diskussionen zu diesem Thema zu finden.

6 Rotationen in der Quantenmechanik

Wiederholen wir an dieser Stelle zunächst Rotationen in der klassischen Mechanik: eine Rotation im dreidimensionalen Raum $\mathbb{R}^3$ ist gekennzeichnet durch einen Winkel ϕ und eine Achse, um welche die Rotation stattfindet. Wir betrachten in diesem Kapitel – wie auch im späteren Kapitel 2 über Symmetrien in der Quantenmechanik – **aktive Transformationen**, das heißt, nicht das Koordinatensystem wird gedreht, sondern die Vektoren.

Ein Vektor $\boldsymbol{v} = \begin{pmatrix} v_1 \\ v_2 \\ v_3 \end{pmatrix}$ im $\mathbb{R}^3$ transformiert sich gemäß

$$\boldsymbol{v}' = R(\phi)\boldsymbol{v}.$$

Dabei kann eine Rotation um die z-Achse durch eine (3×3)-Matrix $R_z(\phi)$ dargestellt werden:

$$R_z(\phi) = \begin{pmatrix} \cos\phi & -\sin\phi & 0 \\ \sin\phi & \cos\phi & 0 \\ 0 & 0 & 1 \end{pmatrix},$$

ähnlich gilt für $R_x(\phi)$ und $R_y(\phi)$:

$$R_x(\phi) = \begin{pmatrix} 1 & 0 & 0 \\ 0 & \cos\phi & -\sin\phi \\ 0 & \sin\phi & \cos\phi \end{pmatrix},$$

$$R_y(\phi) = \begin{pmatrix} \cos\phi & 0 & \sin\phi \\ 0 & 1 & 0 \\ -\sin\phi & 0 & \cos\phi \end{pmatrix}.$$

Infinitesimale Rotationen um den Winkel $\delta\phi$ lassen sich dann bis zur ersten Ordnung in $\delta\phi$ schreiben als:

$$R_x(\delta\phi) = \begin{pmatrix} 1 & 0 & 0 \\ 0 & 1-(\delta\phi)^2/2 & -\delta\phi \\ 0 & \delta\phi & 1-(\delta\phi)^2/2 \end{pmatrix} = \mathbb{1} + \delta\phi \begin{pmatrix} 0 & 0 & 0 \\ 0 & 0 & -1 \\ 0 & 1 & 0 \end{pmatrix} + O((\delta\phi)^2),$$

$$R_y(\delta\phi) = \begin{pmatrix} 1-(\delta\phi)^2/2 & 0 & \delta\phi \\ 0 & 1 & 0 \\ -\delta\phi & 0 & 1-(\delta\phi)^2/2 \end{pmatrix} = \mathbb{1} + \delta\phi \begin{pmatrix} 0 & 0 & 1 \\ 0 & 0 & 0 \\ -1 & 0 & 0 \end{pmatrix} + O((\delta\phi)^2),$$

$$R_z(\delta\phi) = \begin{pmatrix} 1-(\delta\phi)^2/2 & -\delta\phi & 0 \\ \delta\phi & 1-(\delta\phi)^2/2 & 0 \\ 0 & 0 & 1 \end{pmatrix} = \mathbb{1} + \delta\phi \begin{pmatrix} 0 & -1 & 0 \\ 1 & 0 & 0 \\ 0 & 0 & 0 \end{pmatrix} + O((\delta\phi)^2),$$

oder anders geschrieben:

$$R_i(\delta\phi) = \mathbb{1} - \mathrm{i}\delta\phi L_i + O((\delta\phi)^2), \tag{6.1}$$

mit

$$L_x = \begin{pmatrix} 0 & 0 & 0 \\ 0 & 0 & -\mathrm{i} \\ 0 & \mathrm{i} & 0 \end{pmatrix}, \tag{6.2}$$

$$L_y = \begin{pmatrix} 0 & 0 & \mathrm{i} \\ 0 & 0 & 0 \\ -\mathrm{i} & 0 & 0 \end{pmatrix}, \tag{6.3}$$

$$L_z = \begin{pmatrix} 0 & -\mathrm{i} & 0 \\ \mathrm{i} & 0 & 0 \\ 0 & 0 & 0 \end{pmatrix}, \tag{6.4}$$

oder kurz:

$$(L_i)_{jk} = -i\epsilon_{ijk}. \tag{6.5}$$

Wie sich leicht nachrechnen lässt, erfüllen die Matrizen $\{ L_i \}$ die Kommutatorrelationen der Drehimpulsalgebra:

$$[L_i, L_j] = \mathrm{i}\epsilon_{ijk} L_k. \tag{6.6}$$

Wir wissen, dass Rotationen um dieselbe Achse vertauschbar sind, allgemeine Rotationen hingegen nicht. Es ist beispielsweise

$$R_x(\phi) R_y(\phi) \neq R_y(\phi) R_x(\phi).$$

Betrachten wir hierzu infinitesimale Rotationen um die x- beziehungsweise die y-Achse. Dann ist $\cos \delta\phi \approx 1 - (\delta\phi)^2/2$ und $\sin \delta\phi \approx \delta\phi$, so dass:

$$R_x(\delta\phi)R_y(\delta\phi) - R_y(\delta\phi)R_x(\delta\phi) = \begin{pmatrix} 0 & -(\delta\phi)^2 & 0 \\ (\delta\phi)^2 & 0 & 0 \\ 0 & 0 & 0 \end{pmatrix} \tag{6.7}$$

$$= R_z((\delta\phi)^2) - \mathbb{1} = -\mathrm{i}(\delta\phi)^2 L_z. \tag{6.8}$$

wenn nur Terme bis zur zweiten Ordnung in $\delta\phi$ berücksichtigt werden. Dann wird aus der linken Seite von (6.8):

$$\begin{aligned} R_x(\delta\phi)R_y(\delta\phi) - R_y(\delta\phi)R_x(\delta\phi) &= \left(\mathbb{1} - \mathrm{i}\delta\phi L_x - (\delta\phi)^2 L_x^2\right) \\ &\quad \times \left(\mathbb{1} - \mathrm{i}\delta\phi L_y - (\delta\phi)^2 L_y^2\right) \\ &\quad - \left(\mathbb{1} - \mathrm{i}\delta\phi L_y - (\delta\phi)^2 L_y^2\right) \\ &\quad \times \left(\mathbb{1} - \mathrm{i}\delta\phi L_x - (\delta\phi)^2 L_x^2\right) \\ &= -(\delta\phi)^2 (L_x L_y - L_y L_x) \\ &= -(\delta\phi)^2 [L_x, L_y], \end{aligned} \tag{6.9}$$

wobei wir nur Terme bis zur zweiten Potenz von $\delta\phi$ beibehalten haben und sich die Terme linear in $\delta\phi$ gegenseitig eliminieren. Setzen wir (6.8) und (6.9) gleich, erhalten wir auch wieder die Kommutatorrelationen der Drehimpulsalgebra (6.6).

Rotationen in der Quantenmechanik
Im Folgenden wollen wir den Zusammenhang zwischen Rotationen und dem Bahndrehimpuls in der Quantenmechanik betrachten. In diesem Zusammenhang müssen wir erst einmal herausfinden, wie ein Element R der Rotationsgruppe SO(3) auf einen unitären Operator $\hat{U}(R) \in \mathrm{U}_{\mathcal{H}}$ abgebildet wird, wir suchen also die **unitären Darstellungen** der SO(3), so dass es für eine Rotationsmatrix $R \in \mathrm{SO}(3)$ ein $\hat{U}(R)$ gibt mit

$$|\psi'\rangle = \hat{U}(R)\,|\psi\rangle\,, \tag{6.10}$$

$$\hat{O}' = \hat{U}(R)\hat{O}\hat{U}^{\dagger}(R), \tag{6.11}$$

so dass

$$\langle\psi'|\hat{O}'|\psi'\rangle = \langle\psi|\hat{O}|\psi\rangle \tag{6.12}$$

für einen beliebigen Zustandsvektor $|\psi\rangle$ und einer beliebigen Observablen $\hat{O}$. Wir betrachten im Folgenden zunächst den Fall ohne Spin. Außerdem verwenden wir in Ortsdarstellung Kugelkoordinaten.

Dazu bemerken wir, dass:

$$\langle \boldsymbol{r}|\hat{U}(R(\phi))|\psi\rangle = \langle R^{-1}(\phi)\boldsymbol{r}|\psi\rangle \tag{6.13}$$

$$= \psi(R^{-1}(\phi)\boldsymbol{r}), \tag{6.14}$$

wenn $\hat{U}(R)$ nach links auf $|\boldsymbol{r}\rangle$ wirkt. Für infinitesimale Rotationen um die z-Achse wird daraus:

$$\begin{aligned}\langle \boldsymbol{r}|\hat{U}(R_z(\delta\phi))|\psi\rangle &= \psi(R_z^{-1}(\delta\phi)\boldsymbol{r}) \\ &= \psi(r,\theta,\phi-\delta\phi).\end{aligned}$$

In erster Ordnung Taylor-Entwicklung wird aus der rechten Seite

$$\psi(r,\theta,\phi-\delta\phi) \approx \psi(r,\theta,\phi) - \delta\phi\frac{\partial\psi(r,\theta,\phi)}{\partial\phi}$$

$$= \left(1 - \delta\phi\frac{\partial}{\partial\phi}\right)\psi(r,\theta,\phi) \tag{6.15}$$

$$= \left\langle \boldsymbol{r}\left|\left(1 - \frac{\mathrm{i}}{\hbar}\delta\phi\hat{L}_z\right)\right|\psi\right\rangle, \tag{6.16}$$

wobei in der letzten Zeile die Orsdarstellung (3.8) von $\hat{L}_z$ verwendet wurde. Damit haben wir für eine infinitesimale Rotation $\delta\phi$ um die z-Achse die unitäre Darstellung des Rotationsoperators R_z gefunden:

$$\hat{U}(R_z(\delta\phi)) = \mathbb{1} - \frac{\mathrm{i}}{\hbar}\delta\phi\hat{L}_z. \tag{6.17}$$

Diese Beziehung lässt sich verallgemeinern für eine infinitesimale Rotation um eine beliebige Achse, die durch den Richtungseinheitsvektor $\boldsymbol{n}$ gegeben ist:

$$\hat{U}(R(\delta\boldsymbol{\phi})) = \mathbb{1} - \frac{\mathrm{i}}{\hbar}\delta\boldsymbol{\phi} \cdot \hat{\boldsymbol{L}}, \tag{6.18}$$

mit $\delta\boldsymbol{\phi} = \delta\phi\boldsymbol{n}$.

Die bereits in der klassischen Mechanik hergeleitete Nichtvertauschbarkeit von Drehungen (6.8), die zu (6.9) führt, überträgt sich identisch auf die Quantenmechanik. Mit (6.17), sowie:

$$\hat{U}(R_x(\delta\phi)) = \mathbb{1} - \frac{\mathrm{i}}{\hbar}\delta\phi\hat{L}_x - \frac{1}{2\hbar^2}(\delta\phi)^2\hat{L}_x^2$$
$$\hat{U}(R_y(\delta\phi)) = \mathbb{1} - \frac{\mathrm{i}}{\hbar}\delta\phi\hat{L}_y - \frac{1}{2\hbar^2}(\delta\phi)^2\hat{L}_y^2,$$

erhalten wir entsprechend:

$$\hat{U}(R_x(\delta\phi))\hat{U}(R_y(\delta\phi)) - \hat{U}(R_y(\delta\phi))\hat{U}(R_x(\delta\phi)) = -\frac{1}{\hbar^2}(\delta\phi)^2[\hat{L}_x, \hat{L}_y], \tag{6.19}$$

unter Berücksichtigung der Terme bis zur zweiten Potenz von $\delta\phi$.

Die quantenmechanische Pendant von (6.8) ist aber:

$$\hat{U}(R_z((\delta\phi)^2)) - \mathbb{1} = -\frac{\mathrm{i}}{\hbar}(\delta\phi)^2\hat{L}_z. \tag{6.20}$$

Setzen wir nun (6.19) und (6.20) gleich, erhalten wir wieder die bekannte Kommutatorrelation der Drehimpulsalgebra.

Für infinitesimale Rotationen haben wir nun die unitären Darstellungen gefunden; es verbleibt, die zu endlichen Rotationen gehörigen unitären Operatoren zu finden. Eine Rotation um den Winkel ϕ um die z-Achse zerteilen wir zunächst ϕ in N Teilwinkel $\delta\phi = \phi/N$ und stellen die Rotation um ϕ dann als Hintereinanderschaltung von N Teilrotationen um den Winkel $\delta\phi$ dar. Im Grenzübergang $N \longrightarrow \infty$ wird dann daraus:

$$\hat{U}(R_z(\phi)) = \lim_{N\to\infty}\left(\mathbb{1} - \frac{\mathrm{i}}{\hbar}\frac{\phi}{N}\hat{L}_z\right)^N \tag{6.21}$$
$$= \exp\left(-\frac{\mathrm{i}}{\hbar}\phi\hat{L}_z\right). \tag{6.22}$$

Dieser Ausdruck lässt sich ebenfalls wieder für eine Drehung um eine beliebige Achse, die durch den Richtungseinheitsvektor $\boldsymbol{n}$ gegeben ist, verallgemeinern:

$$\hat{U}(R(\boldsymbol{\phi})) = \exp\left(-\frac{\mathrm{i}}{\hbar}\boldsymbol{\phi} \cdot \hat{\boldsymbol{L}}\right), \tag{6.23}$$

mit $\boldsymbol{\phi} = \phi\boldsymbol{n}$. Somit haben wir einen allgemeinen Ausdruck für den Rotationsoperator in der Quantenmechanik und damit die allgemeine Form einer unitären Darstellung der Rotationsgruppe SO(3) gefunden.

Der Spin-Operator $\hat{\boldsymbol{S}}$ erzeugt ebenfalls Drehungen, allerdings im Spin-Raum $\mathcal{H}_S$, sprich: der unitäre Operator

$$\hat{U}_S(R(\boldsymbol{\phi})) = \exp\left(-\frac{\mathrm{i}}{\hbar}\boldsymbol{\phi} \cdot \hat{\boldsymbol{S}}\right) \tag{6.24}$$

gegeben ist, stellt den allgemeinen unitären Rotationsoperator in $\mathcal{H}_S$ dar.

Da der Spin mit dem Bahndrehimpuls kommutiert: $[\hat{L}_i, \hat{S}_j] = 0$ (siehe (4.6)), können wir den allgemeinen Rotationsoperator schreiben als:

$$\hat{U}(R(\boldsymbol{\phi})) = \exp\left(-\frac{\mathrm{i}}{\hbar}\boldsymbol{\phi} \cdot \hat{\boldsymbol{J}}\right), \tag{6.25}$$

mit $\hat{\boldsymbol{J}} = \hat{\boldsymbol{L}} + \hat{\boldsymbol{S}}$. Wir wissen also nun, welche allgemeine Form der Rotationsoperator als unitärer Operator in der Quantenmechanik besitzt. Allerdings ist (6.25) noch ein sehr formales Ergebnis. Wir wollen nun im folgenden Abschnitt 7 noch einen Schritt weiter gehen, und das eigentlich Interessante herausfinden: nämlich die irreduziblen unitären Darstellungen, und zwar nicht der Rotationsgruppe SO(3), sondern ihrer universellen Überlagerungsgruppe SU(2).

Mathematischer Einschub 3: Lie-Gruppen und ihre algebraische Struktur

Die Menge aller Rotationen im $\mathbb{R}^3$ bilden eine Gruppe, die **Dreh-** oder **Rotationsgruppe** oder auch **spezielle 3-dimensionale orthogonale Gruppe** SO(3), denn die Elemente dieser Gruppe können als orthogonale (3×3)-Matrizen R ($R^\mathrm{T} = R$) mit $\det R = 1$ dargestellt werden, wodurch sich der Namenszusatz „speziell" erklärt. Ohne diese Forderung ergäbe sich die Gruppe O(3), die auch Raumspiegelungen mit $\det R = -1$ beinhalten würde.

Eine Gruppe wie die SO(3), deren Elemente durch – in diesem Fall drei – kontinuierliche Variable ϕ_1, ϕ_2, ϕ_3 parametrisierbar ist und in diesen unendlich oft differenzierbar sind, bezeichnet man als **Lie-Gruppe**. Sie besitzt sowohl alle Eigenschaften einer Gruppe als auch die einer differenzierbaren Mannigfaltigkeit.

Die Matrizen $\{ L_i \}$ in 6.5 erzeugen eine Algebra, die Drehimpulsalgebra $\mathfrak{so}(3)$, deren Eigenschaften vollständig von den Kommutatorrelationen (6.6) bestimmt sind, eine sogenannte **Lie-Algebra**. Im Allgemeinen Fall erfüllen die Erzeugenden G_i einer Lie-Algebra $\mathfrak{g}$ Kommutatorrelationen der Form

$$[G_i, G_j] = \mathrm{i} f_{ijk} G_k, \tag{6.26}$$

mit den **Strukturkonstanten** f_{ijk} der Lie-Algebra. Diese sind stets in i, j antisymmetrisch.

Die die Lie-Algebra als Algebra auszeichnende Multiplikation ist das **Lie-Produkt** $\star$:

$$G_i \star G_j = [G_i, G_j], \tag{6.27}$$

und (6.26) ist dann nichts anderes als die Feststellung, dass eine Algebra unter der Multiplikation $\star$ selbstverständlich geschlossen ist. Da die Multiplikation über den Kommutator definiert ist, handelt es sich bei einer Lie-Algebra stets um eine **anti-kommutative Algebra**:

$$G_i \star G_j = -G_j \star G_i, \tag{6.28}$$

die darüber hinaus im Allgemeinen **nicht-assoziativ** ist. Es gilt darüber hinaus die **Jacobi-Identität**:

$$A \star (B \star C) + B \star (C \star A) + C \star (A \star B) = 0. \tag{6.29}$$

Die Elemente der Lie-Algebra sind die **Erzeugenden** oder **Generatoren** einer Lie-Gruppe, deren Elemente sich aus den Erzeugenden G_i durch eine Exponentialabbildung bilden lassen:

$$g(\alpha) = \mathrm{e}^{-\mathrm{i}\alpha\cdot\boldsymbol{G}}. \tag{6.30}$$

Vom Standpunkt der Lie-Gruppe als differenzierbare Mannigfaltigkeit ist die Lie-Algebra einer Lie-Gruppe der Tangentialraum am Einselement:

$$G_i = \mathrm{i}\left.\frac{\partial g(\alpha)}{\partial \alpha_i}\right|_{\alpha=\mathbf{0}}. \tag{6.31}$$

Ein wichtiger Begriff – nicht nur im Zusammenhang mit Lie-Gruppen, sondern in der Gruppentheorie überhaupt – ist der der **Darstellung** D einer Gruppe G. Darunter versteht man die Abbildung von G auf die Menge $\mathrm{GL}(V)$ der linearen Operatoren auf einem Vektorraum V:

$$D\colon G \longrightarrow \mathrm{GL}(V) \tag{6.32}$$

$$g \longmapsto D(g) \tag{6.33}$$

derart, dass gilt:

$$D(g_1)D(g_2) = D(g_1 g_2). \tag{6.34}$$

Das heißt, die Gruppenmultiplikation bleibt bei der Darstellung weiterhin gültig. In der Quantenmechanik ist man beispielsweise interessiert an den **unitären** Darstellungen von Gruppen, sprich: den möglichen Abbildungen

$$D\colon G \longrightarrow \mathrm{U}_{\mathcal{H}}, \tag{6.35}$$

mit der unitären Gruppe $\mathrm{U}_{\mathcal{H}}$ (siehe Abschnitt I-12).

Eine Darstellung D einer Gruppe G heißt **irreduzibel**, wenn es keine nicht-trivialen invarianten Unterräume von V unter der Wirkung von $D(G)$ gibt – nicht-trivial deswegen, weil V selbst und der Nullvektor $\mathbf{0}$ trivialerweise invariante Unterräume von G sind. Anderenfalls heißt sie **reduzibel** und kann für die sehr wichtigen sogenannten

halbeinfachen Lie-Gruppen oft als die **direkte Summe** von irreduziblen Darstellungen D_i geschrieben werden:

$$D(G) = D_1(G) \oplus D_2(G) \oplus \cdots \oplus D_n(G). \tag{6.36}$$

Eine reduzible Darstellung $D(g)$ mit $g \in G$ kann dann in Matrixform geschrieben werden als

$$D(g) = \begin{pmatrix} D_1(g) & 0 & \dots & 0 \\ 0 & D_2(g) & \dots & 0 \\ 0 & 0 & \ddots & 0 \\ 0 & 0 & \dots & D_n(g) \end{pmatrix}$$

und heißt auch **halbeinfache Darstellung**. Man sieht daher, dass die wirklich interessanten Darstellungen stets die irreduziblen Darstellungen sind, denn alle anderen können durch direkte Summenbildung aus diesen gewonnen werden.

Strenggenommen muss man zwar unterscheiden zwischen den Elementen einer Gruppe und deren Darstellungen. Im Falle der SO(3) ist die Darstellung durch (3×3)-Matrizen R mit $\det R = 1$ und $R^{\mathrm{T}} = R$ jedoch bijektiv: sämtliche Gruppeneigenschaften lassen sich aus den Eigenschaften der Matrixdarstellung ableiten und umgekehrt; außerdem ist dies die niedrigst-dimensionale Darstellung, für die dies gilt, man spricht hier von der **Fundamentaldarstellung** oder auch **definierenden Darstellung** der SO(3).

So wie die Darstellungstheorie von Lie-Gruppen von großem Interesse ist, ist auch die Darstellungstheorie ihrer Lie-Algebren wichtig. Unter der **Darstellung** D einer Lie-Algebra $\mathfrak{g}$ versteht man die Abbildung auf die Menge der linearen Operatoren auf einem Vektorraum:

$$D\colon \mathfrak{g} \to \mathrm{GL}(V) \tag{6.37}$$

$$G \mapsto D(G) \tag{6.38}$$

derart, dass für alle $G_i \in \mathfrak{g}$ gilt:

$$D([G_i, G_j]) = [D(G_i), D(G_j)] \tag{6.39}$$

$$= \mathrm{i} f_{ijk} D(G_k), \tag{6.40}$$

das heißt, die die Lie-Algebra definierende Kommutatorrelation bleibt weiterhin gültig.

Wir verwenden für die Darstellung von Lie-Gruppen und die Darstellung von Lie-Algebren dasselbe Symbol D, obwohl es sich eigentlich um zwei unterschiedliche Abbildungen handelt. Allerdings ist die Gefahr der Missverständlichkeit gering, denn es lassen sich Darstellungen von Lie-Algebren durch Ableitung der Darstellung von Gruppen am Einselement induzieren, so dass – wie im vorliegenden Fall der Drehgruppe – gilt:

$$D(g(\alpha)) = \mathrm{e}^{-\mathrm{i}\alpha\cdot D(\boldsymbol{G})}. \tag{6.41}$$

Eine wichtige Darstellung einer Lie-Algebra $\mathfrak{g}$ ist die **adjungierte Darstellung**. Sie wird motiviert durch die Tatsache, dass für alle alternierenden bilinearen Abbildungen, wie der Kommutator $[\cdot,\cdot]$ eine darstellt, die **Jacobi-Identität** (I-14.12) gilt:

$$[G_i,[G_j,G_k]] + [G_j,[G_k,G_i]] + [G_k,[G_i,G_j]] \equiv 0,$$

woraus sich unmittelbar ableiten lässt, dass für die Strukturkonstanten f_{ijk} selbst gilt:

$$f_{lim}f_{mjk} + f_{ljm}f_{mki} + f_{lkm}f_{mij} \equiv 0. \tag{6.42}$$

Daraus erhält man die adjungierte Darstellung von $\mathfrak{g}$:

$$[\mathrm{Ad}L_i]_{jk} = -\mathrm{i}f_{ijk}. \tag{6.43}$$

Beispielsweise ist die adjungierte Darstellung der $\mathfrak{so}(3)$ gegeben durch 6.5:

$$[\mathrm{Ad}L_i]_{jk} = -\mathrm{i}\epsilon_{ijk}. \tag{6.44}$$

Die adjungierte Darstellung einer Lie-Algebra $\mathfrak{g}$ induziert dann wiederum über (6.41) eine adjungierte Darstellung der Lie-Gruppe G. Im Falle der Rotationsgruppe SO(3) fallen adjungierte Darstellung und Fundamentaldarstellung zusammen.

7 Irreduzible unitäre Darstellungen der quantenmechanischen Rotationsgruppe

Bereits aus der klassischen Mechanik ist bekannt, dass sich eine beliebige Drehung eines starren Körpers in Form von drei aufeinanderfolgende Drehungen beschreiben lässt. Das heißt: eine beliebige Drehung $R \in \mathrm{SO}(3)$ wird nicht durch die Angabe der Drehachse $\boldsymbol{n}$ und des Winkels ϕ parametrisiert, sondern durch die **Eulerschen Winkel** (α, β, γ):

1. Als erstes erfolgt eine Drehung um die z-Achse mit Drehwinkel α. Dadurch werden die beiden „mitgeführten" x- und y-Achsen in die x'- und y'-Achsen übergeführt. Es gilt: $0 \leq \alpha \leq 2\pi$.

2. Danach erfolgt eine Drehung um die neue y'-Achse mit Drehwinkel β. Dadurch werden die beiden „mitgeführten" x'- und z-Achsen in die x''- und z'-Achsen übergeführt. Es gilt: $0 \leq \beta \leq \pi$.

3. Zuletzt erfolgt eine Drehung um die neue z'-Achse mit Drehwinkel γ. Dadurch werden die beiden „mitgeführten" x''- und y'-Achsen in die x'''- und y''-Achsen übergeführt. Es gilt: $0 \leq \gamma \leq 2\pi$.

Auch in der Quantenmechanik erweist sich diese Parametrisierung als vorteilhaft. Im Folgenden sei $\hat{\boldsymbol{J}}$ ein allgemeiner Drehimpuls wie in Abschnitt 2. Die drei einzelnen Drehungen werden dann durch die entsprechenden Rotationsoperatoren

$$\hat{U}_z(\alpha) = \exp\left(-\frac{\mathrm{i}}{\hbar}\alpha\hat{J}_z\right), \tag{7.1}$$

$$\hat{U}_{y'}(\beta) = \exp\left(-\frac{\mathrm{i}}{\hbar}\beta\hat{J}_{y'}\right), \tag{7.2}$$

$$\hat{U}_{z'}(\gamma) = \exp\left(-\frac{\mathrm{i}}{\hbar}\gamma\hat{J}_{z'}\right) \tag{7.3}$$

dargestellt, wobei wir von nun aufgrund der einfacheren Schreibweise $\hat{U}(\phi) := \hat{U}(R(\phi))$ setzen. Für den Drehoperator $\hat{U}(\alpha, \beta, \gamma)$ gilt daher:

$$\begin{aligned} \hat{U}(\alpha, \beta, \gamma) &= \hat{U}_{z'}(\gamma)\hat{U}_{y'}(\beta)\hat{U}_z(\alpha) &(7.4)\\ &= \exp\left(-\frac{\mathrm{i}}{\hbar}\gamma\hat{J}_{z'}\right)\exp\left(-\frac{\mathrm{i}}{\hbar}\beta\hat{J}_{y'}\right)\exp\left(-\frac{\mathrm{i}}{\hbar}\alpha\hat{J}_z\right). &(7.5) \end{aligned}$$

Allerdings ist diese Darstellung ungeschickt, da sie die transformierten Operatoren $\hat{J}_{y'}, \hat{J}_{z'}$ enthält. Ein Ausdruck in den untransformierten Operatoren $\hat{J}_y, \hat{J}_z$ ist jedoch leicht zu finden, wenn wir uns das Transformationsverhalten von Operatoren unter unitären Transformationen (6.11) in Erinnerung rufen: die erste Eulersche Drehung bildet $\hat{J}_y$ auf $\hat{J}_{y'}$ ab:

$$\begin{aligned} \hat{J}_{y'} &= \hat{U}_z(\alpha)\hat{J}_y\hat{U}_z(-\alpha) \\ \Longrightarrow \hat{U}_{y'}(\beta) &= \hat{U}_z(\alpha)\hat{U}_y(\beta)\hat{U}_z(-\alpha), &(7.6) \end{aligned}$$

was sich leicht durch Potenzreihenentwicklung von $\hat{U}_y(\beta)$ nach $\hat{J}_y$ zeigen lässt.

Die erste und zweite Eulerschen Drehungen bilden $\hat{J}_z$ auf $\hat{J}_{z'}$ ab:

$$\begin{aligned}\hat{J}_{z'} &= \hat{U}_{y'}(\beta)\hat{U}_z(\alpha)\hat{J}_z\hat{U}_z(-\alpha)\hat{U}_{y'}(-\beta)\\ \Longrightarrow \hat{U}_{z'}(\gamma) &= \hat{U}_{y'}(\beta)\hat{U}_z(\alpha)\hat{U}_z(\gamma)\hat{U}_z(-\alpha)\hat{U}_{y'}(-\beta)\\ &= \hat{U}_z(\alpha)\hat{U}_y(\beta)\hat{U}_z(\gamma)\hat{U}_y(-\beta)\hat{U}_z(-\alpha),\end{aligned} \tag{7.7}$$

wobei wir in der letzten Zeile die Relation (7.6) verwendet haben.

Wenn wir nun zuguterletzt (7.6) und (7.7) in (7.4) einsetzen, erhalten wir unseren finalen Ausdruck für den quantenmechanischen Rotationsoperator in der Parametrisierung mit Eulerschen Winkeln:

$$\begin{aligned}\hat{U}(\alpha,\beta,\gamma) &= \hat{U}_z(\alpha)\hat{U}_y(\beta)\hat{U}_z(\gamma)\\ &= \exp\left(-\frac{\mathrm{i}}{\hbar}\alpha\hat{J}_z\right)\exp\left(-\frac{\mathrm{i}}{\hbar}\beta\hat{J}_y\right)\exp\left(-\frac{\mathrm{i}}{\hbar}\gamma\hat{J}_z\right).\end{aligned} \tag{7.8}$$

Für diesen Ausdruck können wir nun leicht die Matrixdarstellung ableiten, und zwar in der Basis der Eigenzustände von $\hat{\boldsymbol{J}}^2$ und $\hat{J}_z$. Zunächst führen wir allerdings noch eine darstellungsunabhängige Betrachtung durch: Da $\hat{\boldsymbol{J}}^2$ und $\hat{J}_i$ miteinander vertauschen – $\hat{\boldsymbol{J}}^2$ ist ein sogenannter **Casimir-Operator** der Drehimpulsalgebra (wir werden in Kapitel 2 darauf zurückkommen) – gilt auch:

$$[\hat{\boldsymbol{J}}^2, \hat{U}(\alpha,\beta,\gamma)] = 0, \tag{7.9}$$

woraus folgt, dass das Betragsquadrat des Gesamtdrehimpuls unter Rotationen erhalten bleibt:

$$\begin{aligned}\hat{\boldsymbol{J}}^2\hat{U}(\alpha,\beta,\gamma)\,|j,m\rangle &= \hat{U}(\alpha,\beta,\gamma)\hat{\boldsymbol{J}}^2\,|j,m\rangle\\ &= j(j+1)\hat{U}(\alpha,\beta,\gamma)\,|j,m\rangle\,.\end{aligned} \tag{7.10}$$

Die Unter-Hilberträume zu festem Wert von j sind also **invariant** unter der Wirkung von $\hat{U}(\alpha,\beta,\gamma)$. Das heißt: $\hat{U}(\alpha,\beta,\gamma)$ ist **reduzibel** und zerfällt in eine Blockdiagonalform wie folgt:

$$\hat{U}(\alpha,\beta,\gamma) = \begin{pmatrix} \hat{D}^{(0)}(\alpha,\beta,\gamma) & 0 & \dots & 0 & \dots\\ 0 & \hat{D}^{(1/2)}(\alpha,\beta,\gamma) & \dots & 0 & \dots\\ \vdots & \vdots & \ddots & \vdots & \dots\\ 0 & 0 & \dots & \hat{D}^{(j)}(\alpha,\beta,\gamma) & \dots\\ 0 & 0 & \dots & 0 & \ddots \end{pmatrix},$$

mit den **irreduziblen** Komponenten $\hat{D}^{(j)}(\alpha,\beta,\gamma)$ für $j \in \{0, \frac{1}{2}, 1, \dots\}$. Sie explizit zu finden, ist das eigentlich Interessante. Der Wert j des Casimir-Operators $\hat{\boldsymbol{J}}^2$ parametrisiert die einzelnen irreduziblen Darstellungen durch.

Der allgemeine unitäre Rotationsoperator $\hat{U}(\alpha, \beta, \gamma)$ lässt sich dann als direkte Summe dieser irreduziblen Darstellungen schreiben:

$$\hat{U}(\alpha, \beta, \gamma) = \bigoplus_{j \in \{0, \frac{1}{2}, 1, \dots\}} \hat{D}^{(j)}(\alpha, \beta, \gamma), \tag{7.11}$$

und es ist:

$$\hat{U}(\alpha, \beta, \gamma)\, |j, m\rangle = \hat{D}^{(j)}(\alpha, \beta, \gamma)\, |j, m\rangle\,. \tag{7.12}$$

Der gedrehte Zustand $\hat{D}^{(j)}(\alpha, \beta, \gamma)\, |j, m\rangle$ ist daher eine Linearkombination von Zuständen $|j, m'\rangle$, aber zur festen Quantenzahl j:

$$\hat{D}^{(j)}(\alpha, \beta, \gamma)\, |j, m\rangle = \sum_{m'=-j}^{j} |j, m'\rangle\, \langle j, m'|\hat{D}^{(j)}(\alpha, \beta, \gamma)|j, m\rangle \tag{7.13}$$

$$=: \sum_{m'=-j}^{j} D^{(j)}_{m',m}(\alpha, \beta, \gamma)\, |j, m'\rangle\,, \tag{7.14}$$

mit der Darstellung des Rotationsoperators $\hat{D}^{(j)}(\alpha, \beta, \gamma)$ in Form einer $(2j+1) \times (2j+1)$-Matrix in der Basis $\{\ |\ j, m\rangle\ \}$:

$$D^{(j)}_{m',m}(\alpha, \beta, \gamma) = \langle j, m'|\hat{D}^{(j)}(\alpha, \beta, \gamma)|j, m\rangle\,. \tag{7.15}$$

Der Operator $\hat{D}^{(j)}(\alpha, \beta, \gamma)$ wird als **Wignersche D-Matrix** bezeichnet, und ihre Elemente $D^{(j)}_{m',m}(\alpha, \beta, \gamma)$ als **Wigner-Funktionen**. Die Wigner-Matrizen $\hat{D}^{(j)}(\alpha, \beta, \gamma)$ bilden eine **irreduzible** unitäre $(2j+1)$-dimensionale Darstellung der quantenmechanischen Rotationsgruppe. Nur ist die quantenmechanische Rotationsgruppe aber nicht die SO(3)! Wir kommen gleich dazu.

Es gilt nun, einen geschlossenen Ausdruck für die Wigner-Funktionen $D^{(j)}_{m',m}(\alpha, \beta, \gamma)$ zu berechnen. Dazu stellen wir zunächst fest, dass $|j, m\rangle$ ein Eigenzustand zu $\hat{J}_z$ ist und damit auch zu $\exp(-\mathrm{i}\alpha\hat{J}_z/\hbar)$:

$$\exp\left(-\frac{\mathrm{i}}{\hbar}\alpha\hat{J}_z\right)|j, m\rangle = \mathrm{e}^{-\mathrm{i}\alpha m}\,|j, m\rangle\,, \tag{7.16}$$

so dass sich (7.15) vereinfachen lässt zu:

$$\begin{aligned} &D^{(j)}_{m',m}(\alpha, \beta, \gamma) = \mathrm{e}^{-\mathrm{i}(m'\alpha + m\gamma)}\, d^{(j)}_{m',m}(\beta), \\ &\text{mit}\quad d^{(j)}_{m',m}(\beta) := \left\langle j, m' \middle| \exp\left(-\frac{\mathrm{i}}{\hbar}\beta\hat{J}_y\right) \middle| j, m \right\rangle. \end{aligned} \tag{7.17}$$

Aus (7.17) lassen sich auch ohne explizite Kenntnis von $D^{(j)}_{m',m}(\alpha,\beta,\gamma)$ bereits folgende Eigenschaften ableiten:

$$\left[D^{(j)}_{m',m}(\alpha,\beta,\gamma)\right]^* = D^{(j)}_{mm'}(-\gamma,-\beta,-\alpha), \tag{7.18}$$

$$\sum_m \left[D^{(j)}_{mk}(\alpha,\beta,\gamma)\right]^* D^{(j)}_{mk'}(\alpha,\beta,\gamma) = \delta_{kk'} \tag{7.19}$$

$$\sum_m \left[D^{(j)}_{km}(\alpha,\beta,\gamma)\right]^* D^{(j)}_{k',m}(\alpha,\beta,\gamma) = \delta_{kk'}. \tag{7.20}$$

Beweis. Die Relation (7.18) lässt sich sehr schnell beweisen:

$$\begin{aligned}\left[D^{(j)}_{m',m}(\alpha,\beta,\gamma)\right]^* &= \langle j,m'|\hat{D}^{(j)}(\alpha,\beta,\gamma)|j,m\rangle^* \\ &= \langle j,m|[\hat{D}^{(j)}]^\dagger(\alpha,\beta,\gamma)|j,m'\rangle \\ &= \langle j,m|[\hat{D}^{(j)}]^{-1}(\alpha,\beta,\gamma)|j,m'\rangle \\ &= \langle j,m|\hat{D}^{(j)}(-\gamma,-\beta,-\alpha)|j,m'\rangle = D^{(j)}_{mm'}(-\gamma,-\beta,-\alpha).\end{aligned}$$

Die nächste Relation ist ebenso einfach, wenn man in die Operatorschreibweise wechselt und „eine Eins einschiebt":

$$\begin{aligned}\sum_m \left[D^{(j)}_{mk}(\alpha,\beta,\gamma)\right]^* D^{(j)}_{mk'}(\alpha,\beta,\gamma) &= \sum_m \langle j,k|[\hat{D}^{(j)}]^{-1}(\alpha,\beta,\gamma)|j,m\rangle \\ &\quad \times \langle j,m|\hat{D}^{(j)}\alpha,\beta,\gamma)|j,k'\rangle \\ &= \langle j,k|[\hat{D}^{(j)}]^{-1}(\alpha,\beta,\gamma)\hat{D}^{(j)}\alpha,\beta,\gamma)|j,k'\rangle \\ &= \langle j,k|j,k'\rangle = \delta_{kk'}.\end{aligned}$$

Die letzte Beziehung folgt aus (7.18) leicht als Korollar. ■

Die triviale Darstellung für $j = 0$

Für $j = 0$ ist $\hat{J}_z = 0$ und damit $d^{(0)}_{00}(\beta) \equiv 1$. Damit ist auch $\hat{D}^{(0)}(\alpha,\beta,\gamma) \equiv 1$. Das ist die sogenannte **triviale Darstellung**, die immer existiert und nicht von sonderlichem Interesse ist.

Die Darstellung für $j = \frac{1}{2}$

Für den wichtigen Fall $j = \frac{1}{2}$ wollen wir $d^{(1/2)}_{m',m}(\beta)$ explizit berechnen. In diesem Fall ist

$$\begin{aligned}\hat{J}_y &= \frac{\hbar}{2}\sigma_2 \\ \Longrightarrow d^{(1/2)}_{m',m}(\beta) &= \langle j,m'|\exp\left(-\mathrm{i}\frac{\beta}{2}\sigma_2\right)|j,m\rangle\,.\end{aligned}$$

Mit Hilfe von (4.33) können wir schreiben:

$$\exp\left(-\mathrm{i}\frac{\beta}{2}\sigma_2\right) = \mathbb{1}\cos\frac{\beta}{2} - \mathrm{i}\sigma_2 \sin\frac{\beta}{2}$$
$$= \begin{pmatrix} 1 & 0 \\ 0 & 1 \end{pmatrix}\cos\frac{\beta}{2} + \begin{pmatrix} 0 & -1 \\ 1 & 0 \end{pmatrix}\sin\frac{\beta}{2},$$

damit ist

$$d^{(1/2)}(\beta) = \begin{pmatrix} d^{(1/2)}_{1/2,1/2} & d^{(1/2)}_{1/2,-1,2} \\ d^{(1/2)}_{-1/2,1/2} & d^{(1/2)}_{-1/2,-1/2} \end{pmatrix} = \begin{pmatrix} \cos(\beta/2) & -\sin(\beta/2) \\ \sin(\beta/2) & \cos(\beta/2) \end{pmatrix}, \tag{7.21}$$

und schon haben wir mit (7.15) das Ergebnis:

$$\hat{D}^{(1/2)}(\alpha,\beta,\gamma) = \begin{pmatrix} D^{(1/2)}_{1/2,1/2} & D^{(1/2)}_{1/2,-1/2} \\ D^{(1/2)}_{-1/2,1/2} & D^{(1/2)}_{-1/2,-1/2} \end{pmatrix} = \begin{pmatrix} \mathrm{e}^{-\mathrm{i}(\alpha+\gamma)/2}\cos(\beta/2) & \mathrm{e}^{-\mathrm{i}(\alpha-\gamma)/2}\sin(\beta/2) \\ \mathrm{e}^{\mathrm{i}(\alpha-\gamma)/2}\sin(\beta/2) & \mathrm{e}^{\mathrm{i}(\alpha+\gamma)/2}\cos(\beta/2) \end{pmatrix}. \tag{7.22}$$

Wie man sieht, führt für $j = \frac{1}{2}$ eine Drehung im $\mathbb{R}^3$ um den Winkel β zu einer „quantenmechanischen" Rotation um den Winkel $\frac{\beta}{2}$. Das bedeutet aber, dass bei einer Rotation um den Winkel 2π ein Zustandvektor $|\frac{1}{2}, m\rangle \in \mathcal{H}_S$ nicht auf sich selbst abgebildet wird, sondern einen Phasenfaktor erhält. Wir sehen dies recht einfach für eine Drehung um die z-Achse: setzen wir $\alpha = 2\pi$ und $\beta = \gamma = 0$, so sieht die Rotationsmatrix wie folgt aus:

$$\hat{D}^{(1/2)}(2\pi, 0, 0) = \begin{pmatrix} \mathrm{e}^{-\mathrm{i}\pi} & 0 \\ 0 & e^{\mathrm{i}\pi} \end{pmatrix} = -\mathbb{1}_S. \tag{7.23}$$

Das bedeutet, bei einer Drehung um die z-Achse um den Winkel 2π erhält der Zustand $|\frac{1}{2}, m\rangle$ einen Phasenfaktor $\mathrm{e}^{\mathrm{i}\pi} = -1$. An dieser Stelle ist zu sehen, dass ein halbzahliger Drehimpuls klassisch nicht verstanden und damit nicht als Bahndrehimpuls konstruiert werden kann, sondern nur als Spin realisiert sein kann. Das heißt: eine Drehung im $\mathbb{R}^3$ um den Winkel β induziert eine Rotation im Spin-Raum um den Winkel $\frac{\beta}{2}$, wenn $s = \frac{1}{2}$.

Ein halbzahliger Spinwert ist also ein Quantenphänomen, das uns eine allgemeine Richtung aufweist, auf welche die Realisierung von Symmetriegruppen in der Quantenmechanik zu untersuchen ist. Wir kommen in Abschnitt 8 darauf zurück.

Ganzzahliges j: Wigner-Funktionen und Kugelflächenfunktionen

Im Falle eines reinen Banhdrehimpulses, also nur für ganzzahlige Werte von j, existiert ein Zusammenhang zwischen den Wigner-Funktionen $D^{(j)}_{m',m}(\alpha,\beta,\gamma)$ und den Kugelflächenfunktionen $\mathrm{Y}_{lm}(\theta,\phi)$. Erinnern wir uns an (3.13):

$$\langle \boldsymbol{e}_r | l, m\rangle = \mathrm{Y}_{lm}(\theta,\phi).$$

Lassen wir nun den Rotationsoperator $\hat{D}^{(l)}(\alpha, \beta, \gamma)$ auf $|\boldsymbol{e}_r\rangle$ wirken (das heißt: wir führen eine passive Transformation durch), erhalten wir:

$$\begin{aligned} |\boldsymbol{e}_{r'}\rangle &= \hat{D}^{(l)}(\alpha, \beta, \gamma)\,|\boldsymbol{e}_r\rangle \\ \Longrightarrow \langle l, m|\boldsymbol{e}_{r'}\rangle &= \sum_{m'} \langle l, m|\hat{D}^{(l)}(\alpha, \beta, \gamma)|l, m'\rangle\,\langle l, m'|\boldsymbol{e}_r\rangle\,, \\ \text{oder:}\quad \mathrm{Y}^*_{lm}(\theta', \phi') &= \sum_{m'} D^{(l)}_{mm'}(\alpha, \beta, \gamma)\mathrm{Y}^*_{lm'}(\theta, \phi). \end{aligned} \tag{7.24}$$

Wenn $\boldsymbol{e}_r$ entlang der z-Achse liegt, ist $\theta = 0$. Wegen (3.64) hat $\mathrm{Y}^*_{lm'}(0, \phi)$ dann nur für $m' = 0$ nichtverschwindende Werte. Dann wird aus (7.24):

$$\begin{aligned} \mathrm{Y}^*_{lm}(\theta', \phi') &= D^{(l)}_{m,0}(\alpha, \beta, \gamma)\mathrm{Y}^*_{l,0}(0, \phi) \\ &= \sqrt{\frac{2l+1}{4\pi}} D^{(l)}_{m,0}(\alpha, \beta, \gamma). \end{aligned}$$

Ruft man sich nun die eingangs definierte Eulersche Parametrisierung von Rotationen in Erinnerung, stellt man leicht fest, dass $\phi' = \alpha$ und $\theta' = \beta$, die anschließende dritte Rotation um die z'-Achse bildet $|\boldsymbol{e}_{r'}\rangle$ auf sich selbst ab, da ja $|\boldsymbol{e}_r\rangle$ anfangs entlang der z-Achse liegt. Physikalisch stellt dieser Zusammenhang die Drehung eines Vektors $\boldsymbol{r}$ dar, der sich auf der z-Achse befindet und durch der Drehung auf einen Vektor $\boldsymbol{r}'$ abgebildet wird mit Azimutwinkel α und Polarwinkel β. Es folgt:

$$\mathrm{Y}^*_{lm}(\beta, \alpha) = \sqrt{\frac{2l+1}{4\pi}} D^{(l)}_{m,0}(\alpha, \beta, \gamma). \tag{7.25}$$

Ein analoger Zusammenhang zwischen $D^{(l)}_{0,m}(-\gamma, -\beta, -\alpha)$ und $\mathrm{Y}_{lm}(\beta, \alpha)$ kann einfach aus (7.18) und den Eigenschaften der Kugelflächenfunktionen abgeleitet werden. Zusammenfassend erhalten wir dann:

$$D^{(l)}_{m,0}(\alpha, \beta, \gamma) = \sqrt{\frac{4\pi}{2l+1}} \mathrm{Y}^*_{lm}(\beta, \alpha), \tag{7.26}$$

$$D^{(l)}_{0,m}(\alpha, \beta, \gamma) = \sqrt{\frac{4\pi}{2l+1}} \mathrm{Y}_{lm}(-\beta, -\gamma) \tag{7.27}$$

$$= \sqrt{\frac{4\pi}{2l+1}} (-1)^m \mathrm{Y}^*_{lm}(\beta, \gamma). \tag{7.28}$$

Trivialerweise folgt daraus:

$$D^{(l)}_{00}(\alpha, \beta, \gamma) = \mathrm{P}_l(\cos\beta). \tag{7.29}$$

Wir besitzen nun das notwendige Rüstzeug, um zum Schluss noch das wichtige **Additionstheorem** für Kugelflächenfunktionen herzuleiten. Dazu gehen wir von (7.14) aus, wir betrachten also wieder eine aktive Transformation:

$$\hat{D}^{(j)}(\alpha,\beta,\gamma)\,|j,m\rangle = \sum_{m'=-j}^{j} D^{(j)}_{m',m}(\alpha,\beta,\gamma)\,|j,m'\rangle\,,$$

$$\Longrightarrow \mathrm{Y}_{lm}(\theta',\phi') = \sum_{m'} D^{(l)}_{m',m}(\alpha,\beta,\gamma)\mathrm{Y}_{lm'}(\theta,\phi), \tag{7.30}$$

wobei die gestrichenen Winkelkoordinaten auf der linken Seite definiert sind durch:

$$\begin{aligned}\langle \boldsymbol{e}_r|\hat{D}^{(j)}(\alpha,\beta,\gamma)|j,m\rangle &= \langle R^{-1}\boldsymbol{e}_r|j,m\rangle \\ &= \mathrm{Y}_{lm}(\theta',\phi').\end{aligned}$$

Für den Fall $m = 0$ gilt die Relation (3.59):

$$\mathrm{Y}_{l,0}(\theta',\phi') = \sqrt{\frac{2l+1}{4\pi}}\mathrm{P}_l(\cos\theta'),$$

außerdem ist wegen (7.26):

$$D^{(l)}_{m',0}(\alpha,\beta,\gamma) = \sqrt{\frac{4\pi}{2l+1}}\mathrm{Y}^*_{lm}(\beta,\alpha),$$

so dass wir (7.30) vereinfachen können zu:

$$\sqrt{\frac{2l+1}{4\pi}}\mathrm{P}_l(\cos\theta') = \sum_{m'}\sqrt{\frac{4\pi}{2l+1}}\mathrm{Y}^*_{lm'}(\beta,\alpha)\mathrm{Y}_{lm'}(\theta,\phi).$$

Setzen wir nun wieder $\boldsymbol{e}_r$ entlang der z-Achse, kann man $\beta = \theta'$ und $\alpha = \phi'$ identifizieren. θ' ist dann aber der Winkel zwischen $\boldsymbol{e}_r$ und $\boldsymbol{e}_{r'}$. Wir erhalten damit orientierungsunabhängig:

$$\mathrm{P}_l(\boldsymbol{e}_r\cdot\boldsymbol{e}_{r'}) = \frac{4\pi}{2l+1}\sum_{m'}\mathrm{Y}^*_{lm'}(\theta',\phi')\mathrm{Y}_{lm'}(\theta,\phi), \tag{7.31}$$

$$= \frac{4\pi}{2l+1}\sum_{m'}\langle\boldsymbol{e}_r|l,m'\rangle\,\langle l,m'|\boldsymbol{e}_{r'}\rangle\,. \tag{7.32}$$

Der allgemeine Ausdruck für $d^{(j)}_{m',m}(\beta)$

Einen allgemeinen geschlossenen Ausdruck für die $d^{(j)}_{m',m}(\beta)$ wurde bereits 1927 von Eugene Paul Wigner gefunden, und er lautet:

$$\begin{aligned}d^{(j)}_{m',m}(\beta) = \sum_k(-1)^{k+m'-m}&\frac{\sqrt{(j+m)!(j-m)!(j+m')!(j-m')!}}{(j-m'-k)!(j+m-k)!(k+m'-m)!k!}\\ &\times\left(\cos\frac{\beta}{2}\right)^{2j+m-m'-2k}\left(\sin\frac{\beta}{2}\right)^{m'-m+2k},\end{aligned} \tag{7.33}$$

wobei die Summation über alle k geht, bei denen kein einziges Fakultätsargument im Nenner des Bruches negativ wird. Wir werden in Abschnitt 9 im Rahmen des Schwingerschen Oszillatormodells des Drehimpulses diesen Ausdruck auf sehr elegante Weise herleiten.

8 Überlagerungsgruppen I: Der Zusammenhang zwischen SU(2) und SO(3)

Wir haben in Abschnitt 7 gesehen, dass die Wigner-Matrix $\hat{D}^{(1/2)}(2\pi, 0, 0)$ für den Spin-$\frac{1}{2}$-Fall zu einem Phasenfaktor von -1 des Zustandsvektors führt. Dieser Phasenfaktor wird durch die Drehung von 2π im Spinraum induziert, in dem erst eine Drehung um 4π einen Zustand auf sich selbst abbildet. Im „klassischen" Raum $\mathbb{R}^3$ hingegen ist nicht zu unterscheiden zwischen einer Drehung um 2π und einer Drehung um 4π.

Aus mathematischer Sicht bedeutet das jedoch, dass die $(s = \frac{1}{2})$-Realisierung der Rotationsgruppe gar keine Darstellung $\hat{D}$ der Rotationsgruppe SO(3) im eigentlichen Sinne darstellt, denn die definierende Gruppeneigenschaft

$$\hat{D}(g_1)\hat{D}(g_2) = \hat{D}(g_1 g_2)$$

gilt nicht für alle $g_1, g_2 \in \mathrm{SO}(3)$! Setzt man nämlich für g_1, g_2 jeweils Drehwinkel um π ein, ergibt sich $g_1 g_2 = \hat{D}(g_1 g_2) = \mathbb{1}$, wohingegen $\hat{D}(g_1)\hat{D}(g_2) = -\mathbb{1}_S$ ist. In anderen Worten: $\hat{D}$ ist kein Gruppenhomomorphismus.

Wir haben bereits bei der Feststellung in Abschnitt 2, dass es halbzahlige Drehimpulsquantenzahlen gibt, einen Hinweis darauf erhalten, dass die Betrachtung der klassischen Rotationsgruppe in der Quantenmechanik nicht ausreicht. Wir haben das Spektrum des Drehimpulsoperators alleine aus der Drehimpulsalgebra abgeleitet, welche die Lie-Algebra der Rotationsgruppe am Einselement darstellt und damit die lokalen Eigenschaften der Lie-Gruppe „um das Einselement" herum bestimmt. Die globalen Eigenschaften der zu untersuchenden Lie-Gruppe können aber durchaus unterschiedlich sein, und dies ist für die SU(2) gegenüber der SO(3) auch der Fall, wie wir im Folgenden sehen werden.

Die spezielle unitäre Gruppe SU(2) und ihre Topologie

Jedem reellwertigen klassischen Vektor $\boldsymbol{v} \in \mathbb{R}^3$ lässt sich eine hermitesche, spurlose (2×2)-Matrix zuordnen gemäß der Abbildung:

$$\mathbb{R}^3 \to \mathcal{S} \tag{8.1}$$

$$\boldsymbol{v} \mapsto (\boldsymbol{\sigma} \cdot \boldsymbol{v}) = \begin{pmatrix} v_3 & v_1 - \mathrm{i}v_2 \\ v_1 + \mathrm{i}v_2 & -v_3 \end{pmatrix} \tag{8.2}$$

zuordnen, wobei die σ_i die bekannten Pauli-Matrizen sind. Diese Abbildung ist bijektiv, wie leicht zu sehen ist. Der Raum $\mathcal{S}$ wird **Spinor-Raum** genannt, und wir werden diesen in Abschnitt 12 präzise definieren.

Die Eigenschaften der Hermitezität und Spurlosigkeit bleiben bestehen, wenn $(\boldsymbol{\sigma} \cdot \boldsymbol{v})$ abgebildet wird auf

$$(\boldsymbol{\sigma} \cdot \boldsymbol{v}) \mapsto \lambda(\boldsymbol{\sigma} \cdot \boldsymbol{v})\lambda^\dagger, \tag{8.3}$$

mit einer beliebigen komplexen, unitären (2×2)-Matrix λ. Betrachten wir nun das Betragsquadrat $\boldsymbol{v}^2$ des Vektors, so stellen wir fest, dass

$$\boldsymbol{v}^2 = -\det(\boldsymbol{\sigma} \cdot \boldsymbol{v}),$$

und diese Determinante ist genau dann invariant unter der Transformation (8.3), wenn

$$|\det \lambda| = 1. \tag{8.4}$$

Das heißt, jede komplexe und unitäre (2×2)-Matrix λ, die (8.4) erfüllt, induziert über (8.3) eine orthogonale Transformation $\boldsymbol{v} \mapsto R\boldsymbol{v}$ gemäß

$$\lambda(\boldsymbol{\sigma} \cdot \boldsymbol{v})\lambda^\dagger = R_{ij}(\lambda) v_j \sigma_i. \tag{8.5}$$

Die Hintereinanderausführung zweier Transformationen mit λ_1, λ_2 ergibt:

$$\lambda_2 \lambda_1 (\boldsymbol{\sigma} \cdot \boldsymbol{v}) \lambda_1^\dagger \lambda_2^\dagger = R(\lambda_2)_{ik} R(\lambda_1)_{kj} v_j \sigma_i,$$

so dass

$$R(\lambda_2 \lambda_1) = R(\lambda_2) R(\lambda_1). \tag{8.6}$$

Da nun aber zwei Matrizen λ_1, λ_2, die sich nur um einen komplexen Phasenfaktor $\mathrm{e}^{\mathrm{i}\alpha}$ unterscheiden, zu selben Transformation (8.3) führen, kann man durch entsprechende Wahl dieses Phasenfaktors

$$\det \lambda = 1 \tag{8.7}$$

festlegen, was auch vollkommen mit (8.6) kompatibel ist. Diese Matrizen λ bilden mit der üblichen Matrixmultiplikation eine Gruppe, die **spezielle unitäre Gruppe** $\mathrm{SU}(2)$.

Die Abbildung

$$\begin{aligned} \mathrm{SU}(2) &\to \mathrm{SO}(3) \\ \lambda &\mapsto R(\lambda) \end{aligned}$$

überlagert $\mathrm{SO}(3)$ doppelt. Man sagt: die Gruppe $\mathrm{SU}(2)$ ist eine doppelte **Überlagerungsgruppe** der Rotationsgruppe $\mathrm{SO}(3)$. Besonders wichtig ist nun die Tatsache, dass sie außerdem einfach zusammenhängend ist. Es gilt der

Satz. *Die Gruppe* $\mathrm{SU}(2)$ *ist topologisch äquivalent zur dreidimensionalen Einheitskugel* S^3,

$$\mathrm{SU}(2) \cong S^3. \tag{8.8}$$

und damit einfach zusammenhängende Mannigfaltigkeit.

Beweis. Ein Element $\lambda \in \mathrm{SU}(2)$ lässt sich allgemein schreiben als:

$$\begin{aligned} \mathbb{1}_S \cos\phi + \mathrm{i}\boldsymbol{n} \cdot \boldsymbol{\sigma} \sin\phi &= \begin{pmatrix} \cos\phi + \mathrm{i}n_3 \sin\phi & (n_2 + \mathrm{i}n_1)\sin\phi \\ (-n_2 + \mathrm{i}n_1)\sin\phi & \cos\phi - \mathrm{i}n_3 \sin\phi \end{pmatrix} \\ &= \begin{pmatrix} n_0' + \mathrm{i}n_3' & (n_2' + \mathrm{i}n_1') \\ (-n_2' + \mathrm{i}n_1') & n_0' - \mathrm{i}n_3' \end{pmatrix}, \end{aligned}$$

mit

$$\begin{aligned} n'_0 &= \cos\phi, \\ n'_i &= n_i \sin\phi \quad (i = 1, 2, 3). \end{aligned}$$

Dann sieht man schnell, dass sich die definierende Eigenschaft $\det \lambda = 1$ darstellt als

$$(n'_0)^2 + (n'_1)^2 + (n'_2)^2 + (n'_3)^2 = 1,$$

was nichts anderes ist als die Bestimmungsgleichung der dreidimensionalen Einheitskugel S^3, eingebettet in $\mathbb{R}^4$ und in kartesischen Koordinaten n'_i. Die SU(2) als differenzierbare Mannigfaltigkeit ist daher kompakt und einfach zusammenhängend. ■

Eine einfach zusammenhängende Überlagerungsgruppe $\mathcal{U}$ einer Gruppe $\mathcal{G}$ heißt die **universelle Überlagerungsgruppe** von $\mathcal{G}$. Es gibt keine weiteren Überlagerungen von $\mathcal{G}$ außer denjenigen, die sich durch triviale direkte Produktbildung mit anderen Mannigfaltigkeiten oder Gruppen ergeben. Also halten wir fest:

Satz. *Die Gruppe* SU(2) *ist die universelle Überlagerungsgruppe der Rotationsgruppe* SO(3).

In älteren Darstellungen ist die Formulierung zu lesen: jedem Element $R \in \mathrm{SO}(3)$ sind zwei Elemente $\lambda_\pm(R) \in \mathrm{SU}(2)$ zugeordnet, und die Abbildung

$$\begin{aligned} \mathrm{SO}(3) &\to \mathrm{SU}(2) \\ R &\mapsto \lambda_\pm(R) \end{aligned}$$

sei eine **zweiwertige Darstellung** und wird **Spinordarstellung** genannt. Wir verwenden die Begrifflichkeit „mehrwertige Darstellung" jedoch nicht weiter und werden in Abschnitt 12 den Begriff „Spinordarstellung" präziser fassen.

Wenn die SU(2) eine Überlagerungsgruppe zur SO(3) ist, stellt demnach umgekehrt die SO(3) eine **Quotientengruppe** der SU(2) dar. Man schreibt:

$$\mathrm{SO}(3) = \mathrm{SU}(2)/\mathbb{Z}_2, \tag{8.9}$$

mit $\mathbb{Z}_2 = \{\pm 1\}$, was zum Ausdruck bringt, dass die Rotationsgruppe isomorph ist zu derjenigen Gruppe, die aus der SU(2) durch Gleichsetzung der Elemente $+\lambda$ und $-\lambda$ entsteht.

Im Unterschied zur SU(2) ist die Rotationsgruppe SO(3) also nicht einfach zusammenhängend, sondern zweifach zusammenhängend. Es gilt:

$$\mathrm{SO}(3) \cong S^3/\mathbb{Z}_2 = \mathbb{R}P^3, \tag{8.10}$$

wobei mit $\mathbb{R}P^3$ der **reell-projektive Raum** aller Geraden durch den Ursprung im $\mathbb{R}^4$ ist. Dieser ist topologisch äquivalent zu $S^3/\mathbb{Z}_2$, also zu der dreidimensionalen Einheitskugel, bei der gegenüberliegende Punkte $\pm p$ miteinander identifiziert werden.

Es gibt daher zwei Äquivalenzklassen von geschlossenen Wegen, von denen die Wege der einen nicht stetig in die Wege der anderen übergeführt werden können. „Doppelte Schleifen" hingegen können immer stetig ineinander übergeführt werden, denn aus

$$\lambda(R_2)\lambda(R_1) = \pm\lambda(R_2R_1)$$

folgt

$$[\lambda(R_1R_2)\lambda(R_2)\lambda(R_1)]^2 = \mathbb{1}$$

für alle $R_1, R_2 \in \mathrm{SO}(3)$. In Abschnitt IV-26 werden wir die gleiche Untersuchung für die eigentlich-orthochrone Lorentz-Gruppe $\mathrm{SO}_+(3, 1)$ durchführen.

9 Das Schwingersche Oszillatormodell des Drehimpulses

Es existiert ein interessanter Zusammenhang zwischen der Drehimpulsalgebra und der Algebra des zweidimensionalen harmonischen Oszillators, den Julian Schwinger in einem *Technical Report* 1952 beschrieb [Sch52] (die Arbeit wurde 2015 von Dover Publications in Taschenbuchform aufgelegt [Sch15]), auf Arbeiten von Pascual Jordan aufbauend [Jor35]. In einem allgemeineren Kontext ist dieser Typus von algebraischem Zusammenhang auch als **Jordan–Schwinger-Darstellung** bekannt.

Es seien $|n_+, n_-\rangle$ die Eigenzustände des zweidimensionalen harmonischen Oszillators – in alternativer Sichtweise zweier ungekoppelter eindimensionaler harmonischer Oszillatoren – und $\hat{a}_\pm^\dagger$ die jeweiligen Erzeugungs- und $\hat{a}_\pm$ die jeweiligen Vernichtungsoperatoren, so dass:

$$[\hat{a}_-, \hat{a}_+^\dagger] = 0, \tag{9.1}$$

$$[\hat{a}_\pm, \hat{a}_\pm^\dagger] = 1. \tag{9.2}$$

Mit

$$\hat{N}_\pm = \hat{a}_\pm^\dagger \hat{a}_\pm \tag{9.3}$$

ist außerdem:

$$\hat{N}_\pm |n_+, n_-\rangle = n_\pm |n_+, n_-\rangle, \tag{9.4}$$

$$[\hat{N}_\pm, \hat{a}_\pm] = -\hat{a}_\pm, \tag{9.5}$$

$$[\hat{N}_\pm, \hat{a}_\pm^\dagger] = \hat{a}_\pm^\dagger. \tag{9.6}$$

Der Zustand $|n_+, n_-\rangle$ lässt sich durch wiederholte Anwendung von $\hat{a}_\pm^\dagger$ dann aus einem Vakuumzustand $|0, 0\rangle$ konstruieren gemäß (vergleiche (I-34.22)):

$$|n_+, n_-\rangle = \frac{1}{\sqrt{n_+! n_-!}} \left(\hat{a}_+^\dagger\right)^{n_+} \left(\hat{a}_-^\dagger\right)^{n_-} |0, 0\rangle. \tag{9.7}$$

Wir definieren nun:

$$\hat{J}_+ = \hbar \hat{a}_+^\dagger \hat{a}_-, \tag{9.8}$$

$$\hat{J}_- = \hbar \hat{a}_-^\dagger \hat{a}_+, \tag{9.9}$$

$$\hat{J}_z = \frac{\hbar}{2}(\hat{a}_+^\dagger \hat{a}_+ - \hat{a}_-^\dagger \hat{a}_-) \tag{9.10}$$

$$= \frac{\hbar}{2}(\hat{N}_+ - \hat{N}_-), \tag{9.11}$$

und es ist nun recht einfach zu zeigen, dass folgende Kommutatorrelationen gelten:

$$[\hat{J}_z, \hat{J}_\pm] = \pm\hbar \hat{J}_\pm, \tag{9.12}$$

$$[\hat{J}_+, \hat{J}_-] = 2\hbar \hat{J}_z, \tag{9.13}$$

also die elementaren Kommutatorrelationen des Drehimpulses wie in Abschnitt 2. Mit

$$\hat{N} := \hat{N}_+ + \hat{N}_-, \tag{9.14}$$

$$\hat{\boldsymbol{J}}^2 := \hat{J}_z^2 + \frac{1}{2}(\hat{J}_+\hat{J}_- + \hat{J}_-\hat{J}_+) \tag{9.15}$$

erhält man außerdem:

$$\hat{\boldsymbol{J}}^2 = \hbar^2 \frac{\hat{N}}{2}\left(\frac{\hat{N}}{2} + 1\right), \tag{9.16}$$

und man vergleiche dies nun mit (2.25).

Betrachten wir nun die Wirkung von $\hat{a}_\pm, \hat{a}_\pm^\dagger$ auf die Eigenzustände $|n_+, n_-\rangle$:

$$\begin{aligned}
\hat{a}_+^\dagger\,|n_+, n_-\rangle &= \sqrt{n_+ + 1}\,|n_+ + 1, n_-\rangle\,, \\
\hat{a}_+\,|n_+, n_-\rangle &= \sqrt{n_+}\,|n_+ - 1, n_-\rangle\,, \\
\hat{a}_-^\dagger\,|n_+, n_-\rangle &= \sqrt{n_- + 1}\,|n_+, n_- + 1\rangle\,, \\
\hat{a}_-\,|n_+, n_-\rangle &= \sqrt{n_-}\,|n_+, n_- - 1\rangle\,,
\end{aligned}$$

woraus wiederum folgt:

$$\begin{aligned}
\hat{J}_+\,|n_+, n_-\rangle &= \sqrt{n_-(n_+ + 1)}\hbar\,|n_+ + 1, n_- - 1\rangle \\
&= \sqrt{(j - m)(j + m + 1)}\hbar\,|n_+ + 1, n_- - 1\rangle\,, && (9.17) \\
\hat{J}_-\,|n_+, n_-\rangle &= \sqrt{n_+(n_- + 1)}\hbar\,|n_+ - 1, n_- + 1\rangle \\
&= \sqrt{(j + m)(j - m + 1)}\hbar\,|n_+ - 1, n_- + 1\rangle\,, && (9.18) \\
\hat{J}_z\,|n_+, n_-\rangle &= \frac{1}{2}(n_+ - n_-)\hbar\,|n_+, n_-\rangle \\
&= m\hbar\,|n_+, n_-\rangle\,, && (9.19) \\
\hat{\boldsymbol{J}}^2\,|n_+, n_-\rangle &= j(j + 1)\hbar^2\,|n_+, n_-\rangle\,, && (9.20)
\end{aligned}$$

wobei wir, in Anbetracht von (9.11) und (9.16), gesetzt haben:

$$j := \frac{1}{2}(n_+ + n_-), \tag{9.21}$$

$$m := \frac{1}{2}(n_+ - n_-). \tag{9.22}$$

Damit erkennen wir folgendes:

- Der Zustand $|n_+, n_-\rangle$ ist gemeinsamer Eigenzustand von $\hat{J}_z, \hat{\boldsymbol{J}}^2$ mit den entsprechenden Quantenzahlen $m = \frac{1}{2}(n_+ - n_-)$ und $j = \frac{1}{2}(n_+ + n_-)$. j und m können dabei halb- und ganzzahlige Werte annehmen.
- Die Operatoren $\hat{J}_\pm$ bilden einen Zustand zu j, m auf einen Zustand zu $j, m \pm 1$ ab.

Also sind die $|n_+, n_-\rangle$ ganz allgemein Drehimpulseigenzustände, wie wir sie in Abschnitt 2 kennengelernt haben, $\hat{\boldsymbol{J}}^2, \hat{J}_z$ sind die Operatoren zu Betragsquadrat und z-Komponente, und $\hat{J}_\pm$ sind die üblichen Leiteroperatoren. Wir haben also einen Zusammenhang zwischen der Drehimpulsalgebra und der Algebra des zweidimensionalen harmonischen Oszillators gefunden und damit die Möglichkeit, aus dem Vakuumzustand $|0\rangle$ Drehimpulseigenzustände zu konstruieren. In den Quantenzahlen j, m ausgedrückt, wird aus (9.7) dann:

$$|j,m\rangle = \frac{1}{\sqrt{(j+m)!(j-m)!}} \left(\hat{a}_+^\dagger\right)^{j+m} \left(\hat{a}_-^\dagger\right)^{j-m} |0,0\rangle\,. \tag{9.23}$$

Diesen Zusammenhang zwischen der Drehimpulsalgebra und der Algebra des zweidimensionalen harmonischen Oszillators kann man sich dadurch verbildlichen, dass ein Zustand $|j,m\rangle$ durch $(j+m)$-fache Anwendung des Erzeugungsoperators $\hat{a}_+^\dagger$ und durch $(j-m)$-fache Anwendung des Erzeugungsoperators $\hat{a}_-^\dagger$ aus einem Vakuumzustand $|0\rangle$ zu $j = 0, l = 0$ konstruiert werden kann. $\hat{a}_+^\dagger$ erzeugt also in gewisser Weise einen Spin-↑-Beitrag, $\hat{a}_-^\dagger$ entsprechend einen Spin-↓-Beitrag. Die Vernichtungsoperatoren $\hat{a}_\pm$ vernichten diese Beiträge entsprechend.

Wir werden diesen algebraischen Zusammenhang in Abschnitt 34 im Zusammenhang mit dem Bahndrehimpuls des elektrisch geladenen Teilchens wieder aufgreifen.

Explizite Berechnung der Wigner-Funktionen

Die gerade abgeleiteten algebraischen Zusammenhänge führen unter anderem zu einer sehr eleganten Möglichkeit, die explizite Form der Wigner-Funktionen (7.33) zu berechnen:

$$\begin{aligned} d^{(j)}_{m',m}(\beta) = \sum_k (-1)^{k+m'-m} & \frac{\sqrt{(j+m)!(j-m)!(j+m')!(j-m')!}}{(j-m'-k)!(j+m-k)!(k+m'-m)!k!} \\ & \times \left(\cos\frac{\beta}{2}\right)^{2j+m-m'-2k} \left(\sin\frac{\beta}{2}\right)^{m'-m+2k}\,. \end{aligned} \tag{9.24}$$

Beweis. Wir gehen aus von der aktiven Transformation

$$\hat{D}^{(j)}(\alpha=0,\beta,\gamma=0)\,|j,m\rangle = \hat{U}_y(\beta) = \exp\left(-\frac{\mathrm{i}}{\hbar}\beta\hat{J}_y\right)$$

(vergleiche (7.8)) und betrachten den transformierten Zustand $|j,m\rangle$:

$$\begin{aligned} \hat{U}_y(\beta)\,|j,m\rangle &= \frac{1}{\sqrt{(j+m)!(j-m)!}} \hat{U}_y(\beta) \left(\hat{a}_+^\dagger\right)^{j+m} \left(\hat{a}_-^\dagger\right)^{j-m} |0,0\rangle \\ &= \frac{1}{\sqrt{(j+m)!(j-m)!}} \hat{U}_y(\beta) \left(\hat{a}_+^\dagger\right)^{j+m} \left(\hat{a}_-^\dagger\right)^{j-m} \hat{U}_y^\dagger(\beta)\,|0,0\rangle \\ &= \frac{1}{\sqrt{(j+m)!(j-m)!}} \left[\hat{U}_y(\beta)\hat{a}_+^\dagger\hat{U}_y^\dagger(\beta)\right]^{j+m} \left[\hat{U}_y(\beta)\hat{a}_-^\dagger\hat{U}_y^\dagger(\beta)\right]^{j-m} |0,0\rangle\,, \end{aligned} \tag{9.25}$$

wobei wir in der vorletzten Zeile die Rotationsinvarianz des Vakuumzustands ausgenutzt haben und die letzte Zeile sich elementar ergibt.

Nun ist ja gemäß dem Hadamard-Lemma (I-14.53):

$$\begin{aligned} e^{i\theta\hat{B}}\hat{A}e^{-i\theta\hat{B}} &= \hat{A} + i\theta[\hat{B},\hat{A}] - \frac{\theta^2}{2}[\hat{B},[\hat{B},\hat{A}]] + \ldots \\ &+ \frac{i^n\theta^n}{n!}\underbrace{[\hat{B},[\hat{B},\ldots,[\hat{B},\hat{A}]\ldots]]}_{n\text{ Klammern}} + \ldots, \end{aligned}$$

und setzen wir daher in diesem Ausdruck $\hat{A} = \hat{a}_+^\dagger$ und $\hat{B} = -\hat{J}_y/\hbar$, so rechnen wir:

$$\begin{aligned} \left[-\frac{\hat{J}_y}{\hbar}, \hat{a}_+^\dagger\right] &= -\frac{i}{2}\left[\hat{a}_-^\dagger\hat{a}_+, \hat{a}_+^\dagger\right] = -\frac{i}{2}\hat{a}_-^\dagger, \\ \left[-\frac{\hat{J}_y}{\hbar}, \left[-\frac{\hat{J}_y}{\hbar}, \hat{a}_+^\dagger\right]\right] &= -\frac{i}{2}\left[-\frac{\hat{J}_y}{\hbar}, \hat{a}_-^\dagger\right] = \frac{1}{4}\hat{a}_+^\dagger, \end{aligned}$$

und wir erkennen, dass sich die geradzahlig und ungeradzahlig geschachtelten Kommutatoren jeweils summieren zu:

$$\sum_n \frac{i^n\theta^n}{n!}\underbrace{\left[-\frac{\hat{J}_y}{\hbar}, \left[-\frac{\hat{J}_y}{\hbar}, \ldots, \left[-\frac{\hat{J}_y}{\hbar}, \hat{a}_+^\dagger\right]\ldots\right]\right]}_{n\text{ Klammern}} \longrightarrow \begin{cases} \hat{a}_+^\dagger \cos\frac{\beta}{2} & (n \text{ gerade}) \\ \hat{a}_-^\dagger \sin\frac{\beta}{2} & (n \text{ ungerade}) \end{cases},$$

so dass wir also erhalten:

$$\hat{U}_y(\beta)\hat{a}_+^\dagger\hat{U}_y^\dagger(\beta) = \hat{a}_+^\dagger \cos\frac{\beta}{2} + \hat{a}_-^\dagger \sin\frac{\beta}{2}, \tag{9.26}$$

und entsprechend:

$$\hat{U}_y(\beta)\hat{a}_-^\dagger\hat{U}_y^\dagger(\beta) = \hat{a}_-^\dagger \cos\frac{\beta}{2} - \hat{a}_+^\dagger \sin\frac{\beta}{2}. \tag{9.27}$$

Dies müssen wir nun in (9.25) einsetzen, woraufhin wir den Binomialsatz:

$$(x+y)^n = \sum_k \binom{n}{k} x^{n-k}y^k$$

anwenden, so dass zunächst:

$$\begin{aligned} \left[\hat{U}_y(\beta)\hat{a}_+^\dagger\hat{U}_y^\dagger(\beta)\right]^{j+m} &= \sum_k \binom{j+m}{k}\left[\hat{a}_+^\dagger \cos\frac{\beta}{2}\right]^{j+m-k}\left[\hat{a}_-^\dagger \sin\frac{\beta}{2}\right]^k, \\ \left[\hat{U}_y(\beta)\hat{a}_-^\dagger\hat{U}_y^\dagger(\beta)\right]^{j-m} &= \sum_l \binom{j-m}{l}\left[\hat{a}_-^\dagger \cos\frac{\beta}{2}\right]^{j-m-l}\left[-\hat{a}_+^\dagger \sin\frac{\beta}{2}\right]^l, \end{aligned}$$

und sich somit für (9.25) ergibt:

$$\hat{U}_y(\beta)\,|j,m\rangle = \sum_{k,l} \frac{\sqrt{(j+m)!(j-m)!}}{(j+m-k)!(j-m-l)!k!l!} \times$$
$$\times \left[\hat{a}_+^\dagger \cos\frac{\beta}{2}\right]^{j+m-k} \left[\hat{a}_-^\dagger \sin\frac{\beta}{2}\right]^k \left[\hat{a}_-^\dagger \cos\frac{\beta}{2}\right]^{j-m-l} \left[-\hat{a}_+^\dagger \sin\frac{\beta}{2}\right]^l |0,0\rangle\,. \quad (9.28)$$

Vergleichen wir diesen Ausdruck nun mit der Definition der Wigner-Funktionen $d^{(j)}_{m',m}(\beta)$, vergleiche (7.14):

$$\begin{aligned}\hat{U}_y(\beta)\,|j,m\rangle &= \sum_{m'=-j}^{j} d^{(j)}_{m',m}(\beta)\,|j,m'\rangle \\ &= \sum_{m'=-j}^{j} d^{(j)}_{m',m}(\beta) \frac{1}{\sqrt{(j+m')!(j-m')!}} \left(\hat{a}_+^\dagger\right)^{j+m'} \left(\hat{a}_-^\dagger\right)^{j-m'} |0,0\rangle\,, \quad (9.29)\end{aligned}$$

und vergleichen in (9.28) und (9.28) die Koeffizienten zu gleichen Potenzen von $\hat{a}_\pm^\dagger$:

$$\text{Potenzen von } \hat{a}_+^\dagger: \quad j+m-k+l \stackrel{!}{=} j+m',$$
$$\text{Potenzen von } \hat{a}_-^\dagger: \quad j-m+k-l \stackrel{!}{=} j-m',$$

was uns zu einer Relation von l in Abhängigkeit von k führt, nämlich zu:

$$l = m' - m + k. \quad (9.30)$$

Damit erhalten wir:

$$d^{(j)}_{m',m}(\beta)\frac{1}{\sqrt{(j+m')!(j-m')!}} = \sum_k (-1)^{m'-m+k} \times$$
$$\frac{\sqrt{(j+m)!(j-m)!}}{(j+m-k)!(j-m'-k)!k!(m'-m+k)!} \cos^{2j+m-m'-2k}\frac{\beta}{2} \sin^{2k+m'-m}\frac{\beta}{2},$$

beziehungsweise

$$d^{(j)}_{m',m}(\beta) = \sum_k (-1)^{m'-m+k} \frac{\sqrt{(j+m)!(j-m)!(j+m')!(j-m')!}}{(j+m-k)!(j-m'-k)!k!(m'-m+k)!} \times$$
$$\times \cos^{2j+m-m'-2k}\frac{\beta}{2} \sin^{2k+m'-m}\frac{\beta}{2},$$

wobei die Summe rechts über alle k geht, so dass keiner der einzelnen Fakultätsargumente im Nenner des Bruchs auf der rechten Seite negativ wird. ■

10 Kohärente Drehimpuls-Zustände

Bei der Behandlung des harmonischen Oszillators in Kapitel I-4 haben wir unter anderem die sogenannten kohärenten Zustände betrachtet (Abschnitt I-38). Auch die Drehimpulsalgebra lässt **kohärente Drehimpuls-Zustände** zu, die auf ähnliche Weise wie beim harmonischen Oszillator konstruiert werden können. Im Englischen heißen diese Zustände *„spin coherent states“*, weil der Drehimpuls, um den es geht, in der Festkörperphysik und der Physik der kondensierten Materie häufig der Gesamtspin von Elektronen oder Atomen ist. Wir wollen einige allgemeine mathematische Eigenschaften ableiten, die sich in vielem denen der kohärenten Zustände des harmonischen Oszillators ähneln, aber auch Unterschiede aufweisen.

Wir wollen Eigenzustände der Operatoren $\hat{J}_\pm$ betrachten:

$$\hat{J}_\pm \left|\psi\right\rangle_\pm \stackrel{!}{=} c\left|\psi\right\rangle_\pm , \tag{10.1}$$

was mit (2.6) schnell gelöst ist:

$$\left|\psi\right\rangle_+ = \left|j, j\right\rangle , \tag{10.2}$$

$$\left|\psi\right\rangle_- = \left|j, -j\right\rangle , \tag{10.3}$$

mit $c = 0$. So weit ist das noch nichts sonderlich Spannendes. Die Zustände $\left|j, \pm j\right\rangle$ haben aber noch eine weitere Eigenschaft: sie sind Zustände minimaler Unbestimmtheit bezüglich der Operatoren $\hat{J}_x, \hat{J}_y$. Mit (2.35) gilt für sie nämlich:

$$\langle \hat{J}_x^2 \rangle = \langle \hat{J}_y^2 \rangle = \frac{\hbar^2}{2},$$

und außerdem ist:

$$\langle \hat{J}_x \rangle = \langle \hat{J}_y \rangle = 0.$$

Damit ist aber:

$$\Delta J_x = \Delta J_y = \frac{\hbar}{\sqrt{2}}, \tag{10.4}$$

und somit

$$\Delta J_x \Delta J_y = \frac{\hbar^2}{2}. \tag{10.5}$$

Natürlich kann man sich diese Erkenntnis auch einfach anhand der Bedingung für Zustände minimaler Unbestimmtheit aus Abschnitt I-14 ableiten: Damit $\left|\Psi\right\rangle$ ein Zustand minimaler Unbestimmtheit bezüglich der beiden Operatoren $\hat{J}_x$ und $\hat{J}_y$ ist, muss gelten: $\left|\Psi\right\rangle$ ist Eigenvektor von $\hat{J}_x - \mathrm{i}\lambda\hat{J}_y$ zum Eigenwert $\langle \hat{J}_x \rangle - \mathrm{i}\lambda \langle \hat{J}_y \rangle$ mit reeller Konstante λ. Für die Zustände $\left|j, \pm j\right\rangle$ gilt dann: $\lambda = \mp 1$, und der Eigenwert ist Null.

Diese Eigenschaft bleibt aber unter Drehungen erhalten, sofern die Operatoren $\hat{J}_x, \hat{J}_y$ entsprechend transformiert werden. Im Folgenden betrachten wir nur den +-Fall.

Wir definieren nun den gedrehten Zustand $|z\rangle$, der sich aus $|j, j\rangle$ ergibt durch:

$$|z\rangle := N e^{z\hat{J}_-/\hbar} |j, j\rangle , \tag{10.6}$$

mit $z \in \mathbb{C}$. Die gedrehten Zustände heißen **kohärente Drehimpuls-Zustände**. Wir wollen zunächst die Normierungskonstante N berechnen:

$$\langle z|z\rangle = |N|^2 \langle j, j| e^{z^* \hat{J}_+/\hbar} e^{z\hat{J}_-/\hbar} |j, j\rangle .$$

Hierzu entwickeln wir die Exponentialfunktion in eine Potenzreihe:

$$e^{z\hat{J}_-/\hbar} = \sum_{k=0}^{\infty} \frac{z^k (\hat{J}_-)^k}{\hbar^k k!}, \tag{10.7}$$

und beachten, dass mit (2.31):

$$(\hat{J}_-)^k |j, j\rangle = \hbar^k \sqrt{\frac{(2j)!k!}{(2j-k)!}} |j, j-k\rangle , \tag{10.8}$$

und

$$(\hat{J}_-)^{2j+1} |j, j\rangle = 0.$$

Damit ist:

$$\begin{aligned} \langle z|z\rangle &= |N|^2 \sum_{k=0}^{2j} \frac{(2j)!}{(2j-k)!k!} |z|^{2k} \\ &= |N|^2 \sum_{k=0}^{2j} \binom{2j}{k} |z|^{2k} \\ &= |N|^2 \left(1 + |z|^2\right)^{2j} . \end{aligned}$$

Also ist:

$$|z\rangle = \frac{1}{(1+|z|^2)^j} e^{z\hat{J}_-/\hbar} |j, j\rangle . \tag{10.9}$$

Eine ähnliche Rechnung ergibt schnell:

$$\langle w|z\rangle = \frac{(1 + w^* z)^{2j}}{(1+|w|^2)^j (1+|z|^2)^j} . \tag{10.10}$$

Man sieht also, dass $|w\rangle$ und $|z\rangle$ nicht orthogonal zueinander sind.

Für die Basis $\{ \, | \, z\rangle \, \}$ gilt:

$$\int d^2 z \frac{|z\rangle \langle z|}{(1+|z|^2)^2} = \frac{\pi}{2j+1} \mathbb{1}. \tag{10.11}$$

Beweis. Es ist:

$$
\begin{aligned}
\int \mathrm{d}^2 z \frac{|z\rangle\langle z|}{\left(1+|z|^2\right)^2} &= \sum_{k,l=0}^{2j} \int r\mathrm{d}r\mathrm{d}\phi \frac{1}{\left(1+r^2\right)^{2+2j}} z^k (z^*)^l \sqrt{\binom{2j}{k}\binom{2j}{l}}\, |j, j-k\rangle\langle j, j-l| \\
&= \sum_{k,l=0}^{2j} \int \mathrm{d}r\mathrm{d}\phi \frac{r^{k+l+1}}{\left(1+r^2\right)^{2+2j}} \mathrm{e}^{\mathrm{i}(k-l)\phi} \sqrt{\binom{2j}{k}\binom{2j}{l}}\, |j, j-k\rangle\langle j, j-l| \\
&= 2\pi \sum_{k=0}^{2j} \int \mathrm{d}r \frac{r^{2k+1}}{\left(1+r^2\right)^{2+2j}} \binom{2j}{k} |j, j-k\rangle\langle j, j-k| \\
&= \pi \sum_{k=0}^{2j} \int \mathrm{d}u \frac{u^k}{(1+u)^{2j+2}} \binom{2j}{k} |j, j-k\rangle\langle j, j-k|,
\end{aligned}
$$

wobei wir in der letzten Zeile $u = r^2$ substituiert haben. Für das Integral lässt sich leicht durch Rekursion zeigen:

$$
\int_0^\infty \mathrm{d}u \frac{u^k}{(1+u)^{2j+2}} = \frac{k!(2j-k)!}{(2j+1)!},
$$

so dass sich ergibt:

$$
\begin{aligned}
\int \mathrm{d}^2 z \frac{|z\rangle\langle z|}{\left(1+|z|^2\right)^2} &= \pi \sum_{k=0}^{2j} \frac{k!(2j-k)!}{(2j+1)!} \binom{2j}{k} |j, j-k\rangle\langle j, j-k| \\
&= \frac{\pi}{2j+1} \sum_{k=0}^{2j} |j, j-k\rangle\langle j, j-k| = \frac{\pi}{2j+1} \mathbb{1}.
\end{aligned}
$$

■

Mit Hilfe von 10.7 und 10.8 können wir recht schnell schreiben:

$$
|z\rangle = \frac{1}{\left(1+|z|^2\right)^j} \sum_{k=0}^{2j} z^k \sqrt{\binom{2j}{k}}\, |j, j-k\rangle, \tag{10.12}
$$

so dass sich ergibt:

$$
\langle j, m | z\rangle = \frac{1}{\left(1+|z|^2\right)^j} z^{j-m} \sqrt{\binom{2j}{j-m}}. \tag{10.13}
$$

Damit gilt für alle Zustände $|\psi\rangle \in \mathcal{H}_j$:

$$\begin{aligned} |\psi\rangle &= \frac{2j+1}{\pi} \int \mathrm{d}^2 z \frac{\langle z|\psi\rangle}{\left(1+|z|^2\right)^2} |z\rangle \\ &= \frac{2j+1}{\pi} \sum_{m=-j}^{j} c_m \int \mathrm{d}^2 z \frac{\langle z|j,m\rangle}{\left(1+|z|^2\right)^2} |z\rangle \\ &= \frac{2j+1}{\pi} \sum_{m=-j}^{j} c_m \int \mathrm{d}^2 z \frac{(z^*)^{j-m}}{\left(1+|z|^2\right)^{2+j}} \sqrt{\binom{2j}{j-m}} |z\rangle , \end{aligned}$$

und damit ist:

$$\langle z|\psi\rangle = \frac{1}{\left(1+|z|^2\right)^j} \sum_{m=-j}^{j} c_m (z^*)^{j-m} \sqrt{\binom{2j}{j-m}}. \tag{10.14}$$

Auf diese Weise wird ähnlich wie beim harmonischen Oszillator (siehe Abschnitt I-38) eine bijektive Abbildung induziert vom Hilbert-Raum $\mathcal{H}_j$ auf den Raum der ganzen Funktionen der Art (man beachte (2.31)):

$$|\psi\rangle = \sum_{m=-j}^{j} c_m |j,m\rangle \mapsto f(z) = \sum_{m=-j}^{j} c_m f_{jm}(z), \tag{10.15}$$

wobei

$$f_{jm}(z) := \frac{1}{(1+|z|^2)^j} \sqrt{\binom{2j}{j-m}} z^{j-m}. \tag{10.16}$$

Die Abbildung (10.15) ist also wieder eine **Fock–Bargmann-** oder **holomorphe Darstellung** der Drehimpulszustände zu festem j. Insbesondere gilt:

$$|j,m\rangle \mapsto f_{jm}(z). \tag{10.17}$$

Es ist dann:

$$|\psi\rangle = \frac{2j+1}{\pi} \int \mathrm{d}^2 z \frac{f(z^*)}{\left(1+|z|^2\right)^2} |z\rangle , \tag{10.18}$$

$$\langle z|\psi\rangle = f(z^*). \tag{10.19}$$

Letztlich kann mit

$$\sum_{m=-j}^{j} c_m < \infty$$

im entsprechenden Funktionenraum ein Skalarprodukt definiert werden der Art:

$$\langle f_1|f_2\rangle = \frac{2j+1}{\pi} \int \mathrm{d}^2 z \frac{f_1^*(z) f_2(z)}{\left(1+|z|^2\right)^2}. \tag{10.20}$$

Ausblick: Gequetschte Drehimpuls-Zustände
Die kohärenten Drehimpuls-Zustände sind Zustände minimaler Unbestimmtheit für $\lambda = \mp 1$. Wollen wir allgemeine reelle Werte von λ zulassen, gilt es, anstelle von (10.1) die allgemeinere Eigenwertgleichung

$$(\hat{J}_x + \mathrm{i}\lambda\hat{J}_y)\,|\psi\rangle \overset{!}{=} c\,|\psi\rangle \tag{10.21}$$

zu lösen, die durch die Ersetzung

$$\cosh\xi = \frac{1}{\sqrt{1-\lambda^2}}, \tag{10.22}$$

$$c' = \frac{c}{\sqrt{1-\lambda^2}} \tag{10.23}$$

in die Form:

$$(\cosh\xi\hat{J}_x + \mathrm{i}\sinh\xi\hat{J}_y)\,|\psi\rangle \overset{!}{=} c'\,|\psi\rangle\,, \tag{10.24}$$

gebracht werden kann, die wiederum äquivalent ist zu:

$$\mathrm{e}^{\xi\hat{J}_z/\hbar}\hat{J}_x\mathrm{e}^{-\xi\hat{J}_z/\hbar}\,|\psi\rangle \overset{!}{=} c'\,|\psi\rangle\,, \tag{10.25}$$

wie man über das Hadamard-Lemma (I-14.53) schnell nachrechnen kann.

Durch linksseitiges Multiplizieren mit $\mathrm{e}^{-\xi\hat{J}_z/\hbar}$ kann man dann sehen, dass $\mathrm{e}^{-\xi\hat{J}_z/\hbar}\,|\psi\rangle$ ein Eigenzustand von $\hat{J}_x$ zum Eigenwert c' ist. Dieser geht aber aus dem entsprechenden Eigenvektor $|j,m\rangle$ zu $\hat{J}_z$ mit $c' = m\hbar$ durch Rotation um die y-Achse um den Winkel $\pi/2$ hervor:

$$\begin{aligned} \mathrm{e}^{-\xi\hat{J}_z/\hbar}\,|\psi\rangle &= \mathrm{e}^{-\mathrm{i}\frac{\pi}{2}\hat{J}_y/\hbar}\,|j,m\rangle \\ \Longrightarrow |\psi\rangle &= C\mathrm{e}^{+\xi\hat{J}_z/\hbar}\mathrm{e}^{-\mathrm{i}\frac{\pi}{2}\hat{J}_y/\hbar}\,|j,m\rangle\,. \end{aligned} \tag{10.26}$$

Die Normierungskonstante C ist notwendig, da ξ im Allgemeinen einen Realteil besitzt. Dann sind die Exponentialoperatoren $\mathrm{e}^{\pm\xi\hat{J}_z/\hbar}$ aber nicht unitär.

Mit (I-14.24) und der Ersetzung:

$$\hat{A} \longrightarrow \hat{J}_x, \tag{10.27}$$

$$\hat{B} \longrightarrow \hat{J}_y, \tag{10.28}$$

$$\lambda \longrightarrow |\tanh\xi| \tag{10.29}$$

erhält man dann immer noch:

$$\Delta\hat{J}_x\Delta\hat{J}_y = \frac{\hbar^2}{2}, \tag{10.30}$$

aber:

$$(\Delta\hat{J}_x)^2 = |\tanh\xi|^2(\Delta\hat{J}_y)^2. \tag{10.31}$$

Das heißt: durch geeignete Wahl von λ beziehungsweise ξ kann entweder die Unbestimmtheit von $\hat{J}_x$ oder die von $\hat{J}_y$ minimiert werden. Aus diesem Grund nennt man die Zustände

$$|\psi\rangle = \mathrm{e}^{+\xi \hat{J}_z/\hbar} \mathrm{e}^{-\mathrm{i}\frac{\pi}{2}\hat{J}_y/\hbar} \, |j, m\rangle \tag{10.32}$$

auch **gequetschte Drehimpuls-Zustände**, in Analogie zum harmonischen Oszillator.

Zur weiteren Lektüre über die Eigenschaften der kohärenten Drehimpuls-Zustände, insbesondere zu alternativen Darstellungen, siehe beispielsweise [Rad71] oder die weiterführende Literatur am Ende dieses Kapitels.

11 Der Spin II: Linearisierte Schrödinger-Gleichung

Dieser Abschnitt stellt in gewisser Weise eine anekdotische Abschweifung dar und greift in einiger Hinsicht späteren Abschnitten vor. Im Prinzip ist es eine kritische Auseinandersetzung mit einem Ansatz, aus einer Differentialgleichung zweiter Ordnung gewissermaßen „die Wurzel zu ziehen", um eine Differentialgleichung erster Ordnung zu erhalten, unter Inkaufnahme der Erhöhung der Dimension der gesuchten Funktion. Daraus kann man dann nämlich vermeintliche Erkenntnisse ziehen, und wir erleben ein subtiles Lehrstück falscher Schlussfolgerungen einerseits und richtiger Schlüsse aus falschen Annahmen andererseits. In jedem Falle werden wir im Folgenden auf den wichtigen mathematischen Begriff der sogenannten **Clifford-Algebra** stoßen, welche wir weiter unten dann genauer untersuchen wollen.

Wie im historischen Abschnitt I-11 bereits erwähnt: Die Geschichte des Spin in der Theoretischen Physik ist eine seltsame. Als Goudsmit und Uhlenbeck 1925 den Spin als intrinsischen Freiheitsgrad von Elementarteilchen postulierten, gab es keinerlei Möglichkeit, diesen aus bereits bekannten physikalischen Gesetzen abzuleiten. Als Dirac 1928 auf die Idee kam, die aus damaliger theoretischer Sicht unbefriedigende, relativistische Klein–Gordon-Gleichung zu linearisieren, und so eine relativistische Spinor-Gleichung ableitete, die darüber hinaus beim Vorhandensein eines externen Magnetfelds $\boldsymbol{B}$ auch noch korrekt den gyromagnetischen Faktor für das Elektron $g = 2$ vorhersagte, zog er den Schluss, Spin als physikalisches Phänomen im Allgemeinen und das gyromagnetische Verhältnis $g = 2$ für das Elektron im Speziellen seien nur mit Hilfe der speziellen Relativitätstheorie zu erklären. Wir werden diese Herleitung in Abschnitt IV-18 führen.

Seitdem folgt der weitaus überwiegende Teil der Lehrbuchliteratur der historischen Ableitung des Spins und der Pauli-Gleichung aus der Dirac-Gleichung und erklärt sowohl Spin als auch das gyromagnetische Verhältnis $g = 2$ für das Elektron als relativistischen Effekt.

Dass dieser Schluss jedoch falsch ist, zeigte Jean-Marc Lévy-Leblond 1963 [Lév63], indem er die Darstellungstheorie der Galilei-Gruppe näher untersuchte. Mit genau der gleichen Methode, mit der Wigner 1939 die entsprechende Analyse für die Poincaré-Gruppe durchführte (siehe Kapitel IV-3), zeigte er, dass nichtrelativistische Punktteilchen genau 2 raumzeitliche Eigenschaften besitzen: Masse und Spin. Wir kommen in den Abschnitten 17 und 18 dazu.

Außerdem wandte er eine entsprechende Linearisierungsmethode auf die Schrödinger-Gleichung an [Lév67] und leitete so ebenfalls eine Spinor-Gleichung her, aus der die Pauli-Gleichung für den Fall eines externen Magnetfelds $\boldsymbol{B}$ mit $g = 2$ hervorgeht. Dieser Linearisierungsansatz führt jedoch ohne kritische Diskussion zu falschen Schlüssen, wie wir weiter unten sehen werden. Nichtsdestoweniger wollen wir die Methode vorstellen und anschließend diskutieren, da sie sehr instruktiv ist und tiefe Zusammenhänge trotz oder geradezu wegen ihres Schönheitsfehlers offenbart.

Bevor wir die zeitabhängige Schrödinger-Gleichung für ein freies Teilchen behandeln, betrachten wir zunächst den einfacheren stationären Fall, der im obengenannten Paper aber (leider!) übrigens nicht betrachtet wurde. Die Pauli-Gleichung werden wir später, in

Abschnitt 33 ableiten.

Der stationäre Fall
Ausgangspunkt ist die stationäre Schrödinger-Gleichung für ein freies Teilchen:

$$\frac{\hat{\boldsymbol{p}}^2}{2m}\,|\Psi\rangle = E\,|\Psi\rangle$$
$$\Longleftrightarrow (\hat{\boldsymbol{p}}^2 - 2mE)\,|\Psi\rangle = 0, \tag{11.1}$$

sowie die Feststellung, dass diese quadratisch im Impulsoperator $\hat{\boldsymbol{p}}$ ist, aber linear in der Energie E. Wir stellen uns die Frage, ob es eine zur Schrödinger-Gleichung äquivalente Gleichung gibt, die $\hat{\boldsymbol{p}}$ und E gleichermaßen behandelt und beide Ausdrücke linear enthält. Wir setzen im Folgenden $\epsilon = \sqrt{2mE}$ und wählen für die linearisierte Schrödinger-Gleichung den sehr allgemeinen Ansatz:

$$\hat{\mathbf{D}}\,|\Psi\rangle = 0, \tag{11.2}$$

so dass

$$\hat{\mathbf{D}}'\hat{\mathbf{D}} \stackrel{!}{=} \hat{\boldsymbol{p}}^2 - \epsilon^2\mathbb{1}, \tag{11.3}$$

mit

$$\hat{\mathbf{D}} = \boldsymbol{\alpha}\cdot\hat{\boldsymbol{p}} - \beta\epsilon, \tag{11.4}$$
$$\hat{\mathbf{D}}' = \boldsymbol{\alpha}'\cdot\hat{\boldsymbol{p}} + \beta'\epsilon \tag{11.5}$$

und 8 unbekannten Koeffizienten $\alpha_i, \alpha_i', \beta, \beta'$. Gibt es eine solche linearisierte Schrödinger-Gleichung (11.2), so folgt aus ihr wegen (11.3) die Schrödinger-Gleichung in ihrer üblichen Form:

$$\hat{\mathbf{D}}'\hat{\mathbf{D}}\,|\Psi\rangle = (\hat{\boldsymbol{p}}^2 - \epsilon^2\mathbb{1})\,|\Psi\rangle = 0.$$

Aus (11.3) können die Bestimmungsgleichungen für die Koeffizienten $\alpha_i, \alpha_i', \beta, \beta'$ abgeleitet werden:

$$\underbrace{\sum_{i,k}\alpha_i'\alpha_k\hat{p}_i\hat{p}_k}_{\text{quadratisch in }\hat{p}_i} + \underbrace{\sum_k(-\alpha_k'\beta + \beta'\alpha_k)\epsilon\hat{p}_k}_{\text{linear in }\hat{p}_i} - \beta'\beta\epsilon^2 \stackrel{!}{=} \hat{\boldsymbol{p}}^2 - \epsilon^2\mathbb{1}, \tag{11.6}$$

so dass also gelten muss:

$$\alpha_i'\alpha_k + \alpha_k'\alpha_i \stackrel{!}{=} 2\delta_{ik}\mathbb{1}, \tag{11.7}$$
$$\beta'\alpha_k - \alpha_k'\beta \stackrel{!}{=} 0, \tag{11.8}$$
$$\beta'\beta \stackrel{!}{=} \mathbb{1}, \tag{11.9}$$

für $i, k \in \{1, 2, 3\}$. Insgesamt sind dies 10 Bestimmungsgleichungen für 8 Unbekannte, und man erkennt, dass dieses Gleichungssystem für $\alpha_i, \alpha_i', \beta, \beta' \in \mathbb{C}$ keine Lösung besitzt (weswegen wir wohlweislich schon einmal den Identitätsoperator $\mathbb{1}$ im Ansatz (11.3) gesetzt haben):

1. Aus (11.9) folgt: $\beta' = \beta^{-1}$.
2. Aus (11.7) folgt: $\alpha_i' = \alpha_i^{-1}$ einerseits und damit $\alpha_i^{-1}\alpha_k = -\alpha_k^{-1}\alpha_i$ für alle $i \neq k$.
3. Aus (11.8) folgt dann: $\beta^{-1}\alpha_i = \alpha_i^{-1}\beta$ für alle i.

Wären die Koeffizienten komplexe Zahlen, würde wegen der Kommutativität gelten: $\alpha_i^2 = -\alpha_k^2$ für $i \neq k$ und auch $\alpha_i^2 = \beta^2$ für alle i, was ein offensichtlicher Widerspruch ist. Die Koeffizienten $\alpha_i, \alpha_i', \beta, \beta'$ müssen also im Allgemeinen nichtkommutative Größen sein, für die das Inverse existiert, sprich: reguläre Matrizen.

Wir führen nun der Zweckmäßigkeit halber neue Variable

$$\gamma_i := \beta^{-1}\alpha_i = \alpha_i^{-1}\beta \tag{11.10}$$

ein, so dass sich die Bestimmungsrelationen (11.7–11.9) kompakt schreiben lassen:

$$\gamma_i\gamma_k + \gamma_k\gamma_i \stackrel{!}{=} 2\delta_{ik}\mathbb{1}, \tag{11.11}$$

und suchen nun nach Lösungen von (11.11) in Form von antikommutierenden quadratischen Matrizen der Dimension n. Die Algebra, die durch diese Matrizen erzeugt wird, heißt **Clifford-Algebra**.

Die Matrizen γ_i müssen nun bestimmte Eigenschaften besitzen:

1. Aus $\gamma_i\gamma_i = \mathbb{1}$ (keine Summation!) folgt:

$$\operatorname{Tr}\gamma_i\gamma_i = n \quad \text{(für alle } i\text{)}. \tag{11.12}$$

2. Aus $\gamma_i\gamma_k = -\gamma_k\gamma_i$ folgt:

$$\operatorname{Tr}\gamma_i\gamma_k = 0 \quad \text{(für } i \neq k\text{)} \tag{11.13}$$

und

$$\begin{aligned}\det(\gamma_i\gamma_k) &= \det\gamma_i \det\gamma_k \\ &= \det(-\gamma_k\gamma_i) \\ &= (-1)^n \det\gamma_k \det\gamma_i,\end{aligned}$$

daraus folgt: n muss gerade sein!

3. Wegen $\gamma_k\gamma_k = \mathbb{1}$ (keine Summation!) und $\gamma_i\gamma_k\gamma_k = -\gamma_k\gamma_i\gamma_k$ für $i \neq k$ folgt:

$$\operatorname{Tr}\gamma_i = \operatorname{Tr}\gamma_i\gamma_k\gamma_k = -\operatorname{Tr}\gamma_k\gamma_i\gamma_k.$$

Andererseits folgt wegen der zyklischen Vertauschbarkeit innerhalb der Spur:

$$\operatorname{Tr}\gamma_i\gamma_k\gamma_k = \operatorname{Tr}\gamma_k\gamma_i\gamma_k,$$

also muss sein:

$$\operatorname{Tr}\gamma_i = 0. \tag{11.14}$$

4. Die γ_i sind linear unabhängig.

   Beweis. Wir nehmen an, sie seien nicht linear unabhängig. Dann gibt es nichtverschwindende Koeffizienten c_i, so dass:

$$0 = \sum_i c_i \gamma_i = \gamma_k \sum_i c_i \gamma_i = \sum_i c_i \gamma_k \gamma_i.$$

   Dann wäre aber

$$\begin{aligned} \operatorname{Tr} \sum_i c_i \gamma_k \gamma_i = 0 = \operatorname{Tr}\left(c_i \gamma_i \gamma_i + \sum_{i \neq k} c_i \gamma_k \gamma_i \right) \\ = c_i \operatorname{Tr} \gamma_i \gamma_i + \sum_{i \neq k} c_i \operatorname{Tr} \gamma_k \gamma_i \\ = c_i n + 0 = n c_i. \end{aligned}$$

   Das bedeutet, alle c_i verschwinden, im Widerspruch zu der Anfangsannahme. Also sind die γ_i linear unabhängig. ■

Für festes n gibt es genau $(n^2 - 1)$ linear unabhängige, spurlose Matrizen. Gesucht werden genau drei Matrizen für $i \in \{1, 2, 3\}$, so dass also $n^2 - 1 \geq 3$. Also muss $n \geq 2$ sein, und für genau $n = 2$ kennen wir diese bereits aus Abschnitt 4: es sind die Pauli-Matrizen! Wir haben also gefunden:

$$\gamma_i = \sigma_i, \tag{11.15}$$

und die Pauli-Matrizen spannen die Clifford-Algebra somit vollständig auf.

Unsere Lösung für (11.4,11.5) ergibt sich daher zu:

$$\beta^{-1} \hat{\mathbf{D}} = \boldsymbol{\sigma} \cdot \hat{\boldsymbol{p}} - \epsilon \mathbb{1}, \tag{11.16}$$

$$\hat{\mathbf{D}}' \beta = \boldsymbol{\sigma} \cdot \hat{\boldsymbol{p}} + \epsilon \mathbb{1}, \tag{11.17}$$

und die **linearisierte stationäre Schrödinger-Gleichung** nimmt demnach folgende Form an:

$$\left(\boldsymbol{\sigma} \cdot \hat{\boldsymbol{p}} - \sqrt{2mE}\right) |\Psi\rangle = 0, \tag{11.18}$$

oder explizit ausgeschrieben:

$$\begin{pmatrix} \hat{p}_z - \sqrt{2mE} & \hat{p}_x - \mathrm{i}\hat{p}_y \\ \hat{p}_x + \mathrm{i}\hat{p}_y & -(\hat{p}_z + \sqrt{2mE}) \end{pmatrix} \begin{pmatrix} \psi_+ \\ \psi_- \end{pmatrix} = 0. \tag{11.19}$$

Die Eigenzustände $|\Psi\rangle$ des Operators $\boldsymbol{\sigma} \cdot \hat{\boldsymbol{p}}$ sind also Pauli-Spinoren, die wir aus Abschnitt 4 kennen. Aus den beiden Komponenten ψ_+ und ψ_- werden in Ortsdarstellung zwei unabhängige Wellenfunktionen $\psi_+(\boldsymbol{r})$ und $\psi_-(\boldsymbol{r})$.

Verifizieren wir nun, dass aus Gleichung (11.18) auch tatsächlich die stationäre Schrödinger-Gleichung, wie wir sie bislang kannten, folgt. Mit (11.16,11.17) folgt:

$$\begin{aligned}\hat{\mathbf{D}}'\hat{\mathbf{D}}\,|\Psi\rangle &= \hat{\mathbf{D}}'\beta\beta^{-1}\hat{\mathbf{D}}\,|\Psi\rangle\\ &= (\boldsymbol{\sigma}\cdot\hat{\boldsymbol{p}}+\epsilon\mathbb{1})(\boldsymbol{\sigma}\cdot\hat{\boldsymbol{p}}-\epsilon\mathbb{1})\,|\Psi\rangle\\ &= [(\boldsymbol{\sigma}\cdot\hat{\boldsymbol{p}})(\boldsymbol{\sigma}\cdot\hat{\boldsymbol{p}})-2mE]\,|\Psi\rangle,\end{aligned}$$

woraus unmittelbar folgt, dass die stationäre Schrödinger-Gleichung von jeder der beiden Komponenten ψ_+ und ψ_- für sich erfüllt wird:

$$\left[(\boldsymbol{\sigma}\cdot\hat{\boldsymbol{p}})^2-2mE\right]\psi_\pm=0,$$

wobei wir absichtlich nicht die Ersetzung $(\boldsymbol{\sigma}\cdot\hat{\boldsymbol{p}})^2=\hat{\boldsymbol{p}}^2$ durchgeführt haben. Warum, wird spätestens in Abschnitt 33 klar werden, wir kommen aber weiter unten darauf zurück. Physikalisch bedeutet dies, dass der Zustand $|\Psi\rangle$ in Bezug auf den zusätzlichen Spin-Freiheitsgrad entartet ist.

Der zeitabhängige Fall

Der zeitabhängige Fall, wie im Original-Paper von Lévy-Leblond eigentlich betrachtet, ist etwas komplizierter. Wir nehmen nun die Schrödinger-Gleichung in ihrer allgemeinen, zeitabhängigen Form für ein freies Teilchen als Ausgangspunkt:

$$\mathrm{i}\hbar\frac{\mathrm{d}}{\mathrm{d}t}\,|\Psi(t)\rangle=\frac{\hat{\boldsymbol{p}}^2}{2m}\,|\Psi(t)\rangle \tag{11.20}$$

$$\Longrightarrow\left(\mathrm{i}\hbar\frac{\mathrm{d}}{\mathrm{d}t}-\frac{\hat{\boldsymbol{p}}^2}{2m}\right)|\Psi(t)\rangle=0. \tag{11.21}$$

Wir setzen im Folgenden

$$\hat{\epsilon}:=\mathrm{i}\hbar\frac{\mathrm{d}}{\mathrm{d}t} \tag{11.22}$$

und wählen für die linearisierte Schrödinger-Gleichung wieder einen Ansatz

$$\hat{\mathbf{D}}\,|\Psi(t)\rangle=0, \tag{11.23}$$

so dass

$$\hat{\mathbf{D}}'\hat{\mathbf{D}}\overset{!}{=}c^2\left(2m\hat{\epsilon}-\hat{\boldsymbol{p}}^2\right), \tag{11.24}$$

mit

$$\hat{\mathbf{D}}=c\boldsymbol{\alpha}\cdot\hat{\boldsymbol{p}}-\beta\hat{\epsilon}+mc^2\eta, \tag{11.25}$$

$$\hat{\mathbf{D}}'=c\boldsymbol{\alpha}'\cdot\hat{\boldsymbol{p}}+\beta'\hat{\epsilon}+mc^2\eta', \tag{11.26}$$

und 10 unbekannten Koeffizienten $\alpha_i,\alpha_i',\beta,\beta',\eta,\eta'$. Man beachte, dass die Lichtgeschwindigkeit c eingeführt wurde, um sicherzustellen, dass die Koeffizienten dimensionslos sind.

Obacht beim Lesen des Original-Papers von Lévy-Leblond: dort wird stillschweigend $\hbar = 1$ und $c = 1$ gesetzt, so dass die Dimensionen $[m] = [E] = [p]$ identisch sind.

Aus (11.24) können wir wieder Bestimmungsgleichungen für die 10 unbekannten Koeffizienten ableiten:

$$\underbrace{c^2 \sum_{i,k} \alpha'_i \alpha_k \hat{p}_i \hat{p}_k}_{\text{quadratisch in } \hat{p}_i} + \underbrace{c \sum_k (-\alpha'_k \beta + \beta' \alpha_k) \hat{\epsilon} \hat{p}_k + mc^3 \sum_k (\alpha'_k \eta + \eta' \alpha_k) \hat{p}_k}_{\text{linear in } \hat{p}_i}$$

$$- \beta' \beta \hat{\epsilon}^2 + mc^2 (\beta' \eta - \eta' \beta) \hat{\epsilon} + m^2 c^4 \eta' \eta \stackrel{!}{=} 2mc^2 \hat{\epsilon} - c^2 \hat{\boldsymbol{p}}^2, \quad (11.27)$$

und wir sehen, dass daher gelten muss:

$$\alpha'_i \alpha_k + \alpha'_k \alpha_i \stackrel{!}{=} -2\delta_{ik} \mathbb{1}, \quad (11.28)$$

$$\beta' \alpha_k - \alpha'_k \beta \stackrel{!}{=} 0, \quad (11.29)$$

$$\beta' \beta \stackrel{!}{=} 0, \quad (11.30)$$

$$\beta' \eta - \eta' \beta \stackrel{!}{=} 2\mathbb{1}, \quad (11.31)$$

$$\alpha_i \eta + \eta' \alpha_i \stackrel{!}{=} 0, \quad (11.32)$$

$$\eta' \eta \stackrel{!}{=} 0. \quad (11.33)$$

für $i, k \in \{1, 2, 3\}$. Das sind insgesamt 15 Bestimmungsgleichungen für 10 Unbekannte. Anders als im stationären Fall führen wir nun erst einmal eine Variablensubstitution durch:

$$\alpha_0 := \mathrm{i} \left(-\beta + \frac{\eta}{2} \right), \quad (11.34)$$

$$\alpha'_0 := \mathrm{i} \left(\beta' + \frac{\eta'}{2} \right), \quad (11.35)$$

$$\alpha_5 := -\beta - \frac{\eta}{2}, \quad (11.36)$$

$$\alpha'_5 := \beta' - \frac{\eta'}{2}, \quad (11.37)$$

so dass die Bestimmungsgleichungen (11.28–11.33) vereinfacht geschrieben werden können als

$$\alpha'_\mu \alpha_\nu + \alpha'_\nu \alpha_\mu \stackrel{!}{=} -2\delta_{\mu\nu} \mathbb{1}, \quad (11.38)$$

für $\mu, \nu \in \{0 \ldots 3, 5\}$, woraus wir sofort ableiten können, dass gelten muss:

$$\alpha'_\mu = -\alpha_\mu^{-1}, \quad (11.39)$$

für alle $\mu, \nu \in \{0 \ldots 3, 5\}$. Als Korollar folgen:

$$\alpha_\mu^{-1} \alpha_\nu = -\alpha_\nu^{-1} \alpha_\mu \quad (\mu \neq \nu), \quad (11.40)$$

$$\alpha_\mu^2 = -\mathbb{1} \Longleftrightarrow \alpha_\mu^{-1} = -\alpha_\mu \quad (\mu \in \{0 \ldots 3, 5\}). \quad (11.41)$$

und

$$\alpha'_\mu = \alpha_\mu, \tag{11.42}$$
$$\beta' = -\beta, \tag{11.43}$$
$$\eta' = \eta. \tag{11.44}$$

Nun stört uns noch das Minuszeichen in (11.38). Wir definieren daher neue Matrizen

$$\gamma^0 := \mathrm{i}\alpha_5\alpha_0, \tag{11.45}$$
$$\gamma^i := \alpha_5\alpha_i \quad (i = 1,2,3), \tag{11.46}$$
$$\gamma^5 := \mathrm{i}\alpha_5, \tag{11.47}$$

für die gilt:

$$(\gamma^0)^{-1} = \gamma^0 \iff (\gamma^0)^2 = \mathbb{1}, \tag{11.48}$$
$$(\gamma^5)^{-1} = \gamma^0 \iff (\gamma^5)^2 = \mathbb{1}, \tag{11.49}$$
$$(\gamma^i)^{-1} = -\gamma^i \iff (\gamma^i)^2 = -\mathbb{1} \quad (i = 1,2,3), \tag{11.50}$$

unter Verwendung von (11.40,11.41). Damit können die Bestimmungsgleichungen (11.38) kompaktgeschrieben werden als

$$\gamma^\mu\gamma^\nu + \gamma^\nu\gamma^\mu \overset{!}{=} 2\eta^{\mu\nu}\mathbb{1}, \tag{11.51}$$
$$\gamma^5\gamma^\mu + \gamma^\mu\gamma^5 \overset{!}{=} 0, \tag{11.52}$$

für alle $\mu, \nu \in \{0 \ldots 3\}$, wobei $\eta_{\mu\nu}$ nichts anderes ist also die relativistische Minkowski-Metrik, die sich hier erstaunlicherweise einschleicht. Wir kommen weiter unten auf diesen Sachverhalt zurück.

Wir kennen diesen Ausdruck jedenfalls bereits aus dem stationären Fall (11.11), auch hier werden wir wieder auf eine **Clifford-Algebra** geführt, weshalb sich einige weitere Eigenschaften der γ^μ analog zum stationären Fall wieder direkt aus der Clifford-Algebra-Eigenschaft ableiten lassen:

$$\mathrm{Tr}\,\gamma^\mu\gamma^\mu = n \quad \text{(keine Summation!)}, \tag{11.53}$$
$$\mathrm{Tr}\,\gamma^\mu = 0. \tag{11.54}$$

Die γ^μ sind ferner wieder linear unabhängig, und n muss wieder gerade sein. Da wir diesmal allerdings 5 Matrizen γ^μ der Dimension n benötigen und nicht nur 3 wie im stationären Fall, müssen wir den nächstmöglichen Fall $n = 4$ betrachten. Dann gibt es $n^2 - 1 = 15$ linear unabhängige spurlose Matrizen, daher spannen die 5 gesuchten γ^μ nicht vollständig die Clifford-Algebra auf.

Wir behaupten nun, dass sich aufgrund der Eigenschaften der Pauli-Matrizen folgende mögliche Darstellung der Matrizen γ^μ ergibt:

$$\gamma^i = \begin{pmatrix} 0 & \sigma_i \\ -\sigma_i & 0 \end{pmatrix} \quad (i = 1, 2, 3), \tag{11.55}$$

$$\gamma^0 = \begin{pmatrix} \mathbb{1} & 0 \\ 0 & -\mathbb{1} \end{pmatrix}, \tag{11.56}$$

$$\gamma^5 = \begin{pmatrix} 0 & \mathbb{1} \\ \mathbb{1} & 0 \end{pmatrix}. \tag{11.57}$$

Diese Matrizen werden uns in der relativistischen Quantenmechanik (Abschnitt IV-18) und der Quantenfeldtheorie ständig begegnen, es sind die **Dirac-Matrizen**, in diesem Fall in der **Dirac-Darstellung**.

Lösen wir nun noch nach den ursprünglich verwendeten Koeffizienten α_i mit $i \in \{1, 2, 3\}$, β und η auf. Aus (11.34–11.37) ist leicht abzuleiten:

$$\begin{aligned} \beta &= -\frac{1}{2}(\alpha_5 - \mathrm{i}\alpha_0) \\ &= \frac{\mathrm{i}}{2}(\gamma^5 + \gamma^5\gamma^0) = \mathrm{i}\begin{pmatrix} 0 & 0 \\ \mathbb{1} & 0 \end{pmatrix}, \\ \eta &= -(\alpha_5 + \mathrm{i}\alpha_0) \\ &= \mathrm{i}(\gamma^5 - \gamma^5\gamma^0) = 2\mathrm{i}\begin{pmatrix} 0 & \mathbb{1} \\ 0 & 0 \end{pmatrix}, \end{aligned}$$

und für die α_i mit $i \in \{1, 2, 3\}$ findet man schnell:

$$\alpha_i = \mathrm{i}\gamma^5\gamma^i = \begin{pmatrix} -\mathrm{i}\sigma_i & 0 \\ 0 & \mathrm{i}\sigma_i \end{pmatrix}.$$

Wir können nun die Lösung für (11.25,11.26) schreiben:

$$\hat{\mathbf{D}} = \hat{\mathbf{D}}' = c\begin{pmatrix} -\mathrm{i}\boldsymbol{\sigma}\cdot\hat{\boldsymbol{p}} & 0 \\ 0 & \mathrm{i}\boldsymbol{\sigma}\cdot\hat{\boldsymbol{p}} \end{pmatrix} - \begin{pmatrix} 0 & 0 \\ \mathrm{i}\hat{\epsilon} & 0 \end{pmatrix} + mc^2\begin{pmatrix} 0 & 2\mathrm{i} \\ 0 & 0 \end{pmatrix}, \tag{11.58}$$

so dass wir den finalen Ausdruck für die **linearisierte zeitabhängige Schrödinger-Gleichung** gewonnen haben:

$$\begin{pmatrix} -c\boldsymbol{\sigma}\cdot\hat{\boldsymbol{p}} & 2mc^2 \\ -\mathrm{i}\hbar\frac{\mathrm{d}}{\mathrm{d}t} & c\boldsymbol{\sigma}\cdot\hat{\boldsymbol{p}} \end{pmatrix} |\Psi(t)\rangle = 0. \tag{11.59}$$

Es ist nun klar zu sehen, dass $|\Psi(t)\rangle$ ein vierkomponentiger Spinor sein muss, die sogenannte **obere Komponente** $\phi(t)$ und **untere Komponente** $\chi(t)$ sind jeweils zweikomponentige Spinoren, wie wir sie bereits kennen. Mit

$$|\Psi(t)\rangle = \begin{pmatrix} \phi(t) \\ \chi(t) \end{pmatrix} \tag{11.60}$$

können wir (11.59) dann komponentenweise schreiben:

$$\begin{aligned} -\boldsymbol{\sigma} \cdot \hat{\boldsymbol{p}} \phi(t) + 2mc\chi(t) &= 0, \\ c\boldsymbol{\sigma} \cdot \hat{\boldsymbol{p}} \chi(t) - \mathrm{i}\hbar \frac{\mathrm{d}}{\mathrm{d}t} \phi(t) &= 0. \end{aligned} \tag{11.61}$$

Als erstes überprüfen wir wieder, ob aus (11.59) tatsächlich wieder die Schrödinger-Gleichung in ihrer bekannten Form folgt:

$$\begin{aligned} \hat{\mathbf{D}}\hat{\mathbf{D}} \, |\Psi(t)\rangle &= \begin{pmatrix} -c\boldsymbol{\sigma} \cdot \hat{\boldsymbol{p}} & 2mc^2 \\ -\mathrm{i}\hbar \frac{\mathrm{d}}{\mathrm{d}t} & c\boldsymbol{\sigma} \cdot \hat{\boldsymbol{p}} \end{pmatrix} \begin{pmatrix} -c\boldsymbol{\sigma} \cdot \hat{\boldsymbol{p}} & 2mc^2 \\ -\mathrm{i}\hbar \frac{\mathrm{d}}{\mathrm{d}t} & c\boldsymbol{\sigma} \cdot \hat{\boldsymbol{p}} \end{pmatrix} |\Psi(t)\rangle \\ &= \begin{pmatrix} c^2(\boldsymbol{\sigma} \cdot \hat{\boldsymbol{p}})^2 - 2\mathrm{i}mc^2\hbar \frac{\mathrm{d}}{\mathrm{d}t} & 0 \\ 0 & c^2(\boldsymbol{\sigma} \cdot \hat{\boldsymbol{p}})^2 - 2\mathrm{i}mc^2\hbar \frac{\mathrm{d}}{\mathrm{d}t} \end{pmatrix} \begin{pmatrix} \phi(t) \\ \chi(t) \end{pmatrix}, \end{aligned}$$

so dass

$$\left((\boldsymbol{\sigma} \cdot \hat{\boldsymbol{p}})^2 - 2\mathrm{i}m\hbar \frac{\mathrm{d}}{\mathrm{d}t} \right) \phi(t) = 0, \tag{11.62}$$

$$\left((\boldsymbol{\sigma} \cdot \hat{\boldsymbol{p}})^2 - 2\mathrm{i}m\hbar \frac{\mathrm{d}}{\mathrm{d}t} \right) \chi(t) = 0. \tag{11.63}$$

Das bedeutet, sowohl die obere Komponente $\phi(t)$ als auch die untere Komponente $\chi(t)$ erfüllen jeweils für sich die Schrödinger-Gleichung:

$$\begin{aligned} \mathrm{i}\hbar \frac{\mathrm{d}}{\mathrm{d}t} \phi(t) &= \frac{1}{2m} (\boldsymbol{\sigma} \cdot \hat{\boldsymbol{p}})(\boldsymbol{\sigma} \cdot \hat{\boldsymbol{p}}) \phi(t), \\ \mathrm{i}\hbar \frac{\mathrm{d}}{\mathrm{d}t} \chi(t) &= \frac{1}{2m} (\boldsymbol{\sigma} \cdot \hat{\boldsymbol{p}})(\boldsymbol{\sigma} \cdot \hat{\boldsymbol{p}}) \chi(t). \end{aligned} \tag{11.64}$$

Wir haben hier bewusst wieder nicht die Ersetzung $(\boldsymbol{\sigma} \cdot \hat{\boldsymbol{p}})^2 = \hat{\boldsymbol{p}}^2$ durchgeführt, worauf wir gleich nochmals zurückkommen werden.

(11.61) verknüpft die oberen und unteren Komponenten des Viererspinors $|\Psi(t)\rangle$. Aus

$$\chi(t) = \frac{1}{2mc} \boldsymbol{\sigma} \cdot \hat{\boldsymbol{p}} \phi(t) \tag{11.65}$$

lässt sich $|\Psi(t)\rangle$ schreiben als

$$|\Psi(t)\rangle = \begin{pmatrix} \phi(t) \\ \frac{1}{2mc} \boldsymbol{\sigma} \cdot \hat{\boldsymbol{p}} \phi(t) \end{pmatrix}, \tag{11.66}$$

und es ist an dieser Stelle unklar, wie die 4 Komponenten physikalisch zu interpretieren sind. Diese Unklarheit lässt sich in der nichtrelativistischen Physik auch nicht beseitigen, denn der ganze Linearisierungsansatz als solcher besitzt einen entscheidenden Schönheitsfehler.

Dieser Schönheitsfehler liegt nun darin, dass wir im allgemeinen zeitabhängigen Fall – im Unterschied zum stationären Fall – die Lichtgeschwindigkeit c eingeführt haben, um dimensionslose Matrizen γ^μ zu erhalten. Damit ist vom Anfang der weiteren Herleitung an eine Geschwindigkeitsskala eingeführt worden, die es in der nichtrelativistischen Physik nicht geben darf. Im Original-Paper von Lévy-Leblond ist das nicht sofort ersichtlich, weil dort $c = \hbar = 1$ gesetzt wird.

Es ist dabei vollkommen irrelevant, ob c hierbei die Lichtgeschwindigkeit darstellt oder eine beliebige andere hilfsweise eingeführte Geschwindigkeitskonstante – die Einführung einer Geschwindigkeitsskala an sich ist von Relevanz und führt unter anderem dazu, dass die linearisierte Schrödinger-Gleichung (11.59) sich weder Galilei-kovariant transformiert, wie dies die „normale" Schrödinger-Gleichung tut, noch relativistisch-kovariant! Sie ergibt sich vielmehr auf natürliche Weise als „nahezu" nichtrelativistischer Grenzfall der relativistischen Dirac-Gleichung, wie wir im Rahmen der relativistischen Quantenmechanik in Abschnitt IV-18 zeigen werden. „Nahezu" deswegen, weil sie ja immer noch die Lichtgeschwindigkeit c beinhaltet, deren Bedeutung im Rahmen der dortigen Diskussion die ist, zwischen den **großen Komponenten** und den **kleinen Komponenten** des Viererspinors zu unterscheiden und ihnen jeweils eine Bedeutung zu geben. In (11.64) ist der Zusammenhang zwischen $\phi(t)$ und $\chi(t)$ unklar, dieser ist erst durch (11.66) gegeben und steht im Rahmen der relativistischen Quantenmechanik im direkten Zusammenhang mit der Existenz von Antiteilchen. Ein Viererspinor wie in der Dirac-Gleichung macht eben nur in der relativistischen Quantenmechanik wirklich Sinn.

Das Auftauchen von vierkomponentigen Dirac-Spinoren und der Dirac-Matrizen sind eindeutig ein Artefakt des allgemeineren Linearisierungsansatzes für den zeitabhängigen Fall, der anders am stationären Fall 5 linear unabhängige Matrizen γ_μ erforderlich macht anstatt 3 unabhängige σ_i.

Das für den nichtrelativistischen Fall wichtige Ergebnis ist aber (11.64), und dort ist c bereits eliminiert. Es ist zwar ein Nebenprodukt dieser Linearisierungsmethode, aber der Umweg ging quasi unschön hart „an der relativistischen Grenze" vorbei. Während wir im stationären Fall problemlos die Quadratwurzel der Energie E verwenden konnten, ist das für den Zeitableitungsoperator $\partial/\partial t$ im zeitabhängigen Fall nicht möglich.

Es bleibt im Rahmen dieses Ansatzes nur zu akzeptieren, dass die allgemeine Ersetzung $\hat{\boldsymbol{p}} \mapsto (\boldsymbol{\sigma} \cdot \hat{\boldsymbol{p}})$ in allen Gleichungen für den Spin-$\frac{1}{2}$-Fall heuristisch ist und als zentrales Prinzip verstanden werden muss, wobei uns (11.18) für den stationären Fall schon die Richtung gewiesen hat.

Auf der anderen Seite haben wir ja bereits in Abschnitt 8 gesehen, dass die Abbildung

$$\begin{aligned} \mathbb{R}^3 &\to \mathcal{S} \\ \boldsymbol{v} &\mapsto (\boldsymbol{\sigma} \cdot \boldsymbol{v}) \end{aligned}$$

eine zweiwertige Darstellung

$$\begin{aligned} \mathrm{SO}(3) &\to \mathrm{SU}(2) \\ R &\mapsto \lambda_\pm(R) \end{aligned}$$

nach sich zieht, welche wir bereits als **Spinordarstellung** bezeichnet haben. Die Ersetzung $\hat{\boldsymbol{p}} \mapsto (\boldsymbol{\sigma} \cdot \hat{\boldsymbol{p}})$ besitzt also eine fundamentale Begründung im Rahmen der Darstellungstheorie der Rotationsgruppe und erscheint darin auch überhaupt nicht mehr heuristisch, sondern folgt einer systematischen Ableitung, und die Clifford-Algebren spielen in diesem Zusammenhang eine zentrale Rolle. Dies wollen wir im nun folgenden Abschnitt betrachten.

12 Der Spin III: Spinoren und Clifford-Algebren

Die Clifford-Algebren sind benannt nach dem englischen Philosophen und Mathematiker William Kingdon Clifford, der sie Ende des 19. Jahrhunderts entwickelte. Clifford-Algebren und Spinoren stehen in einem engen Zusammenhang, aber ihre mathematisch korrekte Behandlung ist von deutlich größerem Abstraktionsgrad als andere mathematische Bereiche der theoretischen Physik. Graham Farmelo zitiert in seiner Dirac-Biographie *''The Strangest Man''* den britischen Mathematiker Michael Atiyah, Träger der Fields-Medaille 1966 für den Beweis des Indexsatzes von Atiyah–Singer, in dem sogenannte Spin-Strukturen eine zentrale Rolle spielen und der einen der tiefsten Zusammenhänge in der Mathematik überhaupt erklärt, mit den Worten:

> *''No one fully understands spinors. Their algebra is formally understood but their geometrical significance is mysterious. In some sense they describe the 'square-root' of geometry and, just as understanding the concept of the square root of* -1 *took centuries, the same might be true of spinors.''*

Wir wollen im Folgenden diesen Zusammenhang erläutern. Neben der weiterführenden Literatur sei auf die exzellenten Reviews [Tod11] und [Gal08] verwiesen.

Eine kurze Geschichte der Spinoren

Die Geschichte der Spinoren ist von starker mathematischer Entwicklung geprägt, die bis heute anhält. Der französische Mathematiker Élie Joseph Cartan untersuchte 1913 die Darstellungstheorie von Lie-Gruppen [Car13] und fand dabei nicht nur die erwarteten Tensor-Darstellungen, sondern auch neuartige „zweiwertige“ Darstellungen, aus denen alle anderen Darstellungen aufgebaut werden konnten. Das Konzept eines Spinors fand jedoch erst nach der Entdeckung der Dirac-Gleichung 1928 größere Aufmerksamkeit, und die Bezeichung „Spinor“ selbst wurde 1929 von Paul Ehrenfest geprägt, der den niederländischen Mathematiker Bartel Leendert van der Waerden dazu anregte, Spinoren als erster aus mathematischer Sicht zu untersuchen [Wae29].

1938 erschien das erste Lehrbuch zu Spinoren: *« Leçons sur la théorie des spineurs »* von Élie Cartan in zwei Bänden, welches 1966 auch als einbändige englische Übersetzung erhältlich war. In diesem erweitert er den zunächst für die relativistische Lorentz-Gruppe entwickelten Spinorbegriff auch auf den euklidischen Raum. Zuvor stellte der deutsch-amerikanische Mathematiker Richard Brauer zusammen mit Hermann Weyl 1935 erstmalig den Zusammenhang mit Clifford-Algebren her [BW35], allerdings seltsamerweise ohne diese so zu benennen oder Clifford zu referenzieren. In dieser Arbeit wird auch systematisch die Darstellungstheorie der Clifford-Algebren entwickelt.

Die algebraische Definition von Spinoren als minimale Links-Ideale von Clifford-Algebren geht Mitte der 1940er-Jahre auf den ungarischen Mathematiker Marcel Riesz zurück, nach Vorarbeiten vom österreichischen Physiker Fritz Sauter und dem Schweizer Mathematiker Gustave Juvet in den 1930er-Jahren. Die Verwendung von Spinoren in der Allgemeinen Relativitätstheorie wurde in der Zwischenzeit von Weyl, van der Waerden und dem polnischen theoretischen Physiker Leopold Infeld entwickelt. Sogenannte **reine Spinoren** wurden bereits von Cartan definiert (und als „einfache Spinoren“ bezeichnet) und in den 1960er-Jahren von Roger Penrose in die Theoretische Physik eingeführt, wo sie unter anderem neben den sogenannten **Twistoren** Hauptbestandteil der differentialgeometrischen Spinor-Formulierung der Allgemeinen Relativitätstheorie sind.

Die bis dahin umfänglichste und systematischste Übersicht über die Mathematik von Clifford-Algebren und Spinoren hat der französisch-amerikanische Mathematiker Claude Chevalley (ein Mitglied von Bourbaki) in seinem 1954 erschienenen Lehrbuch *''The Algebraic Theory of Spinors''* geliefert. Auf ihn geht die Bezeichnung „Clifford-Gruppe“ zurück, die eigentlich „Lipschitz-Gruppe“ heißen müsste. Lesenswerte Zusammenfassungen der Geschichte von Clifford-Algebren oder Spinoren sind beispielsweise [DK95; Bou97].

Mathematischer Einschub 4: Clifford-Algebren und Spinoren

Wir fangen an mit einer Wiederholung des Begriffs Algebra: Eine **Algebra** A über einem Körper K (beispielsweise $\mathbb{R}$ oder $\mathbb{C}$) ist ein Vektorraum über diesem Körper mit einer zusätzlichen Verknüpfung, die gemeinhin als „Multiplikation“ bezeichnet wird und mit $\cdot$ notiert wird. Bezüglich der somit zwei vorhandenen Verknüpfungen $+$ und $\cdot$ gelten die Regeln:

$$(x + y) \cdot z = x \cdot z + y \cdot z, \tag{12.1}$$

$$x \cdot (y + z) = x \cdot y + x \cdot z, \tag{12.2}$$

$$\lambda(x \cdot y) = x \cdot (\lambda y), \tag{12.3}$$

für alle $x, y \in A$ und $\lambda \in K$. Es muss also das links- und rechtsseitige Distributivgesetz gelten, sowie die Kommutativität mit der skalaren Multiplikation gegeben sein. Gilt für die Multiplikation das Assoziativgesetz, spricht man von einer **assoziativen Algebra**. Bezüglich der Multiplikation alleine ist die Algebra dann ein Ring. Gilt für die Multiplikation das Kommutativgesetz, spricht man von einer **kommutativen Algebra**. Ein Beispiel für eine (nicht-kommutative) Algebra ist eine Lie-Algebra, wie wir sie in Abschnitt 6 kennengelernt haben. Ist $K = \mathbb{R}$, so heißt A eine **reelle Algebra**. Ist $K = \mathbb{C}$, heißt A eine **komplexe Algebra**.

Damit haben wir nun fast alle Zutaten, um eine Clifford-Algebra zu definieren, wir benötigen nur noch eine symmetrische Bilinearform g auf V: Es sei also ein Körper K gegeben und ein Vektorraum V der Dimension n über K. Dieser besitze eine symmetrische Bilinearform g:

$$g\colon V \times V \to K.$$

Wir betrachten nun zwei wichtige Fälle: $K = \mathbb{R}$ sowie $K = \mathbb{C}$:

- $K = \mathbb{R}$: Es kann stets eine Pseudo-Orthonormalbasis $\{\, \boldsymbol{e}_i \,\}$ von V gewählt werden mit einer **Signatur** (p, q) und $n = p + q$, so dass:

$$g(\boldsymbol{e}_i, \boldsymbol{e}_j) = g_{ij} = \begin{cases} \delta_{ij} & (i, j \in \{1 \dots p\}) \\ -\delta_{ij} & (i, j \in \{p+1 \dots p+q\}) \end{cases}. \qquad (12.4)$$

- $K = \mathbb{C}$: Es kann stets eine Orthonormalbasis $\{\boldsymbol{e}_i\}$ von V gewählt werden, so dass:

$$g_{ij} = \delta_{ij}. \qquad (12.5)$$

Obwohl g die Metrik des Vektor-Raums V darstellt, setzen wir für die weitere Untersuchung keinerlei differenzierbare Struktur voraus. Wir interessieren uns lediglich für rein algebraische Strukturen. Von demher spricht man auch stets nur von einer Bilinearform g.

Wir führen nun für die Elemente von V eine abstrakte assoziative Multiplikation ein, das **Clifford-Produkt**, mit den Eigenschaften:

$$\boldsymbol{e}_i\boldsymbol{e}_j + \boldsymbol{e}_j\boldsymbol{e}_i = 2g_{ij}\mathbb{1}, \qquad (12.6)$$

wobei wir an dieser Stelle das Symbol $\cdot$ weglassen, um keine Verwechslung mit dem Skalarprodukt zu erzeugen, und $\mathbb{1}$ ist hierbei das Einselement des zugrundeliegenden Körpers K, im vorliegenden Falle also die Zahl Eins. Die entstehende Algebra A heißt **Clifford-Algebra** $\mathrm{Cl}_{p,q}(\mathbb{R})$ beziehungsweise $\mathrm{Cl}_n(\mathbb{C})$. Wir betrachten im Folgenden vorrangig $K = \mathbb{R}$.

Dieses Clifford-Produkt ist zunächst eine abstrakte Multiplikationsvorschrift, es existiert aber ein Vektorraum-Isomorphismus zur **äußeren Algebra** oder **Graßmann-Algebra** von V, und das Clifford-Produkt kann man sich zunächst wie das **äußere Produkt** $\wedge$ aus den Elementen der äußeren Algebra vorstellen. Es ist also:

$$\mathrm{Cl}_{p,q}(\mathbb{R}) \cong \Lambda(V) = \bigoplus_{k=0}^{n} V^{[k]}, \qquad (12.7)$$

mit

$$V^{[k]} = \underbrace{V \wedge \dots \wedge V}_{k\text{-fach}}. \qquad (12.8)$$

Eine Basis der äußeren Algebra ist dann gegeben durch:

$$1, \boldsymbol{e}_i, \boldsymbol{e}_i \wedge \boldsymbol{e}_j, \dots, \boldsymbol{e}_{i_1} \wedge \boldsymbol{e}_{i_2} \wedge \dots \wedge \boldsymbol{e}_{i_n},$$

und die Dimension von $\mathrm{Cl}_{p,q}(\mathbb{R})$ ist damit:

$$\dim \mathrm{Cl}_{p,q}(\mathbb{R}) = \sum_{k=0}^{n} \binom{n}{k} = 2^n.$$

Entsprechend kann nun eine Basis der Clifford-Algebra gebildet werden als:

$$1, \boldsymbol{e}_i, \boldsymbol{e}_i\boldsymbol{e}_j, \ldots, \boldsymbol{e}_{i_1}\boldsymbol{e}_{i_2}\cdots\boldsymbol{e}_{i_n},$$

und der einzige Unterschied zwischen der Clifford-Algebra $\mathrm{Cl}_{p,q}(\mathbb{R})$ und der Graßmann-Algebra $\bigwedge(V)$ ist:

$$\begin{aligned} \boldsymbol{e}_i\boldsymbol{e}_i &= \pm 1, \\ \boldsymbol{e}_i \wedge \boldsymbol{e}_i &= 0. \end{aligned}$$

Da hierdurch eine Veranschaulichung über geometrische Begriffe zustande kommt, wird die Theorie der Clifford-Algebren auch als **geometrische Algebra** bezeichnet.

Zur Illustration betrachten wir $K = \mathbb{R}$ und $V = \mathbb{R}^3$ mit dem üblichen Skalarprodukt als bilineare Form. Es ist dann:

$$1, \boldsymbol{e}_1, \boldsymbol{e}_2, \boldsymbol{e}_3, \boldsymbol{e}_1\boldsymbol{e}_2, \boldsymbol{e}_3\boldsymbol{e}_1, \boldsymbol{e}_2\boldsymbol{e}_3, \boldsymbol{e}_1\boldsymbol{e}_2\boldsymbol{e}_3$$

die Basis der Clifford-Algebra $\mathrm{Cl}_{3,0}(\mathbb{R})$. Für zwei Vektoren $\boldsymbol{a}, \boldsymbol{b} \in V$ ist das Clifford-Produkt $\boldsymbol{ab}$ gegeben durch:

$$\begin{aligned} \boldsymbol{ab} &= (a_1\boldsymbol{e}_1 + a_2\boldsymbol{e}_2 + a_3\boldsymbol{e}_3)(b_1\boldsymbol{e}_1 + b_2\boldsymbol{e}_2 + b_3\boldsymbol{e}_3) \\ &= (\boldsymbol{a} \cdot \boldsymbol{b})\mathbb{1} + \boldsymbol{a} \wedge \boldsymbol{b}. \end{aligned}$$

Man vergleiche dies mit der Pauli-Identität (4.31):

$$(\sigma \cdot \hat{\boldsymbol{A}})(\sigma \cdot \hat{\boldsymbol{B}}) = (\hat{\boldsymbol{A}} \cdot \hat{\boldsymbol{B}})\mathbb{1}_S + \mathrm{i}\sigma \cdot (\hat{\boldsymbol{A}} \times \hat{\boldsymbol{B}}),$$

was bereits einen Zusammenhang zwischen Spinoren und Clifford-Algebren andeutet.

Clifford-Algebren sind wie Graßmann-Algebren **graduiert**, das heißt: als Vektorräume betrachtet lassen sie sich als direkte Summe von Untervektorräumen darstellen:

$$\mathrm{Cl}_{p,q}(\mathbb{R}) = \bigoplus_{k=0}^{n} \mathrm{Cl}_{p,q}^{[k]}, \tag{12.9}$$

und für das Clifford-Produkt gilt: wenn $x \in \mathrm{Cl}^{[k]}$ und $y \in \mathrm{Cl}^{[l]}$, dann ist $xy \in \mathrm{Cl}^{[k+l]}$. Aufgrunddessen besitzen Clifford-Algebren eine algebraische $\mathbb{Z}_2$-Graduierung: wir definieren die **gerade Unteralgebra** $\mathrm{Cl}^{+}_{p,q}(\mathbb{R})$ mit:

$$\mathrm{Cl}^{+}_{p,q}(\mathbb{R}) = \bigoplus_{k\,\text{gerade}} \mathrm{Cl}^{[k]}. \tag{12.10}$$

Ein entsprechender ungerader Teil $\mathrm{Cl}^{-}_{p,q}(\mathbb{R})$ der Clifford-Algebra existiert ebenfalls, stellt aber keine Unteralgebra dar.

Beispiele für einfache Clifford-Algebren:

- Die Menge der komplexen Zahlen $\mathbb{C}$ selbst kann als Clifford-Algebra $\mathrm{Cl}_{0,1}(\mathbb{R})$ aufgefasst werden. Der Vektorraum V ist in diesem Fall eindimensional ($V = \mathrm{i}\mathbb{R}$) und besitzt die Basis $\{\,\mathrm{i}\,\}$, nämlich die imaginäre Einheit. Der zugrundeliegende Körper K ist $\mathbb{R}$. Die Multiplikationsvorschrift ist die normale Multiplikation, die zudem kommutativ ist. Es ist:

  $$\mathrm{i} \cdot \mathrm{i} = -1.$$

  Die Clifford-Algebra $\mathrm{Cl}_{0,1}(\mathbb{R})$ ist natürlich wieder ein Vektorraum, in diesem Fall ein reell zweidimensionaler, und kann als Algebra durch Matrizen dargestellt werden der Form:

  $$\begin{pmatrix} a & b \\ -b & a \end{pmatrix},$$

  mit $a, b \in \mathbb{R}$.
- Die Menge der Quaternionen $\mathbb{H}$ kann ebenfalls als Clifford-Algebra $\mathrm{Cl}_{0,2}(\mathbb{R})$ aufgefasst werden. Der Vektorraum V ist zweidimensional und besitzt die Basis $\{\,\mathrm{i}, \mathrm{j}\,\}$. Die Multiplikationsvorschrift ist die Multiplikation der Quaternionen:

  $$\begin{aligned} \mathrm{i}\cdot\mathrm{i} &= -1, & \mathrm{i}\cdot\mathrm{j} &= \mathrm{k}, & & \\ \mathrm{j}\cdot\mathrm{j} &= -1, & \mathrm{j}\cdot\mathrm{k} &= \mathrm{i}, & \mathrm{i}\cdot\mathrm{j}\cdot\mathrm{k} &= -1. \\ \mathrm{k}\cdot\mathrm{k} &= -1, & \mathrm{k}\cdot\mathrm{i} &= \mathrm{j}, & & \end{aligned}$$

  Auch die Clifford-Algebra $\mathrm{Cl}_{0,2}(\mathbb{R})$ ist wieder ein Vektorraum, in diesem Fall ein reell vierdimensionaler beziehungsweise komplex zweidimensionaler, und kann als Algebra durch Matrizen dargestellt werden der Form:

  $$\begin{pmatrix} a & b \\ -\bar{b} & \bar{a} \end{pmatrix},$$

  mit $a, b \in \mathbb{C}$.

Man kann zeigen, dass zu jeder Clifford-Algebra eine treue Darstellung entweder durch eine Matrixalgebra oder durch die direkte Summe zweier Matrix-Algebren existiert. Dabei ist der Fall $K = \mathbb{R}$ etwas komplizierter als der Fall $K = \mathbb{C}$. Es ist für $K = \mathbb{C}$, mit $n = 2k$:

$$\mathrm{Cl}_n(\mathbb{C}) \cong \begin{cases} \mathrm{Mat}(2^k, \mathbb{C}) & (n \text{ gerade}) \\ \mathrm{Mat}(2^k, \mathbb{C}) \oplus \mathrm{Mat}(2^k, \mathbb{C}) & (n \text{ ungerade}) \end{cases}, \tag{12.11}$$

und für $K = \mathbb{R}$, mit $n = 2k + 1$:

$(p-q)$ mod 8	$\mathrm{Cl}_{p,q}(\mathbb{R})$
0	$\mathrm{Mat}(2^k, \mathbb{R})$
1	$\mathrm{Mat}(2^k, \mathbb{R}) \oplus \mathrm{Mat}(2^k, \mathbb{R})$
2	$\mathrm{Mat}(2^k, \mathbb{R})$
3	$\mathrm{Mat}(2^k, \mathbb{C})$
4	$\mathrm{Mat}(2^{k-1}, \mathbb{H})$
5	$\mathrm{Mat}(2^{k-1}, \mathbb{H}) \oplus \mathrm{Mat}(2^{k-1}, \mathbb{H})$
6	$\mathrm{Mat}(2^{k-1}, \mathbb{H})$
7	$\mathrm{Mat}(2^k, \mathbb{C})$

Reelle Clifford-Algebren $\mathrm{Cl}_{p,q}(\mathbb{R})$ stellen im Folgenden gewissermaßen die allumfassende Klammer dar, und als mathematische Struktur beinhalten sie alle im Folgenden eingeführten Objekte.

Die **Clifford-Gruppe** $\Gamma_{p,q}$ (so genannt, obwohl sie vom deutschen Mathematiker Rudolf Lipschitz beim Studium der Clifford-Algebren entdeckt wurden) besteht aus den invertierbaren Elementen der Clifford-Algebra wie folgt:

$$\Gamma_{p,q} = \{\, s \in \mathrm{Cl}_{p,q}(\mathbb{R}) \mid s\boldsymbol{x}s^{-1} \in V \,\}. \tag{12.12}$$

In anderen Worten: durch die Vorschrift $\boldsymbol{y} = s\boldsymbol{x}s^{-1}$ wird ein Vektor $\boldsymbol{x} \in V$ auf einen anderen Vektor $\boldsymbol{y} \in V$ abgebildet. Es ist leicht zu zeigen, dass dabei gilt: $\|\boldsymbol{y}\| = \|\boldsymbol{x}\|$. Daher induziert diese Transformationsvorschrift eine Vektordarstellung auf die **orthogonale Gruppe** $\mathrm{O}(p, q)$:

$$\Gamma_{p,q} \to \mathrm{O}(p, q). \tag{12.13}$$

Die Clifford-Gruppe ist eine echte Teilmenge der Clifford-Algebra:

$$\Gamma_{p,q} \subset \mathrm{Cl}_{p,q}(\mathbb{R}), \tag{12.14}$$

aber natürlich nicht selbst eine Algebra, aufgrund der fehlenden Addition sowie der skalaren Multiplikation, dafür aber eine Lie-Gruppe. Die Clifford-Gruppe ist für die weitere Betrachtung allerdings noch etwas zu groß. Es genügt, eine Untergruppe der Clifford-Gruppe zu betrachten, nämlich die, die aus den (pseudo-)normierten

Einheitsvektoren erzeugt wird. Mathematisch gesprochen, betrachtet man die Quotientengruppe aus der Clifford-Gruppe, geteilt durch das Zentrum.

Es sei also die Menge V_e aller (Pseudo-)Einheitsvektoren gegeben. Es gilt daher:

$$g(\boldsymbol{v}, \boldsymbol{v}) = \pm 1$$

für alle $\boldsymbol{v} \in V_e$. Dann ist die **Pin-Gruppe** $\mathrm{Pin}(p, q)$ definiert als diejenige Gruppe, die sich aus den $\boldsymbol{v} \in V_e$ unter Anwendung des Clifford-Produkts als Gruppenmultiplikation ergibt:

$$\mathrm{Pin}(p, q) = \{ \boldsymbol{v}_{i_1} \cdots \boldsymbol{v}_{i_l} \} \quad (0 \leq l \leq n). \tag{12.15}$$

Wie weiter oben festgestellt, stellt der gerade Teil $\mathrm{Cl}^+_{p,q}(\mathbb{R})$ von $\mathrm{Cl}_{p,q}(\mathbb{R})$ eine echte Unteralgebra dar. Die Einschränkung von $\mathrm{Pin}(p, q)$ auf $\mathrm{Cl}^+_{p,q}(\mathbb{R})$ stellt daher eine echte Lie-Untergruppe von $\mathrm{Pin}(p, q)$ dar, die sogenannte **Spin-Gruppe** $\mathrm{Spin}(p, q)$. Diese besitzt wiederum eine Untergruppe, die dadurch ensteht, dass in (12.15) die Einschränkung auf Elemente $\boldsymbol{v}_i$ erfolgt, für die $g(\boldsymbol{v}_i, \boldsymbol{v}_i) = +1$ gilt. Diese Gruppe wird mit $\mathrm{Spin}_+(p, q)$ bezeichnet.

Diese Gruppen stellen **zweifache Überlagerungsgruppen** zu klassischen Gruppen wie folgt dar:

$$\mathrm{O}(p, q) \cong \mathrm{Pin}(p, q)/\mathbb{Z}_2, \tag{12.16}$$

$$\mathrm{SO}(p, q) \cong \mathrm{Spin}(p, q)/\mathbb{Z}_2, \tag{12.17}$$

$$\mathrm{SO}_+(p, q) \cong \mathrm{Spin}_+(p, q)/\mathbb{Z}_2. \tag{12.18}$$

Man erinnere sich, dass auf Räumen mit indefiniter Metrik $\mathrm{O}(p, q)$ die orthogonalen Transformationen einschließlich der Spiegelungen in den einzelnen Dimensionen, $\mathrm{SO}(p, q)$ die Transformationen mit keiner oder einer geradzahligen Anzahl von Spiegelungen (so dass die Determinante der Transformationsmatrix Eins ist), und $\mathrm{SO}_+(p, q)$ die speziellen orthogonalen Transformationen ohne Spiegelungen (auch als **eigentlich-orthochron** bezeichnet) darstellen. Die letztere stellt die Zusammenhangskomponente der Eins dar.

Bei positiv-definiter Metrik g (also $n = p$ und $q = 0$) benennt man die Spin-Gruppe einfach $\mathrm{Spin}(n)$, und man kann nun zeigen, dass diese für $n \geq 3$ die **universelle Überlagerungsgruppe** zur Rotationsgruppe $\mathrm{SO}(n)$ in n Dimensionen darstellt, und es ist:

$$\mathrm{SO}(n) \cong \mathrm{Spin}(n)/\mathbb{Z}_2, \tag{12.19}$$

und $\mathrm{Spin}(n)$ als differenzierbare Mannigfaltigkeit ist also einfach zusammenhängend.

Es existieren folgende Gruppenisomorphismen:

$$\mathrm{Spin}(1) \cong \mathrm{O}(1) \cong \mathbb{Z}_2, \tag{12.20}$$
$$\mathrm{Spin}(2) \cong \mathrm{U}(1) \cong \mathrm{SU}(1) \cong \mathrm{SO}(2), \tag{12.21}$$
$$\mathrm{Spin}(3) \cong \mathrm{SU}(2) \cong \mathrm{Sp}(1, \mathbb{H}), \tag{12.22}$$
$$\mathrm{Spin}(4) \cong \mathrm{SU}(2) \times \mathrm{SU}(2), \tag{12.23}$$
$$\mathrm{Spin}(5) \cong \mathrm{Sp}(2, \mathbb{H}), \tag{12.24}$$
$$\mathrm{Spin}(6) \cong \mathrm{SU}(4). \tag{12.25}$$

Die Gruppen Spin(7) und Spin(8) besitzen keine klassische Entsprechung.

Im allgemeinen Fall gilt: $\mathrm{Spin}_+(p, q)$ als differenzierbare Mannigfaltigkeit ist für $p + q \geq 2$ zusammenhängend, mit Ausnahme von $\mathrm{Spin}(1, 1)$, die zwei Zusammenhangskomponenten besitzt. Die Gruppen $\mathrm{Spin}_+(n-1, 1) \cong \mathrm{Spin}_+(1, n-1)$ sind für $n \geq 4$ einfach zusammenhängend und damit universelle Überlagerungsgruppen der entsprechenden klassischen Gruppen. Es gilt, für $n = p + q < 7$:

$$\mathrm{Spin}_+(1, 1) \cong \mathrm{GL}(1, \mathbb{R}) \cong \mathbb{R} \setminus \{0\}, \tag{12.26}$$
$$\mathrm{Spin}_+(2, 1) \cong \mathrm{Sp}(2, \mathbb{R}) \cong \mathrm{SL}(2, \mathbb{R}), \tag{12.27}$$
$$\mathrm{Spin}_+(3, 1) \cong \mathrm{Sp}(2, \mathbb{C}) \cong \mathrm{SL}(2, \mathbb{C}), \tag{12.28}$$
$$\mathrm{Spin}_+(2, 2) \cong \mathrm{SL}(2, \mathbb{R}) \times \mathrm{SL}(2, \mathbb{R}), \tag{12.29}$$
$$\mathrm{Spin}_+(4, 1) \cong \mathrm{Sp}(1, 1, \mathbb{H}), \tag{12.30}$$
$$\mathrm{Spin}_+(3, 2) \cong \mathrm{Sp}(4, \mathbb{R}), \tag{12.31}$$
$$\mathrm{Spin}_+(5, 1) \cong \mathrm{SL}(2, \mathbb{H}), \tag{12.32}$$
$$\mathrm{Spin}_+(4, 2) \cong \mathrm{SU}(2, 2), \tag{12.33}$$
$$\mathrm{Spin}_+(3, 3) \cong \mathrm{SL}(4, \mathbb{R}), \tag{12.34}$$

und es ist: $\mathrm{Spin}_+(p, q) = \mathrm{Spin}_+(q, p)$.

Die Lie-Algebra $\mathfrak{spin}(p, q)$ der Lie-Gruppe $\mathrm{Spin}(p, q)$ ist der von den Elementen $\boldsymbol{e}_i \boldsymbol{e}_j$ $(i \neq j)$ aufgespannte Unterraum von $\mathrm{Cl}_{p,q}(\mathbb{R})$:

$$\mathfrak{spin}(p, q) = \mathrm{Cl}^{[2]}_{p,q}(\mathbb{R}). \tag{12.35}$$

Die Überlagerung

$$\mathrm{Spin}(p, q) \longrightarrow \mathrm{SO}(p, q)$$

induziert dann einen Isomorphismus der entsprechenden Lie-Algebren:

$$\begin{aligned}\mathfrak{spin}(p,q) &\to \mathfrak{so}(p,q)\\ \frac{1}{4}\sum_{i,j} a_{ij}\boldsymbol{e}_i\boldsymbol{e}_j &\mapsto a_{ij},\end{aligned}$$

wobei a_{ij} entsprechend die Einträge einer total antisymmetrischen und spurlosen $(n \times n)$-Matrix ist. Für $(p,q) = (3,0)$ betrachten wir dies exemplarisch explizit. Es sei also wie weiter oben die Clifford-Algebra $\mathrm{Cl}_{3,0}(\mathbb{R})$ mit den drei erzeugenden Vektoren $\{\,\boldsymbol{e}_i\,\} \in V$ gegeben. Dann stellen die Elemente $M_{ij} = \boldsymbol{e}_i\boldsymbol{e}_j$ $(i \neq j)$ bis auf einen Vorfaktor die Erzeugenden der Lie-Algebra $\mathfrak{so}(3)$ dar. Setzen wir nun nämlich:

$$-\frac{1}{2}\mathrm{i}\epsilon_{ijk}M_{jk} =: L_i, \tag{12.36}$$

so gilt:

$$[L_i, L_j] = \mathrm{i}\epsilon_{ijk}L_k. \tag{12.37}$$

Alle Darstellungen von $\mathrm{SO}(n)$ sind auch Darstellungen von $\mathrm{Spin}(n)$. Darüber hinaus existieren für ungerade n die **Spinor-Darstellung** und für gerade n zwei **Halbspinor-Darstellungen**. Diese müssen wir nun im Folgenden definieren, was uns dann endlich zum Spinor-Begriff in seiner algebraischen Definition führt.

Um diesen zu motivieren, beginnen wir mit einem konkreten, dem einfachsten Beispiel: dem bereits in Abschnitt 4 eingeführten Spinor für Spin-$\frac{1}{2}$. Die Ortsdarstellung des Zustands eines Spin-$\frac{1}{2}$-Teilchens ist von der Form

$$\psi = \begin{pmatrix}\psi_+\\ \psi_-\end{pmatrix},$$

und ein beliebiger, beispielsweise hermitescher oder unitärer, Operator besitzt eine (2×2)-Matrixdarstellung im Spin-Raum $\mathcal{H}_S$. Das entspricht im übrigen genau der Tatsache wie oben tabelliert, dass die Clifford-Algebra $\mathrm{Cl}_{3,0}(\mathbb{R})$, die sich aus dem $\mathbb{R}^3$ mit der üblichen euklidischen Metrik ergibt, sich als $\mathrm{Mat}(2,\mathbb{C})$ darstellen lässt.

Wir schreiben nun den Spinor selbst ebenfalls als Element dieser Darstellung, nämlich als Matrix, deren erste Spalte den Spinor beinhaltet und die rechte Spalte Null ist:

$$\begin{aligned}\psi &\in \mathrm{Mat}(2,\mathbb{C}),\\ \psi &= \begin{pmatrix}\psi_+ & 0\\ \psi_- & 0\end{pmatrix}.\end{aligned}$$

Die Form dieser Darstellung bleibt unter der linken Wirkung von Operatoren erhalten, wie man leicht sehen kann. Man sagt: die Menge $\mathcal{S}$ der Spinoren stellt ein **Links-Ideal** von $\mathrm{Mat}(2,\mathbb{C})$ und damit von $\mathrm{Cl}_{3,0}(\mathbb{R})$ dar. Es gilt dann:

$$\mathrm{Cl}_{3,0}(\mathbb{R})\mathcal{S} = \mathcal{S}. \tag{12.38}$$

Man erhält $\mathcal{S}$ aus $\mathrm{Cl}_{3,0}(\mathbb{R})$ mit Hilfe eines **primitiven idempotenten** Elements $f \in \mathrm{Cl}_{3,0}(\mathbb{R})$, das im vorliegenden Beispiel durch $f = \frac{1}{2}(1 + \boldsymbol{e}_3)$ konstruiert werden kann. Das bedeutet, dass f nicht die Summe von zwei sich gegenseitig vernichtenden Idempotenten ist: $f \neq f_1 + f_2$, $f_1 f_2 = f_2 f_1 = 0$. In der Matrixdarstellung $\mathrm{Mat}(2,\mathbb{C})$ ist dann:

$$f = \frac{1}{2}(\mathbb{1} + \sigma_3) = \begin{pmatrix} 1 & 0 \\ 0 & 0 \end{pmatrix}.$$

Dann ist aber darstellungsunabhängig:

$$\mathcal{S} = \mathrm{Cl}_{3,0}(\mathbb{R})f. \tag{12.39}$$

Das Links-Ideal $\mathcal{S}$ ist **minimal**, das heißt: es umfasst keine weiteren Links-Ideale außer dem Null-Element und sich selbst.

Um $\mathcal{S}$ nun selbst – eingebettet in $\mathrm{Cl}_{3,0}(\mathbb{R})$ – mit einer (komplexen) Vektorraum-Struktur zu versehen, benötigen wir noch die Einbettung von $\mathbb{C}$ in $\mathcal{S}$. Es ist nämlich nicht damit getan, dass wir die Elemente $\psi \in \mathcal{S}$ mit einer Zahl $c \in \mathbb{C}$ multiplizieren. Dies würde korrekterweise dadurch geschehen, dass wir ψ linksseitig mit $c\mathbb{1}$ multiplizieren. Aber das Einselement $\mathbb{1}$ von $\mathrm{Cl}_{3,0}(\mathbb{R})$ ist leider nicht selbst Element des Links-Ideals! Stattdessen benötigen wir ein Element der Form

$$\begin{pmatrix} c & 0 \\ 0 & 0 \end{pmatrix}.$$

Diese üblicherweise mit $\mathbb{D}$ bezeichnete Einbettung von $\mathbb{C}$ nach $\mathcal{S}$ wird erreicht durch die Vorschrift:

$$\mathbb{C} \to \mathbb{D} \subset \mathcal{S} \tag{12.40}$$

$$c \mapsto \begin{pmatrix} c & 0 \\ 0 & 0 \end{pmatrix}, \tag{12.41}$$

mit

$$\mathbb{D} = f\mathrm{Cl}_{3,0}(\mathbb{R})f \cong \left\{ \begin{pmatrix} c & 0 \\ 0 & 0 \end{pmatrix} \middle| \, c \in \mathbb{C} \right\}. \tag{12.42}$$

Allerdings müssen nun – um eine komplex-lineare Struktur zu erhalten – die Elemente $c \in \mathbb{D}$ von rechts auf die Elemente $\psi \in \mathcal{S}$ wirken:

$$c\begin{pmatrix} \psi_+ \\ \psi_- \end{pmatrix} \mapsto \begin{pmatrix} \psi_+ & 0 \\ \psi_- & 0 \end{pmatrix}\begin{pmatrix} c & 0 \\ 0 & 0 \end{pmatrix}.$$

Mit dieser **Rechts-Linear-Struktur** versehen, wird das Links-Ideal nun zum **Spinor-Raum** $\mathcal{S}$. Seine Elemente $\psi \in \mathcal{S}$ heißen **Spinoren**. Man beachte, dass der Spinor-Raum $\mathcal{S}$ ebenfalls Teilmenge der Clifford-Algebra $\mathrm{Cl}_{3,0}(\mathbb{R})$, aber versehen mit einer eigenen komplexen Vektorraum-Struktur. Außerdem ist im vorliegenden Beispiel aufgrund der einfachen Matrix-Darstellung erkennbar, dass $\mathbb{D}$ einen Körper darstellt. Im allgemeinen Fall gilt das aber nicht mehr, und $\mathbb{D}$ besitzt die Struktur eines Schiefkörpers, sprich: das Kommutativgesetz der Multiplikation gilt nicht mehr. Die übliche Bezeichnung $\mathbb{D}$ rührt vom englischen Begriff hierfür: *''division ring''*. Bezogen auf diesen heißt $\mathcal{S}$ auch ein sogenannter **rechter D-Modul**.

Diesen Sachverhalt kann man nun umdrehen und zur definierenden Eigenschaft von Spinoren erheben:

Definition (Spinor-Räume und Spinoren). *Gegeben sei eine reelle Clifford-Algebra $\mathrm{Cl}_{p,q}(\mathbb{R})$, und $f \in \mathrm{Cl}_{p,q}(\mathbb{R})$ sei ein primitives idempotentes Element. Dann ist ein **Spinor-Raum** $\mathcal{S}$ das minimale Links-Ideal $\mathcal{S} = \mathrm{Cl}_{p,q}(\mathbb{R})f$ von $\mathrm{Cl}_{p,q}(\mathbb{R})$, versehen mit einer durch den Schiefkörper $\mathbb{D} = f\mathrm{Cl}_{p,q}(\mathbb{R})f$ erzeugten komplexen Rechts-Linear-Struktur. Die Elemente von $\mathcal{S}$ heißen **Spinoren**.*

Je nach dem, wieviele primitive idempotente Elemente f_i es gibt, existieren verschiedene, inäquivalente Spinor-Räume $\mathcal{S}_i$. Außerdem kann man zeigen:

Satz. *Gegeben sei ein primitives idempotentes Element $f \in \mathrm{Cl}_{p,q}(\mathbb{R})$. Dann gilt für den Schiefkörper $\mathbb{D}$:*

$$\mathbb{D} \cong \begin{cases} \mathbb{R} & (p-q) = 0, 1, 2 \pmod 8 \\ \mathbb{C} & (p-q) = 3, 7 \pmod 8 \\ \mathbb{H} & (p-q) = 4, 5, 6 \pmod 8 \end{cases} . \tag{12.43}$$

Irreduzible Darstellungen der Clifford-Algebren induzieren irreduzible oder reduzible Darstellungen der entsprechenden Untermengen, seien es die Clifford- oder Spin-Gruppen, die entsprechenden Spin-Algebren, die Lie-Algebren oder auch die Links-Ideale. Es sei hier nur die stark vereinfachte Erläuterung für die Links-Ideale gegeben:

Betrachtet man die Clifford-Algebra $\mathrm{Cl}_{p,q}(\mathbb{R})$ als 2^n-dimensionalen Vektorraum, so ist die **reguläre Darstellung**

$$\mathrm{Cl}_{p,q}(\mathbb{R}) \to \mathrm{End}(\mathrm{Cl}_{p,q}(\mathbb{R})) \tag{12.44}$$

die Abbildung der Clifford-Algebra auf ihre Endomorphismus-Algebra, also auf die Menge der Abbildungen auf sich selbst. Diese ist stets treu (und damit sogar ein Automorphismus), aber im Allgemeinen nicht reduzibel, aufgrund der Existenz von

Links-Idealen. Es wird jedoch eine Darstellung

$$\mathrm{Cl}_{p,q}(\mathbb{R}) \to \mathrm{End}(\mathcal{S}) \tag{12.45}$$

$$u \mapsto \gamma(u) \tag{12.46}$$

induziert, so dass $u\psi = \gamma(u)\psi$, wobei nun zwei Fälle zu unterscheiden sind:

1. Die Clifford-Algebra $\mathrm{Cl}_{p,q}(\mathbb{R})$ ist **einfach** (wenn $(p - q) \neq 1 \pmod 4$): dann ist $\mathcal{S}$ ein minimales Links-Ideal, und $\mathrm{End}(\mathcal{S})$ ist irreduzibel und heißt **Spinor-Darstellung**.
2. Die Clifford-Algebra $\mathrm{Cl}_{p,q}(\mathbb{R})$ ist **halbeinfach**, also die direkte Summe aus zwei einfachen Algebren (wenn $(p - q) = 1 \pmod 4$): dann ist $\mathcal{S}$ die direkte Summe aus zwei minimalen Links-Idealen $\mathcal{S}_\pm$, und $\mathrm{End}(\mathcal{S}_\pm)$ ist jeweils irreduzibel und heißt **Halb-Spinor-Darstellung**. Die Räume $\mathcal{S}_\pm$ heißen jeweils **Halb-Spinor-Räume**.

Es sei $\{ \boldsymbol{e}_i \}$ eine Basis von dem die Clifford-Algebra aufspannenden Vektorraum V. Die Bilder $\gamma_i = \gamma(\boldsymbol{e}_i)$ der Elemente $\boldsymbol{e}_i \in \mathrm{Cl}_{p,q}(\mathbb{R})$ heißen die **Gamma-Matrizen** von $\mathrm{Cl}_{p,q}(\mathbb{R})$.

Die explizite Konstruktion der irreduziblen Darstellungen der Clifford-Algebren ist im Allgemeinen eine längliche Rechnung. Für den wichtigen Fall $\mathrm{Cl}_{3,0}(\mathbb{R})$ ergibt sich explizit:

$$\mathrm{Cl}_{3,0}(\mathbb{R}) \to \mathrm{End}(\mathcal{S}) \tag{12.47}$$

$$1 \mapsto \gamma(1) = \mathbb{1} = \begin{pmatrix} 1 & 0 \\ 0 & 1 \end{pmatrix}, \tag{12.48}$$

$$\boldsymbol{e}_1 \mapsto \gamma(\boldsymbol{e}_1) = \sigma_1 = \begin{pmatrix} 0 & 1 \\ 1 & 0 \end{pmatrix}, \tag{12.49}$$

$$\boldsymbol{e}_2 \mapsto \gamma(\boldsymbol{e}_2) = \sigma_2 = \begin{pmatrix} 0 & -\mathrm{i} \\ \mathrm{i} & 0 \end{pmatrix}, \tag{12.50}$$

$$\boldsymbol{e}_3 \mapsto \gamma(\boldsymbol{e}_3) = \sigma_3 = \begin{pmatrix} 1 & 0 \\ 0 & -1 \end{pmatrix}. \tag{12.51}$$

Die Gamma-Matrizen der $\mathrm{Cl}_{3,0}(\mathbb{R})$ sind also die Pauli-Matrizen.

Auf Spinor-Räumen können stets symmetrische oder antisymmetrische Skalarprodukte $S \times S \to \mathbb{D}$, also mit Werten im Schiefkörper $\mathbb{D}$, definiert werden. Hierzu werden zunächst ein Automorphismus – die **graduierte Involution** – sowie zwei verschiedene Anti-Automorphismen, die **Reversion** und die **Konjugation**, in $\mathrm{Cl}_{p,q}(\mathbb{R})$ eingeführt. Diese lassen sich über die Basiselemente von $\mathrm{Cl}_{p,q}(\mathbb{R})$ definieren. Dabei gilt:

$$\text{graduierte Involution:} \quad s \mapsto \hat{s} \tag{12.52}$$

$$e_{i_1} \cdots e_{i_k} \mapsto (-1)^k e_{i_1} \cdots e_{i_k}, \tag{12.53}$$

$$\text{Reversion:} \quad s \mapsto \tilde{s} \tag{12.54}$$

$$e_{i_1} \cdots e_{i_k} \mapsto e_{i_k} \cdots e_{i_1}, \tag{12.55}$$

$$\text{Konjugation:} \quad s \mapsto \bar{s} = \hat{\tilde{s}} = \tilde{\hat{s}}. \tag{12.56}$$

Von einem Skalarprodukt

$$S \times S \longrightarrow \mathbb{D} \tag{12.57}$$

$$\psi, \phi \mapsto (\psi, \phi) \tag{12.58}$$

erwarten wir Invarianz unter der Wirkung von mindestens $\text{Spin}_+(p, q)$, sprich:

$$(\psi, \phi) = (s'\psi, s'\phi) \tag{12.59}$$

für alle $s' \in \text{Spin}_+(p, q)$. Dann kann man zunächst zeigen, dass für alle Clifford-Algebren $\text{Cl}_{p,q}(\mathbb{R})$ stets zwei mögliche Skalarprodukte gegeben sind durch:

$$(\psi, \phi) = \begin{cases} s_1 \tilde{\psi} \phi \\ s_2 \bar{\psi} \phi \end{cases}, \tag{12.60}$$

wobei $s_{1,2}$ je ein festes invertierbares Element von $\text{Cl}_{p,q}(\mathbb{R})$ ist. Sofern $\tilde{f} = f$ beziehungsweise $\bar{f} = f$, kann s_1 beziehungsweise s_2 jeweils zu 1 gewählt werden. In jedem Fall kann aber f aus der Standard-Basis von $\text{Cl}_{p,q}(\mathbb{R})$ konstruiert werden, so dass s dann Element dieser Standardbasis ist. Dann ist $\tilde{s}_{1,2} = \pm s$ beziehungsweise $\bar{s}_{1,2} = \pm s$. Die Symmetriegruppen bezüglich der beiden möglichen Skalarprodukte ist im Allgemeinen größer als $\text{Spin}_+(p, q)$.

Die komplexen Clifford-Algebren besitzen eine sehr viel einfachere Struktur, da die quadratische Form g über dem komplexen Vektorraum wie oben erwähnt stets in die Form $g_{ij} = \delta_{ij}$ gebracht werden kann. Außerdem kann man zeigen, dass gilt:

$$\text{Cl}_n(\mathbb{C}) \cong \mathbb{C} \otimes \text{Cl}_{p,q}(\mathbb{R}), \tag{12.61}$$

mit $n = p + q$. Das heißt: es genügt, die Struktur der reellen Clifford-Algebren zu verstehen. Durch Komplexifizierung im Nachhinein folgt die Struktur der komplexen

Clifford-Algebren. Für die komplexen Spin-Gruppen gilt:

$$\mathrm{Spin}^{\mathbb{C}}(1) \cong \mathrm{O}(1,\mathbb{C}) \cong \mathbb{Z}_2, \tag{12.62}$$

$$\mathrm{Spin}^{\mathbb{C}}(2) \cong \mathrm{SO}(2,\mathbb{C}) \cong \mathrm{GL}(1,\mathbb{C}) \cong \mathbb{C} \setminus \{0\}, \tag{12.63}$$

$$\mathrm{Spin}^{\mathbb{C}}(3) \cong \mathrm{Sp}(2,\mathbb{C}) \cong \mathrm{SL}(2,\mathbb{C}), \tag{12.64}$$

$$\mathrm{Spin}^{\mathbb{C}}(4) \cong \mathrm{SL}(2,\mathbb{C}) \times \mathrm{SL}(2,\mathbb{C}), \tag{12.65}$$

$$\mathrm{Spin}^{\mathbb{C}}(5) \cong \mathrm{Sp}(4,\mathbb{C}), \tag{12.66}$$

$$\mathrm{Spin}^{\mathbb{C}}(6) \cong \mathrm{SL}(4,\mathbb{C}), \tag{12.67}$$

und es ist:

$$\mathrm{SO}(n) \times \mathrm{U}(1) \cong \mathrm{Spin}^{\mathbb{C}}(n)/\mathbb{Z}_2, \tag{12.68}$$

$$\mathrm{Spin}^{\mathbb{C}}(n) \cong (\mathrm{Spin}(n) \times \mathrm{U}(1))\,/\mathbb{Z}_2. \tag{12.69}$$

Ein seminales Paper von Michael Atiyah, Raoul Bott und Arnold Shapiro [ABS64] beschreibt 1964 zwei Dinge: zum einen das auf Jean-Pierre Serre (ein weiteres Bourbaki-Mitglied und im Alter von 27 Jahren jüngster Träger der Fields-Medaille bis heute) zurückgehende Wortspiel in der Bezeichnung „Pin-Gruppe“: auf Französisch ausgesprochen klingt sie wie *«pine groupe»*, und *«pine»* ist eine französische Slang-Bezeichnung für das männliche Genital. Zum anderen betrachteten sie Spinor-Räume als Moduln über Clifford-Algebren anstatt als Links-Ideale von Clifford-Algebren, was einen Differenzierbarkeitsbegriff Spinor-wertiger Funktionen auf differenzierbaren Mannigfaltigkeiten und letztlich die Definition von Spinor-Bündeln ermöglichte.

Weiterführende Literatur

Weiterführende Literatur zum Thema Drehimpuls in der Quantenmechanik ist eng verknüpft mit der weiterführenden Literatur zu den Lie-Gruppen und -Algebren und ihrer Darstellungstheorie. Die Auswahl an verfügbarer Literatur hierzu ist riesig, und ein kleiner Ausschnitt nach persönlicher Vorliebe des Autors ist aufgrund der kapitelübergreifenden Bedeutung am Ende des Bandes aufgeführt.

Drehimpuls in der Quantenmechanik

M. Chaichian, R. Hagedorn: *Symmetries in Quantum Mechanics – From Angular Momentum to Supersymmetry*, IOP Publishing, 1997.
Ein ebenfalls hervorragender Text mit einer detaillierten Darstellung insbesondere der Rotationsgruppe und mit einer gründlichen Untersuchung der Jordan–Schwinger-Darstellung.

L. C. Biedenharn, J. D. Louck: *Angular Momentum in Quantum Physics*, Cambridge University Press, 1985.
Aus der Reihe *"Encyclopedia of Mathematics and Its Applications"*. Und tatsächlich ist es ein ausführliches und dennoch sehr lesbares Werk und bietet einen Fundus an Informationen und Literaturverweisen.

V. Devanathan: *Angular Momentum Techniques in Quantum Mechanics*, Kluwer Academic Publishers, 2002.

D. A. Varshalovich, A. N. Moskalev, V. K. Khersonskii: *Quantum Theory of Angular Momentum*, World Scientific, 1988.
Eher als enzyklopädisches Nachschlagewerk geeignet, denn als wirklich weiterführendes Werk. Mit zahlreichen Tabellen.

U. Fano, G. Racah: *Irreducible Tensorial Sets*, Academic Press, 1959.

U. Fano, A. R. P. Rau: *Symmetries in Quantum Physics*, Academic Press, 1996.

Kohärente Drehimpuls-Zustände

Siehe die entsprechende weiterführende Literatur zu kohärenten Zuständen am Ende des Kapitels I-4.

Spinoren und Clifford-Algebren

Pertti Lounesto: *Clifford Algebras and Spinors*, Cambridge University Press, 2nd ed. 2001.
Vermutlich *die* beste Erstlektüre zu diesem Thema. Der Autor führt recht sachte anhand von Beispielen an die Thematik heran, um in den hinteren Kapiteln dann aber äußerst rapide über eigentlich sehr abstrakte Themen hinwegzureiten. Enthält eine ebenfalls äußerst lesbare historische Zusammenfassung des Gebiets.

Jean Hladik: *Spinors in Physics*, Springer-Verlag, 1999.
Eine relativ elementare Darstellung, die das Gebiet der Clifford-Algebren allerdings sehr oberflächlich streift.

I. M. Benn, R. W. Tucker: *An Introduction to Spinors and Geometry*, IOP Publishing, 1987.
Äußerst kondensiert geschrieben, aber sehr umfangreich im Inhalt. Beschreibt daneben die Anwendung von Spinoren in der Elektrodynamik, der Gravitationstheorie und die

Verbindungen zur Differentialgeometrie.
Rafal Abłamowicz, Garret Sobczyk: *Lectures on Clifford (Geometric) Algebras and Applications*, Springer-Verlag, 2004.
P. Budinich, A. Trautman: *The Spinorial Chessboard*, Springer-Verlag, 1988.
F. Reese Harvey: *Spinors and Calibrations*, Academic Press, 1990.
Jayme Vaz, Roldão da Rocha: *An Introduction to Clifford Algebras and Spinors*, Oxford University Press, 2016.
Neben dem „Lounesto" sicher die lesbarste, klarste und empfehlenswerteste Darstellung für den Ersteinstieg. Die beiden Autoren sind sich über die babylonischen Begriffsverwirrungen rund um Spinoren bewusst und versuchen, Ordnung in das Begriffsgeflecht zu bringen.
Ian R. Porteous: *Clifford Algebras and the Classical Groups*, Cambridge University Press, 1995.
R. J. Plymen, P. L. Robinson: *Spinors in Hilbert Space*, Cambridge University Press, 1994.
Albert Crumeyrolle: *Orthogonal and Symplectic Clifford Algebras – Spinor Structures*, Kluwer Academic Publishers, 1990.
H. Blaine Lawson, Marie-Louise Michelsohn: *Spin Geometry*, Princeton University Press, 1989.
Von den hier vorgestellten Büchern das mit Abstand fortgeschrittenste, allerdings mit einem deutlichen Fokus auf die differentialgeometrischen und -topologischen Aspekte von Spinoren, bis hin zum Indexsatz von Atiyah–Singer.

Teil 2

Symmetrien in der Quantenmechanik I

Die Bedeutung von Symmetrien in der Theoretischen Physik kann gar nicht genug betont werden. Die Anwendung der Gruppentheorie zur Untersuchung von Transformationsgruppen ist bereits in der klassischen Physik ein unverzichtbares Werkzeug zum Verständnis tiefergehender physikalischer Zusammenhänge und Strukturen. In der Quantenmechanik liefert die Darstellungstheorie der Galilei-Gruppe wichtige Verbindungen zwischen der Existenz sogenannter zentraler Ladungen der zugrundeliegenden Algebra und der Notwendigkeit projektiver Darstellungen der Gruppe. Als direkte Konsequenz zeigt sich, dass nichtrelativistische freie Punktteilchen durch genau zwei Parameter bestimmt sind: Masse und Spin.

O. Tennert, *Quantenmechanik II*, https://doi.org/10.1007/978-3-662-68587-7_2

13 Unitäre und antiunitäre Transformationen: der Satz von Wigner

Die Einführung der Gruppentheorie und insbesondere der Darstellungstheorie von Symmetriegruppen in die Quantenmechanik ist untrennbar mit dem Namen Eugene Wigner verbunden. Sein 1931 erschienenes Lehrbuch *„Gruppentheorie und ihre Anwendung auf die Quantenmechanik der Atomspektren"* war ein Meilenstein in der Literatur zur Mathematischen Physik, neben den Werken von Courant und Hilbert (Abschnitt I-9) und von Neumann (siehe Abschnitt I-10). Im Gegensatz zu jener Zeit jedoch, als die Bedeutung der Gruppentheorie als mathematische Disziplin in der Quantenmechanik bestenfalls unterschätzt wurde, gilt sie heute als unverzichtbares Instrumentarium zum Verständnis tiefgehender physikalischer Zusammenhänge. Einen sehr schönen geschichtlichen Artikel zum Thema stellt [Sch06] dar. Wir bleiben bei Wigner und beginnen die Betrachtungen in diesem Abschnitt mit dem nach ihm benannten Satz.

Wir haben bereits im Abschnitt I-12 unterstrichen, dass ein quantenmechanischer Zustand $|\Psi\rangle$ bis auf eine komplexe Phase bestimmt ist. Das heißt, die beiden Vektoren:

$$|\Psi\rangle \in \mathcal{H}$$

und

$$e^{i\tau}\,|\Psi\rangle \in \mathcal{H}$$

mit reellem τ stellen denselben Zustand im Hilbert-Raum $\mathcal{H}$ dar. Man führt daher häufig die Notation ein:

$$[|\Psi\rangle] := \{\ |\Psi\rangle^\tau\ \}, \tag{13.1}$$

wobei $|\Psi\rangle^\tau = e^{i\tau}\,|\Psi\rangle\,, \tau \in \mathbb{R}$. Durch die Bezeichnung $[|\Psi\rangle]$ werden also alle Vektoren $|\Psi\rangle \in \mathcal{H}$ identifiziert, die sich durch eine komplexe Phase $e^{i\tau}$ unterscheiden, $[|\Psi\rangle]$ selbst wird als **Strahl** bezeichnet. Diese komplexen Phasen $e^{i\tau}$ stellen in der komplexen Zahlenebene einen Einheitskreis dar, der mit S^1 bezeichnet wird. Die Menge aller $[|\Psi\rangle]$ wird auch als **projektiver Hilbert-Raum** $[\mathcal{H}]$ bezeichnet, der topologisch den Quotientenraum $\mathcal{H}/S^1$ darstellt.

Ebenfalls in Abschnitt I-12 haben wir erörtert, dass ein Hilbert-Raum per definitionem unitär ist, also ein Skalarprodukt $\langle|\rangle$ besitzt, wobei unitäre Transformationen

$$\begin{aligned}\hat{U} : \mathcal{H} &\to \mathcal{H}\\ |\Psi\rangle &\mapsto |\Psi'\rangle = \hat{U}\,|\Psi\rangle\end{aligned}$$

dieses Skalarprodukt invariant lassen, dass also gilt:

$$\langle\Psi_1'|\Psi_2'\rangle = \langle\Psi_1|\Psi_2\rangle\,.$$

Wir haben in den zurückliegenden Abschnitten bereits einige unitäre Transformationen kennengelernt und werden in diesem Kapitel sehr viel umfangreichere und tiefergehende Betrachtungen hierzu führen.

Von physikalischer Relevanz sind gemäß Axiom 3 (Bornsche Regel – siehe (I-13.21)) die Betragsquadrate von Skalarprodukten, also Ausdrücke wie $|\langle\Psi_1|\Psi_2\rangle|^2$. Eine Symmetrietransformation, die vor dem Hintergrund der obigen Betrachtungen einen Vektor $|\Psi\rangle$ auf einen Vektor $|\Psi'\rangle$ abbildet, muss also dieses Betragsquadrat invariant lassen. Das ist eine allgemeinere Bedingung als sie unitäre Transformationen erfüllen, und es stellt sich daher die Frage, ob unsere gelegentlichen Betrachtungen unitärer Transformationen bislang auch allgemein genug waren oder ob wir nicht eine allgemeinere Klasse sogenannter **Strahltransformationen** $S\colon [\mathcal{H}] \longrightarrow [\mathcal{H}]$ betrachten müssen, die eine allgemeinere Klasse von Transformationen $\hat{U}_S\colon \mathcal{H} \longrightarrow \mathcal{H}$ induziert, welche nicht notwendigerweise unitär sind.

Wir definieren daher zunächst eine Strahltransformation

$$\begin{aligned} S\colon [\mathcal{H}] &\longrightarrow [\mathcal{H}] \\ [|\Psi\rangle] &\longmapsto [|\Psi'\rangle] \end{aligned}$$

derart, dass für alle $|\Psi_1\rangle, |\Psi_2\rangle \in \mathcal{H}$ gelten soll:

$$|\langle\Psi_1'|\Psi_2'\rangle| = |\langle\Psi_1|\Psi_2\rangle|. \tag{13.2}$$

Obacht an dieser Stelle mit Begrifflichkeit und Notation: die Strahltransformation S ist im projektiven Hilbert-Raum $[\mathcal{H}]$ definiert. Die Forderung nach Invarianz der Norm $|\langle\Psi_1|\Psi_2\rangle|$ gilt aber auf $\mathcal{H}$, denn nur für Hilbert-Räume selbst ist eine Norm definiert.

Wir lassen also an dieser Stelle die Möglichkeit zu, dass durch S eine Abbildung $\hat{U}_S$ in $\mathcal{H}$ induziert wird, die das Skalarprodukt im Hilbert-Raum *nicht* invariant lässt, sondern mit einer Phase versieht:

$$\hat{U}_S\colon \mathcal{H} \longrightarrow \mathcal{H} \tag{13.3}$$

$$|\Psi\rangle \longmapsto |\Psi'\rangle, \tag{13.4}$$

so dass

$$\langle\Psi_1'|\Psi_2'\rangle = \mathrm{e}^{\mathrm{i}\tau(\Psi_1,\Psi_2)}\,\langle\Psi_1|\Psi_2\rangle. \tag{13.5}$$

Jetzt besagt der **Satz von Wigner** folgendes:

Satz (über Strahltransformationen von Eugen Wigner 1931)**.** *Durch geeignete Wahl von Phasen von $|\Psi\rangle$ und $|\Psi'\rangle$ wird durch die Abbildung $S\colon [\mathcal{H}] \longrightarrow [\mathcal{H}]$ eine Abbildung $\hat{U}_S\colon \mathcal{H} \longrightarrow \mathcal{H}, |\Psi'\rangle = \hat{U}_S|\Psi\rangle$ induziert („lässt sich S in $[\mathcal{H}]$ zu einer Abbildung $\hat{U}_S$ in $\mathcal{H}$ liften"), so dass für alle $|\Psi_1\rangle, |\Psi_2\rangle \in \mathcal{H}$ und für alle $c_1, c_2 \in \mathbb{C}$ entweder gilt:*

$$(c_1|\Psi_1\rangle + c_2|\Psi_2\rangle)' = c_1|\Psi_1'\rangle + c_2|\Psi_2'\rangle \quad (\hat{U}_S \textit{ ist } \textbf{linear}), \tag{13.6}$$

$$\langle\Psi_1'|\Psi_2'\rangle = \langle\Psi_1|\Psi_2\rangle \quad (\textit{und } \textbf{unitär}), \tag{13.7}$$

oder:

$$(c_1|\Psi_1\rangle + c_2|\Psi_2\rangle)' = c_1^*|\Psi_1'\rangle + c_2^*|\Psi_2'\rangle \quad (\hat{U}_S \textit{ ist } \textbf{anti-linear}), \tag{13.8}$$

$$\langle\Psi_1'|\Psi_2'\rangle = \langle\Psi_1|\Psi_2\rangle^* \quad (\textit{und } \textbf{anti-unitär}). \tag{13.9}$$

Der Satz von Wigner besagt also, dass die Phase $e^{i\tau(\Psi_1,\Psi_2)}$ durch geeignete Wahl der Phasen von $|\Psi\rangle$ und $|\Psi'\rangle$ eliminiert werden kann, und zwar dann sogleich für alle $|\Psi_1\rangle, |\Psi_2\rangle \in \mathcal{H}$! Es reicht also vollkommen aus, unitäre Transformationen beziehungsweise sogenannte anti-unitäre Transformationen zu betrachten!

Diesen Satz wollen wir nun beweisen. Wir führen den Originalbeweis von Wigner selbst [Wig31], aber in der Form nach [Wei95]. Valentine Bargmann hat ihn 1964 auf eine allgemeinere und sehr elegante und elementare Weise vollständig geführt [Bar64].

Beweis. Es sei $\{ \, | \, \alpha_n\rangle \}$ eine vollständige Orthonormalbasis von $\mathcal{H}$:

$$\langle\alpha_m|\alpha_n\rangle = \delta_{mn},$$
$$\sum_n |\alpha_n\rangle \langle\alpha_n| = \mathbb{1}.$$

Daher gilt zunächst wegen (13.5):

$$\langle\alpha'_m|\alpha'_n\rangle = e^{i\tau_{mn}} \delta_{mn},$$

mit $\tau_{mn} = \tau(\alpha'_m, \alpha'_n)$, wobei wir feststellen, dass aufgrund der Eigenschaften des Skalarprodukts und der Normiertheit der $|\alpha'_n\rangle$ gelten muss:

$$\langle\alpha'_n|\alpha'_n\rangle = 1,$$

so dass die Phasen $e^{i\tau_{mn}}$ an dieser Stelle keine weitere Relevanz besitzen und wir also voraussetzen können, dass auch die $\{ \, | \, \alpha'_n\rangle \}$ eine vollständige Orthonormalbasis von $\mathcal{H}$ darstellen:

$$\langle\alpha'_m|\alpha'_n\rangle = \delta_{mn},$$
$$\sum_n |\alpha'_n\rangle \langle\alpha'_n| = \mathbb{1}.$$

Im nächsten Schritt betrachten wir die Vektoren

$$|\phi_n\rangle := |\alpha_1\rangle + |\alpha_n\rangle,$$

denen durch S die Vektoren $|\phi'_n\rangle$ zugeordnet werden, wobei wieder wegen (13.5) gilt:

$$\langle\alpha'_m|\phi'_n\rangle = e^{i\tau_n}(\delta_{m1} + \delta_{mn}).$$

Da die $|\alpha'_n\rangle$ gemäß oben aber eine vollständige Orthonormalbasis darstellen, gilt sofort:

$$\begin{aligned} |\phi'_n\rangle &= \sum_m |\alpha'_m\rangle \langle\alpha'_m|\phi'_n\rangle \\ &= e^{i\tau_1} |\alpha'_1\rangle + e^{i\tau_n} |\alpha'_n\rangle . \end{aligned}$$

Nun können wir durch eine geeignete Umdefinition der $|\alpha'_n\rangle$ gemäß

$$|\alpha'_n\rangle \mapsto \mathrm{e}^{-\mathrm{i}\tau_n}\,|\tilde{\alpha}'_n\rangle$$

erreichen, dass gilt:

$$|\phi'_n\rangle = |\tilde{\alpha}'_1\rangle + |\tilde{\alpha}'_n\rangle\,,$$

und damit

$$(|\tilde{\alpha}_1\rangle + |\tilde{\alpha}_n\rangle)' = |\tilde{\alpha}'_1\rangle + |\tilde{\alpha}'_n\rangle\,, \tag{13.10}$$

wobei die neuen $|\tilde{\alpha}'_n\rangle$ nach wie vor eine vollständige Orthonormalbasis darstellen. *Diese Umdefinition ist der entscheidende Schritt!*

Als nächstes zeigen wir nun, dass wir bereits alle gewünschten Phasenbeziehungen festgelegt haben. Dazu sei $|\Psi\rangle$ ein beliebiger Vektor mit $c_n = \langle\alpha_n|\Psi\rangle$. Ohne Beschränkung der Allgemeinheit sei ferner $c_1 \neq 0$. Dann ist:

$$|\Psi'\rangle = \sum_n c'_n\,|\tilde{\alpha}'_n\rangle\,,$$

mit $c'_n = \langle\tilde{\alpha}'_n|\Psi'\rangle$, da ja die $|\tilde{\alpha}'_n\rangle$ weiterhin eine vollständige Orthonormalbasis darstellen. Nun gilt ja wieder wegen (13.5)

$$|c'_n| = |\langle\alpha'_n|\Psi'\rangle| = |c_n|, \tag{13.11}$$

und wegen (13.10) zusätzlich:

$$|c'_1 + c'_n| = |c_1 + c_n|. \tag{13.12}$$

Da wir die Phase von $|\Psi'\rangle$ beliebig wählen dürfen, können wir festsetzen, dass

$$c_1 = c'_1,$$

so dass nun aus (13.12) durch Quadrieren folgt:

$$c_1^* c_n + c_1 c_n^* = c_1^* c'_n + c_1 c'^*_n\,. \tag{13.13}$$

Multiplikation dieser Gleichung mit c'_n und Lösung der entstehenden quadratischen Gleichung in c'_n ergibt unter Berücksichtigung von (13.11) die beiden Lösungen:

$$c'_n = c_n$$

oder

$$c'_n = \frac{c_1}{c_1^*}c_n^*.$$

Da wir auch noch die Phase von $|\Psi\rangle$ beliebig festsetzen dürfen, wählen wir diese so, dass c_1 reell ist. Dann haben wir also die beiden Fälle:

$$c'_n = \begin{cases} c_n & \text{(I)} \\ c_n^* & \text{(II)} \end{cases}\,. \tag{13.14}$$

An dieser Stelle – hier weist der Originalbeweis von Wigner eine Lücke auf – müssen wir nun zeigen, dass die Wahl für c'_n (c_n oder c^*_n) für alle n auf gleiche Weise getroffen werden muss. Wir betrachten zu diesem Zweck den Vektor $|\rho_{kl}\rangle := |\alpha_1\rangle + |\alpha_k\rangle + |\alpha_l\rangle$. Für einen beliebigen Vektor $|\Psi\rangle = \sum_n c_n\,|\alpha_n\rangle$ muss dann also wegen (13.5) wieder gelten:

$$\begin{aligned} |\langle\rho'_{kl}|\Psi'\rangle| &= |\langle\rho_{kl}|\Psi\rangle| \\ \Longrightarrow |c'_1 + c'_k + c'_l| &= |c_1 + c_k + c_l|. \end{aligned}$$

Durch Quadrieren und Ausmultiplizieren der Terme werden wir auf die Bedingung

$$c'_k c'^*_l + c'^*_k c'_l \stackrel{!}{=} c_k c^*_l + c^*_k c_l \tag{13.15}$$

geführt, wobei wir berücksichtigt haben, dass wie oben festgesetzt c_1 reell ist.

Wenn nun für beliebige k, l ($k \neq l$ und $k, l \neq 1$) entweder gilt:

$$c'_{k,l} = c_{k,l}$$

oder:

$$c'_{k,l} = c^*_{k,l},$$

so ist (13.15) offensichtlich erfüllt. Angenommen aber, es gelte $c'_k = c_k$ und $c'_l = c^*_l$, dann muss mit $c_{k,l} = r_{k,l}\mathrm{e}^{\mathrm{i}\phi_{k,l}}$ gelten:

$$\cosh(\phi_k + \phi_l) \stackrel{!}{=} \cosh(\phi_k - \phi_l),$$

was aufgrund der Symmetrieeigenschaften des Cosinus Hyperbolicus zu

$$\phi_k + \phi_l = \pm(\phi_k - \phi_l)$$

führt. Das bedeutet, entweder gilt $\phi_k = 0$ (also c_k reell), oder es ist $\phi_l = 0$ (also c_l reell), oder beides, entgegen der Voraussetzung, wonach $|\Psi\rangle$ ein beliebiger Vektor sein soll.

An dieser Stelle ziehen wir zuerst einmal eine Zwischenbilanz: wir haben bislang gezeigt, dass eine Strahltransformation

$$\begin{aligned} S\colon [\mathcal{H}] &\to [\mathcal{H}] \\ [|\Psi\rangle] &\mapsto [|\Psi'\rangle], \end{aligned}$$

für die gilt:

$$|\langle\Psi'_1|\Psi'_2\rangle| = |\langle\Psi_1|\Psi_2\rangle|,$$

einen beliebigen Vektor

$$|\Psi\rangle = \sum_n c_n\,|\alpha_n\rangle$$

entweder abbildet auf

$$|\Psi'\rangle = \sum_n c_n \, |\alpha'_n\rangle \quad \text{(Fall I)}$$

oder auf

$$|\Psi'\rangle = \sum_n c_n^* \, |\alpha'_n\rangle \quad \text{(Fall II)}.$$

Jetzt müssen wir aber noch zeigen, dass in dem Fall, dass entweder (I) oder (II) für einen Vektor $|\Psi_1\rangle$ gilt, dieselbe Beziehung auch für jeden anderen Vektor $|\Psi_2\rangle$ gilt. Diesen Zwischenbeweis führen wir durch Widerspruch: angenommen, es sei:

$$|\Psi_1\rangle = \sum_n c_n \, |\alpha_n\rangle \quad \text{(erfülle (I))},$$

$$|\Psi_2\rangle = \sum_n d_n \, |\alpha_n\rangle \quad \text{(erfülle (II))},$$

und setzen voraus, dass keiner der beiden Vektoren rein reelle Koeffizienten besitzt, da ansonsten ohnehin keine Fallunterscheidung möglich wäre.

Dann ist also $c'_n = c_n$ und $d'_n = d^*_n$, und es folgt:

$$\begin{aligned} |\langle \Psi'_1|\Psi'_2\rangle| &= \left|\sum_n c^*_n d^*_n\right| \\ &\neq |\langle \Psi_1|\Psi_2\rangle|, \end{aligned}$$

was im offensichtlichen Widerspruch mit den Eingangsvoraussetzungen von S steht. Das heißt: ist für einen Vektor $|\Psi\rangle \in \mathcal{H}$ eine der beiden Bedingungen (I) oder (II) erfüllt, so gilt diese Bedingung für alle Vektoren aus $\mathcal{H}$.

Im Fall I gilt mit $|\Psi_1\rangle = \sum_n c_n \, |\alpha_n\rangle$ und $|\Psi_2\rangle = \sum_n d_n \, |\alpha_n\rangle$ außerdem:

$$\begin{aligned} \langle \Psi'_1|\Psi'_2\rangle &= \sum_n c^*_n d_n \\ &= \langle \Psi_1|\Psi_2\rangle , \end{aligned}$$

während im Fall II außerdem gilt:

$$\begin{aligned} \langle \Psi'_1|\Psi'_2\rangle &= \sum_n c_n d^*_n \\ &= \langle \Psi_2|\Psi_1\rangle = \langle \Psi_1|\Psi_2\rangle^* . \end{aligned}$$

Damit induziert S entweder eine lineare und unitäre Abbildung $\hat{U}_S$ oder eine antilineare und anti-unitäre Abbildung $\hat{U}_S$ in $\mathcal{H}$, und der Satz von Wigner ist bewiesen. ■

Den Fall II der Antilinearität und Anti-Unitarität von $\hat{U}_S$ hat Wigner selbst – zumindest in der genannten Originalarbeit – verworfen, da er folgerichtig geschlossen hat, dass dieser Fall eine Zeitumkehr impliziert, welche er an dieser Stelle nicht weiter betrachtet hat. In diesem Fall muss es sich aber um eine diskrete Symmetrietransformation handeln, die wir in Abschnitt 20 genauer untersuchen werden.

14 Unitäre Transformationen und Symmetrien

In diesem gesamten Kapitel wollen wir unitäre Transformationen als **aktive** Transformationen auffassen, das heißt durch $\hat{U}\colon\ |\Psi\rangle \mapsto \hat{U}\,|\Psi\rangle$ wird ein Zustand auf einen anderen abgebildet. Insbesondere wollen wir den Zusammenhang zwischen unitären Transformationen und **Symmetrien** untersuchen, die zu Erhaltungsgrößen führen. Wir wollen untersuchen, wie sich Symmetriegruppen der klassischen Mechanik auf Symmetriegruppen in der Quantenmechanik abbilden.

In Abschnitt I-17 haben wir bereits einen wichtigen unitären Operator kennengelernt: den Zeitentwicklungsoperator $\hat{U}(t,t')$, und wir sind dort bereits auf ein Beispiel für den allgemeinen Zusammenhang zwischen hermiteschen Operatoren und unitären Operatoren gestoßen: ein Operator $\hat{U}$ ist genau dann unitär, wenn er von der Form

$$\hat{U} = \mathrm{e}^{-\mathrm{i}\alpha\hat{G}} \tag{14.1}$$

ist und $\hat{G}$ ein hermitescher Operator ist. Dieser allgemeine Zusammenhang wird auch als **Satz von Stone** bezeichnet.

Einen weiteren wichtigen Fall für eine aktive Transformation haben wir in Abschnitt 6 bei der Diskussion von Rotationen in der Quantenmechanik betrachtet und den allgemeinen Rotationsoperator (6.25)

$$\hat{U}(\boldsymbol{\phi}) = \exp\left(-\frac{\mathrm{i}}{\hbar}\boldsymbol{\phi}\cdot\hat{\boldsymbol{J}}\right)$$

und für endliche Rotationen kennengelernt.

Bei einer aktiven Transformation $\hat{U}\colon \mathcal{H} \to \mathcal{H}$:

$$|\Psi\rangle \mapsto \hat{U}\,|\Psi\rangle \tag{14.2}$$

$$\Longrightarrow \langle\Psi|\hat{A}|\Psi\rangle \mapsto \langle\Psi|\hat{U}^\dagger\hat{A}\hat{U}|\Psi\rangle \tag{14.3}$$

erkennt man, dass sich der Erwartungswert einer Observablen $\hat{A}$ transformiert gemäß:

$$\langle\hat{A}\rangle \mapsto \langle\hat{A}'\rangle\,, \tag{14.4}$$

mit

$$\hat{A}' = \hat{U}^\dagger\hat{A}\hat{U}. \tag{14.5}$$

Wir betrachten zunächst infinitesimale unitäre Transformationen, die also von der Form sind:

$$\hat{U}(\delta\alpha) = \mathbb{1} - \mathrm{i}(\delta\alpha)\hat{G}, \tag{14.6}$$

mit einem hermiteschen Operator $\hat{G}$, der die **Erzeugende** der unitären Transformation $\hat{U}$ darstellt. Ein Zustand $|\Psi\rangle$ wird durch $\hat{U}(\delta\alpha)$ auf einen neuen Zustand $|\Psi'\rangle$ abgebildet:

$$\begin{aligned}|\Psi'\rangle &= \hat{U}(\delta\alpha)\,|\Psi\rangle\\ &= (\mathbb{1} - \mathrm{i}(\delta\alpha)\hat{G})\,|\Psi\rangle\,.\end{aligned}$$

Der Erwartungswert $\langle \hat{A} \rangle$ einer Observablen $\hat{A}$ transformiert sich dann gemäß:

$$\langle \hat{A} \rangle \mapsto \langle \hat{A}' \rangle \tag{14.7}$$

mit

$$\begin{aligned} \hat{A}' &= \hat{U}^\dagger(\delta\alpha)\hat{A}\hat{U}(\delta\alpha) \\ &= (\mathbb{1} + \mathrm{i}(\delta\alpha)\hat{G})\hat{A}(\mathbb{1} - \mathrm{i}(\delta\alpha)\hat{G}) \\ &= \hat{A} + \mathrm{i}(\delta\alpha)[\hat{G}, \hat{A}] + O((\delta\alpha)^2). \end{aligned} \tag{14.8}$$

Endliche unitäre Transformationen lassen sich durch Hintereinanderausführung einzelner infinitesimaler Transformationen konstruieren: mit $\delta\alpha = \alpha/N$ können wir schreiben:

$$\begin{aligned} \hat{U}(\alpha) &= \lim_{N\to\infty} \left(\mathbb{1} - \mathrm{i}\frac{\alpha}{N}\hat{G}\right)^N \\ &= \mathrm{e}^{-\mathrm{i}\alpha\hat{G}}. \end{aligned} \tag{14.9}$$

Daraus ergibt sich dann recht einfach das sogenannte **Hadamard-Lemma** (vergleiche (I-14.53)):

$$\begin{aligned} \mathrm{e}^{\mathrm{i}\alpha\hat{G}}\hat{A}\mathrm{e}^{-\mathrm{i}\alpha\hat{G}} &= \hat{A} + \mathrm{i}\alpha[\hat{G}, \hat{A}] - \frac{\alpha^2}{2}[\hat{G}, [\hat{G}, \hat{A}]] + \ldots \\ &+ \frac{\mathrm{i}^n\alpha^n}{n!} \underbrace{[\hat{G}, [\hat{G}, \ldots, [\hat{G}, \hat{A}] \ldots]]}_{n \text{ Klammern}} + \ldots . \end{aligned} \tag{14.10}$$

und wir sehen, dass $\hat{A}$ genau dann invariant unter der Transformation $\hat{U}$ ist, wenn der Kommutator zwischen $\hat{A}$ und der Erzeugenden $\hat{G}$ verschwindet: $[\hat{G}, \hat{A}] = 0$. Das bedeutet: der hermitesche Operator $\hat{G}$ erzeugt eine **Symmetrietransformation** bezüglich des Operators $\hat{A}$. Wählt man für $\hat{A}$ den Hamilton-Operator $\hat{H}$, so bedeutet:

$$[\hat{G}, \hat{H}] = 0, \tag{14.11}$$

dass die Erzeugende $\hat{G}$ eine zeitliche Erhaltungsgröße darstellt.

Wir erkennen hier die entsprechenden Zusammenhänge in der klassischen Hamilton-Mechanik wieder: wenn für eine (nicht explizit zeitabhängige) klassische Observable $G(\boldsymbol{r}, \boldsymbol{p})$ gilt

$$\{G(\boldsymbol{r}, \boldsymbol{p}), H(\boldsymbol{r}, \boldsymbol{p})\} = 0,$$

so ist G eine zeitliche Erhaltungsgröße oder **Konstante der Bewegung**. In dem Falle, dass wenigstens gilt: $[\hat{G}, \hat{A}] = c$ mit $c \in \mathbb{C}$, vereinfacht sich (14.10) zu:

$$\hat{A}' = \hat{A} + \mathrm{i}\alpha[\hat{G}, \hat{A}]. \tag{14.12}$$

Mathematischer Einschub 5: Lie-Gruppen und ihre analytische Struktur

Wir ergänzen im Folgenden die mathematischen Ausführungen in Abschnitt 6. Wie wir bereits wissen, bildet die Menge aller unitären Transformationen $\{ \hat{U} \}$ eine Gruppe, die unitäre Gruppe $\hat{U}_{\mathcal{H}}$. In dem hier vorliegenden Fall, dass eine unitäre Transformation $\hat{U}(\alpha)$ durch einen kontinuierlichen Parameter α parametrisiert wird, genauer eine unendlich oft differenzierbare Funktion von α darstellt:

$$\hat{U}(\alpha) = \mathrm{e}^{-\mathrm{i}\alpha\hat{G}},$$

stellt die Menge der unitären Transformationen $\{ \hat{U}(\alpha) \}$ eine sogenannte **Lie-Gruppe** dar. Vereinfacht ausgedrückt ist eine Lie-Gruppe gleichzeitig eine Gruppe und eine sogenannte **differenzierbare Mannigfaltigkeit**. Diese Lie-Gruppe ist natürlich eine Teilmenge – genauer eine Untergruppe – von $\hat{U}_{\mathcal{H}}$.

Da $\hat{U}(\alpha)$ als Element einer Lie-Gruppe per Voraussetzung in α differenzierbar ist, gilt für die Erzeugende $\hat{G}$:

$$\hat{G} = \mathrm{i} \left. \frac{\mathrm{d}\hat{U}(\alpha)}{\mathrm{d}\alpha} \right|_{\alpha=0} . \tag{14.13}$$

Betrachten wir nun den allgemeineren Fall, dass die unitäre Transformation $\hat{U}$ nicht die Funktion von nur einem Parameter α ist, sondern von n Parametern α_i und entsprechend n Erzeugende $\hat{G}_i$ besitzt:

$$\hat{U}(\alpha_1, \ldots, \alpha_n) = \mathrm{e}^{-\mathrm{i}\sum_{i=1}^{n} \alpha_i \hat{G}_i}. \tag{14.14}$$

Dann gilt:

$$\hat{G}_i = \mathrm{i} \left. \frac{\partial \hat{U}(\boldsymbol{\alpha})}{\partial \alpha_i} \right|_{\alpha_i=0}, \tag{14.15}$$

wobei wir vereinfachend die Notation

$$\boldsymbol{\alpha} := \left(\alpha_1, \ldots, \alpha_n \right)$$

eingeführt haben. Aus der Gruppeneigenschaft der unitären Transformationen $\hat{U}(\boldsymbol{\alpha})$ folgt:

$$\hat{U}(\boldsymbol{\alpha})\hat{U}(\boldsymbol{\beta}) \stackrel{!}{=} \hat{U}(\boldsymbol{\gamma}(\boldsymbol{\alpha}, \boldsymbol{\beta})), \tag{14.16}$$

das heißt: die Verkettung zweier unitärer Transformationen $\hat{U}(\boldsymbol{\alpha})$ und $\hat{U}(\boldsymbol{\beta})$ ergibt wieder eine unitäre Transformation $\hat{U}(\boldsymbol{\gamma})$, wobei der Parameter $\boldsymbol{\gamma}(\boldsymbol{\alpha}, \boldsymbol{\beta})$ hierbei eine noch unbekannte Funktion von $\boldsymbol{\alpha}$ und $\boldsymbol{\beta}$ sein muss.

Betrachten wir nun wieder infinitesimale Transformationen $\hat{U}(\delta\boldsymbol{\alpha})$. Dann wird aus (14.16):

$$\hat{U}(\delta\boldsymbol{\alpha})\hat{U}(\delta\boldsymbol{\beta}) \stackrel{!}{=} \hat{U}(\boldsymbol{\gamma}(\delta\boldsymbol{\alpha}, \delta\boldsymbol{\beta})) \tag{14.17}$$

und damit aus der linken Seite von (14.17):

$$\left(\mathbb{1} - \mathrm{i}(\delta\boldsymbol{\alpha}) \cdot \hat{\boldsymbol{G}} - \frac{(\delta\boldsymbol{\alpha} \cdot \hat{\boldsymbol{G}})^2}{2}\right)\left(\mathbb{1} - \mathrm{i}(\delta\boldsymbol{\beta}) \cdot \hat{\boldsymbol{G}} - \frac{(\delta\boldsymbol{\beta} \cdot \hat{\boldsymbol{G}})^2}{2}\right) =$$
$$\mathbb{1} - \mathrm{i}(\delta\boldsymbol{\alpha} + \delta\boldsymbol{\beta}) \cdot \hat{\boldsymbol{G}} - \left((\delta\boldsymbol{\alpha}) \cdot \hat{\boldsymbol{G}}\right)\left((\delta\boldsymbol{\beta}) \cdot \hat{\boldsymbol{G}}\right) - \frac{(\delta\boldsymbol{\alpha} \cdot \hat{\boldsymbol{G}})^2}{2} - \frac{(\delta\boldsymbol{\beta} \cdot \hat{\boldsymbol{G}})^2}{2}, \tag{14.18}$$

wobei wir

$$\hat{\boldsymbol{G}} := \left(\hat{G}_1, \ldots, \hat{G}_n\right)$$

schreiben und Terme der dritten Potenz von $\hat{\boldsymbol{G}}$ unterdrückt haben.

Auf der rechten Seite von (14.17) entwickeln wir zunächst $\boldsymbol{\gamma}(\delta\boldsymbol{\alpha}, \delta\boldsymbol{\beta})$ in eine Taylorreihe bis zur zweiten Ordnung:

$$\gamma_i(\delta\boldsymbol{\alpha}, \delta\boldsymbol{\beta}) = \gamma_i(\mathbf{0}, \mathbf{0}) + \delta\alpha_j \left.\frac{\partial\gamma_i(\boldsymbol{\alpha}, \boldsymbol{\beta})}{\partial\alpha_j}\right|_{(\mathbf{0},\mathbf{0})} + \delta\beta_j \left.\frac{\partial\gamma_i(\boldsymbol{\alpha}, \boldsymbol{\beta})}{\partial\beta_j}\right|_{(\mathbf{0},\mathbf{0})} + \frac{\delta\alpha_k\delta\beta_l}{2} \left.\frac{\partial^2\gamma_i(\boldsymbol{\alpha}, \boldsymbol{\beta})}{\partial\alpha_k\partial\beta_l}\right|_{(\mathbf{0},\mathbf{0})}.$$

Der erste Term verschwindet: $\boldsymbol{\gamma}(\mathbf{0}, \mathbf{0}) = \mathbf{0}$, da in (14.16) für $\boldsymbol{\alpha} = \boldsymbol{\beta} = \mathbf{0}$ die linke Seite $\hat{U} = \mathbb{1}$ wird und somit auch die rechte Seite zur Identität werden muss, woraus in diesem Fall $\boldsymbol{\gamma} = \mathbf{0}$ folgt.

In den beiden nächsten Termen wird die erste partielle Ableitung jeweils identisch zu δ_{ij}, denn aus (14.16) folgt wiederum sofort:

$$\boldsymbol{\gamma}(\mathbf{0}, \boldsymbol{\beta}) = \boldsymbol{\beta},$$
$$\boldsymbol{\gamma}(\boldsymbol{\alpha}, \mathbf{0}) = \boldsymbol{\alpha},$$

und damit

$$\gamma_i(\delta\boldsymbol{\alpha}, \delta\boldsymbol{\beta}) = \delta\alpha_i + \delta\beta_i + \frac{\delta\alpha_k\delta\beta_l}{2} \underbrace{\left.\frac{\partial^2\gamma_i(\boldsymbol{\alpha}, \boldsymbol{\beta})}{\partial\alpha_k\partial\beta_l}\right|_{(\mathbf{0},\mathbf{0})}}_{:=C_{ikl}}. \tag{14.19}$$

Die rechte Seite von (14.16) wird somit:

$$\begin{aligned}\hat{U}(\boldsymbol{\gamma}(\delta\boldsymbol{\alpha},\delta\boldsymbol{\beta})) &= \hat{U}(\delta\boldsymbol{\alpha}+\delta\boldsymbol{\beta}+\frac{\boldsymbol{C}_{kl}}{2}\delta\alpha_k\delta\beta_l)\\ &= \mathbb{1} - \mathrm{i}\left(\delta\alpha_i+\delta\beta_i+\frac{C_{ikl}}{2}\delta\alpha_k\delta\beta_l\right)\hat{G}_i - \frac{1}{2}(\delta\boldsymbol{\alpha}\cdot\hat{\boldsymbol{G}})(\delta\boldsymbol{\beta}\cdot\hat{\boldsymbol{G}}),\end{aligned} \tag{14.20}$$

mit

$$\boldsymbol{C}_{kl} = (C_{1kl},\dots,C_{nkl}),$$

wobei wir auch hier wieder Terme nur bis zur zweiten Ordnung mitnehmen.

Vergleichen wir nun die linke und die rechte Seite von (14.16), erhalten wir nach Elimination und Vereinfachung von Termen:

$$(\delta\boldsymbol{\alpha}\cdot\hat{\boldsymbol{G}})(\delta\boldsymbol{\beta}\cdot\hat{\boldsymbol{G}}) - (\delta\boldsymbol{\alpha}\cdot\hat{\boldsymbol{G}})^2 - (\delta\boldsymbol{\beta}\cdot\hat{\boldsymbol{G}})^2 = -\mathrm{i}C_{ikl}\delta\alpha_k\delta\beta_l\hat{G}_i \tag{14.21}$$

Vertauschen wir in (14.17) nun $\delta\boldsymbol{\alpha}$ und $\delta\boldsymbol{\beta}$, also

$$\hat{U}(\delta\boldsymbol{\beta})\hat{U}(\delta\boldsymbol{\alpha}) \overset{!}{=} \hat{U}(\boldsymbol{\gamma}(\delta\boldsymbol{\beta},\delta\boldsymbol{\alpha})),$$

so folgt einfach:

$$(\delta\boldsymbol{\beta}\cdot\hat{\boldsymbol{G}})(\delta\boldsymbol{\alpha}\cdot\hat{\boldsymbol{G}}) - (\delta\boldsymbol{\beta}\cdot\hat{\boldsymbol{G}})^2 - (\delta\boldsymbol{\alpha}\cdot\hat{\boldsymbol{G}})^2 = -\mathrm{i}C_{ikl}\delta\beta_k\delta\alpha_l\hat{G}_i. \tag{14.22}$$

Subtrahieren wir (14.22) von (14.21), so erhalten wir

$$\delta\alpha_k\delta\beta_l[\hat{G}_k,\hat{G}_l] = \mathrm{i}\delta\alpha_k\delta\beta_l\underbrace{(C_{ilk}-C_{ikl})}_{:=f_{ikl}}\hat{G}_i, \tag{14.23}$$

und somit schlussendlich, nach Division durch $\delta\alpha_k\delta\beta_l$:

$$[\hat{G}_k,\hat{G}_l] = \mathrm{i}f_{ikl}\hat{G}_i. \tag{14.24}$$

Die Erzeugenden $\hat{G}_i$ der Lie-Gruppe $\{\,\hat{U}(\boldsymbol{\alpha})\,\}$ bilden eine Basis für die **Lie-Algebra**, die durch (14.24) definiert ist. Die in den Indizes (k,l) antisymmetrischen Koeffizienten f_{ikl} werden die **Strukturkonstanten** der Lie-Algebra genannt. Sie sind gegeben durch:

$$f_{ikl} = \left[\frac{\partial^2\gamma_i(\boldsymbol{\alpha},\boldsymbol{\beta})}{\partial\alpha_l\partial\beta_k} - \frac{\partial^2\gamma_i(\boldsymbol{\alpha},\boldsymbol{\beta})}{\partial\alpha_k\partial\beta_l}\right]\Bigg|_{(\mathbf{0},\mathbf{0})} \tag{14.25}$$

Die Strukturkonstanten f_{ikl} bestimmen vollständig die Eigenschaften der Lie-Algebra und damit die in einer Umgebung um das Einheitselement lokalen Eigenschaften der Lie-Gruppe. Die globalen Eigenschaften der Lie-Gruppe hingegen, insbesondere jene der Lie-Gruppe als differenzierbare Mannigfaltigkeit, können durchaus unterschiedlich sein. Ein wichtiges Beispiel hierfür haben wir in Abschnitt 6 bei der Betrachtung von Rotationen in der Quantenmechanik kennengelernt: dort haben wir unter anderem die unitären Darstellungen der Rotationsgruppe SO(3) untersucht und sind dabei auf die SU(2) als ihre universelle Überlagerungsgruppe gestoßen.

15 Projektive Darstellungen von Lie-Gruppen in der Quantenmechanik

Dieser Abschnitt stellt wichtige Vorbetrachtungen zur Darstellungstheorie der Galilei-Gruppe dar, die wir in Abschnitt 17 eingehend behandeln wollen. Dieses Thema hält nur sehr langsam und erst seit kurzem Einzug in die moderne Lehrbuchliteratur und hält sich – wie wir auch – von der Darstellung her vor allem an die Arbeit von Jean-Marc Lévy-Leblond [Lév63], welche die sehr allgemeine, aber äußerst anspruchsvolle Abhandlung [Bar54] von Valentine Bargmann über die Strahldarstellungen von Lie-Gruppen speziell für die Galilei-Gruppe weiterführt.

Aus der Relation (14.16) im letzten Abschnitt:

$$\hat{U}(\boldsymbol{\alpha})\hat{U}(\boldsymbol{\beta}) \stackrel{!}{=} \hat{U}(\boldsymbol{\gamma}(\boldsymbol{\alpha},\boldsymbol{\beta})), \tag{15.1}$$

die ja zwingend für die Gruppeneigenschaft der Menge $\{ \hat{U}(\boldsymbol{\alpha}) \}$ erfüllt sein muss, haben wir die Kommutatorrelation (14.24) abgeleitet, wobei die Strukturkonstanten f_{ikl} über (14.25) den Zusammenhang zu $\boldsymbol{\gamma}(\boldsymbol{\alpha},\boldsymbol{\beta})$ herstellen.

Wir wollen aber an dieser Stelle einmal einen Schritt zurückgehen: gegeben sei eine aus der klassischen Mechanik bekannte n-parametrige Lie-Gruppe G mit Elementen $g(\boldsymbol{\alpha})$, $\boldsymbol{\alpha} = (\alpha_1, \ldots, \alpha_n)$. Wir stellen uns nun die Frage, ob es stets eine **unitäre Darstellung** $\hat{U}$ gibt:

$$\hat{U}\colon G \to \mathrm{U}_{\mathcal{H}} \tag{15.2}$$

$$g(\boldsymbol{\alpha}) \mapsto \hat{U}(g(\boldsymbol{\alpha})), \tag{15.3}$$

so dass (15.1) überhaupt erfüllt ist?

Wir würden diese Frage natürlich nicht stellen, wenn wir nicht schon ahnen würden, dass wir sie mit „nein“ beantworten müssten. Eins ist jedenfalls sicher: wenn es eine solche unitäre Darstellung $\hat{U}$ gibt, dann gilt:

$$\begin{aligned} g_1 g_2 &= g_3 \\ \Longrightarrow \hat{U}(g_1 g_2) &= \hat{U}(g_3) \\ &= \hat{U}(g_1)\hat{U}(g_2). \end{aligned} \tag{15.4}$$

Aber fordern wir hier nicht mehr als notwendig, vor dem Hintergrund dessen, was wir bisher über quantenmechanische Zustände $|\Psi\rangle$ im Hilbert-Raum $\mathcal{H}$ wissen? Erinnern wir uns ganz an den Anfang von Abschnitt I-12 und Postulat 1: durch die Forderung nach Normiertheit von $|\Psi\rangle$ haben wir nur noch eine verbleibende Restunbestimmtheit in der Darstellung von $|\Psi\rangle$, nämlich eine komplexe Phase. Das bedeutet: $|\Psi\rangle$ und $\mathrm{e}^{\mathrm{i}\alpha}\,|\Psi\rangle$ mit reellwertigem α stellen denselben Zustand dar. Es bietet sich doch daher an, die Forderung (15.4) etwas aufzuweichen derart, dass wir nun verlangen:

$$\hat{U}(g_1 g_2) = \mathrm{e}^{\mathrm{i}\omega(g_1,g_2)}\hat{U}(g_1)\hat{U}(g_2), \tag{15.5}$$

wobei $\omega(g_1, g_2)$ eine reellwertige Funktion für alle $g_1, g_2 \in G$ ist. Eine solche Darstellung $\hat{U}$ von G heißt eine **projektive Darstellung**, manchmal auch **Strahldarstellung** genannt.

Das heißt aber: aus (15.1) wird die ebenfalls etwas aufgeweichte Relation

$$e^{i\bar{\omega}(\boldsymbol{\alpha},\boldsymbol{\beta})}\hat{U}(\boldsymbol{\alpha})\hat{U}(\boldsymbol{\beta}) \stackrel{!}{=} \hat{U}(\boldsymbol{\gamma}(\boldsymbol{\alpha},\boldsymbol{\beta})), \tag{15.6}$$

wobei $\bar{\omega}(\boldsymbol{\alpha},\boldsymbol{\beta}) = \omega(g(\boldsymbol{\alpha}), g(\boldsymbol{\beta}))$. Dadurch stellt die Menge $\{\, \hat{U}(\boldsymbol{\alpha}) \,\}$ natürlich zunächst einmal keine Lie-Gruppe mehr dar!

Betrachten wir nun wieder wie in Abschnitt 14 den infinitesimalen Fall

$$e^{i\bar{\omega}(\delta\boldsymbol{\alpha},\delta\boldsymbol{\beta})}\hat{U}(\delta\boldsymbol{\alpha})\hat{U}(\delta\boldsymbol{\beta}) \stackrel{!}{=} \hat{U}(\boldsymbol{\gamma}(\delta\boldsymbol{\alpha},\delta\boldsymbol{\beta})), \tag{15.7}$$

und entwickeln zunächst $\bar{\omega}(\delta\boldsymbol{\alpha},\delta\boldsymbol{\beta})$ in eine Taylor-Reihe bis zur zweiten Ordnung in $(\delta\boldsymbol{\alpha},\delta\boldsymbol{\beta})$:

$$\bar{\omega}(\delta\boldsymbol{\alpha},\delta\boldsymbol{\beta}) = \bar{\omega}(\mathbf{0},\mathbf{0}) + \delta\alpha_j \left.\frac{\partial\bar{\omega}(\boldsymbol{\alpha},\boldsymbol{\beta})}{\partial\alpha_j}\right|_{(\mathbf{0},\mathbf{0})} + \delta\beta_j \left.\frac{\partial\bar{\omega}(\boldsymbol{\alpha},\boldsymbol{\beta})}{\partial\beta_j}\right|_{(\mathbf{0},\mathbf{0})} + \frac{\delta\alpha_k\delta\beta_l}{2}\left.\frac{\partial^2\bar{\omega}(\boldsymbol{\alpha},\boldsymbol{\beta})}{\partial\alpha_k\partial\beta_l}\right|_{(\mathbf{0},\mathbf{0})}.$$

Der erste Term verschwindet, da für $\boldsymbol{\alpha} = \boldsymbol{\beta} = \mathbf{0}$ in (15.6) die Phase verschwindet. Ferner verschwinden die beiden ersten Ableitungen, da aus (15.6) ebenfalls folgt:

$$\begin{aligned} \omega(\mathbf{0},\boldsymbol{\beta}) &= 0, \\ \omega(\boldsymbol{\alpha},\mathbf{0}) &= 0, \end{aligned}$$

so dass

$$\bar{\omega}(\delta\boldsymbol{\alpha},\delta\boldsymbol{\beta}) = \frac{\delta\alpha_k\delta\beta_l}{2}\underbrace{\left.\frac{\partial^2\bar{\omega}(\boldsymbol{\alpha},\boldsymbol{\beta})}{\partial\alpha_k\partial\beta_l}\right|_{(\mathbf{0},\mathbf{0})}}_{:=\bar{\omega}_{kl}}, \tag{15.8}$$

und somit

$$e^{i\bar{\omega}(\delta\boldsymbol{\alpha},\delta\boldsymbol{\beta})} = 1 + i\frac{\delta\alpha_k\delta\beta_l}{2}\bar{\omega}_{kl}, \tag{15.9}$$

unter Vernachlässigung der höheren Terme.

Die linke Seite von (15.7) wird damit zu

$$\left(\mathbb{1} - i(\delta\boldsymbol{\alpha}+\delta\boldsymbol{\beta})\cdot\hat{\boldsymbol{G}} - \Big((\delta\boldsymbol{\alpha})\cdot\hat{\boldsymbol{G}}\Big)\Big((\delta\boldsymbol{\beta})\cdot\hat{\boldsymbol{G}}\Big) - \frac{(\delta\boldsymbol{\alpha}\cdot\hat{\boldsymbol{G}})^2}{2} - \frac{(\delta\boldsymbol{\beta}\cdot\hat{\boldsymbol{G}})^2}{2}\right) \times \left(1 + i\frac{\delta\alpha_k\delta\beta_l}{2}\bar{\omega}_{kl}\right),$$

und damit, wenn wir wieder nur die Terme bis zur zweiten Ordnung in $(\delta\boldsymbol{\alpha},\delta\boldsymbol{\beta})$ berücksichtigen:

$$\mathbb{1} - i(\delta\boldsymbol{\alpha}+\delta\boldsymbol{\beta})\cdot\hat{\boldsymbol{G}} - \Big((\delta\boldsymbol{\alpha})\cdot\hat{\boldsymbol{G}}\Big)\Big((\delta\boldsymbol{\beta})\cdot\hat{\boldsymbol{G}}\Big) - \frac{(\delta\boldsymbol{\alpha}\cdot\hat{\boldsymbol{G}})^2}{2} - \frac{(\delta\boldsymbol{\beta}\cdot\hat{\boldsymbol{G}})^2}{2} + i\frac{\delta\alpha_k\delta\beta_l}{2}\bar{\omega}_{kl}. \tag{15.10}$$

Die rechte Seite von (15.7) können wir unverändert aus dem letzten Abschnitt übernehmen (siehe (14.20)). Vergleichen wir nun wieder die linke und die rechte Seite, so erhalten wir zunächst:

$$(\delta\boldsymbol{\alpha}\cdot\hat{\boldsymbol{G}})(\delta\boldsymbol{\beta}\cdot\hat{\boldsymbol{G}}) - (\delta\boldsymbol{\alpha}\cdot\hat{\boldsymbol{G}})^2 - (\delta\boldsymbol{\beta}\cdot\hat{\boldsymbol{G}})^2 = -\mathrm{i}C_{ikl}\delta\alpha_k\delta\beta_l\hat{G}_i - \mathrm{i}\delta\alpha_k\delta\beta_l\bar{\omega}_{kl}. \quad (15.11)$$

Vertauschen von $\boldsymbol{\alpha}$ und $\boldsymbol{\beta}$ und anschließendes gegenseitiges Subtrahieren in (15.11) ergibt

$$\delta\alpha_k\delta\beta_l[\hat{G}_k,\hat{G}_l] = \mathrm{i}\delta\alpha_k\delta\beta_l f_{ilk}\hat{G}_i + \mathrm{i}\delta\alpha_k\delta\beta_l\underbrace{(\bar{\omega}_{lk} - \bar{\omega}_{kl})}_{:=C_{kl}}, \quad (15.12)$$

und somit schlussendlich, nach Division durch $\delta\alpha_k\delta\beta_l$:

$$[\hat{G}_k,\hat{G}_l] = \mathrm{i}f_{ikl}\hat{G}_i + \mathrm{i}C_{kl}\mathbb{1}. \quad (15.13)$$

Ein Vergleich von (15.13) mit (14.24) zeigt, dass im Falle der projektiven Darstellung neben den Strukturkonstanten f_{ikl} nun auch sogenannte ebenfalls in den Indizes (k,l) antisymmetrische **zentrale Ladungen** C_{kl} in den Kommutatorrelationen auftauchen, die gegeben sind durch:

$$C_{kl} = \left[\frac{\partial^2\bar{\omega}(\boldsymbol{\alpha},\boldsymbol{\beta})}{\partial\alpha_l\partial\beta_k} - \frac{\partial^2\bar{\omega}(\boldsymbol{\alpha},\boldsymbol{\beta})}{\partial\alpha_k\partial\beta_l}\right]\Bigg|_{(\mathbf{0},\mathbf{0})}. \quad (15.14)$$

Man beachte, dass die $\{\,\hat{G}_i\,\}$ in diesem Fall keine Lie-Algebra darstellen, so wie ja die $\{\,\hat{U}(\boldsymbol{\alpha})\,\}$ keine Lie-Gruppe bilden.

Während die Strukturkonstanten f_{ikl} darstellungsunabhängig sind, da sie fundamentale Eigenschaften der gewählten Parametrisierung der betrachteten Gruppe widerspiegeln, sind die komplexe Phase $\bar{\omega}(\boldsymbol{\alpha},\boldsymbol{\beta})$ wie auch die zentralen Ladungen C_{kl} abhängig von der Darstellung. Wir können uns daher zu Recht fragen, ob es denn nicht eine Darstellung gibt, in der die zentralen Ladungen zum Verschwinden gebracht werden können, wir also am Ende dann doch wieder eine echte unitäre Darstellung zumindest der Lie-Algebra gefunden haben? Zur möglichen unitären Darstellung der Lie-Gruppe selbst werden wir weiter unten noch etwas sagen.

Jacobi-Identität und Existenzbedingung für eine unitäre Darstellung
Für alle Operatoren gilt die sogenannte **Jacobi-Identität**, so auch für die $\hat{G}_i$:

$$[\hat{G}_i,[\hat{G}_j,\hat{G}_k]] + [\hat{G}_j,[\hat{G}_k,\hat{G}_i]] + [\hat{G}_k,[\hat{G}_i,\hat{G}_j]] \equiv 0, \quad (15.15)$$

wie sich sehr leicht nachrechnen lässt. Durch Einsetzen von (15.13) in (15.15) bedeutet das für die Strukturkonstanten f_{ijk}:

$$\begin{aligned} f_{lim}f_{mjk} + f_{ljm}f_{mki} + f_{lkm}f_{mij} &\equiv 0,\\ C_{im}f_{mjk} + C_{jm}f_{mki} + C_{km}f_{mij} &= 0. \end{aligned} \quad (15.16)$$

Für den speziellen Fall nun, dass zwischen den Strukturkonstanten und den zentralen Ladungen folgender funktionaler Zusammenhang gilt:

$$C_{kl} = f_{ikl}\phi_i, \tag{15.17}$$

mit $\phi_i \in \mathbb{R}$, ist (15.16) trivial erfüllt. Viel wichtiger aber: führen wir nun neue Generatoren der Gruppe wie folgt ein:

$$\hat{G}'_i = \hat{G}_i + \phi_i \mathbb{1}, \tag{15.18}$$

so sieht man sofort, dass gilt:

$$\begin{aligned}[\hat{G}'_k, \hat{G}'_l] &= [\hat{G}_k, \hat{G}_l] \\ &= \mathrm{i} f_{ikl}\hat{G}'_i,\end{aligned}$$

die zentralen Ladungen wurden in der neuen Darstellung also eliminiert. Außerdem gilt in dieser Darstellung:

$$\begin{aligned}\hat{U}'(\boldsymbol{\alpha}) &= \mathrm{e}^{-\mathrm{i}\boldsymbol{\alpha}\cdot(\hat{\boldsymbol{G}}+\boldsymbol{\phi}\mathbb{1})} \\ &= \mathrm{e}^{-\mathrm{i}\boldsymbol{\alpha}\cdot\boldsymbol{\phi}}\hat{U}(\boldsymbol{\alpha}),\end{aligned}$$

und aus (15.6) wird dann wieder (14.16), denn es ist nun:

$$\bar{\omega}(\boldsymbol{\alpha}, \boldsymbol{\beta}) = (\boldsymbol{\alpha} + \boldsymbol{\beta}) \cdot \boldsymbol{\phi}, \tag{15.19}$$

und man erkennt sofort, dass die zweiten Ableitungen von $\bar{\omega}(\boldsymbol{\alpha}, \boldsymbol{\beta})$ identisch verschwinden, wie es sein muss.

Das bedeutet: wir haben für den Fall, dass (15.17) gilt, doch wieder eine echte unitäre Darstellung der Lie-Gruppe G und ihrer Lie-Algebra gefunden. Wir werden in Abschnitt 17 sehen, dass dies allerdings für die wichtige Galilei-Gruppe nicht möglich ist.

Aus der Existenz von nicht eliminierbaren zentralen Ladungen folgt, dass die Lie-Gruppe nicht unitär, sondern „nur" projektiv dargestellt werden kann. Umgekehrt folgt aber aus der Nicht-Existenz von zentralen Ladungen der Lie-Algebra nicht zwingend, dass es keine projektiven Darstellungen der Lie-Gruppe gibt! Es ist nämlich immer problemlos möglich, aus einer bereits bekannten unitären Darstellung eine projektive Darstellung zu konstruieren, aber es gibt noch einen weiteren Aspekt: aus den algebraischen Eigenschaften der Lie-Algebra folgt nicht eindeutig die Struktur des zugehörigen Lie-Gruppe. Die topologischen Eigenschaften der Lie-Gruppe als differenzierbare Mannigfaltigkeit können dazu führen, dass eben doch eine nicht eliminierbare, topologisch begründete Phase in die Gruppendarstellung einfließt. Wir haben dies bereits bei der Untersuchung der Rotationsgruppe SO(3) entdeckt: sie besitzt eine **universelle Überlagerungsgruppe** SU(2), und beispielsweise für zwei Drehungen um dieselbe Achse mit $\phi_1 = \pi$ und $\phi_2 = \pi$ erhalten wir (siehe (7.22)):

$$\hat{D}^{(1/2)}(2\pi, 0, 0) = \hat{D}^{(1/2)}(\pi, 0, 0)\hat{D}^{(1/2)}(\pi, 0, 0) = -\mathbb{1},$$

obwohl

$$R(2\pi) = R(\pi)R(\pi) = \mathbb{1}.$$

16 Galilei-Transformationen in der Quantenmechanik

Wir wollen im Folgenden einige wichtige unitäre Transformation und ihre Erzeugenden betrachten, nämlich die **Galilei-Transformationen**. In diesem Abschnitt leiten wir die Galilei-Algebra direkt aus dem Axiomensystem der Quantenmechanik ab, wie wir es bislang verwendet haben. Insbesondere werden wir so auf triviale Weise auf die zentrale Ladung Masse geführt. Anschließend begehen wir im nächsten Abschnitt dann den systematischen Weg und leiten die quantenmechanische Galilei-Algebra aus dem her, was wir in Abschnitt 15 über projektive Darstellungen von Lie-Gruppen gelernt haben.

- **Zeittranslationen**: Diese haben wir bereits in Abschnitt I-17 kennengelernt. Die Erzeugende der Zeittranslation ist der Hamilton-Operator $\hat{H}$:

$$\hat{G} = \frac{1}{\hbar}\hat{H},$$

und der infinitesimale Zeitentwicklungsoperator $\hat{U}(\delta t)$ besitzt daher die Form

$$\hat{U}(\delta t) = \mathbb{1} - \frac{\mathrm{i}}{\hbar}(\delta t)\hat{H}.$$

Für einen Zustand $|\Psi(t)\rangle$ gilt:

$$\begin{aligned}\hat{U}(\delta t)\,|\Psi(t)\rangle &= |\Psi(t)\rangle - \frac{\mathrm{i}}{\hbar}(\delta t)\underbrace{\hat{H}\,|\Psi(t)\rangle}_{\mathrm{i}\hbar\frac{\mathrm{d}}{\mathrm{d}t}|\Psi(t)\rangle} \\ &= |\Psi(t)\rangle + (\delta t)\frac{\mathrm{d}}{\mathrm{d}t}\,|\Psi(t)\rangle \qquad (16.1)\\ &\approx |\Psi(t+\delta t)\rangle\,, \qquad (16.2)\end{aligned}$$

wobei verwendet wurde, dass die vorletzte Zeile nichts anderes ist als die erste Ordnung der Taylor-Entwicklung der letzten. Den endlichen Zeitentwicklungsoperator $\hat{U}(t')$ für eine Zeittranslation $|\Psi(t)\rangle \mapsto |\Psi(t+t')\rangle$ kennen wir bereits aus (I-17.8), zumindest für den Fall, dass $\hat{H}$ nicht explizit von der Zeit abhängt:

$$\hat{U}(t) = \exp\left(-\frac{\mathrm{i}}{\hbar}t'\hat{H}\right). \qquad (16.3)$$

- **Translationen**: Bereits aus der klassischen Mechanik wissen wir, dass der Impuls die Erzeugende von Translationen ist. Wir betrachten zunächst Translationen in x-Richtung:

$$\hat{G} = \frac{1}{\hbar}\hat{p}_x,$$

und der infinitesimale Translationsoperator $\hat{U}(\delta x)$ besitzt daher die Form

$$\hat{U}(\delta x) = \mathbb{1} - \frac{\mathrm{i}}{\hbar}(\delta x)\hat{p}_x.$$

Wir betrachten einen Zustand $|\Psi(t)\rangle$ in Ortsdarstellung:

$$\langle \boldsymbol{r}|\hat{U}(\delta x)|\Psi(t)\rangle = \langle \boldsymbol{r}|\Psi(t)\rangle - \frac{\mathrm{i}}{\hbar}(\delta x)\underbrace{\langle \boldsymbol{r}|\hat{p}_x|\Psi(t)\rangle}_{-\mathrm{i}\hbar\frac{\partial}{\partial x}\langle \boldsymbol{r}|\Psi(t)\rangle}$$

$$= \langle \boldsymbol{r}|\Psi(t)\rangle - (\delta x)\frac{\partial}{\partial x}\langle \boldsymbol{r}|\Psi(t)\rangle \tag{16.4}$$

$$\approx \langle \boldsymbol{r} - \delta x \cdot \boldsymbol{e}_x|\Psi(t)\rangle\,. \tag{16.5}$$

Für eine allgemeine infinitesimale Translation entlang des Einheitsvektors $\boldsymbol{n}$ (also $\delta\boldsymbol{r} = \delta r\boldsymbol{n}$) erhalten wir:

$$\begin{aligned}
\hat{G} &= \frac{1}{\hbar}\boldsymbol{n}\cdot\hat{\boldsymbol{p}}\\
\Longrightarrow \hat{U}(\delta\boldsymbol{r}) &= \mathbb{1} - \frac{\mathrm{i}}{\hbar}(\delta\boldsymbol{r})\cdot\hat{\boldsymbol{p}}\\
\Longrightarrow \langle \boldsymbol{r}|\hat{U}(\delta\boldsymbol{r})|\Psi(t)\rangle &= \langle \boldsymbol{r}|\Psi(t)\rangle - (\delta\boldsymbol{r})\cdot\nabla\langle \boldsymbol{r}|\Psi(t)\rangle\\
&\approx \langle \boldsymbol{r} - \delta\boldsymbol{r}|\Psi(t)\rangle\,.
\end{aligned}$$

Wir beachten wieder, dass wir aktive Transformationen durchführen, das heißt, nicht die Basis wird transformiert, sondern die Vektoren selbst. Das bedeutet, dass aus

$$\langle \boldsymbol{r}|\hat{U}(\delta\boldsymbol{r})|\Psi(t)\rangle = \langle \boldsymbol{r} - \delta\boldsymbol{r}|\Psi(t)\rangle$$

folgt, dass für den Zustandsvektor $|\boldsymbol{r}\rangle$ gilt:

$$\hat{U}(\delta\boldsymbol{r})\,|\boldsymbol{r}\rangle = |\boldsymbol{r} + \delta\boldsymbol{r}\rangle\,. \tag{16.6}$$

Den endlichen Translationsoperator für Translationen $|\boldsymbol{r}\rangle \mapsto |\boldsymbol{r} + \boldsymbol{a}\rangle$ (und gewissermaßen retrograd dazu $f(\boldsymbol{r}) \mapsto f(\boldsymbol{r} - \boldsymbol{a})$) kann man daher schreiben als:

$$\hat{U}(\boldsymbol{a}) = \exp\left(-\frac{\mathrm{i}}{\hbar}\boldsymbol{a}\cdot\hat{\boldsymbol{p}}\right). \tag{16.7}$$

- **Galilei-Boosts**: Aus Symmetrie- und Dimensionsgründen kann die entsprechende unitäre Transformation, die durch den Ortsoperator erzeugt wird, nur ein Galilei-Boost sein. Wir betrachten zunächst den Operator $\hat{x}$:

$$\hat{G} = \frac{1}{\hbar}\hat{x},$$

und den infinitesimalen Boost-Operator $\hat{U}(\delta p_x)$ in der Form

$$\hat{U}(\delta p_x) = \mathbb{1} + \frac{\mathrm{i}}{\hbar}(\delta p_x)\hat{x}.$$

Man beachte, dass wir hier von unserer üblichen Konvention abgewichen haben und ein positives Vorzeichen in der infinitesimalen Transformation gewählt haben, aus einem Grund, der am Ende der Betrachtung klar werden wird. Wir betrachten einen Zustand $|\Psi(t)\rangle$ in Impulsdarstellung:

$$\langle \boldsymbol{p}|\hat{U}(\delta p_x)|\Psi(t)\rangle = \langle \boldsymbol{p}|\Psi(t)\rangle + \frac{\mathrm{i}}{\hbar}(\delta p_x) \underbrace{\langle \boldsymbol{p}|\hat{x}|\Psi(t)\rangle}_{\mathrm{i}\hbar\frac{\partial}{\partial p_x}\langle \boldsymbol{p}|\Psi(t)\rangle}$$

$$= \langle \boldsymbol{p}|\Psi(t)\rangle - (\delta p_x)\frac{\partial}{\partial p_x}\langle \boldsymbol{p}|\Psi(t)\rangle \tag{16.8}$$

$$\approx \langle \boldsymbol{p} - \delta p_x \cdot \boldsymbol{e}_x|\Psi(t)\rangle\,. \tag{16.9}$$

Für einen allgemeinen infinitesimalen Galilei-Boost entlang des Einheitsvektors $\boldsymbol{n}$ (also $\delta\boldsymbol{p} = \delta p\boldsymbol{n}$) erhalten wir:

$$\hat{G} = \frac{1}{\hbar}\boldsymbol{n}\cdot\hat{\boldsymbol{r}}$$

$$\Longrightarrow \hat{U}(\delta\boldsymbol{p}) = \mathbb{1} + \frac{\mathrm{i}}{\hbar}(\delta\boldsymbol{p})\cdot\hat{\boldsymbol{r}}$$

$$\Longrightarrow \langle \boldsymbol{p}|\hat{U}(\delta\boldsymbol{p})|\Psi(t)\rangle = \langle \boldsymbol{p}|\Psi(t)\rangle - (\delta\boldsymbol{p})\cdot\nabla_{\boldsymbol{p}}\langle \boldsymbol{p}|\Psi(t)\rangle$$

$$\approx \langle \boldsymbol{p} - \delta\boldsymbol{p}|\Psi(t)\rangle\,.$$

Auch hier beachten wir wieder, dass wir aktive Transformationen durchführen:

$$\hat{U}(\delta\boldsymbol{p})\,|\boldsymbol{p}\rangle = |\boldsymbol{p} + \delta\boldsymbol{p}\rangle\,. \tag{16.10}$$

Den endlichen Boost-Operator für Boosts $\boldsymbol{p} \mapsto \boldsymbol{p} + \boldsymbol{b}$ kann man daher schreiben als:

$$\hat{U}(\boldsymbol{b}) = \exp\left(+\frac{\mathrm{i}}{\hbar}\boldsymbol{b}\cdot\hat{\boldsymbol{r}}\right). \tag{16.11}$$

An dieser Stelle wird klar, warum wir eingangs ein anderes Vorzeichen für die infinitesimale Transformation $\hat{U}(\delta p_x)$ gewählt haben, wie es sich nun auch im Exponenten des endlichen Boost-Operators $\hat{U}(\boldsymbol{b})$ widerspiegelt. Der Ortsoperator $\hat{\boldsymbol{r}}$ ist zwar die Erzeugende von Galilei-Boosts, nur in die entgegengesetzte Richtung.

Wir führen nun an dieser Stelle vorausschauend für das Folgende ein, dass im Rahmen der darstellungstheoretischen Betrachtung der Galilei-Gruppe konventionellerweise anstatt des Ortsoperators $\hat{\boldsymbol{r}}$ der Operator $\hat{\boldsymbol{c}} = (m/\hbar)\hat{\boldsymbol{r}}$ mit dem Parameter m, der die Dimension einer Masse besitzt, verwendet wird, so dass

$$\hat{\boldsymbol{G}} = \frac{1}{m}\hat{\boldsymbol{c}}$$

und

$$\hat{U}(\boldsymbol{v}) = \exp\left(+\frac{\mathrm{i}}{\hbar}\boldsymbol{v}\cdot\hat{\boldsymbol{c}}\right) \tag{16.12}$$

mit der Geschwindigkeit $\boldsymbol{v} = \boldsymbol{b}/m$. Das erleichtert die spätere Diskussion, und es wird durch diese Notation nun der Charakter des Galilei-Boosts deutlicher.

- **Rotationen**: Rotationen in der Quantenmechanik haben wir im Detail in Abschnitt 6 betrachtet. Der Drehimpuls ist die Erzeugende von Rotationen, im Speziellen gelten für allgemeine infinitesimale Rotationen um die $\boldsymbol{n}$-Achse (6.18):

$$\hat{U}(\delta\boldsymbol{\phi}) = \mathbb{1} - \frac{\mathrm{i}}{\hbar}\delta\boldsymbol{\phi} \cdot \hat{\boldsymbol{J}} \tag{16.13}$$

und für endliche Rotationen (6.23):

$$\hat{U}(\boldsymbol{\phi}) = \exp\left(-\frac{\mathrm{i}}{\hbar}\boldsymbol{\phi} \cdot \hat{\boldsymbol{J}}\right). \tag{16.14}$$

Auch hier bedeutet die Aktivität der Transformation, dass

$$\langle \boldsymbol{r}|\hat{U}(R)|\psi\rangle = \langle R^{-1}\boldsymbol{r}|\psi\rangle = \psi(R^{-1}\boldsymbol{r}) \tag{16.15}$$

siehe (6.14), allgemein: $f(\boldsymbol{r}) \mapsto f(R^{-1}\boldsymbol{r})$, und retrograd dazu:

$$\hat{U}(R)\,|\boldsymbol{r}\rangle = |R\boldsymbol{r}\rangle\,. \tag{16.16}$$

Die Galilei-Algebra in der Quantenmechanik

Wir haben nun die bereits aus der klassischen Physik bekannten Erzeugenden der 10-parametrigen **Galilei-Gruppe** in der Quantenmechanik identifiziert. Diese bilden die quantenmechanische **Galilei-Algebra**. Es sind dies:

- Die drei Drehimpulsoperatoren $\hat{J}_1, \hat{J}_2, \hat{J}_3$ als Erzeugende der Rotationen. In der klassischen Physik bilden die Menge aller Rotationen die **Drehgruppe** SO(3).
- Die drei Impulsoperatoren $\hat{p}_i$ als Erzeugende der Translationen. Die Menge aller Translationen bildet die **Translationsgruppe**, die isomorph zu $\mathbb{R}^3$ ist.
- Die drei Ortsoperatoren $\hat{r}_i$ als Erzeugende der Galilei-Boosts. Die Menge aller Galilei-Boosts ist ebenfalls isomorph zur **Translationsgruppe**, die wiederum isomorph zu $\mathbb{R}^3$ ist.
- Der Hamilton-Operator $\hat{H}$ als Erzeugende der Zeitentwicklung. Die Menge aller Zeittranslationen bildet ebenfalls eine Gruppe, die isomorph zu $\mathbb{R}$ ist.

Wir wissen ebenfalls bereits, dass folgende Kommutatorrelationen gelten:

$$\begin{aligned}
[\hat{J}_i, \hat{J}_j] &= \mathrm{i}\hbar\epsilon_{ijk}\hat{J}_k, \\
[\hat{r}_i, \hat{J}_j] &= \mathrm{i}\hbar\epsilon_{ijk}\hat{r}_k, \\
[\hat{p}_i, \hat{J}_j] &= \mathrm{i}\hbar\epsilon_{ijk}\hat{p}_k, \\
[\hat{r}_i, \hat{r}_j] &= 0, \\
[\hat{p}_i, \hat{p}_j] &= 0, \\
[\hat{r}_i, \hat{p}_j] &= \mathrm{i}\hbar\delta_{ij}.
\end{aligned}$$

Wir betrachten im Folgenden den freien Fall an, das heißt: $\hat{V}(\boldsymbol{r}) \equiv 0$. Dann ist $\hat{H} = \hat{\boldsymbol{p}}^2/2m$, und es gilt:

Satz. *Wenn $\hat{H} = \frac{\hat{\boldsymbol{p}}^2}{2m}$, dann ist:*

$$[\hat{H}, \hat{J}_i] = 0, \tag{16.17}$$

$$[\hat{H}, \hat{r}_i] = -\frac{\mathrm{i}\hbar}{m}\hat{p}_i, \tag{16.18}$$

$$[\hat{H}, \hat{p}_i] = 0. \tag{16.19}$$

Beweis.

$$\begin{aligned}
[\hat{H}, \hat{J}_i] &= \frac{1}{2m}[\hat{\boldsymbol{p}}^2, \hat{J}_i] \\
&= \frac{1}{2m}\left(\hat{p}_k[\hat{p}_k, \hat{J}_i] + [\hat{p}_k, \hat{J}_i]\hat{p}_k\right) \\
&= \frac{\mathrm{i}\hbar}{2m}\epsilon_{ijk}\left(\hat{p}_k\hat{p}_j + \hat{p}_j\hat{p}_k\right) = 0, \\
[\hat{H}, \hat{r}_i] &= \frac{1}{2m}[\hat{\boldsymbol{p}}^2, \hat{r}_i] \\
&= \frac{1}{2m}\left(\hat{p}_k[\hat{p}_k, \hat{r}_i] + [\hat{p}_k, \hat{r}_i]\hat{p}_k\right) = -\frac{\mathrm{i}\hbar}{m}\hat{p}_i, \\
[\hat{H}, \hat{p}_i] &= \frac{1}{2m}[\hat{\boldsymbol{p}}^2, \hat{p}_i] = 0.
\end{aligned}$$

■

Mit der weiter oben eingeführten Ersetzung

$$\hat{r}_i \mapsto \hat{c}_i = \frac{m}{\hbar}\hat{r}_i \tag{16.20}$$

können wir die quantenmechanische Galilei-Algebra nun wie folgt schreiben:

$$[\hat{J}_i, \hat{J}_j] = \mathrm{i}\hbar\epsilon_{ijk}\hat{J}_k, \tag{16.21a}$$

$$[\hat{c}_i, \hat{J}_j] = \mathrm{i}\hbar\epsilon_{ijk}\hat{c}_k, \tag{16.21b}$$

$$[\hat{p}_i, \hat{J}_j] = \mathrm{i}\hbar\epsilon_{ijk}\hat{p}_k, \tag{16.21c}$$

$$[\hat{c}_i, \hat{c}_j] = 0, \tag{16.21d}$$

$$[\hat{p}_i, \hat{p}_j] = 0, \tag{16.21e}$$

$$[\hat{c}_i, \hat{p}_j] = \mathrm{i}m\delta_{ij}, \tag{16.21f}$$

$$[\hat{H}, \hat{J}_i] = 0, \tag{16.21g}$$

$$[\hat{H}, \hat{c}_i] = -\mathrm{i}\hat{p}_i, \tag{16.21h}$$

$$[\hat{H}, \hat{p}_i] = 0. \tag{16.21i}$$

17 Die quantenmechanische Galilei-Algebra

Bevor wir die Eigenschaften der Galilei-Gruppe in der Quantenmechanik genauer betrachten, wiederholen wir an dieser Stelle kurz die Eigenschaften der „klassischen“ Galilei-Gruppe $\mathcal{G}$, einer Lie-Gruppe, und ihrer Lie-Algebra.

Eine allgemeine **inhomogene Galilei-Transformation** $\Gamma(R, \boldsymbol{v}, \boldsymbol{a}, s) \in \mathcal{G}$ lässt jeweils getrennt Raum- und Zeitintervalle invariant und besitzt folgende Form:

$$\Gamma(R, \boldsymbol{v}, \boldsymbol{a}, s) : \mathbb{R}^3 \times \mathbb{R} \to \mathbb{R}^3 \times \mathbb{R}$$

$$\boldsymbol{x}' = R\boldsymbol{x} + \boldsymbol{v}t + \boldsymbol{a}, \tag{17.1}$$

$$t' = t + s, \tag{17.2}$$

so dass

$$\boldsymbol{x}'^2 = \boldsymbol{x}^2, \tag{17.3}$$

$$t'^2 = t^2. \tag{17.4}$$

Hierbei ist $R \in \mathrm{SO}(3)$ eine Rotation, $\boldsymbol{v} \in \mathbb{R}^3$ ist ein Galilei-Boost, $\boldsymbol{a} \in \mathbb{R}^3$ eine Translation und $s \in \mathbb{R}$ eine Zeittranslation.

Die Hintereinanderausführung $\Gamma_2\Gamma_1$ zweier Galilei-Transformationen führt zu:

$$\Gamma(R_2, \boldsymbol{v}_2, \boldsymbol{a}_2, s_2)\Gamma(R_1, \boldsymbol{v}_1, \boldsymbol{a}_1, s_1) = \Gamma(R_2R_1, R_2\boldsymbol{v}_1 + \boldsymbol{v}_2, R_2\boldsymbol{a}_1 + \boldsymbol{v}_1 s_2 + \boldsymbol{a}_1, s_2 + s_1), \tag{17.5}$$

das inverse Element Γ^{-1} besitzt folgende Form:

$$\Gamma^{-1}(R, \boldsymbol{v}, \boldsymbol{a}, s) = \Gamma(R^{-1}, -R^{-1}\boldsymbol{v}, -R^{-1}\boldsymbol{a} + R^{-1}\boldsymbol{v}s, -s), \tag{17.6}$$

und das Einselement ist:

$$E = \Gamma(\mathbb{1}, \boldsymbol{0}, \boldsymbol{0}, 0), \tag{17.7}$$

wodurch die Gruppenstruktur definiert ist.

Da wir oben bereits die Einschränkung $R \in \mathrm{SO}(3)$ getroffen haben, die Raumspiegelung P also ausschließen, betrachten wir also im Folgenden nur die sogenannte **eigentlichen Galilei-Gruppe**. Da wir oben die Zeitumkehr T ebenfalls ausgeschlossen haben, betrachten wir sogar nur die **eigentlich-orthochronen Galilei-Gruppe** $\mathcal{G}_+^\uparrow$. Die allgemeinste Galilei-Transformation, die die Invarianzeigenschaften (17.3,17.4) besitzt, lässt sich aus dem Produkt einer eigentlich-orthochronen Galilei-Transformation, der Raumspiegelung P und der Zeitumkehr T zusammensetzen, denen wir aber einen eigenen Abschnitt 20 widmen wollen.

Die eigentlich-orthochrone Galilei-Gruppe $\mathcal{G}_+^\uparrow$ hat folgende Untergruppen:

- die Rotationsgruppe SO(3) mit den Rotationen $\Gamma(R, \boldsymbol{0}, \boldsymbol{0}, 0)$
- die Euklidische Gruppe in drei Dimensionen E_3, bestehend aus den Rotationen und den Translationen $\Gamma(R, \boldsymbol{0}, \boldsymbol{a}, 0)$

- die Menge der **speziellen Galilei-Transformationen**, das sind die reinen Galilei-Boosts $\Gamma(\mathbb{1}, \boldsymbol{v}, \mathbf{0}, 0)$
- die Euklidische Gruppe in drei Dimensionen E_3, bestehend aus den Rotationen und den Galilei-Boosts $\Gamma(\mathbb{1}, \boldsymbol{v}, \mathbf{0}, 0)$

Die Galilei-Gruppe $\mathcal{G} = \{\, \Gamma(R, \boldsymbol{v}, \boldsymbol{a}, s) \,\}$ ist isomorph zur Menge der (5×5)-Matrizen der Form:

$$\begin{pmatrix} R & \boldsymbol{v} & \boldsymbol{a} \\ 0 & 1 & s \\ 0 & 0 & 1 \end{pmatrix}, \qquad (17.8)$$

und diese Darstellung eignet sich sehr gut, um die Eigenschaften der zugehörigen Lie-Algebra, der **Galilei-Algebra** zu bestimmen. Wir erhalten die folgenden Generatoren der Galilei-Gruppe:

$$\text{für Rotationen:} \quad l_i = \begin{pmatrix} L_i & \mathbf{0} & \mathbf{0} \\ 0 & 0 & 0 \\ 0 & 0 & 0 \end{pmatrix}, \qquad (17.9)$$

$$\text{für Translationen:} \quad \pi_i = \begin{pmatrix} 0 & \mathbf{0} & \mathrm{i}\boldsymbol{e}_i \\ 0 & 0 & 0 \\ 0 & 0 & 0 \end{pmatrix}, \qquad (17.10)$$

$$\text{für Galilei-Boosts:} \quad k_i = \begin{pmatrix} 0 & \mathrm{i}\boldsymbol{e}_i & \mathbf{0} \\ 0 & 0 & 0 \\ 0 & 0 & 0 \end{pmatrix}, \qquad (17.11)$$

$$\text{für Zeittranslationen:} \quad h = \begin{pmatrix} 0 & \mathbf{0} & \mathbf{0} \\ 0 & 0 & \mathrm{i} \\ 0 & 0 & 0 \end{pmatrix}. \qquad (17.12)$$

Die (3×3)-Matrizen L_i sind dabei die klassischen Erzeugenden der Rotationsgruppe SO(3), wie in (6.2–6.4), und die Spaltenvektoren $\boldsymbol{e}_i$ sind die Einheitsvektoren in i-Richtung.

Wie man nachrechnen kann, gilt

$$\Gamma(R_{\boldsymbol{n}}(\phi), \boldsymbol{v}, \boldsymbol{a}, s) = \mathrm{e}^{-\mathrm{i}(\phi n_i l_i + v_i k_i + a_i \pi_i + hs)}, \qquad (17.13)$$

und es gelten die folgenden Kommutatorrelationen der klassischen Galilei-Algebra:

$$[l_i, l_j] = \mathrm{i}\epsilon_{ijk} l_k, \quad (17.14a)$$
$$[k_i, l_j] = \mathrm{i}\epsilon_{ijk} k_k, \quad (17.14b)$$
$$[\pi_i, l_j] = \mathrm{i}\epsilon_{ijk} \pi_k, \quad (17.14c)$$
$$[k_i, k_j] = 0, \quad (17.14d)$$
$$[\pi_i, \pi_j] = 0, \quad (17.14e)$$
$$[k_i, \pi_j] = 0, \quad (17.14f)$$
$$[h, l_i] = 0, \quad (17.14g)$$
$$[h, k_i] = -\mathrm{i}\pi_i, \quad (17.14h)$$
$$[h, \pi_i] = 0. \quad (17.14i)$$

Man sieht hier, dass die Galilei-Gruppe wie oben erwähnt zwei verschiedene, zur Euklidischen Gruppe E_3 isomorphen Untergruppen enthält: zum einen erzeugt durch die Generatoren l_i, k_i – was der homogenen Galilei-Gruppe ohne Raumzeit-Translationen entspricht – und zum anderen durch die Generatoren l_i, π_i – was der Euklidischen Gruppe E_3 im eigentlichen Sinne entspricht, bestehend aus den Rotationen und den dreidimensionalen Translationen.

Die quantenmechanische Galilei-Algebra und ihre zentralen Ladungen

Wir wollen nun untersuchen, wie die quantenmechanische Form der Galilei-Gruppe und ihrer Algebra aussieht. In Erinnerung an Abschnitt 15 machen wir von vornherein den allgemeinen Ansatz einer projektiven Darstellung und gehen von der Existenz zentraler Ladungen in der quantenmechanischen Galilei-Algebra aus. Für $\Gamma_1, \Gamma_2 \in \mathcal{G}$ gilt dann die Relation (15.5):

$$\hat{U}(\Gamma_1\Gamma_2) = \mathrm{e}^{\mathrm{i}\Phi(\Gamma_1,\Gamma_2)}\hat{U}(\Gamma_1)\hat{U}(\Gamma_2), \quad (17.15)$$

mit einer nicht-verschwindenden Phase $\mathrm{e}^{\mathrm{i}\Phi(\Gamma_1,\Gamma_2)}$. Wir wählen folgende Notation für die Erzeugenden als hermitesche Operatoren im Hilbert-Raum:

$$\hbar l_i \longrightarrow \hat{J}_i,$$
$$k_i \longrightarrow \hat{c}_i,$$
$$\pi_i \longrightarrow \hat{p}_i,$$
$$h \longrightarrow \hat{H}$$

und setzen folgende Kommutatorrelationen an:

$$[\hat{J}_i, \hat{J}_j] = \mathrm{i}\hbar\epsilon_{ijk}\hat{J}_k + \mathrm{i}C_{ij}^{JJ}\mathbb{1}, \tag{17.16a}$$

$$[\hat{c}_i, \hat{J}_j] = \mathrm{i}\hbar\epsilon_{ijk}\hat{c}_k + \mathrm{i}C_{ij}^{cJ}\mathbb{1}, \tag{17.16b}$$

$$[\hat{p}_i, \hat{J}_j] = \mathrm{i}\hbar\epsilon_{ijk}\hat{p}_k + \mathrm{i}C_{ij}^{pJ}\mathbb{1}, \tag{17.16c}$$

$$[\hat{c}_i, \hat{c}_j] = \mathrm{i}C_{ij}^{cc}\mathbb{1}, \tag{17.16d}$$

$$[\hat{p}_i, \hat{p}_j] = \mathrm{i}C_{ij}^{pp}\mathbb{1}, \tag{17.16e}$$

$$[\hat{c}_i, \hat{p}_j] = \mathrm{i}C_{ij}^{cp}\mathbb{1}, \tag{17.16f}$$

$$[\hat{H}, \hat{J}_i] = \mathrm{i}C_i^{HJ}\mathbb{1}, \tag{17.16g}$$

$$[\hat{H}, \hat{c}_i] = -\mathrm{i}\hat{p}_i + \mathrm{i}C_i^{Hc}\mathbb{1}, \tag{17.16h}$$

$$[\hat{H}, \hat{p}_i] = \mathrm{i}C_i^{Hp}\mathbb{1}. \tag{17.16i}$$

Das Ziel ist es im Folgenden, systematisch zu versuchen, die zentralen Ladungen in (17.16) zu eliminieren. Gehen wir diese also der Reihe nach durch:

- C_{ij}^{JJ} in (17.16a): Hier ist einfach zu sehen, dass wir durch eine Neudefinition der Erzeugenden $\hat{J}_i \mapsto \hat{J}_i + \phi_i^J\mathbb{1}$ gemäß (15.18) die zentralen Ladungen eliminieren können: $C_{ij}^{JJ} = 0$. Denn da die C_{ij}^{JJ} ja antisymmetrisch in den Indizes i und j sein müssen, müssen sie von der Form $\epsilon_{ijk}\phi_k^J$ sein! Da die $\hat{J}_i$ in keiner anderen Kommutatorrelation von (17.16) auf der rechten Seite auftauchen, hat diese Umdefinition keine weiteren rechnerischen Konsequenzen.

- Ähnlich können wir C_{ij}^{cJ} in (17.16b) eliminieren: auch hier hat eine Neudefinition $\hat{c}_i \mapsto \hat{c}_i + \phi_i^c\mathbb{1}$ mit $\epsilon_{ijk}\phi_k^c = C_{ij}^{cJ}$ keine weiteren Konsequenzen. Daher können wir so auch $C_{ij}^{cJ} = 0$ wählen.

  Es geht aber noch eindeutiger: aus der Jacobi-Identität (15.15) für $\hat{c}_i, \hat{J}_j, \hat{J}_l$ erhalten wir zunächst:

  $$\epsilon_{jkl}[\hat{c}_i, \hat{J}_l] - \epsilon_{ikl}[\hat{J}_j, \hat{c}_l] + \epsilon_{ijl}[\hat{J}_k, \hat{c}_l] \equiv 0.$$

  Ein anschließendes Überschieben von ϵ_{ijm} und Auflösen des Kommutators ergibt dann:

  $$C_{il}^{cJ} + C_{li}^{cJ} = 0,$$

  das heißt, die C_{il}^{cJ} müssen antisymmetrisch in (i, l) sein.

  Überschieben wir jedoch stattdessen mit δ_{ij}, so werden wir auf

  $$\epsilon_{ikl}(C_{il}^{cJ} + C_{li}^{cJ}) \tag{17.17}$$

  geführt. Also müssen die C_{il}^{cJ} auch symmetrisch in (i, l) sein. Beides zusammen bedeutet, dass $C_{il}^{cJ} \equiv 0$ gelten muss.

- Mit C^{pJ}_{ij} in (17.16c) verfahren wir genau gleich: $C^{pJ}_{ij} = 0$ nach Umdefinition $\hat{p}_i \mapsto \hat{p}_i + \phi^p_i \mathbb{1}$, wir fragen uns aber, ob das Auswirkungen auf (17.16h) hat. Denn mit dieser Umdefinition passiert dort gleichzeitig folgendes: $C^{Hc}_i \mapsto C^{Hc}_i - \phi^p_i \mathbb{1}$, und wir können nicht voraussetzen, dass das zufälligerweise auch gleich zu einer Elimination von C^{Hc}_i führt. Andererseits bleibt in (17.16h) zunächst einfach weiter eine zentrale Ladung bestehen.

  Aber auch hier geht es eindeutiger: eine analoge Rechnung für die Jacobi-Identität für $\hat{p}_i, \hat{J}_j, \hat{J}_l$ wie oben für C^{cJ}_{il} ergibt $C^{pJ}_{il} \equiv 0$.

- Aus den Jacobi-Identitäten (15.15) für $\hat{J}_i, \hat{p}_j, \hat{p}_k$ beziehungsweise $\hat{J}_i, \hat{c}_j, \hat{c}_k$ und anschließendem Überschieben mit δ_{ij} erhalten wir die Relationen

$$\epsilon_{kil}[\hat{p}_i, \hat{p}_l] = 0,$$
$$\epsilon_{kil}[\hat{c}_i, \hat{c}_l] = 0,$$

  was nur für vollständig symmetrische C^{cc}_{ij} und C^{pp}_{ij} in (17.16d) und (17.16e) erfüllt ist. Da die zentralen Ladungen C^{cc}_{ij} und C^{pp}_{ij} aber per Voraussetzung antisymmetrisch in den Indizes i und j sein müssen, muss gelten: $C^{cc}_{ij} = C^{pp}_{ij} \equiv 0$.

- Betrachten wir (17.16h) und C^{Hc}_i: Aus der Jacobi-Identität für $\hat{H}, \hat{c}_i, \hat{J}_j$ folgt nach kurzer Rechnung

$$[\hat{H}, \hat{c}_i] = -\mathrm{i}\hat{p}_i,$$

  das heißt, C^{Hc}_i verschwindet ebenfalls: $C^{Hc}_i \equiv 0$.

- Aus der Jacobi-Identität für $\hat{H}, \hat{p}_i, \hat{J}_j$ bekommen wir in (17.16i) analog:

$$[\hat{H}, \hat{p}_i] = 0,$$

  also verschwindet auch C^{Hp}_i: $C^{Hp}_i \equiv 0$.

- Ditto aus der Jacobi-Identität für $\hat{H}, \hat{L}_i, \hat{J}_j$ in (17.16g):

$$[\hat{H}, \hat{J}_i] = 0,$$

  und somit: $C^{HJ}_i \equiv 0$.

- Nun zu (17.16f): Aus der Jacobi-Identität für $\hat{c}_i, \hat{p}_j, \hat{J}_k$ erhalten wir zunächst:

$$\epsilon_{jkl}[\hat{c}_i, \hat{p}_l] + \epsilon_{ikl}[\hat{c}_l, \hat{p}_j] \equiv 0.$$

  Überstreichen mit ϵ_{ikn} ergibt nach kurzer Rechnung:

$$2C^{cp}_{nj} - C^{cp}_{jn} - C^{cp}_{ii}\delta_{jn} = 0.$$

Betrachten wir zusätzlich noch die Jacobi-Identität für $\hat{H}, \hat{c}_i, \hat{c}_j$, dann folgt nach kurzer Rechnung:

$$[\hat{c}_i, \hat{p}_j] = [\hat{c}_j, \hat{p}_i],$$

also ist C_{ij}^{cp} symmetrisch in (i, j). Zusammen bedeutet das:

$$C_{jn}^{cp} = C_{ii}^{cp} \delta_{jn}.$$

Und das wiederum heißt, wir haben eine nichtverschwindende zentrale Ladung gefunden: $C_{ij}^{cp} =: C^{cp} \delta_{ij}$.

- Die Jacobi-Identität für $\hat{H}, \hat{p}_i, \hat{p}_j$ liefert keine weitere Erkenntnis, da sie trivial erfüllt ist.

Zusammenfassend haben wir also systematisch die quantenmechanische Galilei-Algebra abgeleitet, auf die wir bereits in (16.21) gestoßen sind:

$$[\hat{J}_i, \hat{J}_j] = \mathrm{i}\hbar\epsilon_{ijk}\hat{J}_k, \tag{17.18a}$$

$$[\hat{c}_i, \hat{J}_j] = \mathrm{i}\hbar\epsilon_{ijk}\hat{c}_k, \tag{17.18b}$$

$$[\hat{p}_i, \hat{J}_j] = \mathrm{i}\hbar\epsilon_{ijk}\hat{p}_k, \tag{17.18c}$$

$$[\hat{c}_i, \hat{c}_j] = 0, \tag{17.18d}$$

$$[\hat{p}_i, \hat{p}_j] = 0, \tag{17.18e}$$

$$[\hat{c}_i, \hat{p}_j] = \mathrm{i}m\delta_{ij}, \tag{17.18f}$$

$$[\hat{H}, \hat{J}_i] = 0, \tag{17.18g}$$

$$[\hat{H}, \hat{c}_i] = -\mathrm{i}\hat{p}_i, \tag{17.18h}$$

$$[\hat{H}, \hat{p}_i] = 0. \tag{17.18i}$$

Der einzige und entscheidende Unterschied zur klassischen Galilei-Algebra besteht in der Kommutatorrelation (17.18f), in der die zentrale Ladung m mit der Dimension einer Masse auftaucht, wodurch die Algebra keine Lie-Algebra mehr ist. Wegen (16.20) stellt diese Relation aber letzten Endes nichts anderes als die kanonische Kommutatorrelation (I-15.34) dar, wie wir sie in Abschnitt I-15 axiomatisch eingeführt haben. Sie findet ihre tiefergehende Begründung also offensichtlich in der Darstellungstheorie der Galilei-Gruppe und taucht in analoger Form bereits als fundamentale Poisson-Klammern in der kanonischen Formulierung der klassischen Mechanik auf (siehe Abschnitt I-21). Die durch die Kommutatorrelationen (17.18) definierte Algebra erzeugt die quantenmechanische Galilei-Gruppe, auch **Schrödinger-Gruppe** genannt.

18 Irreduzible projektive Darstellungen der Galilei-Gruppe

Wir definieren freie **nichtrelativistische Punktteilchen** implizit dadurch, dass deren Einteilchen-Zustände $|E, \boldsymbol{p}, \sigma\rangle$ sich nach einer **irreduziblen projektiven Darstellung** der Galilei-Gruppe $\mathcal{G}$ transformieren. Ob es sich dabei um ein Elementarteilchen handelt oder nicht, ist irrelevant, da die folgenden Betrachtungen dahingehend keine Unterscheidung machen. Wir erinnern uns (siehe Abschnitt 6): Eine Darstellung $\hat{U}$ einer Gruppe G heißt dabei **irreduzibel**, wenn es keine nicht-trivialen invarianten Unterräume von $\mathcal{H}$ unter der Wirkung von $\hat{U}(G)$ gibt. Ein Satz in der Gruppentheorie besagt, dass es keine endlichdimensionalen irreduziblen Darstellungen einer nicht-kompakten Gruppe gibt. Die Galilei-Gruppe ist nicht-kompakt, daher sind ihre irreduziblen Darstellungen allesamt unendlichdimensional, zu sehen an den Galilei-Boosts und den Raum-Zeit-Translationen, die jeweils nicht-kompakte Parameterbereiche besitzen.

Um nun eine irreduzible Darstellung von $\mathcal{G}$ zu finden, gehen wir so vor, dass wir zunächst die Basiszustände einer vollständigen Menge kommutierender Observablen konstruieren. Dazu wählen wir die Eigenzustände $|E, \boldsymbol{p}, \sigma\rangle$ der Observablen $\hat{H}$, $\hat{\boldsymbol{p}}$ und lassen mit einer zusätzlichen inneren Quantenzahl, die wir durch den Index σ bezeichnen, eine weitere Entartung zu, wodurch wir gewissermaßen antizipierend von vornherein die Möglichkeit des Spins miteinbeziehen. Betrachten wir nun nacheinander die Wirkung der Elemente $\hat{U}(\Gamma)$ mit $\Gamma \in \mathcal{G}$ auf die Energie-Impuls-Eigenzustände $|E, \boldsymbol{p}, \sigma\rangle$.

Beginnen wir mit den Galilei-Boosts $\Gamma(\mathbb{1}, \boldsymbol{v}, \boldsymbol{0}, 0) = \mathrm{e}^{-\mathrm{i}v_i k_i}$, die wie im letzten Abschnitt beschrieben eine Untergruppe der Galilei-Gruppe darstellen. Der unitäre Operator ist hierbei

$$\hat{U}(\boldsymbol{v}) = \mathrm{e}^{+\mathrm{i}\boldsymbol{v}\cdot\hat{\boldsymbol{c}}}, \tag{18.1}$$

mit der Geschwindigkeit $\boldsymbol{v}$ als Boost-Parameter. Aus der Beziehung

$$\hat{\boldsymbol{p}}' = \hat{U}^\dagger(\boldsymbol{v})\hat{\boldsymbol{p}}\hat{U}(\boldsymbol{v})$$

erhalten wir durch Ableitung nach v_i:

$$\begin{aligned}\frac{\partial \hat{p}'_j}{\partial v_i} &= \frac{\partial}{\partial v_i}\left(\mathrm{e}^{-\mathrm{i}\boldsymbol{v}\cdot\hat{\boldsymbol{c}}}\hat{p}_j \mathrm{e}^{\mathrm{i}\boldsymbol{v}\cdot\hat{\boldsymbol{c}}}\right)\\ &= -\mathrm{i}\hat{U}^\dagger(\boldsymbol{v})[\hat{c}_i, \hat{p}_j]\hat{U}(\boldsymbol{v}) = m\delta_{ij}.\end{aligned}$$

Zusammen mit der Anfangsbedingung, dass $\hat{\boldsymbol{p}}' = \hat{\boldsymbol{p}}$ für $\boldsymbol{v} = \boldsymbol{0}$ sein muss, führt dies nach Integration über v_i zu:

$$\hat{\boldsymbol{p}}' = \hat{\boldsymbol{p}} + m\boldsymbol{v}\mathbb{1}, \tag{18.2}$$

was auch direkt aus (14.12) folgt, wobei allerdings auf unsere Vorzeichenkonvention bei Galilei-Boosts zu achten ist. Daraus folgt:

$$\begin{aligned}\hat{\boldsymbol{p}}\hat{U}(\boldsymbol{v})\,|E, \boldsymbol{p}, \sigma\rangle &= \hat{U}(\boldsymbol{v})\hat{\boldsymbol{p}}'\,|E, \boldsymbol{p}, \sigma\rangle\\ &= (\boldsymbol{p} + m\boldsymbol{v})\hat{U}(\boldsymbol{v})\,|E, \boldsymbol{p}, \sigma\rangle\,.\end{aligned}$$

Das bedeutet: der Zustand $\hat{U}(\boldsymbol{v})\,|E,\boldsymbol{p},\sigma\rangle$ ist Eigenzustand von $\hat{\boldsymbol{p}}$ zum Eigenwert $\boldsymbol{p}' = \boldsymbol{p} + m\boldsymbol{v}$.

Aus der Relation

$$\hat{H}' = \hat{U}^\dagger(\boldsymbol{v})\hat{H}\hat{U}(\boldsymbol{v})$$

erhalten wir durch Ableitung nach v_i:

$$\begin{aligned}\frac{\partial \hat{H}'}{\partial v_i} &= \frac{\partial}{\partial v_i}\left(\mathrm{e}^{-\mathrm{i}\boldsymbol{v}\cdot\hat{\boldsymbol{c}}}\hat{H}\mathrm{e}^{\mathrm{i}\boldsymbol{v}\cdot\hat{\boldsymbol{c}}}\right)\\ &= -\mathrm{i}\hat{U}^\dagger(\boldsymbol{v})[\hat{c}_i,\hat{H}]\hat{U}(\boldsymbol{v})\\ &= \hat{U}^\dagger(\boldsymbol{v})\hat{p}_i\hat{U}(\boldsymbol{v})\\ &= \hat{p}_i' = \hat{p}_i + m v_i \mathbb{1}.\end{aligned}$$

Daraus folgt wieder nach Integration über v_i:

$$\hat{H}' = \hat{H} + \boldsymbol{v}\cdot\hat{\boldsymbol{p}} + \frac{1}{2}m\boldsymbol{v}^2\mathbb{1}. \tag{18.3}$$

Entsprechend ist:

$$\hat{H}\hat{U}(\boldsymbol{v})\,|E,\boldsymbol{p},\sigma\rangle = \left(E + \boldsymbol{v}\cdot\boldsymbol{p} + \frac{1}{2}m\boldsymbol{v}^2\right)\hat{U}(\boldsymbol{v})\,|E,\boldsymbol{p},\sigma\rangle\,,$$

also ist der Zustand $\hat{U}(\boldsymbol{v})\,|E,\boldsymbol{p},\sigma\rangle$ Eigenzustand von $\hat{H}$ zum Eigenwert $E' = E+\boldsymbol{v}\cdot\boldsymbol{p}+\frac{1}{2}m\boldsymbol{v}^2$.

Für $m \neq 0$ kann mittels $\hat{U}(\boldsymbol{v})$ wegen (18.2) jeder Impulseigenzustand $|E,\boldsymbol{p},\sigma\rangle$ auf einen anderen Energie-Impulseigenzustand $|E',\boldsymbol{p}',\sigma\rangle$ mit einem beliebigen Impulseigenwert $\boldsymbol{p}'$ abgebildet werden. Man sagt, dass die Boost-Untergruppe **transitiv** auf die Menge der Impulseigenvektoren wirkt. Daher können alle $|E,\boldsymbol{p},\sigma\rangle$ aus einem einzigen Referenz-Impulseigenvektor $|E_0,\boldsymbol{0},\sigma\rangle$ erzeugt werden. Mit $\boldsymbol{v} = \boldsymbol{p}/m$ ist dann:

$$|E,\boldsymbol{p},\sigma\rangle = \hat{U}(\boldsymbol{p}/m)\,|E_0,\boldsymbol{0},\sigma\rangle\,,$$

wobei der Energieeigenwert von $|E,\boldsymbol{p},\sigma\rangle$ durch

$$\hat{H}\,|E,\boldsymbol{p},\sigma\rangle = \left(E_0 + \frac{\boldsymbol{p}^2}{2m}\right)|E,\boldsymbol{p},\sigma\rangle$$

gegeben ist.

Wir können den Hamilton-Operator $\hat{H}$ nun aber ohne weiteres umdefinieren zu

$$\hat{H} \mapsto \hat{H} - E_0\mathbb{1},$$

ohne dass sich an den Kommutatoreigenschaften der Galilei-Algebra etwas ändert. Somit können wir E_0 eliminieren, und es ist:

$$E = \frac{\boldsymbol{p}^2}{2m}. \tag{18.4}$$

Wir können daher einfach schreiben: $|E, \boldsymbol{p}, \sigma\rangle =: |\boldsymbol{p}, \sigma\rangle$. Da die $\{\ |\ \boldsymbol{p}, \sigma\rangle\ \}$ per Voraussetzung ein vollständiges Orthonormalsystem im Hilbert-Raum $\mathcal{H}$ bilden, gilt (18.4) daher als Operatoridentität:

$$\hat{H} = \frac{\hat{\boldsymbol{p}}^2}{2m}. \tag{18.5}$$

Untersuchen wir nun die Wirkung von Rotationen auf die Impuls-Eigenvektoren $|\boldsymbol{p}, \sigma\rangle$. Auch die Drehungen $\Gamma(R(\boldsymbol{\phi}), \boldsymbol{0}, \boldsymbol{0}, 0) = \mathrm{e}^{-\mathrm{i}(\phi n_i l_i)}$ mit $\boldsymbol{\phi} = \phi \boldsymbol{n}$ bilden eine Untergruppe der Galilei-Gruppe. Der unitäre Rotationsoperator ist:

$$\hat{U}(\boldsymbol{\phi}) = \mathrm{e}^{-\frac{\mathrm{i}}{\hbar}\phi \boldsymbol{n}\cdot\hat{\boldsymbol{J}}}, \tag{18.6}$$

mit der Drehachse $\boldsymbol{n}$ und dem Drehwinkel ϕ als Parameter. Aus

$$\hat{\boldsymbol{p}}' = \hat{U}^\dagger(\boldsymbol{\phi})\hat{\boldsymbol{p}}\hat{U}(\boldsymbol{\phi})$$

erhalten wir durch Ableitung nach ϕ:

$$\begin{aligned}
\frac{\partial \hat{p}'_j}{\partial \phi} &= \frac{\partial}{\partial \phi}\left(\mathrm{e}^{\frac{\mathrm{i}}{\hbar}\phi \boldsymbol{n}\cdot\hat{\boldsymbol{J}}}\hat{p}_j \mathrm{e}^{-\frac{\mathrm{i}}{\hbar}\phi \boldsymbol{n}\cdot\hat{\boldsymbol{J}}}\right) \\
&= \frac{\mathrm{i}}{\hbar} n_k \underbrace{[\hat{J}_k, \hat{p}'_j]}_{-\mathrm{i}\hbar\epsilon_{jkl}\hat{p}'_l} \\
&= \epsilon_{jkl} n_k \hat{p}'_l \\
&= \mathrm{i}(L_j)_{kl} n_k \hat{p}'_l \\
&= -\mathrm{i}(L_k)_{jl} n_k \hat{p}'_l \\
&= -\mathrm{i}(\boldsymbol{L}\cdot\boldsymbol{n})_{jl}\hat{p}'_l,
\end{aligned}$$

wobei wir aus (6.5) verwendet haben, dass $(L_i)_{jk} = -\mathrm{i}\epsilon_{ijk}$. Die letzte Zeile stellt eine Differentialgleichung der einfachen Form $f' = cf$ dar, die einfach zur Exponentialfunktion zu integrieren ist. Zusammen mit der Anfangsbedingung, dass $\hat{\boldsymbol{p}}' = \hat{\boldsymbol{p}}$ für $\phi = 0$ sein muss, ist also:

$$\hat{\boldsymbol{p}}' = R(\boldsymbol{\phi})\hat{\boldsymbol{p}}, \tag{18.7}$$

wobei $R(\boldsymbol{\phi})$ (mit $\boldsymbol{\phi} = \phi\boldsymbol{n}$) die altbekannte klassische Rotationsmatrix für eine Drehung um die Achse $\boldsymbol{n}$ um den Winkel ϕ ist (siehe Abschnitt 6). Daraus folgt

$$\begin{aligned}
\hat{\boldsymbol{p}}\hat{U}(\boldsymbol{\phi})\,|\boldsymbol{p}, \sigma\rangle &= \hat{U}(\boldsymbol{\phi})\hat{\boldsymbol{p}}'\,|\boldsymbol{p}, \sigma\rangle \\
&= R(\boldsymbol{\phi})\hat{U}(\boldsymbol{\phi})\hat{\boldsymbol{p}}\,|\boldsymbol{p}, \sigma\rangle \\
&= R(\boldsymbol{\phi})\boldsymbol{p}\hat{U}(\boldsymbol{\phi})\,|\boldsymbol{p}, \sigma\rangle,
\end{aligned}$$

das heißt: der Zustand $\hat{U}(\boldsymbol{\phi})\,|\boldsymbol{p}, \sigma\rangle$ ist Eigenzustand von $\hat{\boldsymbol{p}}$ zum Eigenwert $R(\boldsymbol{\phi})\boldsymbol{p}$. Daher muss $\hat{U}(\boldsymbol{\phi})\,|\boldsymbol{p}, \sigma\rangle$ eine Linearkombination der Zustandsvektoren $|R(\boldsymbol{\phi})\boldsymbol{p}, \sigma'\rangle$ sein:

$$\hat{U}(\boldsymbol{\phi})\,|\boldsymbol{p}, \sigma\rangle = \sum_{\sigma'} D_{\sigma',\sigma}(\boldsymbol{p}, \boldsymbol{\phi})\,|R(\boldsymbol{\phi})\boldsymbol{p}, \sigma'\rangle, \tag{18.8}$$

mit einer unitären Matrix $D_{\sigma',\sigma}(\boldsymbol{p}, \boldsymbol{\phi})$.

Nun kommt der entscheidende Schritt: wir behaupten, dass $D_{\sigma',\sigma}(\boldsymbol{p}, \boldsymbol{\phi}) = D_{\sigma',\sigma}(\boldsymbol{\phi})$ gilt, oder in anderen Worten:

Satz. *Die Matrixelemente $D_{\sigma',\sigma}(\boldsymbol{\phi})$ sind unabhängig vom Impuls $\boldsymbol{p}$, der insbesondere zu $\boldsymbol{p} = \boldsymbol{0}$ gesetzt werden kann.*

Beweis. Wir beginnen mit dem Impulseigenzustand zu $\boldsymbol{p} = \boldsymbol{0}$ und wenden nacheinander zunächst einen Boost- und dann einen Rotationsoperator an:

$$\begin{aligned}\hat{U}(\boldsymbol{\phi})\,|\boldsymbol{p}, \sigma\rangle &= \hat{U}(\boldsymbol{\phi})\hat{U}(\boldsymbol{p}/m)\,|\boldsymbol{0}, \sigma\rangle \\ &= \underbrace{\hat{U}(\boldsymbol{\phi})\hat{U}(\boldsymbol{p}/m)\hat{U}^\dagger(\boldsymbol{\phi})}_{\exp(\mathrm{i}\frac{\boldsymbol{p}}{m}\cdot\hat{\boldsymbol{c}}')}\,\hat{U}(\boldsymbol{\phi})\,|\boldsymbol{0}, \sigma\rangle\,,\end{aligned}$$

wobei

$$\begin{aligned}\hat{\boldsymbol{c}}' &= \hat{U}(\boldsymbol{\phi})\hat{\boldsymbol{c}}\hat{U}^\dagger(\boldsymbol{\phi}) \\ &= R^{-1}(\boldsymbol{\phi})\hat{\boldsymbol{c}},\end{aligned}$$

in analoger Weise zu (18.7), nur eben unter Wirkung der inversen Transformation.

Dann ist mit (18.8):

$$\begin{aligned}\hat{U}(\boldsymbol{\phi})\,|\boldsymbol{p}, \sigma\rangle &= \exp\left(\mathrm{i}\frac{\boldsymbol{p}}{m}R^{-1}(\boldsymbol{\phi})\hat{\boldsymbol{c}}\right)\hat{U}(\boldsymbol{\phi})\,|\boldsymbol{0}, \sigma\rangle \\ &= \sum_{\sigma'} D_{\sigma',\sigma}(\boldsymbol{0}, \boldsymbol{\phi})\exp\left(\mathrm{i}\frac{\boldsymbol{p}}{m}R^{-1}(\boldsymbol{\phi})\hat{\boldsymbol{c}}\right)|\boldsymbol{0}, \sigma'\rangle \\ &= \sum_{\sigma'} D_{\sigma',\sigma}(\boldsymbol{0}, \boldsymbol{\phi})\,|R(\boldsymbol{\phi})\boldsymbol{p}, \sigma'\rangle\,,\end{aligned} \tag{18.9}$$

wobei wir die Orthogonalität von $R(\boldsymbol{\phi})$ ausgenutzt haben, weshalb

$$\boldsymbol{p}R^{-1}(\boldsymbol{\phi})\hat{\boldsymbol{c}} = (R(\boldsymbol{\phi})\boldsymbol{p})\cdot\hat{\boldsymbol{c}}$$

gilt. Ein Vergleich von (18.8) und (18.9) ergibt nun, dass $D_{\sigma',\sigma}(\boldsymbol{0}, \boldsymbol{\phi}) = D_{\sigma',\sigma}(\boldsymbol{p}, \boldsymbol{\phi})$ gelten muss, und da $\boldsymbol{p}$ vollkommen beliebig gewählt war, ist die Matrix $D_{\sigma',\sigma}(\boldsymbol{\phi})$ damit unabhängig von $\boldsymbol{p}$. ■

Das bedeutet, aus Gleichung (18.8) wird, angewandt auf unseren Referenz-Impulseigenzustand:

$$\hat{U}(\boldsymbol{\phi})\,|\boldsymbol{0}, \sigma\rangle = \sum_{\sigma'} D_{\sigma',\sigma}(\boldsymbol{\phi})\,|R(\boldsymbol{\phi})\boldsymbol{0}, \sigma'\rangle \tag{18.10}$$

$$= \sum_{\sigma'} D_{\sigma',\sigma}(\boldsymbol{\phi})\,|\boldsymbol{0}, \sigma'\rangle\,, \tag{18.11}$$

da der Referenz-Impuls $\boldsymbol{p} = \mathbf{0}$ natürlich invariant gegenüber Rotationen ist. Vorausgreifend auf die Terminologie in Abschnitt IV-28 für den relativistischen Fall, bezeichnet man die Rotationsgruppe auch als die **kleine Gruppe** (auch **Stabilisator** oder **Isotropiegruppe**) bezüglich des Referenzvektors $\boldsymbol{p} = \mathbf{0}$, da sie diesen invariant lässt. Der vorliegende nicht-relativistische Fall macht diese Begrifflichkeit eigentlich nicht notwendig, da die Darstellungstheorie der Galilei-Gruppe und der Rotationsgruppe recht einfach ist. Umso einfacher lässt sich die Bedeutung dieser Begriffe vorbereitend für den relativistischen Fall (Abschnitt IV-28) besser begreifen.

Um die irreduziblen projektiven Darstellungen der Galilei-Gruppe zu finden, müssen wir also lediglich die irreduziblen unitären Darstellungen der universellen Überlagerungsgruppe der Rotationsgruppe SO(3) finden – eine Arbeit, die wir bereits in Abschnitt 2 geleistet haben.

Wir können an dieser Stelle daher das Zwischenfazit ziehen, dass die irreduziblen projektiven Darstellungen der Galilei-Gruppe explizit eine „innere" Drehimpuls-Quantenzahl zulassen, die dann wiederum durch die irreduziblen unitären Darstellungen der universellen Überlagerungsgruppe SU(2) der Rotationsgruppe SO(3) klassifiziert werden. Insbesondere führen diese dann dazu, dass sich Impuls-Eigenzustände auch für $\boldsymbol{p} = \mathbf{0}$ und damit bei verschwindendem Bahndrehimpuls gemäß (18.8) transformieren, wofür es kein klassisches Äquivalent gibt. Darüber hinaus sind Darstellungen zu halbzahligem Drehimpuls wie $j = \frac{1}{2}$ möglich, die ohnehin nicht als Bahndrehimpuls realisiert werden können, wie wir in Abschnitt 3 festgestellt haben, und wir können uns an dieser Stelle dem durchaus diskussionswürdigen Standpunkt anschließen, den theoretische Physiker gerne einnehmen und der ursprünglich aus dem erstmalig 1958 veröffentlichten Fantasy-Roman *"The Once and Future King"* des englischen Autors T. H. White stammt:

Everything not forbidden is compulsory.

Auf gut deutsch: alles, was die Mathematik zulässt, ist in der Natur auch realisiert. Also muss es Spin geben, und es gibt ihn ja auch.

Wir gehen im folgenden Abschnitt 19 noch einen Schritt weiter in der formalen Betrachtung der Darstellungstheorie der quantenmechanischen Galilei-Gruppe und ihrer Algebra.

Projektive Darstellung der Galilei-Gruppe und Phasenfaktoren

Es gilt noch, die Phasenfaktoren (15.5) der projektiven Darstellung der Galilei-Gruppe zu berechnen, die sich aus der Existenz der zentralen Ladung ergeben. Wir machen dies recht schnell mit Hilfe der BCH-Formel (I-14.71): da ja

$$\mathrm{e}^{\mathrm{i}\boldsymbol{v}\cdot\hat{\boldsymbol{c}}}\mathrm{e}^{-\mathrm{i}\boldsymbol{a}\cdot\hat{\boldsymbol{p}}/\hbar} = \mathrm{e}^{\frac{\mathrm{i}}{2\hbar}m\boldsymbol{v}\cdot\boldsymbol{a}}\mathrm{e}^{\mathrm{i}\boldsymbol{v}\cdot\hat{\boldsymbol{c}}-\mathrm{i}\boldsymbol{a}\cdot\hat{\boldsymbol{p}}/\hbar},$$

so gilt also für die Hintereinanderausführung einer Translation um den Vektor $\boldsymbol{a}$ und einem Galilei-Boost um $\boldsymbol{v}$:

$$\hat{U}(\Gamma(0,\boldsymbol{v},\mathbf{0},0))\hat{U}(\Gamma(0,\mathbf{0},\boldsymbol{a},0)) = \mathrm{e}^{\frac{\mathrm{i}}{2\hbar}m\boldsymbol{v}\cdot\boldsymbol{a}}\hat{U}(\Gamma(0,\boldsymbol{v},\boldsymbol{a},0)). \tag{18.12}$$

Wir wollen in diesem Zusammenhang noch erwähnen, dass die kanonischen Kommutatorrelationen (I-15.34) in einer integrierten beziehungsweise exponenzierten Form, als sogenannte **Weyl-Relationen**, geschrieben werden können:

Satz (Weyl-Relationen). *Für die kanonisch konjugierten hermiteschen Operatoren* $\hat{r}_i, \hat{p}_j$ *gilt:*

$$e^{ia\hat{p}_i/\hbar} e^{ib\hat{r}_j/\hbar} = e^{ib\hat{r}_j/\hbar} e^{ia\hat{p}_i/\hbar} e^{iab\delta_{ij}/\hbar}. \tag{18.13}$$

Beweis. Der Beweis kann elementar mit der BCH-Formel (I-14.71) geführt werden. ∎

Durch Ableitung nach a beziehungsweise b erhält man aus (18.13) dann wieder die kanonischen Kommutatorrelationen (I-15.34).

Es sollte an dieser Stelle allerdings erwähnt werden, dass der trivial wirkende Beweis durchaus einige Subtilitäten unter den Tisch kehrt, die aufgrund der Unbeschränktheit von $\hat{r}_i, \hat{p}_j$ entstehen, und man benötigt eigentlich noch zusätzliche Annahmen über die jeweiligen Gebiete, in denen $\hat{r}_i, \hat{p}_j$ wirken. In diesem Sinne ist (18.13) nicht vollständig äquivalent zu (I-15.34). Der Leser sei auf die weiterführende Literatur zu Kapitel I-2 verwiesen.

Galilei-Boosts in der Ortsdarstellung und das Landé-Paradoxon

Abschließendend für diesen Abschnitt wollen wir noch ein interessantes (Schein-)Paradoxon betrachten und zeigen, dass ein Galilei-Boost, angewandt auf einen Zustand, nicht gleichbedeutend ist mit einer zeitlich linearen Translation, sondern sich durch einen zeitabhängigen Phasenfaktor unterscheidet.

Wir starten mit einem Zustand $|\Psi(t=0)\rangle$ und wenden nacheinander einen Galilei-Boost und den Zeitentwicklungsoperator auf ihn an. Der Einfachheit halber vernachlässigen wir den Spin-Freiheitsgrad:

$$\begin{aligned}
|\Psi'(t)\rangle &= e^{-\frac{i}{\hbar}t\hat{H}} e^{+i\boldsymbol{v}\cdot\hat{\boldsymbol{c}}} |\Psi(0)\rangle \\
\Longrightarrow \Psi'(\boldsymbol{r},t) &= \int_{\mathbb{R}^3} d^3\boldsymbol{p}\, \langle \boldsymbol{r}| e^{-\frac{i}{\hbar}t\hat{H}} e^{+i\boldsymbol{v}\cdot\hat{\boldsymbol{c}}} |\boldsymbol{p}\rangle \langle \boldsymbol{p}|\Psi(0)\rangle \\
&= \int_{\mathbb{R}^3} d^3\boldsymbol{p}\, \langle \boldsymbol{r}| e^{-\frac{i}{\hbar}t\hat{H}} |\boldsymbol{p}+m\boldsymbol{v}\rangle \langle \boldsymbol{p}|\Psi(0)\rangle \\
&\overset{(18.5)}{=} \int_{\mathbb{R}^3} d^3\boldsymbol{p}\, e^{-\frac{i}{2m\hbar}(\boldsymbol{p}+m\boldsymbol{v})^2 t} \langle \boldsymbol{r}|\boldsymbol{p}+m\boldsymbol{v}\rangle \langle \boldsymbol{p}|\Psi(0)\rangle \\
&= \int_{\mathbb{R}^3} \frac{d^3\boldsymbol{p}}{(2\pi)^{3/2}} e^{-\frac{i}{2m\hbar}(\boldsymbol{p}+m\boldsymbol{v})^2 t} e^{\frac{i}{\hbar}\boldsymbol{r}\cdot(\boldsymbol{p}+m\boldsymbol{v})} \langle \boldsymbol{p}|\Psi(0)\rangle ,
\end{aligned}$$

wobei wir in der letzten Zeile (I-15.18) verwendet haben.

In einer Nebenrechnung lösen wir die Klammern in den Exponenten auf, so dass wir alle $\boldsymbol{p}$-unabhängigen Terme vor das Integral ziehen können:

$$\begin{aligned}
-\frac{i}{2m\hbar}(\boldsymbol{p}+m\boldsymbol{v})^2 t + \frac{i}{\hbar}\boldsymbol{r}\cdot(\boldsymbol{p}+m\boldsymbol{v}) &= -\frac{i}{\hbar}\left(\frac{\boldsymbol{p}^2}{2m} + \boldsymbol{p}\cdot\boldsymbol{v} + \frac{1}{2}m\boldsymbol{v}^2\right)t + \frac{i}{\hbar}\boldsymbol{r}\cdot\boldsymbol{p} + \frac{i}{\hbar}\boldsymbol{r}\cdot m\boldsymbol{v} \\
&= \frac{i}{\hbar}\left(\boldsymbol{r}\cdot m\boldsymbol{v} - \frac{1}{2}m\boldsymbol{v}^2 t\right) - i\frac{\boldsymbol{p}^2}{2m\hbar}t + \frac{i}{\hbar}\boldsymbol{p}\cdot(\boldsymbol{r}-\boldsymbol{v}t) .
\end{aligned}$$

Damit können wir weiter schreiben:

$$\begin{aligned}\Psi'(\boldsymbol{r},t) &= \mathrm{e}^{\frac{\mathrm{i}}{\hbar}(m\boldsymbol{r}\cdot\boldsymbol{v}-\frac{1}{2}m\boldsymbol{v}^2t)}\int_{\mathbb{R}^3}\frac{\mathrm{d}^3\boldsymbol{p}}{(2\pi)^{3/2}}\mathrm{e}^{\frac{\mathrm{i}}{\hbar}\boldsymbol{p}\cdot(\boldsymbol{r}-\boldsymbol{v}t)}\mathrm{e}^{-\frac{\mathrm{i}}{\hbar}\frac{\boldsymbol{p}^2}{2m}}\langle\boldsymbol{p}|\Psi(0)\rangle\\ &= \mathrm{e}^{\frac{\mathrm{i}}{\hbar}(m\boldsymbol{r}\cdot\boldsymbol{v}-\frac{1}{2}m\boldsymbol{v}^2t)}\int_{\mathbb{R}^3}\frac{\mathrm{d}^3\boldsymbol{p}}{(2\pi)^{3/2}}\mathrm{e}^{\frac{\mathrm{i}}{\hbar}\boldsymbol{p}\cdot(\boldsymbol{r}-\boldsymbol{v}t)}\langle\boldsymbol{p}|\mathrm{e}^{-\frac{\mathrm{i}}{\hbar}t\hat{H}}|\Psi(0)\rangle\\ &= \mathrm{e}^{\frac{\mathrm{i}}{\hbar}(m\boldsymbol{r}\cdot\boldsymbol{v}-\frac{1}{2}m\boldsymbol{v}^2t)}\int_{\mathbb{R}^3}\frac{\mathrm{d}^3\boldsymbol{p}}{(2\pi)^{3/2}}\mathrm{e}^{\frac{\mathrm{i}}{\hbar}\boldsymbol{p}\cdot(\boldsymbol{r}-\boldsymbol{v}t)}\langle\boldsymbol{p}|\Psi(t)\rangle\end{aligned}$$

und damit

$$\Psi'(\boldsymbol{r},t) = \mathrm{e}^{\frac{\mathrm{i}}{\hbar}(m\boldsymbol{r}\cdot\boldsymbol{v}-\frac{1}{2}m\boldsymbol{v}^2t)}\Psi(\boldsymbol{r}-\boldsymbol{v}t,t), \tag{18.14}$$

wieder unter Ausnutzung von (I-15.18).

Wir bemerken, dass wir von der zweiten Zeile von oben auch anders fortführen können als:

$$\begin{aligned}\Psi'(\boldsymbol{r},t) &= \mathrm{e}^{\frac{\mathrm{i}}{\hbar}(m\boldsymbol{r}\cdot\boldsymbol{v}-\frac{1}{2}m\boldsymbol{v}^2t)}\int_{\mathbb{R}^3}\frac{\mathrm{d}^3\boldsymbol{p}}{(2\pi)^{3/2}}\mathrm{e}^{\frac{\mathrm{i}}{\hbar}\boldsymbol{p}\cdot(\boldsymbol{r}-\boldsymbol{v}t)}\langle\boldsymbol{p}|\mathrm{e}^{-\frac{\mathrm{i}}{\hbar}t\hat{H}}|\Psi(0)\rangle\\ &= \mathrm{e}^{\frac{\mathrm{i}}{\hbar}(m\boldsymbol{r}\cdot\boldsymbol{v}-\frac{1}{2}m\boldsymbol{v}^2t)}\int_{\mathbb{R}^3}\mathrm{d}^3\boldsymbol{p}\,\langle\boldsymbol{r}-\boldsymbol{v}t|\boldsymbol{p}\rangle\langle\boldsymbol{p}|\mathrm{e}^{-\frac{\mathrm{i}}{\hbar}t\hat{H}}|\Psi(0)\rangle\\ &= \mathrm{e}^{\frac{\mathrm{i}}{\hbar}(m\boldsymbol{r}\cdot\boldsymbol{v}-\frac{1}{2}m\boldsymbol{v}^2t)}\int_{\mathbb{R}^3}\mathrm{d}^3\boldsymbol{p}\,\langle\boldsymbol{r}|\hat{U}(\boldsymbol{v}t)|\boldsymbol{p}\rangle\langle\boldsymbol{p}|\mathrm{e}^{-\frac{\mathrm{i}}{\hbar}t\hat{H}}|\Psi(0)\rangle\\ &= \mathrm{e}^{\frac{\mathrm{i}}{\hbar}(m\boldsymbol{r}\cdot\boldsymbol{v}-\frac{1}{2}m\boldsymbol{v}^2t)}\langle\boldsymbol{r}|\hat{U}(\boldsymbol{v}t)\mathrm{e}^{-\frac{\mathrm{i}}{\hbar}t\hat{H}}|\Psi(0)\rangle,\end{aligned}$$

wobei $\hat{U}(\boldsymbol{v}t)$ in der letzten Zeile der Translationsoperator um den Vektor $\boldsymbol{v}t$ ist. Darstellungsunabhängig finden wir somit nach Eingangsvoraussetzung:

$$|\Psi'(t)\rangle = \mathrm{e}^{-\frac{\mathrm{i}}{\hbar}t\hat{H}}\mathrm{e}^{+\mathrm{i}\boldsymbol{v}\cdot\hat{\boldsymbol{c}}}|\Psi(0)\rangle,$$

aber gemäß dem, was wir aber gerade erhalten haben:

$$|\Psi'(t)\rangle = \mathrm{e}^{\frac{\mathrm{i}}{\hbar}(m\boldsymbol{r}\cdot\boldsymbol{v}-\frac{1}{2}m\boldsymbol{v}^2t)}\hat{U}(\boldsymbol{v}t)\mathrm{e}^{-\frac{\mathrm{i}}{\hbar}t\hat{H}}|\Psi(0)\rangle,$$

und somit:

$$\mathrm{e}^{+\mathrm{i}\boldsymbol{v}\cdot\hat{\boldsymbol{c}}} = \mathrm{e}^{\frac{\mathrm{i}}{\hbar}(m\boldsymbol{r}\cdot\boldsymbol{v}-\frac{1}{2}m\boldsymbol{v}^2t)}\mathrm{e}^{+\frac{\mathrm{i}}{\hbar}t\hat{H}}\hat{U}(\boldsymbol{v}t)\mathrm{e}^{-\frac{\mathrm{i}}{\hbar}t\hat{H}}.$$

Damit erhalten wir:

$$\mathrm{e}^{+\mathrm{i}\boldsymbol{v}\cdot\hat{\boldsymbol{c}}} = \mathrm{e}^{\frac{\mathrm{i}}{\hbar}(m\boldsymbol{r}\cdot\boldsymbol{v}-\frac{1}{2}m\boldsymbol{v}^2t)}\hat{U}(\boldsymbol{v}t). \tag{18.15}$$

Der Phasenfaktor in (18.14) kann auch unter folgendem Gesichtspunkt verstanden werden: die zunächst naive Annahme, dass ein Galilei-Boost $\mathrm{e}^{+\mathrm{i}\boldsymbol{v}\cdot\hat{\boldsymbol{c}}}$ gewissermaßen gleichbedeutend ist mit einer zeitlich linearen Translation $\hat{U}(\boldsymbol{v}t)$, so dass gelte:

$$\Psi'(\boldsymbol{r},t) = \Psi(\boldsymbol{r}-\boldsymbol{v}t,t),$$

führt zu einem Scheinparadoxon, dem bereits Alfred Landé 1975 aufgesessen ist [Lan75] und das von Lévy-Leblond 1976 auf einfache Weise aufgelöst wurde [Lév76].

Der Knackpunkt ist am einfachsten in der Ortsdarstellung an einem Impulseigenzustand zu sehen. Betrachten wir hierzu also die Wellenfunktion

$$\Psi(\boldsymbol{r}, t) = \mathrm{e}^{\mathrm{i}(\boldsymbol{p}\cdot\boldsymbol{r} - Et)/\hbar}.$$

Wäre die geboostete Wellenfunktion nun einfach

$$\begin{aligned}\Psi(\boldsymbol{r} - \boldsymbol{v}t, t) &= \mathrm{e}^{\mathrm{i}(\boldsymbol{p}\cdot(\boldsymbol{r}-\boldsymbol{v}t) - Et)/\hbar} \\ &= \mathrm{e}^{\mathrm{i}(\boldsymbol{p}\cdot\boldsymbol{r} - (E+\boldsymbol{p}\cdot\boldsymbol{v})t)/\hbar},\end{aligned}$$

so würde das implizieren, dass der de Broglie-Wellenvektor $\boldsymbol{k} = \boldsymbol{p}/\hbar$ und die damit verknüpfte de Broglie-Wellenlänge $\lambda = 2\pi/|\boldsymbol{k}|$ im ruhenden und im geboosteten System identisch sind, während die Energie E und die damit verbundene Frequenz $\omega = E/\hbar$ eine Doppler-Verschiebung von ω nach $\omega + \boldsymbol{k}\cdot\boldsymbol{v}$ erfährt. Beides ist aber falsch!

Vielmehr erwarten wir, dass folgendes passiert:

$$\begin{aligned}&\boldsymbol{p} \mapsto \boldsymbol{p} + m\boldsymbol{v} \\ E = \frac{\boldsymbol{p}^2}{2m} &\mapsto E' = \frac{(\boldsymbol{p}+m\boldsymbol{v})^2}{2m} = E + \boldsymbol{p}\cdot\boldsymbol{v} + \frac{1}{2}m\boldsymbol{v}^2.\end{aligned}$$

Der Phasenfaktor in (18.14) beziehungsweise (18.15) trägt also genau diesem Sachverhalt Rechnung und stellt die Konsistenz zwischen Galilei-Relativität und Quantenmechanik sicher. Dennoch gilt für die physikalisch im Prinzip messbare Wahrscheinlichkeit, wie es sein muss:

$$|\Psi'(\boldsymbol{r}, t)|^2 = |\Psi(\boldsymbol{r}, t)|^2, \tag{18.16}$$

und wir sehen, dass die projektive Darstellung eben durch die Unbestimmtheit der Wellenfunktion bis auf eine komplexe Phase möglich ist und zu physikalisch korrekten Messergebnissen führt.

19 Zentrale Erweiterung der Galilei-Gruppe und irreduzible unitäre Darstellungen

Wir haben in Abschnitt 18 gesehen, dass in der Quantenmechanik keine unitäre Darstellung der Galilei-Gruppe existiert, sondern nur eine projektive. Aus diesem Grund ist die Galilei-Algebra (17.18) auch keine Lie-Algebra, sondern besitzt eine nichttriviale zentrale Ladung m der Dimension Masse.

Man kann nun aber eine derartige Algebra stets durch Erweiterung dadurch zu einer Lie-Algebra machen, indem man sie um genau diese zentralen Ladungen als neue Elemente erweitert. Per Konstruktion kommutieren dann diese neuen Erzeugenden mit allen anderen Erzeugenden und stellen damit Casimir-Invarianten dieser **zentral erweiterten Algebra** dar. Zur Erinnerung: eine **Casimir-Invariante** beziehungsweise ein **Casimir-Operator** ist ein Element einer Algebra, das mit allen anderen Elementen der Algebra kommutiert.

Die Galilei-Algebra wird also durch die zentrale Ladung $\hat{M} = m\mathbb{1}$ zur **zentral erweiterten Galilei-Algebra** erweitert, die auch **Bargmann-Algebra** genannt wird. Hierbei ist $m > 0$, denn $m = 0$ ist nicht vereinbar sind mit (16.20) und $m < 0$ betrachten wir an dieser Stelle nicht weiter. Wir kommen aber in Abschnitt IV-29 bei der Betrachtung der Wigner–İnönü-Kontraktion darauf zurück.

Die entstehenden Kommutatorrelationen lauten demnach:

$$[\hat{J}_i, \hat{J}_j] = \mathrm{i}\hbar\epsilon_{ijk}\hat{J}_k, \tag{19.1a}$$
$$[\hat{c}_i, \hat{J}_j] = \mathrm{i}\hbar\epsilon_{ijk}\hat{c}_k, \tag{19.1b}$$
$$[\hat{p}_i, \hat{J}_j] = \mathrm{i}\hbar\epsilon_{ijk}\hat{p}_k, \tag{19.1c}$$
$$[\hat{c}_i, \hat{c}_j] = 0, \tag{19.1d}$$
$$[\hat{p}_i, \hat{p}_j] = 0, \tag{19.1e}$$
$$[\hat{c}_i, \hat{p}_j] = \mathrm{i}\hat{M}\delta_{ij}, \tag{19.1f}$$
$$[\hat{H}, \hat{J}_i] = 0, \tag{19.1g}$$
$$[\hat{H}, \hat{c}_i] = -\mathrm{i}\hat{p}_i, \tag{19.1h}$$
$$[\hat{H}, \hat{p}_i] = 0, \tag{19.1i}$$
$$[\hat{M}, \hat{J}_i] = 0, \tag{19.1j}$$
$$[\hat{M}, \hat{c}_i] = 0, \tag{19.1k}$$
$$[\hat{M}, \hat{p}_i] = 0, \tag{19.1l}$$
$$[\hat{M}, \hat{H}] = 0. \tag{19.1m}$$

Die von dieser Lie-Algebra erzeugte Gruppe heißt dann die **zentral erweiterte Galilei-Gruppe**, und diese erlaubt nun per Konstruktion auch unitäre Darstellungen. Aufgrund der Nicht-Kompaktheit der Gruppe können irreduzible Darstellungen dann nur unendlich-dimensional sein.

Die zentral erweiterte Galilei-Algebra besitzt insgesamt drei Casimir-Invarianten:

$$\hat{C}_1 = \hat{M}, \tag{19.2}$$

$$\hat{C}_2 = \hat{M}\hat{H} - \frac{\hat{\boldsymbol{p}}^2}{2}, \tag{19.3}$$

$$\hat{C}_3 = \hat{W}_i \hat{W}_i, \tag{19.4}$$

mit dem **nichtrelativistischen Pauli–Lubański-Pseudovektor**

$$\hat{W}_i = \hat{M}\hat{J}_i + \hbar\epsilon_{ijk}\hat{p}_j\hat{c}_k, \tag{19.5}$$

der ursprünglich zunächst in der relativistischen Form (IV-28.17) definiert wurde.

Die mathematische Bedeutung der Casimir-Invarianten ist, dass ihre Eigenwerte unterschiedliche Darstellungen einer Lie-Algebra gewissermaßen indizieren, worauf wir weiter unten zurückkommen werden. Gemäß dem Lemma von Schur (siehe weiterführende Literatur) ist ein Casimir-Operator ein Vielfaches der Identität: $\hat{C}_i = C_i \mathbb{1}$.

Die physikalische Bedeutung dieser drei Casimir-Invarianten ist einfach zu sehen. Zunächst erkennt man, dass

$$C_1 = m \tag{19.6}$$

die **Masse** des Punktteilchens darstellt.

Die zweite Invariante ist

$$C_2 = m\left(E - \frac{p^2}{2m}\right) \tag{19.7}$$

und stellt das Produkt aus Masse m und der **inneren Energie** dar, welche die Differenz aus Gesamtenergie und kinetischer Energie ist. Wir haben in Abschnitt 18 allerdings gesehen, dass wir durch eine Umdefinition:

$$\hat{H} \longrightarrow \hat{H} - E_0\mathbb{1},$$

welche die Kommutatorrelationen (19.1) invariant lassen, stets dafür sorgen können, dass $E = \boldsymbol{p}^2/(2m)$ gilt, und daher $C_2 \equiv 0$ gilt. Damit ist die Casimir-Invariante $\hat{C}_2$ effektiv eliminiert und im Weiteren nicht von besonderem Interesse. Dass sie – im Unterschied zum relativistischen Fall, wie wir ihn in Abschnitt IV-28 betrachten – überhaupt existiert, liegt an der Tatsache, dass in der nichtrelativistischen Physik (Ruhe-)Energie und Masse zwei verschiedene Konzepte sind, während sie in der relativistischen Physik zusammenfallen. In Abschnitt IV-29 werden wir den mathematischen Grund für die Existenz von $\hat{C}_2$ erkennen.

Die letzte Casimir-Invariante $\hat{C}_3 = m^2(\hat{J}_i - \hat{L}_i)(\hat{J}_i - \hat{L}_i)$ ist das Produkt aus m^2 und einer quadrierten Drehimpulsgröße, die sich offensichtlich aus der Differenz zwischen Gesamtdrehimpuls und Bahndrehimpuls ergibt. Wir müssen diese Drehimpulsgröße daher als „inneren Drehimpuls" interpretieren, sprich: als **Spin**. Wir schreiben daher:

$$\hat{W}_i = m\hat{S}_i, \tag{19.8}$$

so dass $\hat{C}_3 = m^2\hat{S}^2$ und damit

$$C_3 = m^2\hbar^2 s(s+1), \tag{19.9}$$

mit $s \in \{0, \frac{1}{2}, 1, \frac{3}{2}, \dots\}$. Der Vollständigkeit halber merken wir noch an, dass:

$$[\hat{W}_i, \hat{W}_j] = \mathrm{i}\hbar m \epsilon_{ijk} \hat{W}_k. \tag{19.10}$$

Die zwei Casimir-Invarianten $\hat{C}_1$ und $\hat{C}_3$ stellen strenge Erhaltungsgrößen dar – im Gegensatz zu Erhaltungsgrößen unter speziellen Symmetrietransformationen – und führen zu einer echten Einschränkung des allgemeinen Superpositionsprinzips, was wir im nun folgenden betrachten wollen.

Casimir-Invarianten und Superauswahlregeln

Wir betrachten nun den sehr wichtigen Zusammenhang zwischen Casimir-Invarianten und der Existenz sogenannter Superauswahlregeln. Dieser Zusammenhang ist von fundamentaler Bedeutung für die gesamte Quantenphysik, insbesondere für die Elementarteilchenphysik.

Satz (Casimir-Invarianten und Superauswahlsektoren)**.** *Es sei Σ ein quantenmechanisches System, $\mathcal{H}$ der Hilbert-Raum der Zustände von Σ, und es sei ein hermitescher Operator $\hat{C}$ gegeben, der ein Casimir-Operator sei, das heißt, es gilt:*

$$[\hat{C}, \hat{A}] = 0$$

für alle Observablen $\hat{A}$ auf $\mathcal{H}$.

Ferner seien $|\Psi_m\rangle, |\Psi_n\rangle \in \mathcal{H}$ zwei Eigenzustände von $\hat{C}$ zu verschiedenen Eigenwerten c_m, c_n ($c_m \neq c_n$). Dann gilt:

$$A_{mn} = \langle\Psi_m|\hat{A}|\Psi_n\rangle = 0 \tag{19.11}$$

für alle Observablen $\hat{A}$.

Die Relation (19.11) heißt **Superauswahlregel** und bedeutet, dass es keine Observable $\hat{A}$ gibt, die einen Übergang von $|\Psi_m\rangle$ nach $|\Psi_n\rangle$ induzieren kann. Die Matrixelemente A_{mn} sämtlicher Observablen $\hat{A}$ auf $\mathcal{H}$, mit $c_m \neq c_n$ sind identisch Null.

Beweis. Da nach Voraussetzung $\hat{C}$ mit allen anderen Observablen kommutiert, ist jede Eigenzustandsbasis $\{\,|\,\Psi_i^A\rangle\,\}$ eines beliebigen hermiteschen Operators $\hat{A}$ gleichzeitig eine Eigenzustandsbasis für $\hat{C}$, das heißt, es ist:

$$\hat{C}\,|\Psi_i^A\rangle = c_m\,|\Psi_i^A\rangle\,,$$

wobei c_m einer der Eigenwerte von $\hat{C}$ ist. Die Eigenwerte c_m müssen hierbei für unterschiedliche Zustände $|\Psi_i^A\rangle, |\Psi_j^A\rangle$ nicht notwendigerweise unterschiedlich sein. Nun seien aber $|\Psi_1\rangle, |\Psi_2\rangle$ zwei unterschiedliche Eigenzustände von $\hat{A}$, für die gilt:

$$\hat{C}\,|\Psi_1^A\rangle = c_1\,|\Psi_1^A\rangle\,,$$
$$\hat{C}\,|\Psi_2^A\rangle = c_2\,|\Psi_2^A\rangle\,,$$

wobei $c_1 \neq c_2$. Dann muss zunächst gelten:

$$\langle \Psi_1^A | \Psi_2^A \rangle = 0,$$

wegen der Orthogonalität des Eigenzustandssystems. Dann ist aber:

$$\begin{aligned} c_1 \langle \Psi_1^A | \hat{A} | \Psi_2^A \rangle &= \langle \Psi_1^A | \hat{C}\hat{A} | \Psi_2^A \rangle , \\ c_2 \langle \Psi_1^A | \hat{A} | \Psi_2^A \rangle &= \langle \Psi_1^A | \hat{A}\hat{C} | \Psi_2^A \rangle , \\ \Longrightarrow (c_1 - c_2) \langle \Psi_1^A | \hat{A} | \Psi_2^A \rangle &= \langle \Psi_1^A | [\hat{C}, \hat{A}] | \Psi_2^A \rangle = 0. \end{aligned}$$

Da aber $[\hat{C}, \hat{A}] = 0$ und $\hat{A}$ beliebig war und nach Voraussetzung $c_1 \neq c_2$ gilt, muss gelten:

$$\langle \Psi_1^A | \hat{A} | \Psi_2^A \rangle = 0$$

für alle $\hat{A}$ auf $\mathcal{H}$. ■

Als Folge zerfällt der gesamte Hilbert-Raum $\mathcal{H}$ aller möglichen Zustände von Σ in einzelne Unter-Hilbert-Räume $\mathcal{H}_k$, deren Elemente sämtlich Eigenzustände von $\hat{C}$ zum Eigenwert c_k sind. Diese einzelnen Unter-Hilbert-Räume werden **Superauswahlsektoren** genannt.

Infolgedessen stellen Casimir-Invarianten strenge Erhaltungsgrößen dar und induzieren damit eine Symmetrietransformation

$$\hat{U}_C = \exp(\mathrm{i}\lambda\hat{C}), \tag{19.12}$$

so dass für jeden Zustand $|\Psi\rangle \in \mathcal{H}_k$ gilt:

$$\hat{U}_C |\Psi\rangle = \mathrm{e}^{\mathrm{i}\lambda c_k} |\Psi\rangle , \tag{19.13}$$

Also stellen $\hat{U}_C |\Psi\rangle$ und $|\Psi\rangle$ denselben Zustand dar, und für jede Observable $\hat{A}$ auf $\mathcal{H}_k$ gilt:

$$\langle \Psi | \hat{U}_C^\dagger \hat{A} \hat{U}_C | \Psi \rangle = \langle \Psi | \hat{A} | \Psi \rangle . \tag{19.14}$$

Die Superposition von zwei Zuständen $|\Psi_i\rangle \in \mathcal{H}_i, |\Psi_j\rangle \in \mathcal{H}_j$ mit $i \neq j$ ist damit kein erlaubter Zustand des Systems Σ, denn betrachte ohne Beschränkung der Allgemeinheit

$$|\Phi\rangle = a_1 |\Psi_1\rangle + a_2 |\Psi_2\rangle .$$

Dann wäre

$$\hat{U}_C |\Phi\rangle = a_1 \mathrm{e}^{\mathrm{i}\lambda c_1} |\Psi_1\rangle + a_2 \mathrm{e}^{\mathrm{i}\lambda c_2} |\Psi_2\rangle , \tag{19.15}$$

ein unterschiedlicher Zustand, und damit wäre $\hat{U}_C$ keine Symmetrietransformation, und wir hätten einen Widerspruch zur Voraussetzung. Also ist eine Superposition von Zuständen unterschiedlicher Superauswahlsektoren $\mathcal{H}_k$ nicht möglich, und wir erkennen eine echte Einschränkung des allgemeinen Superpositionsprinzips! Das ist aber kein ernsthaftes

Problem: wir müssen den gesamten Hilbert-Raum-Formalismus einfach auf die einzelnen Unter-Hilbert-Räume $\mathcal{H}_k$ einschränken.

Die durch den Casimir-Operator $\hat{C}_1$ begründete Superauswahlregel heißt **Masse-Superauswahlregel** (*"mass superselection rule"*) oder auch **Bargmann-Superauswahlregel** [Bar54]. Der Casimir-Operator $\hat{C}_3$ begründet hingegen eine **Spin-Superauswahlregel**, eine leider bislang ungebräuchliche Bezeichnung, während gelegentlich die Bezeichung **Univalenz-Superauswahlregel** zu lesen ist [HKW68], wenn auch in einer eingeschränkten Bedeutung derart, dass Superpositionen von fermionischen und bosonischen Zuständen verboten sind.

Der Vollständigkeit halber sei bemerkt: ein gemischter Zustand aus Zuständen verschiedener Superauswahlsektoren ist sehr wohl möglich, da per Konstruktion des Dichteoperators (I-28.2) die unterschiedlichen Phasen, wie sie unter der Wirkung von $\hat{U}_C$ wie in (19.15) entstehen, einzeln aufgehoben werden.

Aus den bislang geführten Betrachtungen lässt sich aber nun ein zentrales Prinzip für die Betrachtung von Symmetriegruppen und ihrer Realisierungen in der Quantenmechanik ableiten:

1. Man betrachte eine Symmetriegruppe $\mathcal{G}$ (eine Lie-Gruppe) und bestimme deren universelle Überlagerungsgruppe $\mathcal{U}$.
2. Man bestimme die Lie-Algebra von $\mathcal{U}$, welche ja dieselbe ist wie die von $\mathcal{G}$.
3. Man bestimme, ob nicht-triviale zentrale Ladungen der Lie-Algebra existieren und betrachte im Weiteren gegebenenfalls die projektiven Darstellungen von $\mathcal{U}$.
4. Äquivalent: Man bestimme, ob nicht-triviale zentrale Ladungen der Lie-Algebra existieren, führe gegebenenfalls eine zentrale Erweiterung der Lie-Algebra ein und betrachte im Weiteren die unitären Darstellungen der zentral erweiterten Lie-Gruppe $\tilde{\mathcal{U}}$.
5. Man bestimme die irreduziblen projektiven Darstellungen von $\mathcal{U}$, klassifiziert nach den Casimir-Invarianten der Lie-Algebra.
6. Äquivalent: Man bestimme die irreduziblen unitären Darstellungen von $\tilde{\mathcal{U}}$, klassifiziert nach den Casimir-Invarianten der zentral erweiterten Lie-Algebra.

Man könnte nun durchaus sagen (wie es einige Darstellungen machen), dass wir in gewisser Weise eine topologisch begründete, auf ein Vorzeichen ± 1 reduzierte projektive Darstellung der Rotationsgruppe SO(3) gefunden haben, nämlich in Form der Fundamentaldarstellung der SU(2) (siehe Abschnitt 8). Es ist aber irreführend, die algebraisch begründeten projektiven Darstellungen der Galilei-Gruppe, die wir in Abschnitt 17 betrachtet haben, mit der Betrachtung von universellen Überlagerungsgruppen zu vermischen, da sie unterschiedlicher Natur sind und jeweils unterschiedliche Zusammenhänge entweder topologischer oder algebraischer Natur offenbaren.

Weiterführende Betrachtungen zur Darstellungstheorie der zentral erweiterten Galilei-Gruppe sind beispielsweise [Voi65a; Voi65b], aber auch [Giu96], einschließlich einer weitergehenden Betrachtung speziell zur Masse-Superauswahlregel. Ein schöner historischer Review zu Superauswahlregeln entstammt von Wightman [Wig95].

20 Diskrete Symmetrien: Raumspiegelung und Zeitumkehr

Paritätsoperator und Raumspiegelungen

Die **Raumspiegelung** als Punktspiegelung am Ursprung des Koordinatensystems wird auch **Paritätsoperation** genannt. Sie ist in der klassischen Physik definiert durch:

$$P: \boldsymbol{r} \mapsto -\boldsymbol{r}. \tag{20.1}$$

In der Quantenmechanik ist der **Paritätsoperator** $\hat{\mathcal{P}}$ wie folgt definiert:

$$\hat{\mathcal{P}}\,|\boldsymbol{r}\rangle = |-\boldsymbol{r}\rangle\,, \tag{20.2}$$

$$\langle\boldsymbol{r}|\,\hat{\mathcal{P}}^{\dagger} = \langle-\boldsymbol{r}|\,. \tag{20.3}$$

Der Paritätsoperator $\hat{\mathcal{P}}$ besitzt folgende Eigenschaften:

- Er ist **selbstinvers**, also eine **Involution**: $\hat{\mathcal{P}}^2 = \mathbb{1}$ oder $\hat{\mathcal{P}}^{-1} = \hat{\mathcal{P}}$, wie schnell zu erkennen ist.
- Er ist unitär, da aus (20.2,20.3) abzuleiten ist: $\hat{\mathcal{P}}^{\dagger} = \hat{\mathcal{P}}$, und damit wegen der Involution $\hat{\mathcal{P}}^{\dagger} = \hat{\mathcal{P}}^{-1}$.
- Er ist hermitesch, da aus der Involutionseigenschaft $\hat{\mathcal{P}}^2 = \mathbb{1}$ folgt, dass $\hat{\mathcal{P}}$ die beiden Eigenwerte ± 1 besitzt.

Wir nennen Eigenzustände $|\psi_+\rangle$ von $\hat{\mathcal{P}}$ zum Eigenwert $+1$ **von gerader Parität** und Eigenzustände $|\psi_-\rangle$ von $\hat{\mathcal{P}}$ zum Eigenwert -1 **von ungerader Parität**. Führen wir die hermiteschen Operatoren

$$\hat{\mathcal{P}}_+ := \frac{1}{2}(\mathbb{1} + \hat{\mathcal{P}}), \tag{20.4}$$

$$\hat{\mathcal{P}}_- := \frac{1}{2}(\mathbb{1} - \hat{\mathcal{P}}) \tag{20.5}$$

ein, so können wir sehr schnell sehen, dass sie die Projektionsoperatoren auf die Eigenunterräume $\mathcal{H}_\pm$ gerader beziehungsweise ungerader Parität von $\hat{\mathcal{P}}$ darstellen:

$$\hat{\mathcal{P}}_\pm^2 = \hat{\mathcal{P}}_\pm, \tag{20.6}$$

$$\hat{\mathcal{P}}_+\hat{\mathcal{P}}_- = \frac{1}{4}(\mathbb{1} + \hat{\mathcal{P}} - \hat{\mathcal{P}} - \hat{\mathcal{P}}^2) = 0, \tag{20.7}$$

$$\hat{\mathcal{P}}_-\hat{\mathcal{P}}_+ = \frac{1}{4}(\mathbb{1} - \hat{\mathcal{P}} + \hat{\mathcal{P}} - \hat{\mathcal{P}}^2) = 0, \tag{20.8}$$

$$\hat{\mathcal{P}}_+ + \hat{\mathcal{P}}_- = \mathbb{1}. \tag{20.9}$$

Da $\hat{\mathcal{P}}$ ein hermitescher Operator ist, sind $\mathcal{H}_+$ und $\mathcal{H}_-$ zueinander orthogonale Unterräume des vollständigen Hilbertraums $\mathcal{H}$:

$$\mathcal{H}_+ \oplus \mathcal{H}_- = \mathcal{H}, \tag{20.10}$$

was wiederum bedeutet, dass jeder beliebige Zustand $|\Psi\rangle$ sich in einen Teil $|\Psi_+\rangle$ von gerader Parität und einen Teil $|\Psi_-\rangle$ von ungerader Parität zerlegen lässt:

$$|\Psi\rangle = |\Psi_+\rangle + |\Psi_-\rangle\,, \tag{20.11}$$

mit

$$|\Psi_+\rangle = \hat{\mathcal{P}}_+\, |\Psi\rangle\,, \tag{20.12}$$

$$|\Psi_-\rangle = \hat{\mathcal{P}}_-\, |\Psi\rangle\,. \tag{20.13}$$

In Ortsdarstellung führt die Wirkung des Paritätsoperators zu:

$$\langle \boldsymbol{r}|\, \hat{\mathcal{P}}\, |\psi\rangle = \psi(-\boldsymbol{r}), \tag{20.14}$$

wobei wir nun explizit nur den räumlichen Anteil eines stationären Zustands (I-18.10) betrachten. Die Zerlegung in die zwei Anteile unterschiedlicher Parität (20.11–20.13) stellt sich dann wie folgt dar:

$$\Psi(\boldsymbol{r}) = \Psi_+(\boldsymbol{r}) + \Psi_-(\boldsymbol{r}), \tag{20.15}$$

mit

$$\Psi_+(\boldsymbol{r}) = \langle \boldsymbol{r}|\, \hat{\mathcal{P}}_+\, |\Psi\rangle = \frac{1}{2}(\Psi(\boldsymbol{r}) + \Psi(-\boldsymbol{r})), \tag{20.16}$$

$$\Psi_-(\boldsymbol{r}) = \langle \boldsymbol{r}|\, \hat{\mathcal{P}}_-\, |\Psi\rangle = \frac{1}{2}(\Psi(\boldsymbol{r}) - \Psi(-\boldsymbol{r})). \tag{20.17}$$

Die Wirkung von $\hat{\mathcal{P}}$ auf Observable $\hat{A}$ ist gemäß (14.5):

$$\hat{A} \mapsto \hat{A}' = \hat{\mathcal{P}}^\dagger\, \hat{A}\, \hat{\mathcal{P}},$$

was wegen $\hat{\mathcal{P}}^\dagger = \hat{\mathcal{P}}$ heißt:

$$\hat{A} \mapsto \hat{A}' = \hat{\mathcal{P}}\, \hat{A}\, \hat{\mathcal{P}}\,.$$

Ein hermitescher Operator $\hat{A}$ heißt **gerade** unter der Paritätsoperation, wenn gilt:

$$\hat{A}' = \hat{A}$$

und **ungerade**, wenn gilt:

$$\hat{A}' = -\hat{A}.$$

Wir können schnell nachrechnen, dass für gerade Operatoren $\hat{A}$ gilt:

$$[\hat{\mathcal{P}}, \hat{A}] = 0, \tag{20.18}$$

und für ungerade Operatoren $\hat{A}$ gilt:

$$\{\hat{\mathcal{P}}, \hat{A}\} = 0. \tag{20.19}$$

Aus den bisher betrachteten Eigenschaften des Paritätsoperators lässt sich eine allgemeine sogenannte **Auswahlregel für gerade Operatoren** ableiten.

Satz (Auswahlregel für gerade Operatoren). *Es seien* $|\phi\rangle$, $|\psi\rangle$ *jeweils beliebige Eigenzustände von* $\hat{\mathcal{P}}$ *entgegengesetzter Parität:*

$$\hat{\mathcal{P}}\,|\phi\rangle = |\phi\rangle\,,$$
$$\hat{\mathcal{P}}\,|\psi\rangle = -\,|\psi\rangle\,,$$

und es sei $\hat{A}$ *ein gerader Operator:* $\hat{\mathcal{P}}\,\hat{A}\,\hat{\mathcal{P}} = \hat{A}$. *Dann gilt:*

$$\langle\phi|\hat{A}|\psi\rangle = 0. \tag{20.20}$$

Beweis. Es gilt:

$$\langle\phi|\hat{A}|\psi\rangle = \langle\phi|\,\hat{\mathcal{P}}\,\hat{A}\,\hat{\mathcal{P}}\,|\psi\rangle = -\,\langle\phi|\hat{A}|\psi\rangle\,,$$

also muss $\langle\phi|\hat{A}|\psi\rangle = 0$ sein. ■

Auf gleiche Weise finden wir eine **Auswahlregel für ungerade Operatoren.**

Satz (Auswahlregel für ungerade Operatoren). *Es seien* $|\phi\rangle$, $|\psi\rangle$ *jeweils beliebige Eigenzustände von* $\hat{\mathcal{P}}$ *gleicher Parität:*

$$\hat{\mathcal{P}}\,|\phi\rangle = \pm\,|\phi\rangle\,,$$
$$\hat{\mathcal{P}}\,|\psi\rangle = \pm\,|\psi\rangle\,,$$

wobei in beiden Zeilen gleichzeitig entweder das Plus- oder das Minuszeichen gilt, und es sei $\hat{A}$ *ein ungerader Operator:* $\hat{\mathcal{P}}\,\hat{A}\,\hat{\mathcal{P}} = -\hat{A}$. *Dann gilt:*

$$\langle\phi|\hat{A}|\psi\rangle = 0. \tag{20.21}$$

Diese Auswahlregel heißt häufig auch noch **Laporte-Regel**, benannt nach dem deutsch-amerikanischen Physiker Otto Laporte, der sie bereits 1923 im Rahmen seiner Doktorarbeit aufstellte, also noch „vor-quantenmechanisch“. Sie findet ihre Bedeutung in der Aufstellung der Auswahlregeln bei Strahlungsübergängen in Dipolnäherung (siehe Abschnitt III-20).

Wir wollen noch untersuchen, wie sich Orts- und Impulsoperatoren $\hat{\boldsymbol{r}}$, $\hat{\boldsymbol{p}}$ unter $\hat{\mathcal{P}}$ transformieren. Aus $\hat{\mathcal{P}}\,|\boldsymbol{r}\rangle = |-\boldsymbol{r}\rangle$ erhalten wir:

$$\hat{\mathcal{P}}\,\hat{\boldsymbol{r}}\,|\boldsymbol{r}\rangle = \hat{\mathcal{P}}\,\boldsymbol{r}\,|\boldsymbol{r}\rangle = \boldsymbol{r}\,|-\boldsymbol{r}\rangle\,,$$
$$\hat{\boldsymbol{r}}\,\hat{\mathcal{P}}\,|\boldsymbol{r}\rangle = \hat{\boldsymbol{r}}\,|-\boldsymbol{r}\rangle = -\boldsymbol{r}\,|-\boldsymbol{r}\rangle\,,$$
$$\Longrightarrow \{\hat{\mathcal{P}},\hat{\boldsymbol{r}}\} = 0.$$

Ebenso ist

$$\langle\boldsymbol{r}|\,\hat{\mathcal{P}}\,\hat{\boldsymbol{p}}|\boldsymbol{p}\rangle = \langle-\boldsymbol{r}|\hat{\boldsymbol{p}}|\boldsymbol{p}\rangle = -\mathrm{i}\hbar\nabla\,\langle-\boldsymbol{r}|\boldsymbol{p}\rangle\,,$$
$$\langle\boldsymbol{r}|\hat{\boldsymbol{p}}\,\hat{\mathcal{P}}\,|\boldsymbol{p}\rangle = \mathrm{i}\hbar\nabla\,\langle\boldsymbol{r}|\,\hat{\mathcal{P}}\,|\boldsymbol{p}\rangle = \mathrm{i}\hbar\nabla\,\langle-\boldsymbol{r}|\boldsymbol{p}\rangle\,,$$
$$\Longrightarrow \{\hat{\mathcal{P}},\hat{\boldsymbol{p}}\} = 0,$$

so dass also gilt:

$$\hat{\mathcal{P}}\,\hat{\boldsymbol{r}}\,\hat{\mathcal{P}} = -\hat{\boldsymbol{r}}, \tag{20.22}$$

$$\hat{\mathcal{P}}\,\hat{\boldsymbol{p}}\,\hat{\mathcal{P}} = -\hat{\boldsymbol{p}}. \tag{20.23}$$

Der Ortsoperator $\hat{\boldsymbol{r}}$ und der Impulsoperator $\hat{\boldsymbol{p}}$ sind also beides ungerade Operatoren, wie zu erwarten war. Damit ist wegen (1.1) auch klar, dass der Drehimpulsoperator $\hat{\boldsymbol{J}}$ ein gerader Operator ist:

$$\hat{\mathcal{P}}\,\hat{\boldsymbol{J}}\,\hat{\mathcal{P}} = \hat{\boldsymbol{J}}. \tag{20.24}$$

Zeitumkehr

Der Zeitumkehroperator $\hat{\mathcal{T}}$ wurde 1932 von Wigner eingeführt [Wig32]. Ein wichtiges Ergebnis dieser Arbeit war die Erklärung der Kramers-Entartung, auf die wir weiter unten darauf zurückkommen werden. Zunächst zur Definition: In der klassischen Mechanik ist die **Zeitumkehr** definiert durch:

$$T : t \mapsto -t. \tag{20.25}$$

Da die Zeit t in der Quantenmechanik keine Observable ist, sondern vielmehr als Parameter in die unitäre Zeitentwicklung eingeht, definieren wir den **Zeitumkehroperator** $\hat{\mathcal{T}}$ durch die Wirkung auf genau diese unitäre Zeitentwicklung, die durch den Zeitentwicklungsoperator $\hat{U}(t, t_0)$ gegeben ist, und wir betrachten im Folgenden nicht explizit zeitabhängige Hamilton-Operatoren, so dass für $\hat{U}(t)$ (I-17.8) gilt. Dann ist per Definition:

$$\hat{\mathcal{T}}\,\mathrm{e}^{-\mathrm{i}\hat{H}t/\hbar}\,|\Psi\rangle = \mathrm{e}^{+\mathrm{i}\hat{H}t/\hbar}\,\hat{\mathcal{T}}\,|\Psi\rangle\,, \tag{20.26}$$

$$\langle\Psi|\,\mathrm{e}^{+\mathrm{i}\hat{H}t/\hbar}\,\hat{\mathcal{T}} = \langle\Psi|\,\hat{\mathcal{T}}\,\mathrm{e}^{-\mathrm{i}\hat{H}t/\hbar}, \tag{20.27}$$

oder gleichwertig:

$$\hat{\mathcal{T}}\,|\Psi(t)\rangle = |\Psi_T(-t)\rangle\,, \tag{20.28}$$

mit $|\Psi_T\rangle = \hat{\mathcal{T}}\,|\Psi\rangle$. Noch unbestimmt an dieser Stelle ist die Wirkung von $\hat{\mathcal{T}}$ auf einen Zustandsvektor $|\Psi\rangle$. Da $|\Psi\rangle$ selbst aber vollkommen beliebig ist, folgt aus (20.26) beziehungsweise (20.27):

$$\hat{\mathcal{T}}\,\mathrm{e}^{-\mathrm{i}\hat{H}t/\hbar}\,\hat{\mathcal{T}}^{-1} = \mathrm{e}^{+\mathrm{i}\hat{H}t/\hbar}, \tag{20.29}$$

und daraus unmittelbar – durch Betrachten einer infinitesimalen Zeitentwicklung:

$$\hat{\mathcal{T}}(-\mathrm{i}\hat{H}) = \mathrm{i}\hat{H}\,\hat{\mathcal{T}}\,. \tag{20.30}$$

Der aufmerksame Leser fragt sich natürlich sofort, warum wir den Faktor i auf beiden Seiten nicht kürzen, um daraus die Antikommutatorrelation $\hat{H}\,\hat{\mathcal{T}} + \hat{\mathcal{T}}\,\hat{H} = 0$ zu erhalten. Und die Antwort lautet: weil $\hat{\mathcal{T}}$ kein unitärer Operator sein kann! Folglich muss er antiunitär sein.

Satz. *Der Zeitumkehroperator $\hat{\mathcal{T}}$ ist antiunitär.*

Beweis. Wäre $\hat{\mathcal{T}}$ ein unitärer Operator, könnte man auf der linken Seite von (20.30) den Faktor $(-\mathrm{i})$ vor den Operator $\hat{\mathcal{T}}$ ziehen, und wir erhielten die genannte Antikommutatorrelation. Ein unitärer Operator $\hat{\mathcal{T}}$ ist aber aus physikalischen Gründen ausgeschlossen, denn dann würde für einen Energieeigenzustand $|\psi_n\rangle$ mit

$$\hat{H}\,|\psi_n\rangle = E_n\,|\psi_n\rangle$$

gelten:

$$\hat{H}\hat{\mathcal{T}}\,|\psi_n\rangle = -\hat{\mathcal{T}}\hat{H}\,|\psi_n\rangle = -E_n\hat{\mathcal{T}}\,|\psi_n\rangle\,,$$

das heißt, bei einer Zeitumkehr gehen sämtliche Energieeigenwerte in ihr Negatives über, was offensichtlich für alle bekannten Systeme, gleich ob gebundene oder ungebundene Zustände besitzend, falsch ist. Also kann $\hat{\mathcal{T}}$ kein unitärer Operator sein. Aus dem, was wir in Abschnitt 13 durch den Satz von Wigner wissen, kann $\hat{\mathcal{T}}$ also nur ein antiunitärer Operator sein. ■

Dann wird aus (20.30):

$$\begin{aligned} \hat{\mathcal{T}}(-\mathrm{i}\hat{H}) &= \mathrm{i}\hat{H}\hat{\mathcal{T}} \\ \Longrightarrow +\mathrm{i}\hat{\mathcal{T}}\hat{H} &= \mathrm{i}\hat{H}\hat{\mathcal{T}} \\ \Longrightarrow \hat{\mathcal{T}}\hat{H} &= \hat{H}\hat{\mathcal{T}}, \end{aligned}$$

der Hamilton-Operator $\hat{H}$ und der Zeitumkehroperator $\hat{\mathcal{T}}$ kommutieren also miteinander:

$$[\hat{\mathcal{T}}, \hat{H}] = 0. \tag{20.31}$$

Man beachte, dass die obige Begründung der Antiunitarität von $\hat{\mathcal{T}}$ eine rein physikalische ist! Implizit wird dadurch das Prinzip der **Mikroreversibilität** postuliert, was hierbei fordert, dass sich Energie-Eigenwerte unter Zeitumkehr nicht ändern.

Betrachten wir nun das Verhalten von Operatoren unter der Wirkung des Zeitumkehroperators. Dazu sei im Folgenden $\hat{O}$ ein beliebiger Hilbertraum-Operator, $|\phi\rangle\,, |\psi\rangle$ beliebige Zustände und

$$|\psi_T\rangle := \hat{\mathcal{T}}\,|\psi\rangle\,. \tag{20.32}$$

Wir zeigen zunächst eine wichtige Relation.

Satz. *Es gilt:*

$$\langle\phi|\hat{O}|\psi\rangle = \langle\psi_T|\,\hat{\mathcal{T}}\hat{O}^\dagger\hat{\mathcal{T}}^{-1}\,|\phi_T\rangle\,. \tag{20.33}$$

Beweis. Wir setzen der einfachen Notation halber vorübergehend

$$|\gamma\rangle = \hat{O}^\dagger\,|\phi\rangle\,.$$

Dann gilt:

$$\begin{aligned}\langle\phi|\hat{O}|\psi\rangle &= \langle\gamma|\psi\rangle \\ &= \langle\psi_T|\gamma_T\rangle \\ &= \langle\psi_T|\,\hat{\mathcal{T}}\,|\gamma\rangle \\ &= \langle\psi_T|\,\hat{\mathcal{T}}\,\hat{O}^\dagger|\phi\rangle \\ &= \langle\psi_T|\,\hat{\mathcal{T}}\,\hat{O}^\dagger\,\hat{\mathcal{T}}^{-1}\,\hat{\mathcal{T}}\,|\phi\rangle \\ &= \langle\psi_T|\,\hat{\mathcal{T}}\,\hat{O}^\dagger\,\hat{\mathcal{T}}^{-1}\,|\phi_T\rangle\,. \end{aligned}$$ ■

Insbesondere gilt dann für einen hermiteschen Operator $\hat{A}$:

$$\langle\phi|\hat{A}|\psi\rangle = \langle\psi_T|\,\hat{\mathcal{T}}\,\hat{A}\,\hat{\mathcal{T}}^{-1}\,|\phi_T\rangle\,, \tag{20.34}$$

woraus trivialerweise, für $\hat{A} = \mathbb{1}$, folgt:

$$\langle\phi|\psi\rangle = \langle\psi_T|\phi_T\rangle\,. \tag{20.35}$$

Ein hermitescher Operator $\hat{A}$ heißt **gerade** unter der Wirkung des Zeitumkehroperators, wenn gilt:

$$\hat{\mathcal{T}}\,\hat{A}\,\hat{\mathcal{T}}^{-1} = \hat{A}$$

und **ungerade**, wenn gilt:

$$\hat{\mathcal{T}}\,\hat{A}\,\hat{\mathcal{T}}^{-1} = -\hat{A}.$$

Daraus folgt für gerade beziehungsweise ungerade Operatoren $\hat{A}$:

$$\langle\phi|\hat{A}|\psi\rangle = \pm\,\langle\phi_T|\hat{A}|\psi_T\rangle^*\,, \tag{20.36}$$

und insbesondere für Erwartungswerte:

$$\langle\psi|\hat{A}|\psi\rangle = \pm\,\langle\psi_T|\hat{A}|\psi_T\rangle\,, \tag{20.37}$$

wobei das obere Vorzeichen für gerade, das untere für ungerade Observablen gilt. Der Hamilton-Operator $\hat{H}$ ist wegen (20.31) offensichtlich ein gerader Operator.

Satz. *Für Orts- und Impulsoperatoren $\hat{\boldsymbol{r}}$, $\hat{\boldsymbol{p}}$ gilt:*

$$\hat{\mathcal{T}}\,\hat{\boldsymbol{r}}\,\hat{\mathcal{T}}^{-1} = \hat{\boldsymbol{r}}, \tag{20.38}$$

$$\hat{\mathcal{T}}\,\hat{\boldsymbol{p}}\,\hat{\mathcal{T}}^{-1} = -\hat{\boldsymbol{p}}, \tag{20.39}$$

das heißt, $\hat{\boldsymbol{r}}$ ist ein gerader und $\hat{\boldsymbol{p}}$ ein ungerader Operator unter der Zeitumkehr.

Beweis. Wäre $\hat{\boldsymbol{r}}$ kein gerader Operator, so würden unter der Wirkung des Zeitumkehroperators sämtliche Energieeigenwerte E_n eines Hamilton-Operators $\hat{H}(\hat{\boldsymbol{r}}, \hat{\boldsymbol{p}})$ der Form $\hat{H}(\hat{\boldsymbol{r}}, \hat{\boldsymbol{p}}) = \hat{\boldsymbol{p}}^2/(2m)+\hat{V}(\hat{\boldsymbol{r}})$ eine Veränderung erfahren, wenn $\hat{\boldsymbol{r}}$ mit ungeraden Potenzen in $\hat{V}$ vorkommt, was unphysikalisch ist. Es ist ein experimenteller Befund, dass beispielsweise alle bekannten Zentralpotentiale der Form $\hat{V}(\hat{r})$ zeitumkehrinvariant sind. Auch hier zeigt sich wieder die per Antiunitarität von $\hat{\mathcal{T}}$ realisierte **Mikroreversibilität** in der Quantenmechanik.

Dass $\hat{\boldsymbol{p}}$ ein ungerader Operator ist, liegt physikalisch offensichtlich auf der Hand. Etwas strenger mathematisch kann man aber auch aus den kanonischen Kommutatorrelationen (I-15.34) zeigen, dass aus der Tatsache, dass $\hat{\boldsymbol{r}}$ gerade ist, folgt, dass $\hat{\boldsymbol{p}}$ ungerade sein muss:

$$
\begin{aligned}
[\hat{r}_i, \hat{p}_j] &= \mathrm{i}\hbar\delta_{ij} \\
\Longrightarrow \hat{\mathcal{T}}[\hat{r}_i, \hat{p}_j]\hat{\mathcal{T}}^{-1} &= \hat{\mathcal{T}}\,\mathrm{i}\hbar\delta_{ij}\,\hat{\mathcal{T}}^{-1} \\
&= -\mathrm{i}\hbar\delta_{ij},
\end{aligned}
$$

was nur dann möglich ist, wenn entweder $\hat{\boldsymbol{r}}$ gerade und $\hat{\boldsymbol{p}}$ ungerade ist oder umgekehrt. Zusammen mit der physikalischen Begründung oben, dass $\hat{\boldsymbol{r}}$ ein gerader Operator sein muss, folgt, dass $\hat{\boldsymbol{p}}$ ungerade ist. ■

Aus dem oben Gesagten folgt natürlich unmittelbar, dass der Drehimpulsoperator $\hat{\boldsymbol{J}}$ ein ungerader Operator ist:

$$
\hat{\mathcal{T}}\hat{\boldsymbol{J}}\hat{\mathcal{T}}^{-1} = -\hat{\boldsymbol{J}}, \tag{20.40}
$$

was wiederum völlig kompatibel ist mit

$$
\begin{aligned}
[\hat{J}_i, \hat{J}_j] &= \mathrm{i}\hbar\epsilon_{ijk}\hat{J}_k \\
\Longrightarrow \hat{\mathcal{T}}[\hat{J}_i, \hat{J}_j]\hat{\mathcal{T}}^{-1} &= -\mathrm{i}\hbar\epsilon_{ijk}\hat{\mathcal{T}}\hat{J}_k\hat{\mathcal{T}}^{-1}.
\end{aligned}
$$

Daraus folgt aber auch unmittelbar, dass $[\hat{\mathcal{T}}, \mathrm{i}\hat{\boldsymbol{J}}] = 0$ und damit, dass $\hat{\mathcal{T}}$ mit allen Rotationen kommutiert!

Für Orts- und Impulseigenzustände kann man nun leicht nachrechnen:

$$
\hat{\mathcal{T}}\,|\boldsymbol{r}\rangle = |\boldsymbol{r}\rangle, \tag{20.41}
$$

$$
\hat{\mathcal{T}}\,|\boldsymbol{p}\rangle = |-\boldsymbol{p}\rangle, \tag{20.42}
$$

und für Orts- und Impulswellenfunktionen folgt dann mit (20.36):

$$
\begin{aligned}
\langle \boldsymbol{r}|\psi\rangle &= \langle \boldsymbol{r}_T|\psi_T\rangle^* = \langle \boldsymbol{r}|\psi_T\rangle^* \\
\Longrightarrow \psi_T(\boldsymbol{r}) &= \psi(\boldsymbol{r})^*, \qquad (20.43)\\
\langle \boldsymbol{p}|\psi\rangle &= -\langle \boldsymbol{p}_T|\psi_T\rangle^* = \langle -\boldsymbol{p}|\psi_T\rangle^* \\
\Longrightarrow \tilde{\psi}_T(\boldsymbol{p}) &= \psi(-\boldsymbol{p})^*. \qquad (20.44)
\end{aligned}
$$

Eine Folge der Zeitumkehrinvarianz – so sie bei einem gegebenen Quantensystem existiert – ist die Tatsache, dass die Ortsdarstellung $\psi(\boldsymbol{r})$ eines nicht-entarteten Zustands stets reell gewählt werden kann. Das ist leicht einzusehen, denn wenn $\psi(\boldsymbol{r})$ die stationäre Schrödinger-Gleichung (I-18.12) löst, dann löst auch $\psi(\boldsymbol{r})^*$ (I-18.12). Wenn der Energieeigenwert E aber gemäß Voraussetzung nicht-entartet ist, können sich $\psi(\boldsymbol{r})$ und $\psi(\boldsymbol{r})^*$ nur durch einen globalen Phasenfaktor voneinander unterscheiden, und damit kann $\psi(\boldsymbol{r})$ reell gewählt werden.

Wirkung von $\hat{\mathcal{P}}$ und $\hat{\mathcal{T}}$ auf Einteilchen-Zustände
Die Einteilchen-Zustände $|\boldsymbol{0}, m\rangle$ (Abschnitt 18) sind Eigenzustände von $\hat{\boldsymbol{p}}$ (mit Eigenwert $\boldsymbol{p} = \boldsymbol{0}$) und $\hat{J}_3$ (mit Eigenwert $\hbar m$). Weil $\hat{\mathcal{P}}$ wegen (20.24) mit $\hat{\boldsymbol{J}}$ kommutiert und mit $\hat{\boldsymbol{p}}$ wegen (20.23) antikommutiert, muss die Wirkung von $\hat{\mathcal{P}}$ auf einen Einteilchen-Zustand $|\boldsymbol{0}, m\rangle$ (Abschnitt 18) von der Form

$$\hat{\mathcal{P}}\,|\boldsymbol{0}, m\rangle = \eta_m\,|\boldsymbol{0}, m\rangle$$

sein, wobei $\eta_m = \pm 1$. Die Frage ist, ob η_m überhaupt von m abhängt? Die Antwort gibt der

Satz. *Der Einteilchen-Zustand $|\boldsymbol{0}, m\rangle$ besitzt eine wohldefinierte Parität $\eta = \pm 1$, die unabhängig ist von der Quantenzahl m. Diese Parität heißt* ***intrinsische Parität****.*

Beweis. Es gilt:

$$\begin{aligned}\hat{\mathcal{P}}\,\hat{J}_\pm\,|\boldsymbol{0}, m\rangle &= \eta_{m+1}\hbar\sqrt{j(j+1) - m(m \pm 1)}\,|\boldsymbol{0}, m \pm 1\rangle\,,\\ \hat{J}_\pm\,\hat{\mathcal{P}}\,|\boldsymbol{0}, m\rangle &= \eta_m\hbar\sqrt{j(j+1) - m(m \pm 1)}\,|\boldsymbol{0}, m \pm 1\rangle\,.\end{aligned}$$

Also muss wegen $[\hat{\mathcal{P}}, \hat{\boldsymbol{J}}] = 0$ gelten: $\eta_m = \eta_{m\pm 1} = \eta$. ■

Ob η hierbei +1 oder −1 ist, ist an dieser Stelle völlig undefiniert und eine intrinsische Teilcheneigenschaft, daher der Name **intrinsische Parität**.

Für Einteilchen-Zustände $|\boldsymbol{p}, m\rangle$ mit von Null verschiedenem Impuls $\boldsymbol{p}$ gilt dann der

Satz. *Die Wirkung von $\hat{\mathcal{P}}$ auf den Einteilchen-Zustand $|\boldsymbol{p}, m\rangle$ ist:*

$$\hat{\mathcal{P}}\,|\boldsymbol{p}, m\rangle = \eta\,|-\boldsymbol{p}, m\rangle\,. \tag{20.45}$$

Beweis. Es sei $\hat{U}(\boldsymbol{v})$ der Operator für Galilei-Boosts mit $\boldsymbol{p} = m\boldsymbol{v}$. Dann ist aufgrund der Tatsache, dass $\hat{\boldsymbol{r}}$ und damit $\hat{\boldsymbol{c}}$ ungerade Operatoren sind:

$$\begin{aligned}\hat{\mathcal{P}}\,|\boldsymbol{p}, m\rangle &= \hat{\mathcal{P}}\,\hat{U}(\boldsymbol{v})\,|\boldsymbol{0}, m\rangle\\ &= \underbrace{\hat{\mathcal{P}}\,\hat{U}(\boldsymbol{v})\,\hat{\mathcal{P}}}_{\hat{U}(-\boldsymbol{v})}\,\hat{\mathcal{P}}\,|\boldsymbol{0}, m\rangle\\ &= \eta\,|-\boldsymbol{p}, m\rangle\,.\end{aligned}$$ ■

Die intrinsische Parität η eines Teilchens ist neben Masse und Spin (und der Ladung, wenn wir wie in Abschnitt 42 bereits vorausgreifen auf die relativistische Quantentheorie) eine weitere Galilei-invariante Teilchen-Eigenschaft. Wir kommen bei der Betrachtung der diskreten Symmetrien in der relativistischen Quantentheorie in Abschnitt IV-31 auf sie zurück.

Nun betrachten wir die Wirkung von $\hat{\mathcal{T}}$ auf $|\mathbf{0}, m\rangle$ und verwenden im Folgenden, dass $\hat{\mathcal{T}}$ mit $\hat{\boldsymbol{p}}$ und $\hat{\boldsymbol{J}}$ gemäß (20.39) und (20.40) antikommutiert, sowie auch mit $\mathrm{i}\mathbb{1}$. Dann muss zunächst wieder gelten:

$$\hat{\mathcal{T}}\,|\mathbf{0}, m\rangle = \zeta_m\,|\mathbf{0}, -m\rangle$$

sein, wobei $|\zeta_m| = 1$. Im Gegensatz zur intrinsischen Parität kann ζ_m zunächst beliebige Werte auf dem Einheitskreis annehmen und ist nicht auf ± 1 beschränkt, da im Gegensatz zum Paritätsoperator $\hat{\mathcal{P}}$ der Zeitumkehroperator $\hat{\mathcal{T}}$ nicht selbstinvers ist, wie wir weiter unten feststellen werden.

Nun rechnen wir einerseits:

$$\hat{\mathcal{T}}\,\hat{J}_\pm\,|\mathbf{0}, m\rangle = \zeta_{m\pm 1}\hbar\sqrt{j(j+1) - m(m \pm 1)}\,|\mathbf{0}, -m \mp 1\rangle\,,$$

und andererseits

$$\begin{aligned}\hat{\mathcal{T}}\,\hat{J}_\pm\,|\mathbf{0}, m\rangle &= -\hat{J}_\mp\,\hat{\mathcal{T}}\,|\mathbf{0}, m\rangle \\ &= -\zeta_m\hat{J}_\mp\,|\mathbf{0}, -m\rangle \\ &= -\zeta_m\hbar\sqrt{j(j+1) - m(m \pm 1)}\,|\mathbf{0}, -m \mp 1\rangle\,.\end{aligned}$$

Damit erhalten wir $\zeta_m = -\zeta_{m\pm 1}$, so dass das Vorzeichen also mit m alterniert, ζ_m aber nicht zwangsläufig reell sein muss. Allgemein kann man ζ_m dann wie folgt ansetzen:

$$\zeta_m = (-1)^{j-m}\mathrm{e}^{\mathrm{i}\delta}, \tag{20.46}$$

mit reellem δ und erhält:

$$\hat{\mathcal{T}}\,|\mathbf{0}, m\rangle = (-1)^{j-m}\mathrm{e}^{\mathrm{i}\delta}\,|\mathbf{0}, -m\rangle\,. \tag{20.47}$$

Man beachte, dass in jedem Falle $j - m$ ganzzahlig ist, so dass $(-1)^{j-m}$ stets reell ist. Durch geeignete Phasenkonvention kann allerdings $\delta = 0$ erreicht werden: setzt man nämlich $|\mathbf{0}, m\rangle' = \mathrm{e}^{-\mathrm{i}\delta/2}\,|\mathbf{0}, m\rangle$, so folgt aus (20.47):

$$\begin{aligned}\hat{\mathcal{T}}\,|\mathbf{0}, m\rangle' = \hat{\mathcal{T}}\,\mathrm{e}^{-\mathrm{i}\delta/2}\,|\mathbf{0}, m\rangle &= \mathrm{e}^{\mathrm{i}\delta/2}\,\hat{\mathcal{T}}\,|\mathbf{0}, m\rangle \\ &= \mathrm{e}^{\mathrm{i}\delta/2}(-1)^{j-m}\mathrm{e}^{-\mathrm{i}\delta}\,|\mathbf{0}, -m\rangle = (-1)^{j-m}\,|\mathbf{0}, -m\rangle'\,,\end{aligned}$$

und damit nach Weglassen des Striches:

$$\hat{\mathcal{T}}\,|\mathbf{0}, m\rangle = (-1)^{j-m}\,|\mathbf{0}, -m\rangle\,. \tag{20.48}$$

Für von Null verschiedene Impulse $\boldsymbol{p}$ erhalten wir wieder:

$$\begin{aligned}\hat{\mathcal{T}}\,|\boldsymbol{p}, m\rangle &= \hat{\mathcal{T}}\,\hat{U}(\boldsymbol{v})\,|\mathbf{0}, m\rangle \\ &= \underbrace{\hat{\mathcal{T}}\,\hat{U}(\boldsymbol{v})\,\hat{\mathcal{T}}^{-1}}_{\hat{U}(-\boldsymbol{v})}\,\hat{\mathcal{T}}\,|\mathbf{0}, m\rangle \\ &= (-1)^{j-m}\,|-\boldsymbol{p}, m\rangle\,.\end{aligned}$$

Hierbei ist zu beachten, dass die Operatoren $\hat{\boldsymbol{r}}$ und damit $\hat{\boldsymbol{c}}$ zwar gerade Operatoren unter der Zeitumkehr sind, der Zeitumkehroperator aber gewissermaßen alles vor ihm Stehende komplex-konjugiert, daher ist $\hat{\mathcal{T}}\,\hat{U}(\boldsymbol{v})\,\hat{\mathcal{T}}^{-1} = \hat{U}(-\boldsymbol{v})$. Wir fassen zusammen:

$$\hat{\mathcal{T}}\,|\boldsymbol{p},m\rangle = (-1)^{j-m}\,|-\boldsymbol{p},-m\rangle\,. \tag{20.49}$$

Zeitumkehrinvarianz und Spin-$\frac{1}{2}$: die Kramers-Entartung

Während $\hat{\mathcal{T}}$ ein antilinearer Operator ist, ist $\hat{\mathcal{T}}^2$ ein gewöhnlicher linearer Operator, denn es gilt:

$$\hat{\mathcal{T}}^2\,\alpha\,|\psi\rangle = \alpha\,\hat{\mathcal{T}}^2\,|\psi\rangle\,,$$

mit beliebigem $\alpha \in \mathbb{C}$. Es wäre zunächst zu erwarten, dass $\hat{\mathcal{T}}^2 = \mathbb{1}$ gelten würde, aber wie so häufig lässt uns die Intuition in der Quantenmechanik wieder einmal im Stich. Es ist nämlich $\hat{\mathcal{T}} \neq \hat{\mathcal{T}}^{-1}$! Vielmehr gilt:

Satz. *Es sei $|j,m\rangle$ ein Eigenzustand von $\hat{\boldsymbol{J}}^2, \hat{J}_z$ zu den jeweiligen Quantenzahlen j,m. Dann gilt:*

$$\hat{\mathcal{T}}^2\,|j,m\rangle = (-1)^{2j}\,|j,m\rangle\,. \tag{20.50}$$

Daraus folgt insbesondere, dass für Eigenzustände zu halbzahligem Drehimpuls gilt:

$$\hat{\mathcal{T}}^2\,|j=\frac{1}{2},m\rangle = -\,|j=\frac{1}{2},m\rangle\,. \tag{20.51}$$

Beweis. Zunächst halten wir fest, dass wir die Zustände $|j,m\rangle$ zu festem j identifizieren können mit den oben betrachteten Einteilchen-Zuständen $|\boldsymbol{0},m\rangle$. Es gilt also:

$$\hat{\mathcal{T}}\,|j,m\rangle = (-1)^{j-m}\,|j,-m\rangle\,.$$

Dann ist aber

$$\begin{aligned}\hat{\mathcal{T}}^2\,|j,m\rangle &= (-1)^{j-m}\,\hat{\mathcal{T}}\,|j,-m\rangle \\ &= (-1)^{j-m}(-1)^{j+m}\,|j,m\rangle = (-1)^{2j}\,|j,m\rangle\,.\end{aligned}$$ ■

Dieser Satz hat eine wichtige Konsequenz. Da ja wegen (20.31) auch gilt:

$$[\hat{\mathcal{T}}^2,\hat{H}] = 0,$$

können Energie-Eigenzustände $|\psi\rangle$ stets auch als Eigenzustände von $\hat{\mathcal{T}}^2$ gewählt werden. Diese sind dann allerdings nicht notwendigerweise auch Eigenzustände von $\hat{\mathcal{T}}$, denn in dem Fall, dass $|\psi\rangle$ ein Spin-$\frac{1}{2}$-System beschreibt (oder das System allgemein halbzahligen Gesamtdrehimpuls besitzt), muss ja gelten:

$$\hat{\mathcal{T}}^2\,|\psi\rangle = -\,|\psi\rangle\,,$$

woraus folgt, dass

$$\hat{\mathcal{T}}\,|\psi\rangle \neq c\,|\psi\rangle \qquad (c \in \mathbb{C}).$$

Vielmehr muss es daher zwei zueinander orthogonale Eigenzustände $|\psi_1\rangle\,,|\psi_2\rangle$ von $\hat{H}$ zu selbem Energie-Eigenwert geben, so dass:

$$\begin{aligned}\hat{\mathcal{T}}\,|\psi_1\rangle &= c_2\,|\psi_2\rangle\,,\\ \hat{\mathcal{T}}\,|\psi_2\rangle &= c_1\,|\psi_1\rangle\,,\\ c_1c_2 &= -1,\end{aligned}$$

und außerdem

$$\langle\psi_1|\psi_2\rangle = 0,$$

was recht schnell zu sehen ist, denn es gilt ja wegen (20.35):

$$\langle\psi_1|\,\hat{\mathcal{T}}\,\psi_1\rangle = \langle\hat{\mathcal{T}}^2\,\psi_1|\,\hat{\mathcal{T}}\,\psi_1\rangle = -\,\langle\psi_1|\,\hat{\mathcal{T}}\,\psi_1\rangle\,,$$

was offensichtlich nur gelten kann, wenn $\langle\psi_1|\,\hat{\mathcal{T}}\,\psi_1\rangle = 0$. Diese Entartung eines Systems mit halbzahligem Gesamtdrehimpuls bei Vorhandensein einer Zeitumkehrsymmetrie heißt **Kramers-Entartung**. Kramers hatte dieses Prinzip („Kramers-Theorem") bereits 1930 formuliert [Kra30], ohne es aber erklären zu können. Wie eingangs erwähnt, war es Wigner, der dies in seiner Arbeit [Wig32] tat, ja es war geradezu eine Zielsetzung dieser Arbeit, die Kramers-Entartung zu erklären!

Es bleibt noch festzulegen, welchen Wert denn nun der Koeffizient c_m in (20.46) annimmt. Hier gilt es eine Konvention zu treffen. Aus (20.43) sowie (3.57) folgt, dass unter der Wirkung des Zeitumkehroperators gelten muss:

$$\mathrm{Y}_{lm}(\theta,\phi) \longrightarrow \mathrm{Y}^*_{lm}(\theta,\phi) = (-1)^m\mathrm{Y}_{l,-m}(\theta,\phi), \tag{20.52}$$

also ist

$$\hat{\mathcal{T}}\,|l,m\rangle = (-1)^m\,|l,-m\rangle\,. \tag{20.53}$$

Eine naheliegende Verallgemeinerung ist nun, allgemein die Konvention anzusetzen:

$$\hat{\mathcal{T}}\,|j,m\rangle = (-1)^m\,|j,-m\rangle\,. \tag{20.54}$$

Für $j = \frac{1}{2}$ kann man dann für einen beliebigen Pauli-Spinor (4.21) schreiben:

$$\hat{\mathcal{T}}\begin{pmatrix}\psi_+\\ \psi_-\end{pmatrix} = \sigma_2\begin{pmatrix}\psi_+\\ \psi_-\end{pmatrix} = \begin{pmatrix}-\mathrm{i}\psi_-\\ \mathrm{i}\psi_+\end{pmatrix}. \tag{20.55}$$

Zuguterletzt wollen wir erwähnen, dass die Wirkung von $\hat{\mathcal{T}}$ häufig geschrieben wird als

$$\hat{\mathcal{T}} = \hat{U}\hat{K}, \tag{20.56}$$

wobei $\hat{U}$ ein im Darstellungsraum unitärer Operator ist und $\hat{K}$ die Komplex-Konjugation aller folgenden Größen bewirkt. Es gilt trivialerweise $\hat{K}^2 = \mathbb{1}$. Damit kann man $\hat{\mathcal{T}}^{-1}$ angeben als

$$\hat{\mathcal{T}}^{-1} = \hat{K}\hat{U}^{-1}, \tag{20.57}$$

und es ist

$$\hat{\mathcal{T}}\hat{\mathcal{T}}^{-1} = \hat{U}\hat{K}\hat{K}\hat{U}^{-1} = \hat{U}\hat{U}^{-1} = \mathbb{1}.$$

Weiterführende Literatur

Weiterführende Literatur zum Thema Symmetrien in der Quantenmechanik ist eng verknüpft mit der weiterführenden Literatur zu den Lie-Gruppen und -Algebren und ihrer Darstellungstheorie. Die Auswahl an verfügbarer Literatur hierzu ist riesig, und ein kleiner Ausschnitt nach persönlicher Vorliebe des Autors ist aufgrund der kapitelübergreifenden Bedeutung am Ende des Bandes aufgeführt. Speziell zu diskreten Transformationen und Symmetrien sei darüber hinaus wärmstens empfohlen:

Marco S. Sozzi: *Discrete Symmetries and CP Violation – From Experiment to Theory*, Oxford University Press, 2008.

Teil 3

Dreidimensionale Probleme

In diesem Kapitel wollen wir die Schrödinger-Gleichung für spinlose Teilchen in dreidimensionalen Potentialen lösen. Zunächst untersuchen wir die dreidimensionalen Verallgemeinerungen der bereits im Eindimensionalen betrachteten Modellpotentiale: das Kastenpotential, sowie der allgemeine dreidimensionale harmonische Oszillator. Im Gegensatz zum eindimensionalen Fall weisen dreidimensionale Probleme häufig Entartung in den Energieeigenwerten auf, nämlich immer dann, wenn das Potential gewisse Symmetrien besitzt.
Wir gehen dann zur allgemeinen Behandlung kugelsymmetrischer Potentiale – sogenannter Zentralpotentiale – über, wobei wir zunächst den isotropen harmonischen Oszillator und abschließend eines der wichtigsten quantenmechanischen Systeme überhaupt untersuchen: das Wasserstoffatom.

O. Tennert, *Quantenmechanik II*, https://doi.org/10.1007/978-3-662-68587-7_3

21 Das Kastenpotential

Ein sehr einfaches Modellsystem stellt das unendlich tiefe **Kastenpotential** dar. Es ist die dreidimensionale Verallgemeinerung des unendlich tiefen Potentialtopfs aus Abschnitt I-32. Das Potential $V(\boldsymbol{r})$ besitzt hierbei die Form:

$$V(\boldsymbol{r}) = \begin{cases} 0 & (\text{für } 0 < x < a, 0 < y < b, 0 < z < c) \\ \infty & (\text{überall sonst}) \end{cases}. \tag{21.1}$$

$V(\boldsymbol{r})$ besitzt also in einem quaderförmigen Bereich mit den Abmaßen a, b, c eine unendlich tiefe Potentialdifferenz zum angrenzenden Bereich. Daher kann das System nur gebundene Zustände besitzen.

Wie man sich schnell überlegen kann, kann dieses Potential in der Form (I-18.20) geschrieben werden:

$$V(\boldsymbol{r}) = V_x(x) + V_y(y) + V_z(z), \tag{21.2}$$

mit

$$V_x(x) = \begin{cases} 0 & (\text{für } 0 < x < a) \\ \infty & (\text{überall sonst}) \end{cases}, \tag{21.3}$$

$$V_y(y) = \begin{cases} 0 & (\text{für } 0 < y < b) \\ \infty & (\text{überall sonst}) \end{cases}, \tag{21.4}$$

$$V_z(z) = \begin{cases} 0 & (\text{für } 0 < z < c) \\ \infty & (\text{überall sonst}) \end{cases}, \tag{21.5}$$

so dass der Separationsansatz (I-18.21) angewandt werden kann und wir die bereits bekannten Lösungen des unendlich tiefen Potentialtopfs im Eindimensionalen verwenden werden können. Für die stationären Zustände erhalten wir demnach:

$$\Psi_{n_x,n_y,n_z}(\boldsymbol{r},t) = \sqrt{\frac{8}{abc}} \sin\left(\frac{n_x \pi}{a} x\right) \sin\left(\frac{n_y \pi}{b} y\right) \sin\left(\frac{n_z \pi}{c} z\right) \mathrm{e}^{-\mathrm{i}E_{n_x n_y n_z} t/\hbar} \tag{21.6}$$

$$\text{mit } E_{n_x n_y n_z} = \frac{\pi^2 \hbar^2}{2m} \left(\frac{n_x^2}{a^2} + \frac{n_y^2}{b^2} + \frac{n_z^2}{c^2}\right). \tag{21.7}$$

Die Indizes n_x, n_y, n_z können hierbei jeweils Werte $1, 2, 3, \ldots$ annehmen. Die Energieeigenwerte $E_{n_x n_y n_z}$ sind hierbei im Allgemeinen entartet, da in den meisten Fällen unterschiedliche Kombinationen n_x, n_y, n_z zum selben Wert von $E_{n_x n_y n_z}$ führen.

Für den einfacheren Fall des **kubischen Kastenpotentials**, bei dem $a = b = c = L$ ist, erhalten wir die Energieeigenwerte und stationären Zustände:

$$\Psi_{n_x,n_y,n_z}(\boldsymbol{r},t) = \sqrt{\frac{8}{L^3}} \sin\left(\frac{n_x\pi}{L}x\right) \sin\left(\frac{n_y\pi}{L}y\right) \sin\left(\frac{n_z\pi}{L}z\right) \mathrm{e}^{-\mathrm{i}E_{n_xn_yn_z}t/\hbar} \tag{21.8}$$

$$\text{mit} \quad E_{n_xn_yn_z} = \frac{\pi^2\hbar^2}{2mL^2}\left(n_x^2 + n_y^2 + n_z^2\right), \tag{21.9}$$

wiederum mit n_x, n_y, n_z jeweils aus der Menge $\{1, 2, 3, \ldots\}$. Der Grundzustand besitzt das Energieniveau

$$E_{111} = \frac{3\pi^2\hbar^2}{2mL^2} = 3E_1, \tag{21.10}$$

wobei wir wie im Eindimensionalen

$$E_1 = \frac{\hbar^2\pi^2}{2mL^2} \tag{21.11}$$

gesetzt haben. Tabelle 3.1 zeigt die Entartungsgrade g_n des ersten sechs Energieniveaus.

Tabelle 3.1: Energieniveaus und deren Entartungsgrad g_n

$E_{n_xn_yn_z}/E_1$	(n_x, n_y, n_z)	g_n
3	(111)	1
6	(211),(121),(112)	3
9	(221),(212),(122)	3
11	(311),(131),(113)	3
12	(222)	1
14	(321),(312),(231),(213),(132),(123)	6

Entartung kommt immer dann vor, wenn ein quantenmechanisches System eine Symmetrie aufweist. Im Falle des kubischen Kastenpotentials gibt es die Symmetrie unter Vertauschung $\boldsymbol{x} \leftrightarrow \boldsymbol{y} \leftrightarrow z$, im Gegensatz zum allgemeinen Kastenpotential, das wir eingangs betrachtet haben.

22 Die stationäre Schrödinger-Gleichung in Kugelkoordinaten

Für die Betrachtung von Zentralpotentialen ist zunächst die Formulierung der stationären Schrödinger-Gleichung in Kugelkoordinaten sinnvoll. Wir bezeichnen die Masse im Folgenden mit M, weil der Buchstabe m wie allgemein üblich für die **azimutale Quantenzahl**, historisch auch als **magnetische Quantenzahl** bezeichnet, reserviert ist.

Ausgangspunkt ist die stationäre Schrödinger-Gleichung (I-16.2):

$$\left[\frac{\hat{\boldsymbol{p}}^2}{2m} + \hat{V}(\hat{\boldsymbol{r}})\right] |\Psi(t)\rangle = E\, |\Psi(t)\rangle\,, \tag{22.1}$$

in der wir nun den Impulsoperator $\hat{\boldsymbol{p}}$ in einen radialen und einen lateralen Anteil zerlegen.

Wir führen daher den **radialen Impulsoperator** ein:

$$\hat{p}_r := \frac{1}{2}\left(\frac{\hat{\boldsymbol{r}}}{\hat{r}} \cdot \hat{\boldsymbol{p}} + \hat{\boldsymbol{p}} \cdot \frac{\hat{\boldsymbol{r}}}{\hat{r}}\right), \tag{22.2}$$

so dass

$$\begin{aligned} \Longrightarrow \langle \boldsymbol{r}|\hat{p}_r|\Psi\rangle &= -\mathrm{i}\hbar\left(\frac{\partial}{\partial r} + \frac{1}{r}\right)\Psi(\boldsymbol{r}) \\ &= -\mathrm{i}\hbar\frac{1}{r}\frac{\partial}{\partial r} r\Psi(\boldsymbol{r}) = -\mathrm{i}\hbar\nabla_r\Psi(\boldsymbol{r}), \end{aligned} \tag{22.3}$$

und

$$\langle \boldsymbol{r}|\hat{p}_r^2|\Psi\rangle = -\hbar^2\nabla_r^2\Psi(\boldsymbol{r}). \tag{22.4}$$

Wir haben die symmetrisierte Form (22.2) verwendet, weil nur diese einen hermiteschen Operator darstellt (vergleiche die Diskussion über Weyl-Symmetrisierung in Abschnitt I-16).

Es gilt nun:

$$\hat{\boldsymbol{p}}^2 = \hat{p}_r^2 + \frac{\hat{\boldsymbol{L}}^2}{\hat{r}^2}, \tag{22.5}$$

wie eine triviale, aber durchaus fehleranfällige Rechnung schnell ergibt.

Beweis. Stures Nachrechnen. ∎

Daher können wir die stationäre Schrödinger-Gleichung (22.1) in Operatorform wie folgt schreiben:

$$\left[\frac{\hat{p}_r^2}{2M} + \frac{\hat{\boldsymbol{L}}^2}{2M\hat{r}^2} + \hat{V}(\hat{\boldsymbol{r}})\right] |\Psi\rangle = E\, |\Psi\rangle\,. \tag{22.6}$$

Der erste Term $\hat{p}_r^2/(2M)$ in (22.6) stellt die kinetische Energie in radialer Richtung dar, der zweite Term $\hat{\boldsymbol{L}}^2/(2Mr^2)$ entspricht der Rotationsenergie, sprich der kinetischen Energie in lateraler Richtung.

In Ortsdarstellung wird daraus:

$$\left[-\frac{\hbar^2}{2M}\left(\nabla_r^2 + \frac{1}{r^2}\nabla_\Omega^2\right) + V(\boldsymbol{r})\right]\psi(\boldsymbol{r}) = E\psi(\boldsymbol{r}),$$

beziehungsweise nach Umordnung der Terme:

$$\left[-\frac{\hbar^2 r^2}{2M}\nabla_r^2 + r^2(V(\boldsymbol{r}) - E) - \frac{\hbar^2}{2M}\nabla_\Omega^2\right]\psi(\boldsymbol{r}) = 0, \tag{22.7}$$

denn wissen wir ja aus Abschnitt 3, dass die Ortsdarstellung des Bahndrehimpulsquadratoperators $\hat{\boldsymbol{L}}^2$ wie folgt aussieht (vergleiche (3.10)):

$$\langle \hat{\boldsymbol{r}}|\hat{\boldsymbol{L}}^2|\Psi\rangle = -\hbar^2\nabla_\Omega^2\Psi(\boldsymbol{r}) \tag{22.8}$$

$$= -\hbar^2\left[\frac{1}{\sin\theta}\frac{\partial}{\partial\theta}\left(\sin\theta\frac{\partial}{\partial\theta}\right) + \frac{1}{\sin^2\theta}\frac{\partial^2}{\partial\phi^2}\right]\Psi(\boldsymbol{r}). \tag{22.9}$$

Für den Ortsoperator $\hat{r}$ und den radialen Impulsoperator $\hat{p}_r$ gelten die kanonischen Kommutatorrelationen:

$$[\hat{r}, \hat{p}_r] = \mathrm{i}\hbar. \tag{22.10}$$

Beweis.

$$\begin{aligned}
[\hat{r}, \hat{p}_r] &= \frac{1}{2}\left([\hat{r}, \frac{\hat{\boldsymbol{r}}}{\hat{r}}\cdot\hat{\boldsymbol{p}}] + [\hat{r}, \hat{\boldsymbol{p}}\cdot\frac{\hat{\boldsymbol{r}}}{\hat{r}}]\right)\\
&= \frac{1}{2}\left([\hat{r}, \frac{\hat{\boldsymbol{r}}}{\hat{r}}]\cdot\hat{\boldsymbol{p}} + \frac{\hat{\boldsymbol{r}}}{\hat{r}}\cdot[\hat{r}, \hat{\boldsymbol{p}}] + [\hat{r}, \hat{\boldsymbol{p}}]\cdot\frac{\hat{\boldsymbol{r}}}{\hat{r}} + \hat{\boldsymbol{p}}\cdot[\hat{r}, \frac{\hat{\boldsymbol{r}}}{\hat{r}}]\right)\\
&= \frac{1}{2}\left(3\mathrm{i}\hbar - \frac{\hat{\boldsymbol{r}}}{\hat{r}}\cdot\hat{\boldsymbol{p}}\hat{r} + \hat{r}\hat{\boldsymbol{p}}\cdot\frac{\hat{\boldsymbol{r}}}{\hat{r}}\right)\\
&= \frac{1}{2}\left(3\mathrm{i}\hbar - \frac{\hat{\boldsymbol{r}}}{\hat{r}}\cdot\hat{\boldsymbol{p}}\hat{r} + \hat{r}(\hat{\boldsymbol{r}}\cdot\hat{\boldsymbol{p}} - 3\mathrm{i}\hbar)\frac{1}{\hat{r}}\right)\\
&= \frac{1}{2}\left(-\frac{1}{\hat{r}}(\hat{\boldsymbol{r}}\cdot\hat{\boldsymbol{p}})\hat{r} + \hat{r}(\hat{\boldsymbol{r}}\cdot\hat{\boldsymbol{p}})\frac{1}{\hat{r}}\right)\\
&= \frac{1}{2\hat{r}}\left(\hat{r}^2(\hat{\boldsymbol{r}}\cdot\hat{\boldsymbol{p}})\frac{1}{\hat{r}^2} - (\hat{\boldsymbol{r}}\cdot\hat{\boldsymbol{p}})\right)\hat{r}.
\end{aligned}$$

In einer Nebenrechnung berechnen wir mit (I-15.40):

$$\begin{aligned}
\hat{\boldsymbol{p}}\frac{1}{\hat{r}^2} &= [\hat{\boldsymbol{p}}, \frac{1}{\hat{r}^2}] + \frac{1}{\hat{r}^2}\hat{\boldsymbol{p}}\\
&= 2\mathrm{i}\hbar\frac{\hat{\boldsymbol{r}}}{\hat{r}^4} + \frac{1}{\hat{r}^2}\hat{\boldsymbol{p}},
\end{aligned}$$

so dass wir weiterschreiben können:

$$
\begin{aligned}
[\hat{r}, \hat{p}_r] &= \frac{1}{2\hat{r}} \left(\hat{r}^2 (\hat{\boldsymbol{r}} \cdot \hat{\boldsymbol{p}}) \frac{1}{\hat{r}^2} - (\hat{\boldsymbol{r}} \cdot \hat{\boldsymbol{p}}) \right) \hat{r} \\
&= \frac{1}{2\hat{r}} \left(\hat{r}^2 \hat{\boldsymbol{r}} \cdot (2\mathrm{i}\hbar \frac{\hat{\boldsymbol{r}}}{\hat{r}^4} + \frac{1}{\hat{r}^2} \hat{\boldsymbol{p}}) - (\hat{\boldsymbol{r}} \cdot \hat{\boldsymbol{p}}) \right) \hat{r} \\
&= \frac{1}{2\hat{r}} (2\mathrm{i}\hbar + (\hat{\boldsymbol{r}} \cdot \hat{\boldsymbol{p}}) - (\hat{\boldsymbol{r}} \cdot \hat{\boldsymbol{p}})) \, \hat{r} = \mathrm{i}\hbar.
\end{aligned}
$$

■

23 Zentralpotentiale: allgemeine Betrachtungen

In diesem Abschnitt betrachten wir allgemeine Eigenschaften der Schrödinger-Gleichung für ein Teilchen der Masse M in einem **kugelsymmetrischen** Potential $V(\boldsymbol{r}) = V(r)$, auch **Zentralpotential** genannt, und gehen von (22.7) aus:

$$\left[-\frac{\hbar^2 r^2}{2M}\nabla_r^2 + r^2(V(r) - E) - \frac{\hbar^2}{2M}\nabla_\Omega^2\right]\psi(\boldsymbol{r}) = 0. \tag{23.1}$$

Aufgrund der Kugelsymmetrie gelten folgende Kommutatorrelationen:

$$[\hat{\boldsymbol{L}}^2, \hat{H}] = 0, \tag{23.2}$$

$$[\hat{L}_i, \hat{H}] = 0, \tag{23.3}$$

$$[\hat{\boldsymbol{L}}^2, \hat{L}_i] = 0. \tag{23.4}$$

Beweis. Da $\hat{\boldsymbol{L}}^2$ nicht von $\hat{r}$ abhängt, gilt $[\hat{\boldsymbol{L}}^2, \hat{V}(\hat{r})] = 0$ und $[\hat{\boldsymbol{L}}^2, \hat{p}_r^2] = 0$. Also ist $[\hat{\boldsymbol{L}}^2, \hat{H}] = 0$. Weil $\hat{p}_r^2$ und $\hat{V}(\hat{r})$ keine Winkelabhängigkeit besitzen, gilt ferner $[\hat{L}_z, \hat{V}(\hat{r})] = 0$ und $[\hat{L}_z, \hat{p}_r^2] = 0$. Also ist $[\hat{L}_z, \hat{H}] = 0$. Außerdem gilt bekanntermaßen $[\hat{\boldsymbol{L}}^2, \hat{L}_z] = 0$. Aus Symmetriegründen muss natürlich jede Aussage für $\hat{L}_z$ auch allgemein für $\hat{L}_i$ gelten. ∎

Daher bilden die Operatoren $\hat{H}$, $\hat{\boldsymbol{L}}^2$ und (ohne Beschränkung der Allgemeinheit) $\hat{L}_z$ eine gemeinsame Menge kommutierender Observablen und besitzen gemeinsame Eigenzustände, die wir mit den Quantenzahlen n, l, m bezeichnen:

$$\hat{H}\,|nlm\rangle = E_{nlm}\,|nlm\rangle\,. \tag{23.5}$$

Wir werden weiter unten feststellen, dass E_{nlm} tatsächlich keinerlei m-Abhängigkeit besitzt, also als E_{nl} geschrieben werden kann. Des Weiteren gilt $[\hat{H}, \hat{\mathcal{P}}] = 0$, so dass die Eigenzustände $|nlm\rangle$ auch Eigenzustände zu $\hat{\mathcal{P}}$ sind und damit wohldefinierte Parität besitzen.

Wir sehen nun, dass die linke Seite von (23.1) aus zwei Summanden besteht. einem Radialanteil und einem Lateralanteil, so dass sich die Separation der Variablen als Ansatz anbietet:

$$\begin{aligned}\psi_{nlm}(\boldsymbol{r}) &= \langle \boldsymbol{r}|nlm\rangle \\ &= \underbrace{\langle r\|nl\rangle}_{R_{nl}(r)}\,\underbrace{\langle \boldsymbol{e}_r|lm\rangle}_{Y_{lm}(\theta,\phi)},\end{aligned} \tag{23.6}$$

wobei wir unser Vorwissen aus Kapitel 1 bereits ausgenutzt haben, dass die Kugelflächenfunktionen $Y_{lm}(\theta, \phi)$ Eigenfunktionen zu $\hat{\boldsymbol{L}}^2$ und $\hat{L}_z$ sind. Hierbei stellt der Ausdruck $\langle r\|nl\rangle$ ein sogenanntes **reduziertes Matrixelement** dar, im Vorausgriff auf Abschnitt 40, welches nur von n und l abhängt, aber nicht von m – durch die l-Abhängigkeit von $R_{nl}(r)$ stellt (23.6) jedoch *nicht* die Ortsdarstellung eines Produktzustands dar!

Die **Energiequantenzahl** n, historisch vor allem im Rahmen der Betrachtungen zum Wasserstoffatom auch als **Hauptquantenzahl** bezeichnet, kann daher nur im Radialanteil $R_{nl}(r)$

stecken. Nebenbei bemerkt wird in diesem Zusammenhang die **Drehimpulsquantenzahl** l auch als **Nebenquantenzahl** bezeichnet.

Setzen wir (23.6) in (23.1) ein, so erhalten wir:

$$\left[-\frac{\hbar^2 r^2}{2M}\nabla_r^2 R_{nl}(r) + r^2(V(r) - E)R_{nl}(r)\right] Y_{lm}(\theta, \phi) - \left[\frac{\hbar^2}{2M}\nabla_\Omega^2 Y_{lm}(\theta, \phi)\right] R_{nl}(r) = 0,$$

beziehungsweise nach Division durch $R_{nl}(r)Y_{lm}(\theta, \phi)$ auf beiden Seiten:

$$\underbrace{\frac{1}{R_{nl}(r)}\left[-\frac{\hbar^2 r^2}{2M}\nabla_r^2 R_{nl}(r) + r^2(V(r) - E)R_{nl}(r)\right]}_{\text{nur } r\text{-Abhängigkeit}} - \underbrace{\frac{1}{Y_{lm}(\theta, \phi)}\left[\frac{\hbar^2}{2M}\nabla_\Omega^2 Y_{lm}(\theta, \phi)\right]}_{\text{nur } (\theta, \phi)\text{-Abhängigkeit}} = 0.$$

Beide Summanden sind nun jeweils Konstanten vom Wert $-C$ beziehungsweise C.

Verwenden wir nun:

$$\nabla_r^2 \frac{1}{r^2}\frac{\partial}{\partial r} r^2 \frac{\partial}{\partial r} = \frac{1}{r}\frac{\partial^2}{\partial r^2} r,$$

so erhalten wir zwei Gleichungen, zum einen die bekannte Eigenwertgleichung für den Operator $\hat{\boldsymbol{L}}^2$:

$$\begin{aligned}\frac{\hbar^2}{2M}\nabla_\Omega^2 Y_{lm}(\theta, \phi) &= C \cdot Y_{lm}(\theta, \phi)\\ &= \frac{l(l+1)\hbar^2}{2M} Y_{lm}(\theta, \phi),\end{aligned}$$

also ist

$$C = \frac{l(l+1)\hbar^2}{2M}. \tag{23.7}$$

Zum anderen erhalten wir damit

$$\begin{aligned}-\frac{\hbar^2 r}{2M}\frac{\mathrm{d}^2}{\mathrm{d}r^2}(rR_{nl}(r)) + (V(r) - E)r^2 R_{nl}(r) &= -C \cdot R_{nl}(r)\\ &= -\frac{l(l+1)\hbar^2}{2M} R_{nl}(r),\end{aligned}$$

beziehungsweise nach Umsortierung der Terme die sogenannte **Radialgleichung**:

$$-\frac{\hbar^2}{2M}\frac{\mathrm{d}^2}{\mathrm{d}r^2}(rR_{nl}(r)) + \left[V(r) + \frac{l(l+1)\hbar^2}{2Mr^2}\right](rR_{nl}(r)) = E_{nl}(rR_{nl}(r)). \tag{23.8}$$

Man beachte, dass (23.8) keinerlei Abhängigkeit der azimutalen Quantenzahl m aufweist. Der Energieeigenwert E_{nl} ist daher $(2l+1)$-fach entartet. Diese Entartung ist der Symmetrie eines allgemeinen Zentralpotentials geschuldet, da $V(r)$ nicht von der Orientierung im Raum abhängt.

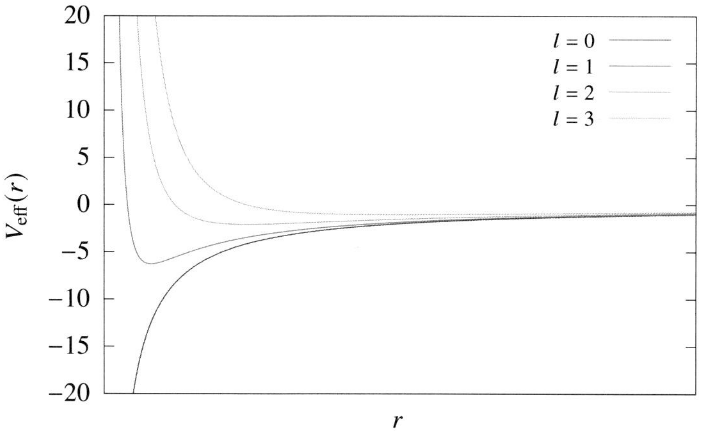

Abbildung 3.1: Das effektive Potential $V_{\text{eff}}(r) = V(r) + l(l+1)\hbar^2/(2Mr^2)$ für verschiedene Werte von l.

Führen wir die Funktion

$$u_{nl}(r) = rR_{nl}(r) \tag{23.9}$$

ein und definieren $k^2 = 2ME_{nl}/\hbar^2$, so nimmt (23.8) die Form

$$\frac{\mathrm{d}^2}{\mathrm{d}r^2}u_{nl}(r) + \left[k^2 - \frac{2MV(r)}{\hbar^2} - \frac{l(l+1)}{r^2}\right]u_{nl}(r) = 0 \tag{23.10}$$

an. Unter Einführung eines **effektiven Potentials**

$$V_{\text{eff}}(r) := V(r) + \frac{l(l+1)\hbar^2}{2Mr^2}, \tag{23.11}$$

lässt sich (23.8) allerdings auch schreiben als:

$$-\frac{\hbar^2}{2M}\frac{\mathrm{d}^2}{\mathrm{d}r^2}u_{nl}(r) + V_{\text{eff}}(r)u_{nl}(r) = E_{nl}u_{nl}(r). \tag{23.12}$$

Der zweite Summand in (23.11) ist bereits aus der klassischen Mechanik bekannnt und wird dort auch **Zentrifugalpotential** oder **Drehimpulsbarriere** genannt. Er ist ursächlich durch den Drehimpuls des Systems bestimmt und trägt mit einem repulsiven Anteil zum effektiven Potential $V_{\text{eff}}(r)$ bei.

Man beachte, dass (23.10) beziehungsweise (23.12) zwar die Form einer eindimensionalen Schrödinger-Gleichung besitzt, die Variable r im Unterschied zum „kartesischen Fall“ aber keine negativen Werte annehmen kann: $0 \leq r < \infty$. Aus der Forderung, dass $\psi(\boldsymbol{r})$ in

(23.6) im gesamten Definitionsbereich stetig und differenzierbar sein soll, und damit erst recht beschränkt, ergibt sich:

$$\begin{aligned} & R_{nl}(0) \quad \text{endlich} \\ \Longrightarrow & \lim_{r \to 0}(rR_{nl}(r)) = u(0) = 0. \end{aligned}$$

Aus der Form des effektiven Potentials ist abzuleiten, dass gebundene Zustände einerseits selbstverständlich nur dann existieren, wenn $V(r) < 0$, dass aber für höhere Werte der Drehimpulsquantenzahl l der repulsive Anteil durch das Zentrfigualpotential immer stärker wird, so dass ab einer gewissen Energieschwelle nur noch Streuzustände auftreten. Wir werden in Kapitel III-3 die Streutheorie in allgemeiner und asuführlicher Form behandeln.

Wir können also zusammenfassen: für Zentralpotentiale reduziert sich die stationäre Schrödinger-Gleichung auf die wohlbekannte Eigenwertgleichung des Drehimpulsquadratoperators $\hat{\boldsymbol{L}}^2$, sowie eine eindimensionale Radialgleichung (23.8) beziehungsweise (23.10) oder (23.12).

24 Das freie Teilchen in der Quantenmechanik II: Kugelkoordinaten

Das freie Teilchen kann als das trivialste Beispiel für ein Zentralkraftproblem betrachtet werden und als solches in Kugelkoordinaten gelöst werden. Als Ausgangspunkt hierfür nehmen wir zunächst die Radialgleichung (23.8) mit $V(r) \equiv 0$:

$$-\frac{\hbar^2}{2M}\frac{\mathrm{d}^2}{\mathrm{d}r^2}(rR_{nl}(r)) + \frac{l(l+1)\hbar^2}{2Mr^2}(rR_{nl}(r)) = E_{nl}(rR_{nl}(r)), \tag{24.1}$$

die nach Division durch r auf beiden Seiten und die hergebrachten Ersetzung

$$k^2 = \frac{2ME_{kl}}{\hbar^2}$$

in die Form

$$-\frac{1}{r}\frac{\mathrm{d}^2}{\mathrm{d}r^2}(rR_{kl}(r)) + \frac{l(l+1)}{r^2}(R_{kl}(r)) = k^2R_{kl}(r) \tag{24.2}$$

gebracht werden kann. Man beachte, dass wir den Index n nun in k umbenannt haben, wie beim freien Teilchen, allgemeiner bei Streuzuständen allgemein üblich.

Führt man nun die Variablensubstitution $\rho = kr$, $\bar{R}_l(\rho) = \bar{R}_l(kr) = R_{kl}(r)$ durch, erhalten wir so:

$$\frac{\mathrm{d}^2\bar{R}_l(\rho)}{\mathrm{d}\rho^2} + \frac{2}{\rho}\frac{\mathrm{d}\bar{R}_l(\rho)}{\mathrm{d}\rho} + \left[1 - \frac{l(l+1)}{\rho^2}\right]\bar{R}_l(\rho) = 0. \tag{24.3}$$

Diese Gleichung heißt **sphärische Bessel-Gleichung** und ist wieder eine in der Mathematik wohlbekannte gewöhnliche Differentialgleichung zweiter Ordnung.

Die allgemeine Lösung von (24.3) ist gegeben durch eine Linearkombination der sogenannten **sphärischen Bessel-Funktionen** $\mathrm{j}_l(\rho)$ und der sogenannten **sphärischen Neumann-Funktionen** $\mathrm{y}_l(\rho)$, die jeweils eine orthonormierte Basis aus Lösungspolynomen darstellen:

$$\bar{R}_l(\rho) = A_l\mathrm{j}_l(\rho) + B_l\mathrm{y}_l(\rho). \tag{24.4}$$

Betrachten wir jedoch durch Potenzreihenentwicklung das Verhalten der sphärischen Bessel- beziehungsweise Neumann-Funktionen in der Nähe des Ursprungs, also für $\rho \longrightarrow 0$, sowie für $\rho \longrightarrow \infty$ genauer. Es gilt die folgende Asymptotik:

$$\mathrm{j}_l(\rho) \xrightarrow{\rho\to 0} \frac{\rho^l}{(2l+1)!!}, \tag{24.5a}$$

$$\mathrm{y}_l(\rho) \xrightarrow{\rho\to 0} -\frac{(2l-1)!!}{\rho^{l+1}}, \tag{24.5b}$$

sowie

$$\mathrm{j}_l(\rho) \xrightarrow{\rho\to\infty} \frac{1}{\rho}\sin\left(\rho - \frac{l\pi}{2}\right), \tag{24.6a}$$

$$\mathrm{y}_l(\rho) \xrightarrow{\rho\to\infty} -\frac{1}{\rho}\cos\left(\rho - \frac{l\pi}{2}\right). \tag{24.6b}$$

Wir stellen nun fest, dass die $\mathrm{y}_l(\rho)$ für $\rho \to 0$ divergieren. Eine physikalische Wellenfunktion für ein freies Teilchen, sprich ein Wellenpaket, kann also nur aus den sphärischen Bessel-Funktionen $\mathrm{j}_l(\rho)$ aufgebaut werden. Eine Fundamentallösung der in ganz $\mathbb{R}^3$ gültigen stationären Schrödinger-Gleichung (24.2) besitzt also die Form:

$$\psi_{klm}(\boldsymbol{r}) = C_l \mathrm{j}_l(kr)\mathrm{Y}_{lm}(\theta, \phi), \tag{24.7}$$

mit $k^2 = 2ME_{kl}/\hbar^2$ und einer Konstanten C_l, die sich aus der Normierung ergibt – siehe weiter unten. Der uneigentliche Eigenzustand $|Elm\rangle$ des freien Hamilton-Operators $\hat{H}_0 = \hat{p}^2/(2M)$ mit der Ortsdarstellung (24.7) heißt im Englischen auch *''spherical wave state''*, im Unterschied zum *''plane wave state''* $|\boldsymbol{k}\rangle$, und man erkennt anhand von (24.7) die Faktorisierung der Ortsdarstellung gemäß

$$\langle \boldsymbol{r}|Elm\rangle = \underbrace{\langle r\|El\rangle}_{C_l \mathrm{j}_l(kr)} \underbrace{\langle \boldsymbol{e}_r|lm\rangle}_{\mathrm{Y}_{lm}(\boldsymbol{e}_r)}. \tag{24.8}$$

Der Ausdruck $\langle r\|El\rangle$ ist dabei wie in (23.6) ein sogenanntes **reduziertes Matrixelement**, welches wir aus dem zukünftigen Abschnitt 40 hervorgegriffen haben. Es symbolisiert, dass $\langle r\|El\rangle$ nur von E und l abhängt, aber nicht von m, dass aber (24.8) *nicht* die Ortsdarstellung eines Produktzustands darstellt.

Wie in Abbildung 3.2 zu erkennen ist, nimmt die Amplitude dieser Wellenfunktion mit zunehmendem Radius r ab. Aber Obacht: sehr wohl kann in einer physikalischen Situation die erlaubte Elementarlösung der freien Schrödinger-Gleichung von der Form

$$\psi_{klm}(\boldsymbol{r}) = [A_l \mathrm{j}_l(kr) + B_l \mathrm{y}_l(kr)]\,\mathrm{Y}_{lm}(\theta, \phi) \tag{24.9}$$

sein, nämlich dann, wenn sie sich auf einen Außenbereich $r > a$ beschränkt, innerhalb dessen ($r < a$) ein Potential vorhanden ist und in dem (24.9) nicht gilt, sondern per Anschlussbedingungen an die entsprechende Innenraumlösung angepasst werden muss. Wir kommen beispielsweise in Abschnitt 26 darauf zurück. Man erinnere sich außerdem daran, dass k ein kontinuierlicher Index ist.

Eine nützliche Relation ist die folgende:

Satz. *Es gilt:*

$$\rho^2 \left[\mathrm{j}_l(\rho)\frac{\mathrm{d}\mathrm{y}_l(\rho)}{\mathrm{d}\rho} - \frac{\mathrm{d}\mathrm{j}_l(\rho)}{\mathrm{d}\rho}\mathrm{y}_l(\rho)\right] = 1. \tag{24.10}$$

Beweis. Die Relation ergibt sich recht einfach aus der verallgemeinerten Kontinuitätsgleichung (I-19.13) und mit (I-19.11): sind $\mathrm{j}_l(\rho), \mathrm{y}_l(\rho)$ zwei Lösungen der Schrödinger-Gleichung, so gilt:

$$\oint_S \boldsymbol{j}_{12}(\boldsymbol{r}, t) \cdot \mathrm{d}\boldsymbol{S} = \frac{\mathrm{i}\hbar}{2m} \int_S kr^2 \left[\mathrm{j}_l(\rho)\frac{\mathrm{d}\mathrm{y}_l(\rho)}{\mathrm{d}\rho} - \mathrm{y}_l(\rho)\frac{\mathrm{d}\mathrm{j}_l(\rho)}{\mathrm{d}\rho}\right] \mathrm{d}\Omega \stackrel{!}{=} 0,$$

also muss sein:

$$kr^2 \left[\mathrm{j}_l(\rho)\frac{\mathrm{d}\mathrm{y}_l(\rho)}{\mathrm{d}\rho} - \mathrm{y}_l(\rho)\frac{\mathrm{d}\mathrm{j}_l(\rho)}{\mathrm{d}\rho}\right] = \mathrm{const},$$

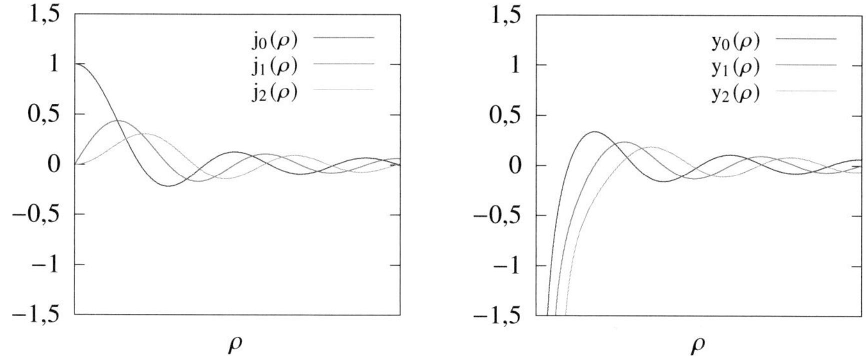

Abbildung 3.2: Sphärische Bessel-Funktionen $\mathrm{j}_l(\rho)$ und sphärische Neumann-Funktionen $\mathrm{y}_l(\rho)$ für $l = 0, 1, 2$. Nur die sphärischen Bessel-Funktionen $\mathrm{j}_l(\rho)$ sind im Ursprung definiert.

und damit auch

$$\rho^2 \left[\mathrm{j}_l(\rho) \frac{\mathrm{d}\mathrm{y}_l(\rho)}{\mathrm{d}\rho} - \mathrm{y}_l(\rho) \frac{\mathrm{d}\mathrm{j}_l(\rho)}{\mathrm{d}\rho} \right] = \text{const.}$$

Die Konstante selbst erhält man, indem man auf der linken Seite von (24.10) die asymptotische Entwicklung (24.6) einsetzt. So erhält man schnell (24.10). ■

Tatsächlich ist (24.10) nichts anderes als ein Spezialfall der folgenden Aussage: sind R_1, R_2 zwei linear unabhängige Lösungen der allgemeinen Radialgleichung (23.8), so gilt:

$$r^2 \left[R_1(r) \frac{\mathrm{d}R_2(r)}{\mathrm{d}r} - \frac{\mathrm{d}R_1(r)}{\mathrm{d}r} R_2(r) \right] = \text{const}, \tag{24.11}$$

und man beachte, dass die linke Seite die Wronski-Determinante $W[rR_1, rR_2]$ darstellt. Aus (24.10) folgt daher:

$$W((kr)\mathrm{j}_l(kr), (kr)\mathrm{y}_l(kr)) = k, \tag{24.12}$$

unter Berücksichtigung, dass $\mathrm{d}/\mathrm{d}\rho = k^{-1}\mathrm{d}/\mathrm{d}r$.

Entwicklung von ebenen Wellen nach Kugelwellen

Wir haben das freie Teilchen nun sowohl in kartesischen als auch in Kugelkoordinaten untersucht. Während die Energie E_{kl} in beiden Koordinatensystemen durch denselben Ausdruck $E_{kl} = \hbar^2 k^2/(2M)$ gegeben ist, sind die Fundamentallösungen der freien stationären Schrödinger-Gleichung im kartesischen Fall ebene Wellen der Form (I-23.3)

$$\langle \boldsymbol{r} | \boldsymbol{k} \rangle = \psi_{\boldsymbol{k}}(\boldsymbol{r}) = \frac{1}{(2\pi)^{3/2}} \mathrm{e}^{\mathrm{i}\boldsymbol{k}\cdot\boldsymbol{r}}, \tag{24.13}$$

und bei der Verwendung von Kugelkoordinaten besitzt eine Basislösung die Form einer Kugelwelle (24.7):

$$\langle \boldsymbol{r}|Elm\rangle = \psi_{klm}(\boldsymbol{r}) = C_l \mathrm{j}_l(kr)\mathrm{Y}_{lm}(\theta, \phi). \tag{24.14}$$

Die Wellenfunktionen $\psi_{klm}(\boldsymbol{r})$ stellen Basislösungen für ein freies Teilchen mit Energie E_k und Drehimpulsquantenzahl l dar, aber ohne Information über den Impuls $\boldsymbol{p}$ des Teilchens. Die ebenen Wellen $\psi_{\boldsymbol{k}}(\boldsymbol{r})$ andererseits sind Basislösungen mit scharfem Impuls $\boldsymbol{p}$, aber ohne Information über den Drehimpuls. Man muss an dieser Stelle jedoch wiederholen: weder $\psi_{klm}(\boldsymbol{r})$ noch $\psi_{\boldsymbol{k}}(\boldsymbol{r})$ stellen Wellenfunktionen physikalisch erlaubter Zustände dar!

Nichtsdestoweniger kann man die ebenen Wellen $\psi_{\boldsymbol{k}}(\boldsymbol{r})$ nach den Kugelwellen $\psi_{klm}(\boldsymbol{r})$ entwickeln:

$$\begin{aligned}
|\boldsymbol{k}\rangle &= \int_0^\infty \mathrm{d}E \sum_{lm} \langle Elm|\boldsymbol{k}\rangle\,|Elm\rangle \\
&= \int_0^\infty \mathrm{d}E \sum_{lm} \langle E|k\rangle\,\langle lm|\boldsymbol{e}_k\rangle\,|Elm\rangle \\
&= \int_0^\infty \mathrm{d}E \sum_{lm} \frac{\hbar}{\sqrt{Mk}}\delta\left(E - \frac{\hbar^2k^2}{2M}\right)\mathrm{Y}^*_{lm}(\boldsymbol{e}_k)\,|Elm\rangle \\
&= \sum_{lm} \frac{\hbar}{\sqrt{Mk}}\mathrm{Y}^*_{lm}(\boldsymbol{e}_k)\,|Elm\rangle|_{E=\hbar^2k^2/(2M)}\,.
\end{aligned} \tag{24.15}$$

Dabei haben wir in einer Nebenrechnung $\langle E|k\rangle$ berechnet: aus

$$\int \mathrm{d}E\,|E\rangle\,\langle E| = \int \mathrm{d}k k^2\,|k\rangle\,\langle k| = \mathbb{1},$$

sowie $E = \hbar^2k^2/(2M)$ und damit $\mathrm{d}E = (\hbar^2k/M)\mathrm{d}k$ ergibt sich

$$\frac{\hbar^2}{M}\int \mathrm{d}k k\,|E\rangle\,\langle E| = \int \mathrm{d}k k^2\,|k\rangle\,\langle k|$$

und damit

$$\frac{\hbar}{\sqrt{Mk}}\,|E\rangle = |k\rangle\,,$$

oder

$$\langle E|k\rangle = \frac{\hbar}{\sqrt{Mk}}\delta\left(E - \frac{\hbar^2k^2}{2M}\right).$$

Damit erhalten wir als Nebenergebnis:

$$\langle \boldsymbol{k}|Elm\rangle = \frac{\hbar}{\sqrt{Mk}}\delta\left(E - \frac{\hbar^2k^2}{2M}\right)\mathrm{Y}_{lm}(\boldsymbol{e}_k). \tag{24.16}$$

Weiter gilt wegen (24.8) und unter der Randbedingung, dass $E = \hbar^2 k^2/(2M)$:

$$\begin{aligned}\langle \boldsymbol{r}|\boldsymbol{k}\rangle &= \sum_{lm} \frac{\hbar}{\sqrt{Mk}} \mathrm{Y}^*_{lm}(\boldsymbol{e}_k)\, \langle \boldsymbol{r}|Elm\rangle \\ &= \sum_{lm} C_l \frac{\hbar}{\sqrt{Mk}} \mathrm{Y}^*_{lm}(\boldsymbol{e}_k) \mathrm{j}_l(kr) \mathrm{Y}_{lm}(\boldsymbol{e}_r) \\ &= \sum_l C_l \frac{(2l+1)}{4\pi} \frac{\hbar}{\sqrt{Mk}} \mathrm{j}_l(kr) \mathrm{P}_l(\underbrace{\boldsymbol{e}_k \cdot \boldsymbol{e}_r}_{\xi}), \end{aligned} \tag{24.17}$$

wobei der letzte Schritt mit Hilfe des Additionstheorems für Kugelflächenfunktionen (7.31) erhalten wurde.

Die Normierungskonstante C_l erhalten wir nun mit Hilfe von (3.37) und (24.30):

$$\underbrace{\frac{1}{(2\pi)^{3/2}} \int_{-1}^{1} \mathrm{e}^{\mathrm{i}kr\xi} \mathrm{P}_{l'}(\xi) \mathrm{d}\xi}_{2\mathrm{i}^{l'} \mathrm{j}_{l'}(kr)} = \sum_l C_l \frac{(2l+1)}{4\pi} \frac{\hbar}{\sqrt{Mk}} \mathrm{j}_l(kr) \underbrace{\int_{-1}^{1} \mathrm{P}_l(\xi) \mathrm{P}_{l'}(\xi) \mathrm{d}\xi}_{\frac{2}{2l+1}\delta_{l',l}}$$

$$\Longrightarrow C_l = \sqrt{\frac{2Mk}{\pi\hbar^2}} \mathrm{i}^l.$$

Damit erhalten wir als weiteres Zwischenergebnis:

$$\langle \boldsymbol{r}|Elm\rangle = \sqrt{\frac{2Mk}{\pi\hbar^2}} \mathrm{i}^l \mathrm{j}_l(kr) \mathrm{Y}_{lm}(\boldsymbol{e}_r), \tag{24.18}$$

und aus (24.17) wird zuguterletzt, nach elementarer Umformung:

$$\mathrm{e}^{\mathrm{i}\boldsymbol{k}\cdot\boldsymbol{r}} = \sum_{l=0}^{\infty} (2l+1) \mathrm{i}^l \mathrm{j}_l(kr) \mathrm{P}_l(\boldsymbol{e}_k \cdot \boldsymbol{e}_r), \tag{24.19}$$

beziehungsweise

$$\mathrm{e}^{\mathrm{i}kr\xi} = \sum_{l=0}^{\infty} (2l+1) \mathrm{i}^l \mathrm{j}_l(kr) \mathrm{P}_l(\xi). \tag{24.20}$$

Die Entwicklungsgleichung (24.19) wird vor allem in der englischsprachigen Literatur auch als **Bauer-Formel** (*''Bauer's formula''*) bezeichnet, nach dem deutschen Mathematiker Gustav Conrad Bauer, der sie bereits 1859 ableitete [Bau59]. Und wieder mit Hilfe des Additionstheorems für Kugelflächenfunktionen (7.31) kann man (24.19) auch schreiben als

$$\mathrm{e}^{\mathrm{i}\boldsymbol{k}\cdot\boldsymbol{r}} = 4\pi \sum_{l=0}^{\infty} \sum_{m=-l}^{l} \mathrm{i}^l \mathrm{j}_l(kr) \mathrm{Y}^*_{lm}(\boldsymbol{e}_k) \mathrm{Y}_{lm}(\boldsymbol{e}_r). \tag{24.21}$$

Mathematischer Einschub 6: Sphärische Bessel-Funktionen

In der Theoretischen Physik trifft man häufig auf die **sphärische Bessel-Gleichung**:

$$\left[\frac{\mathrm{d}^2}{\mathrm{d}x^2} + \frac{2}{x}\frac{\mathrm{d}}{\mathrm{d}x} + 1 - \frac{l(l+1)}{x^2}\right] R(x) = 0, \tag{24.22}$$

die den radialen Anteil der universell wichtigen **Helmholtz-Gleichung** in Kugelkoordinaten darstellt und für $l \geq 0$ zwei linear unabhängige, jeweils orthonormierte Lösungssysteme $\mathrm{j}_l(x)$ und $\mathrm{y}_l(x)$ besitzt: die **sphärischen Bessel-Funktionen** $\mathrm{j}_l(x)$ und die **sphärischen Neumann-Funktionen** $\mathrm{y}_l(x)$. Diese werden auch **sphärische Bessel-Funktionen 1.** beziehungsweise **2. Art** genannt und sind jeweils über die folgenden Rodrigues-Formeln bestimmt, die auch **Rayleigh-Formeln** heißen:

$$\mathrm{j}_l(x) = (-x)^l \left(\frac{1}{x}\frac{\mathrm{d}}{\mathrm{d}x}\right)^l \frac{\sin x}{x}, \tag{24.23}$$

$$\mathrm{y}_l(x) = -(-x)^l \left(\frac{1}{x}\frac{\mathrm{d}}{\mathrm{d}x}\right)^l \frac{\cos x}{x}. \tag{24.24}$$

Es gelten die Orthonormalitätsrelationen:

$$\int_{-\infty}^{\infty} \mathrm{j}_m(x)\mathrm{j}_n(x)\mathrm{d}x = \frac{\pi}{2l+1}\delta_{mn}, \tag{24.25}$$

und eine funktionale Orthogonalitätsrelation existiert wie folgt:

$$\int_0^{\infty} \mathrm{j}_n(kr)\mathrm{j}_n(k'r)r^2\mathrm{d}r = \frac{\pi}{2k^2}\delta(k-k'). \tag{24.26}$$

Die sphärischen Bessel- beziehungsweise Neumann-Funktionen sind grundsätzlich auf der gesamten komplexen Zahlenebene definiert, die obigen Rayleigh-Formeln gelten also auch für $z \in \mathbb{C}$:

$$\mathrm{j}_l(z) = (-z)^l \left(\frac{1}{z}\frac{\mathrm{d}}{\mathrm{d}z}\right)^l \frac{\sin z}{z} \tag{24.27}$$

$$\mathrm{y}_l(z) = -(-z)^l \left(\frac{1}{z}\frac{\mathrm{d}}{\mathrm{d}z}\right)^l \frac{\cos z}{z}. \tag{24.28}$$

Äußerst wichtig ist die Darstellung als **Poisson-Integral** für $\mathrm{j}_l(z)$:

$$\mathrm{j}_l(z) = \frac{z^l}{2^{l+1}l!}\int_{-1}^{1} \mathrm{e}^{\mathrm{i}z\xi}(1-\xi^2)^l\mathrm{d}\xi, \tag{24.29}$$

aus der man nach l-facher partieller Integration und mit Hilfe der Rodrigues-Formel (3.38) eine sehr wichtige Beziehung zwischen der sphärischen Bessel-Funktion $\mathrm{j}_l(z)$ und den Legendre-Polynomen $\mathrm{P}_l(\xi)$ erhält:

$$\mathrm{j}_l(z) = \frac{1}{2\mathrm{i}^l} \int_{-1}^{1} \mathrm{e}^{\mathrm{i}z\xi} \mathrm{P}_l(\xi) \mathrm{d}\xi. \tag{24.30}$$

Das bedeutet: bis auf einen unwesentlichen Vorfaktor sind die sphärischen Bessel-Funktionen und die Legendre-Polynome Fourier-Transformierte voneinander.

Sie besitzen die erzeugenden Funktionen:

$$\frac{1}{z} \cos\left(\sqrt{z^2 - 2zt}\right) = \sum_{l=0}^{\infty} \frac{t^l}{l!} \mathrm{j}_{l-1}(z), \tag{24.31}$$

$$\frac{1}{z} \sin\left(\sqrt{z^2 + 2zt}\right) = \sum_{l=0}^{\infty} \frac{(-t)^l}{l!} \mathrm{y}_{l-1}(z). \tag{24.32}$$

Es ist:

$$\sum_{0}^{\infty} (2l + 1) \mathrm{j}_l^2(z) = 1. \tag{24.33}$$

Eine explizite Formel für $\mathrm{j}_l(z), \mathrm{y}_l(z)$ lautet:

$$\mathrm{j}_l(z) = \frac{1}{z} \left[P_{l+1/2}(z) \sin\left(z - \frac{l\pi}{2}\right) + Q_{l+1/2}(z) \cos\left(z - \frac{l\pi}{2}\right) \right], \tag{24.34}$$

$$\mathrm{y}_l(z) = \frac{(-1)^{l+1}}{z} \left[P_{l+1/2}(z) \cos\left(z + \frac{l\pi}{2}\right) - Q_{l+1/2}(z) \sin\left(z + \frac{l\pi}{2}\right) \right], \tag{24.35}$$

mit

$$P_{l+1/2}(z) = \sum_{k=0}^{[l/2]} (-1)^k \frac{(l + 2k)!}{(2k)!(l - 2k)!} (2z)^{-2k} \tag{24.36}$$

$$Q_{l+1/2}(z) = \sum_{k=0}^{[(l-1)/2]} (-1)^k \frac{(l + 2k + 1)!}{(2k + 1)!(l - 2k - 1)!} (2z)^{-2k-1}. \tag{24.37}$$

Die sphärischen Bessel- und Neumann-Funktionen besitzen folgende asymptotische

Formen: es gilt

$$\mathrm{j}_l(z) \xrightarrow{z\to 0} \frac{z^l}{(2l+1)!!}, \tag{24.38}$$

$$\mathrm{y}_l(z) \xrightarrow{z\to 0} -\frac{(2l-1)!!}{z^{l+1}}, \tag{24.39}$$

und für $|\arg z| < \pi$ gilt

$$\mathrm{j}_l(z) \xrightarrow{|z|\to\infty} \frac{1}{z}\sin\left(z - \frac{l\pi}{2}\right), \tag{24.40}$$

$$\mathrm{y}_l(z) \xrightarrow{|z|\to\infty} -\frac{1}{z}\cos\left(z - \frac{l\pi}{2}\right). \tag{24.41}$$

Die ersten drei sphärischen Bessel- beziehungsweise Neumann-Funktionen lauten in geschlosser Form:

$$\mathrm{j}_0(z) = \frac{\sin z}{z} \qquad \mathrm{y}_0(z) = -\frac{\cos z}{z}$$

$$\mathrm{j}_1(z) = \frac{\sin z}{z^2} - \frac{\cos z}{z} \qquad \mathrm{y}_1(z) = -\frac{\cos z}{z^2} - \frac{\sin z}{z}$$

$$\mathrm{j}_2(z) = \left(\frac{3}{z^3} - \frac{1}{z}\right)\sin z - \frac{3\cos z}{z^2} \qquad \mathrm{y}_2(z) = -\left(\frac{3}{z^3} - \frac{1}{z}\right)\cos z - \frac{3\sin z}{z^2}$$

Abbildung 3.2 zeigt die ersten drei sphärischen Bessel- und Neumann-Funktionen als Graph.

Alternativ bilden auch die sogenannten **sphärischen Hankel-Funktionen 1.** beziehungsweise **2. Art** $\mathrm{h}_l^{(1,2)}(z)$ eine orthogonale Basis aus Lösungspolynomen:

$$\mathrm{h}_l^{(1,2)}(z) = \mathrm{j}_l(z) \pm \mathrm{i}\mathrm{y}_l(z), \tag{24.42}$$

so dass:

$$\mathrm{h}_l^{(2)}(z) = \left[\mathrm{h}_l^{(1)}(z)\right]^*.$$

Ihre Rayleigh-Formeln lauten:

$$\mathrm{h}_l^{(1,2)}(z) = \mp\mathrm{i}(-z)^l \left(\frac{1}{z}\frac{\mathrm{d}}{\mathrm{d}z}\right)^l \frac{\mathrm{e}^{\pm\mathrm{i}z}}{z}. \tag{24.43}$$

Eine explizite Formel für $\mathrm{h}_l^{(1,2)}(z)$ lautet:

$$\mathrm{h}_l^{(1,2)}(z) = (-1)^{l+1} \frac{\mathrm{e}^{\pm \mathrm{i}z}}{z} \left[P_{l+1/2}(z) \pm \mathrm{i} Q_{l+1/2}(z) \right] \tag{24.44}$$

$$= (-1)^{l+1} \frac{\mathrm{e}^{\pm \mathrm{i}z}}{z} \sum_{k=0}^{l} \frac{i^k (l+k)!}{k!(l-k)!} (2z)^{-k}. \tag{24.45}$$

Sie besitzen für $|\arg z| < \pi$ die asymptotischen Formen:

$$\mathrm{h}_l^{(1,2)}(z) \xrightarrow{|z| \to \infty} \mp \frac{\mathrm{i}}{z} \mathrm{e}^{\pm \mathrm{i}(z - l\pi/2)}. \tag{24.46}$$

In geschlossener Form lauten die ersten drei Hankel-Funktionen 1. beziehungsweise 2. Art:

$$\mathrm{h}_0^{(1)}(z) = -\mathrm{i}\frac{\mathrm{e}^{\mathrm{i}z}}{z}, \qquad \mathrm{h}_0^{(2)}(z) = \mathrm{i}\frac{\mathrm{e}^{-\mathrm{i}z}}{z},$$

$$\mathrm{h}_1^{(1)}(z) = \left(-\frac{\mathrm{i}}{z^2} - \frac{1}{z} \right) \mathrm{e}^{\mathrm{i}z}, \qquad \mathrm{h}_1^{(2)}(z) = \left(\frac{\mathrm{i}}{z^2} - \frac{1}{z} \right) \mathrm{e}^{-\mathrm{i}z},$$

$$\mathrm{h}_2^{(1)}(z) = \left(-\frac{3\mathrm{i}}{z^3} - \frac{3}{z^2} + \frac{\mathrm{i}}{z} \right) \mathrm{e}^{\mathrm{i}z}, \qquad \mathrm{h}_2^{(2)}(z) = \left(\frac{3\mathrm{i}}{z^3} - \frac{3}{z^2} - \frac{\mathrm{i}}{z} \right) \mathrm{e}^{-\mathrm{i}z}.$$

Für alle sphärischen Bessel-Funktionen $\omega_\nu \in \{ \mathrm{j}_\nu, \mathrm{y}_\nu, \mathrm{h}_\nu^{(1,2)} \}$ gelten die Rekursionsrelationen:

$$\omega_{l-1}(z) + \omega_{l+1}(z) = \frac{2l+1}{z} \omega_l(z), \tag{24.47}$$

$$(2l+1)\omega_l'(z) = l\omega_{l-1}(z) - (l+1)\omega_{l+1}(z), \tag{24.48}$$

$$\omega_l'(z) = \omega_{l-1}(z) - \frac{l+1}{z} \omega_l(z) \tag{24.49}$$

$$= -\omega_{l+1}(z) + \frac{l}{z} \omega_l(z). \tag{24.50}$$

25 Zweiteilchenprobleme und Separation der Schwerpunktsbewegung

In diesem Abschnitt wollen wir das **Zweikörper-** oder **Zweiteilchenproblem** für Zentralpotentiale betrachten, und wie in der klassischen Mechanik lässt sich ein Zweiteilchenproblem mit einer Wechselwirkung, die nur vom Abstand der beiden Massepunkte abhängt, durch Separation der Schwerpunktsbewegung in ein Einteilchenproblem überführen.

Wir betrachten also die Schrödinger-Gleichung für zwei Teilchen mit den Massen $m_{(1)}$ und $m_{(2)}$ und mit einem Zentralpotential als Wechselwirkungspotential $\hat{V}(\hat{r})$, dass also nur vom Abstand $\hat{r} = |\hat{\boldsymbol{r}}_{(1)} - \hat{\boldsymbol{r}}_{(2)}|$ der beiden Teilchen abhängt, und gehen gleich von der Ortsdarstellung aus:

$$\left[-\frac{\hbar^2}{2m_{(1)}}\nabla^2_{(1)} - \frac{\hbar^2}{2m_{(2)}}\nabla^2_{(2)} + V(r)\right]\Psi(\boldsymbol{r}_{(1)}, \boldsymbol{r}_{(2)}, t) = \mathrm{i}\hbar\frac{\partial}{\partial t}\Psi(\boldsymbol{r}_{(1)}, \boldsymbol{r}_{(2)}, t), \tag{25.1}$$

mit

$$\nabla^2_{(1)} = \frac{\partial^2}{\partial x^2_{(1)}} + \frac{\partial^2}{\partial y^2_{(1)}} + \frac{\partial^2}{\partial z^2_{(1)}}, \tag{25.2}$$

$$\nabla^2_{(2)} = \frac{\partial^2}{\partial x^2_{(2)}} + \frac{\partial^2}{\partial y^2_{(2)}} + \frac{\partial^2}{\partial z^2_{(2)}}. \tag{25.3}$$

Da das Potential $V(r)$ keine explizite Zeitabhängigkeit aufweist, können wir für die Zwei-Teilchen-Wellenfunktion $\Psi(\boldsymbol{r}_{(1)}, \boldsymbol{r}_{(2)}, t)$ wieder den üblichen Separationsansatz wählen:

$$\Psi(\boldsymbol{r}_{(1)}, \boldsymbol{r}_{(2)}, t) = \chi(\boldsymbol{r}_{(1)}, \boldsymbol{r}_{(2)})\mathrm{e}^{-\mathrm{i}Et/\hbar}, \tag{25.4}$$

wobei E die Gesamtenergie des Zweiteilchensystems ist. $\chi(\boldsymbol{r}_{(1)}, \boldsymbol{r}_{(2)})$ erfüllt dann in bekannter Weise die stationäre Schrödinger-Gleichung

$$\left[-\frac{\hbar^2}{2m_{(1)}}\nabla^2_{(1)} - \frac{\hbar^2}{2m_{(2)}}\nabla^2_{(2)} + V(r)\right]\chi(\boldsymbol{r}_{(1)}, \boldsymbol{r}_{(2)}) = E\chi(\boldsymbol{r}_{(1)}, \boldsymbol{r}_{(2)}). \tag{25.5}$$

Wir führen nun die **Schwerpunkts-** und **Relativkoordinaten** ein:

$$\boldsymbol{R} = \frac{m_{(1)}\boldsymbol{r}_{(1)} + m_{(2)}\boldsymbol{r}_{(2)}}{m_{(1)} + m_{(2)}}, \tag{25.6}$$

$$\boldsymbol{r} = \boldsymbol{r}_{(1)} - \boldsymbol{r}_{(2)}, \tag{25.7}$$

und stellen nach kurzer Rechnung fest, dass

$$\frac{1}{m_{(1)}}\nabla^2_{(1)} + \frac{1}{m_{(2)}}\nabla^2_{(2)} = \frac{1}{M}\nabla^2_{\boldsymbol{R}} + \frac{1}{\mu}\nabla^2_{\boldsymbol{r}}, \tag{25.8}$$

mit der Gesamtmasse M und der **reduzierten Masse** μ:

$$M = m_{(1)} + m_{(2)}, \tag{25.9}$$

$$\mu = \frac{m_{(1)}m_{(2)}}{m_{(1)} + m_{(2)}}. \tag{25.10}$$

Die stationäre Schrödinger-Gleichung (25.5) ist dann:

$$\left[-\frac{\hbar^2}{2M}\nabla_{\boldsymbol{R}}^2 - \frac{\hbar^2}{2\mu}\nabla_{\boldsymbol{r}}^2 + V(r)\right]\bar{\chi}(\boldsymbol{R},\boldsymbol{r}) = E\bar{\chi}(\boldsymbol{R},\boldsymbol{r}), \tag{25.11}$$

wobei $\bar{\chi}(\boldsymbol{R},\boldsymbol{r}) = \chi(\boldsymbol{r}_{(1)}(\boldsymbol{R},\boldsymbol{r}), \boldsymbol{r}_{(2)}(\boldsymbol{R},\boldsymbol{r}))$.

In vertrauter Manier wählen wir wieder den Separationsansatz

$$\bar{\chi}(\boldsymbol{R},\boldsymbol{r}) = \phi(\boldsymbol{R})\psi(\boldsymbol{r}), \tag{25.12}$$

setzen (25.12) in (25.11) ein und dividieren beide Seiten durch $\phi(\boldsymbol{R})\psi(\boldsymbol{r})$. Wir erhalten:

$$\left[-\frac{\hbar^2}{2M}\frac{1}{\phi(\boldsymbol{R})}\nabla_{\boldsymbol{R}}^2\phi(\boldsymbol{R})\right] + \left[-\frac{\hbar^2}{2\mu}\frac{1}{\psi(\boldsymbol{r})}\nabla_{\boldsymbol{r}}^2\psi(\boldsymbol{r}) + V(r)\right] = E. \tag{25.13}$$

Damit zerfällt die linke Seite von (25.13) in zwei Summanden, von denen einer nur von $\boldsymbol{R}$, der andere nur von $\boldsymbol{r}$ abhängt, und die Summe beider eine Konstante E ist. Damit müssen jeweils beide Summanden für sich bereits eine Konstante ergeben:

$$-\frac{\hbar^2}{2M}\nabla_{\boldsymbol{R}}^2\phi(\boldsymbol{R}) = E_{\boldsymbol{R}}\phi(\boldsymbol{R}), \tag{25.14}$$

$$-\frac{\hbar^2}{2\mu}\nabla_{\boldsymbol{r}}^2\psi(\boldsymbol{r}) + V(r)\psi(\boldsymbol{r}) = E_{\boldsymbol{r}}\psi(\boldsymbol{r}), \tag{25.15}$$

mit $E_{\boldsymbol{R}} + E_{\boldsymbol{r}} = E$. Wir haben somit die Schrödinger-Gleichung (25.11) mit zwei unabhängigen Variablen $\boldsymbol{R}$ und $\boldsymbol{r}$ in zwei Schrödinger-Gleichungen (25.14) und (25.15) mit jeweils einer Variablen übergeführt.

Es ist anhand von (25.14) schnell zu sehen, dass sich der Schwerpunkt des Zweiteilchen-Systems wie ein freies Teilchen der Masse M verhält. Die Basislösungen von (25.14) kennen wir aus Abschnitt 24. Sie sind ebene Wellen der Form

$$\phi(\boldsymbol{R}) \sim \mathrm{e}^{\mathrm{i}\boldsymbol{k}\cdot\boldsymbol{R}}, \tag{25.16}$$

mit dem Zusammenhang

$$\boldsymbol{k}^2 = \frac{2ME_{\boldsymbol{R}}}{\hbar^2}. \tag{25.17}$$

Die zweite Gleichung (25.15) stellt hingegen einfach die Schrödinger-Gleichung eines Teilchens der Masse μ in einem Zentralpotential $V(r)$ dar und kann daher durch den Ansatz

$$\psi(\boldsymbol{r}) = R_{nl}(r)\mathrm{Y}_{lm}(\theta,\phi)$$

weiter übergeführt werden in (siehe Abschnitt 23) in die Radialgleichung:

$$-\frac{\hbar^2}{2\mu}\frac{\mathrm{d}^2}{\mathrm{d}r^2}u_{nl}(r) + \left[V(r) + \frac{l(l+1)\hbar^2}{2\mu r^2}\right]u_{nl}(r) = E_{nl}u_{nl}(r), \tag{25.18}$$

mit $u_{nl}(r) = rR_{nl}(r)$.

Die Radialgleichung (25.18) und die Wellenfunktion $u_{nl}(r)$ stellen den eigentlich interessanten Teil des Zweiteilchenproblems dar. Die Schwerpunktbewegung und der Anteil $\phi(\boldsymbol{R})$ hingegen wird im Allgemeinen nirgends weiter betrachtet. Wenn wir also beispielsweise in Abschnitt 29 das Wasserstoffatom als wichtigstes Beispiel sowohl für ein Zweiteilchen- als auch für das Coulomb-Problem betrachten, spielt nur noch $u_{nl}(r)$ und die Radialgleichung (25.18) eine Rolle.

Die Trennung von Schwerpunkts- und Relativkoordinaten ist auch für ein allgemeines N-Teilchen-System möglich, wir kommen in Abschnitt III-8 bei der Betrachtung des Helium-Atoms darauf zurück.

26 Kugelsymmetrisches Kastenpotential

Wir betrachten eines der einfachsten kugelsymmetrischen Potentiale, das **kugelsymmetrische Kastenpotential**. Für den **kugelsymmetrischen Potentialtopf** gilt:

$$V(r) = \begin{cases} -V_0 & (\text{für } r < a) \\ 0 & (\text{für } r > a) \end{cases}, \tag{26.1}$$

wobei $V_0 > 0$. Wie im Falle des eindimensionalen Potentialtopfes betrachten wir die resultierende Schrödinger-Gleichung in beiden Regionen separat und untersuchen danach die Anschlussbedingungen.

1. $0 < r < a$: Innerhalb des Topfes lautet die Radialgleichung (23.8):

$$-\frac{\hbar^2}{2M}\frac{\mathrm{d}^2}{\mathrm{d}r^2}(rR_{nl}(r)) + \frac{l(l+1)\hbar^2}{2Mr^2}(rR_{nl}(r)) = (E+V_0)(rR_{nl}(r)),$$

   die wir wie folgt umformen:

$$-\frac{1}{r}\frac{\mathrm{d}^2}{\mathrm{d}r^2}(rR_{k'l}(r)) + \frac{l(l+1)}{r^2}(R_{k'l}(r)) = k^2 R_{k'l}(r),$$

   wobei wir den Index n nach k' umbenannt haben, mit

$$(k')^2 = \frac{2M(E+V_0)}{\hbar^2}.$$

   Wir können daher die Lösung der Radialgleichung sofort angeben: wie im Falle des freien Teilchens muss im Ursprung die Wellenfunktion endlich sein, also kommen als Basislösungen nur die sphärischen Bessel-Funktionen in Frage:

$$R_{k'l}(r) = A\mathrm{j}_l(k'r), \tag{26.2}$$

   mit einer zunächst beliebigen Konstante A.

2. $r > a$: Im Außenbereich gilt die Radialgleichung des freien Teilchens (24.1):

$$-\frac{\hbar^2}{2M}\frac{\mathrm{d}^2}{\mathrm{d}r^2}(rR_{kl}(r)) + \frac{l(l+1)\hbar^2}{2Mr^2}(rR_{kl}(r)) = E(rR_{kl}(r)),$$

   und wir müssen nun zwei Fälle unterscheiden, je nach dem, ob $E < 0$ oder $E > 0$ ist, denn im ersten Fall haben wir gebundene Zustände vor uns, im letzten Fall Streuzustände:

   - $E < 0$: In diesem Fall ist der Außenbereich der klassisch verbotene Bereich, und die Wellenfunktion ist daher konvex und besitzt ein asymptotisch abfallendes Verhalten für $r \longrightarrow \infty$. In der Form (24.3) gilt dann wieder:

$$\frac{\mathrm{d}^2\bar{R}_l(\rho)}{\mathrm{d}\rho^2} + \frac{2}{\rho}\frac{\mathrm{d}\bar{R}_l(\rho)}{\mathrm{d}\rho} + \left[1 - \frac{l(l+1)}{\rho^2}\right]\bar{R}_l(\rho) = 0,$$

mit $\rho = kr$, $\bar{R}_l(\rho) = \bar{R}_l(kr) = R_{kl}(r)$, nur dass

$$k^2 = \frac{2ME}{\hbar^2}$$

wegen $E < 0$ diesmal zu einem rein imaginären $k = \mathrm{i}\kappa$ führt. Erinnert man sich an die explizite Form der Hankel-Funktionen in Abschnitt 24, so ist schnell zu sehen, dass nur die sphärischen Hankel-Funktionen 1. Art das korrekte asymptotische Verhalten aufweisen und als Basislösungen in Frage kommen:

$$R_{kl}(r) = B\mathrm{h}_l^{(1)}(\mathrm{i}\kappa r), \tag{26.3}$$

mit einer wiederum zunächst beliebigen Konstante B. Wie im eindimensionalen Fall müssen bei $r = a$ Anschlussbedingungen gelten. Aus der Forderung nach Stetigkeit und Differenzierbarkeit der Wellenfunktion bei $r = a$ folgt:

$$\left.\frac{1}{\mathrm{h}_l^{(1)}(\mathrm{i}\kappa r)} \frac{\mathrm{d}\mathrm{h}_l^{(1)}(\mathrm{i}\kappa r)}{\mathrm{d}r}\right|_{r=a} \stackrel{!}{=} \left.\frac{1}{\mathrm{j}_l(k'r)} \frac{\mathrm{d}\mathrm{j}_l(k'r)}{\mathrm{d}r}\right|_{r=a}, \tag{26.4}$$

woraus sich analog zum eindimensionalen Fall transzendente Gleichungen ergeben, deren Lösungen für κ beziehungsweise k' die erlaubten diskreten Energieeigenwerte des kugelsymmetrischen Potentialtopf ergeben. Für die Koeffizienten A, B gilt dann:

$$\frac{A}{B} = \frac{\mathrm{h}_l^{(1)}(\mathrm{i}\kappa a)}{\mathrm{j}_l(k'a)}. \tag{26.5}$$

Für $l = 0$ lautet die transzendente Gleichung:

$$\frac{\kappa}{k'} = -\cot k'a, \tag{26.6}$$

und diese können wir zwar nicht explizit lösen, wir können aber eine Bedingung für die Existenz gebundener Zustände ableiten, analog zum eindimensionalen Fall in Abschnitt I-32.

Da $\kappa/k' > 0$ ist, muss der Kotangens selbst negativ werden, daher muss gelten: $\pi/2 < k'a < \pi$. Wie in Abschnitt I-32 können wir eine Bestimmungsgleichung

$$|\sin(k'a)| \stackrel{!}{=} \frac{1}{\lambda} k'a \tag{26.7}$$

ableiten, wobei $\lambda = a\sqrt{2MV_0}/\hbar$. Damit die Randbedingung des negativen Kotangens erfüllt ist, muss der Schnittpunkt gewissermaßen „jenseits" des Scheitelpunkts der Sinus-Kurve sein, also muss für die Steigung $1/\lambda$ der Geraden gelten:

$$\lambda > \frac{\pi}{2} \Longleftrightarrow V_0 > \frac{\pi^2\hbar^2}{8Ma^2}. \tag{26.8}$$

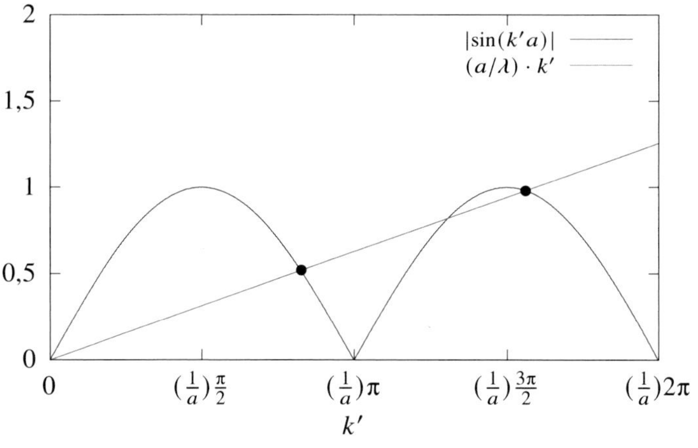

Abbildung 3.3: Graphische Konstruktion zur Bestimmung der Energieeigenwerte des kugelsymmetrischen Potentialtopfs. Die schwarz markierten Schnittpunkte definieren Lösungswerte für k'.

Wenn (26.8) erfüllt ist, besitzt der kugelsymmetrische Potentialtopf einen gebundenen Zustand mit $l = 0$. Ein zweiter kommt dann hinzu, wenn $\lambda > 3\pi/2$, und so weiter. Abbildung 3.3 veranschaulicht dies, ganz in Analogie zu Abschnitt I-32.

- $E > 0$: Dieser Fall führt wie im eindimensionalen Fall zu Streuzuständen und dem damit verbundenen kontinuierlichen Anteil des Spektrums von $\hat{H}$. Die Basislösung kann geschrieben werden als

$$R_{kl}(r) = C\mathrm{j}_l(kr) + D\mathrm{y}_l(kr), \tag{26.9}$$

mit

$$k^2 = \frac{2ME}{\hbar^2}$$

und wieder beliebigen Konstanten C, D. Da es nur auf das Verhältnis C/D ankommt, kann man beide Konstanten zugunsten einer einzigen, dritten eliminieren und eine Dimensionsbehaftetheit in einer Variablen C' kapseln, indem man setzt:

$$C = C' \cos\delta_l, \tag{26.10}$$
$$D = -C' \sin\delta_l, \tag{26.11}$$

so dass

$$R_{kl}(r) = C' \left[\mathrm{j}_l(kr)\cos\delta_l - \mathrm{y}_l(kr)\sin\delta_l\right]. \tag{26.12}$$

Der von k abhängige Winkel $\delta_l(k)$ wird **Phasenverschiebung** genannt, aus Gründen, auf die wir in Abschnitt III-30 näher eingehen. Aufgrund der Anschlussbedingungen muss gelten:

$$A\mathrm{j}_l(k'a) \stackrel{!}{=} C' \left[\mathrm{j}_l(ka)\cos\delta_l - \mathrm{y}_l(ka)\sin\delta_l\right],$$
$$k'A\mathrm{j}_l'(k'a) \stackrel{!}{=} kC' \left[\mathrm{j}_l'(ka)\cos\delta_l - k\mathrm{y}_l'(ka)\sin\delta_l\right],$$

so dass nach Division der zweiten durch die erste Gleichung und anschließender Multiplikation mit a auf beiden Seiten folgt:

$$\beta_l := k'a\frac{\mathrm{j}_l'(k'a)}{\mathrm{j}_l(k'a)} \stackrel{!}{=} ka\frac{\mathrm{j}_l'(ka)\cos\delta_l - \mathrm{y}_l'(ka)\sin\delta_l}{\mathrm{j}_l(ka)\cos\delta_l - \mathrm{y}_l(ka)\sin\delta_l}, \tag{26.13}$$

was wiederum zu

$$\tan\delta_l(k) = \frac{\beta_l\mathrm{j}_l(ka) - ka\mathrm{j}_l'(ka)}{\beta_l\mathrm{y}_l(ka) - ka\mathrm{y}_l'(ka)} \tag{26.14}$$

führt. Wir sehen, dass beide globalen Koeffizienten A, C' eliminiert sind. Wir erinnern uns aber außerdem daran, dass selbstverständlich nur Wellenpakete physikalisch erlaubte Wellenfunktionen darstellen.

Der **kugelsymmetrische Potentialwall** unterscheidet sich vom Potentialtopf nur im Vorzeichen von $V(r)$:

$$V(r) = \begin{cases} +V_0 & (\text{für } r < a) \\ 0 & (\text{für } r > a) \end{cases}, \tag{26.15}$$

wobei $V_0 > 0$. Für die zwei zu betrachtenden Regionen gilt:

1. $0 < r < a$: In dieser Region müssen wir die beiden Fälle $E < V_0$ oder $E > V_0$ betrachten.
   - $E < V_0$: Wir werden auf die Basislösung

     $$R_{k'l}(r) = A\mathrm{j}_l(\mathrm{i}\kappa r), \tag{26.16}$$

     mit $k' = \mathrm{i}\kappa$ und

     $$\kappa^2 = \frac{2M(V_0 - E)}{\hbar^2}$$

     geführt.
   - $E > V_0$: Entsprechend erhalten wir die Basislösung

     $$R_{k'l}(r) = A\mathrm{j}_l(k'r) \tag{26.17}$$

     mit

     $$(k')^2 = \frac{2M(E - V_0)}{\hbar^2}.$$

2. $r > a$: Hier können wir wieder ansetzen:

$$R_{kl}(r) = C' \left[\mathrm{j}_l(kr)\cos\delta_l - \mathrm{y}_l(kr)\sin\delta_l\right], \tag{26.18}$$

mit

$$k^2 = \frac{2ME}{\hbar^2}.$$

Über die Anschlussbedingungen erhalten wir dann wieder wie oben im Falle des Potentialtopfs:

$$\tan\delta_l(k) = \frac{\beta_l \mathrm{j}_l(ka) - ka\mathrm{j}_l'(ka)}{\beta_l \mathrm{y}_l(ka) - ka\mathrm{y}_l'(ka)}, \tag{26.19}$$

mit

$$\beta_l = k'a\frac{\mathrm{j}_l'(k'a)}{\mathrm{j}_l(k'a)}. \tag{26.20}$$

Die **harte Kugel** ist der kugelsymmetrische Potentialwall für $V_0 \longrightarrow \infty$. In diesem Fall ist im Innenbereich der Kugel die Radialfunktion identisch Null: $R(r) \equiv 0$, und für $r > a$ gilt:

$$R_{kl}(r) = C' \left[\mathrm{j}_l(kr)\cos\delta_l - \mathrm{y}_l(kr)\sin\delta_l\right], \tag{26.21}$$

mit der Randbedingung $R_{kl}(a) = 0$, so dass

$$\tan\delta_l(k) = \frac{\mathrm{j}_l(ka)}{\mathrm{y}_l(ka)}. \tag{26.22}$$

Der **unendlich tiefe kugelsymmetrische Potentialtopf** besitzt abzählbar unendlich viele gebundene Zustände, die sich wie im eindimensionalen Fall in Abschnitt I-32 ebenfalls leicht berechnen lassen. In der graphischen Konstruktion 3.3 entspricht dies einer Steigung der Geraden mit $1/\lambda = 0$. Damit entspricht ein gebundener Zustand mit $l = 0$ genau einer Nullstelle der Sinuskurve, oder:

$$k'a = n\pi \Longleftrightarrow E_n = \frac{n^2\pi^2\hbar^2}{2Ma^2}. \tag{26.23}$$

27 Der dreidimensionale harmonische Oszillator

Wir betrachten zunächst mit dem **anisotropen** harmonischen Oszillator, der keinerlei Symmetrien aufweist, und wenden uns dann dem isotropen harmonischen Oszillator zu.

Das allgemeine anisotrope harmonische Oszillatorpotential besitzt die Form

$$\hat{V}(\hat{\boldsymbol{r}}) = \frac{1}{2}M(\omega_x^2\hat{x}^2 + \omega_y^2\hat{y}^2 + \omega_z^2\hat{z}^2) \tag{27.1}$$

und ist daher genau von der Form (I-18.20). Daher bietet sich auch hier der Separationsansatz (I-18.21) an, so dass wir 3 eindimensionale stationäre Schrödinger-Gleichungen wie beim eindimensionalen harmonischen Oszillator erhalten. Mit (I-34.21) erhalten wir so die Energieeigenwerte

$$E_{n_x n_y n_z} = \left(n_x + \frac{1}{2}\right)\hbar\omega_x + \left(n_y + \frac{1}{2}\right)\hbar\omega_y + \left(n_z + \frac{1}{2}\right)\hbar\omega_z, \tag{27.2}$$

wobei die Quantenzahlen n_x, n_y, n_z die Werte $0, 1, 2, \ldots$ annehmen kann.

Die entsprechenden stationären Zustände sind dann von der Form

$$\Psi_{n_x,n_y,n_z}(\boldsymbol{r}, t) = \psi_{n_x}(x)\psi_{n_y}(y)\psi_{n_z}(z)\mathrm{e}^{-\mathrm{i}E_{n_x n_y n_z}t/\hbar}, \tag{27.3}$$

wobei die Funktionen $\psi_{n_i}(r_i)$ die Wellenfunktionen (I-34.41) des eindimensionalen harmonischen Oszillators sind.

Im Folgenden betrachten wir nun den interessanteren Fall des **isotropen dreidimensionalen harmonischen Oszillators**, bei dem $\omega_y = \omega_y = \omega_y = \omega$. Die Energieeigenwerte sind schnell erhalten:

$$E_{n_x n_y n_z} = \left(n_x + n_y + n_z + \frac{3}{2}\right)\hbar\omega, \tag{27.4}$$

und wie im Falle des kubischen Kastenpotentials sind die einzelnen Energieeigenwerte E_n mit $n = n_x + n_y + n_z$ entartet. Im Unterschied zum kubischen Kastenpotential besitzt der isotrope harmonische Oszillator nicht nur Symmetrie unter Vertauschung $\boldsymbol{x} \leftrightarrow \boldsymbol{y} \leftrightarrow z$, sondern besitzt ein **kugelsymmetrisches** Potential, was wir weiter unten im Detail untersuchen wollen. Einzig der Grundzustand mit der Grundzustandsenergie

$$E_{000} = \frac{3}{2}\hbar\omega \tag{27.5}$$

ist nicht entartet. Es ist kombinatorisch leicht nachzurechnen, dass der Entartungsgrad g_n des Energieniveaus E_n gegeben ist durch:

$$g_n = \frac{1}{2}(n+1)(n+2). \tag{27.6}$$

Beweis. Wir müssen alle Kombinationen (n_x, n_y, n_z) finden, so dass $n_x + n_y + n_z = n$. Dazu halten wir zunächst n_x fest. Dann gibt es die folgenden Möglichkeiten, n_y und n_z zu wählen, dass $n_y + n_z = n - n_x$:

$$n - n_x + 1 \text{ Möglichkeiten} \begin{cases} (0, n - n_x) \\ (1, n - n_x + 1) \\ (2, n - n_x + 2) \\ \vdots \\ (n - n_x - 1, 1) \\ (n - n_x, 0). \end{cases}$$

Da n_x aber nun Werte von 0 bis n annehmen kann, gilt:

$$\begin{aligned} g_n &= \sum_{n_x=0}^{n} (n - n_x + 1) \\ &= (n+1) \sum_{n_x=0}^{n} 1 - \sum_{n_x=0}^{n} n_x \\ &= (n+1)^2 - \frac{1}{2} n(n+1) \\ &= \frac{1}{2}(n+1)(n+2). \end{aligned}$$

■

Tabelle 3.2 führt die Entartungsgrade der ersten vier Energieniveaus.

Tabelle 3.2: Energieniveaus und deren Entartungsgrad g_n

n	E_n/E_{000}	(n_x, n_y, n_z)	g_n
0	1	(000)	1
1	5/3	(100), (010), (001)	3
2	7/3	(200), (020), (002), (110), (101), (011)	6
3	3	(300), (030), (003), (210), (201), (021), (120), (102), (012), (111)	10

Der isotrope dreidimensionale Oszillator in Kugelkoordinaten

In Kugelkoordinaten ist das Potential für den isotropen dreidimensionalen Oszillator

$$V(r) = \frac{1}{2} M \omega^2 r^2, \tag{27.7}$$

und die radiale Schrödinger-Gleichung (23.10) lautet entsprechend:

$$-\frac{\hbar^2}{2M} \frac{\mathrm{d}^2 u_{nl}(r)}{\mathrm{d}r^2} + \left[\frac{1}{2} M \omega^2 r^2 + \frac{l(l+1)\hbar^2}{2Mr^2} \right] u_{nl}(r) = E u_{nl}(r), \tag{27.8}$$

mit $u_{nl}(r) = rR_{nl}(r)$. Wir werden versuchen, diese Gleichung mit derselben Methode wie im Falle des eindimensionalen harmonischen Oszillators zu lösen, welche aus den vier wesentlichen Schritten besteht:

1. Betrachtung der Grenzfälle $r \longrightarrow 0$ und $r \longrightarrow \infty$
2. Polynomialreihenansatz und Erhalt von Rekursionsrelationen (Frobenius-Methode)
3. Abbruchbedingung für die Polynomialreihe und damit Quantisierungsbedingung für die Energie
4. Betrachtung der Entartungen

Die vier Schritte im Einzelnen:

1. Im ersten Fall $r \longrightarrow 0$ dominiert der Term $l(l+1)\hbar^2/(2Mr^2)$ die beiden anderen Ausdrücke E und $\frac{1}{2}M\omega^2r^2$. Die Radialgleichung reduziert sich also in diesem Fall auf
$$\frac{\mathrm{d}^2u_{nl}(r)}{\mathrm{d}r^2} - \frac{l(l+1)}{r^2}u_{nl}(r) = 0,$$
und die Lösungen $u_{nl}(r)$ besitzen die asymptotische Form $u_{nl}(r) \sim r^{l+1}$.
Im zweiten Fall $r \longrightarrow \infty$ dominiert der Term $\frac{1}{2}M\omega^2r^2$ gegenüber E und $l(l+1)\hbar^2/(2Mr^2)$. Die Radialgleichung reduziert sich dann auf
$$\frac{\mathrm{d}^2u_{nl}(r)}{\mathrm{d}r^2} - \frac{M^2}{\hbar^2}\omega^2r^2u_{nl}(r) = 0,$$
und die Lösungen besitzen dann die asymptotische Form $u_{nl}(r) \sim \mathrm{e}^{-M\omega r^2/(2\hbar)}$.
2. Mit diesen beiden asymptotischen Grenzfällen vor Augen wählen wir für $u_{nl}(r)$ den Ansatz
$$u_{nl}(r) = f(r)r^{l+1}\mathrm{e}^{-M\omega r^2/(2\hbar)}, \tag{27.9}$$
mit einer zu bestimmenden Funktion $f(r)$. Setzen wir (27.9) in die Radialgleichung (27.8) ein, erhalten wir eine Differentialgleichung für $f(r)$:
$$\frac{\mathrm{d}^2f(r)}{\mathrm{d}r^2} + 2\left(\frac{l+1}{r} - \frac{M\omega}{\hbar}r\right)\frac{\mathrm{d}f(r)}{\mathrm{d}r} + \left[\frac{2ME}{\hbar^2} - (2l+3)\frac{M\omega}{\hbar}\right]f(r) = 0. \tag{27.10}$$
Für $f(r)$ setzen wir eine Potenzreihe an:
$$f(r) = \sum_{q=0}^{\infty} a_q r^q, \tag{27.11}$$
wodurch aus der Differentialgleichung (27.10) eine polynomiale Rekursionsgleichung wird:
$$\sum_{q=0}^{\infty}\left\{q(q-1)a_qr^{q-2} + 2\left(\frac{l+1}{r} - \frac{M\omega}{\hbar}r\right)qa_qr^{q-1} + \left[\frac{2ME}{\hbar^2} - (2l+3)\frac{M\omega}{\hbar}\right]a_qr^q\right\} = 0,$$

die wiederum zu

$$\sum_{q=0}^{\infty}\left\{q(q+2l+1)a_q r^{q-2}+\left[-\frac{2M\omega}{\hbar}q+\frac{2ME}{\hbar^2}-(2l+3)\frac{M\omega}{\hbar}\right]a_q r^q\right\}=0 \tag{27.12}$$

vereinfacht werden kann.

Damit diese Gleichung für alle r erfüllt ist, müssen die Koeffizienten vor jeder einzelnen Potenz in r verschwinden. Für $q = 0$ beispielsweise verschwindet der Koeffizient vor r^{-2} bereits identisch:

$$0 \cdot (2l+1)a_0 = 0.$$

Beachte, dass a_0 selbst hierfür nicht verschwinden muss, sondern unbestimmt bleibt. Für $q = 1$ bekommen wir den Koeffizient für r^{-1}. Damit auch dieser verschwindet, muss gelten:

$$1 \cdot (2l+2)a_1 = 0,$$

was nur möglich ist, wenn $a_1 = 0$.

Um die Koeffizienten der höheren Potenzen von r ab r^0 zu erhalten, sortieren wir (27.12) um. Der Koeffizient für r^q besteht allgemein aus einem Summanden, der a_{q+2} enthält, und einem Summanden, der a_q enthält. Wir können aus (27.12) und der Forderung nach Verschwinden des Koeffizienten für jede einzelne Potenz r^q eine algebraische Rekursionsformel für die a_q erhalten:

$$(q+2)(q+2l+3)a_{q+2}=\left[-\frac{2ME}{\hbar^2}+\frac{M\omega}{\hbar}(2q+2l+3)\right]a_q. \tag{27.13}$$

Da wir bereits wissen, dass $a_1 = 0$ gilt, sehen wir schnell, dass sämtliche a_q mit ungeradem q verschwinden. Es is also:

$$f(r)=\sum_{q=0,2,4,\dots}^{\infty} a_q r^q, \tag{27.14}$$

wobei für alle a_q gilt:

$$a_q \sim a_0.$$

Im Folgenden setzen wir, um die Notation zu vereinfachen:

$$\beta^2 := \frac{M\omega}{\hbar}, \tag{27.15}$$

$$\kappa^2 := -\frac{2ME}{\hbar^2}. \tag{27.16}$$

3. An dieser Stelle bemerken wir nun, dass $f(r)$ keine unendliche Reihe in den Potenzen von r sein darf, da $R_{nl}(r)$ dann in jedem Fall für $r \to \infty$ divergieren würde.

Beweis. Wir betrachten das Verhältnis benachbarter Koeffizienten a_q zueinander:

$$\frac{a_{q+2}}{a_q} = \frac{\left[\kappa^2 + \beta^2(2q+2l+3)\right]}{(q+2)(q+2l+3)} \overset{q\to\infty}{\sim} \frac{2\beta^2}{q}.$$

Das bedeutet aber, dass eine unendliche Potenzreihe für $f(r)$ das gleiche asymptotische Verhalten aufweisen würde wie die Exponentialreihe

$$e^{\beta^2 r^2} = \sum_{q'=0}^{\infty} \frac{(\beta^2 r^2)^{q'}}{q'!}$$

$$\Longrightarrow \frac{(\beta^2)^{q'+1}}{(q'+1)!}\frac{q'!}{(\beta^2)^{q'}} \overset{q'\to\infty}{\sim} \frac{\beta^2}{q'}.$$

Mit dem Zusammenhang

$$q = 2q'$$

erkennt man, dass $f(r) \sim e^{\beta^2 r^2}$ und somit $u_{nl}(r)$ wegen (27.9) die asymptotische Form hätte: $u_{nl}(r) \sim r^{l+1}e^{\beta^2 r^2/2}$, was aber der Voraussetzung unseres Ansatzes widerspricht. $R_{nl}(r)$ wäre dann von der asymptotischen Form $R_{nl}(r) \sim r^l e^{\beta^2 r^2/2}$ und entspräche dann keiner gültigen Wellenfunktion. ■

Die Reihe (27.14) muss also bei einem maximalen Wert k für q abbrechen: $a_q = 0$ für alle $q > k$. $f(r)$ muss also ein polynomialer Ausdruck sein. Wir setzen daher in (27.13) $a_{k+2} = 0$. Da nach Voraussetzung $a_k \neq 0$ ist, führt dies sofort zu einer **Quantisierungsbedingung**:

$$2\frac{M}{\hbar^2}E_{kl} - \frac{M\omega}{\hbar}(2k+2l+3) = 0,$$

oder

$$E_{kl} = \left(k + l + \frac{3}{2}\right)\hbar\omega,$$

mit einem geradzahligen k und einem ganzzahligen $l \geq 0$. Da E_{kl} nur von der Summe $k + l$ abhängt, können wir auch schreiben:

$$E_n = \left(n + \frac{3}{2}\right)\hbar\omega, \qquad (27.17)$$

wobei $n = k + l$ beliebige ganzzahlige Werte $n \geq 0$ annehmen kann.

4. Es ist unmittelbar klar, dass der Energieeigenwert E_n einen von n abhängigen Entartungsgrad aufweist. Wir kennen diesen bereits, da wir in kartesischen Koordinaten bereits den Ausdruck (27.6) erhalten haben:

$$g_n = \frac{1}{2}(n+1)(n+2), \qquad (27.18)$$

wir wollen diesen aber nochmals in Kugelkoordinaten ableiten:

Beweis. Bei vorgegebem n gibt es folgende mögliche Kombinationen (k, l), so dass $k + l = n$:

$$\frac{n}{2} + 1 \text{ Möglichkeiten:} \quad \begin{cases} (0, n) \\ (2, n-2) \\ (4, n-4) \\ \vdots \\ (n-2, 2) \\ (n, 0). \end{cases}$$

Zusätzlich ist aber auch jeder zur Drehimpulsquantenzahl l gehörige Eigenzustand $(2l + 1)$-fach entartet. Der Entartungsgrad g_n für den Energieeigenwert E_n ergibt sich also zu:

$$\begin{aligned} g_n &= \sum_{i=0,2,4,\ldots}^{n} (2(n-i)+1) \\ &= 2 \cdot \sum_{i=0,2,4,\ldots}^{n} n - 2 \cdot \sum_{i=0,2,4,\ldots}^{n} i + \left(\frac{n}{2}+1\right) \\ &= 2\left(\frac{n}{2}+1\right)n - 2\sum_{i=0}^{n/2} 2i + \left(\frac{n}{2}+1\right) \\ &= n(n+2) - 4 \cdot \frac{1}{2} \cdot \frac{n}{2}\left(\frac{n}{2}+1\right) + \left(\frac{n}{2}+1\right) \\ &= \frac{1}{2}n(n+2) + \frac{1}{2}(n+2) \\ &= \frac{1}{2}(n+1)(n+2). \end{aligned}$$

■

Wenden wir uns nun den Energieeigenzuständen beziehungsweise den Wellenfunktionen $\psi_{nlm}(r, \theta, \phi)$ zu: aus dem Ansatz (27.9) und der Relation $u_{nl}(r) = rR_{nl}(r)$ können wir für die Wellenfunktion $\psi_{nlm}(r, \theta, \phi)$ als Lösung der stationären Schrödinger-Gleichung nun schreiben (man erinnere sich nochmals an (23.6)):

$$\psi_{nlm}(r, \theta, \phi) = R_{nl}(r)\mathrm{Y}_{lm}(\theta, \phi) = \frac{u_{nl}(r)}{r}\mathrm{Y}_{lm}(\theta, \phi),$$

und somit

$$\psi_{nlm}(r, \theta, \phi) = r^l f(r) \mathrm{e}^{-\beta^2 r^2/2} \mathrm{Y}_{lm}(\theta, \phi), \tag{27.19}$$

mit

$$\beta^2 = \frac{M\omega}{\hbar} \tag{27.20}$$

und

$$f(r) = \sum_{q=0,2,4,\ldots}^{n-l} a_q r^q, \tag{27.21}$$

wobei für die Koeffizienten a_q die Rekursionsrelation (27.13) gilt:

$$(q+2)(q+2l+3)a_{q+2} = 2\beta^2(q+l-n)a_q, \tag{27.22}$$

und sich ein globaler Vorfaktor aus der Forderung nach Normiertheit ergibt.

Betrachten wir abschließend den Grundzustand wie auch die ersten angeregten Zustände: für $(n, l, m) = (0, 0, 0)$ ist die Wellenfunktion $\psi_{000}(r, \theta, \phi)$ gegeben durch:

$$\psi_{000}(r, \theta, \phi) = R_{00}(r)\mathrm{Y}_{00}(\theta, \phi) = \frac{\beta^{3/2}}{\pi^{3/4}} \mathrm{e}^{-\beta^2 r^2/2}, \tag{27.23}$$

wobei sich der Koeffizient durch die Normierungsbedingung

$$\int \mathrm{d}^3\boldsymbol{r} |\psi_{000}(r, \theta, \phi)|^2 \stackrel{!}{=} 1 \tag{27.24}$$

ergibt.

Die Wellenfunktionen der (n, l, m)-Zustände können so ebenfalls leicht gefunden werden, wobei man die Entartungen der angeregten Zustände beachten muss (siehe Tabelle 3.3). Exemplarisch seien hier einige dieser Wellenfunktionen aufgelistet:

$$\psi_{11m}(r, \theta, \phi) = \sqrt{\frac{8}{3}} \frac{\beta^{5/2}}{\pi^{1/4}} r \mathrm{e}^{-\beta^2 r^2/2} \mathrm{Y}_{1m}(\theta, \phi), \tag{27.25}$$

$$\psi_{200}(r, \theta, \phi) = \sqrt{\frac{3}{2}} \frac{\beta^{3/2}}{\pi^{3/4}} \left(1 - \frac{2}{3}\beta^2 r^2\right) \mathrm{e}^{-\beta^2 r^2/2}, \tag{27.26}$$

$$\psi_{31m}(r, \theta, \phi) = \frac{4}{\sqrt{15}} \frac{\beta^{7/2}}{\pi^{1/4}} r^2 \mathrm{e}^{-\beta^2 r^2/2} \mathrm{Y}_{1m}(\theta, \phi). \tag{27.27}$$

Methode der speziellen Funktionen

Ausgehend von Gleichung (27.8):

$$-\frac{\hbar^2}{2M} \frac{\mathrm{d}^2 u_{nl}(r)}{\mathrm{d}r^2} + \left[\frac{1}{2} M\omega^2 r^2 + \frac{l(l+1)\hbar^2}{2Mr^2}\right] u_{nl}(r) = E u_{nl}(r),$$

erhalten wir durch den Ansatz (27.9):

$$u_{nl}(r) = f(r) r^{l+1} \mathrm{e}^{-M\omega r^2/(2\hbar)}$$

für $f(r)$ die Gleichung:

$$\frac{\mathrm{d}^2 f(r)}{\mathrm{d}r^2} + 2\left[\frac{l+1}{r} - \beta^2 r\right] \frac{\mathrm{d}f(r)}{\mathrm{d}r} - \left[\kappa^2 + 2\beta^2\left(l + \frac{3}{2}\right)\right] f(r) = 0, \tag{27.28}$$

Tabelle 3.3: Energieniveaus und deren Entartungsgrad g_n für den isotropen harmonischen Oszillator

n	E_n	(k,l)	m	g_n
0	$\frac{3}{2}\hbar\omega$	$(0,0)$	0	1
1	$\frac{5}{2}\hbar\omega$	$(0,1)$	$\pm1,0$	3
2	$\frac{7}{2}\hbar\omega$	$(2,0)$	0	6
		$(0,2)$	$\pm2,\pm1,0$	
3	$\frac{9}{2}\hbar\omega$	$(2,1)$	$\pm1,0$	10
		$(0,3)$	$\pm3,\pm2,\pm1,0$	

unter Verwendung von (27.15,27.16).

Setzen wir nun

$$\rho = \beta^2 r^2,$$
$$\bar{f}(\rho) = f(r(\rho)),$$
$$\Longrightarrow r\frac{\mathrm{d}f(r)}{\mathrm{d}r} = 2\rho^2\frac{\mathrm{d}\bar{f}(\rho)}{\mathrm{d}\rho},$$

so erhalten wir die Gleichung:

$$\rho\frac{\mathrm{d}^2\bar{f}(\rho)}{\mathrm{d}\rho^2} + \left[\left(l+\frac{3}{2}\right)-\rho\right]\frac{\mathrm{d}\bar{f}(\rho)}{\mathrm{d}\rho} - \left[\frac{1}{2}\left(l+\frac{3}{2}\right)+\frac{\kappa^2}{4\beta^2}\right]\bar{f}(\rho) = 0, \tag{27.29}$$

die sich mit

$$b := l + \frac{3}{2}, \tag{27.30}$$
$$a := \frac{1}{2}\left(l+\frac{3}{2}\right) + \frac{\kappa^2}{4\beta^2}, \tag{27.31}$$

schreibt als:

$$\rho\frac{\mathrm{d}^2\bar{f}(\rho)}{\mathrm{d}\rho^2} + (b-\rho)\frac{\mathrm{d}\bar{f}(\rho)}{\mathrm{d}\rho} - a\bar{f}(\rho) = 0. \tag{27.32}$$

Diese Gleichung ist in der Mathematik bekannt als **konfluente hypergeometrische Differentialgleichung** oder auch **Kummer-Differentialgleichung**. Die allgemeine Lösung dieser Gleichung kann mit Hilfe der **Kummer-Funktion** $\mathrm{M}(a,b,\rho)$ geschrieben werden:

$$\bar{f}(\rho) = c_1\mathrm{M}(a,b,\rho) + c_2\rho^{1-b}\mathrm{M}(a+1-b,2-b,\rho), \tag{27.33}$$

beziehungsweise, wenn wir (27.30,27.31) sowie (27.15,27.16) verwenden:

$$\bar{f}(\rho) = c_1\mathrm{M}\left(\frac{1}{2}\left(l+\frac{3}{2}\right)-\frac{E}{2\hbar\omega}, l+\frac{3}{2}, \rho\right) + c_2\rho^{-l-\frac{1}{2}}\mathrm{M}\left(\frac{1}{2}\left(-l+\frac{1}{2}\right)-\frac{E}{2\hbar\omega}, -l+\frac{1}{2}, \rho\right). \tag{27.34}$$

Aufgrund der Regularitätsbedingung am Ursprung ($\rho = 0$) muss der Koeffizient $c_2 = 0$ sein. Und aufgrund des asymptotischen Verhaltens der Kummer-Funktion im Unendlichen (27.56) ist eine notwendige Bedigung für Integrabilität, dass $\Gamma(a)^{-1} = 0$ ist, das heißt: $a = -n'$ für $n' = 0, 1, 2, \ldots$. Damit haben wir eine **Quantisierungsbedingung** gewonnen:

$$\frac{1}{2}\left(l + \frac{3}{2}\right) - \frac{E}{2\hbar\omega} \stackrel{!}{=} -n' \quad (n' = 0, 1, 2, \ldots), \tag{27.35}$$

woraus wir für die Energieniveaus E_{nl} erhalten:

$$E_{nl} = \left(n + \frac{3}{2}\right)\hbar\omega, \tag{27.36}$$

mit $n = 2n' + l$. Das ist dasselbe Ergebnis wie (27.17): die Quantenzahl n kann sämtliche Werte $n = 0, 1, 2, \ldots$ annehmen.

Die Wellenfunktion $\psi_{nlm}(r, \theta, \phi)$ des isotropen dreidimensionalen harmonischen Oszillators nimmt demnach folgende Form an:

$$\psi_{nlm}(r, \theta, \phi) = N_{nl} r^l \mathrm{M}\left(-n', l + \frac{3}{2}, \rho\right) \mathrm{e}^{-\beta^2 r^2/2} \mathrm{Y}_{lm}(\theta, \phi),$$

und wir müssen noch mit Hilfe von (27.64) die Normierungskonstante N_{nl} ausrechnen. Wir benötigen das Integral:

$$\int_0^\infty r^2 [R_{nl}(r)]^2 \mathrm{d}r \stackrel{!}{=} 1$$

und damit

$$[N_{nl}]^2 \int_0^\infty \mathrm{d}r r^{2l+2} \mathrm{e}^{-\beta^2 r^2} \left[\mathrm{M}(-n', l + \tfrac{3}{2}, \beta^2 r^2)\right]^2 \stackrel{!}{=} 1, \tag{27.37}$$

welches wir durch die Substitution $\rho = \beta^2 r^2$ umwandeln in:

$$\frac{[N_{nl}]^2}{2\beta^{2l+3}} \int_0^\infty \mathrm{d}\rho \rho^{l+1/2} \mathrm{e}^{-\rho} \left[\mathrm{M}(-n', l + \tfrac{3}{2}, \rho)\right]^2 \stackrel{!}{=} 1. \tag{27.38}$$

Ein Vergleich mit (27.64) unter der Ersetzung:

$$\begin{aligned} k &\longrightarrow 1, \\ a &\longrightarrow -n', \\ c &\longrightarrow l + \frac{3}{2}, \\ b &\longrightarrow l + \frac{3}{2} \end{aligned}$$

ergibt:

$$\int_0^\infty \mathrm{d}\rho\rho^{l+1/2}\mathrm{e}^{-\rho}\left[\mathrm{M}(-n', l+\tfrac{3}{2}, \rho)\right]^2 = \frac{n'!\left[\Gamma\left(l+\frac{3}{2}\right)\right]^2}{\Gamma\left(l+\frac{3}{2}+n'\right)} \sum_{i=0}^{n'} \binom{n'}{i} \frac{(l+\frac{1}{2})!}{i!(l+\frac{1}{2}+i)!} \frac{(-1+i)!}{(-1-i)!},$$

wobei in der Summe auf der rechten Seite nur der Summand zu $i = 0$ beiträgt, da der rechte Bruch dann trotz des Pols im Nenner identisch Eins ergibt, ebenso wie der Binomialkoeffizient. Insgesamt wird so die vollständige Summe zu Eins. Also:

$$[N_{nl}]^2 = 2\beta^{2l+3} \frac{\Gamma\left(l+\frac{3}{2}+n'\right)}{n'!\left[\Gamma\left(l+\frac{3}{2}\right)\right]^2}. \tag{27.39}$$

Damit erhalten wir:

$$\psi_{nlm}(r,\theta,\phi) = \sqrt{\frac{2\beta^{2l+3}\Gamma\left(l+\frac{3}{2}+n'\right)}{n'!\left[\Gamma\left(l+\frac{3}{2}\right)\right]^2}} r^l \mathrm{M}\left(-n', l+\frac{3}{2}, \beta^2 r^2\right) \mathrm{e}^{-\beta^2 r^2/2} \mathrm{Y}_{lm}(\theta,\phi).$$

Ausgedrückt in zugeordneten Laguerre-Polynomen (siehe (27.68)) kann man die Lösung $\psi_{nlm}(r,\theta,\phi)$ auch schreiben als:

$$\psi_{nlm}(r,\theta,\phi) = \sqrt{\frac{2\beta^{2l+3}n'!}{\Gamma\left(l+\frac{3}{2}+n'\right)}} r^l \mathrm{L}_n^{1/2}\left(\beta^2 r^2\right) \mathrm{e}^{-\beta^2 r^2/2} \mathrm{Y}_{lm}(\theta,\phi). \tag{27.40}$$

Hierbei ist $n' = \frac{1}{2}(n-l)$.

Mathematischer Einschub 7: Konfluente hypergeometrische Funktionen

Die **konfluente hypergeometrische Differentialgleichung**

$$z\frac{\mathrm{d}^2 f(z)}{\mathrm{d}z^2} + (b-z)\frac{\mathrm{d}f(z)}{\mathrm{d}z} - af(z) = 0 \tag{27.41}$$

besitzt Lösungen für $a, b \in \mathbb{C}$ und $b \neq 0, -1, -2, -3, \ldots$. Die Gleichung besitzt einen regulären singulären Punkt bei $z = 0$ und einen irregulären singulären Punkt bei $z = \infty$.

Eine Lösung dieser Gleichung ist die **Kummer-Funktion** oder **konfluente hyper-**

geometrische Funktion 1. Art:

$$\mathrm{M}(a,b,z)=\sum_{n=0}^{\infty}\frac{(a)_n z^n}{(b)_n n!}, \tag{27.42}$$

mit dem sogenannten **Pochhammer-Symbol**

$$\begin{aligned}(a)_n &= \frac{\Gamma(a+n)}{\Gamma(a)} &(27.43)\\ &= a(a+1)\cdots(a+n-1), &(27.44)\end{aligned}$$

eine etwas unglückliche und auch teilweise uneinheitliche Notation, die sich (leider) in der Theorie der hypergeometrischen Funktionen etabliert hat. Eine alternative Schreibweise wäre die der **steigenden Fakultät**

$$a^{\overline{n}} = a(a+1)\cdots(a+n-1). \tag{27.45}$$

Die Reihe für $\mathrm{M}(a,b,z)$ konvergiert für alle Werte $a,b,z\in\mathbb{C}$ und stellt für $a=-n$ ein Polynom dar.

Es existiert für $b\neq 2,3,4,\ldots$ eine zweite, linear unabhängige Lösung:

$$f(z)=z^{1-b}\mathrm{M}(a+1-b,2-b,z), \tag{27.46}$$

die für $b\notin\mathbb{Z}$ definierte Standardform einer zweiten, linear unabhängigen Lösung, ist aber die Linearkombination:

$$\begin{aligned}\mathrm{U}(a,b,z) &= \frac{\pi}{\sin\pi b}\left[\frac{\mathrm{M}(a,b,z)}{\Gamma(a+1-b)\Gamma(b)}-z^{1-b}\frac{\mathrm{M}(a+1-b,2-b,z)}{\Gamma(a)\Gamma(2-b)}\right] &(27.47)\\ &= \frac{\Gamma(1-b)}{\Gamma(a+1-b)}\mathrm{M}(a,b,z)+z^{1-b}\frac{\Gamma(b-1)}{\Gamma(a)}\mathrm{M}(a+1-b,2-b,z), &(27.48)\end{aligned}$$

auch als **konfluente hypergeometrische Funktion 2. Art** oder (seltener) **Tricomi-Funktion** bezeichnet. Die Funktion $\mathrm{U}(a,b,z)$ ist zunächst mehrdeutig, und man definiert den Hauptzweig durch die Festlegung $-\pi<\arg z\leq\pi$.

Die Funktionen $\mathrm{M}(a,b,z)$ und $\mathrm{U}(a,b,z)$ besitzen folgende Integraldarstellungen:

$$\mathrm{M}(a,b,z)=\frac{\Gamma(b)}{\Gamma(a)\Gamma(b-a)}\int_0^1 \mathrm{e}^{zt}t^{a-1}(1-t)^{b-a-1}\mathrm{d}t \quad (\mathrm{Re}\,b>\mathrm{Re}\,a>0), \tag{27.49}$$

$$\mathrm{U}(a,b,z)=\frac{1}{\Gamma(a)}\int_0^\infty \mathrm{e}^{-zt}t^{a-1}(1+t)^{b-a-1}\mathrm{d}t \quad (\mathrm{Re}\,z>0,\mathrm{Re}\,a>0). \tag{27.50}$$

Das asymptotische Verhalten von $\mathrm{M}(a, b, z)$ und $\mathrm{U}(a, b, z)$ für $|z| \longrightarrow 0$ beziehungsweise $|z| \longrightarrow \infty$ ist jeweils (wir beschränken uns auf die wichtigsten Fälle) für $z \longrightarrow 0$:

$$\mathrm{M}(a, b, z) = 1 + O(z), \tag{27.51}$$

$$\mathrm{U}(a, b, z) = \begin{cases} \frac{\Gamma(b-1)}{\Gamma(a)} z^{1-b} + O(z^{2-\mathrm{Re}\, b}) & (\mathrm{Re}\, b \geq 2, b \neq 2) \\ \frac{\Gamma(b-1)}{\Gamma(a)} z^{1-b} + \frac{\Gamma(1-b)}{\Gamma(a-b+1)} + O(z^{2-\mathrm{Re}\, b}) & (1 \leq \mathrm{Re}\, b < 2, b \neq 1) \\ \frac{\Gamma(1-b)}{\Gamma(a-b+1)} + O(z^{1-\mathrm{Re}\, b}) & (0 < \mathrm{Re}\, b < 1) \\ \frac{\Gamma(1-b)}{\Gamma(a-b+1)} + O(z) & (\mathrm{Re}\, b \leq 0, b \neq 0) \end{cases}, \tag{27.52}$$

$$\mathrm{U}(a, 2, z) = \frac{1}{\Gamma(a)} z^{-1} + O(\log z) \quad (b = 2), \tag{27.53}$$

$$\mathrm{U}(a, 1, z) = -\frac{1}{\Gamma(a)} [\log z + \psi(a) + 2\gamma] + O(z \log z) \quad (b = 1), \tag{27.54}$$

$$\mathrm{U}(a, 0, z) = \frac{1}{\Gamma(a+1)} + O(z \log z). \tag{27.55}$$

Hierbei ist $\psi(z)$ die **Digamma-Funktion** (I-14.38), und γ ist die **Euler–Mascheroni-Konstante** (I-14.29). Für $|z| \longrightarrow \infty$ ist:

$$\mathrm{M}(a, b, z) \sim \left(\frac{\Gamma(b)}{\Gamma(a)} \mathrm{e}^z z^{a-b} + \frac{\Gamma(b)}{\Gamma(b-a)} (-z)^{-a} \right) \quad \left(-\frac{3\pi}{2} < \arg z < \frac{\pi}{2} \right). \tag{27.56}$$

Hierbei kann der erste Term weggelassen werden, wenn $\Gamma(b-a)$ endlich ist, sprich wenn $b - a \neq 0, -1, -2, -3, \ldots$ und $\mathrm{Re}\, z \longrightarrow -\infty$. Der zweite Term hingegen kann weggelassen werden, wenn $\Gamma(a)$ endlich ist, sprich $a \neq 0, -1, -2, -3, \ldots$ und $\mathrm{Re}\, z \longrightarrow +\infty$.

$$\mathrm{U}(a, b, z) \sim z^{-a} \quad \left(-\frac{3\pi}{2} < \arg z < \frac{3\pi}{2} \right). \tag{27.57}$$

Die konfluente hypergeometrische Funktion 1. Art besitzt auch eine alternative Notation:

$$\mathrm{M}(a, b, z) = {}_1\mathrm{F}_1(a; b; z). \tag{27.58}$$

Das Prä- und Post-Subskript stehen hierbei für die Anzahl der Pochhammer-Symbole im Zähler beziehungsweise im Nenner der Definition (27.42) und sind eigentlich überflüssig, da die jeweiligen Argumente durch Semikola separiert werden. Der Name „konfluent“ rührt daher, dass sowohl die Differentialgleichung (27.41) als auch die Lösung ${}_1\mathrm{F}_1(a;b;z)$ Grenzfälle des allgemeinen „hypergeometrischen" Falles darstellen. Die **hypergeometrische Differentialgleichung** (auch **Gauß-Gleichung** genannt) ist:

$$z(1-z)\frac{\mathrm{d}^2 f(z)}{\mathrm{d}z^2} + [c-(a+b+1)z]\,\frac{\mathrm{d}f(z)}{\mathrm{d}z} - abf(z) = 0, \tag{27.59}$$

und sie besitzt drei reguläre singuläre Punkte bei $z = 0$, $z = 1$ und $z = \infty$. Ihre Lösungen lassen sich durch die **hypergeometrische Funktionen**

$${}_2\mathrm{F}_1(a,b;c;z) = \sum_{n=0}^{\infty} \frac{(a)_n(b)_n}{(c)_n}\frac{z^n}{n!} \tag{27.60}$$

bilden.

Macht man nun in (27.59) die Ersetzung $z \longrightarrow z/b$ und betrachtet den Grenzfall $b \longrightarrow \infty$, so verschiebt sich der reguläre singuläre Punkt $z = 1$ in Richtung des Punktes $z = \infty$, welcher dann zum irregulären singulären Punkt wird, und man erhält man den konfluente hypergeometrische Differentialgleichung (27.41). Für die konfluente hypergeometrische Funktion 1. Art gilt dann:

$${}_1\mathrm{F}_1(a;c;z) = \lim_{b\to\infty} {}_2\mathrm{F}_1(a,b;c;z/b). \tag{27.61}$$

Folgende Integralformeln sind wichtig:

- für $\mathrm{Re}\, c > 0$ und entweder für $\mathrm{Re}\,\lambda > |\mathrm{Re}\, k|$ oder für $\mathrm{Re}\,\lambda > 0$ (wenn $a = -n$):

$$\int_0^\infty \mathrm{d}x \mathrm{e}^{-\lambda x} x^{c-1} \mathrm{M}(a,b,kx) = \Gamma(c)\lambda^{-c}\, {}_2\mathrm{F}_1(a,c;b;k/\lambda), \tag{27.62}$$

sowie:

$$\int_0^\infty \mathrm{d}x \mathrm{e}^{-\lambda x} x^{b-1} \mathrm{M}(a,b,kx)\mathrm{M}(a',b,k'x) =$$

$$\Gamma(b)\lambda^{a+a'-b}(\lambda-k)^{-a}(\lambda-k')^{-a'}\, {}_2\mathrm{F}_1\left(a,a';b;\frac{kk'}{(\lambda-k)(\lambda-k')}\right). \tag{27.63}$$

- für $\mathrm{Re}\, k > 0, \mathrm{Re}\, c > 0, a = -n$:

$$\int_0^\infty \mathrm{d}x \mathrm{e}^{-kx} x^{c-1} \left[\mathrm{M}(a,b,kx)\right]^2 =$$

$$\frac{\Gamma(c)n!}{k^c(b)_n} \sum_{i=0}^{n} \binom{n}{i} \frac{(b-1)!}{i!(b+i-1)!} \frac{(b-c-1+i)!}{(b-c-1-i)!}. \tag{27.64}$$

Es existieren zahlreiche Zusammenhänge zwischen den konfluenten hypergeometrischen Funktionen und anderen speziellen Funktionen. Hier nur eine kleine Auswahl:

- mit den Hermite-Polynomen $\mathrm{H}_n(z)$ (siehe Abschnitt I-35):

$$\mathrm{H}_{2n}(z) = (-1)^n \frac{(2n)!}{n!} \mathrm{M}(-n, \tfrac{1}{2}, z^2), \tag{27.65}$$

$$\mathrm{H}_{2n+1}(z) = (-1)^n \frac{2z(2n+1)!}{n!} \mathrm{M}(-n, \tfrac{3}{2}, z^2), \tag{27.66}$$

$$\mathrm{H}_n(z) = 2^n z \mathrm{U}(\tfrac{1}{2} - \tfrac{1}{2}n, \tfrac{3}{2}, z^2). \tag{27.67}$$

- mit den (zugeordneten) Laguerre-Polynomen $\mathrm{L}_n^k(x)$ (siehe Abschnitt 29):

$$\mathrm{L}_n^k(x) = \frac{\Gamma(k+1+n)}{\Gamma(n+1)\Gamma(k+1)} \mathrm{M}(-n, k+1, x), \tag{27.68}$$

$$= \frac{(-1)^n}{\Gamma(n+1)} \mathrm{U}(-n, k+1, x). \tag{27.69}$$

wodurch im Unterschied zur Definition über die Rodrigues-Formel auf diese Weise auch nicht-ganzzahlige Werte der Indizes n, k definiert sind (vergleiche Abschnitt 29).

28 Das Coulomb-Potential I: Algebraische Methode

Eines der wichtigsten – wenn nicht *das* wichtigste – Zweiteilchensysteme und darüber hinaus einer der wichtigsten Anwendungsfälle der Quantenmechanik überhaupt ist das **Wasserstoffatom**. Die Wechselwirkung zwischen Proton und Elektron wird in erster Näherung durch die Coulomb-Wechselwirkung dominiert, erst bei genauerer Betrachtung oder auch im Falle äußerer Störungen treten auch weitere Wechselwirkungsterme in Erscheinung, die wir an dieser Stelle jedoch zunächst vernachlässigen. Wir betrachten also ein vereinfachtes **Coulomb-Problem**, in dem sowohl Elektron als auch Proton Punktteilchen mit Spin 0 sind, und geben am Ende dieses Abschnitts einen Ausblick auf die weiteren notwendigen Korrekturen, die sich nach Verfeinerung dieses Modells ergeben.

Bevor wir – aufbauend auf den vorhergehenden Abschnitten – die analytische Lösung des Coulomb-Problems in Angriff nehmen – wollen wir uns die Besonderheiten etwas genauer anschauen, die das Coulomb-Problem bietet: einen höheren Grad an Symmetrie als das allgemeine Zentralkraftproblem, eine weitere Erhaltungsgröße und damit einhergehend eine vollständig algebraische Lösungsmöglichkeit. Wir zeigen im Folgenden den genialen Lösungsweg von Wolfgang Pauli aus dem Jahre 1926, mit dem er der Matrizenmechanik Werner Heisenbergs zu einem triumphalen Erfolg verhalf [Pau26].

Der Hamilton-Operator für das Coulomb-Problem ist gegeben durch:

$$\hat{H} = \frac{\hat{\boldsymbol{p}}^2}{2\mu} - \frac{e^2}{\hat{r}}, \tag{28.1}$$

mit der in Abschnitt 25 eingeführten reduzierten Masse

$$\mu = \frac{m_\mathrm{p} m_\mathrm{e}}{m_\mathrm{p} + m_\mathrm{e}}, \tag{28.2}$$

wobei m_p die Protonmasse und m_e die Elektronmasse ist. Der Coulomb-Term $V(\hat{r}) = -e^2/\hat{r}$ ergibt sich aus der negativen elektrischen Ladung $-e$ des Elektrons und der positiven Ladung e des Protons. Wir betrachten also von Anfang an das Coulomb-Problem als auf ein Einkörperproblem reduziertes Zweikörperproblem, und die Konstante e selbst ist positiv.

Bereits aus der klassischen Mechanik ist bekannt, dass das Zweikörper-System mit Coulomb-Potential eine zusätzliche Erhaltungsgröße besitzt, den sogenannten **Runge–Lenz-Vektor**

$$\boldsymbol{A} = \boldsymbol{L} \times \boldsymbol{p} + e^2 \mu \boldsymbol{e}_r, \tag{28.3}$$

auch **Laplace–Runge–Lenz-Vektor** genannt. Um das quantenmechanische Pendant zum Runge–Lenz-Vektor zu konstruieren, müssen wir beachten, dass aufgrund der Nichtvertauschbarkeit von $\hat{\boldsymbol{L}}$ und $\hat{\boldsymbol{p}}$ eine symmetrisierte Form von $\hat{\boldsymbol{L}} \times \hat{\boldsymbol{p}}$ gewählt werden muss (siehe Abschnitt I-16). Wir erhalten diese, indem wir ersetzen:

$$\begin{aligned}\epsilon_{ijk} L_j p_k &\mapsto \frac{1}{2}\epsilon_{ijk}\left(\hat{L}_j \hat{p}_k + \hat{p}_k \hat{L}_j\right)\\ &= \frac{1}{2}\epsilon_{ijk}\hat{L}_j\hat{p}_k - \frac{1}{2}\epsilon_{ijk}\hat{p}_j\hat{L}_k.\end{aligned}$$

Damit ist der quantenmechanische Runge–Lenz-Vektor gegeben durch:

$$\hat{\boldsymbol{A}} = \frac{1}{2}\left(\hat{\boldsymbol{L}} \times \hat{\boldsymbol{p}} - \hat{\boldsymbol{p}} \times \hat{\boldsymbol{L}}\right) + e^2\mu\frac{\hat{\boldsymbol{r}}}{\hat{r}}, \tag{28.4}$$

beziehungsweise:

$$\hat{A}_i = \frac{1}{2}\epsilon_{ijk}\left(\hat{L}_j\hat{p}_k + \hat{p}_k\hat{L}_j\right) + e^2\mu\frac{\hat{r}_i}{\hat{r}}. \tag{28.5}$$

Er erfüllt die folgenden Kommutatorrelationen:

$$[\hat{H}, \hat{A}_i] = 0, \tag{28.6}$$

$$[\hat{A}_i, \hat{L}_j] = \mathrm{i}\hbar\epsilon_{ijk}\hat{A}_k, \tag{28.7}$$

$$[\hat{A}_i, \hat{A}_j] = -2\mathrm{i}\hbar\mu\epsilon_{ijk}\hat{L}_k\hat{H}, \tag{28.8}$$

woraus schnell folgt:

$$[\hat{H}, \hat{\boldsymbol{A}}^2] = 0, \tag{28.9}$$

$$[\hat{L}_i, \hat{\boldsymbol{A}}^2] = 0, \tag{28.10}$$

und es gilt außerdem:

$$\hat{\boldsymbol{A}}^2 = 2\mu\hat{H}\left(\hat{\boldsymbol{L}}^2 + \hbar^2\right) + \mu^2 e^4, \tag{28.11}$$

$$\hat{\boldsymbol{A}} \cdot \hat{\boldsymbol{L}} = \hat{\boldsymbol{L}} \cdot \hat{\boldsymbol{A}} = 0. \tag{28.12}$$

Beweis. Wir schreiben (28.6) als:

$$\begin{aligned}
[\hat{A} + \hat{B}, \hat{C} + \hat{D}] &= [\hat{A}, \hat{C}] + [\hat{A}, \hat{D}] + [\hat{B}, \hat{C}] + [\hat{B}, \hat{D}], \\
\text{mit} \quad \hat{A} &= \frac{\hat{\boldsymbol{p}}^2}{2\mu}, \\
\hat{B} &= -\frac{e^2}{\hat{r}}, \\
\hat{C} &= \frac{1}{2}\epsilon_{ijk}(\hat{L}_j\hat{p}_k + \hat{p}_k\hat{L}_j), \\
\hat{D} &= e^2\mu\frac{\hat{r}_i}{\hat{r}},
\end{aligned}$$

und zeigen so, dass jeder einzelne Kommutator verschwindet.

Für (28.7) führen wir eine analoge Zerlegung durch und verwenden als Nebenrechnung:

$$\begin{aligned}
\frac{1}{2}\epsilon_{imn}\left[[\hat{L}_m\hat{p}_n, \hat{L}_j] + [\hat{p}_n\hat{L}_m, \hat{L}_j]\right] &= \frac{1}{2}\mathrm{i}\hbar\left(\hat{L}_i\hat{p}_j + \hat{p}_j\hat{L}_i - \hat{L}_j\hat{p}_i - \hat{p}_i\hat{L}_j\right) \\
&= \mathrm{i}\hbar\epsilon_{ijk}\epsilon_{ilm}(\hat{L}_l\hat{p}_m + \hat{p}_m\hat{L}_l).
\end{aligned}$$

Etwas aufwendiger ist (28.8). Hier benötigen wir nach einer entsprechenden Zerlegung in einer Zwischenrechnung die Kommutatoren:

$$
\begin{aligned}
[\hat{L}_l\hat{p}_m, \hat{L}_o\hat{p}_p] &= \mathrm{i}\hbar\left(\epsilon_{moq}\hat{L}_l\hat{p}_q\hat{p}_p + \epsilon_{loq}\hat{L}_q\hat{p}_p\hat{p}_m + \epsilon_{lpq}\hat{L}_o\hat{p}_q\hat{p}_m\right),\\
[\hat{p}_l\hat{L}_m, \hat{p}_o\hat{L}_p] &= \mathrm{i}\hbar\left(\epsilon_{moq}\hat{p}_l\hat{p}_q\hat{L}_p + \epsilon_{mpq}\hat{p}_l\hat{p}_o\hat{L}_q + \epsilon_{lpq}\hat{p}_o\hat{p}_q\hat{L}_m\right),\\
[\hat{L}_l\hat{p}_m, \hat{p}_o\hat{L}_p] &= \mathrm{i}\hbar\left(\epsilon_{mpq}\hat{L}_l\hat{p}_o\hat{p}_q + \epsilon_{loq}\hat{p}_q\hat{L}_p\hat{p}_m + \epsilon_{lpq}\hat{p}_o\hat{L}_q\hat{p}_m\right),\\
[\hat{p}_l\hat{L}_m, \hat{L}_o\hat{p}_p] &= \mathrm{i}\hbar\left(\epsilon_{moq}\hat{p}_l\hat{L}_q\hat{p}_p + \epsilon_{loq}\hat{p}_q\hat{p}_p\hat{L}_m + \epsilon_{mpq}\hat{p}_l\hat{L}_o\hat{p}_q\right),\\
\left[\hat{L}_l\hat{p}_m, \frac{\hat{r}_j}{\hat{r}}\right] &= \mathrm{i}\hbar\left(-\hat{L}_l\left[\frac{\delta_{jm}}{\hat{r}} - \frac{\hat{r}_j\hat{r}_m}{\hat{r}^3}\right] + \epsilon_{ljq}\frac{\hat{r}_q}{\hat{r}}\hat{p}_m\right),\\
\left[\hat{p}_m\hat{L}_l, \frac{\hat{r}_j}{\hat{r}}\right] &= \mathrm{i}\hbar\left(-\left[\frac{\delta_{jm}}{\hat{r}} - \frac{\hat{r}_j\hat{r}_m}{\hat{r}^3}\right]\hat{L}_l + \epsilon_{ljq}\hat{p}_m\frac{\hat{r}_q}{\hat{r}}\right),\\
\left[\frac{\hat{r}_i}{\hat{r}}, \hat{L}_o\hat{p}_p\right] &= \mathrm{i}\hbar\left(\hat{L}_o\left[\frac{\delta_{ip}}{\hat{r}} - \frac{\hat{r}_i\hat{r}_p}{\hat{r}^3}\right] - \epsilon_{oiq}\frac{\hat{r}_q}{\hat{r}}\hat{p}_p\right),\\
\left[\frac{\hat{r}_i}{\hat{r}}, \hat{p}_p\hat{L}_o\right] &= \mathrm{i}\hbar\left(\left[\frac{\delta_{ip}}{\hat{r}} - \frac{\hat{r}_i\hat{r}_p}{\hat{r}^3}\right]\hat{L}_o - \epsilon_{oiq}\hat{p}_p\frac{\hat{r}_q}{\hat{r}}\right).
\end{aligned}
$$

Für Relation (28.11) benötigt man:

$$
\begin{aligned}
\hat{L}_l\hat{p}_m\hat{L}_l\hat{p}_m &= \hat{\boldsymbol{L}}^2\hat{\boldsymbol{p}}^2,\\
\hat{L}_l\hat{p}_m\hat{p}_m\hat{L}_l &= \hat{\boldsymbol{L}}^2\hat{\boldsymbol{p}}^2,\\
\hat{p}_m\hat{L}_l\hat{L}_l\hat{p}_m &= \hat{\boldsymbol{L}}^2\hat{\boldsymbol{p}}^2 + 2\hbar^2\hat{\boldsymbol{p}}^2,\\
\hat{p}_m\hat{L}_l\hat{p}_m\hat{L}_l &= \hat{\boldsymbol{L}}^2\hat{\boldsymbol{p}}^2,\\
\hat{L}_m\hat{p}_l\hat{L}_l\hat{p}_m &= 0,\\
\hat{L}_m\hat{p}_l\hat{p}_m\hat{L}_l &= 0,\\
\hat{p}_l\hat{L}_m\hat{L}_l\hat{p}_m &= -2\hbar^2\hat{\boldsymbol{p}}^2,\\
\hat{p}_l\hat{L}_m\hat{p}_m\hat{L}_l &= 0
\end{aligned}
$$

und

$$
\begin{aligned}
\epsilon_{ijk}\hat{L}_j\hat{p}_k\frac{\hat{r}_i}{\hat{r}} &= -\frac{\hat{\boldsymbol{L}}^2}{\hat{r}},\\
\epsilon_{ijk}\hat{p}_k\hat{L}_j\frac{\hat{r}_i}{\hat{r}} &= -\frac{\hat{\boldsymbol{L}}^2}{\hat{r}} - 2\mathrm{i}\hbar\hat{\boldsymbol{p}}\cdot\frac{\hat{\boldsymbol{r}}}{\hat{r}},\\
\epsilon_{ijk}\frac{\hat{r}_i}{\hat{r}}\hat{L}_j\hat{p}_k &= -\frac{\hat{\boldsymbol{L}}^2}{\hat{r}} + 2\mathrm{i}\hbar\hat{\boldsymbol{p}}\cdot\frac{\hat{\boldsymbol{r}}}{\hat{r}} - 4\hbar^2\frac{1}{\hat{r}},\\
\epsilon_{ijk}\frac{\hat{r}_i}{\hat{r}}\hat{p}_k\hat{L}_j &= -\frac{\hat{\boldsymbol{L}}^2}{\hat{r}}.
\end{aligned}
$$

Relation (28.12) ist trivial zu zeigen. ■

Daneben gelten selbstverständlich noch die üblichen Kommutatorrelationen (1.3) für den Drehimpulsoperator:

$$[\hat{L}_i, \hat{L}_j] = \mathrm{i}\hbar\epsilon_{ijk}\hat{L}_k, \tag{28.13}$$

und aufgrund der Tatsache, dass wir ein Zentralkraftproblem vor uns haben (siehe Abschnitt 23).

$$[\hat{\boldsymbol{L}}^2, \hat{H}] = 0, \tag{28.14}$$

$$[\hat{L}_i, \hat{H}] = 0, \tag{28.15}$$

$$[\hat{\boldsymbol{L}}^2, \hat{L}_i] = 0. \tag{28.16}$$

Indem wir den Runge–Lenz-Vektor-Operator wie folgt umskalieren:

$$\hat{\boldsymbol{A}} =: \sqrt{-2\mu\hat{H}}\hat{\boldsymbol{M}}, \tag{28.17}$$

ergibt sich die Kommutatoralgebra oben wie folgt:

$$[\hat{L}_i, \hat{L}_j] = \mathrm{i}\hbar\epsilon_{ijk}\hat{L}_k, \tag{28.18a}$$

$$[\hat{M}_i, \hat{M}_j] = \mathrm{i}\hbar\epsilon_{ijk}\hat{L}_k, \tag{28.18b}$$

$$[\hat{M}_i, \hat{L}_j] = \mathrm{i}\hbar\epsilon_{ijk}\hat{M}_k, \tag{28.18c}$$

und (28.11) stellt sich wie folgt dar:

$$\hat{\boldsymbol{M}}^2 + \hat{\boldsymbol{L}}^2 + \hbar^2 = -\frac{\mu e^4}{2\hat{H}}. \tag{28.19}$$

Die Umskalierung (28.17) ist dann möglich, wenn wir den Gültigkeitsbereich von $\hat{\boldsymbol{M}}$ auf gebundene Zustände mit $E < 0$ beschränken.

Nun kommt der entscheidende Schritt: wir definieren neue Operatoren:

$$\hat{\boldsymbol{I}} := \frac{\hat{\boldsymbol{L}} + \hat{\boldsymbol{M}}}{2}, \tag{28.20}$$

$$\hat{\boldsymbol{K}} := \frac{\hat{\boldsymbol{L}} - \hat{\boldsymbol{M}}}{2}, \tag{28.21}$$

wodurch sich die obigen Kommutatorrelationen vereinfachen zu:

$$[\hat{I}_i, \hat{I}_j] = \mathrm{i}\hbar\epsilon_{ijk}\hat{I}_k, \tag{28.22a}$$

$$[\hat{K}_i, \hat{K}_j] = \mathrm{i}\hbar\epsilon_{ijk}\hat{K}_k, \tag{28.22b}$$

$$[\hat{I}_i, \hat{K}_j] = 0, \tag{28.22c}$$

das heißt: in den neuen Operatoren ausgedrückt, entkoppeln die Kommutatorrelationen, und die Operatoren $\hat{\boldsymbol{I}}$ und $\hat{\boldsymbol{K}}$ erfüllen jeweils für sich die Drehimpulsalgebra, womit ebenfalls einfach folgt, dass $\hat{\boldsymbol{I}}^2, \hat{\boldsymbol{K}}^2, \hat{I}_z, \hat{K}_z$ miteinander kommutieren. Das ist die entscheidende Erkenntnis! Während das allgemeine Zentralkraftproblem mit den drei Operatoren $\hat{H}, \hat{\boldsymbol{L}}^2, \hat{L}_z$ eine gemeinsame Menge kommutierender Observablen besitzt, gibt es beim Coulomb-Problem fünf miteinander kommutierende Observable: $\hat{H}, \hat{\boldsymbol{I}}^2, \hat{I}_z, \hat{\boldsymbol{K}}^2, \hat{K}_z$, was den höheren Grad an Symmetrie widerspiegelt und einen höheren Entartungsgrad der Energie-Eigenzustände vermuten lässt. Das Coulomb-Problem besitzt nicht nur Symmetrie unter der Rotationsgruppe SO(3), sondern sogar Symmetrie unter der Gruppe SO(4). Mehr dazu weiter unten.

Die Relation (28.19) sowie die Orthogonalitätsrelation (28.12) werden in den neuen Operatoren zu:

$$2(\hat{\boldsymbol{I}}^2 + \hat{\boldsymbol{K}}^2) + \hbar^2 = -\frac{\mu e^4}{2\hat{H}}, \tag{28.23}$$

$$\hat{\boldsymbol{I}}^2 = \hat{\boldsymbol{K}}^2. \tag{28.24}$$

Damit lassen sich die Eigenzustände und Eigenwerte des Hamilton-Operators wie folgt bezeichnen beziehungsweise konstruieren:

$$\hat{\boldsymbol{I}}^2 \,|i, m_i, k, m_k\rangle = i(i+1)\hbar^2 \,|i, m_i, k, m_k\rangle\,, \tag{28.25}$$

$$\hat{\boldsymbol{K}}^2 \,|i, m_i, k, m_k\rangle = k(k+1)\hbar^2 \,|i, m_i, k, m_k\rangle\,, \tag{28.26}$$

$$\hat{I}_z \,|i, m_i, k, m_k\rangle = m_i\hbar \,|i, m_i, k, m_k\rangle\,, \tag{28.27}$$

$$\hat{K}_z \,|i, m_i, k, m_k\rangle = m_k\hbar \,|i, m_i, k, m_k\rangle\,, \tag{28.28}$$

$$\hat{I}_+ \,|i, m_i, k, m_k\rangle = \hbar\sqrt{i(i+1) - m_i(m_i+1)} \,|i, m_i+1, k, m_k\rangle\,, \tag{28.29}$$

$$\hat{K}_+ \,|i, m_i, k, m_k\rangle = \hbar\sqrt{k(k+1) - m_k(m_k+1)} \,|i, m_i, k, m_k+1\rangle\,, \tag{28.30}$$

wobei

$$\hat{I}_+ = \hat{I}_x + \mathrm{i}\hat{I}_y, \tag{28.31}$$

$$\hat{K}_+ = \hat{K}_x + \mathrm{i}\hat{K}_y. \tag{28.32}$$

Relation (28.23) gibt uns nun die Energieeigenwerte, denn es folgt, mit $i = k$:

$$\left(2\hat{\boldsymbol{I}}^2 + 2\hat{\boldsymbol{K}}^2 + \hbar^2\right) |i, m_i, k, m_k\rangle = -\frac{\mu e^4}{2\hat{H}} \,|i, m_i, k, m_k\rangle\,,$$

$$(2i+1)^2\hbar^2 \,|i, m_i, k, m_k\rangle = -\frac{\mu e^4}{2E} \,|i, m_i, k, m_k\rangle\,.$$

Für jede Wahl von i, k gibt es $(2i+1)(2k+1)$ verschiedene Zustände. Wegen der Relation (28.12) ist diese Wahl aber nicht vollkommen unabhängig, sondern vielmehr muss $i = k$ sein. Da i gemäß der Drehimpulsalgebra die Werte $\{\,0, \frac{1}{2}, 1, \frac{3}{2}, \dots\}$ annehmen kann, kann man $(2i+1)^2 = n^2$ setzen mit $n = 0, 1, 2, \dots$. Damit erhält man schlussendlich:

$$E = -\frac{\mu e^4}{2\hbar^2 n^2}, \tag{28.33}$$

und der Entartungsgrad der Energieeigenwerte ist $g_n = n^2$.

Der Runge–Lenz-Vektor und die SO(4)**-Symmetrie**
Der klassische Runge–Lenz-Vektor (28.3) ist – ohne so genannt zu werden – im Rahmen der klassischen Mechanik immer wieder neu entdeckt und betrachtet worden. Aber erst mit der Arbeit Paulis aus dem Jahre 1926 hat sich die heutige Bezeichnung eingebürgert.

Die Operatoren $\hat{I}_j, \hat{K}_j$ erzeugen die Lie-Algebra $\mathfrak{su}(2) \times \mathfrak{su}(2)$. 1935 zeigte der russische Physiker Vladimir Fock, dass das quantenmechanische Coulomb-Problem für $E < 0$ (gebundene Zustände) äquivalent ist zur Bewegung eines freien Punktteilchens auf der dreidimensionalen Kugeloberfläche S^3 [Foc35]. Valentine Bargmann identifizierte darauffolgend die durch $\hat{I}_j, \hat{K}_j$ erzeugte Symmetriegruppe des Coulomb-Problems für den Fall $E < 0$ mit der SO(4) [Bar36], für die gilt:

$$\mathrm{SO}(4) \cong (\mathrm{SU}(2) \times \mathrm{SU}(2))\,/\mathbb{Z}_2. \tag{28.34}$$

Sowohl Fock als auch Bargmann betrachteten ferner den Fall $E > 0$ (Streuzustände), bei dem die Symmetriegruppe eine andere ist (siehe Abschnitt III-36). Ein recht umfängliches Review der beiden Fälle stammt von M. Bander und C. Itzykson [BI66a; BI66b]. Siehe auch die weiterführende Literatur. Für weitergehende Betrachtungen, insbesondere zur Darstellungstheorie der Symmetriegruppen des Coulomb-Potentials wie auch zur Wirkung des Runge–Lenz-Operators auf Eigenzustände des Hamilton-Operators, studiere man aber außerdem die Monographie von Arno Bohm sowie das Buch zur Gruppentheorie von Brian Wybourne (siehe Literatur am Ende dieses Buchs).

29 Das Coulomb-Potential II: Analytische Methode

Ausgangspunkt der analytischen Lösung des Coulomb-Problems ist die Radialgleichung (25.18):

$$-\frac{\hbar^2}{2\mu}\frac{\mathrm{d}^2 u_{nl}(r)}{\mathrm{d}r^2} + \left[\frac{l(l+1)\hbar^2}{2\mu r^2} - \frac{e^2}{r}\right] u_{nl}(r) = E_n u_{nl}(r). \tag{29.1}$$

Der Lösungsansatz für (29.1) ist der gleiche, den wir auch für den eindimensionalen harmonischen Oszillator in Abschnitt I-35 oder beim dreidimensionalen isotropen harmonischen Oszillator in Abschnitt 27 gewählt haben und besteht wieder aus den Schritten:

1. Betrachtung der Grenzfälle $r \longrightarrow 0$ und $r \longrightarrow \infty$
2. Polynomialreihenansatz und Erhalt von Rekursionsrelationen
3. Abbruchbedingung für die Polynomialreihe und damit Quantisierungsbedingung für die Energie
4. Betrachtung der Entartungen

Wir gehen diese Schritte einfach wieder nacheinander durch:

1. Für $r \longrightarrow 0$ und $l \neq 0$ reduziert sich (29.1) wie beim dreidimensionalen Oszillator auf:

   $$\frac{\mathrm{d}^2 u_{nl}(r)}{\mathrm{d}r^2} - \frac{l(l+1)}{r^2} u_{nl}(r) = 0,$$

   und die Lösungen $u_{nl}(r)$ besitzen die asymptotische Form $u_{nl}(r) \sim r^{l+1}$.

   Für $r \longrightarrow 0$ und $l = 0$ dominiert allerdings der Coulomb-Term in (29.1):

   $$\frac{\mathrm{d}^2 u_{nl}(r)}{\mathrm{d}r^2} + \frac{2\mu e^2}{\hbar^2 r} u_{nl}(r) = 0, \tag{29.2}$$

   und die Basislösungen $u_{nl}(r)$ besitzen nicht nur die mögliche asymptotische Form $u_{nl}(r) \sim r$, sondern auch $u_{nl}(r) \sim 1 + O(r \log r)$, die allerdings im Ursprung singulär ist und daher sofort verworfen werden kann.

   Für $r \longrightarrow \infty$ lässt sich (29.1) vereinfachen zu:

   $$\frac{\mathrm{d}^2 u_{nl}(r)}{\mathrm{d}r^2} + \frac{2\mu E}{\hbar^2} u_{nl}(r) = 0.$$

   Wir interessieren uns an dieser Stelle nur für gebundene Zustände, für die $E < 0$ gilt. Die Basislösungen $u_{nl}(r)$ besitzen in diesem Fall also die Form $u_{nl}(r) \sim \mathrm{e}^{\pm\kappa r}$ mit

   $$\kappa^2 = -\frac{2\mu E}{\hbar^2}, \tag{29.3}$$

   wobei aus der Forderung der Normiertheit heraus nur die Basislösung mit Minuszeichen erlaubt ist: $u_{nl}(r) \sim \mathrm{e}^{-\kappa r}$.

Wie beim dreidimensionalen Oszillator wählen wir mit diesen beiden asymptotischen Grenzfällen vor Augen wieder den Ansatz

$$u_{nl}(r) = f(r) r^{l+1} \mathrm{e}^{-\kappa r}, \tag{29.4}$$

mit einer zu bestimmenden Funktion $f(r)$. Setzen wir (29.4) in die Radialgleichung (29.1) ein, erhalten wir eine Differentialgleichung für $f(r)$:

$$\frac{\mathrm{d}^2 f(r)}{\mathrm{d}r^2} + 2\left(\frac{l+1}{r} - \kappa\right)\frac{\mathrm{d}f(r)}{\mathrm{d}r} + 2\left[\frac{-\kappa(l+1) + \mu e^2/\hbar^2}{r}\right] f(r) = 0. \tag{29.5}$$

2. Wir wählen für $f(r)$ wieder den Potenzreihenansatz

$$f(r) = \sum_{q=0}^{\infty} b_q r^q, \tag{29.6}$$

und setzen diesen in (29.5) ein. Wir erhalten nach Zusammenführung von Termen in Potenzen von r:

$$\sum_{q=0}^{\infty} \left\{ q(q+2l+1) b_q r^{q-2} + 2\left[-\kappa(q+l+1) + \frac{\mu e^2}{\hbar^2}\right] b_q r^{q-1} \right\} = 0. \tag{29.7}$$

Damit diese Gleichung für alle r erfüllt ist, müssen die Koeffizienten vor jeder einzelnen Potenz in r verschwinden. Für den Fall $q = 0$ verschwindet der Koeffizient von r^{-2} bereits identisch:

$$0 \cdot (2l+1) b_0 = 0.$$

Man beachte, dass b_0 selbst hierfür nicht verschwinden muss, sondern unbestimmt bleibt.

Um die Koeffizienten der höheren Potenzen von r ab r^{-1} zu erhalten, müssen wir (29.7) also dahingehend umsortieren, dass die Koeffizienten vor den einzelnen Potenzen von r zusammengefasst werden. Wir erhalten so die algebraische Rekursionsrelation:

$$q(q+2l+1) b_q = 2\left[\kappa(q+l) - \frac{\mu e^2}{\hbar^2}\right] b_{q-1}. \tag{29.8}$$

3. Für immer größere Werte von q ist das Verhältnis benachbarter Koeffizienten b_q zueinander:

$$\frac{b_q}{b_{q-1}} = \frac{2\left[\kappa(q+l) - \frac{\mu e^2}{\hbar^2}\right]}{q(q+2l+1)} \overset{q\to\infty}{\sim} \frac{2\kappa}{q}.$$

Das ist aber das gleiche asymptotische Verhalten wie das der Exponentialfunktion

$$\mathrm{e}^{2\kappa r} = \sum_{q=0}^{\infty} \frac{(2\kappa r)^q}{q!}$$

$$\Longrightarrow \frac{(2\kappa)^q}{q!}\frac{(q-1)!}{(2\kappa)^{q-1}} \overset{q\to\infty}{\sim} \frac{2\kappa}{q}.$$

Da im Falle einer unendlichen Reihe (29.6) aber wegen (29.4) dann $u_{nl}(r)$ für $r \to \infty$ von der asymptotischen Form $u_{nl}(r) \sim r^{l+1}e^{\kappa r}$ ist, was der Eingangsvoraussetzung widerspricht, und die Radialfunktion $R_{nl}(r) \sim r^l e^{\kappa r}$ zu keiner gültigen Wellenfunktion führen würde, darf (29.6) keine unendliche Reihe sein.

Wie beim dreidimensionalen harmonischen Oszillator bedeutet das also, dass die Reihe (29.6) bei einem maximalen Wert k für q abbrechen muss: $b_q = 0$ für alle $q > k$. $f(r)$ muss also ein polynomialer Ausdruck sein. Wir setzen daher auf der linken Seite von (29.8) $q = k + 1$ und anschließend $b_{k+1} = 0$.

Da nach Voraussetzung $b_k \neq 0$ ist, führt dies sofort zu einer **Quantisierungsbedingung**:

$$\kappa(k + l + 1) - \frac{\mu e^2}{\hbar^2} = 0.$$

Setzen wir nun

$$n := k + l + 1, \tag{29.9}$$

wobei n historisch **Hauptquantenzahl** und k **Radialquantenzahl** genannt wird, so erhalten wir schließlich

$$E_n = -\frac{\mu e^4}{2\hbar^2}\frac{1}{n^2}, \tag{29.10}$$

oder, wenn wir den **Bohrschen Atomradius**

$$a_0 := \frac{\hbar^2}{\mu e^2} \tag{29.11}$$

definieren:

$$E_n = -\frac{e^2}{2a_0}\frac{1}{n^2}, \tag{29.12}$$

wobei n alle ganzzahligen Werte $n > 0$ annehmen kann und wegen für $n = k+l+1$ gilt: $n \geq l + 1$, da k beliebige ganzzahlige Werte $k \geq 0$ annehmen kann, oder umgekehrt: für die Bahndrehimpulsquantenzahl l gilt:

$$0 \leq l \leq n - 1. \tag{29.13}$$

Wir merken an dieser Stelle an, dass zwischen κ und dem Bohrschen Radius a_0 der Zusammenhang besteht:

$$\begin{aligned} \kappa &= \sqrt{-2\frac{\mu}{\hbar^2}E_n} \\ &= \sqrt{2\frac{1}{e^2 a_0}\frac{e^2}{2a_0 n^2}} = \frac{1}{na_0}. \end{aligned} \tag{29.14}$$

Es lohnt an dieser Stelle ein Vergleich des exakten Ausdrucks (29.12) für die Energieeigenwerte des Wasserstoffatoms (im Rahmen der bislang betrachteten Coulomb-Näherung) mit der in Abschnitt I-6 aus dem Bohrschen Atommodell abgeleiteten Ausdruck (I-6.11). Mit der **Rydberg-Energie**

$$\mathrm{Ry} = \frac{m_\mathrm{e} e^4}{2\hbar^2} \quad \text{(etwa 13,6 eV)}$$

kann (29.10) geschrieben werden als

$$\begin{aligned} E_n &= -\frac{m_\mathrm{p}}{m_\mathrm{e} + m_\mathrm{p}} \frac{\mathrm{Ry}}{n^2} \\ &\approx -\left(1 - \frac{m_\mathrm{e}}{m_\mathrm{p}}\right) \frac{\mathrm{Ry}}{n^2}, \end{aligned}$$

weshalb der Bohrsche Ausdruck (I-6.11) $E_n = -\mathrm{Ry}/n^2$ daher wegen des kleinen Verhältnisses von Elektron- zu Protonmasse eine gute Näherung darstellt.

Es ist ferner leicht zu sehen, dass für alle sogenannten **wasserstoffähnlichen Atome** beziehungsweise besser **Ionen** mit der **Kernladungszahl** Z die Formel (29.10) leicht verallgemeinert werden zu:

$$E_n = -\frac{\mu_\mathrm{N} Z^2 e^4}{2\hbar^2} \frac{1}{n^2}, \tag{29.15}$$

wobei

$$\mu_\mathrm{N} = \frac{m_\mathrm{N} m_\mathrm{e}}{m_\mathrm{N} + m_\mathrm{e}} \tag{29.16}$$

mit der Masse m_N des weiterhin als punktförmig angesehenen Atomkerns, was natürlich mit steigender Kernladungszahl Z immer „falscher“ wird.

4. Betrachten wir nun noch den Entartungsgrad g_n der Energieeigenwerte E_n. Als Zentralpotential führt das Coulomb-Potential $V(r) = -e^2/r$ auf jeden Fall zur in Abschnitt 23 diskutierten $(2l+1)$-fachen Entartung der E_n wegen deren Unabhängigkeit von der azimutalen Quantenzahl m. Das Coulomb-Potential führt aber zu einer zusätzlichen Entartung, die in einer zusätzlichen Symmetrie des Coulomb-Problems begründet ist, wie wir in Abschnitt 28 im Rahmen der algebraischen Methode untersucht haben. (29.12) ist ja offensichtlich zusätzlich unabhängig von der Drehimpulsquantenzahl l.

   Der Entartungsgrad g_n ist daher gegeben durch

$$\begin{aligned} g_n &= \sum_{l=0}^{n-1} (2l+1) \\ &= 2\sum_{l=0}^{n-1} l + \sum_{l=0}^{n-1} 1 \\ &= n(n-1) + n \end{aligned}$$

und damit

$$g_n = n^2. \tag{29.17}$$

Tabelle 3.4 führt die Entartungsgrade für die ersten fünf Energieniveaus.

Tabelle 3.4: Energieniveaus und deren Entartungsgrad g_n für das Coulomb-Potential

n	(Schale)	l	E_n	Orbital	m	g_n
1	K	0	$-e^2/(2a_0)$	s	0	1
2	L	0	$-e^2/(8a_0)$	s	0	4
		1		p	$-1, 0, 1$	
3	M	0	$-e^2/(18a_0)$	s	0	9
		1		p	$-1, 0, 1$	
		2		d	$-2, -1, 0, 1, 2$	
4	N	0	$-e^2/(32a_0)$	s	0	16
		1		p	$-1, 0, 1$	
		2		d	$-2, -1, 0, 1, 2$	
		3		f	$-3, -2, -1, 0, 1, 2, 3$	
5	O	0	$-e^2/(50a_0)$	s	0	25
		1		p	$-1, 0, 1$	
		2		d	$-2, -1, 0, 1, 2$	
		3		f	$-3, -2, -1, 0, 1, 2, 3$	
		4		g	$-4, -3, -2, -1, 0, 1, 2, 3, 4$	

Wenden wir uns nun wieder den Energieeigenzuständen beziehungsweise den Wellenfunktionen $\psi_{nlm}(r, \theta, \phi)$ zu. Wir haben bislang erarbeitet:

$$\psi_{nlm}(r, \theta, \phi) = r^l f(r) \mathrm{e}^{-r/(na_0)} \mathrm{Y}_{lm}(\theta, \phi), \tag{29.18}$$

mit

$$a_0 = \frac{\hbar^2}{\mu e^2} \tag{29.19}$$

und

$$f(r) = \sum_{q=0}^{n-l-1} b_q r^q, \tag{29.20}$$

wobei für die Koeffizienten b_q die Rekursionsrelation (29.8) gilt:

$$q(q + 2l + 1) b_q = \frac{2}{na_0} [q + l - n] \, b_{q-1} \tag{29.21}$$

und sich ein globaler Vorfaktor aus der Forderung nach Normiertheit ergibt.

Wie beim dreidimensionalen harmonischen Ozillator können wir nun die Wellenfunktionen $\psi_{nlm}(r, \theta, \phi)$ der (n, l, m)-Zustände allesamt konstruieren. Wir wollen dies im Ansatz kurz vorstellen, bevor wir zur ursprünglichen Radialgleichung (29.1) zurückkehren und einen alternativen Ansatz zur Lösung wählen. Für $n = 1$ muss $l = 0$ und $k = 0$ sein. Damit ist

$$E_1 = -\frac{e^2}{2a_0},$$

und die Radialfunktion $R_{10}(r)$ ist gegeben durch:

$$R_{10}(r) = b_0 \mathrm{e}^{-\kappa r},$$

wobei b_0 als globaler Koeffizient durch die Normierungsbedingung bestimmt ist:

$$\int_0^\infty r^2 |R_{10}(r)|^2 \mathrm{d}r = b_0^2 \int_0^\infty r^2 \mathrm{e}^{-2r/a_0} \mathrm{d}r = b_0^2 \frac{a_0^3}{4} \stackrel{!}{=} 1$$
$$\Longrightarrow b_0 = \frac{2}{a_0^{3/2}},$$

und daher, mit $\kappa = 1/(na_0) = 1/a_0$:

$$R_{10}(r) = \frac{2}{a_0^{3/2}} \mathrm{e}^{-r/a_0}.$$

Für größere Werte für n werden auch größere Werte für l möglich und damit für k, so dass in (29.6) auch höhere Potenzen von r beitragen. Für $n = 2, l = 0, k = 1$ erhalten wir für den Koeffizienten b_1 wegen (29.21):

$$b_1 = \frac{2}{na_0} \frac{l + 1 - n}{2l + 1} b_0 = -\frac{2}{na_0} b_0.$$

Damit ist $R_{20}(r)$ gegeben durch:

$$R_{20}(r) = (b_0 + b_1 r) \mathrm{e}^{-r/a_0},$$

wobei sich der globale Koeffizient wieder aus der Normierung ergibt. Schlussendlich ergibt sich:

$$R_{20}(r) = \frac{1}{\sqrt{2a_0^3}} \left(1 - \frac{r}{2a_0}\right) \mathrm{e}^{-r/a_0}.$$

Methode der speziellen Funktionen
Wir gehen nochmals von Gleichung (29.5) aus:

$$\frac{\mathrm{d}^2 f(r)}{\mathrm{d}r^2} + 2\left(\frac{l+1}{r} - \kappa\right) \frac{\mathrm{d}f(r)}{\mathrm{d}r} + 2\left[\frac{-\kappa(l+1) + \mu e^2/\hbar^2}{r}\right] f(r) = 0. \tag{29.22}$$

und setzen

$$\begin{aligned}\rho &= 2\kappa r,\\ \bar{f}(\rho) &= f(r(\rho))\\ \Longrightarrow r\frac{\mathrm{d}f(r)}{\mathrm{d}r} &= \rho\frac{\mathrm{d}\bar{f}(\rho)}{\mathrm{d}\rho}.\end{aligned}$$

Beachten wir außerdem, dass

$$\frac{\mu e^2}{\hbar^2} = \frac{1}{a_0} \overset{(29.14)}{=} n\kappa,$$

können wir (29.22) umschreiben:

$$\rho\frac{\mathrm{d}^2\bar{f}(\rho)}{\mathrm{d}\rho^2} + [(2l+1)+1-\rho]\frac{\mathrm{d}\bar{f}(\rho)}{\mathrm{d}\rho} + (n-l-1)\bar{f}(\rho) = 0. \tag{29.23}$$

Diese Differentialgleichung ist eine in der Mathematik wohlbekannte und heißt die **zugeordnete Laguerre-Gleichung**. Ihr Basislösungen sind die **zugeordneten Laguerre-Polynome** $\mathrm{L}_N^K(\rho)$:

$$\mathrm{L}_N^K(\rho) = \frac{\mathrm{d}^K}{\mathrm{d}\rho^K}\mathrm{L}_{N+K}(\rho), \tag{29.24}$$

wobei

$$\mathrm{L}_N(\rho) = \frac{\mathrm{e}^\rho}{N!}\frac{\mathrm{d}^N}{\mathrm{d}\rho^N}(\rho^N\mathrm{e}^{-\rho}) \tag{29.25}$$

die **Laguerre-Polynome** der Ordnung N sind. Wir haben an dieser Stelle Großbuchstaben für die Indizes verwendet, um Verwechslungen mit den Quantenzahlen n, k zu vermeiden.

Die Laguerre-Polynome $\mathrm{L}_N(\rho)$ erfüllen die **Laguerre-Gleichung**

$$\rho\frac{\mathrm{d}^2\mathrm{L}_N(\rho)}{\mathrm{d}\rho^2} + (1-\rho)\frac{\mathrm{d}\mathrm{L}_N(\rho)}{\mathrm{d}\rho} + N\mathrm{L}_N(\rho) = 0, \tag{29.26}$$

beziehungsweise die zugeordneten Laguerre-Polynome $\mathrm{L}_N^K(\rho)$ die **zugeordnete Laguerre-Gleichung**:

$$\rho\frac{\mathrm{d}^2\mathrm{L}_N^K(\rho)}{\mathrm{d}\rho^2} + (K+1-\rho)\frac{\mathrm{d}\mathrm{L}_N^K(\rho)}{\mathrm{d}\rho} + N\mathrm{L}_N^K(\rho) = 0. \tag{29.27}$$

Mit der Ersetzung

$$\begin{aligned}K &= 2l+1,\\ N &= n-l-1\end{aligned}$$

sehen wir, dass $\mathrm{L}_{n+l}^{2l+1}(\rho)$ eine Basislösung für (29.23) darstellt.

Zusammenfassend ist der Radialteil $R_{nl}(r)$ beziehungsweise $\bar{R}_{nl}(\rho) = R_{nl}(r(\rho))$ der Wellenfunktion des Wasserstoffatoms dann gegeben durch:

$$\bar{R}_{nl}(\rho) = N_{nl}\rho^l \mathrm{e}^{-\rho/2}\mathrm{L}_{n-l-1}^{2l+1}(\rho), \tag{29.28}$$

beziehungsweise

$$R_{nl}(r) = N_{nl}\left(\frac{2r}{na_0}\right)^l \mathrm{e}^{-r/na_0}\mathrm{L}_{n-l-1}^{2l+1}\left(\frac{2r}{na_0}\right) \tag{29.29}$$

mit einer Normierungskonstante N_{nl}, die sich aus der Bedingung

$$\int_0^\infty r^2[R_{nl}(r)]^2\mathrm{d}r = 1,$$

beziehungsweise

$$\int_0^\infty \rho^2[\bar{R}_{nl}(\rho)]^2\mathrm{d}\rho = (2\kappa)^3,$$

beziehungsweise

$$[N_{nl}]^2\int_0^\infty \rho^{2+2l}\mathrm{e}^{-\rho}\left[\mathrm{L}_{n-l-1}^{2l+1}(\rho)\right]^2\mathrm{d}\rho = (2\kappa)^3 \tag{29.30}$$

ergibt.

Das Integral (29.30) ist vom Typ

$$I_s(N,K;N',K') := \int_0^\infty \mathrm{d}\rho\mathrm{e}^{-\rho}\rho^s\hat{L}_N^K(\rho)\hat{L}_{N'}^{K'}(\rho), \tag{29.31}$$

und lässt sich prinzipiell über die Rekursionsformeln der Laguerre-Polynome aus dem Normierungsintegral (29.64) berechnen (eine Sisyphusarbeit, die Schrödinger bereits 1926 geleistet hat [Sch26]):

$$I_s(N,K;N',K') = s!\sum_{r=0}^{\min(N,N')}(-1)^{N+N'}\binom{s-K}{N-r}\binom{s-K'}{N'-r}\binom{s+r}{r}. \tag{29.32}$$

Beim Berechnen der Binomialkoeffizienten ist grundsätzlich zu beachten, dass beim Auftreten negativer Argumente gilt:

$$\binom{-n}{k} := (-1)^k\binom{n+k-1}{k} \quad (n>0), \tag{29.33}$$

was im Folgenden aber nicht der Fall ist. Setzt man nun:

$$\begin{aligned} s &= 2l+2,\\ K = K' &= 2l+1,\\ N = N' &= n-l-1, \end{aligned}$$

so erhält man:

$$I_{2l+2}(n-l-1, 2l+1; n-l-1, 2l+1) = (2l+2)! \sum_{r=0}^{n-l-1} \left[\binom{1}{n-l-1-r} \right]^2 \binom{2l+2+r}{r},$$

wozu nur die beiden Terme für $r = n - l - 1$ und $r = n - l - 2$ beitragen. Es ergibt sich:

$$\begin{aligned} I_{2l+2}(n-l-1, 2l+1; n-l-1, 2l+1) &= (2l+2)! \left[\binom{n+l+1}{n-l-1} + \binom{n+l}{n-l-2} \right] \\ &= 2n \frac{(n+l)!}{(n-l-1)!}, \end{aligned}$$

und damit:

$$N_{nl} = \left(\frac{2}{na_0} \right)^{3/2} \sqrt{\frac{(n-l-1)!}{2n(n+l)!}}.$$

Die gesamte Wellenfunktion $\psi_{nlm}(r, \theta, \phi)$ des (n, l, m)-Eigenzustands ist dann:

$$\psi_{nlm}(r, \theta, \phi) = R_{nl}(r) \mathrm{Y}_{lm}(\theta, \phi) \tag{29.34}$$

$$\text{mit} \quad R_{nl}(r) = \left(\frac{2}{na_0} \right)^{3/2} \sqrt{\frac{(n-l-1)!}{2n(n+l)!}} \left(\frac{2r}{na_0} \right)^l \mathrm{e}^{-r/(na_0)} \mathrm{L}_{n-l-1}^{2l+1} \left(\frac{2r}{na_0} \right). \tag{29.35}$$

Tabelle 3.5 führt die ersten radialen Wellenfunktionen auf, und in Abbildung 3.4 werden sie illustriert. Man sieht, dass die $R_{nl}(r)$ folgende Eigenschaften besitzen:

- für kleine r verhält sich $R_{nl}(r)$ wie r^l
- für große r fällt $R_{nl}(r)$ exponentiell ab, da in $\mathrm{L}_{n+l}^{2l+1}(\rho)$ dann die höchste Potenz r^{n-l-1} dominiert
- die Radialfunktion $R_{nl}(r)$ besitzt $n - l - 1$ Knoten, da $\mathrm{L}_{n+l}^{2l+1}(\rho)$ ein Polynom vom Grad $n - l - 1$ ist

Tabelle 3.5: Die ersten radialen Wellenfunktionen.

Radialfunktionen $R_{nl}(r)$ für $l = 0$	Radialfunktionen $R_{nl}(r)$ für $l \neq 0$
$R_{10}(r) = 2a_0^{-3/2} \mathrm{e}^{-r/a_0}$	
$R_{20}(r) = \frac{1}{\sqrt{2}} a_0^{-3/2} \left(1 - \frac{r}{2a_0}\right) \mathrm{e}^{-r/(2a_0)}$	$R_{21}(r) = \frac{1}{2\sqrt{6}} a_0^{-3/2} \frac{r}{a_0} \mathrm{e}^{-r/(2a_0)}$
$R_{30}(r) = \frac{2}{3\sqrt{3}} a_0^{-3/2} \left(1 - \frac{2r}{3a_0} + \frac{2r^2}{27a_0^2}\right) \mathrm{e}^{-r/(3a_0)}$	$R_{31}(r) = \frac{8}{27\sqrt{6}} a_0^{-3/2} \left(1 - \frac{r}{6a_0}\right) \frac{r}{a_0} \mathrm{e}^{-r/(3a_0)}$
	$R_{32}(r) = \frac{4}{81\sqrt{30}} a_0^{-3/2} \left(\frac{r}{a_0}\right)^2 \mathrm{e}^{-r/(3a_0)}$

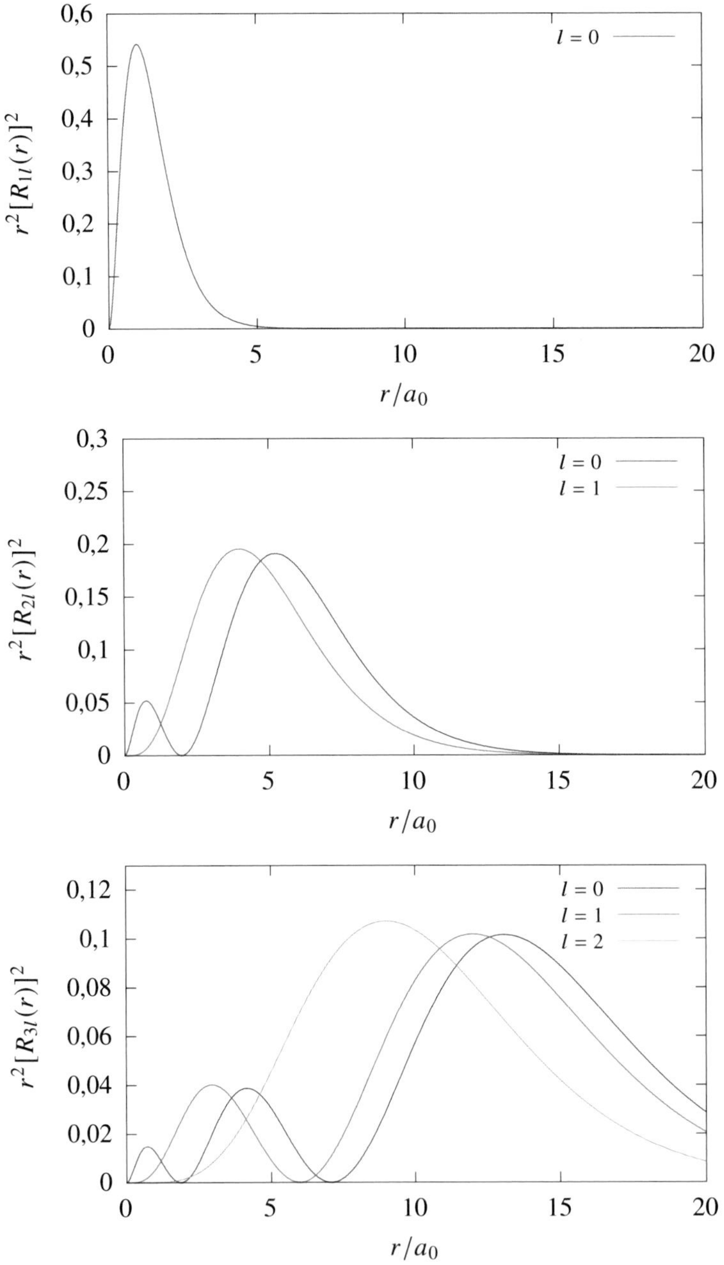

Abbildung 3.4: Der Graph von $r^2[R_{nl}(r)]^2$ für die ersten radialen Wellenfunktionen $R_{nl}(r)$ aus Tabelle 3.5.

Erwartungswerte $\langle \hat{r}^k \rangle$ und Virialsatz
Wir wollen im Folgenden einige wichtige oder auch nur nützliche Erwartungswerte von Potenzen von $\hat{r}$ für die Energieeigenzustände $\psi_{nlm}(\boldsymbol{r})$ berechnen. Dazu stellen wir vorab fest, dass

$$\begin{aligned} \langle \hat{r}^k \rangle &:= \langle nlm|\hat{r}^k|nlm\rangle \\ &= \int_{\mathbb{R}^3} \langle nlm|\boldsymbol{r}\rangle \langle \boldsymbol{r}|\hat{r}^k|nlm\rangle \, \mathrm{d}^3\boldsymbol{r} \\ &= \int_{\mathbb{R}^3} r^k |\psi_{nlm}(r,\theta,\phi)|^2 r^2 \mathrm{d}^3\boldsymbol{r} \\ &= \int_0^\infty r^{k+2}|R_{nl}(r)|^2 \mathrm{d}r \int_{\theta=0}^{\pi}\int_{\phi=0}^{2\pi} \sin\theta \mathrm{Y}^*_{lm}(\theta,\phi)\mathrm{Y}_{lm}(\theta,\phi)\mathrm{d}\theta\mathrm{d}\phi \\ &= \int_0^\infty r^{k+2}|R_{nl}(r)|^2 \mathrm{d}r =: \langle nl\|\hat{r}^k\|nl\rangle \,, \end{aligned} \tag{29.36}$$

wobei der Ausdruck $\langle nl\|\hat{r}^k\|nl\rangle$ auch als **reduziertes Matrixelement** bezeichnet wird und symbolisiert, dass $\langle nlm|\hat{r}^k|nlm\rangle$ nur von n und l abhängt, nicht von m. Dies ist ein Spezialfall des sogenannten **Wigner–Eckart-Theorems** für skalare Operatoren, und wir werden eine allgemeinere Betrachtung reduzierter Matrixelemente in Abschnitt 40 durchführen.

Zur allgemeinen Berechnung von $\langle \hat{r}^k \rangle$ ist die **Kramerssche Rekursionsrelation** nützlich:

$$\frac{k+1}{n^2}\langle \hat{r}^k\rangle - (2k+1)a_0\langle \hat{r}^{k-1}\rangle + \frac{ka_0^2}{4}\left[(2l+1)^2 - k^2\right]\langle \hat{r}^{k-2}\rangle = 0. \tag{29.37}$$

Beweis. Wir gehen aus von der Radialgleichung (29.1), die wir in der Form schreiben:

$$u''_{nl}(r) = \left[\frac{l(l+1)}{r^2} - \frac{2}{a_0 r} + \frac{1}{a_0^2 n^2}\right] u_{nl}(r),$$

und anschließend mit r^k multiplizieren:

$$r^k u''_{nl}(r) = \left[l(l+1)r^{k-2} - \frac{2}{a_0}r^{k-1} + \frac{1}{a_0^2 n^2}r^k\right] u_{nl}(r).$$

Multiplizieren wir nun beide Seiten mit $u_{nl}(r)$ und führen die Integration durch, können wir sofort schreiben:

$$\int_0^\infty u_{nl}(r)r^k u''_{nl}(r)\mathrm{d}r = l(l+1)\langle \hat{r}^{k-2}\rangle - \frac{2}{a_0}\langle \hat{r}^{k-1}\rangle + \frac{1}{a_0^2 n^2}\langle \hat{r}^k\rangle \,.$$

Die linke Seite kann nun durch mehrfache partielle Integration umgeformt werden, wobei die Randterme an den Stellen $r = 0$ und $r = \infty$ verschwinden. Daher ist:

$$\int_0^\infty u_{nl}(r)r^k u''_{nl}(r)\mathrm{d}r = -\underbrace{\int_0^\infty u'_{nl}(r)r^k u'_{nl}(r)\mathrm{d}r}_{I_1} - k\underbrace{\int_0^\infty u_{nl}(r)r^{k-1}u'_{nl}(r)\mathrm{d}r}_{I_2} .$$

Das Integral I_1 wird wieder mittels partieller Integration umgeformt:

$$
\begin{aligned}
I_1 &= \int_0^\infty [u'_{nl}(r)]^2 r^k \mathrm{d}r \\
&= -\frac{2}{k+1}\int_0^\infty u'_{nl}(r)u''_{nl}(r)r^{k+1}\mathrm{d}r \\
&= -\frac{2l(l+1)}{k+1}\int_0^\infty u'_{nl}(r)r^{k-1}u_{nl}(r)\mathrm{d}r \\
&\quad + \frac{4}{(k+1)a_0}\int_0^\infty u'_{nl}(r)r^k u_{nl}(r)\mathrm{d}r \\
&\quad - \frac{2}{(k+1)a_0^2 n^2}\int_0^\infty u'_{nl}(r)r^{k+1}u_{nl}(r)\mathrm{d}r,
\end{aligned}
$$

unter Verwendung der Radialgleichung.

Sowohl I_1 als auch I_2 bestehen nun aus Termen der Form $\int ur^l u'\mathrm{d}r$, so dass wir allgemein berechnen, wieder über einfache partielle Integration:

$$\int_0^\infty u_{nl}(r)r^l u'_{nl}(r)\mathrm{d}r = -\frac{l}{2}\langle \hat{r}^{l-1}\rangle\,.$$

Damit können wir nun zusammenfassen:

$$
\begin{aligned}
I_1 &= \frac{l(l+1)(k-1)}{k+1}\langle \hat{r}^{k-2}\rangle - \frac{2k}{(k+1)a_0}\langle \hat{r}^{k-1}\rangle + \frac{1}{a_0^2 n^2}\langle \hat{r}^{k}\rangle\,, \\
I_2 &= -\frac{k(k-1)}{2}\langle \hat{r}^{k-2}\rangle\,,
\end{aligned}
$$

und somit folgt nach Sortierung aller Terme direkt die Kramers-Relation. ∎

Mit Hilfe von (29.37) können wir schnell zeigen, dass:

$$\langle \hat{r}\rangle = \frac{1}{2}\left[3n^2 - l(l+1)\right]a_0 \tag{29.38}$$

$$\langle \hat{r}^2\rangle = \frac{1}{2}n^2\left[5n^2 + 1 - 3l(l+1)\right]a_0^2 \tag{29.39}$$

$$\langle \hat{r}^{-1}\rangle = \frac{1}{n^2 a_0} \tag{29.40}$$

$$\langle \hat{r}^{-2}\rangle = \frac{2}{n^3(2l+1)a_0^2}. \tag{29.41}$$

$$\langle \hat{r}^{-3}\rangle = \frac{2}{n^3 2l(2l+1)(l+1)a_0^3}. \tag{29.42}$$

Insbesondere gilt für den Grundzustand des Wasserstoffatoms:

$$\langle \hat{r}\rangle_{n=1,l=0} = \frac{3}{2}a_0. \tag{29.43}$$

Für den Erwartungswert $\langle \hat{V}(\hat{r}) \rangle$ gilt wegen (29.40):

$$\begin{aligned} \langle \hat{V}(\hat{r}) \rangle &= -e^2 \langle \hat{r}^{-1} \rangle \\ &= -\frac{e^2}{a_0} \frac{1}{n^2} = 2E_n. \end{aligned}$$

Aus

$$\langle \hat{H} \rangle = \frac{\langle \hat{\boldsymbol{p}}^2 \rangle}{2\mu} + \langle \hat{V}(\hat{r}) \rangle$$

erhält man dann:

$$\begin{aligned} E_n &= \frac{\langle \hat{\boldsymbol{p}}^2 \rangle}{2\mu} + 2E_n \\ \Longrightarrow \frac{\langle \hat{\boldsymbol{p}}^2 \rangle}{2\mu} &= -E_n \end{aligned}$$

und somit den **Virialsatz** für das Coulomb-Potential:

$$2 \langle \hat{T} \rangle + \langle \hat{V}(\hat{r}) \rangle = 0, \qquad (29.44)$$

wenn $\hat{T}$ an dieser Stelle die kinetische Energie bezeichnet.

Historische Nomenklatur in der Atomphysik

An dieser Stelle wollen wir eine kurze Anmerkung in bezug auf die in der Atomphysik übliche Notation machen: Im Coulomb-Modell ist der (Einteilchen-)Zustand $|nlm\rangle$ eines wasserstoffähnlichen Atoms gegeben durch drei Quantenzahlen (n, l, m) und wird auch **Orbital** genannt.

Ein Multi-Elektron-Atom besitzt im Allgemeinen zwar kein Coulomb-Potential, kann aber für das Verständnis des Periodensystems der Elemente näherungsweise als kugelsymmetrisch angenommen werden. (Abweichungen von der Kugelsymmetrie kommen vor allem beim Verständnis chemischer Verbindungen zum Tragen.) Wir können daher auch die einzelnen Zustände eines allgemeinen Atoms nach den Quantenzahlen des Coulomb-Potentials klassifizieren: n, l und m, die jeweils die Werte

$$\begin{aligned} n &= 1, 2, 3, \ldots, \\ l &= 0, 1, 2, \ldots, n-1, \\ m &= -l, -l+1, \ldots, l-1, l, \end{aligned}$$

annehmen können.

In diesem für diese Zwecke qualitativ hinreichenden **Orbitalmodell** besitzen Atome eine **Schalenstruktur**. Jedes Atom besitzt n sogenannte **Hauptschalen**, historisch bezeichnet mit K, L, M,.... Jede dieser Schalen besitzt wiederum n sogenannte **Unterschalen**, die mit s, p, d, f,...bezeichnet werden. Diese Kürzel stehen für „sharp“, „principal“, „diffuse“ und

„fundamental" und beschreiben das äußere Erscheinungsbild der entsprechenden Spektrallinien. Auf ganz unoriginelle Weise geht die Bezeichnung danach einfach mit „g", „h" weiter. Diese Unterschalen letztlich besitzen jeweils $(2l + 1)$ **Orbitale**.

Je nach Hauptquantenzahl n und magnetischer Quantenzahl m – die als Subskript angehängt wird – werden die Orbitale dann auch 1s, $2\mathrm{p}_0$ oder $4\mathrm{d}_{-2}$ genannt. Tabelle 3.4 führt die Energieniveaus samit ihrer Entartungsgrade für $n = 1, 2, 3, 4, 5$.

Berücksichtigung des Elektronspins

Wir haben bislang sowohl den Atomkern als auch das Elektron als spinloses Punktteilchen betrachtet. Berücksichtigt man nun aber den Spin-$\frac{1}{2}$ des Elektrons, so wird der Zustand des Elektrons durch vier Quantenzahlen (n, l, m_l, m_s) bestimmt, wobei $m_s = \pm\frac{1}{2}$ nun die z-Komponente des Spins des Elektrons ist. Der Energie-Eigenzustand $|nlm_lm_s\rangle$ muss daher das Produkt des räumlichen Anteils, wie wir ihn schon kennen, und des Anteils im Spin-Raum sein:

$$|nlm_lm_s\rangle = |nlm_l\rangle \left|\tfrac{1}{2}, m_s\right\rangle, \tag{29.45}$$

in Ortsdarstellung:

$$\Psi_{nlm_l\frac{1}{2}}(\boldsymbol{r}) = \psi_{nlm_l}(\boldsymbol{r}) \begin{pmatrix} 1 \\ 0 \end{pmatrix} = \begin{pmatrix} \psi_{nlm_l}(\boldsymbol{r}) \\ 0 \end{pmatrix}, \tag{29.46}$$

$$\Psi_{nlm_l-\frac{1}{2}}(\boldsymbol{r}) = \psi_{nlm_l}(\boldsymbol{r}) \begin{pmatrix} 0 \\ 1 \end{pmatrix} = \begin{pmatrix} 0 \\ \psi_{nlm_l}(\boldsymbol{r}) \end{pmatrix}. \tag{29.47}$$

Da die Schrödinger-Gleichung des Coulomb-Modells (29.1) keinen Term aufweist, der den Spin des Elektrons enthält, kann der Spinteil vollständig absepariert werden. Die Folge ist eine weitere Entartung der Energieniveaus E_n, nämlich eine Verdoppelung durch die beiden möglichen Spin-Eigenzustände. Der Entartungsgrad g_n ist somit nunmehr:

$$g_n = 2n^2. \tag{29.48}$$

Dies ist allerdings nur eine gute Näherung. Bei genauerer Betrachtung stellt man fest, dass man nun nämlich die Wechselwirkung des durch den Bahndrehimpuls erzeugten magnetischen Moments des Elektrons $\boldsymbol{\mu}_l$ mit dem magnetischen Spin-Moment $\boldsymbol{\mu}_s$ des Elektrons berücksichtigen muss, die sogenannte **Spin-Bahn-Kopplung**. Diese führt zu einer Aufhebung der Entartung der Energieeigenwerte und trägt zur sogenannten **Feinstruktur** des Spektrums des Wasserstoffatoms bei. Wir werden die Spin-Bahn-Kopplung im Rahmen der stationären Störungstheorie in Abschnitt III-4 genauer betrachten.

Die oben beschriebene historische Nomenklatur der einzelnen Elektronenzustände wird bei Berücksichtigung des Spins erweitert. In Abschnitt 44 kommen wir bei der Diskussion des Pauli-Prinzips noch einmal auf das Orbitalmodell zurück.

Mathematischer Einschub 8: Laguerre-Polynome

Die **Laguerre-Polynome** $\mathrm{L}_n(x)$ mit $n = 0, 1, 2, \ldots$ bilden ein fundamentales Lösungssystem der **Laguerre-Gleichung**:

$$\left[x\frac{\mathrm{d}^2}{\mathrm{d}x^2} + (1-x)\frac{\mathrm{d}}{\mathrm{d}x} + n\right]\mathrm{L}_n(x) = 0, \tag{29.49}$$

und sie erfüllen die Rekursionsrelationen:

$$(n+1)\mathrm{L}_{n+1}(x) = (2n+1-x)\mathrm{L}_n(x) - n\mathrm{L}_{n-1}(x), \tag{29.50}$$

$$x\mathrm{L}'_n(x) = n\left[\mathrm{L}_n(x) - \mathrm{L}_{n-1}(x)\right]. \tag{29.51}$$

Der allgemeine Ausdruck für $\mathrm{L}_n(x)$ ist:

$$\mathrm{L}_n(x) = \sum_{k=0}^{n}\binom{n}{k}\frac{(-1)^k}{k!}x^k. \tag{29.52}$$

Sie bilden ein vollständiges Orthogonalsystem im Raum der quadratintegrablen Funktionen über $[0,\infty]$ mit Gewichtsfunktion e^{-x}. Das heißt, es gilt die folgende Orthonormierung:

$$\int_0^\infty \mathrm{e}^{-x}\mathrm{L}_m(x)\mathrm{L}_n(x)\mathrm{d}x = \delta_{mn}. \tag{29.53}$$

Für $|z| < 1$ besitzen die Laguerre-Polynome die **erzeugende Funktion**

$$\frac{1}{1-z}\mathrm{e}^{-xz/(1-z)} = \sum_{n=0}^{\infty}\mathrm{L}_n(x)z^n, \tag{29.54}$$

sowie die Integraldarstellung

$$\mathrm{L}_n(x) = \frac{1}{2\pi\mathrm{i}}\oint_C \frac{\mathrm{e}^{-xz/(1-z)}}{(1-z)z^{n+1}}\mathrm{d}z, \tag{29.55}$$

wobei der Weg C den Punkt $z = 0$ mit positiver Windungszahl umläuft, aber nicht die wesentliche Singularität bei $z = 1$.

Die **Rodrigues-Formel** lautet:

$$\mathrm{L}_n(x) = \frac{\mathrm{e}^x}{n!}\frac{\mathrm{d}^n}{\mathrm{d}x^n}(x^n\mathrm{e}^{-x}). \tag{29.56}$$

Für $n = 0\ldots5$ lauten die ersten $\mathrm{L}_n(x)$ explizit:

$\mathrm{L}_0(x) = 1$	$3!\mathrm{L}_3(x) = -x^3 + 9x^2 - 18x + 6$
$\mathrm{L}_1(x) = -x + 1$	$4!\mathrm{L}_4(x) = x^4 - 16x^3 + 72x^2 - 96x + 24$
$2!\mathrm{L}_2(x) = x^2 - 4x + 2$	$5!\mathrm{L}_5(x) = -x^5 + 25x^4 - 200x^3 + 600x^2 - 600x + 120.$

Die **zugeordneten Laguerre-Polynome** $\mathrm{L}_n^k(x)$ mit $n, k = 0, 1, 2, \ldots$ sind definiert durch:

$$\mathrm{L}_n^k(x) = (-1)^k \frac{\mathrm{d}^k}{\mathrm{d}x^k} \mathrm{L}_{n+k}(x) \tag{29.57}$$

und stellen ein fundamentales Lösungssystem der **zugeordneten Laguerre-Gleichung**

$$\left[x \frac{\mathrm{d}^2}{\mathrm{d}x^2} + (k + 1 - x)\frac{\mathrm{d}}{\mathrm{d}x} + n\right] \mathrm{L}_n^k(x) = 0 \tag{29.58}$$

dar. Sie erfüllen die folgenden Rekursionsrelationen:

$$x\mathrm{L}_n^{k+1}(x) = (x - n)\mathrm{L}_n^k(x) + (n + k)\mathrm{L}_{n-1}^k(x), \tag{29.59}$$

$$\mathrm{L}_n^{k-1}(x) = \mathrm{L}_n^k(x) - \mathrm{L}_{n-1}^k(x), \tag{29.60}$$

$$x\mathrm{L}_n^{k+1}(x) = (n + k + 1)\mathrm{L}_n^k(x) - (n + 1)\mathrm{L}_{n+1}^k(x), \tag{29.61}$$

$$(n + k)\mathrm{L}_n^{k-1}(x) = (n + 1)\mathrm{L}_{n+1}^k(x) - (n + 1 - x)\mathrm{L}_n^k(x). \tag{29.62}$$

Der allgemeine Ausdruck für $\mathrm{L}_n^k(x)$ ist:

$$\mathrm{L}_n^k(x) = \sum_{r=0}^{n} \binom{n+k}{n-r} \frac{(-1)^r}{r!} x^r. \tag{29.63}$$

Für die zugeordneten Laguerre-Funktionen gilt folgende Orthonormierung:

$$\int_0^\infty \mathrm{e}^{-x} x^k \mathrm{L}_m^k(x)\mathrm{L}_n^k(x)\mathrm{d}x = \frac{(n+k)!}{n!}\delta_{mn}. \tag{29.64}$$

Für $|z| < 1$ besitzen die zugeordneten Laguerre-Polynome die **erzeugende Funktion**

$$\frac{1}{(1-z)^{k+1}} \mathrm{e}^{-xz/(1-z)} = \sum_{n=0}^{\infty} \mathrm{L}_n^k(x) z^n, \tag{29.65}$$

sowie die Integraldarstellung

$$\mathrm{L}_n^k(x) = \frac{1}{2\pi \mathrm{i}} \oint_C \frac{\mathrm{e}^{-xz/(1-z)}}{(1-z)^{k+1} z^{n+1}} \mathrm{d}z, \tag{29.66}$$

wobei der Weg C den Punkt $z = 0$ mit positiver Windungszahl umläuft, aber nicht die wesentliche Singularität bei $z = 1$.

Die **Rodrigues-Formel** lautet:

$$\mathrm{L}_n^k(x) = \frac{\mathrm{e}^x}{n! x^k} \frac{\mathrm{d}^n}{\mathrm{d}x^n} (x^{n+k} \mathrm{e}^{-x}). \tag{29.67}$$

Für $n = 0 \dots 3$ lauten die ersten $\mathrm{L}_n^k(x)$ explizit:

$$
\begin{aligned}
\mathrm{L}_0^k(x) &= 1, \\
\mathrm{L}_1^k(x) &= -x + k + 1, \\
2!\mathrm{L}_2^k(x) &= x^2 - 2(k+2)x + (k+1)(k+2), \\
3!\mathrm{L}_3^k(x) &= -x^3 + 3(k+3)x^2 - 3(k+2)(k+3)x + (k+1)(k+2)(k+3).
\end{aligned}
$$

Weiterführende Literatur

Spezielle Funktionen der Mathematischen Physik

George E. Andrews, Richard Askey, Ranjan Roy: *Special Functions*, Cambridge University Press, 1999.

Arnold F. Nikiforov, Vasilii B. Uvarov: *Special Functions of Mathematical Physics – A Unified Introduction With Applications*, Springer-Verlag, 1988.

Richard Beals, Roderick Wong: *Special Functions and Orthogonal Polynomials*, Cambridge University Press, 2016.

Harry Hochstadt: *The Functions of Mathematical Physics*, Dover Publications, 1986.
Der ursprüngliche Text aus dem Jahre 1971 von John Wiley & Sons, als Dover-Ausgabe neu aufgelegt.

Nico M. Temme: *Special Functions – An Introduction to the Classical Functions of Mathematical Physics*, John Wiley & Sons, 1996.

N. N. Lebedev: *Special Functions and their Applications*, Prentice-Hall, 1965.
Nun im Dover-Verlag erhältlich.

Valeriya Akhmedova, Emil T. Akhmedov: *Selected Special Functions for Fundamental Physics*, Springer-Verlag, 2019.
Knapp, aber nützlich.

Harry Bateman, Arthur Erdélyi: *Higher Transcendental Functions Volumes I–III*, McGraw-Hill, 1953–1955.

Friedrich Wilhelm Schäfke: *Einführung in die Speziellen Funktionen der Mathematischen Physik*, Springer-Verlag, 1963.

Herbert Buchholz: *Die konfluente hypergeometrische Funktion – mit besonderer Berücksichtigung ihrer Anwendungen*, Springer-Verlag, 1953.
Die englische Übersetzung hierzu:

Herbert Buchholz: *The Confluent Hypergeometric Function – with Special Emphasis on its Applications*, Springer-Verlag, 1969.

Wilhelm Magnus, Fritz Oberhettinger: *Formeln und Sätze für die Speziellen Funktionen der Mathematischen Physik*, Springer-Verlag, 2. Aufl. 1948.
Die englische Übersetzung hierzu:

Wilhelm Magnus, Fritz Oberhettinger, Raj Pal Soni: *Formulas and Theorems for the Special Functions of Mathematical Physics*, Springer-Verlag, 3rd ed. 1966.

Felix Klein: *Vorlesungen über die hypergeometrische Funktion*, Springer-Verlag, 1981.

Lucy Joan Slater: *Confluent Hypergeometric Functions*, Cambridge University Press, 1960.

Lucy Joan Slater: *Generalized Hypergeometric Functions*, Cambridge University Press, 1966.

Z. X. Wang, D. R. Guo: *Special Functions*, World Scientific, 1989.

Symmetrien des Wasserstoff-Atoms

Stephanie Frank Singer: *Linearity, Symmetry, and Prediction in the Hydrogen Atom*, Springer-Verlag, 2005.

Teil 4

Teilchen in elektromagnetischen Feldern

Von großer Bedeutung ist die Betrachtung eines geladenen Punktteilchens in einem äußeren elektromagnetischen Feld. Eine mathematisch korrekte Beschreibung führt recht schnell zur Theorie der Faserbündel, die in diesem Kapitel lediglich in Grundzügen angerissen werden kann. Diverse Quantisierungsbedingungen ergeben sich dabei als topologische Eigenschaften der entstehenden geometrischen Gebilde.
Die für Spin-$\frac{1}{2}$-Teilchen wichtige Pauli-Gleichung ergibt sich direkt durch Formulierung der Schrödinger-Gleichung in Spinordarstellung, mit korrektem g-Faktor.

O. Tennert, *Quantenmechanik II*, https://doi.org/10.1007/978-3-662-68587-7_4

30 Schrödinger-Gleichung mit äußerem elektromagnetischen Feld und Eichinvarianz

Die klassische Hamilton-Funktion für ein geladenes Punktteilchen der Masse m und mit der Ladung q lautet gemäß dem Prinzip der **minimalen Kopplung**

$$
\begin{aligned}
H(\boldsymbol{r}, \boldsymbol{p}, t) &\to H(\boldsymbol{r}, \boldsymbol{p}, t) - q\phi(\boldsymbol{r}, t), \\
\boldsymbol{p} &\to \boldsymbol{p} - \frac{q}{c}\boldsymbol{A}(\boldsymbol{r}, t),
\end{aligned}
$$

bekanntermaßen:

$$
H(\boldsymbol{r}, \boldsymbol{p}, t) = \frac{1}{2m}\left(\boldsymbol{p} - \frac{q}{c}\boldsymbol{A}(\boldsymbol{r}, t)\right)^2 + q\phi(\boldsymbol{r}, t), \tag{30.1}
$$

mit dem Coulomb-Potential $\phi(\boldsymbol{r}, t)$ und dem Vektorpotential $\boldsymbol{A}(\boldsymbol{r}, t)$. Hierbei ist $\boldsymbol{p}$ der kanonische Impuls und $\boldsymbol{p} - \frac{q}{c}\boldsymbol{A}(\boldsymbol{r}, t) = m\dot{\boldsymbol{v}}$ der mechanische Impuls. Der mechanische Drehimpuls ist dann gegeben durch $\boldsymbol{\Lambda} = \boldsymbol{r} \times (\boldsymbol{p} - \frac{q}{c}\boldsymbol{A}(\boldsymbol{r}, t))$.

Dies übersetzen wir nun in die Quantenmechanik. Ausgehend von der Schrödinger-Gleichung für das freie Teilchen:

$$
\mathrm{i}\hbar\frac{\mathrm{d}\,|\Psi(t)\rangle}{\mathrm{d}t} = \frac{\hat{\boldsymbol{p}}^2}{2m}\,|\Psi(t)\rangle \tag{30.2}
$$

erfolgt dann entsprechend für ein Punktteilchen mit elektrischer Ladung q in (30.2) die Ersetzung:

$$
\begin{aligned}
\mathrm{i}\hbar\frac{\mathrm{d}}{\mathrm{d}t} &\mapsto \mathrm{i}\hbar\frac{\mathrm{d}}{\mathrm{d}t} - q\hat{\phi}(\hat{\boldsymbol{r}}, t), \\
\hat{\boldsymbol{p}} &\mapsto \hat{\boldsymbol{p}} - \frac{q}{c}\hat{\boldsymbol{A}}(\hat{\boldsymbol{r}}, t),
\end{aligned}
$$

mit dem Coulomb-Potential $\hat{\phi}(\hat{\boldsymbol{r}}, t)$ und dem Vektorpotential $\hat{\boldsymbol{A}}(\hat{\boldsymbol{r}}, t)$, und man erhält so

$$
\mathrm{i}\hbar\frac{\mathrm{d}\,|\Psi(t)\rangle}{\mathrm{d}t} = \left[\frac{1}{2m}\left(\hat{\boldsymbol{p}} - \frac{q}{c}\hat{\boldsymbol{A}}(\hat{\boldsymbol{r}}, t)\right)^2 + q\hat{\phi}(\hat{\boldsymbol{r}}, t)\right]|\Psi(t)\rangle\,, \tag{30.3}
$$

woraus in der im Folgenden wichtigen Ortsdarstellung folgt:

$$
\mathrm{i}\hbar\frac{\partial\Psi(\boldsymbol{r}, t)}{\partial t} = \left[\frac{1}{2m}\left(-\mathrm{i}\hbar\nabla - \frac{q}{c}\boldsymbol{A}(\boldsymbol{r}, t)\right)^2 + q\phi(\boldsymbol{r}, t)\right]\Psi(\boldsymbol{r}, t). \tag{30.4}
$$

Nach Ausmultiplizieren der Terme ergibt sich dann:

$$
\begin{aligned}
&\mathrm{i}\hbar\frac{\partial\Psi(\boldsymbol{r},t)}{\partial t} = -\frac{\hbar^2\nabla^2}{2m}\Psi(\boldsymbol{r},t) + V_I(\boldsymbol{r},t)\Psi(\boldsymbol{r},t),\\
&\text{mit}\quad V_I(\boldsymbol{r},t) = q\phi(\boldsymbol{r},t) + \frac{\mathrm{i}\hbar q}{2mc}(\nabla\cdot\boldsymbol{A}(\boldsymbol{r},t) + \boldsymbol{A}(\boldsymbol{r},t)\cdot\nabla) + \frac{q^2}{2mc^2}\boldsymbol{A}(\boldsymbol{r},t)^2.
\end{aligned}
$$

(30.5)

(30.6)

Man beachte hierbei, dass der Differentialoperator ∇ im zweiten Term des **Wechselwirkungspotentials** $V_I(\boldsymbol{r},t)$ gemäß der Produktregel „durch $\boldsymbol{A}(\boldsymbol{r},t)$ hindurchwirkt", also auch auf $\Psi(\boldsymbol{r},t)$ wirkt.

Die Wahrscheinlichkeitsdichte $\rho(\boldsymbol{r},t)$ sowie die Wahrscheinlichkeitsstromdichte $\boldsymbol{j}(\boldsymbol{r},t)$ erfüllen die Kontinuitätsgleichung (I-19.5), wenn sie gemäß

$$
\begin{aligned}
\rho(\boldsymbol{r},t) &= \Psi^*(\boldsymbol{r},t)\Psi(\boldsymbol{r},t),\\
\boldsymbol{j}(\boldsymbol{r},t) &= -\frac{\mathrm{i}\hbar}{2m}(\Psi^*(\boldsymbol{r},t)\nabla\Psi(\boldsymbol{r},t) - \Psi(\boldsymbol{r},t)\nabla\Psi^*(\boldsymbol{r},t)) - \frac{q}{mc}\boldsymbol{A}(\boldsymbol{r},t)\Psi^*(\boldsymbol{r},t)\Psi(\boldsymbol{r},t)
\end{aligned}
$$

definiert werden.

Eichtransformationen und Eichkovarianz der Schrödinger-Gleichung

Aus der klassischen Elektrodynamik wissen wir, dass die physikalisch messbaren Felder $\boldsymbol{E}(\boldsymbol{r},t), \boldsymbol{B}(\boldsymbol{r},t)$ sich unter sogenannten **Eichtransformationen**

$$\phi(\boldsymbol{r},t) \mapsto \phi'(\boldsymbol{r},t) = \phi(\boldsymbol{r},t) - \frac{1}{c}\frac{\partial\chi(\boldsymbol{r},t)}{\partial t}, \tag{30.7}$$

$$\boldsymbol{A}(\boldsymbol{r},t) \mapsto \boldsymbol{A}'(\boldsymbol{r},t) = \boldsymbol{A}(\boldsymbol{r},t) + \nabla\chi(\boldsymbol{r},t), \tag{30.8}$$

mit einer beliebigen reellen skalaren **Eichfunktion** $\chi(\boldsymbol{r},t)$, nicht ändern, also **eichinvariant** sind. Die klassische Elektrodynamik besitzt also eine **Eichsymmetrie**, sie ist eine **Eichtheorie**. Für die kanonischen Variablen $\boldsymbol{r}(t)$, $\boldsymbol{p}(t)$ gilt dabei

$$\boldsymbol{r}'(t) = \boldsymbol{r}(t), \tag{30.9}$$

$$\boldsymbol{p}'(t) = \boldsymbol{p}(t) + \frac{q}{c}\nabla\chi(\boldsymbol{r},t), \tag{30.10}$$

so dass die Hamilton-Funktion in den neuen Koordinaten geschrieben werden kann als

$$H'(\boldsymbol{r}',\boldsymbol{p}',t) = \frac{1}{2m}\left(\boldsymbol{p}' - \frac{q}{c}\boldsymbol{A}'(\boldsymbol{r}',t)\right)^2 + q\phi'(\boldsymbol{r}',t). \tag{30.11}$$

Hieran lässt sich auch die Eichinvarianz des mechanischen Impulses $\boldsymbol{p} - \frac{q}{c}\boldsymbol{A}(\boldsymbol{r},t) = m\dot{\boldsymbol{v}}$ erkennen. In der klassischen Hamilton-Mechanik ist eine Eichtransformation eine kanonische Transformation (siehe jedes einigermaßen gute Lehrbuch zur klassischen Mechanik).

Rechnet man ein konkretes Problem, wählt man meist bestimmte Randbedingungen an die Felder $\phi'(\boldsymbol{r},t)$, $\boldsymbol{A}'(\boldsymbol{r},t)$, durch welche dann implizit eine bestimmte Funktion $\chi(\boldsymbol{r},t)$ festgelegt wird und die die zu berechnenden Ausdrücke vereinfachen. Man spricht dann von einer **Eichfixierung** oder einfach von einer **Eichung**, nach welcher entweder keine oder nur noch eine eingeschränkte Restsymmetrie besteht.

In dem kanonischen Formalismus der Quantenmechanik stellt der Freiheitsgrad der Eichtransformation eine äußerst nicht-triviale konzeptionelle Erweiterung dar, die in den meisten Darstellungen der nichtrelativistischen Quantenmechanik nicht zufriedenstellend untersucht wird. Entweder wird dort nur die Ortsdarstellung der Schrödinger-Gleichung betrachtet und deren Eichkovarianz *brute force* nachgerechnet. Oder es werden begrifflich äußerst diffizile Konstruktionen geschaffen, in denen zwischen Eichinvarianz, Eichkovarianz sowie zusätzlich zwischen Eichabhängigkeit und -unabhängigkeit unterschieden wird mit dem Ziel, Eichtransformationen als gewöhnliche passive Transformationen im Hilbert-Raum der physikalischen Zustände betrachten zu können.

Wir wollen hingegen Eichtransformationen als aktive Transformationen in einem erweiterten Hilbert-Raum betrachten, was letzten Endes vollkommen konsistent ist mit der modernen differentialgeometrischen Formulierung von Eichtheorien in der mathematischen Sprache der Faserbündel.

Zunächst lässt sich die quantenmechanische Version einer Eichtransformation wie folgt schreiben:

$$\hat{\phi}(\hat{\boldsymbol{r}},t) \mapsto \hat{\phi}'(\hat{\boldsymbol{r}},t) = \hat{\phi}(\hat{\boldsymbol{r}},t) - \frac{1}{c}\frac{\partial\chi(\hat{\boldsymbol{r}},t)}{\partial t}, \tag{30.12}$$

$$\hat{\boldsymbol{A}}(\hat{\boldsymbol{r}},t) \mapsto \hat{\boldsymbol{A}}'(\hat{\boldsymbol{r}},t) = \hat{\boldsymbol{A}}(\hat{\boldsymbol{r}},t) + \hat{\nabla}\chi(\hat{\boldsymbol{r}},t), \tag{30.13}$$

wobei $\chi(\hat{\boldsymbol{r}},t)$ eine Funktion auf der Menge der hermiteschen Operatoren darstellt. Hier zeigt sich nun bereits, dass sowohl $\hat{\phi}(\hat{\boldsymbol{r}},t)$ als auch $\hat{\boldsymbol{A}}(\hat{\boldsymbol{r}},t)$ zwar hermitesche Operatoren sind, die auch ein entsprechendes klassisches Pendant besitzen, die aber keine Observable im eigentlichen Sinne darstellen. Denn eine Eichtransformation gemäß (30.12,30.13) führt zu neuen hermiteschen Operatoren $\hat{\phi}'(\hat{\boldsymbol{r}},t)$, $\hat{\boldsymbol{A}}'(\hat{\boldsymbol{r}},t)$ mit entsprechenden veränderten Spektren. Das bereitet uns aber zunächst keine Sorge, denn wir wissen ja bereits aus der klassischen Elektrodynamik, dass die Potentiale keine physikalischen Messgrößen darstellen, sondern nur die eichinvarianten Feldstärken. Es stellen sich vielmehr deutlich fundamentalere Fragen:

1. Lassen sich Eichtransformationen (30.12,30.13) als unitäre Transformationen im Sinne von Abschnitt 13 darstellen?
2. Falls ja: ist eine Eichtransformation eine passive oder eine aktive Transformation? Was wird denn eigentlich transformiert? Ein Zustandsvektor im Hilbert-Raum?
3. Wie transformieren sich Observable?

Um diese Fragen zu beantworten, müssen wir leider etwas vorgreifen. Wir werden diesen Vorgriff in Abschnitt 31 rechtfertigen, wenn wir zumindest im Ansatz auf die mathematische Struktur von Eichtheorien eingehen. Er besteht aus der Feststellung der Tatsache, dass *vor Eichfixierung*, also bei (noch) bestehender Eichsymmetrie, der Hilbert-Raum $\overline{\mathcal{H}}$ der möglichen Zustandsvektoren $|\Psi\rangle$ größer ist als der Hilbert-Raum der physikalischen Zustände $\mathcal{H}$.

Die theoretischen Physiker sprechen in diesem Zusammenhang gerne von **redundanten Freiheitsgraden** (englisch: *"spurious degrees of freedom"*), durch welche die Eichsymmetrie zustandekommt. In $\overline{\mathcal{H}}$ stellen Eichtransformationen dann unitäre Transformationen dar, und im Folgenden sind alle betrachteten Vektoren $|\Psi\rangle$ Elemente ebendieses größeren Hilbert-Raums: $|\Psi\rangle \in \overline{\mathcal{H}}$. Den Hilbert-Raum $\mathcal{H}$ der physikalischen Zustände erhält man erst durch Identifikation von Elementen $|\Psi\rangle \in \overline{\mathcal{H}}$, die durch Eichtransformationen auseinander hervorgehen, beziehungsweise durch die Wahl eines Vertreters der entstehenden Äquivalenzklasse, oder in anderen Worten: durch Eichfixierung.

Wir definieren daher einen unitären **Eichtransformationsoperator** $\hat{U}_\chi \in \mathrm{U}_{\mathcal{H}}$ wie folgt:

$$|\Psi(t)\rangle \mapsto |\Psi'(t)\rangle = \hat{U}_\chi \, |\Psi(t)\rangle \,, \tag{30.14}$$

$$\Psi(\boldsymbol{r},t) = \langle \boldsymbol{r}|\Psi(t)\rangle \mapsto \Psi'(\boldsymbol{r},t) = \langle \boldsymbol{r}|\Psi'(t)\rangle \,, \tag{30.15}$$

und betrachten $|\Psi(t)\rangle$ und $|\Psi'(t)\rangle$ als denselben physikalischen Zustand. In diesem Sinne wird eine Eichtransformation häufig als passive Transformation bezeichnet, allerdings ist es nicht wirklich korrekt, denn $|\Psi(t)\rangle$ und $|\Psi'(t)\rangle$ sind tatsächlich unterschiedliche Vektoren des Hilbert-Raumes $\overline{\mathcal{H}}$, der aber eben nicht der Raum der physikalischen Zustände ist. Von demher muss $\hat{U}_\chi$ als aktive Transformation in $\overline{\mathcal{H}}$ angesehen werden. Gewissermaßen „erkauft" wird diese Eichsymmetrie durch den Umstand, dass die Eichinvarianz physikalischer Messgrößen wie Energie, Impuls, Frequenz oder Geschwindigkeit nur dann gewährleistet ist, wenn sich Observable in $\overline{\mathcal{H}}$ ebenfalls auf eine gewisse Weise transformieren, um die Wirkung von $\hat{U}_\chi$ auf $|\Psi(t)\rangle$ entsprechend zu kompensieren. Das gilt insbesondere für Orts- und Impulsoperator $\hat{\boldsymbol{r}}$ und $\hat{\boldsymbol{p}}$, wie wir nun untersuchen wollen.

Aufgrund der Orts- und Zeitabhängigkeit der Funktion χ wird auch $\hat{U}_\chi$ eine Funktion von $\hat{\boldsymbol{r}}$ und t sein, und wegen der Unitarität also von der Form

$$\hat{U}_\chi = \exp\left(\frac{\mathrm{i}q}{\hbar c}\chi(\hat{\boldsymbol{r}},t)\right), \tag{30.16}$$

so dass

$$\Psi'(\boldsymbol{r},t) = \langle \boldsymbol{r}|\Psi'(t)\rangle = \mathrm{e}^{\frac{\mathrm{i}q}{\hbar c}\chi(\boldsymbol{r},t)}\Psi(\boldsymbol{r},t). \tag{30.17}$$

Daraus folgt unmittelbar:

$$\hat{U}_\chi^\dagger \hat{\boldsymbol{r}} \hat{U}_\chi = \hat{\boldsymbol{r}}, \tag{30.18}$$

$$\hat{U}_\chi^\dagger \hat{\boldsymbol{p}} \hat{U}_\chi = \hat{\boldsymbol{p}} + \frac{q}{c}\hat{\nabla}\chi(\hat{\boldsymbol{r}},t). \tag{30.19}$$

Und aufgrund der Eichsymmetrie ergibt sich so:

$$\langle \Psi'(t)|\hat{\boldsymbol{r}}'|\Psi'(t)\rangle = \langle \Psi(t)|\hat{\boldsymbol{r}}|\Psi(t)\rangle \,, \tag{30.20a}$$

$$\langle \Psi'(t)|\hat{\boldsymbol{p}}'|\Psi'(t)\rangle = \langle \Psi(t)|\hat{\boldsymbol{p}}|\Psi(t)\rangle \,, \tag{30.20b}$$

mit

$$\hat{\boldsymbol{r}}' = \hat{U}_\chi \hat{\boldsymbol{r}} \hat{U}_\chi^\dagger = \hat{\boldsymbol{r}}, \tag{30.21}$$

$$\hat{\boldsymbol{p}}' = \hat{U}_\chi \hat{\boldsymbol{p}} \hat{U}_\chi^\dagger = \hat{\boldsymbol{p}} - \frac{q}{c}\hat{\nabla}\chi(\hat{\boldsymbol{r}}, t). \tag{30.22}$$

Dieses Transformationsverhalten der Observablen $\hat{\boldsymbol{r}}$, $\hat{\boldsymbol{p}}$ ist reziprok dem unter „normalen" aktiven Transformationen in $\mathcal{H}$ wie in (14.5). Man beachte, dass (30.22) jedoch entgegengesetzt zum klassischen Fall (30.10) ist!

Mit (30.22) und der Tatsache, dass $[\hat{U}_\chi, \hat{\boldsymbol{A}}(\hat{\boldsymbol{r}}, t)] = 0$ ist, folgt schnell, dass damit gilt:

$$\hat{U}_\chi \left[\hat{\boldsymbol{p}} - \frac{q}{c}\hat{\boldsymbol{A}}(\hat{\boldsymbol{r}}, t)\right] \hat{U}_\chi^\dagger = \hat{\boldsymbol{p}} - \frac{q}{c}\hat{\boldsymbol{A}}'(\hat{\boldsymbol{r}}, t). \tag{30.23}$$

Weil nun ebenfalls $[\hat{U}_\chi, \hat{\phi}(\hat{\boldsymbol{r}}, t)] = 0$ gilt, und außerdem

$$\mathrm{i}\hbar \hat{U}_\chi \frac{\mathrm{d}}{\mathrm{d}t} \hat{U}_\chi^\dagger = \mathrm{i}\hbar \frac{\mathrm{d}}{\mathrm{d}t} + \frac{q}{c}\frac{\partial \chi(\hat{\boldsymbol{r}}, t)}{\partial t},$$

folgt entsprechend:

$$\hat{U}_\chi \left[\mathrm{i}\hbar \frac{\mathrm{d}}{\mathrm{d}t} - q\hat{\phi}(\hat{\boldsymbol{r}}, t)\right] \hat{U}_\chi^\dagger = \mathrm{i}\hbar \frac{\mathrm{d}}{\mathrm{d}t} - q\hat{\phi}'(\hat{\boldsymbol{r}}, t). \tag{30.24}$$

Damit können wir nun die **Eichkovarianz** der Schrödinger-Gleichung beweisen:

Satz (Eichkovarianz der Schrödinger-Gleichung)**.** *Unter einer Eichtransformation der minimal angekoppelten elektromagnetischen Potentiale $\phi(\boldsymbol{r}, t)$, $\boldsymbol{A}(\boldsymbol{r}, t)$ gemäß (30.7,30.8) ist die Schrödinger-Gleichung* (30.4) *kovariant, sofern sich die Wellenfunktion $\Psi(\boldsymbol{r}, t)$ transformiert gemäß:*

$$\Psi(\boldsymbol{r}, t) \mapsto \Psi'(\boldsymbol{r}, t) = \mathrm{e}^{\frac{\mathrm{i}q}{\hbar c}\chi(\boldsymbol{r}, t)}\Psi(\boldsymbol{r}, t). \tag{30.25}$$

Beweis. Die Schrödinger-Gleichung (30.3) lässt sich in der Form schreiben:

$$\begin{aligned}
\left[\mathrm{i}\hbar \frac{\mathrm{d}}{\mathrm{d}t} - q\hat{\phi}(\hat{\boldsymbol{r}}, t)\right] |\Psi(t)\rangle &= \frac{1}{2m}\left(\hat{\boldsymbol{p}} - \frac{q}{c}\hat{\boldsymbol{A}}(\hat{\boldsymbol{r}}, t)\right)^2 |\Psi(t)\rangle \\
\Longrightarrow \hat{U}_\chi \left[\mathrm{i}\hbar \frac{\mathrm{d}}{\mathrm{d}t} - q\hat{\phi}(\hat{\boldsymbol{r}}, t)\right] \hat{U}_\chi^\dagger |\Psi'(t)\rangle &= \frac{1}{2m}\hat{U}_\chi \left(\hat{\boldsymbol{p}} - \frac{q}{c}\hat{\boldsymbol{A}}(\hat{\boldsymbol{r}}, t)\right)^2 \hat{U}_\chi^\dagger |\Psi'(t)\rangle, \\
\left[\mathrm{i}\hbar \frac{\mathrm{d}}{\mathrm{d}t} - q\hat{\phi}'(\hat{\boldsymbol{r}}, t)\right] |\Psi'(t)\rangle &= \frac{1}{2m}\left(\hat{\boldsymbol{p}} - \frac{q}{c}\hat{\boldsymbol{A}}'(\hat{\boldsymbol{r}}, t)\right)^2 |\Psi'(t)\rangle.
\end{aligned}$$

In Ortsdarstellung wird daraus die eichtransformierte Schrödinger-Gleichung.

$$\mathrm{i}\hbar \frac{\partial \Psi'(\boldsymbol{r}, t)}{\partial t} = \left[\frac{1}{2m}\left(-\mathrm{i}\hbar\nabla - \frac{q}{c}\boldsymbol{A}'(\boldsymbol{r}, t)\right)^2 + q\phi'(\boldsymbol{r}, t)\right]\Psi'(\boldsymbol{r}, t).$$ ■

Anzumerken ist an dieser Stelle, dass der Begriff der „Kovarianz" tatsächlich nur in der Ortsdarstellung (30.4) der Schrödinger-Gleichung gerechtfertigt ist, da nur in dieser „ungestrichene" durch „gestrichene" Größen ersetzt werden können, während in der darstellungsunabhängigen Operatorform (30.3) der Impulsoperator $\hat{\boldsymbol{p}}$ auch in der transformierten Schrödinger-Gleichung nicht in der transformierten Form $\hat{\boldsymbol{p}}'$ auftritt.

Wir wollen an dieser Stelle noch ergänzen, dass – wie in der klassischen Physik – der mechanische Drehimpuls nicht durch die Größe $\hat{\boldsymbol{L}} = \hat{\boldsymbol{r}} \times \hat{\boldsymbol{p}}$ dargestellt wird, sondern durch

$$\hat{\boldsymbol{\Lambda}} = \hat{\boldsymbol{r}} \times \left(\hat{\boldsymbol{p}} - \frac{q}{c}\hat{\boldsymbol{A}}(\boldsymbol{r},t)\right). \tag{30.26}$$

Wir machen allerdings noch folgende Beobachtung: Das Transformationsverhalten (30.20) erwarten wir natürlich für alle Observablen, aufgrund der selben zu führenden Argumentation mit Bezug auf Eichfreiheit. Die Frage stellt sich uns nun: warum transformieren sich die Potentiale $\hat{\phi}(\hat{\boldsymbol{r}},t), \hat{\boldsymbol{A}}(\hat{\boldsymbol{r}},t)$ nicht gemäß (30.20)? Die Antwort lautet: weil sie eben keine Observable sind! Sowohl Spektrum als auch Erwartungswerte sind definitionsgemäß eichabhängig, sowohl in der klassischen als auch in der Quantenmechanik. Dennoch besitzen sie ein wohldefiniertes Transformationsverhalten (30.12,30.13), das wir aber schreiben wollen wie folgt:

$$\hat{\phi}(\hat{\boldsymbol{r}},t) \mapsto \hat{\phi}'(\hat{\boldsymbol{r}},t) = \hat{U}_\chi \hat{\phi}(\hat{\boldsymbol{r}},t)\hat{U}_\chi^\dagger - \hat{U}_\chi \frac{\mathrm{i}\hbar}{c}\frac{\partial}{\partial t}\hat{U}_\chi^\dagger, \tag{30.27}$$

$$\hat{\boldsymbol{A}}(\hat{\boldsymbol{r}},t) \mapsto \hat{\boldsymbol{A}}'(\hat{\boldsymbol{r}},t) = \hat{U}_\chi \hat{\boldsymbol{A}}(\hat{\boldsymbol{r}},t)\hat{U}_\chi^\dagger + \hat{U}_\chi \mathrm{i}\hbar\hat{\nabla}\hat{U}_\chi^\dagger, \tag{30.28}$$

oder in relativistisch kovarianter Schreibweise:

$$\hat{A}_\mu(x) \mapsto \hat{A}'_\mu(x) = \hat{U}_\chi \hat{A}_\mu(x)\hat{U}_\chi^\dagger - \hat{U}_\chi \mathrm{i}\hbar\partial_\mu \hat{U}_\chi^\dagger. \tag{30.29}$$

Die Vektorpotentiale spielen in der geometrischen Formulierung von Eichtheorien eine ganz besondere Rolle, die wir in Abschnitt 31 zumindest ansatzweise beleuchten wollen.

Die Schrödinger-Gleichung in Coulomb-Eichung

Wir bleiben nun in der Ortsdarstellung. Durch die implizite Wahl einer Eichfunktion $\chi(\boldsymbol{r},t)$ kann eine bestimmte Randbedingung an die Potentiale $\phi(\boldsymbol{r},t), \boldsymbol{A}(\boldsymbol{r},t)$ gestellt werden, man spricht dann von der Wahl einer **Eichung**. Eine bereits in der klassischen Elektrodynamik und auch in der Quantenmechanik besonders häufig verwendete Eichung ist die **Coulomb-Eichung** oder **transversale Eichung**, in der gilt:

$$\nabla \cdot \boldsymbol{A}(\boldsymbol{r},t) \equiv 0, \tag{30.30}$$

das heißt, das Vektorpotential $\boldsymbol{A}(\boldsymbol{r},t)$ ist im gesamten betrachteten Gebiet divergenzfrei. Diese Eichung kann immer vorgenommen werden, denn sei beispielsweise ein $\boldsymbol{A}(\boldsymbol{r},t)$ gegeben, für das gilt:

$$\nabla \cdot \boldsymbol{A}(\boldsymbol{r},t) \not\equiv 0,$$

so kann man stets ein $\chi(\boldsymbol{r},t)$ finden, so dass

$$\nabla \cdot [\boldsymbol{A}(\boldsymbol{r},t) + \nabla\chi(\boldsymbol{r},t)] \stackrel{!}{\equiv} 0$$

gilt.

In der Coulomb-Eichung schreibt sich dann die Schrödinger-Gleichung (30.5,30.6) als:

$$i\hbar\frac{\partial\Psi(\boldsymbol{r},t)}{\partial t} = -\frac{\hbar^2\nabla^2}{2m}\Psi(\boldsymbol{r},t) + V_I(\boldsymbol{r},t)\Psi(\boldsymbol{r},t), \tag{30.31}$$

$$\text{mit}\quad V_I(\boldsymbol{r},t) = q\phi(\boldsymbol{r},t) + \frac{i\hbar q}{mc}\boldsymbol{A}(\boldsymbol{r},t)\cdot\nabla + \frac{q^2}{2mc^2}\boldsymbol{A}(\boldsymbol{r},t)^2. \tag{30.32}$$

Die Coulomb-Eichung spielt eine bedeutende Rolle bei der Betrachtung nichtrelativistischer Strahlungsphänomene, und wir werden sie in Abschnitt III-19 im Zusammenhang mit der semiklassischen Behandlung von Strahlungsübergängen eingehender betrachten. Gleichsam findet sie Anwendung in der nichtrelativistischen Quantenelektrodynamik, in der das elektromagnetische Feld quantisiert wird, aber lediglich nicht-relativistische Strahlungsphänomene betrachtet werden, (Anti-)Teilchenerzeugung und -vernichtung also keine Rolle spielen (siehe Kapitel IV-1).

Der Propagator im Pfadintegralformalismus

Wir wollen das System eines elektrisch geladenen Punktteilchens in einem allgemeinen externen elektromagnetischen Feld im Pfadintegralformalismus betrachten (vergleiche Abschnitt I-27). Hierzu betrachten wir zunächst den klassischen Fall. Das Punktteilchen habe die Ladung q und die Masse m sowie Spin 0. Die Hamilton-Funktion ist dann gegeben durch

$$H(\boldsymbol{r},\boldsymbol{p},t) = \frac{1}{2m}(\boldsymbol{p} - \frac{q}{c}\boldsymbol{A}(\boldsymbol{r},t))^2 + q\phi(\boldsymbol{r},t). \tag{30.33}$$

Um zur Lagrange-Funktion $L(\boldsymbol{r},\dot{\boldsymbol{r}},t)$ zu gelangen, berechnen wir die Legendre-Transformierte der Hamilton-Funktion:

$$\begin{aligned} L(\boldsymbol{r},\dot{\boldsymbol{r}},t) &= \boldsymbol{p}\cdot\dot{\boldsymbol{r}} - H(\boldsymbol{r},\boldsymbol{p}(\dot{\boldsymbol{r}}),t) \\ &= (m\dot{\boldsymbol{r}} + \frac{q}{c}\boldsymbol{A}(\boldsymbol{r},t))\cdot\dot{\boldsymbol{r}} - \frac{1}{2}m\dot{\boldsymbol{r}}^2 - q\phi(\boldsymbol{r},t) \\ &= \frac{1}{2}m\dot{\boldsymbol{r}}^2 + \frac{q}{c}\boldsymbol{A}(\boldsymbol{r},t)\cdot\dot{\boldsymbol{r}} - q\phi(\boldsymbol{r},t), \end{aligned} \tag{30.34}$$

wobei wir die kanonische Gleichung aus der Hamilton-Mechanik

$$\dot{r}_i = \frac{\partial H(\boldsymbol{r},\boldsymbol{p},t)}{\partial p_i}$$

verwendet haben. Damit ist die klassische Wirkung dieses Systems gegeben durch:

$$S_{\text{cl}}[\boldsymbol{r}] = \int_{t_0}^{t_1}\left(\frac{1}{2}m\dot{\boldsymbol{r}}^2 + \frac{q}{c}\boldsymbol{A}(\boldsymbol{r},t)\cdot\dot{\boldsymbol{r}} - q\phi(\boldsymbol{r},t)\right)\mathrm{d}t. \tag{30.35}$$

Der Propagator des quantenmechanischen Systems ist dann einfach:

$$
\begin{aligned}
K(\boldsymbol{r}_1, t_1; \boldsymbol{r}_0, t_0) &= \int \mathcal{D}[\boldsymbol{r}] \exp\left(\frac{\mathrm{i}}{\hbar}\int_{t_0}^{t_1}\left(\frac{1}{2}m\dot{\boldsymbol{r}}^2 + \frac{q}{c}\boldsymbol{A}(\boldsymbol{r},t)\cdot\dot{\boldsymbol{r}} - q\phi(\boldsymbol{r},t)\right)\mathrm{d}t\right) \\
&= \int \mathcal{D}[\boldsymbol{r}]\mathrm{e}^{\frac{\mathrm{i}}{\hbar}S_{0,\mathrm{cl}}[\boldsymbol{r}]} \exp\left(\frac{\mathrm{i}}{\hbar}\int_{t_0}^{t_1}\left(\frac{q}{c}\boldsymbol{A}(\boldsymbol{r},t)\cdot\dot{\boldsymbol{r}} - q\phi(\boldsymbol{r},t)\right)\mathrm{d}t\right), \qquad (30.36)
\end{aligned}
$$

mit $\boldsymbol{r}(t_0) = \boldsymbol{r}_0$ und $\boldsymbol{r}(t_1) = \boldsymbol{r}_1$, wobei wir die Wirkung des freien Teilchens (in Abwesenheit des elektromagnetischen Feldes) durch $S_{0,\mathrm{cl}}[\boldsymbol{r}]$ absepariert haben.

Führen wir nun wieder eine Eichtransformation der Form (30.7,30.8) durch, so verändert sich der Wert des Propagators $K(\boldsymbol{r}_1, t_1; \boldsymbol{r}_0, t_0)$ gemäß:

$$
\begin{aligned}
&K'(\boldsymbol{r}_1, t_1; \boldsymbol{r}_0, t_0) \\
&= \int \mathcal{D}[\boldsymbol{r}]\mathrm{e}^{\frac{\mathrm{i}}{\hbar}S_{0,\mathrm{cl}}[\boldsymbol{r}]} \exp\left(\frac{\mathrm{i}}{\hbar}\int_{t_0}^{t_1}\left(\frac{q}{c}(\boldsymbol{A}(\boldsymbol{r},t) + \nabla\chi(\boldsymbol{r},t))\cdot\dot{\boldsymbol{r}} - q\phi(\boldsymbol{r},t) + \frac{q}{c}\frac{\partial\chi(\boldsymbol{r},t)}{\partial t}\right)\mathrm{d}t\right) \\
&= \int \mathcal{D}[\boldsymbol{r}]\mathrm{e}^{\frac{\mathrm{i}}{\hbar}S_{0,\mathrm{cl}}[\boldsymbol{r}]} \exp\left(\frac{\mathrm{i}}{\hbar}\int_{t_0}^{t_1}\left(\frac{q}{c}\boldsymbol{A}(\boldsymbol{r},t)\cdot\dot{\boldsymbol{r}} - q\phi(\boldsymbol{r},t) + \frac{q}{c}\frac{\mathrm{d}\chi(\boldsymbol{r},t)}{\mathrm{d}t}\right)\mathrm{d}t\right) \\
&= K(\boldsymbol{r}_1, t_1; \boldsymbol{r}_0, t_0)\exp\left(\frac{\mathrm{i}}{\hbar}\frac{q}{c}(\chi(\boldsymbol{r}_1, t_1) - \chi(\boldsymbol{r}_0, t_0))\right). \qquad (30.37)
\end{aligned}
$$

Wir werden in Abschnitt 35 bei der Betrachtung des Aharonov–Bohm-Effekts vom Propagatorausdruck (30.36) Gebrauch machen.

31 Die Geometrie von Eichtheorien

Die Menge aller Eichtransformationen bildet eine Gruppe, die **Eichgruppe**. Im Falle der Elektrodynamik ist die Eichgruppe isomorph zur U(1), also zur Menge aller komplexen Zahlen mit Betrag Eins. In der Ortsdarstellung ist der orts- und zeitabhängige Eichtransformationsoperator $\hat{U}_\chi$ dann eine Abbildung

$$\begin{aligned} U_\chi : \mathbb{R}^3 \times \mathbb{R} &\to \mathrm{U}(1) \\ (\boldsymbol{r}, t) &\mapsto \exp\left(\frac{\mathrm{i}q}{\hbar c}\chi(\boldsymbol{r}, t)\right) . \end{aligned}$$

Als Operator stellt er eine aktive unitäre Transformation in $\overline{\mathcal{H}}$ dar von der Form

$$\begin{aligned} \hat{U}_\chi : \overline{\mathcal{H}} &\to \overline{\mathcal{H}} \\ |\Psi(t)\rangle &\mapsto \hat{U}_\chi |\Psi(t)\rangle . \end{aligned}$$

Wie in Abschnitt 30 erwähnt, können durch die meist implizite Wahl einer bestimmten Eichfunktion $\chi(\boldsymbol{r}, t)$ gewisse Randbedingungen an die Potentiale erfüllt werden. Die Funktion $\chi(\boldsymbol{r}, t)$ stellt also gewissermaßen einen gegebenen funktionswertigen Parameter dar, durch den die Eichung fixiert wird und wodurch die Eichsymmetrie eliminiert ist. Eine bestimmte Eichung ist also nichts anderes als die Auswahl eines bestimmten Phasenfaktors $\exp(\mathrm{i}\chi(\boldsymbol{r}, t)) \in \mathrm{U}(1)$, und zwar *an jedem Raumzeit-Punkt* $(\boldsymbol{r}, t) \in \mathbb{R}^3 \times \mathbb{R}$.

Die mathematisch präzise Formulierung von Eichtheorien beinhaltet das Konzept eines **Faserbündels**. Faserbündel als mathematische Objekte existieren bereits seit Anfang der 1930er-Jahre. Maßgebliche frühe Beiträge stammen vom deutschen Mathematiker Herbert Seifert und vom US-Amerikaner Hassler Whitney. Die erste Monographie zum Thema *"The Topology of Fibre Bundles"* vom US-Amerikaner Norman Steenrod aus dem Jahre 1951 stellt auch heute noch eine Standardreferenz dar. Erst etwa 25 Jahre später, mit der Arbeit von Wu und Yang [WY75] von 1975 zur mathematischen Beschreibung magnetischer Monopole (Abschnitt 32), wurde in der Theoretischen Physik erkannt, dass die Theorie der Faserbündel genau die richtige Sprache darstellte, um Eichtheorien mathematisch präzise zu formulieren. Es ist ein im Zusammenspiel zwischen Mathematik und Theoretischer Physik eher seltener Vorgang, dass eine mathematische Disziplin im Wesentlichen vollkommen unabhängig und nahezu vollständig entwickelt worden war und bereits vorlag, bevor sie in der Theoretischen Physik Anwendung fand.

Auf die Physik von Eichtheorien angewandt stellt sich folgende Zuordnung dar:

- Basismannigfaltigkeit $M = \mathbb{R}^3 \times \mathbb{R}$ (die Raum-Zeit)
- Faser $F = \mathbb{C}$ (in Ortsdarstellung: der Wert der Wellenfunktion $\Psi(\boldsymbol{r}, t)$), dadurch ist das Bündel ein komplexes Geradenbündel
- Strukturgruppe $G = \mathrm{U}(1)$ (die Eichgruppe).

Eine Eichung ist dann nichts anderes als ein Schnitt des entsprechenden Faserbündels. Eine mathematische Analyse zeigt, dass es für einige wichtige Faserbündel keinen globalen

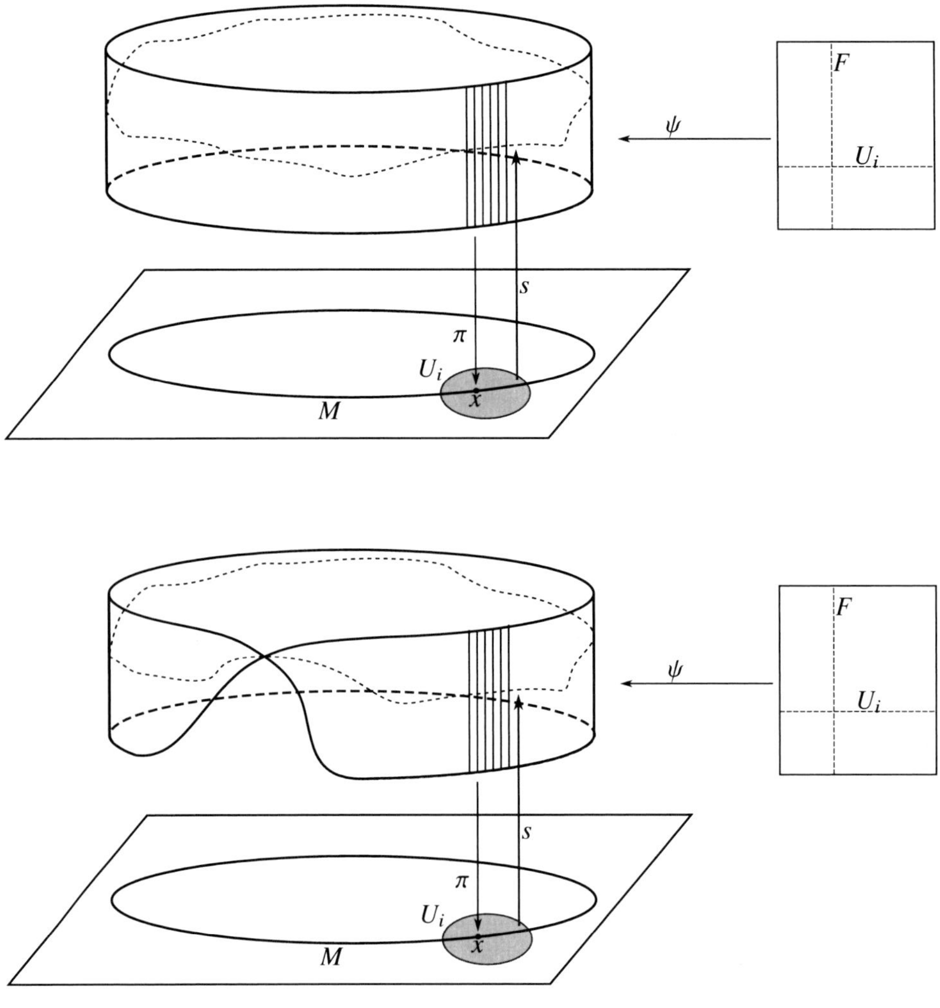

Abbildung 4.1: Zwei Faserbündel über der Basismannigfaltigkeit $M = S^1$ mit der Faser $[0, 1]$. Lokal besitzen beide Bündel die Produktstruktur $I \times [0, 1]$, aber global unterscheiden sie sich topologisch. Das Bild oben das zeigt das triviale Bündel $S^1 \times [0, 1]$. Das Möbius-Band auf dem unteren Bild ist ein nichttriviales $\mathbb{Z}_2$-Bündel über S^1.

Schnitt gibt, das heißt: die Funktion $s(x)$ existiert nur lokal. In der Sprache der Eichtheorien: es existiert keine globale Eichung für alle Raum-Zeit-Punkte $(\boldsymbol{r}, t) \in \mathbb{R}^3 \times \mathbb{R}$. Dies ist zum Beispiel für sogenannte Yang–Mills-Theorien der Fall, die von fundamentaler Bedeutung in der theoretischen Teilchenphysik sind.

Die gute Nachricht für den vorliegenden Fall ist aber: für die Elektrodynamik als Eichtheorie mit Eichgruppe U(1) existiert für viele wichtigen Basismannigfaltigkeiten wie beispielsweise $\mathbb{R}^3 \times \mathbb{R}$ ein **globaler Schnitt**, sprich: die Eichung kann global fixiert werden. Man sagt: das Faserbündel ist **trivial**. Aufgrund dieser Trivialität kann dann der Hilbert-Raum $\mathcal{H}$ der physikalischen Zustände als Quotientenraum geschrieben werden:

$$\mathcal{H} \cong \overline{\mathcal{H}}/\sim_\chi, \tag{31.1}$$

wobei das Symbol $\sim_\chi$ die Äquivalenzklasse von Elementen aus $\overline{\mathcal{H}}$ bezeichnet, die durch eine Eichtransformation $\hat{U}_\chi$ auseinander hervorgehen. Auf $\mathcal{H}$ kann dann der übliche Hilbert-Raum-Formalismus angewandt werden. Dies führt dazu, dass in vielen Fällen die Betrachtung eines geladenen Teilchens im äußeren elektromagnetischen Feld im Rahmen der Quantenmechanik äußerst einfach ist, und dass die Quantenelektrodynamik den einfachsten Vertreter einer Quantenfeldtheorie mit Eichsymmetrie darstellt. In den nachfolgenden Abschnitten werden wir allerdings Beispiele für U(1)-Bündel mit nichttrivialer Topologie kennenlernen.

Für alle tiefergehenden Betrachtungen sei der Leser auf die hervorragenden Reviews [DV80; EGH80] sowie die weiterführende Literatur verwiesen.

Mathematischer Einschub 9: Faserbündel

Ein **Faserbündel** E ist eine differenzierbare Mannigfaltigkeit, die lokal stets die Struktur einer Produktmannigfaltigkeit $U_i \times F$ besitzt, wobei $U_i \subset M$ ein Gebiet in einer **Basismannigfaltigkeit** M ist und F die **Faser**. Es existiert eine glatte, surjektive Abbildung $\pi : E \longrightarrow M$, **Projektion** genannt. Die Faser über $x \in M$ ist dann das Urbild $\pi^{-1}(x)$, siehe Abbildung 4.1.

Beispiele für Fasern sind:

- Der Tangentialraum T_xM an $x \in M$. In diesem Fall heißt das Faserbündel **Tangentialbündel**.
- Ein Vektorraum V. Dann ist E ein **Vektorbündel**.
- Die Menge $\mathbb{R}$ oder $\mathbb{C}$. Dann ist E ein reelles oder ein komplexes **Geradenbündel**.
- Die n-Sphäre S^n. Dann heißt E ein **Sphärenbündel**.

Außerdem wird eine **Strukturgruppe** G benötigt, die von links auf F wirkt. Das Faserbündel E im Gesamten als differenzierbare Mannigfaltigkeit wird auch als **Totalraum** bezeichnet.

Eine lokal definierte Abbildung $\psi_i : U_i \times F \longrightarrow E$ heißt **lokale Trivialisierung**.

Auch wenn ein Faserbündel lokal stets von der Form $U_i \times F$ ist, ist dies global im Allgemeinen nicht der Fall. Das heißt, das Faserbündel (der Totalraum) E als differenzierbare Mannigfaltigkeit betrachtet ist im Allgemeinen nicht **trivial**, das heißt es ist kein Produktraum $M \times F$, es ist im Allgemeinen nicht einmal orientierbar. Ein Möbius-Band beispielsweise besitzt lokal die Form $I \times [0, 1]$, wobei $I \in \mathbb{R}$ ein offenes Intervall ist. Global jedoch ist es ein Faserbündel mit Basismannigfaltigkeit S^1 und Faser $[0, 1]$, und es ist eine nicht-orientierbare differenzierbare Mannigfaltigkeit.

Die Strukturgruppe G kommt nun wie folgt ins Spiel: Ist $\{ U_i \}$ eine offene Überdeckung von M, so muss an einem beliebigen Punkt $x \in U_i \cap U_j$ und für einen Punkt $y \in \pi^{-1}(x)$ gelten, dass die bijektive **Übergangsfunktion** t_{ij}, definiert durch:

$$t_{ij} := \psi_i^{-1} \circ \psi_j : (U_i \cap U_j) \times F \longrightarrow (U_i \cap U_j) \times F \tag{31.2}$$

ein Element der Strukturgruppe des Faserbündels ist ($t_{ij} \in G$) und nur von x abhängt. Die Übergangsfunktionen müssen folgende **Konsistenzbedingungen** erfüllen:

$$t_{ii} = \mathbb{1}, \tag{31.3}$$

$$t_{ij} = t_{ji}^{-1}, \tag{31.4}$$

Kozykel-Bedingung: $$t_{ij} \circ t_{jk} \circ t_{ki} = \mathbb{1}, \quad \text{wenn } U_i \cap U_j \cap U_k \neq \emptyset. \tag{31.5}$$

Ist die Faser F eines Faserbündels P die Strukturgruppe G selbst, so nennt man das Faserbündel ein **Hauptfaserbündel**, und man spricht dann meist von einem „G-Bündel über M“. Die Übergangsfunktionen $t_{ij} \in G$ wirken nach wie vor von links, aber zusätzlich muss die Strukturgruppe auch frei und transitiv von rechts wirken: wenn $\psi_i : U_i \times G \longrightarrow P$ eine lokale Trivialisierung ist, so dass $\psi^{-1}(p) = (x, g)$, dann ist die Rechtswirkung auf G implizit definiert durch $\psi^{-1}(ph) = (x, gh)$, also:

$$ph = \psi(x, gh),$$

für alle $g, h \in G$, und es ist dann:

$$M \cong P/G. \tag{31.6}$$

Sämtliche topologischen Eigenschaften von Faserbündeln lassen sich aus der Betrachtung des Hauptfaserbündels und ihrer Übergangsfunktionen ableiten, zu welchem sie dann sogenannte **assoziierte Bündel** darstellen, von denen die wichtigsten die **assoziierten Vektorbündel** sind: sei

$$\begin{aligned} D : G &\longrightarrow \mathrm{GL}(V) \\ g &\longmapsto D(g) \end{aligned}$$

die Darstellung von G auf die Menge $\mathrm{GL}(V)$ der linearen Operatoren auf einem Vektorraum V. Dann ist die Mannigfaltigkeit, definiert durch:

$$P_V \cong (P \times V)/G, \tag{31.7}$$

entsprechend der Identifizierung

$$((x, g), \boldsymbol{v}) \sim ((x, gh), D(h^{-1})\boldsymbol{v}) \tag{31.8}$$

auf $P \times V$ für alle $(x, g) \in \psi^{-1}(P)$, $\boldsymbol{v} \in V$ und $h \in G$ das **assoziierte Vektorbündel** P_V. Die Übergangsfunktionen $t_{ij} \in G$ des Hauptfaserbündels P werden dann auf die entsprechenden Darstellungen $D(t_{ij})$ abgebildet.

Ein **Schnitt** ist eine glatte Abbildung $s\colon U \to E$, wobei $U \subset M$ ein Gebiet in der Basismannigfaltigkeit M ist. Jedem Element $x \in U$ wird also ein entsprechender Punkt $s(x)$ auf der Faser F über x zugeordnet. Daher gilt: $\pi \circ s \equiv \mathbb{1}$. Im Allgemeinen sind Schnitte nur **lokal** definiert, also auf $U \in M$, aber nicht auf ganz M. Existiert jedoch ein **globaler** Schnitt, also auf ganz M, so heißt das Faserbündel **trivial**, und der Totalraum besitzt die Struktur einer Produktmannigfaltigkeit $E = M \times F$.

Es sei P ein Hauptfaserbündel und $p \in P$. Dann stellt T_pP den Tangentialraum von P an p dar. Die lokale Struktur eines Faserbündels als Produktmannigfaltigkeit lässt eine natürliche Definition eines sogenannten **vertikalen Unterraums** V_pP entlang der Faser zu. Allein die Definition des Komplements, des **horizontalen Unterraums** H_pP, so dass $T_pP = V_pP \oplus H_pP$, ist dann frei definierbar. Diese Zerlegung führt zur Definition eines sogenannten **Zusammenhangs** oder **Ehresmann-Zusammenhangs** (nach dem elsässischen Mathematiker Charles Ehresmann, ein frühes Bourbaki-Mitglied), der das Konzept des affinen Zusammenhangs auf differenzierbaren Mannigfaltigkeiten in die Sprache der Faserbündel überträgt. Jede n-dimensionale differenzierbare Mannigfaltigkeit M ist zusammen mit den Tangentialräumen $T_xM (x \in M)$ als Faserbündel anzusehen, nämlich als Tangentialbündel TM über M mit Strukturgruppe $\mathrm{GL}(n, \mathbb{R})$.

Der Zusammenhang kann als **Zusammenhangsform** global auf dem gesamten Bündel P definiert werden und induziert auf einem Gebiet $U_i \in M$ die Definition eines lokalen **Eichpotentials** $A_i(x)$, das Element der Lie-Algebra $\mathfrak{g}$ von G ist. An einem beliebigen Punkt $x \in U_i \cap U_j$ muss dann die Kompatibilitätsbedingung:

$$A_j(x) = t_{ij}^{-1}(x)A_i(x)t_{ij}(x) + t_{ij}^{-1}(x)\mathrm{d}t_{ij}(x) \tag{31.9}$$

gelten. Man beachte, dass die Indizes i, j hierbei die Gebiete bezeichnen, in denen A definiert ist.

Der Zusammenhang überträgt den Paralleltransport auf differenzierbaren Mannigfaltigkeiten auf die **horizontale Liftung** einer Kurve $\gamma\colon \mathbb{R} \to M$ zu einer Kurve

$\tilde{\gamma}\colon \mathbb{R} \to P$. Also ist $\pi \circ \tilde{\gamma} = \gamma$, und der Tangentialvektor an $\tilde{\gamma}(t)$ gehört stets zu $H_{\tilde{\gamma}(t)}P$.

Um die horizontal geliftete Kurve $\tilde{\gamma}(t)$ zu konstruieren, benötigt man eine Vorschrift, welches die vertikale Komponente des Tangentialvektors an $\tilde{\gamma}(t) \in P$ ist. Bei zunehmendem Parameter t geht:

$$
\begin{aligned}
x &\mapsto x + \delta x, \\
g &\mapsto g + \delta g = \exp(-A(x) \cdot \mathrm{d}x) = (\mathbb{1} - A(x) \cdot \mathrm{d}x)g
\end{aligned}
$$

über. Daher erfüllt bei gegebenem Eichpotential $A(x)$ das ortsabhängige Gruppenelement $g(x)$ die Differentialgleichung

$$
\dot{g}(\gamma(t)) + (A(\gamma(t)) \cdot \dot{\gamma}(t))\, g(\gamma(t)) = 0, \tag{31.10}
$$

mit der auf einem Gebiet U_i formalen Lösung

$$
\begin{aligned}
g_i(\gamma(t)) &= \mathrm{P}\exp\left(-\int_0^t A(\gamma(t)) \cdot \dot{\gamma}(t)\mathrm{d}t\right) && (31.11) \\
&= \mathrm{P}\exp\left(-\int_{\gamma(0)}^{\gamma(t)} A(x) \cdot \mathrm{d}x\right), && (31.12)
\end{aligned}
$$

wobei P der **Pfadordnungsoperator** ist, der formal sicherstellt, dass die Elemente $A \in \mathfrak{g}$ der Lie-Algebra eine Ordnung beibehalten gemäß:

$$
\mathrm{P}\left[A(s)B(t)\right] = \begin{cases} A(s)B(t) & (t > s) \\ B(t)A(s) & (s > t) \end{cases}. \tag{31.13}
$$

Die horizontal geliftete Kurve ist dann lokal gegeben durch:

$$
\tilde{\gamma}(t) = s_i(\gamma(t))g_i(\gamma(t)). \tag{31.14}
$$

Ist die Kurve $\gamma\colon [0,1] \to M$ geschlossen, also eine bemphSchleife, gilt dies für die horizontal geliftete Kurve $\tilde{\gamma} \in P$ im Allgemeinen nicht. Vielmehr unterscheiden sich Anfangs- und Endpunkt von $\tilde{\gamma}$ durch ein Gruppenelement

$$
g_x = \mathrm{P}\exp\left(-\oint_\gamma A(x') \cdot \mathrm{d}x'\right) \tag{31.15}
$$

entlang derselben Faser. Betrachten wir also ein $p \in P$ mit $\pi(p) = x$ und es sei C_xM die Menge der Schleifen an x:

$$
C_xM := \{\, \gamma\colon [0,1] \to M \mid \gamma(0) = \gamma(1) = x \,\}. \tag{31.16}
$$

Dann ist die Menge $\Phi_p := \{ g_{\pi(p)} \}$ eine Gruppe, genannt **Holonomie-Gruppe** an p. Betrachtet man nur sogenannte **null-homotope** oder **zusammenziehbare** Schleifen:

$$C_x^0 M := \{ \gamma\colon [0,1] \to M \mid \gamma(0) = \gamma(1) = x, \gamma \text{ zusammenziehbar} \}, \tag{31.17}$$

so ergibt sich entsprechend die **eingeschränkte Holonomie-Gruppe** Φ_p^0 an p. Der **Satz von Ambrose–Singer** verknüpft die Holonomie-Gruppe einer Zusammenhangsform auf P mit der entsprechenden Krümmungsform auf P. Holonomie und Krümmung sind also letztlich zwei Seiten derselben geometrischen Struktur.

Sei nun P ein Hauptfaserbündel (ein G-Bündel über M) und s_1, s_2 zwei auf einem Gebiet $U \subset M$ definierte lokale Schnitte, so dass $s_2(x) = s_1(x) g_\chi(x)$ für $x \in M$. Der Operator $g_\chi\colon U \to G$ heißt **Eichtransformation**. Diese bildet einen lokalen Schnitt auf einen anderen ab. Unter dieser Eichtransformation transformiert sich das Eichpotential $A(x)$ dann gemäß

$$A_{(\chi)}(x) = g_\chi^{-1}(x) A(x) g_\chi(x) + g_\chi^{-1}(x) \mathrm{d} g_\chi(x), \tag{31.18}$$

beziehungsweise, nach Einführung des Koordinatenindex μ:

$$A_{(\chi);\mu}(x) = g_\chi^{-1}(x) A_\mu(x) g_\chi(x) + g_\chi^{-1}(x) \partial_\mu g_\chi(x), \tag{31.19}$$

Das lokale Eichpotential $A_\mu(x)$ ermöglicht die Definition einer **kovarianten Ableitung** ∇_μ auf M gemäß:

$$\nabla_\mu = \partial_\mu + A_\mu(x), \tag{31.20}$$

sowie die Definition der **Feldstärke** $F_{\mu\nu}(x)$ gemäß

$$F_{\mu\nu}(x) = [\nabla_\mu, \nabla_\nu] \tag{31.21}$$

$$= \partial_\mu A_\nu(x) - \partial_\nu A_\mu(x) + [A_\mu(x), A_\nu(x)]. \tag{31.22}$$

Wie der Zusammenhang kann auch die Feldstärke als sogenannte **Krümmungsform** auf dem gesamten Bündel P definiert werden.

Die auf $U_i \subset M$ lokale Feldstärke $F_{\mu\nu}(x)$ transformiert sich kovariant gegenüber Eichtransformationen:

$$F_{(\chi),\mu\nu}(x) = g_\chi^{-1}(x) F_{\mu\nu}(x) g_\chi(x) \tag{31.23}$$

und stellt demnach im Allgemeinen (außer für ein U(1)-Bündel, also für die Elektrodynamik) *keine* invariante (Mess-)Größe dar!

Die Krümmungsform beziehungsweise die Größe $F_{\mu\nu}(x)$ besitzt nun eine wichtige Funktion bei der Beantwortung folgender Frage: gegeben sei eine Basismannigfaltigkeit und eine Strukturgruppe G. Wieviele topologisch unterschiedliche G-Bündel über M gibt es, und wie lassen sich diese, insbesondere von einem trivialen Bündel, unterscheiden? Die Antwort liefert die algebraische Topologie und führt auf die sogenannten **charakteristischen Klassen** von Faserbündeln.

Für Vektorbündel als spezielle assoziierte Bündel spielen die sogenannten **Chern-Klassen** eine wichtige Rolle bei der Klassifizierung. Diese werden aus den Feldstärken $F_{\mu\nu}(x)$ gebildet, und ihnen können wiederum ganze Zahlen zugeordnet werden, die **Chern-Zahlen**. Im Falle eines magnetischen Monopols (siehe Abschnitt 32) mit Basismannigfaltigkeit die 2-Sphäre ($M = S^2$) und $G = \mathrm{U}(1)$ ist die sogenannte **1. Chern-Zahl** beispielsweise definiert durch:

$$n = \frac{q}{2\pi\hbar c} \int_{S^2} \boldsymbol{B}(\boldsymbol{r}) \cdot \mathrm{d}\boldsymbol{S} = \frac{2q}{\hbar c} q_m \tag{31.24}$$

und stellt (bis auf die Vorfaktoren) die magnetische Ladung q_m des Monopols dar. Dem interessierten Leser sei die Originalarbeit von Shiing-Shen Chern [Che46] angeraten, eine äußerst ansprechende und relativ leicht zugängliche Lektüre von einem führenden Mitbegründer der modernen Differentialgeometrie und einem der größten Mathematiker des 20. Jahrhunderts!

32 Magnetische Monopole und Ladungsquantisierung

Wie in Abschnitt 31 erwähnt, lässt die klassische Elektrodynamik globale Eichungen zu, sprich: es existieren auf ganz $\mathbb{R}^3 \times \mathbb{R}$ glatte Potentialfunktionen $\phi(\boldsymbol{r}, t), \boldsymbol{A}(\boldsymbol{r}, t)$. Das ändert sich jedoch, wenn man das Magnetfeld eines hypothetischen **magnetischen Monopols** betrachtet, wie es bereits Dirac 1931 tat [Dir31]. Die beiden chinesisch-stämmigen Theoretischen Physiker Tai Tsun Wu und Chen Ning Yang formulierten dieses Problem 1975 erstmalig in der Sprache der Faserbündel [WY75].

Das radiale (zeitunabhängige) Magnetfeld $\boldsymbol{B}(\boldsymbol{r})$ eines magnetischen Monopols ist von der Form

$$\boldsymbol{B}(\boldsymbol{r}) = q_m \frac{\boldsymbol{r}}{r^3}, \tag{32.1}$$

wobei q_m die hypothetische **magnetische Ladung** ist. In Gegenwart dieser magnetischen Monopole gilt dann nicht mehr die Divergenzfreiheit des magnetischen Felds $\boldsymbol{B}(\boldsymbol{r})$, das heißt, es ist vielmehr:

$$\nabla \cdot \boldsymbol{B}(\boldsymbol{r}) = 4\pi \rho_m(\boldsymbol{r}), \tag{32.2}$$

mit der **magnetischen Ladungsdichte** $\rho_m(\boldsymbol{r})$.

Auf der Suche nach einem Vektorpotential $\boldsymbol{A}(\boldsymbol{r})$, welches das radiale Magnetfeld des magnetischen Monopols beschreibt, stellt man fest, dass es nicht möglich ist, eine passende auf ganz $\mathbb{R}^3 \setminus \{\boldsymbol{0}\}$ stetige Funktion $\boldsymbol{A}(\boldsymbol{r})$ zu finden, so dass $\boldsymbol{B}(\boldsymbol{r}) = \nabla \times \boldsymbol{A}(\boldsymbol{r})$. In Kugelkoordinaten lautet die entsprechende Bedingung:

$$\nabla \times \boldsymbol{A}(\boldsymbol{r}) = \frac{1}{r \sin\theta} \left[\frac{\partial}{\partial \theta}(A_\phi \sin\theta) - \frac{\partial A_\theta}{\partial \phi} \right] \boldsymbol{e}_r \overset{!}{=} \frac{q_m}{r^2} \boldsymbol{e}_r,$$

und man findet schnell zwei mögliche Lösungen $A_\phi^\pm$ der Form:

$$A_\phi^\pm(\theta) = \frac{q_m}{r \sin\theta}(\pm 1 - \cos\theta), \tag{32.3}$$

sowie $A_\theta \equiv 0$. Allerdings ist A_ϕ^+ für $\theta = \pi$ (also entlang der negativen z-Achse) und A_ϕ^- für $\theta = 0$ (entlang der positiven z-Achse) singulär. Diese singulären Linien werden auch jeweils als **Dirac-String** bezeichnet. Um ganz $\mathbb{R}^3 \setminus \{\boldsymbol{0}\}$ abzudecken, definiert man also $A_\phi^\pm(\theta)$ in jeweiligen Teilgebieten I und II (siehe Abbildung 4.2) von $\mathbb{R}^3 \setminus \{\boldsymbol{0}\}$, und in dem Gebiet, in dem beide $A_\phi^\pm(\theta)$ wohldefiniert sind, hängen sie über eine Transformation der Form (30.13) zusammen:

$$A_\phi^+(\theta) = A_\phi^-(\theta) + \nabla \chi(\boldsymbol{r}). \tag{32.4}$$

Wenn man die ϕ-Komponente des Gradienten in Kugelkoordinaten betrachtet:

$$\nabla \chi(\boldsymbol{r}) \cdot \boldsymbol{e}_\phi = \frac{1}{r \sin\theta} \frac{\partial \chi(\boldsymbol{r})}{\partial \phi} \overset{!}{=} \frac{2 q_m}{r \sin\theta},$$

erhält man schnell

$$\chi(\boldsymbol{r}) = 2 q_m \phi. \tag{32.5}$$

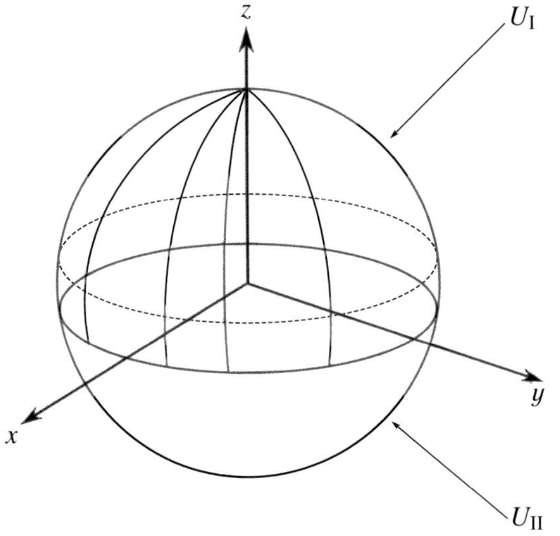

Abbildung 4.2: Die Basismannigfaltigkeit des zu betrachtenden Faserbündels beim Dirac-Monopol ist die 2-Sphäre S^2. Es existiert kein auf ganz S^2 stetiges Vektorpotential $\boldsymbol{A}(\boldsymbol{r})$. Vielmehr benötigt man eine offene Überdeckung aus zwei Gebieten $U_{\mathrm{I}}, U_{\mathrm{II}}$, auf denen jeweils ein lokales Vektorpotential definiert werden kann.

Der Dirac-String ist unphysikalisch, da er je nach Wahl der Eichung eine andere Lage in $\mathbb{R}^3$ besitzt, einzig die topologische Eigenschaft bleibt erhalten: er ist stets eine vom Ursprung ausgehende glatte Kurve $[0, \infty] \to \mathbb{R}^3$. Durch Eichtransformationen kann er gewissermaßen wie ein am Ursprung befestigter Faden „hin- und hergeweht werden". In einem von Sidney Coleman als *''gedanken hoax''* bezeichneten Gedankenexperiment [Col83] stellt er die idealisierte Form einer sehr dünnen stromdurchflossenen Spule dar, deren eines Ende sich am Ursprung befindet und das andere in beliebig weiter Entfernung. Im Grenzfall einer unendlich dünnen und unendlich langen Spule nimmt das am Spulenende befindliche Magnetfeld $\boldsymbol{B}$ das eines magnetischen Monopols an.

Bislang ist diese Betrachtung klassisch. Quantenmechanisch bedeutsam ist der magnetische Monopol wie folgt: Mit der Unstetigkeit von $\boldsymbol{A}(\boldsymbol{r})$ beim Übergang von Gebiet I nach II geht eine Eichtransformation der Wellenfunktion $\Psi(\boldsymbol{r}, t)$ einher gemäß (30.25):

$$\Psi'(\boldsymbol{r}, t) = \exp\left(\frac{\mathrm{i}2qq_m\phi}{\hbar c}\right)\Psi(\boldsymbol{r}, t). \tag{32.6}$$

Durch das Auftauchen der Winkelkoordinate ϕ im Exponenten besteht die Gefahr der Mehrdeutigkeit. Um die Eindeutigkeit der Wellenfunktion sicherzustellen (und den Funktionsbegriff zu rechtfertigen), muss daher gelten:

$$qq_m = \frac{n\hbar c}{2} \quad (n \in \mathbb{Z}). \tag{32.7}$$

Die Bedingung (32.7) wird als **Dirac-Quantisierungsbedingung** bezeichnet und sagt aus, dass aus der Existenz eines magnetischen Monopols der magnetischen Ladung q_m die Existenz einer elektrischen Elementarladung $e = \hbar c/(2q_m)$ folgt *und umgekehrt*.

In der Sprache der Faserbündel stellt sich der Dirac-Monopol folgendermaßen dar: Wir betrachten die Basismannigfaltigkeit:

$$\mathbb{R}^3 \setminus \{\mathbf{0}\} \cong S^2 \times \mathbb{R}. \tag{32.8}$$

Hierbei ist S^2 die 2-Sphäre, und $\mathbb{R}$ ist topologisch äquivalent zum Werteraum der Radialkoordinate $0 < r < \infty$, die aber aufgrund der Rotationssymmetrie für die topologische Betrachtung irrelevant ist. Die Faser ist die Eichgruppe $\mathrm{U}(1)$ der Elektrodynamik, die topologisch äquivalent zur 1-Sphäre ist:

$$\mathrm{U}(1) \cong S^1. \tag{32.9}$$

Die zu untersuchenden Faserbündel besitzen dann die lokale Trivialisierung $S^2 \times S^1$, unterscheiden sich aber topologisch, in Abhängigkeit der magnetischen Ladung $q_m = n\hbar c/2e$. Für $q_m = 0$ erhalten wir ein triviales Bündel, für $q_m \neq 0$ nicht-triviale Bündel, die keinen globalen Schnitt erlauben, also keine globale Eichung. Vielmehr muss die Basismannigfaltigkeit S^2 durch zwei offene Umgebungen $U_\mathrm{I}, U_\mathrm{II}$ abgedeckt werden, und der Überlapp ist dann homotopieäquivalent zur S^1, in dem der Übergang zwischen beiden Eichungen durch eine Eichtransformation erfolgt, in der Sprache der Faserbündel: eine **Übergangsfunktion**, die Element der Strukturgruppe ist. Die Menge aller möglichen Abbildungen $S^1 \longrightarrow S^1$ lässt sich anhand der **topologischen Invariante** $n = 2q_m e/(\hbar c)$ charakterisieren, der sogenannten **Windungszahl** der Abbildung $S^1 \longrightarrow S^1$, die identisch ist zur sogenannten **1. Chern-Zahl** des Faserbündels. Insbesondere für $n = 1$ kann man zeigen, dass die Topologie des Faserbündels die der 3-Sphäre S^3 ist [Tra77; Ryd80; Min79].

Ein interessantes Ergebnis erhält man, wenn man ein elektrisch geladenes spinloses Teilchen im Magnetfeld eines magnetischen Monopols betrachtet und den Drehimpuls des Gesamtsystems ausrechnet [Gol76], wobei wir im Folgenden die Ergebnisse des hervorragendes Reviews von Sidney Coleman über magnetische Monopole zusammenstellen wollen [Col83]. Der zunächst naheliegende Ansatz (30.26) für den Drehimpuls funktioniert leider nicht, denn $\boldsymbol{\Lambda} = \boldsymbol{r} \times (\boldsymbol{p} - \frac{q}{c}\boldsymbol{A}(\boldsymbol{r}, t))$ erfüllt nicht die Kommutatorrelationen des Drehimpulses, wie man schnell nachrechnen kann. Vielmehr ergibt sich für den Drehimpuls des Teilchens die Größe

$$\boldsymbol{J} = \boldsymbol{r} \times \left(\boldsymbol{p} - \frac{q}{c}\boldsymbol{A}(\boldsymbol{r}, t)\right) - \frac{qq_m}{c}\boldsymbol{e}_r. \tag{32.10}$$

Der zweite, zunächst unerwartete Term rührt vom Drehimpuls des elektromagnetischen Felds gemäß:

$$\boldsymbol{J}_\mathrm{em} = \int \mathrm{d}^3\boldsymbol{r}\, [\boldsymbol{r} \times (\boldsymbol{E} \times \boldsymbol{B})] = -\frac{qq_m}{c}\boldsymbol{e}_r. \tag{32.11}$$

Selbst wenn das Teilchen ruht ($\boldsymbol{p} \equiv \mathbf{0}$), besitzt das Gesamtsystem, bestehend aus Teilchen und magnetisches Monopolfeld, Drehimpuls! Eine weitere Analyse der Drehimpulsalgebra zeigt, dass in der Quantenmechanik die Quantenzahl j zu $\hat{\boldsymbol{J}} = \hat{\boldsymbol{r}} \times \left(\hat{\boldsymbol{p}} - \frac{q}{c}\hat{\boldsymbol{A}}(\hat{\boldsymbol{r}}, t)\right) - \frac{qq_m}{c}\frac{\hat{\boldsymbol{r}}}{\hat{r}}$ die Werte

$$j = \left|\frac{qq_m}{\hbar c}\right| + m = \frac{n}{2} + m \tag{32.12}$$

mit $m, n \in \{0, 1, 2, \dots\}$ annehmen kann. Das bedeutet unter anderem, dass ein zusammengesetztes System, bestehend aus einem elektrisch geladenen Punktteilchen und einem magnetischen Monopol einen halbzahligen Drehimpuls besitzen kann und damit ein Fermion ist mit der entsprechenden Antisymmetrisierung der Gesamtwellenfunktion (siehe Kapitel 6)! Siehe das Review [Col83] von Sidney Coleman für die genaueren Details der Rechnung sowie die Betrachtung weiterer eichtheoretischer Merkwürdigkeiten.

Insgesamt zeigt sich, dass die Erweiterung der Elektrodynamik um magnetische Monopole eine Reihe topologischer Implikationen nach sich zieht. Diese sind aus heutiger Sicht bestenfalls von didaktischem Interesse und wichtig, um topologische Untersuchungen an einem einfachen Modell durchzuführen. Die Elektrodynamik ist eine sogenannte **abelsche** Eichtheorie, da ihre Strukturgruppe, die $U(1)$, eine **abelsche** Gruppe ist – eine andere Bezeichnung für eine **kommutative** Gruppe zu Ehren des norwegischen Mathematikers Niels Henrik Abel. In der Physik der Elementarteilchen spielen sogenannte **nicht-abelsche** Eichtheorien eine zentrale Rolle, in denen magnetische Monopole teilweise nicht optional, sondern zwingender Bestandteil der Theorie sind, wenn nicht als Punktteilchen, so aber als Soliton-artige Lösungen der entsprechenden Feldgleichungen. Wir betrachten diese an dieser Stelle nicht weiter und verweisen auf [Col83] sowie die weiterführende Literatur.

Dualität und Dyonen

Wir wollen diesen Abschnitt mit einem kurzen Ausblick – ohne detaillierte Rechnungen – auf weitere hypothetische Teilchen schließen, die die wundersame Welt der magnetischen Monopole noch einmal um weitere exotische Aspekte übertreffen. Auf Julian Schwinger [Sch66; Sch68] geht die Betrachtung eines hypothetischen Punktteilchens zurück, das sowohl elektrische Ladung q als auch magnetische Ladung q_m trägt und dem er in der Zeitschrift *Science* den Namen **Dyon** gab [Sch69]. Er schlug diese als mögliche theoretische Beschreibung für die relativ neu entdeckten Quarks vor, ein Erklärungsversuch, der aus heutiger Sicht keine Rolle mehr spielt.

Ausgangspunkt der Betrachtung ist die Feststellung, dass die Maxwell-Gleichungen im Vakuum kovariant sind gegenüber einer **Dualitätstransformation**:

$$\boldsymbol{E} \longrightarrow \boldsymbol{E}\cos\alpha + \boldsymbol{B}\sin\alpha, \tag{32.13a}$$

$$\boldsymbol{B} \longrightarrow -\boldsymbol{E}\sin\alpha + \boldsymbol{B}\cos\alpha, \tag{32.13b}$$

mit $\alpha \in \mathbb{R}$. Diese Dualitätskovarianz überträgt sich auf die vollen Maxwell-Gleichungen, wenn die Quellen des elektromagnetischen Felds sich gemäß:

$$q \longrightarrow q\cos\alpha + q_m\sin\alpha, \tag{32.14}$$

$$q_m \longrightarrow -q\sin\alpha + q_m\cos\alpha \tag{32.15}$$

transformieren. Diese Dualitätstransformationen bilden eine kontinuierliche Symmetriegruppe, die isomorph ist zur $O(2) \cong U(1)$. Eine diskrete Untergruppe der $O(2)$ wird erzeugt durch $\alpha = \pi/2$:

$$\boldsymbol{E} \longrightarrow \boldsymbol{B}, \tag{32.16a}$$

$$\boldsymbol{B} \longrightarrow -\boldsymbol{E}, \tag{32.16b}$$

$$q \longrightarrow q_m, \tag{32.16c}$$

$$q_m \longrightarrow -q, \tag{32.16d}$$

und stellt die diskrete Gruppe $\mathbb{Z}_4$ dar, wie durch vierfache Anwendung von (32.16) leicht zu sehen ist. Der Begriff „dual" rührt daher, dass – in relativistischer Formulierung – durch die Transformation (32.16) der Feldstärketensor $F_{\mu\nu}$ des elektromagnetischen Felds abgebildet wird auf den dualen Tensor

$$\tilde{F}^{\mu\nu} = \frac{1}{2}\epsilon^{\mu\nu\kappa\lambda}F_{\kappa\lambda},$$

welcher in der differentialgeometrischen Formulierung von Eichtheorien durch Anwendung des sogenannten **Hodge-Operators** entsteht. Durch ihn kann jedem Tensor ein dualer Tensor zugeordnet werden, man spricht dann von **Hodge-Dualität**. Für weitere Details siehe die weiterführende Literatur.

Wenn nun zwei Dyonen mit den Ladungen $q_1, q_{m,1}$ und $q_2, q_{m,2}$ gegeben sind, kann man zwei **dualitäts-invariante** Größen bilden:

$$q_1 q_2 + q_{m,1} q_{m,2},$$

$$q_1 q_{m,2} - q_2 q_{m,1}.$$

Jede beobachtbare Größe des Zwei-Dyon-Systems kann nur von diesen Invarianten abhängen. Die Kraft zwischen zwei Dyonen ist beispielsweise (in reduzierten Koordinaten: Dyon 2 befindet sich im Feld von Dyon 1):

$$\boldsymbol{F} = (q_2 q_{m,1} - q_1 q_{m,2})\frac{\boldsymbol{v}}{c} \times \frac{\boldsymbol{r}}{r^3}, \tag{32.17}$$

und die Verallgemeinerung von (32.11) lautet:

$$\boldsymbol{J}_{\text{em}} = \frac{q_1 q_{m,2} - q_2 q_{m,1}}{c}\boldsymbol{e}_r. \tag{32.18}$$

Für die jeweils elektrische und magnetische Ladung zweier Dyonen (mit i und j bezeichnet) gelten nun wieder Quantisierungsbedingungen. Eine analoge Betrachtung zum obigen Fall des magnetischen Monopols liefert zunächst eine **Dirac-Quantisierungsbedingung**:

$$q_i q_{m,j} - q_j q_{m,i} = \frac{n_{ij}\hbar c}{2} \quad (n_{ij} \in \mathbb{Z}). \tag{32.19}$$

Diese ist allerdings für eine konsistente relativistische Quantenfeldtheorie zu modifizieren. Hierzu sind im Folgenden zwei Fälle zu unterscheiden, je nach dem, ob wir eine $O(2)$-Dualitätssymmetrie oder eine $\mathbb{Z}_4$-Dualitätssymmetrie betrachten.

- $\mathbb{Z}_4$-Symmetrie: es gilt die **Dirac–Schwinger-Quantisierungsbedingung:**

$$q_i q_{m,j} = \frac{n_{ij}\hbar c}{2} \quad (n_{ij} \in \mathbb{Z}), \tag{32.20}$$

  die auch den Fall $i = j$ mit einschließt. Diese stellt eine hinreichende Bedingung für eine konsistente quantenfeldtheoretische Beschreibung von Dyonen dar. Man beachte, dass $q_i q_{m,j}$ zwar keine Invariante unter einer $\mathbb{Z}_4$-Transformation (32.16) ist, die entsprechend transformierten Ladungen aber dennoch die Dirac–Schwinger-Quantisierungsbedingung erfüllen. Aufgrund der Tatsache, dass (32.20) auch für $i = j$ gilt, ergibt sich ein quantenfeldtheoretisches Phänomen, das als **Spin-Statistik-Transmutation** bezeichnet wird: ein neutrales „nacktes" (englisch: *''bare''*) Dyon mit ganz- oder halbzahligem Spin, welches aufgrund von Strahlungskorrekturen (Beiträge höherer Ordnung in der störungstheorischen Entwicklung einer Quantenfeldtheorie) elektrische und magnetische Ladungen q, q_m erhält (englisch: *''dressed''*), wechselt aufgrund von (32.12) seinen Spin [LM00; Mar10].
- O(2)-Symmetrie: es gilt die schärfere **Schwinger-Quantisierungsbedingung**, auch als **Schwinger–Zwanziger-Quantisierungsbedingung** bezeichnet:

$$q_i q_{m,j} - q_j q_{m,i} = n_{ij}\hbar c \quad (n_{ij} \in \mathbb{Z}). \tag{32.21}$$

  Diese stellt eine notwendige Bedingung für eine konsistente quantenfeldtheoretische Beschreibung von Dyonen dar [Sch75; Zwa75; BNZ79]. Hierbei ist $i \neq j$, das heißt: in diesem Fall gibt es keine Quantisierungsbedingung für die Ladungen desselben Dyons.

Es seien nun e, g jeweils die elektrische und magnetische Elementarladung. Wir können nun sowohl eine **elektrische** als auch eine **magnetische Feinstrukturkonstante** definieren:

$$\alpha_e = \frac{e^2}{\hbar c}, \tag{32.22}$$

$$\alpha_m = \frac{g^2}{\hbar c}. \tag{32.23}$$

Sowohl α_e als auch α_m sind dimensionslos. Ihr Produkt ist:

$$\alpha_e \alpha_m = \frac{n^2}{4}.$$

Unter der Voraussetzung, dass n von der Größenordnung 1 ist, folgt aus $\alpha_e \ll 1$, dass $\alpha_m \gg 1$ und umgekehrt. In der Elektrodynamik ist $\alpha_e \approx \frac{1}{137}$, so dass $\alpha_m \approx 34$ für $n = 1$.

In der Quantenelektrodynamik, einer der wichtigsten Quantenfeldtheorien, stellt die Feinstrukturkonstante den Entwicklungsparameter einer Störungsreihe dar und wird auch **Kopplungskonstante** genannt. Je kleiner die Kopplungskonstante, desto korrekter liefert die Störungstheorie Ergebnisse. Bei großer Kopplungskonstante bietet sich daher der Ansatz einer störungstheoretischen Behandlung der entsprechenden **dualen Theorie** an. Die oben betrachtete elektromagnetische Dualität ist das einfachste Beispiel einer sogenannten **S-Dualität**. Im Englischen gibt es die treffende Alternativbezeichnung *''strong-weak (coupling) duality''*. Dualitätstransformationen der Form (32.13) spielen in der Betrachtung von nicht-abelschen Eichtheorien eine wichtige Rolle, da sie einen möglichen Weg aufzeigen, wie man eine Quantenfeldtheorie mit starker Kopplung – beispielsweise die Quantenchromodynamik, die Theorie der starken Wechselwirkung – anhand der Untersuchung ihrer dualen Theorie störungstheoretisch analysieren kann. Eine ältere Bezeichnung ist **Montonen–Olive-Dualität**, nach dem finnischen Physiker Claus Montonen und dem Briten David Olive, die diese Idee bereits 1977 formulierten [MO77]. Zur Vertiefung dieser Thematik siehe [Lec18, Kapitel 20–21], sowie die weiterführende Literatur am Ende dieses Kapitels.

33 Spin-$\frac{1}{2}$-Teilchen im elektromagnetischen Feld und Pauli-Gleichung

Wir haben in den Abschnitten 8 und 11 erkannt, dass sich die Spinordarstellung eines vektorwertigen Operators wie dem Impulsoperator $\hat{\boldsymbol{p}}$ durch die Ersetzung $\hat{\boldsymbol{p}} \mapsto (\boldsymbol{\sigma} \cdot \hat{\boldsymbol{p}})$ ergibt. Für den wichtigen Anwendungsfall eines geladenen punktförmigen Spin-$\frac{1}{2}$-Teilchens mit elektrischer Ladung q im elektromagnetischen Feld führt dies, zusammen dem Prinzip der minimalen Kopplung, von der Schrödinger-Gleichung für ein Spin-0-Teilchen (30.3) zur Gleichung:

$$\mathrm{i}\hbar\frac{\mathrm{d}}{\mathrm{d}t}|\Psi(t)\rangle = \left[\frac{1}{2m}\left(\boldsymbol{\sigma}\cdot\left(\hat{\boldsymbol{p}} - \frac{q}{c}\hat{\boldsymbol{A}}(\hat{\boldsymbol{r}},t)\right)\right)\left(\boldsymbol{\sigma}\cdot\left(\hat{\boldsymbol{p}} - \frac{q}{c}\hat{\boldsymbol{A}}(\hat{\boldsymbol{r}},t)\right)\right) + q\hat{\phi}(\hat{\boldsymbol{r}},t)\right]|\Psi(t)\rangle\,, \tag{33.1}$$

wobei $|\Psi(t)\rangle$ ein Pauli-Spinor der Form $|\Psi(t)\rangle = \begin{pmatrix}\psi_+(t)\\ \psi_-(t)\end{pmatrix}$ ist.

Verwenden wir nun die Pauli-Identität (4.31), so ergibt sich auf der rechten Seite:

$$\begin{aligned}&\left(\boldsymbol{\sigma}\cdot\left(\hat{\boldsymbol{p}} - \frac{q}{c}\hat{\boldsymbol{A}}(\hat{\boldsymbol{r}},t)\right)\right)\left(\boldsymbol{\sigma}\cdot\left(\hat{\boldsymbol{p}} - \frac{q}{c}\hat{\boldsymbol{A}}(\hat{\boldsymbol{r}},t)\right)\right) = \\ &\qquad \left(\hat{\boldsymbol{p}} - \frac{q}{c}\hat{\boldsymbol{A}}(\hat{\boldsymbol{r}},t)\right)^2 + \mathrm{i}\boldsymbol{\sigma}\cdot\left[\left(\hat{\boldsymbol{p}} - \frac{q}{c}\hat{\boldsymbol{A}}(\hat{\boldsymbol{r}},t)\right)\times\left(\hat{\boldsymbol{p}} - \frac{q}{c}\hat{\boldsymbol{A}}(\hat{\boldsymbol{r}},t)\right)\right].\end{aligned}$$

Der letzte Term kann umgeformt werden:

$$\begin{aligned}\left(\hat{\boldsymbol{p}} - \frac{q}{c}\hat{\boldsymbol{A}}(\hat{\boldsymbol{r}},t)\right)\times\left(\hat{\boldsymbol{p}} - \frac{q}{c}\hat{\boldsymbol{A}}(\hat{\boldsymbol{r}},t)\right) &= -\frac{q}{c}(\hat{\boldsymbol{p}}\times\hat{\boldsymbol{A}}(\hat{\boldsymbol{r}},t) + \hat{\boldsymbol{A}}(\hat{\boldsymbol{r}},t)\times\hat{\boldsymbol{p}}) \\ &= -\frac{q}{c}\left[(\hat{\boldsymbol{p}}\times\hat{\boldsymbol{A}}(\hat{\boldsymbol{r}},t)) - \hat{\boldsymbol{A}}(\hat{\boldsymbol{r}},t)\times\hat{\boldsymbol{p}} + \hat{\boldsymbol{A}}(\hat{\boldsymbol{r}},t)\times\hat{\boldsymbol{p}}\right] \\ &= -\frac{q}{c}(\hat{\boldsymbol{p}}\times\hat{\boldsymbol{A}}(\hat{\boldsymbol{r}},t)),\end{aligned} \tag{33.2}$$

wobei wir in der zweiten Zeile berücksichtigt haben, dass $\hat{\boldsymbol{p}}$ als Differentialoperator auf nachfolgende Operatoren wirkt.

Aus $\hat{\boldsymbol{p}}\times\hat{\boldsymbol{A}}(\hat{\boldsymbol{r}},t)$ wird in Ortsdarstellung $-\mathrm{i}\hbar\nabla\times\boldsymbol{A}(\boldsymbol{r},t) = -\mathrm{i}\hbar\boldsymbol{B}(\boldsymbol{r},t)$, so dass $\hat{\boldsymbol{p}}\times\hat{\boldsymbol{A}}(\hat{\boldsymbol{r}},t) = -\mathrm{i}\hbar\hat{\boldsymbol{B}}(\hat{\boldsymbol{r}},t)$ und somit aus (33.1) letztlich die **Pauli-Gleichung** wird:

$$\mathrm{i}\hbar\frac{\mathrm{d}}{\mathrm{d}t}|\Psi(t)\rangle = \left[\frac{1}{2m}\left[\left(\hat{\boldsymbol{p}} - \frac{q}{c}\hat{\boldsymbol{A}}(\hat{\boldsymbol{r}},t)\right)^2 - \frac{q\hbar}{c}\boldsymbol{\sigma}\cdot\hat{\boldsymbol{B}}(\hat{\boldsymbol{r}},t)\right] + q\hat{\phi}(\hat{\boldsymbol{r}},t)\right]|\Psi(t)\rangle\,. \tag{33.3}$$

In der Coulomb-Eichung (30.30) und in Ortsdarstellung vereinfacht sich die Pauli-Gleichung zu:

$$\mathrm{i}\hbar\frac{\partial\Psi(\boldsymbol{r},t)}{\partial t} = -\frac{\hbar^2\nabla^2}{2m}\Psi(\boldsymbol{r},t) + V_I(\boldsymbol{r},t)\Psi(\boldsymbol{r},t),$$

$$\text{mit}\quad V_I(\boldsymbol{r},t) = q\phi(\boldsymbol{r},t) + \frac{\mathrm{i}\hbar q}{mc}\boldsymbol{A}(\boldsymbol{r},t)\cdot\nabla - \frac{\hbar q}{2mc}\boldsymbol{\sigma}\cdot\boldsymbol{B}(\boldsymbol{r},t) + \frac{q^2}{2mc^2}\boldsymbol{A}(\boldsymbol{r},t)^2.$$

(33.4)

(33.5)

Bemerkenswert an der Pauli-Gleichung ist der Wechselwirkungsterm mit dem Magnetfeld $\boldsymbol{B}(\boldsymbol{r},t)$, denn mit $\hat{\boldsymbol{S}} = (\hbar/2)\boldsymbol{\sigma}$ wird daraus:

$$\underbrace{\frac{q\hbar}{2mc}}_{\mu_\mathrm{B}}\,\boldsymbol{\sigma}\cdot\boldsymbol{B}(\boldsymbol{r},t) = \frac{q}{mc}\hat{\boldsymbol{S}}\cdot\boldsymbol{B}(\boldsymbol{r},t)$$

$$=: \hat{\boldsymbol{\mu}}_S\cdot\boldsymbol{B}(\boldsymbol{r},t),$$

wobei

$$\hat{\boldsymbol{\mu}}_S = \mu_\mathrm{B}\boldsymbol{\sigma} = \frac{2}{\hbar}\mu_\mathrm{B}\hat{\boldsymbol{S}} \tag{33.6}$$

das **magnetische Spin-Moment** des Spin-$\frac{1}{2}$-Teilchens ist und μ_B für $q = e$ und $m = m_\mathrm{e}$ das **Bohrsche Magneton**:

$$\mu_\mathrm{B} = \frac{e\hbar}{2m_\mathrm{e}c}. \tag{33.7}$$

Ein Vergleich von (4.1) mit (33.6) zeigt, dass die Pauli-Gleichung aufgrund der speziellen Eigenschaften der Spinordarstellung von Vektoroperatoren das gyromagnetische Verhältnis $g_s = 2$ eines Spin-$\frac{1}{2}$-Teilchens in einem elektromagnetischen Feld korrekt vorhersagt und dieses nicht, wie häufig in Lehrbuchdarstellungen erklärt, ad hoc in die Pauli-Gleichung eingeführt werden muss mit dem Verweis, dass erst die relativistische Dirac-Gleichung dieses erklären könne.

34 Konstantes magnetisches Feld: Landau-Niveaus und Flussquantisierung

Wir betrachten nun den Fall eines Punktteilchens der Ladung q in einem konstanten magnetischen Feld $\boldsymbol{B}$ in Abwesenheit eines elektrischen Felds. Dieses recht einfache System findet durch seine besonderen und überraschenden quantenmechanischen Eigenschaften äußerst wichtige Anwendungen in der Festkörperphysik und der Physik der kondensierten Materie, beispielsweise bei der Erklärung des sogenannten Quanten-Hall-Effekts.

Wir beginnen mit dem Fall eines spinlosen Teilchen ($s = 0$). In Coulomb-Eichung lässt sich das Vektorpotential $\boldsymbol{A}(\boldsymbol{r})$ dann schreiben als:

$$\boldsymbol{A}(\boldsymbol{r}) = \frac{1}{2}\boldsymbol{B}(\boldsymbol{r}) \times \boldsymbol{r}, \tag{34.1}$$

und es kann $\phi(\boldsymbol{r}) \equiv 0$ gewählt werden. Die Coulomb-Eichung legt das Vektorpotential nicht eindeutig fest. Legen wir ohne Beschränkung der Allgemeinheit das Magnetfeld entlang der z-Achse, also $\boldsymbol{B} = B\boldsymbol{e}_z$, so können wir die **symmetrische Eichung** wählen:

$$\boldsymbol{A}(\boldsymbol{r}) = -\frac{1}{2}yB\boldsymbol{e}_x + \frac{1}{2}xB\boldsymbol{e}_y. \tag{34.2}$$

Es sei angemerkt, dass eine weitere Möglichkeit in der Wahl der **Landau-Eichung** bestehen würde:

$$\boldsymbol{A}(\boldsymbol{r}) = xB\boldsymbol{e}_y, \tag{34.3}$$

die aus (34.2) durch Rotation um die z-Achse um den Winkel $\frac{\pi}{4}$ hervorgeht.

Die Operatorform von (34.2) ist dann zur weiteren Verwendung:

$$\hat{\boldsymbol{A}}(\hat{\boldsymbol{r}}) = -\frac{1}{2}\hat{y}B\boldsymbol{e}_x + \frac{1}{2}\hat{x}B\boldsymbol{e}_y. \tag{34.4}$$

Man kann nun schnell nachrechnen, dass aus (34.4) folgt:

$$\frac{q}{mc}\hat{\boldsymbol{A}}(\hat{\boldsymbol{r}}) \cdot \hat{\boldsymbol{p}} = \pm\omega_\mathrm{L}\hat{L}_z, \tag{34.5}$$

$$\frac{q^2}{2mc^2}\hat{\boldsymbol{A}}(\hat{\boldsymbol{r}})^2 = \frac{m\omega_\mathrm{L}^2}{2}\left(\hat{x}^2 + \hat{y}^2\right), \tag{34.6}$$

mit der **Larmor-Frequenz**

$$\omega_\mathrm{L} = \frac{|q|B}{2mc}. \tag{34.7}$$

Verwenden wir dies nun in (30.31,30.32), so erhalten wir:

$$\hat{H} = \hat{H}_{xy} + \hat{H}_z, \tag{34.8}$$

mit

$$\hat{H}_{xy} = \underbrace{\frac{1}{2m}\left(\hat{p}_x^2 + \hat{p}_y^2\right) + \frac{m\omega_\mathrm{L}^2}{2}\left(\hat{x}^2 + \hat{y}^2\right)}_{\hat{H}_1} \mp \underbrace{\omega_\mathrm{L}\hat{L}_z}_{\hat{H}_2}, \tag{34.9}$$

$$\hat{H}_z = \frac{\hat{p}_z^2}{2m}. \tag{34.10}$$

Der Term $\hat{H}_{xy}$ besteht aus zwei Summanden $\hat{H}_1$ und $\hat{H}_2$.

Es ist nun einfach nachzurechnen, dass $[\hat{H}_1, \hat{H}_2] = [\hat{H}_2, \hat{H}_z] = 0$, so dass der gesamte Hamilton-Operator $\hat{H}$ als Summe dreier kommutierender Terme geschrieben werden kann:

$$\hat{H} = \hat{H}_1 \mp \hat{H}_2 + \hat{H}_z, \tag{34.11}$$

die demnach einzeln diagonalisiert werden können.

Der Term $\hat{H}_z$ stellt eine freie Bewegung entlang der z-Achse dar und besitzt das bekannte kontinuierliche Spektrum. Der $\hat{H}_2$ besteht im Wesentlichen aus der z-Komponente des Drehimpulsoperators $\hat{L}_z = \hat{x}\hat{p}_y - \hat{y}\hat{p}_x$ auf, mit ebenfalls bekanntem Spektrum:

$$\hat{L}_z |m_l\rangle = m_l\hbar |m_l\rangle . \tag{34.12}$$

Das unterschiedliche Vorzeichen vor dem Term $\hat{H}_2$ ergibt sich je nach Vorzeichen der Ladung q (Minuszeichen für positive Ladung q!).

Bei $\hat{H}_1$ handelt es sich um den Hamilton-Operator des **zweidimensionalen harmonischen Oszillators**. Den dreidimensionalen harmonischen Oszillator in kartesischen Koordinaten haben wir per Separationsansatz bereits in Abschnitt 27 gelöst, und der zweidimensionale Fall geht vollkommen analog. Von demher können wir ohne weitere Rechnung als Ergebnis ableiten:

$$\hat{H}_1 |n_x, n_y\rangle = E_n |n_x, n_y\rangle , \tag{34.13}$$

mit

$$E_n = (n+1)\hbar\omega_\mathrm{L} \tag{34.14}$$

und $n = n_x + n_y$. Der Entartungsgrad von E_n ist dabei $g_n = n + 1$, was einfach zu sehen ist, da es für vorgegebenes n genau $n + 1$ Möglichkeiten gibt, beispielsweise n_x zu wählen, wodurch dann n_y eindeutig festgelegt ist.

Wir bekommen an dieser Stelle den Eindruck, als ob das Spektrum von $\hat{H}_{xy}$ durch drei Quantenzahlen m_l, n_x, n_y bestimmt ist. Tatsächlich existiert aber ein Zusammenhang zwischen m_l, n_x, n_y, wie wir nun zeigen wollen. Wir greifen den an dieser Stelle üblichen Formalismus wieder auf, den wir im Zusammenhang mit dem Schwingerschen Oszillatormodell des Drehimpulses kennengelernt haben (Abschnitt 9). Zunächst führen wir analog zum eindimensionalen harmonischen Oszillator aus Abschnitt I-34 Erzeugungs- und Vernichtungsoperatoren ein:

$$\hat{a}_x = \frac{1}{\sqrt{2}}\left(\hat{x}\sqrt{\frac{m\omega_\mathrm{L}}{\hbar}} + \mathrm{i}\frac{\hat{p}_x}{\sqrt{m\hbar\omega_\mathrm{L}}}\right), \tag{34.15a}$$

$$\hat{a}_x^\dagger = \frac{1}{\sqrt{2}}\left(\hat{x}\sqrt{\frac{m\omega_\mathrm{L}}{\hbar}} - \mathrm{i}\frac{\hat{p}_x}{\sqrt{m\hbar\omega_\mathrm{L}}}\right), \tag{34.15b}$$

$$\hat{a}_y = \frac{1}{\sqrt{2}}\left(\hat{y}\sqrt{\frac{m\omega_\mathrm{L}}{\hbar}} + \mathrm{i}\frac{\hat{p}_y}{\sqrt{m\hbar\omega_\mathrm{L}}}\right), \tag{34.15c}$$

$$\hat{a}_y^\dagger = \frac{1}{\sqrt{2}}\left(\hat{y}\sqrt{\frac{m\omega_\mathrm{L}}{\hbar}} - \mathrm{i}\frac{\hat{p}_y}{\sqrt{m\hbar\omega_\mathrm{L}}}\right), \tag{34.15d}$$

in denen $\hat{H}_1$ dann lautet:

$$\hat{H}_1 = \hbar\omega_\mathrm{L}\left(\hat{N}_x + \hat{N}_y + 1\right), \tag{34.16}$$

mit

$$\hat{N}_{x,y} = \hat{a}_{x,y}^\dagger \hat{a}_{x,y}, \tag{34.17}$$

und es gilt

$$[\hat{a}_x, \hat{a}_y^\dagger] = 0, \tag{34.18}$$

$$[\hat{a}_x, \hat{a}_x^\dagger] = 1, \tag{34.19}$$

$$[\hat{a}_y, \hat{a}_y^\dagger] = 1. \tag{34.20}$$

Nun führen wir eine weitere Ersetzung durch:

$$\hat{a}_\pm^\dagger := \frac{1}{\sqrt{2}}\left(\hat{a}_x^\dagger \pm \mathrm{i}\hat{a}_y^\dagger\right), \tag{34.21a}$$

$$\hat{a}_\pm := \frac{1}{\sqrt{2}}\left(\hat{a}_x \mp \mathrm{i}\hat{a}_y\right), \tag{34.21b}$$

so dass

$$[\hat{a}_-, \hat{a}_+^\dagger] = 0, \tag{34.22}$$

$$[\hat{a}_\pm, \hat{a}_\pm^\dagger] = 1. \tag{34.23}$$

$\hat{H}_1$ lässt sich dann als Summe zweier unabhängiger harmonischer Oszillatoren schreiben:

$$\hat{H}_1 = \hbar\omega_\mathrm{L}\left(\hat{N}_+ + \hat{N}_- + 1\right), \tag{34.24}$$

mit

$$\hat{N}_\pm = \hat{a}_\pm^\dagger \hat{a}_\pm, \tag{34.25}$$

und es gilt

$$\hat{H}_1 \left|n_+, n_-\right\rangle = E_n \left|n_+, n_-\right\rangle, \tag{34.26}$$

mit

$$E_n = (n+1)\hbar\omega_\mathrm{L} \tag{34.27}$$

und $n = n_+ + n_-$. Nun hat die Verwendung von $\hat{a}^\dagger_\pm, \hat{a}_\pm$ den ersichtlichen Vorteil, dass sich $\hat{L}_z$ einfach in diesen Erzeugern und Vernichtern schreiben lässt:

$$\hat{L}_z = \hbar(\hat{a}^\dagger_+\hat{a}_+ - \hat{a}^\dagger_-\hat{a}_-) \tag{34.28}$$

$$= \hbar(\hat{N}_+ - \hat{N}_-). \tag{34.29}$$

Das heißt, die Eigenzustände $|n_+, n_-\rangle$ sind gleichzeitig Eigenzustände von $\hat{L}_z$:

$$\hat{L}_z\,|n_+, n_-\rangle = \underbrace{(n_+ - n_-)}_{m_l}\,\hbar\,|n_+, n_-\rangle\,, \tag{34.30}$$

und wir erhalten:

$$\hat{H}_2 = \hbar\omega_\mathrm{L}(\hat{N}_+ - \hat{N}_-), \tag{34.31}$$

woraus wiederum schnell folgt:

$$\hat{H}_{xy} = \begin{cases} \hbar\omega_\mathrm{L}(2\hat{N}_+ + 1) & (q < 0) \\ \hbar\omega_\mathrm{L}(2\hat{N}_- + 1) & (q > 0) \end{cases},$$

beziehungsweise

$$\hat{H}_{xy} = \begin{cases} \hbar\omega_\mathrm{c}\left(\hat{N}_+ + \frac{1}{2}\right) & (q < 0) \\ \hbar\omega_\mathrm{c}\left(\hat{N}_- + \frac{1}{2}\right) & (q > 0) \end{cases}, \tag{34.32}$$

mit der **Zyklotronfrequenz** $\omega_c = 2\omega_\mathrm{L}$, der Frequenz für den Umlauf eines klassischen geladenen Teilchens in einem konstanten magnetischen Feld. Wir erkannen also, dass es keine drei unabhängigen Quantenzahlen m_l, n_x, n_y, sondern nur eine einzige Quantenzahl n_+ beziehungsweise n_- gibt, die jeweils ein Energieniveau $E_{n_\pm}$ von $\hat{H}_{xy}$ bezeichnen. Diese Energieniveaus entsprechen denen des eindimensionalen harmonischen Oszillators (siehe Abschnitt I-34) und werden **Landau-Niveaus** genannt, benannt nach dem sowjetischen Physiker und Nobelpreisträger Lev Davidovich Landau, und spielen in der Festkörperphysik eine große Rolle.

Durch den kinetischen Term in z-Richtung sind die Energieniveaus $E_{n_\pm}$ unendlich oft entartet, wobei diese Entartung uninteressant ist – der interessante Teil dreht sich um $\hat{H}_{xy}$. Das System ist separabel: ein beliebiger Zustand $|\Psi\rangle$ kann in eine Produktbasis der Art $|\psi_{xy}\rangle \otimes |\psi_z\rangle$ entwickelt werden, wobei $|\psi_z\rangle$ in Ortsdarstellung eine ebene Welle ist.

Betrachten wir ein positiv geladenes Teilchen ($q > 0$). Bei einem gegebenen Wert von $n_- = 0, 1, 2, \ldots$ kann n_+ jeden ganzzahligen Wert zwischen 0 und ∞ annehmen, ohne dass sich am Energieeigenwert E_{n_-} etwas ändert. Daher ist E_{n_-} unendlich oft entartet (auch unter Vernachlässigung des z-Freiheitsgrads). Die Quantenzahl m_l ergibt sich dann zu $m_l = n_+ - n_-$ und kann dadurch jeden ganzzahligen Wert $-n_- \leq m_l \leq \infty$ annehmen. Dies ist die eigentlich interessante Eigenschaft der Landau-Niveaus! Für den Grundzustand mit $n_- = 0$ gilt: $0 \leq m_l \leq \infty$, und diese niedrigsten Landau-Niveaus heißen im Englischen *"lowest Landau levels (LLL)"*.

Die niedrigsten Landau-Niveaus in Ortsdarstellung

Um die Wellenfunktion der niedrigsten Landau-Niveaus zu erhalten, gehen wir wie im Fall des harmonischen Oszillators in Abschnitt I-34 vor und gehen von der definierenden Gleichung des Grundzustands aus (wir betrachten wieder $q > 0$):

$$\hat{a}_- \left|0\right\rangle = 0 \tag{34.33}$$

und erhalten daraus mit (34.15) und (34.21)

$$\left[\sqrt{\frac{m\omega_c}{2\hbar}}(\hat{x} + \mathrm{i}\hat{y}) + \mathrm{i}\sqrt{\frac{2}{m\omega_c\hbar}}(\hat{p}_x + \mathrm{i}\hat{p}_y)\right] \left|0\right\rangle = 0, \tag{34.34}$$

woraus mit $\langle x, y|0\rangle = \psi_0(x, y)$ in Ortsdarstellung wird:

$$\left[\sqrt{\frac{m\omega_c}{2\hbar}}(\hat{x} + \mathrm{i}\hat{y}) + \sqrt{\frac{2\hbar}{m\omega_c}}\left(\frac{\partial}{\partial x} + \mathrm{i}\frac{\partial}{\partial y}\right)\right] \psi_0(x, y) = 0. \tag{34.35}$$

Eine elegante Notation ergibt sich nun durch die Verwendung komplexer Koordinaten:

$$\begin{aligned} z &= x + \mathrm{i}y, \\ z^* &= x - \mathrm{i}y, \\ \frac{\partial}{\partial z^*} &= \frac{\partial}{\partial x} + \mathrm{i}\frac{\partial}{\partial y}, \\ \psi_0(x, y) &\to \psi_0(z, z^*). \end{aligned}$$

Dann wird aus (34.35):

$$\left[\frac{\partial}{\partial z^*} + \frac{m\omega_c}{2\hbar} z\right] \psi_0(z, z^*) = 0. \tag{34.36}$$

Mit Hilfe des Ansatzes

$$\psi_0(z, z^*) = f_0(z, z^*) \exp\left(-\frac{m\omega_c}{2\hbar} z z^*\right)$$

erhalten wir so

$$\frac{\partial}{\partial z^*} f_0(z, z^*) = 0,$$

woraus folgt, dass f_0 nicht von z^* abhängt. Wir können also schreiben:

$$\psi_0(z, z^*) = f_0(z) \exp\left(-\frac{m\omega_c}{2\hbar}|z|^2\right), \tag{34.37}$$

mit einer beliebigen in z analytischen Funktion f_0, worin sich die unendlichfache Entartung der Landau-Niveaus widerspiegelt. Wie beim harmonischen Oszillator (Abschnitt I-38) und beim Drehimpuls (Abschnitt 10) finden wir auch bei den Landau-Niveaus also eine **holomorphe Darstellung**.

Landau-Niveaus für den Fall $s = \frac{1}{2}$

Für die Landau-Niveaus eines punktförmigen geladenen Spin-$\frac{1}{2}$-Teilchens gehen wir von der Pauli-Gleichung (33.3) aus, setzen für das Vektorpotential $\hat{\boldsymbol{A}}(\hat{\boldsymbol{r}}, t)$ wieder (34.4) an und führen die gleichen Schritte wie im Spin-0-Fall durch. Wir erhalten schnell:

$$\hat{H} = \hat{H}_1 \mp \hat{H}_2 + \hat{H}_z, \tag{34.38}$$

mit

$$\hat{H}_1 = \frac{1}{2m}\left(\hat{p}_x^2 + \hat{p}_y^2\right) + \frac{m\omega_\mathrm{L}^2}{2}\left(\hat{x}^2 + \hat{y}^2\right) \tag{34.39}$$

$$= \hbar\omega_\mathrm{L}\left(\hat{N}_+ + \hat{N}_- + 1\right), \tag{34.40}$$

$$\hat{H}_2 = \omega_\mathrm{L}\left(\hat{L}_z + 2\hat{S}_z\right) \tag{34.41}$$

$$= \hbar\omega_\mathrm{L}(\hat{N}_+ - \hat{N}_- + \sigma_z), \tag{34.42}$$

$$\hat{H}_z = \frac{\hat{p}_z^2}{2m}. \tag{34.43}$$

Wieder kommutieren alle drei Summanden $\hat{H}_1, \hat{H}_2, \hat{H}_z$ des Hamilton-Operators, und die Eigenzustände von $\hat{H}$ sind von der Form $|n_+, n_-, m_s\rangle$ mit

$$\hat{H}_{xy} = \begin{cases} \hbar\omega_\mathrm{L}(2\hat{N}_+ + 1 - \sigma_z) & (q < 0) \\ \hbar\omega_\mathrm{L}(2\hat{N}_- + 1 + \sigma_z) & (q > 0) \end{cases},$$

beziehungsweise

$$\hat{H}_{xy} = \begin{cases} \hbar\omega_\mathrm{c}\left(\hat{N}_+ + \frac{1}{2} - \frac{\sigma_z}{2}\right) & (q < 0) \\ \hbar\omega_\mathrm{c}\left(\hat{N}_- + \frac{1}{2} + \frac{\sigma_z}{2}\right) & (q > 0) \end{cases}. \tag{34.44}$$

Erwartungsgemäß gibt es nun also nicht nur eine Quantenzahl n_+ beziehungsweise n_-, sondern noch die Spinquantenzahl m_s, die die Werte $m_s = \pm\frac{1}{2}$ annehmen kann.

Periodische und verdrehte Randbedingungen

Anhand von (34.2) ist zu erkennen, dass das Eichpotential $\boldsymbol{A}(\boldsymbol{r})$ für den Fall eines homogenen Magnetfelds $\boldsymbol{B}$ nicht beschränkt ist, sondern mit zunehmenden Werten von x, y steigt. In physikalisch realistischen Situationen betrachtet man ein in einem endlichen Volumen V

beziehungsweise zumindest nur einem endlichen Bereich $0 \leq x \leq L_x$ und $0 \leq y \leq L_y$ homogenes Magnetfeld. Wir definieren in einem ersten Ansatz periodische Randbedingungen derart, dass gilt:

$$\psi_{xy}(x, y) = \psi_{xy}(x + L_x, y) = \psi_{xy}(x, y + L_y). \tag{34.45}$$

Die xy-Mannigfaltigkeit erhält dadurch die Topologie eines zweidimensionalen Torus $T^2 \cong \mathbb{R}^2/\mathbb{Z}_2$ mit den Perioden L_x, L_y.

Ähnlich wie im Fall des Dirac-Monopols lässt der Torus keine globale Eichung zu, wie man an der Form des Vektorpotentials (34.2) erkennen kann. Vielmehr muss man ihn mit offenen Teilmengen überdecken, die jeweils eine lokale Eichung erlauben. Es muss dann gelten:

$$\begin{aligned}
A_x(x, y + L_y) &= -\frac{1}{2}(y + L_y)B \\
&\stackrel{!}{=} A_x(x, y) + \frac{\partial}{\partial x}\chi_x(x, y), \\
A_y(x + L_x, y) &= \frac{1}{2}(x + L_x)B \\
&\stackrel{!}{=} A_y(x, y) + \frac{\partial}{\partial y}\chi_y(x, y),
\end{aligned}$$

und somit

$$\chi_x(x, y) = -\frac{1}{2}xL_yB, \tag{34.46}$$

$$\chi_y(x, y) = \frac{1}{2}yL_xB. \tag{34.47}$$

Für die Wellenfunktion $\psi_{xy}(x, y)$ gilt dann

$$\psi_{xy}(x, y + L_y) = \exp\left(-\frac{\mathrm{i}qxL_yB}{2\hbar c}\right)\psi_{xy}(x, y), \tag{34.48a}$$

$$\psi_{xy}(x + L_x, y) = \exp\left(\frac{\mathrm{i}qL_xyB}{2\hbar c}\right)\psi_{xy}(x, y). \tag{34.48b}$$

Wir sehen nun, dass wir die periodischen Randbedingungen (34.45) überhaupt nicht erfüllen können, da der Phasenfaktor in (34.48) jeweils eine x- oder eine y-Abhängigkeit besitzt. Wir müssen sie vielmehr durch **verdrehte Randbedingungen** (34.48) ersetzen (hier ist der englische Begriff *"twisted boundary conditions"* deutlich gebräuchlicher als der deutsche). Durch diese stellt die Wellenfunktion $\psi_{xy}(x, y)$ ein nicht-triviales komplexes Geradenbündel über dem Torus dar, beziehungsweise das Hauptfaserbündel – ein U(1)-Bündel über T^2 – ist nichttrivial.

Aus (34.48) folgt dann auf zwei verschiedenen Wegen:

$$\begin{aligned}\psi_{xy}(x+L_x, y+L_y) &= \exp\left(\frac{\mathrm{i}qL_x(y+L_y)B}{2\hbar c}\right)\exp\left(-\frac{\mathrm{i}qxL_yB}{2\hbar c}\right)\psi_{xy}(x,y)\\ &= \exp\left(\frac{\mathrm{i}qB(L_xy+L_xL_y-xL_y)}{2\hbar c}\right)\psi_{xy}(x,y), \end{aligned} \tag{34.49}$$

wenn der Übergang $(x, y) \longrightarrow (x, y + L_y) \longrightarrow (x + L_x, y + L_y)$ ist, beziehungsweise

$$\begin{aligned}\psi_{xy}(x+L_x, y+L_y) &= \exp\left(-\frac{\mathrm{i}q(x+L_x)L_yB}{2\hbar c}\right)\exp\left(\frac{\mathrm{i}qL_xyB}{2\hbar c}\right)\psi_{xy}(x,y)\\ &= \exp\left(\frac{\mathrm{i}qB(-xL_y-L_xL_y+L_xy)}{2\hbar c}\right)\psi_{xy}(x,y) \end{aligned} \tag{34.50}$$

beim Übergang $(x, y) \longrightarrow (x + L_x, y) \longrightarrow (x + L_x, y + L_y)$.

Die Kozykel-Bedingung (31.5) besagt nun, dass die beiden Übergangsfunktionen (34.49) und (34.50) identisch sein müssen, das heißt, die Exponenten dürfen sich nur um ein Vielfaches von 2π unterscheiden! Wir erhalten so:

$$\frac{qBL_xL_y}{\hbar c} \overset{!}{=} 2\pi n, \tag{34.51}$$

mit $n \in \mathbb{Z}$. Berücksichtigen wir, dass das Produkt L_xL_yB nichts anderes als den **magnetischen Fluss** durch die xy-Ebene darstellt:

$$\Phi = L_xL_yB, \tag{34.52}$$

so stellt (34.51) eine Bedingung für die **Flussquantisierung** dar:

$$\Phi = n\frac{2\pi\hbar c}{q}, \tag{34.53}$$

mit $n \in \mathbb{Z}$. Mit $n = 1$ und der Elementarladung e erhält man so das **magnetische Flussquantum** Φ_0:

$$\Phi_0 = \frac{2\pi\hbar c}{e}. \tag{34.54}$$

Die Quantisierung des magnetischen Flusses ergibt sich in dieser Betrachtung als rein topologischer Effekt, der wiederum die Konsequenz der quantenmechanischen Betrachtung eines Teilchens in einem elektromagnetischen Feldes ist. Wie in Abschnitt 32 stellt die Zahl $n \in \mathbb{Z}$ die **1. Chern-Zahl** des betrachteten Hauptfaserbündels dar. Sie beschreibt, wie oft sich die Wellenfunktion $\psi_{xy}(x, y)$ entlang eines Weges von $(0, 0)$ nach (L_x, L_y) „verdreht". Man beachte, dass die Flussquantisierungsbedingung (34.53) äquivalent ist zur Dirac-Quantisierungsbedingung beim magnetischen Monopol (32.7), mit dem magnetischen Fluss des Monopols $\Phi = 4\pi q$. Eine weitergehende Betrachtung von Landau-Niveaus auf dem Torus ist [Ono01], in der auch tiefergehende Zusammenhänge zur sogenannten **geometrischen Quantisierung** hergestellt werden.

35 Der Aharonov–Bohm-Effekt

Durch die minimale Kopplung gehen nicht die direkt messbaren Felder $\boldsymbol{E}(\boldsymbol{r},t), \boldsymbol{B}(\boldsymbol{r},t)$ in die Schrödinger-Gleichung ein, sondern vielmehr das skalare Potential $\phi(\boldsymbol{r},t)$ und das Vektorpotential $\boldsymbol{A}(\boldsymbol{r},t)$. Auch in der Lagrange-Funktion (30.34) finden sich die Potentiale wieder, nicht die eigentlichen Felder.

Im Ausdruck (30.36) für den Propagator eines geladenen Teilchens tauchen daher ebenfalls die Potentialterme auf, und bemerkenswert ist diese Tatsache an sich! Sie führt nämlich zum sogenannten **Aharonov–Bohm-Effekt**, benannt nach dem israelischen Physiker Yakir Aharonov und seinem Doktorvater, dem amerikanischen theoretischen Physiker David Bohm [AB59]. Der deutsche, 1933 nach England emigrierte Experimentalphysiker Werner Ehrenberg und der Engländer Raymond Eldred Siday haben diesen Effekt jedoch bereits 1949 vorausgesagt [ES49], und offensichtlich hat der deutsche Physiker Walter Franz den Effekt bereits 1939 beschrieben [Fra39], eine schöne historische Lektüre von Basil Hiley zum Thema findet sich in [Hil13].

Im zunächst als Gedankenexperiment konzipierten Versuch wird ein Strahl geladener Punktteilchen der Ladung q (typischerweise Elektronen der Ladung $q = -e$) durch einen geeigneten Doppelspalt auf verschiedenen Seiten an einem (unendlich langen, unendlich dünnen) Zylinder vorbeigeschickt, in dessen Inneren ein Magnetfeld $\boldsymbol{B}$ herrscht. Der Zylinder ist für die Punktteilchen undurchdringlich und derart, dass außerhalb dessen das Magnetfeld $\boldsymbol{B} = \boldsymbol{0}$ ist (siehe Abbildung 4.3). Im Außenbereich muss jedoch ein (rotationsfreies) statisches Vektorpotential $\boldsymbol{A}(\boldsymbol{r})$ existieren. Dieses kann nicht verschwinden, da ja

$$\Phi = \oint_{\partial S} \boldsymbol{A}(\boldsymbol{r}) \cdot \mathrm{d}\boldsymbol{r} \tag{35.1}$$

$$= \iint_S \boldsymbol{B}(\boldsymbol{r}) \cdot \mathrm{d}\boldsymbol{S} \tag{35.2}$$

den gesamten (nichtverschwindenden) **magnetischen Fluss** durch die berandete Fläche S darstellt. In Abbildung 4.3 ist der Rand dieser Fläche durch den Weg $\partial S = ABFCA$ gegeben. Durch Superposition der Wellenfunktionen an der Position F hinter dem Zylinder entsteht nun ein Interferenzmuster, da die Wellenfunktionen der als monochromatisch angenommen Teilchen eine unterschiedliche Phasenverschiebung erhalten, je nach dem, ob sie sich entlang des Wegs $\Gamma_1 = ABF$ oder des Wegs $\Gamma_2 = ACF$ bewegen.

Eine exakte Lösung dieses Streuproblems ist überaus mühsam – Aharonov und Bohm führen eine genaue Rechnung in ihrem oben zitierten Paper [AB59] durch – aber für den Kern des Arguments auch nicht besonders wichtig. Wir berechnen stattdessen den Propagator (30.36) des Punktteilchens, wenn es sich entweder entlang des Weges Γ_1 oder des Weges Γ_2 entlang bewegt.

Für ein statisches Vektorfeld $\boldsymbol{A}(\boldsymbol{r})$ und mit $V(\boldsymbol{r}) \equiv 0$ lässt sich (30.36) wie folgt schreiben:

$$K(\boldsymbol{r}_1, t_1; \boldsymbol{r}_0, t_0) = \int \mathcal{D}[\boldsymbol{r}] \exp\left(\frac{\mathrm{i}}{\hbar} S_{0,\mathrm{cl}}[\boldsymbol{r}] + \frac{\mathrm{i}q}{\hbar c} \int_{\boldsymbol{r}_0}^{\boldsymbol{r}_1} \boldsymbol{A}(\boldsymbol{r}) \cdot \mathrm{d}\boldsymbol{r}\right), \tag{35.3}$$

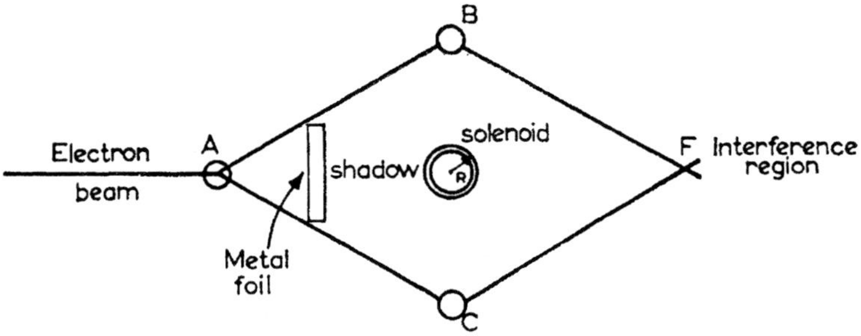

Abbildung 4.3: Schematischer Aufbau des Gedankenexperiments, um den Aharanov–Bohm-Effekt zu verdeutlichen [AB59]. Eine stromdurchflossene abgeschirmte Spule führt zu einem Magnetfeld im Innern des Zylinders (senkrecht zur Bildebene). Außerhalb des Zylinders ist $\boldsymbol{B} = \boldsymbol{0}$, aber es muss ein nichtverschwindendes Vektorpotential $\boldsymbol{A}(\boldsymbol{r})$ existieren.

das heißt, für die Wellenfunktion des Teilchens entlang der Wege $\Gamma_{1,2}$ ergibt sich

$$\Psi_{1,2}(\boldsymbol{r}_1, t_1) = \int_{\mathbb{R}^3} \mathrm{d}^3\boldsymbol{r}_0 \Psi(\boldsymbol{r}_0, t_0) \int \mathcal{D}[\boldsymbol{r}] \exp\left(\frac{\mathrm{i}}{\hbar} S_{0,\mathrm{cl}}[\boldsymbol{r}] + \frac{\mathrm{i}q}{\hbar c} \int_{\Gamma_{1,2}} \boldsymbol{A}(\boldsymbol{r}) \cdot \mathrm{d}\boldsymbol{r}\right). \tag{35.4}$$

Präpariert man das System derart, dass beide Wege gleichwahrscheinlich sind, so ergibt sich durch Superposition für die Gesamt-Wellenfunktion $\Psi_{\mathrm{tot}}(\boldsymbol{r}_1, t_1)$ am Ort $\boldsymbol{r}_1$:

$$\begin{aligned}
\Psi_{\mathrm{tot}}(\boldsymbol{r}_1, t_1) &= \Psi_1(\boldsymbol{r}_1, t_1) + \Psi_2(\boldsymbol{r}_1, t_1) \\
&= \int_{\mathbb{R}^3} \mathrm{d}^3\boldsymbol{r}_0 \Psi(\boldsymbol{r}_0, t_0) \int \mathcal{D}[\boldsymbol{r}] \exp\left(\frac{\mathrm{i}}{\hbar} S_{0,\mathrm{cl}}[\boldsymbol{r}]\right) \times \\
&\quad \times \left[\exp\left(\frac{\mathrm{i}q}{\hbar c} \int_{\Gamma_1} \boldsymbol{A}(\boldsymbol{r}) \cdot \mathrm{d}\boldsymbol{r}\right) + \exp\left(\frac{\mathrm{i}q}{\hbar c} \int_{\Gamma_2} \boldsymbol{A}(\boldsymbol{r}) \cdot \mathrm{d}\boldsymbol{r}\right)\right] \\
&= \int_{\mathbb{R}^3} \mathrm{d}^3\boldsymbol{r}_0 \Psi(\boldsymbol{r}_0, t_0) \int \mathcal{D}[\boldsymbol{r}] \exp\left(\frac{\mathrm{i}}{\hbar} S_{0,\mathrm{cl}}[\boldsymbol{r}] + \frac{\mathrm{i}q}{\hbar c} \int_{\Gamma_2} \boldsymbol{A}(\boldsymbol{r}) \cdot \mathrm{d}\boldsymbol{r}\right) \times \\
&\quad \times \left[\exp\left(\frac{\mathrm{i}q}{\hbar c} \oint_{\Gamma_1 - \Gamma_2} \boldsymbol{A}(\boldsymbol{r}) \cdot \mathrm{d}\boldsymbol{r}\right) + 1\right] \\
&= \Psi_2(\boldsymbol{r}_1, t_1) \left[\exp\left(\frac{\mathrm{i}q\Phi}{\hbar c}\right) + 1\right],
\end{aligned}$$

also

$$\Psi_1(\boldsymbol{r}_1, t_1) = \Psi_2(\boldsymbol{r}_1, t_1) \exp\left(\frac{\mathrm{i}q\Phi}{\hbar c}\right), \tag{35.5}$$

wobei Φ der gesamte eingeschlossene magnetische Fluss gemäß (35.1) innerhalb des geschlossenen Weges $\Gamma = \Gamma_1 - \Gamma_2 = \partial S$ ist.

Der Phasenfaktor zwischen $\Psi_1(\boldsymbol{r}_1, t_1)$ und $\Psi_2(\boldsymbol{r}_1, t_1)$ ist damit eine topologische Invariante, da er nicht von der genauen Gestalt von Γ (oder S) abhängt. Mit den Ausführungen in Abschnitt 31 erkennen wir die folgende geometrische Struktur: da das Problem im Wesentlichen ein zweidimensionales ist, haben wir eine Basismannigfaltigkeit $M = \mathbb{R}^2 \setminus \{\mathbf{0}\}$ vor uns. Das zu betrachtende Bündel ist ein U(1)-Bündel über M (das Hauptfaserbündel) beziehungsweise ein komplexes Geradenbündel über M (ein assoziiertes Bündel), und es existiert eine nicht-triviale **Holonomie-Gruppe** für horizontal geliftete Kurven $\tilde{\gamma}$, wenn γ eine nicht zusammenziehbare Kurve um den Ursprung herum ist. In diesem Sinne stellt der Aharonov–Bohm-Effekt ein Beispiel für eine sogenannte **geometrische Phase** oder **Berry-Phase** dar, auf die wir in Abschnitt III-22 zurückkommen werden. Aufgrund der oben beschriebenen topologischen Natur ist sie aber sogar eine **topologische Phase**. Das leicht lesbare Review [Hol95] bietet einen guten Überblick über den Zusammenhang zwischen dem Aharonov–Bohm-Effekt (und Variationen hiervon) und der geometrischen Phase.

Es waren nebenbei erwähnt wieder Wu und Yang in ihrer 1975 erschienenen Arbeit [WY75], die den Aharonov–Bohm-Effekt in der „Bündelsprache" erklärten, allerdings ohne den Begriff Holonomie zu verwenden. Das tat erst Michael Berry [Ber84] (siehe Abschnitt III-22).

Variiert man das magnetische Feld $\boldsymbol{B}(\boldsymbol{r})$, so verändert sich das Interferenzmuster, selbst wenn das geladene Teilchen sich nur in einem Gebiet bewegt, in dem $\boldsymbol{B}(\boldsymbol{r}) \equiv \mathbf{0}$ ist! Der Phasenfaktor bleibt allerdings invariant gegenüber einer Änderung des Flusses Φ gemäß:

$$\Phi \mapsto \Phi + n\frac{2\pi\hbar c}{q}, \tag{35.6}$$

beziehungsweise, bei Elektronen mit der Ladung $q = -e$:

$$\Phi \mapsto \Phi + n\Phi_0, \tag{35.7}$$

mit dem durch (34.54) definierten **magnetische Flussquantum** Φ_0. Man beachte allerdings, dass im Allgemeinen keine Flussquantisierung auftritt, sondern erst unterhalb einer materialabhängigen Sprungtemperatur der Spule. Da Φ_0 einen sehr kleinen Wert besitzt, ist die experimentelle Bestätigung des Aharonov–Bohm-Effekts äußerst schwierig und bedingt sehr kleine Magnetfelder. In der supraleitenden Phase unterhalb der Sprungtemperatur führt die Bildung von Cooper-Paaren (mit Ladung $q = -2e$) zu einer Flussquantisierung gemäß:

$$\Phi_{\text{sup}} \stackrel{!}{=} n\frac{\pi\hbar c}{e}, \tag{35.8}$$

also zu einer Halbierung des Flussquantums. In diesem Falle führt der Aharonov–Bohm-Effekt entweder zu keiner Phasenverschiebung (wenn n geradzahlig) oder zu einem Phasenfaktor von -1 (wenn n ungeradzahlig).

Zwei Anmerkungen seien an dieser Stelle kurz aufgeführt:

- Der Aharonov–Bohm-Effekt führt auch zu einem veränderten Spektrum für gebundene Zustände [Kre65].

- Es gibt einen zum Aharonov–Bohm-Effekt dualen Effekt, den **Aharonov–Casher-Effekt** [AC84]: ein Strahl elektrisch neutraler Teilchen mit einem magnetischen Dipolmoment (beispielsweise ein Neutron) befindet sich im elektrischen Feld $\boldsymbol{E}(\boldsymbol{r})$ einer (unendlich dünnen, unendlich langen) Linienladung. Der Effekt ist dann eine Phasenverschiebung der Wellenfunktionen in Abhängigkeit vom Weg an der Linienladung vorbei.

Der Aharonov–Bohm-Effekt besitzt eine große konzeptionelle Bedeutung, da er wesentliche Aspekte der klassischen Elektrodynamik als Eichtheorie sowie der Quantenmechanik hervorhebt, denen durchaus philophische Bedeutung zukommt und die zu kontroversen Diskussionen geführt haben, insbesondere die Frage nach der physikalischen Bedeutung der elektrodynamischen Potentiale im Unterschied zu den Feldstärken, sowie das Prinzip der Lokalität.

So wird oft argumentiert, dass in der Quantenmechanik die Potentiale $\phi(\boldsymbol{r},t), \boldsymbol{A}(\boldsymbol{r},t)$ fundamentaler seien als die Feldstärken $\boldsymbol{E}(\boldsymbol{r},t), \boldsymbol{B}(\boldsymbol{r},t)$. Denn während in der klassischen Elektrodynamik die eichabhängigen Potentiale keine direkten Messgrößen seien, führten sie in der Quantenmechanik jedoch zu einem messbaren Effekt, nämlich dem Aharanov–Bohm-Effekt. Hier ist in jedem Fall aber zu entgegnen, dass ja das messbare Ergebnis des Effekts eine eichinvariante Größe ist, nämlich der gesamte magnetische Fluss Φ. Der Aharonov–Bohm-Effekt kann daher durchaus als ein typisch quantenmechanischer nichtlokaler Effekt angesehen werden, wodurch die elektromagnetischen Potentiale – wie in der klassischen Physik – im Wesentlichen ihre Eigenschaft als mathematische Hilfsgrößen beibehalten. Der interessierte Leser sei auf die weiterführende Literatur verwiesen. Der Artikel von Richard Healey [Hea97] liefert ebenfalls einen guten Überblick über diese Diskussion.

Weiterführende Literatur

Differentialgeometrie

Die Literatur zur modernen Differentialgeometrie, einschließlich derjenigen, die sich auf die Bedarfe der Theoretischen Physik beschränkt, ist äußerst vielfältig. Ein kleiner Ausschnitt nach persönlicher Vorliebe des Autors ist aufgrund der kapitelübergreifenden Bedeutung am Ende des Bandes aufgeführt.

Mathematik von Eichtheorien

Helga Baum: *Eichfeldtheorie: Eine Einführung in die Differentialgeometrie aus Faserbündeln*, Springer-Verlag, 2. Aufl. 2014.
Eine äußerst lesbare Einführung in die Theorie der Faserbündel mit sehr vielen durchgerechneten Aufgaben. Auch anspruchsvollere Themen werden klar erklärt.

Gregory L. Naber: *Topology, Geometry, and Gauge Fields: Foundations*, Springer-Verlag, 2nd ed. 2011. *Topology, Geometry, and Gauge Fields: Interactions*, Springer-Verlag, 2nd ed. 2011.
Eine ebenfalls sehr gut geeignete Erstlektüre zum Thema.

Albert S. Schwarz: *Topology for Physicists*, Springer-Verlag, 1994. *Quantum Field Theory and Topology*, Springer-Verlag, 1993.
Zwei ebenfalls sehr gut lesbare und nicht allzu enzyklopädische Monographien zur Topologie von Eichtheorien.

Gerd Rudolph, Matthias Schmidt: *Differential Geometry and Mathematical Physics Part I: Manifolds, Lie Groups and Hamiltonian Systems*, Springer-Verlag, 2013. *Differential Geometry and Mathematical Physics Part II: Fibre Bundles, Topology and Mathematical Physics*, Springer-Verlag, 2017.

Mark J. D. Hamilton: *Mathematical Gauge Theory – With Applications to the Standard Model of Particle Physics*, Springer-Verlag, 2017.

Stephen Bruce Sontz: *Principal Bundles: The Classical Case*, Springer-Verlag, 2015. *Principal Bundles: The Quantum Case*, Springer-Verlag, 2015.

Magnetische Monopole

Yakov M. Shnir: *Magnetic Monopoles*, Springer-Verlag, 2005.
Eine hervorragend geschriebene Monographie mit einer äußerst umfassenden Literaturliste.

Neil Craigie, Giorgio Giacomelli, Werner Nahm, Qaisar Shafi: *Theory and Detection of Magnetic Monopoles in Gauge Theories (A Collected Set of Lecture Notes)*, World Scientific, 1986.

Aharonov–Bohm-Effekt

M. Peshkin, A. Tonomura: *The Aharonov–Bohm Effect*, Springer-Verlag, 1989.

Richard Healey: *Gauging What's Real – The Conceptual Foundations of Contemporary Gauge Theories*, Oxford University Press, 2007.

Teil 5

Theorie des Drehimpulses II

Die Addition von Drehimpulsen taucht in nahezu allen Gebieten der modernen Physik auf und ist für ein Verständnis atomarer und subatomarer Prozesse unerlässlich. Die Eigenschaften des Wasserstoffatoms und seines Strahlungsspektrums können nicht verstanden werden, wenn die mathematischen Zusammenhänge bei der Drehimpulsaddition nicht bekannt sind. Aus rein mathematischer Sicht führt die Addition von Drehimpulsen zu einem wohlverstandenen Problem der Mathematik, nämlich dem Auffinden von irreduziblen Unterräumen von Produktdarstellungen von Gruppen.

O. Tennert, *Quantenmechanik II*, https://doi.org/10.1007/978-3-662-68587-7_5

36 Die Addition von Drehimpulsen in der Quantenmechanik: Allgemeiner Formalismus

In dem gesamten Kapitel geht es um die quantenmechanische Addition von zwei Drehimpulsoperatoren. Zum Beispiel können dies die Drehimpulsoperatoren zu zwei unterschiedlichen Teilchen sein oder der Bahndrehimpuls und der Spin eines einzelnen Teilchens. Wenn wir wissen, wie wir zwei Drehimpulse addieren, wissen wir auch, wie wir drei, vier, n Drehimpulse addieren.

Wir betrachten ein zusammengesetztes quantenmechanisches System $\Sigma = \Sigma_1 + \Sigma_2$ mit einem entsprechenden Hilbert-Raum $\mathcal{H} = \mathcal{H}_1 \otimes \mathcal{H}_2$. Die zwei zu addierenden Drehimpulsoperatoren $\hat{\boldsymbol{J}}_{(1)}$ und $\hat{\boldsymbol{J}}_{(2)}$ wirken jeweils auf die Unter-Hilberträume $\mathcal{H}_1, \mathcal{H}_2$. Diese können zum selben Teilchen gehören (also zum Beispiel Bahndrehimpuls und Spin darstellen) oder zu verschiedenen Teilchen. In jedem Fall genügen die Komponenten von $\hat{\boldsymbol{J}}_{(1)}$ und $\hat{\boldsymbol{J}}_{(2)}$ jeweils für sich den üblichen Vertauschungsrelationen für Drehimpulse:

$$\left[\hat{J}_{(1),i}, \hat{J}_{(1),j}\right] = \mathrm{i}\hbar\epsilon_{ijk}\hat{J}_{(1),k}, \tag{36.1}$$

$$\left[\hat{J}_{(2),i}, \hat{J}_{(2),j}\right] = \mathrm{i}\hbar\epsilon_{ijk}\hat{J}_{(2),k}. \tag{36.2}$$

Außerdem kommutieren $\hat{\boldsymbol{J}}_{(1)}$ und $\hat{\boldsymbol{J}}_{(2)}$ miteinander:

$$\left[\hat{J}_{(1),i}, \hat{J}_{(2),j}\right] = 0, \tag{36.3}$$

können also beide gleichzeitig diagonalisiert werden. Das heißt nicht, dass beide Drehimpulse Erhaltungsgrößen darstellen! Denn im allgemeinen Falle zweier gekoppelter Untersysteme Σ_1, Σ_2 tauchen im Hamilton-Operator $\mathcal{H}$ des Gesamtsystems Σ Kopplungsterme auf, die dazu führen, dass beide Drehimpulse nicht mit dem Hamilton-Operator kommutieren. Wohl aber wird der Hamilton-Operator mit dem Gesamtdrehimpuls-Operator kommutieren können, aber den müssen wir erst einmal konstruieren.

In den jeweiligen Unter-Hilberträumen $\mathcal{H}_1$ und $\mathcal{H}_2$ können wie gehabt gemeinsame Eigenzustände zu $\hat{\boldsymbol{J}}^2_{(1)}$ und $\hat{J}_{(1),z}$ beziehungsweise zu $\hat{\boldsymbol{J}}^2_{(2)}$ und $\hat{J}_{(2),z}$ gefunden werden:

$$\hat{\boldsymbol{J}}^2_{(1)} \left|j_1, m_1\right\rangle = j_1(j_1+1)\hbar^2 \left|j_1, m_1\right\rangle, \tag{36.4}$$

$$\hat{J}_{(1),z} \left|j_1, m_1\right\rangle = m_1\hbar \left|j_1, m_1\right\rangle, \tag{36.5}$$

$$\hat{\boldsymbol{J}}^2_{(2)} \left|j_2, m_2\right\rangle = j_2(j_2+1)\hbar^2 \left|j_2, m_2\right\rangle, \tag{36.6}$$

$$\hat{J}_{(2),z} \left|j_2, m_2\right\rangle = m_2\hbar \left|j_2, m_2\right\rangle, \tag{36.7}$$

und für die jeweiligen Dimensionen der Unter-Hilberträume $\mathcal{H}_1, \mathcal{H}_2$, die durch die jeweiligen Orthonormalsysteme $\{\, | j_1, m_1\rangle \,\}$ und $\{\, | j_2, m_2\rangle \,\}$ aufgespannt werden, gilt:

$$\dim \mathcal{H}_1 = 2j_1 + 1,$$
$$\dim \mathcal{H}_2 = 2j_2 + 1.$$

Wir wollen nun das Gesamtsystem betrachten und stellen uns die Frage, wie das Spektrum des (Gesamt-)Drehimpulses $\hat{J} = \hat{J}_{(1)} + \hat{J}_{(2)}$ aussieht, sprich, welche Eigenwerte und Eigenzustände die Operatoren $\hat{\boldsymbol{J}}^2$ und $\hat{J}_z$ besitzen, wenn Eigenwerte und Eigenzustände von $\hat{\boldsymbol{J}}^2_{(1)}, \hat{J}_{(1),z}, \hat{\boldsymbol{J}}^2_{(2)}, \hat{J}_{(2),z}$ bekannt sind. Gesucht ist also ein funktionaler Zusammenhang zwischen $\hat{\boldsymbol{J}}^2, \hat{J}_z$ und $\hat{\boldsymbol{J}}^2_{(1)}, \hat{J}_{(1),z}, \hat{\boldsymbol{J}}^2_{(2)}, \hat{J}_{(2),z}$.

Zunächst müssen wir festhalten, dass der Ausdruck $\hat{J} = \hat{J}_{(1)} + \hat{J}_{(2)}$ nur symbolisch zu verstehen ist, da $\hat{J}_{(1)}$ und $\hat{J}_{(2)}$ ja jeweils auf unterschiedlichen Hilberträumen $\mathcal{H}_1$ und $\mathcal{H}_2$ wirken. Wir drücken uns daher präziser aus: der Hilbertraum des Gesamtsystems $\mathcal{H}$ ist das direkte Produkt der beiden Unter-Hilberträume $\mathcal{H}_1$ und $\mathcal{H}_2$:

$$\mathcal{H} = \mathcal{H}_1 \otimes \mathcal{H}_2, \tag{36.8}$$

mit

$$\dim \mathcal{H} = (2j_1 + 1)(2j_2 + 1), \tag{36.9}$$

in dem die vier Operatoren

$$\hat{\boldsymbol{J}}^2_{(1)} := \hat{\boldsymbol{J}}^2_{(1)} \otimes \mathbb{1}_{(2)}, \tag{36.10}$$

$$\hat{J}_{(1),z} := \hat{J}_{(1),z} \otimes \mathbb{1}_{(2)}, \tag{36.11}$$

$$\hat{\boldsymbol{J}}^2_{(2)} := \mathbb{1}_{(1)} \otimes \hat{\boldsymbol{J}}^2_{(2)}, \tag{36.12}$$

$$\hat{J}_{(2),z} := \mathbb{1}_{(1)} \otimes \hat{J}_{(2),z} \tag{36.13}$$

eine vollständige Menge von kommutierenden Operatoren darstellen und gemeinsam diagonalisiert werden können. Die Komponenten von $\hat{\boldsymbol{J}}_{(1)}$ kommutieren mit denen von $\hat{\boldsymbol{J}}_{(2)}$ per definitionem:

$$\left[\hat{J}_{(1),i} \otimes \mathbb{1}_{(2)}, \mathbb{1}_{(1)} \otimes \hat{J}_{(2),j}\right] = 0. \tag{36.14}$$

Um die weitere Notation zu vereinfachen, verzichten wir im Folgenden allerdings auf das explizite Ausschreiben des Tensorprodukts (es sei denn, es ist im Rahmen einer Berechnung explizit vorteilhaft) und behalten das eingangs Gesagte im Hinterkopf:

$$\left[\hat{J}_{(1),i}, \hat{J}_{(2),j}\right] = 0. \tag{36.15}$$

Die gemeinsamen Eigenzustände sind

$$|j_1, j_2; m_1, m_2\rangle := |j_1, m_1\rangle \otimes |j_2, m_2\rangle \tag{36.16}$$

und genügen den Eigenwertgleichungen

$$\hat{\boldsymbol{J}}^2_{(1)} |j_1, j_2; m_1, m_2\rangle = j_1(j_1 + 1)\hbar^2 |j_1, j_2; m_1, m_2\rangle, \tag{36.17}$$

$$\hat{J}_{(1),z} |j_1, j_2; m_1, m_2\rangle = m_1\hbar |j_1, j_2; m_1, m_2\rangle, \tag{36.18}$$

$$\hat{\boldsymbol{J}}^2_{(2)} |j_1, j_2; m_1, m_2\rangle = j_2(j_2 + 1)\hbar^2 |j_1, j_2; m_1, m_2\rangle, \tag{36.19}$$

$$\hat{J}_{(2),z} |j_1, j_2; m_1, m_2\rangle = m_2\hbar |j_1, j_2; m_1, m_2\rangle. \tag{36.20}$$

Die Menge der Zustände $\{\ |\ j_1, j_2; m_1, m_2\rangle\ \}$ bilden in $\mathcal{H}$ eine vollständige Orthonormalbasis, denn es ist trivialerweise

$$\sum_{m_1,m_2} |j_1, j_2; m_1, m_2\rangle\,\langle j_1, j_2; m_1, m_2| = \underbrace{\left(\sum_{m_1} |j_1, m_1\rangle\,\langle j_1, m_1|\right)}_{\mathbb{1}_{(1)}} \otimes \underbrace{\left(\sum_{m_2} |j_2, m_2\rangle\,\langle j_2, m_2|\right)}_{\mathbb{1}_{(2)}}$$
$$= \mathbb{1}_{(1)\otimes(2)} \tag{36.21}$$

und

$$\begin{aligned}\langle j_1', j_2'; m_1', m_2'|j_1, j_2; m_1, m_2\rangle &= \langle j_1', m_1'|j_1, m_1\rangle\,\langle j_2', m_2'|j_2, m_2\rangle \\ &= \delta_{j_1',j_1}\delta_{j_2',j_2}\delta_{m_1',m_1}\delta_{m_2',m_2}.\end{aligned} \tag{36.22}$$

Wir definieren nun wieder Leiteroperatoren $\hat{J}_{(1)\pm}, \hat{J}_{(2)\pm}$ wie folgt:

$$\hat{J}_{(1)\pm} = \hat{J}_{(1),x} \pm \mathrm{i}\hat{J}_{(1),y}, \tag{36.23}$$
$$\hat{J}_{(2)\pm} = \hat{J}_{(2),x} \pm \mathrm{i}\hat{J}_{(2),y}, \tag{36.24}$$

so dass

$$\hat{J}_{(1)\pm}\,|j_1, j_2; m_1, m_2\rangle = \hbar\sqrt{(j_1 \mp m_1)(j_1 \pm m_1 + 1)}\,|j_1, j_2; m_1 \pm 1, m_2\rangle\,, \tag{36.25}$$
$$\hat{J}_{(2)\pm}\,|j_1, j_2; m_1, m_2\rangle = \hbar\sqrt{(j_2 \mp m_2)(j_2 \pm m_2 + 1)}\,|j_1, j_2; m_1, m_2 \pm 1\rangle\,. \tag{36.26}$$

Um das Spektrum von $\hat{\boldsymbol{J}}^2$ und $\hat{J}_z$ zu berechnen, schreiben wir zunächst

$$\begin{aligned}\hat{\boldsymbol{J}}^2 &= \left(\hat{\boldsymbol{J}}_{(1)} + \hat{\boldsymbol{J}}_{(2)}\right)^2 \\ &= \hat{\boldsymbol{J}}^2_{(1)} + \hat{\boldsymbol{J}}^2_{(2)} + 2\hat{\boldsymbol{J}}_{(1)} \cdot \hat{\boldsymbol{J}}_{(2)} \\ &= \hat{\boldsymbol{J}}^2_{(1)} + \hat{\boldsymbol{J}}^2_{(2)} + 2\Big(\underbrace{\hat{J}_{(1),x} \otimes \hat{J}_{(2),x} + \hat{J}_{(1),y} \otimes \hat{J}_{(2),y}}_{\frac{1}{2}(\hat{J}_{(1)+}\otimes\hat{J}_{(2)-}+\hat{J}_{(1)-}\otimes\hat{J}_{(2)+})} + \hat{J}_{(1),z} \otimes \hat{J}_{(2),z}\Big),\end{aligned}$$

so dass wir ähnlich wie in (2.16,2.17) schreiben können:

$$\hat{\boldsymbol{J}}^2 = \hat{\boldsymbol{J}}^2_{(1)} + \hat{\boldsymbol{J}}^2_{(2)} + 2\hat{\boldsymbol{J}}_{(1)} \cdot \hat{\boldsymbol{J}}_{(2)} \tag{36.27}$$
$$= \hat{\boldsymbol{J}}^2_{(1)} + \hat{\boldsymbol{J}}^2_{(2)} + 2\hat{J}_{(1),z}\hat{J}_{(2),z} + \hat{J}_{(1)+}\hat{J}_{(2)-} + \hat{J}_{(1)-}\hat{J}_{(2)+}. \tag{36.28}$$

Für die z-Komponente des Gesamtdrehimpulses $\hat{J}_z$ gilt:

$$\hat{J}_z = \hat{J}_{(1),z} + \hat{J}_{(2),z}. \tag{36.29}$$

Wir wollen als erstes verifizieren, dass $\hat{\boldsymbol{J}}^2$ auch tatsächlich der Drehimpulsalgebra genügt:

Beweis.

$$
\begin{aligned}
[\hat{J}_i, \hat{J}_j] &= \left(\hat{J}_{(1),i} + \hat{J}_{(2),i}\right)\left(\hat{J}_{(1),j} + \hat{J}_{(2),j}\right) - \left(\hat{J}_{(1),j} + \hat{J}_{(2),j}\right)\left(\hat{J}_{(1),i} + \hat{J}_{(2),i}\right) \\
&= \left[\hat{J}_{(1),i}, \hat{J}_{(1),j}\right] + \left[\hat{J}_{(2),i}, \hat{J}_{(2),j}\right] + \underbrace{\left[\hat{J}_{(1),i}, \hat{J}_{(2),j}\right] + \left[\hat{J}_{(2),i}, \hat{J}_{(1),j}\right]}_{=0 \text{ wegen } (36.15)} \\
&= \mathrm{i}\hbar\epsilon_{ijk}\left(\hat{J}_{(1),k} + \hat{J}_{(2),k}\right) = \mathrm{i}\hbar\epsilon_{ijk}\hat{J}_k .
\end{aligned}
$$

■

Eine Addition von zwei Drehimpulsen auf die oben beschriebene Weise ergibt also wieder einen Drehimpuls. Damit ist auch eine Addition beliebig vieler Drehimpulse wieder ein Drehimpuls.

Außerdem gilt:

$$\left[\hat{\boldsymbol{J}}^2, \hat{\boldsymbol{J}}^2_{(1)}\right] = \left[\hat{\boldsymbol{J}}^2, \hat{\boldsymbol{J}}^2_{(2)}\right] = 0, \tag{36.30}$$

$$[\hat{\boldsymbol{J}}^2, \hat{J}_z] = 0, \tag{36.31}$$

$$\left[\hat{\boldsymbol{J}}^2_{(1)}, \hat{J}_z\right] = \left[\hat{\boldsymbol{J}}^2_{(1)}, \hat{J}_z\right] = 0. \tag{36.32}$$

Beweis. Um (36.30) zu zeigen, verwenden wir den Ausdruck (36.28) für $\hat{\boldsymbol{J}}^2$. $\hat{\boldsymbol{J}}^2_{(1)}$ beziehungsweise $\hat{\boldsymbol{J}}^2_{(2)}$ kommutieren jeweils mit allen Termen, die darin vorkommen, also ist (36.30) trivial erfüllt. Gleichung (36.31) folgt direkt aus der Drehimpulsalgebra. Und der Beweis von (36.32) erfolgt ebenfalls einfach mit (36.29):

$$
\begin{aligned}
\left[\hat{\boldsymbol{J}}^2_{(1)}, \hat{J}_z\right] &= \left[\hat{\boldsymbol{J}}^2_{(1)}, \hat{J}_{(1),z} + \hat{J}_{(2),z}\right] \\
&= \left[\hat{\boldsymbol{J}}^2_{(1)}, \hat{J}_{(1),z}\right] + \left[\hat{\boldsymbol{J}}^2_{(1)}, \hat{J}_{(2),z}\right] = 0,
\end{aligned}
$$

da der erste Kommutator wegen der Drehimpulsalgebra für $\hat{\boldsymbol{J}}_{(1)}$ verschwindet und der zweite, da die beiden Operatoren darin auf verschiedene Unter-Hilberträume wirken. Die analoge Rechnung ergibt sich für $\hat{\boldsymbol{J}}_{(2)}$. ■

Mit den vorliegenden Betrachtungen haben wir nun folgendes gezeigt: die vier Operatoren $\hat{\boldsymbol{J}}^2_{(1)}, \hat{\boldsymbol{J}}^2_{(2)}, \hat{\boldsymbol{J}}^2, \hat{J}_z$ bilden in $\mathcal{H} = \mathcal{H}_1 \otimes \mathcal{H}_2$ eine vollständige Menge von kommutierenden Operatoren, die gemeinsam diagonalisiert werden können und gemeinsame Eigenzustände besitzen. Bezeichnen wir diese Eigenzustände mit $|j_1, j_2; j, m\rangle$, so können wir die Eigenwertgleichungen schreiben als:

$$\hat{\boldsymbol{J}}^2_{(1)} \,|j_1, j_2; j, m\rangle = j_1(j_1 + 1)\hbar^2 \,|j_1, j_2; j, m\rangle\,, \tag{36.33}$$

$$\hat{\boldsymbol{J}}^2_{(2)} \,|j_1, j_2; j, m\rangle = j_2(j_2 + 1)\hbar^2 \,|j_1, j_2; j, m\rangle\,, \tag{36.34}$$

$$\hat{\boldsymbol{J}}^2 \,|j_1, j_2; j, m\rangle = j(j + 1)\hbar^2 \,|j_1, j_2; j, m\rangle\,, \tag{36.35}$$

$$\hat{J}_z \,|j_1, j_2; j, m\rangle = m\hbar \,|j_1, j_2; j, m\rangle\,. \tag{36.36}$$

Außerdem sieht man, dass $|j_1, j_2; j, m\rangle$ wegen (36.27) ebenfalls Eigenzustand von $\hat{\boldsymbol{J}}_{(1)} \cdot \hat{\boldsymbol{J}}_{(2)}$ ist, mit der Eigenwertgleichung:

$$\hat{\boldsymbol{J}}_{(1)} \cdot \hat{\boldsymbol{J}}_{(2)} |j_1, j_2; j, m\rangle = \frac{1}{2}\left(\hat{\boldsymbol{J}}^2 - \hat{\boldsymbol{J}}^2_{(1)} - \hat{\boldsymbol{J}}^2_{(2)}\right) |j_1, j_2; j, m\rangle \tag{36.37}$$

$$= \frac{\hbar^2}{2}\left[j(j+1) - j_1(j_1+1) - j_2(j_2+1)\right] |j_1, j_2; j, m\rangle \,. \tag{36.38}$$

Es gilt die Orthonormalitätsrelation:

$$\langle j_1', j_2'; j', m' | j_1, j_2; j, m\rangle = \delta_{j_1', j_1} \delta_{j_2', j_2} \delta_{j', j} \delta_{m', m}, \tag{36.39}$$

sowie die Vollständigkeitsrelation:

$$\sum_{j=j_{\min}}^{j_{\max}} \sum_{m=-j}^{j} |j_1, j_2; j, m\rangle \langle j_1, j_2; j, m| = \mathbb{1}_{(1)\otimes(2)}, \tag{36.40}$$

wobei die erste Summe über alle j zwischen einem Minimalwert $j_{\min}$ und einem Maximalwert $j_{\max}$ geht, die sich algebraisch aus der Addition der beiden Drehimpulse mit den Quantenzahlen j_1 und j_2 ergeben können, was wir im Folgenden herausfinden wollen.

Damit haben wir zwei verschiedene Orthonormalbasen, $\{ \ |\ j_1, j_2; m_1, m_2\rangle \}$ einerseits, sowie $\{ \ |\ j_1, j_2; j, m\rangle \}$ andererseits, für $\mathcal{H}$ gefunden. Beiden ist gemeinsam, dass sie Eigenzustände zu den Operatoren $\hat{\boldsymbol{J}}^2_{(1)}$ und $\hat{\boldsymbol{J}}^2_{(2)}$ darstellen mit gegebenen und als bekannt vorausgesetzten Quantenzahlen j_1, j_2. Letztere besitzt aber den großen Vorteil, dass sie aus Eigenzuständen zu den im Allgemeinen experimentell einfacher zugänglichen Operatoren $\hat{\boldsymbol{J}}^2$ und $\hat{J}_z$ besteht. Unsere Aufgabe besteht nun zum einen darin, die möglichen Quantenzahlen j bei gegebenen j_1, j_2 herauszufinden, und zum anderen, den funktionalen Zusammenhang zwischen den beiden Basissysteme herzustellen.

Das Spektrum von $\hat{\boldsymbol{J}}^2$ und $\hat{J}_z$

Um das Spektrum von $\hat{\boldsymbol{J}}^2$ und $\hat{J}_z$ bei gegebenen Werten für j_1, j_2, m_1, m_2 zu erhalten, betrachten wir zunächst, dass wegen (36.29) gilt:

$$m = m_1 + m_2. \tag{36.41}$$

Der maximale Wert $m_{\max}$, den m annehmen kann, ist demnach

$$m_{\max} = m_{1,\max} + m_{2,\max} \\ = j_1 + j_2, \tag{36.42}$$

und da $|m| \leq j$ ist, gilt damit auch:

$$j_{\max} = j_1 + j_2. \tag{36.43}$$

Um den minimalen Wert j_{min} zu finden, rufen wir uns zunächst in Erinnerung, dass $\dim\mathcal{H} = (2j_1 + 1)(2j_2 + 1)$ gilt. Da es zu jedem Wert von j genau $(2j + 1)$ zueinander orthogonale (aber, wie wir sehen werden, entartete!) Eigenräume zu jeweils $m \in \{-j, -j + 1, \ldots, j - 1, j\}$, gilt also:

$$\sum_{j=j_{\text{min}}}^{j_{\text{max}}} (2j + 1) \stackrel{!}{=} (2j_1 + 1)(2j_2 + 1), \tag{36.44}$$

so dass sich ergibt:

$$j_{\text{min}} = |j_1 - j_2|. \tag{36.45}$$

Beweis. Der Beweis ist einfach: wir verwenden die aus der elementaren Schulmathematik bekannte Gaußsche Summenformel:

$$\sum_{i=1}^{n} i = \frac{1}{2}n(n + 1),$$

beziehungsweise

$$\sum_{i=a}^{b} i = \frac{1}{2}(b - a + 1)(b + a).$$

Dann ist

$$\begin{aligned}
\sum_{j=j_{\text{min}}}^{j_{\text{max}}} (2j + 1) &= 2\sum_{j=j_{\text{min}}}^{j_1+j_2} j + (j_1 + j_2 + 1 - j_{\text{min}}) \\
&= (j_1 + j_2 - j_{\text{min}} + 1)(j_1 + j_2 + j_{\text{min}}) + (j_1 + j_2 + 1 - j_{\text{min}}) \\
&= (j_1 + j_2 - j_{\text{min}} + 1)(j_1 + j_2 + j_{\text{min}} + 1) \\
&= (j_1 + j_2 + 1)^2 - j_{\text{min}}^2 \\
&\stackrel{!}{=} (2j_1 + 1)(2j_2 + 1) \quad \text{(wegen (36.44))},
\end{aligned}$$

so dass dies alles zu einer quadratischen Gleichung für j_{min} führt:

$$(j_1 - j_2)^2 = j_{\text{min}}^2. \tag{36.46}$$

Diese quadratische Gleichung hat nur eine positive Lösung, nämlich $j_{\text{min}} = |j_1 - j_2|$. ∎

Die Eigenwerte j von $\hat{\boldsymbol{J}}^2$ können also die Werte $|j_1 - j_2| \leq j \leq j_1 + j_2$ annehmen, in ganzzahligen Schritten:

$$\begin{gathered}
|j_1 - j_2| \leq j \leq j_1 + j_2 \\
j \in \{\, |j_1 - j_2|, |j_1 - j_2| + 1, \ldots, j_1 + j_2 - 1, j_1 + j_2 \,\}.
\end{gathered} \tag{36.47}$$

Quantenmechanische Drehimpulse erfüllen also eine **quantenmechanische Dreiecksungleichung**. Man erinnere sich an die aus der klassischen Geometrie bekannten Dreiecksungleichung für zwei Vektoren $\boldsymbol{A}$ und $\boldsymbol{B}$:

$$|\boldsymbol{A} - \boldsymbol{B}| \leq |\boldsymbol{A} + \boldsymbol{B}| \leq |\boldsymbol{A}| + |\boldsymbol{B}|.$$

Basistransformationen und Clebsch–Gordan-Koeffizienten

Um von der Basis $\{ \mid j_1, j_2; m_1, m_2\rangle \}$ zur Basis $\{ \mid j_1, j_2; j, m\rangle \}$ zu gelangen, führen wir in gewohnter Weise eine unitäre Transformation durch. Durch „Einschieben einer Eins" (36.21) und unter Berücksichtigung der Randbedingung (36.41) erhalten wir die Darstellung der $\{ \mid j_1, j_2; j, m\rangle \}$ in der Basis $\{ \mid j_1, j_2; m_1, m_2\rangle \}$:

$$|j_1, j_2; j, m\rangle = \sum_{m_1, m_2} C^{j_1, j_2, j}_{m_1, m_2, m} \, |j_1, j_2; m_1, m_2\rangle \tag{36.48}$$

$$\text{wobei} \quad C^{j_1, j_2, j}_{m_1, m_2, m} := \langle j_1, j_2; m_1, m_2 | j_1, j_2; j, m\rangle \,. \tag{36.49}$$

Hierbei gilt: $m_1 + m_2 \stackrel{!}{=} m$.

Die Koeffizienten $C^{j_1, j_2, j}_{m_1, m_2, m}$ heißen **Clebsch–Gordan-Koeffizienten**, nach den beiden deutschen Mathematikern Alfred Clebsch und Paul Gordan, die im 19. Jahrhundert bedeutende Arbeiten zur algebraischen Geometrie und zur Invariantentheorie leisteten, lange vor der Entstehung der Quantenmechanik. Ihre Notation ist in der Literatur alles andere als einheitlich, oft wird überhaupt kein eigenes Symbol für sie verwendet, was allerdings der Lesbarkeit der nun folgenden Ausdrücke nicht gerade dient. Eine Übersicht hierüber findet sich in der weiterführenden Literatur.

Die Clebsch–Gordan-Koeffizienten haben also nur dann nichtverschwindende Werte, wenn gemäß (36.41) $m_1 + m_2 = m$ gilt, was anschaulich klar ist. Außerdem muss die Dreiecksungleichung (36.47) erfüllt sein. Beide Bedingungen zusammen führen zu sogenannten **Auswahlregeln**, die wir in Abschnitt 40 genauer betrachten werden.

Per Konvention werden die Clebsch–Gordan-Koeffizienten reellwertig gewählt, also:

$$(C^{j_1, j_2, j}_{m_1, m_2, m})^* = C^{j_1, j_2, j}_{m_1, m_2, m}. \tag{36.50}$$

Dass dies möglich ist, werden wir in Abschnitt 37 zeigen, wir greifen an dieser Stelle etwas vor.

Aus (36.21), (36.39) und (36.50) zusammen erhalten wir zwei Orthonormaleigenschaften der Clebsch–Gordan-Koeffizienten:

$$\sum_{m_1, m_2} C^{j_1, j_2, j'}_{m_1, m_2, m'} C^{j_1, j_2, j}_{m_1, m_2, m} = \delta_{j', j} \delta_{m', m}, \tag{36.51}$$

$$\sum_{j=|j_1 - j_2|}^{j_1 + j_2} \sum_{m=-j}^{j} C^{j_1, j_2, j}_{m'_1, m'_2, m} C^{j_1, j_2, j}_{m_1, m_2, m} = \delta_{m'_1, m_1} \delta_{m'_2, m_2}, \tag{36.52}$$

woraus trivialerweise

$$\sum_{m_1,m_2} (C^{j_1,j_2,j}_{m_1,m_2,m})^2 = 1, \tag{36.53}$$

$$\sum_{j=|j_1-j_2|}^{j_1+j_2} \sum_{m=-j}^{j} (C^{j_1,j_2,j}_{m_1,m_2,m})^2 = 1 \tag{36.54}$$

folgt.

Die Umkehrung von (36.48) lautet aufgrund der Reellwertigkeit der Clebsch–Gordan-Koeffizienten:

$$|j_1, j_2; m_1, m_2\rangle = \sum_{j=|j_1-j_2|}^{j_1+j_2} \sum_{m=-j}^{j} C^{j_1,j_2,j}_{m_1,m_2,m} \, |j_1, j_2; j, m\rangle \,. \tag{36.55}$$

Die Aufgabe besteht nun darin, die Clebsch–Gordan-Koeffizienten explizit zu berechnen. Dem wenden wir uns nun im Folgenden zu.

37 Berechnung von Clebsch–Gordan-Koeffizienten

Die Berechnung der Clebsch-Gordan-Koeffizienten erfolgt in zwei Schritten: ausgehend von den zwei Grenzfällen

$$\begin{aligned} m_1 &= j_1, \\ m_2 &= j_2, \\ j = j_{\max} &= j_1 + j_2, \\ m = j_{\max} &= j_1 + j_2 \end{aligned}$$

und

$$\begin{aligned} m_1 &= -j_1, \\ m_2 &= -j_2, \\ j = j_{\max} &= j_1 + j_2, \\ m = -j_{\max} &= -(j_1 + j_2) \end{aligned}$$

hangeln wir uns durch Rekursionsrelationen, die sich mit Hilfe von Leiteroperatoren ergeben, nach unten beziehungsweise oben zu den anderen Werten von m_1, m_2, j, m.

Für die beiden Grenzfälle selbst sind die Clebsch–Gordan-Koeffizienten trivial:

Satz. *Es ist:*

$$\begin{aligned} C^{j_1,j_2,(j_1+j_2)}_{j_1,j_2,(j_1+j_2)} &= 1, \\ C^{j_1,j_2,(j_1+j_2)}_{-j_1,-j_2,-(j_1+j_2)} &= 1. \end{aligned} \tag{37.1}$$

Beweis. In (36.48) kann man sehen, dass die beiden Zustände $|j_1, j_2; (j_1 + j_2), (j_1 + j_2)\rangle$ und $|j_1, j_2; (j_1 + j_2), -(j_1 + j_2)\rangle$ in der Basis $\{\ |\ j_1, j_2; m_1, m_2\rangle\ \}$ jeweils nur eine Komponente besitzen, da es wegen (36.41) für $j = j_{\max}$ jeweils nur eine mögliche Kombinationsmöglichkeit gibt, die Werte $m = \pm j_{\max}$ zu erhalten:

$$\begin{aligned} &|j_1, j_2; (j_1 + j_2), (j_1 + j_2)\rangle = \\ &\qquad \langle j_1, j_2; j_1, j_2 | j_1, j_2; (j_1 + j_2), (j_1 + j_2)\rangle\, |j_1, j_2; j_1, j_2\rangle\,, \\ &|j_1, j_2; (j_1 + j_2), -(j_1 + j_2)\rangle = \\ &\qquad \langle j_1, j_2; -j_1, -j_2 | j_1, j_2; (j_1 + j_2), -(j_1 + j_2)\rangle\, |j_1, j_2; -j_1, -j_2\rangle\,, \end{aligned}$$

wobei die Zustände

$$\begin{aligned} &|j_1, j_2; (j_1 + j_2), (j_1 + j_2)\rangle\,, \\ &|j_1, j_2; (j_1 + j_2), -(j_1 + j_2)\rangle\,, \\ &|j_1, j_2; j_1, j_2\rangle\,, \\ &|j_1, j_2; -j_1, -j_2\rangle \end{aligned}$$

alle normiert sind. Bildet man nun jeweils auf beiden Seiten die Norm, so sind die beiden Clebsch–Gordan-Koeffizienten wegen der Forderung nach Reellwertigkeit jeweils bis auf ein Vorzeichen bestimmt und können auf den Wert 1 festgelegt werden. ■

Wir definieren in $\mathcal{H} = \mathcal{H}_1 \otimes \mathcal{H}_2$ nun wieder Leiteroperatoren $\hat{J}_\pm = \hat{J}_x \pm \mathrm{i}\hat{J}_y$ wie folgt:

$$\hat{J}_\pm = \hat{J}_{(1)\pm} + \hat{J}_{(2)\pm}, \tag{37.2}$$

so dass analog zu (2.29) gilt:

$$\hat{J}_\pm \, |j_1, j_2; j, m\rangle = \hbar\sqrt{(j \mp m)(j \pm m + 1)}\, |j_1, j_2; j, m \pm 1\rangle\,. \tag{37.3}$$

Um die gewünschten Rekursionsrelationen zu erhalten, lassen wir in dem Ausdruck

$$\langle j_1, j_2; m_1, m_2 | \hat{J}_\pm | j_1, j_2; j, m\rangle$$

die Operatoren $\hat{J}_\pm$ einmal nach rechts und einmal nach links wirken:

$$\text{(nach rechts:)} \quad \langle j_1, j_2; m_1, m_2 | \hat{J}_\pm | j_1, j_2; j, m\rangle = \\ \hbar\sqrt{(j \mp m)(j \pm m + 1)}\,\langle j_1, j_2; m_1, m_2 | j_1, j_2; j, m \pm 1\rangle \tag{37.4}$$

und

$$\text{(nach links:)} \quad \langle j_1, j_2; m_1, m_2 | \hat{J}_\pm | j_1, j_2; j, m\rangle = \\ \hbar\sqrt{(j_1 \pm m_1)(j_1 \mp m_1 + 1)}\,\langle j_1, j_2; m_1 \mp 1, m_2 | j_1, j_2; j, m\rangle \\ + \hbar\sqrt{(j_2 \pm m_2)(j_2 \mp m_2 + 1)}\,\langle j_1, j_2; m_1, m_2 \mp 1 | j_1, j_2; j, m\rangle\,. \tag{37.5}$$

Man beachte, dass in (37.4,37.5) durch die Wirkung der Leiteroperatoren nicht mehr (36.41) gilt, sondern $m_1 + m_2 = m \pm 1$. Durch Gleichsetzen beider Ausdrücke erhalten wir somit die Rekursionsrelationen für die Clebsch–Gordan-Koeffizienten:

$$\sqrt{(j \mp m)(j \pm m + 1)}C^{j_1,j_2,j}_{m_1,m_2,m\pm1} = \\ \sqrt{(j_1 \pm m_1)(j_1 \mp m_1 + 1)}C^{j_1,j_2,j}_{m_1\mp1,m_2,m} \\ + \sqrt{(j_2 \pm m_2)(j_2 \mp m_2 + 1)}C^{j_1,j_2,j}_{m_1,m_2\mp1,m}, \tag{37.6}$$

mit $m_1 + m_2 = m \pm 1$.

Diese Relationen bestimmen zusammen mit der Orthonormalitätsrelationen (36.51) beziehungsweise (36.52) alle Clebsch–Gordan-Koeffizienten zu gegebenen Werten für j_1, j_2, j. Um dies zu sehen, betrachten wir für m_1 und m zunächst die maximalen Werte $m_1 = j_1$ und $m = j$ und den „$\hat{J}_-$"-Fall, woraus $m_2 = j - j_1 - 1$ folgt. Eingesetzt in (37.6) erhalten wir zunächst:

$$\sqrt{2j}C^{j_1,j_2,j}_{j_1,j-j_1-1,j-1} = \sqrt{(j_2 - j + j_1 + 1)(j_2 + j - j_1)}C^{j_1,j_2,j}_{j_1,j-j_1,j}. \tag{37.7}$$

Das heißt, aus Kenntnis von $C^{j_1,j_2,j}_{j_1,j-j_1,j}$ folgt die Kenntnis von $C^{j_1,j_2,j}_{j_1,j-j_1-1,j-1}$.

Betrachten wir dagegen $m_1 = j_1$ und $m = j - 1$ und den „$\hat{J}_+$"-Fall, so folgt $m_2 = j - j_1$. Eingesetzt in (37.6) erhalten wir dann:

$$\sqrt{2j}C^{j_1,j_2,j}_{j_1,j-j_1,j} = \sqrt{2j_1}C^{j_1,j_2,j}_{j_1-1,j-j_1,j-1} + \sqrt{(j_2+j-j_1)(j_2-j+j_1+1)}C^{j_1,j_2,j}_{j_1,j-j_1-1,j-1}, \tag{37.8}$$

was bedeutet, dass aus der Kenntnis von $C^{j_1,j_2,j}_{j_1,j-j_1,j}$ und $C^{j_1,j_2,j}_{j_1,j-j_1-1,j-1}$ die Kenntnis von $C^{j_1,j_2,j}_{j_1-1,j-j_1,j-1}$ folgt.

Auf diese Weise können wir uns mit Hilfe der Leiteroperatoren zu allen Werten der $C^{j_1,j_2,j}_{m_1,m_2,m}$ „entlanghangeln", wenn wir nur einen einzigen Wert kennen, nämlich den von $C^{j_1,j_2,j}_{j_1,j-j_1,j}$, siehe Abbildung 5.1. Der absolute Wert von $C^{j_1,j_2,j}_{j_1,j-j_1,j}$ kann bis auf ein Vorzeichen über die Orthonormalitätsrelation (36.51) bestimmt werden. Per **Condon–Shortley-Konvention** wird $C^{j_1,j_2,j}_{j_1,j-j_1,j}$ reellwertig und positiv gewählt. Auf diese Weise sind dann sämtliche Clebsch–Gordan-Koeffizienten automatisch reellwertig.

Die gewählte Phasenkonvention impliziert dann, dass

$$C^{j_1,j_2,j}_{m_1,m_2,m} = (-1)^{j-j_1-j_2} \quad C^{j_2,j_1,j}_{m_2,m_1,m} \tag{37.9a}$$

$$= (-1)^{j-j_1-j_2} \quad C^{j_1,j_2,j}_{-m_1,-m_2,-m} \tag{37.9b}$$

$$= C^{j_2,j_1,j}_{-m_2,-m_1,-m}. \tag{37.9c}$$

Setzen wir nun $m_1 = j_1$, $m_2 = j_2 - 1$, $j = m = j_1 + j_2$, so erhalten wir für den „$\hat{J}_-$"-Fall die Relation:

$$\sqrt{2(j_1+j_2)}C^{j_1,j_2,j_1+j_2}_{j_1,j_2-1,j_1+j_2-1} = \sqrt{2j_2}C^{j_1,j_2,(j_1+j_2)}_{j_1,j_2,(j_1+j_2)},$$

was wegen (37.1) vereinfacht werden kann zu:

$$C^{j_1,j_2,j_1+j_2}_{j_1,j_2-1,j_1+j_2-1} = \sqrt{\frac{j_2}{(j_1+j_2)}}. \tag{37.10}$$

Und ähnlich erhalten wir für $m_1 = j_1 - 1$, $m_2 = j_2$, $j = m = j_1 + j_2$ für den „$\hat{J}_-$"-Fall die Relation:

$$C^{j_1,j_2,j_1+j_2}_{j_1-1,j_2,j_1+j_2-1} = \sqrt{\frac{j_1}{(j_1+j_2)}}. \tag{37.11}$$

Ebenfalls leicht zu zeigen ist, dass gilt:

$$C^{j,1,j}_{m,0,m} = \frac{m}{\sqrt{j(j+1)}}, \tag{37.12}$$

$$C^{j,0,j}_{m,0,m} = 1. \tag{37.13}$$

Weitere Rekursionsrelationen erhalten wir, wenn wir nun den Ausdruck

$$\langle j_1, j_2; m_1, m_2|\hat{J}_\pm|j_1, j_2; j, m \mp 1\rangle$$

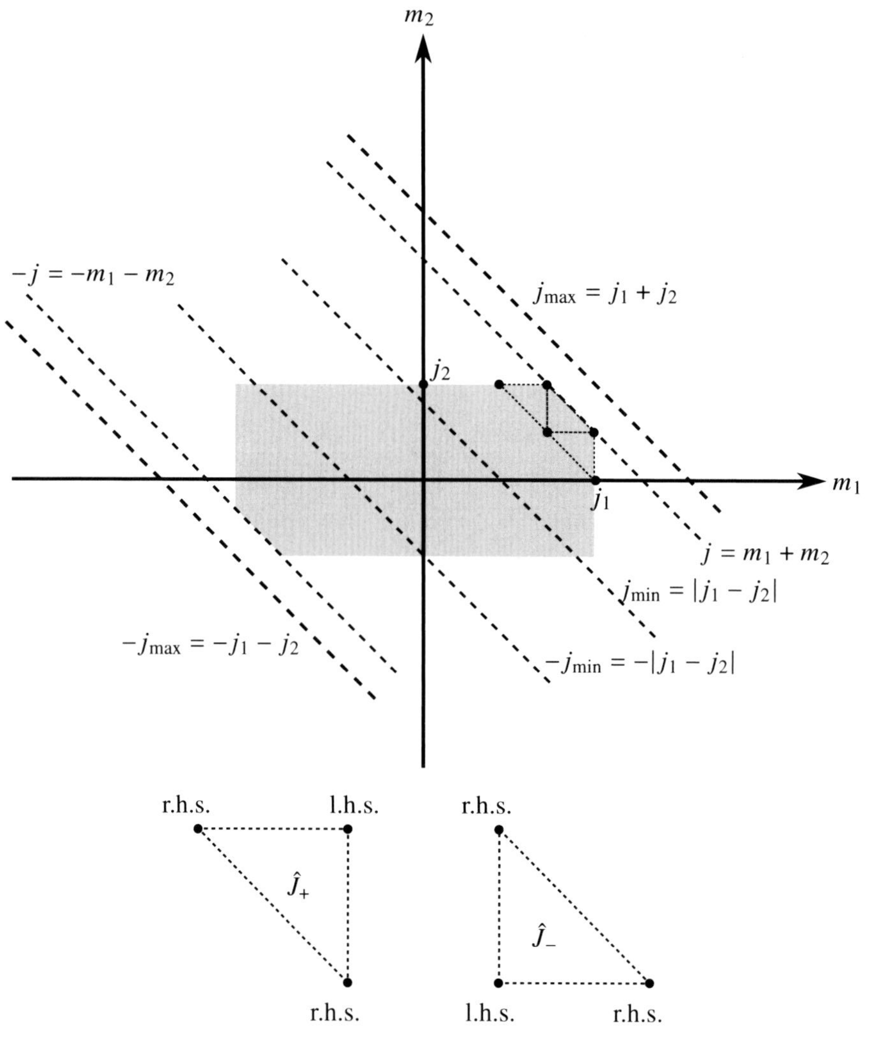

Abbildung 5.1: Geometrische Veranschaulichung der Bedeutung der Beziehung (37.7) für den „$\hat{J}_-$"-Fall beziehungsweise (37.8) für den „$\hat{J}_+$"-Fall der Rekursionsrelation (37.6). Für gegebenes $j = m_1 + m_2$ mit $j_{\min} \leq j \leq j_{\max}$ lassen sich die Clebsch–Gordan-Koeffizienten innerhalb der grauen Fläche nacheinander berechnen, indem (37.7,37.8) abwechselnd angewandt werden, so dass die Dreiecke am Ende die gesamte graue Fläche bedecken.

betrachten und die Operatoren $\hat{J}_\pm$ wieder einmal nach rechts und einmal nach links wirken lassen. Wir werden dann anstatt auf (37.6) auf die Relation

$$\begin{aligned}\sqrt{(j \mp m \pm 1)(j \pm m + 1 \mp 1)}C^{j_1,j_2,j}_{m_1,m_2,m} = \\ \sqrt{(j_1 \pm m_1)(j_1 \mp m_1 + 1)}C^{j_1,j_2,j}_{m_1 \mp 1,m_2,m\mp 1} \\ + \sqrt{(j_2 \pm m_2)(j_2 \mp m_2 + 1)}C^{j_1,j_2,j}_{m_1,m_2\mp 1,m\mp 1}\end{aligned} \tag{37.14}$$

geführt, mit $m_1 + m_2 = m$.

Kopplung von zwei Spin-$\frac{1}{2}$-Systemen

Als einen wichtigen Anwendungsfall wollen wir die Kopplung von zwei Spin-$\frac{1}{2}$-Drehimpulsen betrachten, die beispielsweise bei der Betrachtung des Wasserstoffatoms im Grundzustand eine Rolle spielt. Dann besitzt das Elektron keinen Bahndrehimpuls, und es koppeln nur die beiden Spins des Elektrons und des Protons.

Da nun $j_1 = j_2 = \frac{1}{2}$, kann j zwei mögliche Werte annehmen: $j = 0$ oder $j = 1$. In Kurzschreibweise:

$$\frac{\mathbf{1}}{\mathbf{2}} \otimes \frac{\mathbf{1}}{\mathbf{2}} = \mathbf{0} \oplus \mathbf{1}. \tag{37.15}$$

Im Falle $j = 0$ gibt es nur einen einzigen Zustand $|j, m\rangle = |0, 0\rangle$, er wird **Singulett-Zustand** genannt. Wir haben hier die Angabe von j_1, j_2 im Ket unterdrückt und wollen dies nun auch im Folgenden tun. Im Fall $j = 1$ gibt es drei mögliche Werte für m: $m \in \{-1, 0, 1\}$ und damit ein **Triplett-Zustand**: $\{\ |1,-1\rangle,\ |1,0\rangle,\ |1,1\rangle\ \}$. Wir wollen diese Eigenzustände von $\hat{\boldsymbol{J}}^2$ und $\hat{J}_z$ nun in der Basis $\{\ |\frac{1}{2}, \frac{1}{2}; m_1, m_2\rangle\ \}$ darstellen.

Diese Darstellung liefert (36.48):

$$|j, m\rangle = \sum_{m_1=-1/2}^{1/2} \sum_{m_2=-1/2}^{1/2} C^{1/2,1/2,j}_{m_1,m_2,m}\, |\tfrac{1}{2}, \tfrac{1}{2}; m_1, m_2\rangle\,, \tag{37.16}$$

mit

$$C^{1/2,1/2,j}_{m_1,m_2,m} = \langle\tfrac{1}{2}, \tfrac{1}{2}; m_1, m_2|j, m\rangle$$

und

$$m_1 + m_2 \stackrel{!}{=} m.$$

Für den Singulett- und Triplett-Fall jeweils angewandt, führt das auf:

$$\text{Fall } j = 0{:}\quad |0,0\rangle = C^{1/2,1/2,0}_{1/2,-1/2,0}\, |\tfrac{1}{2}, \tfrac{1}{2}; \tfrac{1}{2}, -\tfrac{1}{2}\rangle + C^{1/2,1/2,0}_{-1/2,1/2,0}\, |\tfrac{1}{2}, \tfrac{1}{2}; -\tfrac{1}{2}, \tfrac{1}{2}\rangle\,, \tag{37.17}$$

$$\text{Fall } j = 1{:}\quad |1,1\rangle = C^{1/2,1/2,1}_{1/2,1/2,1}\, |\tfrac{1}{2}, \tfrac{1}{2}; \tfrac{1}{2}, \tfrac{1}{2}\rangle\,, \tag{37.18}$$

$$|1,0\rangle = C^{1/2,1/2,1}_{1/2,-1/2,0}\, |\tfrac{1}{2}, \tfrac{1}{2}; \tfrac{1}{2}, -\tfrac{1}{2}\rangle + C^{1/2,1/2,1}_{-1/2,1/2,0}\, |\tfrac{1}{2}, \tfrac{1}{2}; -\tfrac{1}{2}, \tfrac{1}{2}\rangle\,, \tag{37.19}$$

$$|1,-1\rangle = C^{1/2,1/2,1}_{-1/2,-1/2,-1}\, |\tfrac{1}{2}, \tfrac{1}{2}; -\tfrac{1}{2}, -\tfrac{1}{2}\rangle\,. \tag{37.20}$$

Die Koeffizienten $C^{1/2,1/2,1}_{1/2,1/2,1}$ und $C^{1/2,1/2,1}_{-1/2,-1/2,-1}$ sind wegen (37.1) bereits trivial zu 1 bestimmt, es verbleibt, die anderen vier Clebsch–Gordan-Koeffizienten zu $m = 0$ zu bestimmen. Dazu verwenden wir die Rekursionsrelationen (37.6): setzen wir $j = m = 0$ und $m_1 = m_2 = \frac{1}{2}$ in (37.6) für den „$\hat{J}_+$"-Fall ein, erhalten wir:

$$C^{1/2,1/2,0}_{1/2,-1/2,0} = -C^{1/2,1/2,0}_{-1/2,1/2,0}$$

einerseits, und wegen (36.53) muss andererseits sein:

$$\left(C^{1/2,1/2,0}_{1/2,-1/2,0}\right)^2 + \left(C^{1/2,1/2,0}_{-1/2,1/2,0}\right)^2 = 1.$$

Mit der weiter oben erklärten Phasenkonvention, dass $C^{j_1,j_2,j}_{j_1,j-j_1,j}$ positiv und reellwertig sein soll, erhalten wir so:

$$C^{1/2,1/2,0}_{1/2,-1/2,0} = \frac{1}{\sqrt{2}},$$
$$C^{1/2,1/2,0}_{-1/2,1/2,0} = -\frac{1}{\sqrt{2}}.$$

Setzen wir hingegen $j = m = 1$ und jeweils $m_1 = -m_2 = \frac{1}{2}$ beziehungsweise $m_1 = -m_2 = -\frac{1}{2}$ in (37.6) für den „$\hat{J}_-$"-Fall ein für den „$\hat{J}_+$"-Fall), erhalten wir jeweils:

$$\sqrt{2}C^{1/2,1/2,1}_{1/2,-1/2,0} = C^{1/2,1/2,1}_{1/2,1/2,1}$$

und

$$\sqrt{2}C^{1/2,1/2,1}_{-1/2,1/2,0} = C^{1/2,1/2,1}_{1/2,1/2,1},$$

so dass also

$$C^{1/2,1/2,1}_{1/2,-1/2,0} = C^{1/2,1/2,1}_{-1/2,1/2,0} = \frac{1}{\sqrt{2}}.$$

Alternativ hätten wir auch $j = 1$, $m = 0$ und jeweils $m_1 = -m_2 = \frac{1}{2}$ beziehungsweise $m_1 = -m_2 = -\frac{1}{2}$ in (37.14) ür den „$\hat{J}_+$"-Fall einsetzen können und wären auf

$$\sqrt{2}C^{1/2,1/2,1}_{1/2,-1/2,0} = C^{1/2,1/2,1}_{-1/2,-1/2,-1}$$

und

$$\sqrt{2}C^{1/2,1/2,1}_{-1/2,1/2,0} = C^{1/2,1/2,1}_{-1/2,-1/2,-1}$$

gestoßen, was zum selben Ergebnis geführt hätte.

Damit gilt für das Zustands-Singulett beziehungsweise -Triplett:

$$\text{Fall } j = 0: \quad |0,0\rangle = \frac{1}{\sqrt{2}}\left(|\tfrac{1}{2},\tfrac{1}{2};\tfrac{1}{2},-\tfrac{1}{2}\rangle - |\tfrac{1}{2},\tfrac{1}{2};-\tfrac{1}{2},\tfrac{1}{2}\rangle\right), \tag{37.21}$$

$$\text{Fall } j = 1: \quad |1,1\rangle = |\tfrac{1}{2},\tfrac{1}{2};\tfrac{1}{2},\tfrac{1}{2}\rangle, \tag{37.22}$$

$$|1,0\rangle = \frac{1}{\sqrt{2}}\left(|\tfrac{1}{2},\tfrac{1}{2};\tfrac{1}{2},-\tfrac{1}{2}\rangle + |\tfrac{1}{2},\tfrac{1}{2};-\tfrac{1}{2},\tfrac{1}{2}\rangle\right), \tag{37.23}$$

$$|1,-1\rangle = |\tfrac{1}{2},\tfrac{1}{2};-\tfrac{1}{2},-\tfrac{1}{2}\rangle. \tag{37.24}$$

Wir können (37.21–37.24) auch in Matrixform schreiben:

$$\begin{pmatrix} |0,0\rangle \\ |1,1\rangle \\ |1,0\rangle \\ |1,-1\rangle \end{pmatrix} = \begin{pmatrix} 0 & 1/\sqrt{2} & -1/\sqrt{2} & 0 \\ 1 & 0 & 0 & 0 \\ 0 & 1/\sqrt{2} & 1/\sqrt{2} & 0 \\ 0 & 0 & 0 & 1 \end{pmatrix} \begin{pmatrix} |\tfrac{1}{2},\tfrac{1}{2};\tfrac{1}{2},\tfrac{1}{2}\rangle \\ |\tfrac{1}{2},\tfrac{1}{2};\tfrac{1}{2},-\tfrac{1}{2}\rangle \\ |\tfrac{1}{2},\tfrac{1}{2};-\tfrac{1}{2},\tfrac{1}{2}\rangle \\ |\tfrac{1}{2},\tfrac{1}{2};-\tfrac{1}{2},-\tfrac{1}{2}\rangle \end{pmatrix}, \tag{37.25}$$

und es ist ein einfaches zu sehen, dass die Transformationsmatrix unitär ist, wie es sein soll.

Spin-Bahn-Kopplung mit $j_1 = l$ und $j_2 = s = \frac{1}{2}$
Ein weiterer wichtiger Anwendungsfall ist die **Spin-Bahn-Kopplung**, sprich es interessieren uns die Clebsch–Gordan-Koeffizienten für den in der Atomphysik häufigen Fall, dass der Spin eines Elektrons mit $s = \frac{1}{2}$ an den Bahndrehimpuls mit Quantenzahl l koppelt:

$$\hat{\boldsymbol{J}} = \hat{\boldsymbol{L}} + \hat{\boldsymbol{S}}.$$

Es ist also $j_1 = l$ (ganzzahlig), $m_1 = m_l$, $j_2 = s = \frac{1}{2}$ und $m_2 = m_s = \pm\frac{1}{2}$. Die erlaubten Werte von j gemäß (36.47) sind dann $j = l \pm \frac{1}{2}$, wobei wir im Folgenden davon ausgehen, dass $l > 0$ ist und den trivialen Fall $l = 0$ ausschließen wollen.

Dann gibt es zwei Fälle: $j = l + \frac{1}{2}$ mit $2(l+1)$ Eigenzuständen $|l + \frac{1}{2}, m\rangle$ und $j = l - \frac{1}{2}$ mit $2l$ Eigenzuständen $|l - \frac{1}{2}, m\rangle$. Oder in abstrakter Notation:

$$\mathbf{l} \otimes \frac{\mathbf{1}}{\mathbf{2}} = \left(\mathbf{l} - \frac{\mathbf{1}}{\mathbf{2}}\right) \oplus \left(\mathbf{l} + \frac{\mathbf{1}}{\mathbf{2}}\right). \tag{37.26}$$

Wir betrachten nun die zwei Fälle im Einzelnen.

- Fall $j = l + \frac{1}{2}$: Wenden wir (36.48) auf den Fall $j = l + \frac{1}{2}$ an, haben wir

$$\begin{aligned} |l + \tfrac{1}{2}, m\rangle &= \sum_{m_l=-l}^{l} \sum_{m_s=-1/2}^{1/2} C^{l,1/2,l+1/2}_{m_l,m_s,m} |l,\tfrac{1}{2}; m_l, m_s\rangle \\ &= \sum_{m_l} C^{l,1/2,l+1/2}_{m_l,-1/2,m} |l,\tfrac{1}{2}; m_l, -\tfrac{1}{2}\rangle + \sum_{m_l} C^{l,1/2,l+1/2}_{m_l,1/2,m} |l,\tfrac{1}{2}; m_l, \tfrac{1}{2}\rangle, \end{aligned}$$

wobei $m_l + m_s = m$ gelten muss, so dass wir weiter schreiben können:

$$|l + \tfrac{1}{2}, m\rangle = C^{l,1/2,l+1/2}_{m+1/2,-1/2,m} \, |l, \tfrac{1}{2}; m + \tfrac{1}{2}, -\tfrac{1}{2}\rangle + C^{l,1/2,l+1/2}_{m-1/2,1/2,m} \, |l, \tfrac{1}{2}; m - \tfrac{1}{2}, \tfrac{1}{2}\rangle \,. \qquad (37.27)$$

Wir müssen also $C^{l,1/2,l+1/2}_{m+1/2,-1/2,m}$ und $C^{l,1/2,l+1/2}_{m-1/2,1/2,m}$ berechnen. Beginnen wir zunächst mit $C^{l,1/2,l+1/2}_{m+1/2,-1/2,m}$: setzen wir $j = l + \frac{1}{2}$, $j_1 = l$, $j_2 = \frac{1}{2}$, $m_1 + m = \frac{1}{2}$, $m_2 = -\frac{1}{2}$ in den $\hat{J}_+$-Fall von (37.14) ein, erhalten wir:

$$\sqrt{\left(l - m + \frac{3}{2}\right)\left(l + m + \frac{1}{2}\right)} C^{l,1/2,l+1/2}_{m+1/2,-1/2,m} = \sqrt{\left(l + m + \frac{1}{2}\right)\left(l - m + \frac{1}{2}\right)} C^{l,1/2,l+1/2}_{m-1/2,-1/2,m-1},$$

beziehungsweise

$$C^{l,1/2,l+1/2}_{m+1/2,-1/2,m} = \sqrt{\frac{l - m + \frac{1}{2}}{l - m + \frac{3}{2}}} C^{l,1/2,l+1/2}_{m-1/2,-1/2,m-1}.$$

Wir können nun rekursiv vorgehen und $C^{l,1/2,l+1/2}_{m-1/2,-1/2,m-1}$ durch $C^{l,1/2,l+1/2}_{m-3/2,-1/2,m-2}$ ausdrücken, so dass sich folgende Beziehung ergibt:

$$C^{l,1/2,l+1/2}_{m+1/2,-1/2,m} = \sqrt{\frac{l - m + \frac{1}{2}}{l - m + \frac{3}{2}}} \sqrt{\frac{l - m + \frac{3}{2}}{l - m + \frac{5}{2}}} C^{l,1/2,l+1/2}_{m-3/2,-1/2,m-2}.$$

Wir setzen dies fort, bis m seinen niedrigsten Wert $m = -l - \frac{1}{2}$ erreicht hat:

$$C^{l,1/2,l+1/2}_{m+1/2,-1/2,m} = \sqrt{\frac{l - m + \frac{1}{2}}{l - m + \frac{3}{2}}} \sqrt{\frac{l - m + \frac{3}{2}}{l - m + \frac{5}{2}}} \times \cdots \times \sqrt{\frac{2l}{2l + 1}} C^{l,1/2,l+1/2}_{-l,-1/2,-l-1/2},$$

beziehungsweise

$$C^{l,1/2,l+1/2}_{m+1/2,-1/2,m} = \sqrt{\frac{l - m + \frac{1}{2}}{2l + 1}}, \qquad (37.28)$$

unter Ausnutzung von (37.1).

Wenden wir uns nun dem zweiten Koeffizienten $C^{l,1/2,l+1/2}_{m-1/2,1/2,m}$ zu. Dessen Berechnung können wir auf zwei Arten durchführen: entweder wir gehen wie oben vor und starten mit $j = l + \frac{1}{2}$, $j_1 = l$, $j_2 = \frac{1}{2}$, $m_1 = m - \frac{1}{2}$, $m_2 = \frac{1}{2}$ in (37.14) und hangeln uns wieder rekursiv durch. Alternativ können wir auch das Ergebnis (37.28) in (37.27) einsetzen und dann die Normen der Kets berechnen, so dass wir erhalten:

$$1 = \frac{l - m + \frac{1}{2}}{2l + 1} + \left| C^{l,1/2,l+1/2}_{m-1/2,1/2,m} \right|^2 ,$$

wobei wir wieder die Normierung aller Kets vorausgesetzt haben. Da der Clebsch–Gordan-Koeffizient $C^{l,1/2,l+1/2}_{m-1/2,1/2,m}$ reell sein soll, muss sein:

$$C^{l,1/2,l+1/2}_{m-1/2,1/2,m} = \sqrt{\frac{l + m + \frac{1}{2}}{2l + 1}} . \tag{37.29}$$

Damit haben wir den finalen Ausdruck für (37.27) erhalten:

$$|l + \tfrac{1}{2}, m\rangle = \sqrt{\frac{l - m + \frac{1}{2}}{2l + 1}}\, |l, \tfrac{1}{2}; m + \tfrac{1}{2}, -\tfrac{1}{2}\rangle + \sqrt{\frac{l + m + \frac{1}{2}}{2l + 1}}\, |l, \tfrac{1}{2}; m - \tfrac{1}{2}, \tfrac{1}{2}\rangle , \tag{37.30}$$

mit $-l - \frac{1}{2} \leq m \leq l + \frac{1}{2}$.

- Fall $j = l - \frac{1}{2}$: Für jeden Eigenzustand der Form $|l - \frac{1}{2}, m\rangle$ gilt wieder wegen (36.48), und nach Berücksichtigung von $m_l + m_s = m$:

$$|l - \tfrac{1}{2}, m\rangle = C^{l,1/2,l-1/2}_{m+1/2,-1/2,m}\, |l, \tfrac{1}{2}; m + \tfrac{1}{2}, -\tfrac{1}{2}\rangle + C^{l,1/2,l-1/2}_{m-1/2,1/2,m}\, |l, \tfrac{1}{2}; m - \tfrac{1}{2}, \tfrac{1}{2}\rangle . \tag{37.31}$$

Die beiden Clebsch–Gordan-Koeffizienten können auf die gleiche Weise wie im Fall $j = l + \frac{1}{2}$ berechnet werden, so dass Ende als Ergebnis herauskommt:

$$|l - \tfrac{1}{2}, m\rangle = \sqrt{\frac{l + m + \frac{1}{2}}{2l + 1}}\, |l, \tfrac{1}{2}; m + \tfrac{1}{2}, -\tfrac{1}{2}\rangle - \sqrt{\frac{l - m + \frac{1}{2}}{2l + 1}}\, |l, \tfrac{1}{2}; m - \tfrac{1}{2}, \tfrac{1}{2}\rangle , \tag{37.32}$$

mit $-l + \frac{1}{2} \leq m \leq l - \frac{1}{2}$.

Kombinieren wir (37.30) und (37.32), erhalten wir so:

$$|l \pm \tfrac{1}{2}, m\rangle = \sqrt{\frac{l \mp m + \frac{1}{2}}{2l + 1}}\, |l, \tfrac{1}{2}; m + \tfrac{1}{2}, -\tfrac{1}{2}\rangle \pm \sqrt{\frac{l \pm m + \frac{1}{2}}{2l + 1}}\, |l, \tfrac{1}{2}; m - \tfrac{1}{2}, \tfrac{1}{2}\rangle . \tag{37.33}$$

Die Eigenwerte von $\hat{\boldsymbol{J}}^2, \hat{\boldsymbol{L}}^2, \hat{\boldsymbol{S}}^2, \hat{J}_z$ sind dabei jeweils $\hbar^2 j(j+1), \hbar^2 l(l+1), \hbar^2 s(s+1) = 3\hbar^2/4, \hbar m$. $|l \pm \frac{1}{2}, m\rangle$ ist wegen (36.27) auch Eigenzustand von $\hat{\boldsymbol{L}} \cdot \hat{\boldsymbol{S}}$, mit den Eigenwerten:

$$\frac{\hbar^2}{2}\left[j(j+1) - l(l+1) - \frac{3}{4} \right] = \begin{cases} \frac{1}{2} l \hbar^2 & (\text{für } j = l + \frac{1}{2}) \\ -\frac{1}{2}(l+1)\hbar^2 & (\text{für } j = l - \frac{1}{2}) \end{cases} . \tag{37.34}$$

Da die Eigenzustände $|l, \frac{1}{2}; m+\frac{1}{2}, -\frac{1}{2}\rangle$ und $|l, \frac{1}{2}; m-\frac{1}{2}, \frac{1}{2}\rangle$ direkte Produkte der Eigenzustände von $\hat{\boldsymbol{L}}^2$, $\hat{L}_z$ und der Eigenzustände von $\hat{\boldsymbol{S}}^2$, $\hat{S}_z$ sind, kann (37.33) geschrieben werden als:

$$|l \pm \tfrac{1}{2}, m\rangle = \sqrt{\frac{l \mp m + \frac{1}{2}}{2l+1}}\, |l, m+\tfrac{1}{2}\rangle \otimes \underbrace{|\tfrac{1}{2}, -\tfrac{1}{2}\rangle}_{|-\rangle} \pm \sqrt{\frac{l \pm m + \frac{1}{2}}{2l+1}}\, |l, m-\tfrac{1}{2}\rangle \otimes \underbrace{|\tfrac{1}{2}, \tfrac{1}{2}\rangle}_{|+\rangle} . \tag{37.35}$$

Führen wir die **spinoriellen Kugelflächenfunktionen**

$$\mathcal{Y}_{lm}^{(j=l\pm\frac{1}{2})}(\theta, \phi) = \langle \boldsymbol{n} | l \pm \tfrac{1}{2}, m\rangle \tag{37.36}$$

$$= \sqrt{\frac{l \mp m + \frac{1}{2}}{2l+1}}\, \mathrm{Y}_{l,m+1/2}(\theta, \phi)\, |-\rangle \pm \sqrt{\frac{l \pm m + \frac{1}{2}}{2l+1}}\, \mathrm{Y}_{l,m-1/2}(\theta, \phi)\, |+\rangle$$

$$= \frac{1}{\sqrt{2l+1}} \begin{pmatrix} \pm\sqrt{l \pm m + \frac{1}{2}}\, \mathrm{Y}_{l,m-1/2}(\theta, \phi) \\ \sqrt{l \mp m + \frac{1}{2}}\, \mathrm{Y}_{l,m+1/2}(\theta, \phi) \end{pmatrix} \tag{37.37}$$

mit halbzahligem m ein, so können wir die Eigenzustände $|l \pm \frac{1}{2}, m\rangle$ von $\hat{\boldsymbol{J}}^2, \hat{\boldsymbol{L}}^2, \hat{\boldsymbol{S}}^2, \hat{J}_z$ – genauer: den Ortsanteil – in Ortsdarstellung schreiben:

$$\langle \boldsymbol{n} | l \pm \tfrac{1}{2}, m\rangle = \mathcal{Y}_{lm}^{(j=l\pm\frac{1}{2})}(\theta, \phi), \tag{37.38}$$

mit halbzahligem m. Wir werden die Spin-Bahn-Kopplung und ihren Korrekturbeitrag zur Feinstruktur des Wasserstoffatoms in Abschnitt III-4 eingehender betrachten.

Wignersche 3j-Symbole und geschlossene Ausdrücke für beliebige Koeffizienten
Für verschiedene Anwendungen stellt sich die Verwendung der Clebsch–Gordan-Koeffizienten als sehr schwerfällig und fehleranfällig dar. Insbesondere sind die verschiedenen Symmetrierelationen zwischen ihnen nicht besonders deutlich sichtbar. Eine alternative Notation bieten die **Wignerschen 3j-Symbole**, die definiert sind durch:

$$\begin{pmatrix} j_1 & j_2 & j_3 \\ m_1 & m_2 & m_3 \end{pmatrix} := \frac{(-1)^{j_1-j_2-m_3}}{\sqrt{2j_3+1}} C_{m_1,m_2,m_3}^{j_1,j_2,j_3}. \tag{37.39}$$

Mit ihnen kann die Vertauschungsrelation (37.9) wie folgt geschrieben werden:

$$\begin{aligned} \begin{pmatrix} j_1 & j_2 & j_3 \\ m_1 & m_2 & m_3 \end{pmatrix} &= (-1)^{j_1+j_2+j_3} \begin{pmatrix} j_2 & j_1 & j_3 \\ m_2 & m_1 & m_3 \end{pmatrix} \\ &= (-1)^{j_1+j_2+j_3} \begin{pmatrix} j_1 & j_2 & j_3 \\ -m_1 & -m_2 & -m_3 \end{pmatrix} \\ &= \begin{pmatrix} j_1 & j_2 & j_3 \\ -m_2 & -m_1 & -m_3 \end{pmatrix} . \end{aligned} \tag{37.40}$$

Die 3j-Symbole sind invariant unter der zyklischen Vertauschung der Spalten:

$$\begin{pmatrix} j_1 & j_2 & j_3 \\ m_1 & m_2 & m_3 \end{pmatrix} = \begin{pmatrix} j_2 & j_3 & j_1 \\ m_2 & m_3 & m_1 \end{pmatrix} = \begin{pmatrix} j_3 & j_1 & j_2 \\ m_3 & m_1 & m_3 \end{pmatrix}. \tag{37.41}$$

In geschlossener Form kann das allgemeine 3j-Symbol (und damit auch der allgemeine Clebsch–Gordan-Koeffizient) durch die **Racah-Formel** ausgedrückt werden:

$$\begin{aligned} \begin{pmatrix} j_1 & j_2 & j_3 \\ m_1 & m_2 & m_3 \end{pmatrix} &= \sqrt{\frac{(j_1+j_2-j_3)!(j_1-j_2+j_3)!(-j_1+j_2+j_3)!}{(j_1+j_2+j_3+1)!}} \\ &\quad \times \sqrt{(j_1+m_1)!(j_1-m_1)!(j_2+m_2)!(j_2-m_2)!(j_3+m_3)!(j_3-m_3)!} \\ \times \sum_{z\in\mathbb{N}} & \frac{(-1)^{z+j_1-j_2-m_3}}{z!(j_1+j_2-j_3-z)!(j_1-m_1-z)!(j_2+m_2-z)!(j_3-j_2+m_1+z)!(j_3-j_1-m_2+z)!}, \end{aligned}$$

benannt nach dem italienisch-israelischen Physiker und Mathematiker Giulio Racah. Die Summe geht hierbei über alle Werte von z, bei denen die Fakultätsausdrücke im Nenner nicht negativ werden. Für einen Beweis der Formel siehe die weiterführende Literatur.

Für alle praktischen Belange wird heutzutage allerdings niemand mehr Clebsch–Gordan-Koeffizienten oder 3j-Symbole händisch berechnen, erst recht nicht bei der Kopplung von mehr als zwei Drehimpulsen. Es drängt sich geradezu auf, die Rekursionsrelation (37.6) in einem Computer-Algorithmus abzubilden und beliebige Clebsch–Gordan-Koeffizienten schnell und vor allem fehlerfrei berechnen zu lassen. Online finden sich beispielsweise *"Anthony Stone's Wigner coefficient calculator"* [Sto], und auch Wolfram|Alpha bietet einen *"Clebsch–Gordan Calculator"* [Wol].

38 Der Rotationsoperator und die Clebsch–Gordan-Reihe

In Abschnitt 7 haben wir die Matrixdarstellungen $D^{(j)}_{m',m}(\alpha,\beta,\gamma)$ des Rotationsoperators $\hat{U}(\alpha,\beta,\gamma)$ betrachtet und dies auf die Berechnung der nur von β abhängigen Funktionen $d^{(j)}_{m',m}(\beta)$ reduziert, die wir im einfachen Fall für $j=\frac{1}{2}$ berechnet haben.

Es sei $\hat{\boldsymbol{J}} = \hat{\boldsymbol{J}}_{(1)} + \hat{\boldsymbol{J}}_{(2)}$ nun ein zusammengesetzter Drehimpuls, und wir wollen einen Ausdruck für $d^{(j)}_{m',m}(\beta)$ in Abhängigkeit von $d^{(j_1)}_{m_1',m_1}(\beta)$ und $d^{(j_2)}_{m_2',m_2}(\beta)$ finden. Dazu erinnern wir an (7.17):

$$d^{(j)}_{m',m}(\beta) = \left\langle j,m' \middle| \exp\left(-\frac{\mathrm{i}}{\hbar}\beta\hat{J}_y\right) \middle| j,m \right\rangle, \tag{38.1}$$

wobei nun gilt:

$$|j,m\rangle = \sum_{m_1,m_2} C^{j_1,j_2,j}_{m_1,m_2,m}\,|j_1,j_2;m_1,m_2\rangle\,,$$
$$|j,m'\rangle = \sum_{m_1',m_2'} C^{j_1,j_2,j}_{m_1',m_2',m'}\,|j_1,j_2;m_1',m_2'\rangle\,,$$

wobei wieder $m_1+m_2=m$ und $m_1'+m_2'=m'$. Gleichung (38.1) lässt sich somit wie folgt schreiben:

$$\begin{aligned} d^{(j)}_{m',m}(\beta) = \sum_{m_1,m_2}\sum_{m_1',m_2'} & C^{j_1,j_2,j}_{m_1,m_2,m} C^{j_1,j_2,j}_{m_1',m_2',m'} \\ & \times \left\langle j_1,j_2;m_1',m_2' \middle| \exp\left(-\frac{\mathrm{i}}{\hbar}\beta\hat{J}_y\right) \middle| j_1,j_2;m_1,m_2 \right\rangle. \end{aligned} \tag{38.2}$$

Da $\hat{\boldsymbol{J}}_{(1)}$ und $\hat{\boldsymbol{J}}_{(2)}$ vertauschen, gilt:

$$\exp\left(-\frac{\mathrm{i}}{\hbar}\beta\hat{J}_y\right) = \exp\left(-\frac{\mathrm{i}}{\hbar}\beta\hat{J}_{(1),y}\right)\exp\left(-\frac{\mathrm{i}}{\hbar}\beta\hat{J}_{(2),y}\right), \tag{38.3}$$

und weil $|j_1,j_2;m_1,m_2\rangle$ beziehungsweise $|j_1,j_2;m_1',m_2'\rangle$ direkte Produktzustände sind, ist daher:

$$\begin{aligned} &\left\langle j_1,j_2;m_1',m_2' \middle| \exp\left(-\frac{\mathrm{i}}{\hbar}\beta\hat{J}_y\right) \middle| j_1,j_2;m_1,m_2 \right\rangle \\ &\quad = \underbrace{\left\langle j_1,m_1' \middle| \exp\left(-\frac{\mathrm{i}}{\hbar}\beta\hat{J}_{(1),y}\right) \middle| j_1,m_1 \right\rangle}_{d^{(j_1)}_{m_1',m_1}(\beta)} \underbrace{\left\langle j_2,m_2' \middle| \exp\left(-\frac{\mathrm{i}}{\hbar}\beta\hat{J}_{(2),y}\right) \middle| j_2,m_2 \right\rangle}_{d^{(j_2)}_{m_2',m_2}(\beta)}, \end{aligned} \tag{38.4}$$

so dass wir den finalen Ausdruck für $d^{(j)}_{m',m}(\beta)$ gefunden haben:

$$d^{(j)}_{m',m}(\beta) = \sum_{m_1,m_2}\sum_{m'_1,m'_2} C^{j_1,j_2,j}_{m_1,m_2,m} C^{j_1,j_2,j}_{m'_1,m'_2,m'} d^{(j_1)}_{m'_1,m_1}(\beta) d^{(j_2)}_{m'_2,m_2}(\beta), \tag{38.5}$$

mit $m = m_1 + m_2$ und $m' = m'_1 + m'_2$.

Dieser Ausdruck lässt sich leicht in einen Ausdruck für

$$D^{(j)}_{m',m}(\alpha,\beta,\gamma) = \mathrm{e}^{-\mathrm{i}(m'\alpha + m\gamma)} d^{(j)}_{m',m}(\beta)$$

umwandeln, da sich wegen $m = m_1 + m_2$ und $m' = m'_1 + m'_2$ die Exponentialausdrücke gegenseitig eliminieren:

$$D^{(j)}_{m',m}(\alpha,\beta,\gamma) = \sum_{m_1,m_2}\sum_{m'_1,m'_2} C^{j_1,j_2,j}_{m_1,m_2,m} C^{j_1,j_2,j}_{m'_1,m'_2,m'} D^{(j_1)}_{m'_1,m_1}(\alpha,\beta,\gamma) D^{(j_2)}_{m'_2,m_2}(\alpha,\beta,\gamma), \tag{38.6}$$

mit $m = m_1 + m_2$ und $m' = m'_1 + m'_2$.

Wir wollen abschließend noch die inverse Relation hierzu ausrechnen und (38.5) nach $d^{(j_1)}_{m'_1,m_1}(\beta) d^{(j_2)}_{m'_2,m_2}(\beta)$ beziehungsweise (38.6) nach $D^{(j_1)}_{m'_1,m_1}(\alpha,\beta,\gamma) D^{(j_2)}_{m'_2,m_2}(\alpha,\beta,\gamma)$ auflösen. Dazu verwenden wir als Ausgangspunkt (36.55) und verwenden wieder (38.3). Dann kann man unter Verwendung von (38.4) rechnen:

$$\begin{aligned} d^{(j_1)}_{m'_1,m_1}(\beta) d^{(j_2)}_{m'_2,m_2}(\beta) &= \left\langle j_1, j_2; m'_1, m'_2 \middle| \exp\left(-\frac{\mathrm{i}}{\hbar}\beta \hat{J}_y\right) \middle| j_1, j_2; m_1, m_2 \right\rangle \\ &= \sum_{j'=|j_1-j_2|}^{j_1+j_2} \sum_{m'=-j'}^{j'} \sum_{j=|j_1-j_2|}^{j_1+j_2} \sum_{m=-j}^{j} C^{j_1,j_2,j'}_{m'_1,m'_2,m'} C^{j_1,j_2,j}_{m_1,m_2,m} \\ &\qquad \times \underbrace{\left\langle j', m' \middle| \exp\left(-\frac{\mathrm{i}}{\hbar}\beta \hat{J}_y\right) \middle| j, m \right\rangle}_{d^{(j)}_{m',m}(\beta)\delta_{j',j}}. \end{aligned}$$

Also:

$$d^{(j_1)}_{m'_1,m_1}(\beta) d^{(j_2)}_{m'_2,m_2}(\beta) = \sum_{j=|j_1-j_2|}^{j_1+j_2} \sum_{m',m=-j}^{j} C^{j_1,j_2,j}_{m'_1,m'_2,m'} C^{j_1,j_2,j}_{m_1,m_2,m} d^{(j)}_{m',m}(\beta), \tag{38.7}$$

woraus sich direkt wieder

$$\begin{aligned} &D^{(j_1)}_{m'_1,m_1}(\alpha,\beta,\gamma) D^{(j_2)}_{m'_2,m_2}(\alpha,\beta,\gamma) = \\ &\qquad \sum_{j=|j_1-j_2|}^{j_1+j_2} \sum_{m',m=-j}^{j} C^{j_1,j_2,j}_{m'_1,m'_2,m'} C^{j_1,j_2,j}_{m_1,m_2,m} D^{(j)}_{m',m}(\alpha,\beta,\gamma), \end{aligned} \tag{38.8}$$

ergibt. Diese Summe wird **Clebsch–Gordan-Reihe** genannt. Sie beschreibt, wie das Operatorprodukt $\hat{D}^{(j_1)} \otimes \hat{D}^{(j_2)}$ zerfällt in eine Summe aus irreduziblen Darstellungen der Rotationsgruppe $\hat{D}^{(j)}$ und gibt die entsprechenden Wigner-Funktionen an, entsprechend der Zerlegung von $\mathcal{H} = \mathcal{H}_1 \otimes \mathcal{H}_2$ in invariante Unterräume unter der Wirkung von Rotationen (vergleiche Abschnitt 36). Mit $\mathcal{H}_1 = \mathcal{H}^{(j_1)}$ und $\mathcal{H}_2 = \mathcal{H}^{(j_2)}$:

$$\mathcal{H}^{(j_1)} \otimes \mathcal{H}^{(j_1)} = \bigoplus_{j=|j_1-j_2|}^{j_1+j_2} \mathcal{H}^{(j)}. \tag{38.9}$$

Eine sehr häufig vorkommende mnemonische Schreibweise bedient sich der Dimension der jeweiligen Unterräume zur Kennzeichnung, also beispielsweise für die Kopplung zweier Spin-$\frac{1}{2}$-Drehimpulse:

$$\mathbf{2} \otimes \mathbf{2} = \mathbf{1} \oplus \mathbf{3}. \tag{38.10}$$

Eine andere häufig vorkommende Schreibweise mit Kennzeichung über j_1, j_2, j haben wir in (37.15) und (37.26) verwendet. Die Notation (38.10) besitzt aber allgemeineren Charakter und findet sich auch in der Darstellungstheorie anderer Symmetriegruppen wie der algemeinen $SU(N)$ wieder.

Die Clebsch–Gordan-Reihe besitzt eine wichtige Anwendung bei Integralen mit drei Kugelflächenfunktionen. Wenn nämlich $j_1 = l_1$ und $j_2 = l_2$ jeweils ganzzahlig sind und $m_1 = m_2 = m = 0$, dann wird aus (38.8) zunächst:

$$D^{(l_1)}_{m'_1,0}(\alpha,\beta,\gamma) D^{(l_2)}_{m'_2,0}(\alpha,\beta,\gamma) = \sum_{l=|l_1-l_2|}^{l_1+l_2} \sum_{m'=-l}^{l} C^{l_1,l_2,l}_{m'_1,m'_2,m'} C^{l_1,l_2,l}_{0,0,0} D^{(l)}_{m',0}(\alpha,\beta,\gamma). \tag{38.11}$$

Erinnern wir uns nun an (7.26), dann ist:

$$D^{(l)}_{m,0}(\alpha,\beta,\gamma) = \sqrt{\frac{4\pi}{2l+1}} \mathrm{Y}^*_{lm}(\beta,\alpha),$$

so dass aus (38.11) wird (wir haben den Strich nun fallengelassen und beide Seiten komplex konjugiert):

$$\mathrm{Y}_{l_1 m_1}(\beta,\alpha) \mathrm{Y}_{l_2 m_2}(\beta,\alpha) = \sum_{l=|l_1-l_2|}^{l_1+l_2} \sum_{m=-l}^{l} \sqrt{\frac{(2l_1+1)(2l_2+1)}{4\pi(2l+1)}} C^{l_1,l_2,l}_{m_1,m_2,m} C^{l_1,l_2,l}_{0,0,0} \mathrm{Y}_{lm}(\beta,\alpha). \tag{38.12}$$

Multiplizieren wir nun beide Seiten mit $\mathrm{Y}^*_{lm}(\beta,\alpha)$, führen die Umbenennung $\alpha \longrightarrow \phi, \beta \longrightarrow \theta$ durch und integrieren über ϕ und θ, so wird daraus schlussendlich wegen der Normierung (3.60):

$$\int_0^{2\pi} \mathrm{d}\phi \int_0^{\pi} \mathrm{Y}^*_{lm}(\theta,\phi) \mathrm{Y}_{l_1 m_1}(\theta,\phi) \mathrm{Y}_{l_2 m_2}(\theta,\phi) \sin\theta \mathrm{d}\theta =$$

$$\sqrt{\frac{(2l_1+1)(2l_2+1)}{4\pi(2l+1)}} C^{l_1,l_2,l}_{m_1,m_2,m} C^{l_1,l_2,l}_{0,0,0}.$$

oder kurz:

$$\int_{S^2} \mathrm{Y}_{lm}^*(\theta,\phi)\mathrm{Y}_{l_1m_1}(\theta,\phi)\mathrm{Y}_{l_2m_2}(\theta,\phi)\mathrm{d}\Omega = \sqrt{\frac{(2l_1+1)(2l_2+1)}{4\pi(2l+1)}}C^{l_1,l_2,l}_{m_1,m_2,m}C^{l_1,l_2,l}_{0,0,0}\,. \tag{38.13}$$

39 Irreduzible Tensoroperatoren in sphärischer Darstellung

In diesem Abschnitt untersuchen wir, wie sich verschiedene Observable unter Drehungen transformieren. Die für viele Belange selbstverständlich vollkommen nützliche und übliche kartesische Darstellung von Tensoren ist für die Betrachtung von Transformationseigenschaften unter Rotationen nicht optimal. Vielmehr ist die **sphärische Darstellung** von Tensoroperatoren am geeignetsten, die Diskussionen über die irreduziblen Darstellungen der Rotationsgruppe aus Abschnitt 7 fortzuführen.

Wir betrachten dafür zunächst eine beliebige Observable $\hat{O}$. Bei einer infinitesimalen (passiven!) Rotation $\hat{U}(\delta\boldsymbol{\phi})$ transformiert sich $\hat{O}$ wie folgt (vergleiche (14.5)):

$$\hat{O}' = \hat{U}(\delta\boldsymbol{\phi})\hat{O}\hat{U}^\dagger(\delta\boldsymbol{\phi}), \tag{39.1}$$

wobei $\hat{U}(\delta\boldsymbol{\phi})$ durch (6.18) gegeben ist:

$$\hat{U}(\delta\boldsymbol{\phi}) = \mathbb{1} - \frac{\mathrm{i}}{\hbar}\delta\phi\boldsymbol{n}\cdot\hat{\boldsymbol{J}}. \tag{39.2}$$

Setzen wir (39.2) in (39.1) ein, ergibt sich für $\hat{O}'$ bei einer infinitesimalen Rotation (wir behalten nur den Term erster Ordnung in $\delta\phi$):

$$\hat{O}' = \hat{O} + \frac{\mathrm{i}}{\hbar}\delta\phi[\hat{O}, \boldsymbol{n}\cdot\hat{\boldsymbol{J}}]. \tag{39.3}$$

Wir werden nun die Anwendung dieser Relation auf skalare, vektorielle und tensorielle Operatoren untersuchen, wobei wir diese jeweils erst einmal als solche definieren müssen.

Skalare Operatoren
Ein **skalarer Operator** $\hat{O}$ ist per Definition invariant unter Rotationen:

$$\hat{O}' = \hat{O}.$$

Dann folgt aus (39.3) zunächst:

$$[\hat{O}, \boldsymbol{n}\cdot\hat{\boldsymbol{J}}] = 0,$$

und damit:

$$[\hat{O}, \hat{J}_i] = 0 \quad (i = 1, 2, 3). \tag{39.4}$$

Ein skalarer Operator $\hat{O}$ kann nicht in weitere Bestandteile reduziert werden und stellt einen **irreduziblen Tensoroperator vom Rang** 0 dar.

Vektoroperatoren
Ein **Vektoroperator** $\hat{\boldsymbol{V}}$ transformiert sich gemäß den Transformationsregeln für Vektoren, wie wir sie aus der klassischen Mechanik kennen:

$$\hat{\boldsymbol{V}}' = \hat{\boldsymbol{V}} - \delta\phi(\boldsymbol{n}\times\hat{\boldsymbol{V}}),$$

woraus mit (39.3) dann zunächst folgt:

$$[\hat{\boldsymbol{V}}, \boldsymbol{n} \cdot \hat{\boldsymbol{J}}] = \mathrm{i}\hbar(\boldsymbol{n} \times \hat{\boldsymbol{V}}),$$

und damit

$$[\hat{V}_i, \hat{J}_j] = \mathrm{i}\hbar\epsilon_{ijk}\hat{V}_k \quad (i = 1, 2, 3). \tag{39.5}$$

Insbesondere gilt (39.5) für die Vektoroperatoren $\hat{\boldsymbol{r}}$, $\hat{\boldsymbol{p}}$ und $\hat{\boldsymbol{J}}$, wie wir bereits in Abschnitt 1 gesehen haben.

Wir führen nun die **sphärischen Komponenten** $\hat{V}_{-1}, \hat{V}_0, \hat{V}_1$ des Vektoroperators $\hat{\boldsymbol{V}}$ ein:

$$\hat{V}_{\pm 1} := \mp\frac{1}{\sqrt{2}}(\hat{V}_x \pm \mathrm{i}\hat{V}_y), \tag{39.6}$$

$$\hat{V}_0 := \hat{V}_z, \tag{39.7}$$

die an die Definition von (2.6) für $\hat{J}_\pm$ erinnern. Allerdings ist das Vorzeichen Konvention, weil im Folgenden üblicherweise Kommutatorrelationen betrachtet werden, in denen der Drehimpuls als linkes anstatt als rechtes Argument steht, und $1/\sqrt{2}$ eine hilfreiche Normierungskonstante darstellt. Dann lassen sich schnell die Kommutatorrelationen

$$[\hat{J}_x, \hat{V}_{\pm 1}] = \frac{1}{\sqrt{2}}\hbar\hat{V}_z, \tag{39.8}$$

$$[\hat{J}_y, \hat{V}_{\pm 1}] = \pm\frac{\mathrm{i}}{\sqrt{2}}\hbar\hat{V}_z, \tag{39.9}$$

$$[\hat{J}_z, \hat{V}_{\pm 1}] = \pm\hbar\hat{V}_{\pm 1} \tag{39.10}$$

ableiten, die wiederum mit $\hat{J}_\pm = \hat{J}_x \pm \mathrm{i}\hat{J}_y$ zu

$$[\hat{J}_\pm, \hat{V}_{\pm 1}] = 0, \tag{39.11}$$

$$[\hat{J}_\pm, \hat{V}_{\mp 1}] = \sqrt{2}\hbar\hat{V}_z \tag{39.12}$$

führen, so dass sich in dieser Darstellung aus (39.8–39.12) schnell die Kommutatorrelationen

$$\begin{aligned} [\hat{J}_z, \hat{V}_q] &= \hbar q\hat{V}_q, \\ [\hat{J}_\pm, \hat{V}_q] &= \hbar\sqrt{2 - q(q \pm 1)}\hat{V}_{q\pm 1} \end{aligned} \tag{39.13}$$

für $q \in \{-1, 0, +1\}$ ergeben.

Wir bezeichnen einen Vektoroperator $\hat{\boldsymbol{V}}$ als einen **(irreduziblen) Tensor vom Rang** 1 und führen in der sphärischen Darstellung die Notation $\hat{T}_q^{(1)} = \hat{V}_q$ ein, so dass wir (39.13) schreiben können als

$$\begin{aligned} [\hat{J}_z, \hat{T}_q^{(1)}] &= \hbar q\hat{T}_q^{(1)}, \\ [\hat{J}_\pm, \hat{T}_q^{(1)}] &= \hbar\sqrt{1(1+1) - q(q \pm 1)}\hat{T}_{q\pm 1}^{(1)} \end{aligned} \tag{39.14}$$

für $q \in \{-1, 0, +1\}$.

Für spätere Zwecke ist es hilfreich, den Ausdruck für ein Skalarprodukt wie $\hat{\boldsymbol{J}} \cdot \hat{\boldsymbol{V}}$ in sphärischen Komponenten zu kennen. Aus (39.6,39.7) folgt:

$$\hat{V}_x = -\frac{1}{\sqrt{2}}(\hat{V}_{+1} - \hat{V}_{-1}),$$

$$\hat{V}_y = \frac{\mathrm{i}}{\sqrt{2}}(\hat{V}_{+1} + \hat{V}_{-1}).$$

Damit ist

$$\hat{\boldsymbol{J}} \cdot \hat{\boldsymbol{V}} = \hat{J}_0\hat{V}_0 - \hat{J}_{+1}\hat{V}_{-1} - \hat{J}_{-1}\hat{V}_{+1}. \tag{39.15}$$

Tensoroperatoren vom Rang 2

In kartesischer Darstellung kann ein Tensor T_{ij} vom Rang 2 stets in drei irreduzible Bestandteile unter der Wirkung einer Rotation zerlegt werden:

$$T_{ij} = T_{ij}^{(0)} + T_{ij}^{(1)} + T_{ij}^{(2)}, \tag{39.16}$$

mit

$$T_{ij}^{(0)} = \frac{1}{3}\delta_{ij}\sum_{k=1}^{3} T_{kk} = \frac{1}{3}\delta_{ij}\,\mathrm{Tr}\,T, \tag{39.17}$$

$$T_{ij}^{(1)} = \frac{1}{2}(T_{ij} - T_{ji}) \quad (i \neq j), \tag{39.18}$$

$$T_{ij}^{(2)} = \frac{1}{2}(T_{ij} + T_{ji}) - T_{ij}^{(0)}. \tag{39.19}$$

Wie man sieht, ist $T_{ij}^{(0)}$ nichts anderes als die **normierte Spur** von T_{ij}, multipliziert mit der Identität, und damit ein irreduzibler Tensor vom Rang 0.

$T_{ij}^{(1)}$ besitzt 3 unabhängige Komponenten – genauso viele wie ein Vektor V_i – und stellt einen vollständig antisymmetrischen Tensor vom Rang 1 dar. Der Zusammenhang zwischen V_i und $T_{ij}^{(1)}$ ist

$$V_i = \epsilon_{ijk}T_{jk}^{(1)} \tag{39.20}$$

$$\Longleftrightarrow T_{lm}^{(1)} = \frac{1}{2}\epsilon_{ilm}V_i. \tag{39.21}$$

Die sphärische Darstellung haben wir bereits in (39.6,39.7) eingeführt.

$T_{ij}^{(2)}$ besitzt 5 unabhängige Komponenten und stellt einen vollständig symmetrischen, spurlosen Tensor vom Rang 2 dar. Als irreduzibler Bestandteil von T_{ij} unter der Wirkung von Rotationen ist $T_{ij}^{(2)}$ ein **irreduzibler Tensor vom Rang** 2.

Für einen Tensoroperator

$$\hat{T}_{ij} = \hat{A}_i\hat{B}_j,$$

vom Rang 2, der also als Produkt von zwei Vektoroperatoren $\hat{\boldsymbol{A}}, \hat{\boldsymbol{B}}$ geschrieben werden kann, lautet die sphärische Darstellung explizit (eine Begründung sowie eine systematische Konstruktionsvorschrift für irreduzible Tensoroperatoren beliebigen Rangs werden wir weiter unten herleiten):

$$\begin{aligned}
\hat{T}_0^{(2)} &:= \frac{1}{\sqrt{6}}(\hat{A}_+\hat{B}_- + \hat{A}_-\hat{B}_+ + 2\hat{A}_0\hat{B}_0) \\
&= \frac{1}{\sqrt{6}}(2\hat{A}_z\hat{B}_z - \hat{A}_x\hat{B}_x - \hat{A}_y\hat{B}_y), \\
\hat{T}_{\pm 1}^{(2)} &:= \frac{1}{\sqrt{2}}(\hat{A}_\pm\hat{B}_0 + \hat{A}_0\hat{B}_\pm) \\
&= \mp\frac{1}{2}\left[\hat{A}_x\hat{B}_z + \hat{A}_z\hat{B}_x \pm \mathrm{i}(\hat{A}_y\hat{B}_z + \hat{A}_z\hat{B}_y)\right], \\
\hat{T}_{\pm 2}^{(2)} &:= \hat{A}_\pm\hat{B}_\pm \\
&= \frac{1}{2}\left[\hat{A}_x\hat{B}_x - \hat{A}_y\hat{B}_y \pm \mathrm{i}(\hat{A}_x\hat{B}_y + \hat{A}_y\hat{B}_x)\right].
\end{aligned}$$

Für einen allgemeinen Tensoroperator vom Rang 2 definieren wir daher:

$$\hat{T}_0^{(2)} = \frac{1}{\sqrt{6}}(2\hat{T}_{33}^{(2)} - \hat{T}_{11}^{(2)} - \hat{T}_{22}^{(2)}), \tag{39.22}$$

$$\hat{T}_{\pm 1}^{(2)} = \mp\frac{1}{2}\left[\hat{T}_{13}^{(2)} + \hat{T}_{31}^{(2)} \pm \mathrm{i}(\hat{T}_{23}^{(2)} + \hat{T}_{32}^{(2)})\right], \tag{39.23}$$

$$\hat{T}_{\pm 2}^{(2)} = \frac{1}{2}\left[\hat{T}_{11}^{(2)} - \hat{T}_{22}^{(2)} \pm \mathrm{i}(\hat{T}_{12}^{(2)} + \hat{T}_{21}^{(2)})\right], \tag{39.24}$$

und es gelten die Vertauschungsregeln:

$$\begin{aligned}
[\hat{J}_z, \hat{T}_q^{(2)}] &= \hbar q \hat{T}_q^{(2)}, \\
[\hat{J}_\pm, \hat{T}_q^{(2)}] &= \hbar\sqrt{2(2+1) - q(q\pm 1)}\,\hat{T}_{q\pm 1}^{(2)},
\end{aligned} \tag{39.25}$$

für $q \in \{-2, -1, 0, +1, +2\}$.

Allgemeine Tensoroperatoren

Ein allgemeiner Tensor vom Rang k im dreidimensionalen Raum $\mathbb{R}^3$ besitzt 3^k Komponenten und lässt sich stets in irreduzible Bestandteile zerlegen, wobei mit zunehmendem Rang immer weitere irreduzible Bestandteile hinzukommen. Die $(2k+1)$ Komponenten $T_{ij\ldots l}^{(k)}$ stellen dabei einen vollständig symmetrischen, spurlosen Tensor vom Rang k dar.

Für die sphärische Darstellung betrachten wir als Ausgangspunkt nochmals die Kommutatorrelationen (39.14) für einen irreduziblen Tensoroperator vom Rang 1 (also einen Vektor) beziehungsweise (39.25) für einen irreduziblen Tensoroperator vom Rang 2 und machen die Verallgemeinerung dieser Relation für alle k zu einer definierenden Gleichung für einen allgemeinen **irreduziblen Tensoroperator vom Rang k in sphärischer Darstellung**:

$$\begin{aligned}[\hat{J}_z, \hat{T}_q^{(k)}] &= \hbar q \hat{T}_q^{(k)}, \\ [\hat{J}_\pm, \hat{T}_q^{(k)}] &= \hbar\sqrt{k(k+1) - q(q \pm 1)}\hat{T}_{q\pm 1}^{(k)},\end{aligned} \tag{39.26}$$

für $q \in \{-k, -k+1, \ldots, k-1, k\}$. Eine explizite sphärische Darstellung ist dann wieder über die Betrachtung des zusammengesetzten Tensoroperators $\hat{T}_{i_1 \ldots i_k} = \hat{A}_{(1),i_1} \cdot \ldots \cdot \hat{A}_{(k),i_k}$ zu erhalten, indem man zunächst von $q = k$ ausgeht:

$$\hat{T}_k^{(k)} = \hat{A}_{(1)+} \cdot \ldots \cdot \hat{A}_{(k)+},$$

und dann durch wiederholtes Vertauschen mit $\hat{J}_-$ die insgesamt $2k+1$ Komponenten $\hat{T}_q^{(k)}$ erhält. Wir werden weiter unten eine explizite Formel herleiten.

Für ein weiteres Zwischenergebnis betrachten wir:

$$\begin{aligned}\langle k, q' | \hat{J}_z | k, q \rangle &= \hbar q \, \langle k, q' | k, q \rangle = \hbar q \delta_{q'q}, \\ \langle k, q' | \hat{J}_\pm | k, q \rangle &= \hbar\sqrt{k(k+1) - q(q \pm 1)}\delta_{q', q\pm 1},\end{aligned}$$

was zusammen mit (39.26) ergibt:

$$\begin{aligned}\sum_{q'=-k}^{k} \hat{T}_{q'}^{(k)} \, \langle k, q' | \hat{J}_z | k, q \rangle &= [\hat{J}_z, \hat{T}_q^{(k)}], \\ \sum_{q'=-k}^{k} \hat{T}_{q'}^{(k)} \, \langle k, q' | \hat{J}_\pm | k, q \rangle &= [\hat{J}_\pm, \hat{T}_q^{(k)}].\end{aligned}$$

Wegen $\hat{J}_\pm = \hat{J}_x \pm \mathrm{i}\hat{J}_y$ können diese beiden Gleichungen in einer Vektorform verallgemeinert werden zu:

$$\begin{aligned}[\hat{\boldsymbol{J}}, \hat{T}_q^{(k)}] &= \sum_{q'=-k}^{k} \hat{T}_{q'}^{(k)} \, \langle k, q' | \hat{\boldsymbol{J}} | k, q \rangle, \\ [\boldsymbol{n} \cdot \hat{\boldsymbol{J}}, \hat{T}_q^{(k)}] &= \sum_{q'=-k}^{k} \hat{T}_{q'}^{(k)} \, \langle k, q' | \boldsymbol{n} \cdot \hat{\boldsymbol{J}} | k, q \rangle\end{aligned} \tag{39.27}$$

Mit diesen Kommutatorrelationen können wir nun die Transformationseigenschaften von irreduziblen Tensoren in sphärischer Darstellung unter Rotationen ableiten. Wegen (39.1–39.3) muss sein:

$$\hat{U}(\delta\boldsymbol{\phi})\hat{T}_q^{(k)}\hat{U}^\dagger(\delta\boldsymbol{\phi}) = \hat{T}_q^{(k)} - \frac{\mathrm{i}}{\hbar}\delta\phi[\boldsymbol{n} \cdot \hat{\boldsymbol{J}}, \hat{T}_q^{(k)}]. \tag{39.28}$$

Setzt man (39.27) in (39.28) ein, ergibt sich:

$$\begin{aligned}\hat{U}^\dagger(\delta\boldsymbol{\phi})\hat{T}_q^{(k)}\hat{U}(\delta\boldsymbol{\phi}) &= \sum_{q'=-k}^{k} \hat{T}_{q'}^{(k)} \left\langle k,q' \middle| \mathbb{1} - \frac{\mathrm{i}}{\hbar}\delta\phi\boldsymbol{n}\cdot\hat{\boldsymbol{J}} \middle| k,q \right\rangle \\ &= \sum_{q'=-k}^{k} \hat{T}_{q'}^{(k)} \left\langle k,q' \middle| \exp\left(-\frac{\mathrm{i}}{\hbar}\delta\phi\boldsymbol{n}\cdot\hat{\boldsymbol{J}}\right) \middle| k,q \right\rangle,\end{aligned}$$

ein Resultat, das sich auf endliche Rotationen verallgemeinern lässt, in der Parametrisierung mit Eulerschen Winkeln aus Abschnitt 7:

$$\begin{aligned}\hat{U}(\alpha,\beta,\gamma)\hat{T}_q^{(k)}\hat{U}^\dagger(\alpha,\beta,\gamma) &= \sum_{q'=-k}^{k} \hat{T}_{q'}^{(k)} \langle k,q'|\hat{U}(\alpha,\beta,\gamma)|k,q\rangle \\ &= \sum_{q'=-k}^{k} \hat{T}_{q'}^{(k)} \langle k,q'|\hat{D}^{(k)}(\alpha,\beta,\gamma)|k,q\rangle,\end{aligned}$$

und damit:

$$\hat{U}(\alpha,\beta,\gamma)\hat{T}_q^{(k)}\hat{U}^\dagger(\alpha,\beta,\gamma) = \sum_{q'=-k}^{k} \hat{T}_{q'}^{(k)} D_{q'q}^{(k)}(\alpha,\beta,\gamma). \tag{39.29}$$

In der Mehrheit der Darstellungen werden oft die Ausdrücke „sphärische Tensoren“ oder „irreduzible sphärische Tensoroperatoren“ verwendet. Allerdings wird dadurch suggeriert, als ob ein „sphärischer Tensor“ etwas anderes sei als ein „kartesischer“. Der Punkt ist: es gibt weder noch! Ein Tensor ist ein Tensor, und ein irreduzibler Tensor vom Rang k ist ein irreduzibler Tensor vom Rang k, gleich welche Darstellung man wählt. Für Tensoroperatoren in sphärischer Darstellung gilt für die Komponenten das Transformationsgesetz (39.29) beziehungsweise die Kommutatorrelation (39.26).

Vielfach wird (39.29) als die definierende Gleichung für die sphärische Darstellung irreduzibler Tensoren gewählt und (39.26) als Konsequenz abgeleitet. Wir haben den umgekehrten Weg gewählt – beides ist gleichwertig. Zum Schluss leiten wir noch die explizite Formel zur Konstruktion irreduzibler Tensoroperatoren beliebigen Rangs her:

Satz. *Es seien $\hat{A}_{q_1}^{(k_1)}$ beziehungsweise $\hat{B}_{q_2}^{(k_2)}$ zwei irreduzible Tensoroperatoren vom Rang k_1 beziehungsweise k_2. Dann ist*

$$\hat{T}_q^{(k)} = \sum_{q_1}\sum_{q_2} C_{q_1,q_2,q}^{k_1,k_2,k} \hat{A}_{q_1}^{(k_1)} \hat{B}_{q_2}^{(k_2)} \tag{39.30}$$

ein irreduzibler Tensoroperator vom Rang k.

Beweis. Aus (39.29) folgt:

$$
\begin{aligned}
&\hat{U}(\alpha,\beta,\gamma)\hat{T}_q^{(k)}\hat{U}^\dagger(\alpha,\beta,\gamma)\\
&\quad=\sum_{q_1}\sum_{q_2} C_{q_1,q_2,q}^{k_1,k_2,k}\hat{U}(\alpha,\beta,\gamma)\hat{A}_{q_1}^{(k_1)}\hat{U}^\dagger(\alpha,\beta,\gamma)\hat{U}(\alpha,\beta,\gamma)\hat{B}_{q_2}^{(k_2)}\hat{U}^\dagger(\alpha,\beta,\gamma)\\
&\quad=\sum_{q_1}\sum_{q_2} C_{q_1,q_2,q}^{k_1,k_2,k}\sum_{q_1'}\sum_{q_2'}\hat{A}_{q_1'}^{(k_1)}\hat{B}_{q_2'}^{(k_2)}D_{q_1'q_1}^{(k_1)}(\alpha,\beta,\gamma)D_{q_2'q_2}^{(k_2)}(\alpha,\beta,\gamma)\\
&\quad=\sum_{q_1}\sum_{q_2}\sum_{q_1'}\sum_{q_2'}\sum_{k'=|k_1-k_2|}^{k_1+k_2}\sum_{m',m=-k'}^{k'}\\
&\qquad\qquad C_{q_1',q_2',m'}^{k_1,k_2,k'}C_{q_1,q_2,m}^{k_1,k_2,k'}C_{q_1,q_2,q}^{k_1,k_2,k}D_{m',m}^{(k')}(\alpha,\beta,\gamma)\hat{A}_{q_1'}^{(k_1)}\hat{B}_{q_2'}^{(k_2)},
\end{aligned}
$$

wobei wir zunächst die Clebsch–Gordan-Reihe (38.8) verwendet haben. Mit Hilfe der Orthogonalitätsrelation (36.51) wird daraus:

$$
\begin{aligned}
\hat{U}(\alpha,\beta,\gamma)\hat{T}_q^{(k)}\hat{U}^\dagger(\alpha,\beta,\gamma) &= \sum_{q_1'}\sum_{q_2'}\sum_{m'=-k}^{k} C_{q_1',q_2',m'}^{k_1,k_2,k}D_{m',q}^{(k)}(\alpha,\beta,\gamma)\hat{A}_{q_1'}^{(k_1)}\hat{B}_{q_2'}^{(k_2)}\\
&= \sum_{m'=-k}^{k}\hat{T}_{m'}^{(k)}D_{m',q}^{(k)}(\alpha,\beta,\gamma).
\end{aligned}
$$

Das ist aber genau das Transformationsgesetz (39.29) für irreduzible Tensoroperatoren vom Rang k. ∎

Die vorangehende Analyse zeigt, dass die Konstruktionsvorschrift (39.30) für irreduzible Tensoroperatoren derjenigen zur Konstruktionsvorschrift (36.48) von Eigenzuständen des Gesamtdrehimpulsoperators entspricht.

40 Auswahlregeln und das Wigner–Eckart-Theorem

Aus der oberen Relation von (39.26) lassen sich direkt Matrixelemente bilden:

$$\begin{aligned}
&\left\langle j',m'\left|\left[[\hat{J}_z,\hat{T}_q^{(k)}]-\hbar q\hat{T}_q^{(k)}\right]\right|j,m\right\rangle=0\\
&\Longrightarrow (m'-m-q)\,\langle j',m'|\hat{T}_q^{(k)}|j,m\rangle=0.
\end{aligned}\tag{40.1}$$

Das bedeutet, $\langle j',m'|\hat{T}_q^{(k)}|j,m\rangle$ muss verschwinden, es sei denn $m'=m+q$. Diese Tatsache suggeriert, dass $\langle j',m'|\hat{T}_q^{(k)}|j,m\rangle$ proportional zum Clebsch–Gordan-Koeffizient $C^{j,k,j'}_{m,q,m'}$ sein könnte, für den das gleiche gilt.

Die untere Relation von (39.26) führt uns auf:

$$\langle j',m'|[\hat{J}_\pm,\hat{T}_q^{(k)}]|j,m\rangle=\hbar\sqrt{k(k+1)-q(q\pm1)}\,\langle j',m'|\hat{T}_{q\pm1}^{(k)}|j,m\rangle$$

$$\begin{aligned}
\Longrightarrow \sqrt{(j'\pm m')(j'\mp m'+1)}\,\langle j',m'\mp1|\hat{T}_q^{(k)}|j,m\rangle=&\\
\sqrt{(j\mp m)(j\pm m+1)}\,\langle j',m'\mp1|\hat{T}_q^{(k)}|j,m\pm1\rangle&\\
+\sqrt{(k\mp q)(k\pm q+1)}\,\langle j',m'\mp1|\hat{T}_{q\pm1}^{(k)}|j,m\rangle\,.&
\end{aligned}\tag{40.2}$$

Diese Rekursionsrelation besitzt die identische Struktur zu (37.6), sofern man in dieser die Ersetzung $j=j'$, $m=m'$, $j_1=j$, $m_1=m$, $j_2=k$, $m_2=q$ vornimmt. Spätestens jetzt werden wir also zur Schlussfolgerung geführt, dass tatsächlich

$$\langle j',m'|\hat{T}_q^{(k)}|j,m\rangle\sim C^{j,k,j'}_{m,q,m'},$$

wobei der zunächst unbekannte Proportionalitätsfaktor unabhängig sein muss von m, m' und q, sondern nur von j, j' und k abhängen darf, anderenfalls würde er keinen globalen Faktor darstellen, um von den Rekursionsrelationen (37.6) auf (40.2) zu führen.

Dieser Zusammenhang wird als **Wigner–Eckart-Theorem** bezeichnet [Wig27; Eck30]. Carl Henry Eckart war ein US-amerikanischer Physiker und Ozeanograph, der, bevor er Assistant Professor und später Associate Professor an der University of Chicago wurde, unter anderem als Guggenheim Fellow an der Ludwig-Maximilians-Universität München mit Arnold Sommerfeld zusammen forschte.

Satz (Wigner–Eckart-Theorem). *Die Matrixelemente $\langle j',m'|\hat{T}_q^{(k)}|j,m\rangle$ eines irreduziblen Tensoroperators vom Rang k in sphärischer Darstellung sind gegeben durch:*

$$\langle j',m'|\hat{T}_q^{(k)}|j,m\rangle=C^{j,k,j'}_{m,q,m'}\,\langle j'\|\hat{T}^{(k)}\|j\rangle\,.\tag{40.3}$$

Der Ausdruck $\langle j'\|\hat{T}^{(k)}\|j\rangle$, der nur von j, j' und k abhängt, wird als **reduziertes Matrixelement** bezeichnet, und die Notation mit Doppelstrichen soll es von dem vollen Matrixelement $\langle j',m'|\hat{T}_q^{(k)}|j,m\rangle$ unterscheiden.

Die Kernaussage des Wigner–Eckart-Theorems ist, dass die Matrixelemente (40.3) aus zwei Faktoren bestehen: ein Faktor ist der Clebsch–Gordan-Koeffizient $C^{j,k,j'}_{m,q,m'}$, der von der Geometrie des Gesamtsystems abhängt, wie zum Beispiel die relative Orientierung der Drehimpulse zueinander. Dieser Faktor führt zu den sogenannten **Auswahlregeln**, die vor allem in der Spektroskopie eine große Bedeutung besitzen:

Satz (Erste Auswahlregel). *Es gilt* $\langle j', m'|\hat{T}^{(k)}_q|j, m\rangle \neq 0$ *nur dann, wenn gilt:*

$$m' = m + q.$$

Satz (Zweite Auswahlregel). *Es gilt* $\langle j', m'|\hat{T}^{(k)}_q|j, m\rangle \neq 0$ *nur dann, wenn gilt:*

$$|j - k| \leq j' \leq |j + k|.$$

Man beachte, dass die Auswahlregeln notwendige Bedingungen für das Nichtverschwinden der Matrixelemente $\langle j', m'|\hat{T}^{(k)}_q|j, m\rangle$ darstellen. Diese können natürlich selbst dann verschwinden, wenn die Auswahlregeln erfüllt sind, wenn nämlich das reduzierte Matrixelement $\langle j'\|\hat{T}^{(k)}\|j\rangle$ selbst verschwindet.

Der zweite Faktor – das reduzierte Matrixelement $\langle j'\|\hat{T}^{(k)}\|j\rangle$ – hängt wiederum von keinerlei relativen Orientierungen ab, sondern ist intrinsisch abhängig vom konkreten Operator $\hat{T}$ und den Betragsquadraten der beteiligten Drehimpulse. Wir wollen im Folgenden einige wichtige Anwendungsbeispiele betrachten.

Wigner–Eckart-Theorem für einen skalaren Operator

Der einfachste Fall liegt bei einem skalaren Operator $\hat{O}$ vor, also einem irreduziblen Tensoroperator vom Rang $k = 0$. Damit ist auch $q = 0$. Aus (40.3) wird dann:

$$\begin{aligned}\langle j', m'|\hat{O}|j, m\rangle &= C^{j,0,j'}_{m,0,m'}\,\langle j'\|\hat{O}\|j\rangle \\ &= \langle j'\|\hat{O}\|j\rangle\,\delta_{j'j}\delta_{m'm},\end{aligned} \tag{40.4}$$

wobei sich die letzte Zeile trivialerweise aus der Bedingung $m + 0 = m'$ ergibt und aus der Tatsache, dass die Dreiecksungleichung $|j - 0| \leq j' \leq j + 0$ gilt. Die physikalische Aussage ist: ein skalarer Operator kann keine Übergänge zwischen verschiedenen Quantenzahlen m, m' oder j, j' induzieren.

Wigner–Eckart-Theorem für einen Vektoroperator

Für einen Vektoroperator $\hat{\boldsymbol{V}}$ als irreduziblen Tensoroperator vom Rang 1 haben wir in (39.6) und (39.7) die sphärische Darstellung $\hat{V}_q$ angegeben. Dann wird aus (40.3):

$$\langle j', m'|\hat{V}_q|j, m\rangle = C^{j,1,j'}_{m,q,m'}\,\langle j'\|\hat{\boldsymbol{V}}\|j\rangle\,. \tag{40.5}$$

Eine wichtige Anwendung findet dieser Fall bei der Betrachtung von Strahlungsübergängen in der sogenannten Dipolnäherung, die den stark dominierenden Teil aller grundsätzlich möglichen Strahlungsübergänge ausmnachen. Diese betrachten wir in Abschnitt III-20, wo wir die in der Atom- und Molekülphysik wichtigen Auswahlregeln $\delta l = \pm 1$ (beziehungsweise $\delta j = 0, \pm 1$) und $\delta m = 0, \pm 1$ für elektrische Dipolstrahlung erhalten werden.

Betrachten wir als weiteres Beispiel den Drehimpulsoperator $\hat{\boldsymbol{J}}$ selbst, so haben wir:

$$\langle j', m' | \hat{J}_q | j, m \rangle = C^{j,1,j'}_{m,q,m'} \langle j' \| \hat{\boldsymbol{J}} \| j \rangle . \tag{40.6}$$

Für $q = 0$ ergibt sich dann:

$$\underbrace{\langle j', m' | \hat{J}_0 | j, m \rangle}_{\hbar m \delta_{j'j} \delta_{m'm}} = C^{j,1,j'}_{m,0,m} \langle j' \| \hat{\boldsymbol{J}} \| j \rangle ,$$

da $\hat{J}_0 = \hat{J}_z$. Für das reduzierte Matrixelement erhalten wir dann mit Hilfe von (37.12):

$$\langle j' \| \hat{\boldsymbol{J}} \| j \rangle = \hbar \sqrt{j(j+1)} \delta_{j'j} . \tag{40.7}$$

Wegen der durch die Clebsch–Gordan-Koeffizienten bestimmten Auswahlregeln sehen wir anhand von (40.5), dass ein Spin-0-Teilchen kein magnetisches Dipolmoment besitzen kann, was anschaulich klar ist. Denn mit $j = j' = m = m' = 0$ ist die rechte Seite von (40.5) identisch null, aber ein magnetisches Dipolmoment $\hat{\boldsymbol{\mu}}$ ist proportional zu $\hat{\boldsymbol{S}}$ auf der linken Seite, einem Vektoroperator.

Wigner–Eckart-Theorem für einen Tensoroperator vom Rang 2
Aus (40.3) wird:

$$\langle j', m' | \hat{T}^{(2)}_q | j, m \rangle = C^{j,2,j'}_{m,q,m'} \langle j' \| \hat{T}^{(2)} \| j \rangle . \tag{40.8}$$

Ein kurzes Anwendungsbeispiel: ein Spin-$\frac{1}{2}$-Teilchen kann kein Quadrupolmoment besitzen, denn mit $j = j' = \frac{1}{2}$ und $k = 2$ steht auf der rechten Seite von (40.8) der Clebsch–Gordan-Koeffizient $C^{\frac{1}{2},2,\frac{1}{2}}_{m,q,m'}$, der aber verschwindet, da die Dreiecksungleichung (36.47) nicht erfüllt ist: $|\frac{1}{2} - 2| = \frac{3}{2} \not\leq \frac{1}{2}$. Eine weitere Anwendung dieses Falles werden wir in der Diskussion der Hyperfeinstruktur des Grundzustands des Wasserstoffatoms finden (Abschnitt III-6).

Wigner–Eckart-Theorem für ein Skalarprodukt $\hat{\boldsymbol{J}} \cdot \hat{\boldsymbol{V}}$
Das Wigner–Eckart-Theorem für skalare Operatoren der Form $\hat{\boldsymbol{J}} \cdot \hat{\boldsymbol{V}}$ findet eine wichtige Anwendung bei der Behandlung des Zeeman-Effekts und dessen Korrekturen zu den Energie-Eigenwerten des Wasserstoffatoms.

Wir betrachten $\hat{\boldsymbol{J}} \cdot \hat{\boldsymbol{V}}$ in sphärischen Koordinaten (39.15) und beachten, dass

$$\begin{aligned}
\hat{J}_0 \, |j, m\rangle &= \hbar m \, |j, m\rangle , \\
\hat{J}_\pm \, |j, m\rangle &= \frac{\hbar}{2} \sqrt{j(j+1) - m(m \pm 1)} \, |j, m \pm 1\rangle \\
\Longrightarrow \langle j, m | \, \hat{J}_\mp &= \frac{\hbar}{2} \sqrt{j(j+1) - m(m \pm 1)} \, \langle j, m \pm 1 | \, .
\end{aligned}$$

Damit ist:

$$\langle j,m|\hat{\boldsymbol{J}}\cdot\hat{\boldsymbol{V}}|j,m\rangle = \hbar m\,|j,m\rangle - \frac{\hbar}{2}\sqrt{j(j+1)-m(m+1)}\,\langle j,m+1|\hat{V}_{+1}|j,m\rangle \\ - \frac{\hbar}{2}\sqrt{j(j+1)-m(m-1)}\,\langle j,m-1|\hat{V}_{-1}|j,m\rangle\,. \quad (40.9)$$

Auf der anderen Seite gilt ja das Wigner–Eckart-Theorem für Vektoroperatoren (40.5), so dass

$$\langle j,m|\hat{\boldsymbol{J}}\cdot\hat{\boldsymbol{V}}|j,m\rangle = \Big[\hbar m C^{j,1,j}_{m,0,m} - \frac{\hbar}{2}\sqrt{j(j+1)-m(m+1)}C^{j,1,j}_{m,1,m+1} \\ -\frac{\hbar}{2}\sqrt{j(j+1)-m(m-1)}C^{j,1,j}_{m,-1,m-1}\Big]\langle j\|\hat{\boldsymbol{V}}\|j\rangle\,. \quad (40.10)$$

Wenn $\hat{\boldsymbol{V}} = \hat{\boldsymbol{J}}$, ergibt sich so:

$$\langle j,m|\hat{\boldsymbol{J}}^2|j,m\rangle = \Big[\hbar m C^{j,1,j}_{m,0,m} - \frac{\hbar}{2}\sqrt{j(j+1)-m(m+1)}C^{j,1,j}_{m,1,m+1} \\ -\frac{\hbar}{2}\sqrt{j(j+1)-m(m-1)}C^{j,1,j}_{m,-1,m-1}\Big]\langle j\|\hat{\boldsymbol{J}}\|j\rangle\,. \quad (40.11)$$

Aus (40.5) und (40.6) ergibt sich das Verhältnis:

$$\frac{\langle j,m'|\hat{V}_q|j,m\rangle}{\langle j,m'|\hat{J}_q|j,m\rangle} = \frac{\langle j\|\hat{\boldsymbol{V}}\|j\rangle}{\langle j\|\hat{\boldsymbol{J}}\|j\rangle}, \quad (40.12)$$

und aus (40.10) und (40.11) erhalten wir das Verhältnis:

$$\frac{\langle j,m|\hat{\boldsymbol{J}}\cdot\hat{\boldsymbol{V}}|j,m\rangle}{\langle j,m|\hat{\boldsymbol{J}}^2|j,m\rangle} = \frac{\langle j\|\hat{\boldsymbol{V}}\|j\rangle}{\langle j\|\hat{\boldsymbol{J}}\|j\rangle} \\ \Longrightarrow \frac{\langle j,m|\hat{\boldsymbol{J}}\cdot\hat{\boldsymbol{V}}|j,m\rangle}{\hbar^2 j(j+1)} = \frac{\langle j\|\hat{\boldsymbol{V}}\|j\rangle}{\langle j\|\hat{\boldsymbol{J}}\|j\rangle}. \quad (40.13)$$

Setzen wir nun (40.12) und (40.13) gleich, erhalten wir den sogenannten **Projektionssatz**:

$$\langle j,m'|\hat{V}_q|j,m\rangle = \frac{\langle j,m|\hat{\boldsymbol{J}}\cdot\hat{\boldsymbol{V}}|j,m\rangle}{\hbar^2 j(j+1)}\langle j,m'|\hat{J}_q|j,m\rangle\,. \quad (40.14)$$

(40.14) lässt sich für den wichtigen Fall anwenden, dass der Vektoroperator $\hat{\boldsymbol{V}}$ gleich dem

Spinoperator $\hat{\boldsymbol{S}}$ ist. Dann gilt:

$$\begin{aligned}\hat{\boldsymbol{J}} \cdot \hat{\boldsymbol{S}} &= (\hat{\boldsymbol{L}} + \hat{\boldsymbol{S}}) \cdot \hat{\boldsymbol{S}} \\ &= \hat{\boldsymbol{L}} \cdot \hat{\boldsymbol{S}} + \hat{\boldsymbol{S}}^2 \\ &= \frac{(\hat{\boldsymbol{L}} + \hat{\boldsymbol{S}})^2 - \hat{\boldsymbol{L}}^2 - \hat{\boldsymbol{S}}^2}{2} + \hat{\boldsymbol{S}}^2 \\ &= \frac{\hat{\boldsymbol{J}}^2 - \hat{\boldsymbol{L}}^2 + \hat{\boldsymbol{S}}^2}{2},\end{aligned} \tag{40.15}$$

und da $|j, m\rangle$ ein gemeinsamer Eigenzustand von $\hat{\boldsymbol{J}}^2$, $\hat{\boldsymbol{L}}^2$, $\hat{\boldsymbol{S}}^2$ und $\hat{J}_z$ ist, wird aus (40.14), angewandt für $\hat{S}_0 = \hat{S}_z$:

$$\langle j, m|\hat{S}_z|j, m\rangle = \frac{j(j+1) - l(l+1) + s(s+1)}{2j(j+1)}\hbar m. \tag{40.16}$$

Weiterführende Literatur

Siehe die weiterführende Literatur am Ende von Kapitel 1.

Teil 6

Identische Teilchen und nichtrelativistische Quantenfeldtheorie

Obwohl der bereits erarbeitete Formalismus von Anfang an die Quantisierung eines Systems unter Verwendung beliebig vieler generalisierter Koordinaten zulässt, haben wir uns bislang hauptsächlich auf den wichtigen Fall des Ein-Teilchen-Problems mit einem Potential beschränkt. Eine Ausnahme bildeten die Zwei-Teilchen-Probleme, die ebenfalls auf ein Ein-Teilchen-Zentralpotential-Problem reduziert werden können.
In diesem Kapitel wenden wir uns dem äußerst wichtigen Fall des Mehrteilchen-Problems zu und betrachten recht schnell die wichtige Einschränkung auf identische Teilchen. Das Ununterscheidbarkeitsaxiom führt zu Implikationen großer Tragweite und ergänzt das bisherige Axiomensystem der Quantenmechanik um ein weiteres.
Im Rahmen dieser Betrachtungen führt eine naheliegende Erweiterung des bisherigen Hilbert-Raum-Formalismus unter Einbeziehung von Teilchenerzeugung und -vernichtung auf natürliche Weise zum Konzept einer Quantenfeldtheorie.

O. Teppert, *Quantenmechanik II*, https://doi.org/10.1007/978-3-662-68587-7_6

41 Quantenmechanische Mehrteilchen-Systeme

Die Quantisierung von Mehrteilchensystemen im Allgemeinen ist in dem bis zu dieser Stelle erarbeiteten Apparat der Quantenmechanik bereits vollständig erfasst, allerdings nur unter der Voraussetzung, dass die einzelnen Teilchen unterschiedlich zueinander sind, sprich: dass es sich um **unterscheidbare** Teilchen handelt. Aber was genau bedeutet Unterscheidbarkeit in der Quantenmechanik? Wir kommen im Abschnitt 42 darauf zurück, wenn wir uns vor allem über die Konsequenzen des Gegenteils davon, nämlich der **Ununterscheidbarkeit** Gedanken machen. Zunächst wollen wir nochmals explizit ausführen, wie sich Mehrteilchensysteme im quantenmechanischen Formalismus darstellen.

Der Hilbert-Raum $\mathcal{H}^{(N)}$ des N-Teilchen-Systems ist das direkte Produkt der jeweiligen Ein-Teilchen-Hilbert-Räume:

$$\mathcal{H}^{(N)} = \bigotimes_{(\mu)} \mathcal{H}_{(\mu)}. \tag{41.1}$$

Ein quantenmechanisches Mehrteilchen-System bedarf zunächst keinerlei Veränderung des bisherigen Formalismus. Aufgrund der Wichtigkeit von Mehrteilchen-Systemen lohnt es sich aber dennoch, einige spezielle Aspekte dieses Formalismus etwas expliziter zu betrachten.

Ein Zustand $|\Psi\rangle \in \mathcal{H}^{(N)}$ heißt ein **Produktzustand**, wenn gilt:

$$|\Psi\rangle = \bigotimes_{(\mu)} |\Psi_{(\mu)}\rangle, \tag{41.2}$$

wobei $|\Psi_{(\mu)}\rangle \in \mathcal{H}_{(\mu)}$ jeweils ein Element des Ein-Teilchen-Hilbert-Raums $\mathcal{H}_{(\mu)}$ ist. Anderenfalls heißt er ein **verschränkter** Zustand. Verschränkte Zustände sind natürlich die Regel und spiegeln das Superpositionsprinzip für Vektoren wider, und Produktzustände sind die Ausnahme. Jedoch kann jeder Zustand $|\Psi\rangle \in \mathcal{H}^{(N)}$ als Linearkombination von Produktzuständen geschrieben werden. Denn sei $\{ \mid a_{(\mu),k_\mu}\rangle \}$ eine Orthonormalbasis aus Eigenvektoren eines hermiteschen Operators $\hat{A}_{(\mu)}$ im Hilbert-Raum $\mathcal{H}_{(\mu)}$, wobei $k_\mu = 1 \ldots \dim \mathcal{H}_{(\mu)}$. Dann bilden die Produktzustände

$$\bigotimes_{(\mu)} |a_{(\mu),k_\mu}\rangle = |a_{(1),k_1}\rangle \otimes \cdots \otimes |a_{(N),k_N}\rangle \tag{41.3}$$

$$=: |a_{(1),k_1}, \ldots, a_{(N),k_N}\rangle \tag{41.4}$$

eine Orthonormalbasis in $\mathcal{H}^{(N)}$, und es gilt für einen beliebigen Zustand $|\Psi\rangle \in \mathcal{H}^{(N)}$:

$$|\Psi\rangle = \sum c_{k_1 \ldots k_N} |a_{(1),k_1}, \ldots, a_{(N),k_N}\rangle. \tag{41.5}$$

Orthormalität ist hierbei gegeben durch:

$$\begin{aligned}\langle a_{(1),k_1}, \ldots, a_{(N),k_N} | a_{(1),l_1}, \ldots, a_{(N),l_N}\rangle &= \langle a_{(1),k_1} | a_{(1),l_1}\rangle \cdots \langle a_{(N),k_N} | a_{(N),l_N}\rangle \\ &= \delta_{k_1,l_1} \cdots \delta_{k_N,l_N},\end{aligned} \tag{41.6}$$

und die Vollständigkeitsrelation lautet:

$$\sum_{k_1 \dots k_N} |a_{(1),k_1}, \dots, a_{(N),k_N}\rangle \langle a_{(1),k_1}, \dots, a_{(N),k_N}| = \mathbb{1}. \tag{41.7}$$

Eine allgemeine Observable $\hat{A}$ in $\mathcal{H}^{(N)}$ lässt sich also stets in gewohnter Weise schreiben als:

$$\hat{A} = \sum_{k_1 \dots k_N} \sum_{l_1 \dots l_N} |a_{(1),k_1}, \dots, a_{(N),k_N}\rangle A_{k_1 \dots k_N, l_1 \dots l_N} \langle a_{(1),l_1}, \dots, a_{(N),l_N}|, \tag{41.8}$$

mit

$$A_{k_1 \dots k_N, l_1 \dots l_N} = \langle a_{(1),k_1}, \dots, a_{(N),k_N} | \hat{A} | a_{(1),l_1}, \dots, a_{(N),l_N}\rangle. \tag{41.9}$$

Spezialfälle allgemeiner Observable in $\mathcal{H}^{(N)}$ sind diejenigen, die faktorisieren, wobei die einzelnen Faktoren dann nur in einem Faktorraum $\mathcal{H}_{(\mu)}$ wirken. In diesem Fall ist also:

$$\hat{A} = \bigotimes_{(\mu)} \hat{A}_{(\mu)}. \tag{41.10}$$

Wiederum ein Spezialfall hiervon sind diejenigen Operatoren, die überhaupt nur in einem Faktorraum $\mathcal{H}_{(\mu)}$ wirken:

$$\hat{A} = \mathbb{1}_{(1)} \otimes \dots \otimes \hat{A}_{(\mu)} \otimes \dots \otimes \mathbb{1}_{(N)}, \tag{41.11}$$

und wir erinnern uns daran, dass Operatoren, die in unterschiedlichen Faktorräumen wirken, stets miteinander kommutieren:

$$[\hat{A}_{(\mu)}, \hat{B}_{(\nu)}] = 0 \quad (\mu \neq \nu). \tag{41.12}$$

Wichtige Observable sind die Orts- und Impulsoperatoren der einzelnen Teilchen, und sie erfüllen jeweils die kanonischen Kommutatorrelationen

$$[\hat{r}_{(\mu),i}, \hat{p}_{(\nu),j}] = \mathrm{i}\hbar \delta_{\mu\nu} \delta_{ij}, \tag{41.13}$$

$$[\hat{r}_{(\mu),i}, \hat{r}_{(\nu),j}] = 0, \tag{41.14}$$

$$[\hat{p}_{(\mu),i}, \hat{p}_{(\nu),j}] = 0. \tag{41.15}$$

Wir bemerken an dieser Stelle, dass wir den Ortsoperator für das μ-te Teilchen vereinfacht schreiben als:

$$\hat{\boldsymbol{r}}_{(\mu)} := \mathbb{1}_{(1)} \otimes \dots \otimes \hat{\boldsymbol{r}}_{(\mu)} \otimes \dots \otimes \mathbb{1}_{(N)}. \tag{41.16}$$

Betrachten wir nun den Operator

$$\hat{\boldsymbol{r}}^{(N)} := \bigotimes_{(\mu)} \hat{\boldsymbol{r}}_{(\mu)} = \hat{\boldsymbol{r}}_{(1)} \otimes \dots \otimes \hat{\boldsymbol{r}}_{(N)}. \tag{41.17}$$

Für die (uneigentlichen) Eigenzustände von $\hat{\boldsymbol{r}}^{(N)}$ stellen sich Orthormalitäts- und Vollständigkeitsrelation dar als:

$$\langle \boldsymbol{r}_{(1)}, \ldots, \boldsymbol{r}_{(N)} | \boldsymbol{r}'_{(1)}, \ldots, \boldsymbol{r}'_{(N)} \rangle = \delta(\boldsymbol{r}_{(1)} - \boldsymbol{r}'_{(1)}) \cdots \delta(\boldsymbol{r}_{(N)} - \boldsymbol{r}'_{(N)}), \tag{41.18}$$

$$\int \mathrm{d}^3 \boldsymbol{r}_{(1)} \cdots \int \mathrm{d}^3 \boldsymbol{r}_{(N)} \, |\boldsymbol{r}_{(1)}, \ldots, \boldsymbol{r}_{(N)}\rangle \langle \boldsymbol{r}_{(1)}, \ldots, \boldsymbol{r}_{(N)}| = \mathbb{1}. \tag{41.19}$$

In der $\hat{\boldsymbol{r}}^{(N)}$-Darstellung erhalten wir dann die **N-Teilchen-Wellenfunktion**

$$\Psi(\boldsymbol{r}_{(1)}, \ldots, \boldsymbol{r}_{(N)}) = \langle \boldsymbol{r}_{(1)}, \ldots, \boldsymbol{r}_{(N)} | \Psi \rangle . \tag{41.20}$$

Die unitäre Zeitentwicklung eines quantenmechanischen N-Teilchen-Systems ist gegeben durch die Schrödinger-Gleichung

$$\mathrm{i}\hbar \frac{\mathrm{d}\,|\Psi(t)\rangle}{\mathrm{d}t} = \hat{H}\,|\Psi(t)\rangle , \tag{41.21}$$

mit einem Hamilton-Operator $\hat{H}$, der häufig die Form

$$H(\hat{\boldsymbol{r}}_{(1)}, \ldots, \hat{\boldsymbol{r}}_{(N)}, \hat{\boldsymbol{p}}_{(1)}, \ldots, \hat{\boldsymbol{p}}_{(N)}) = \sum_{\mu} \frac{\hat{\boldsymbol{p}}^2_{(\mu)}}{2m_{(\mu)}} + \hat{V}(\hat{\boldsymbol{r}}_{(1)}, \ldots, \hat{\boldsymbol{r}}_{(N)}) \tag{41.22}$$

besitzt. $\hat{\boldsymbol{p}}_{(\mu)}$ ist hierbei der Impulsoperator für das μ-te Teilchen, welches die Masse $m_{(\mu)}$ besitzt. $\hat{V}(\hat{\boldsymbol{r}}_{(1)}, \ldots, \hat{\boldsymbol{r}}_{(N)})$ stellt ein Wechselwirkungspotential dar, dass im allgemeinen Fall von allen Ortsoperatoren $\hat{\boldsymbol{r}}_{(\mu)}$ abhängt und nicht unbedingt separabel ist. Diese Nicht-Separabilität von $\hat{V}(\hat{\boldsymbol{r}}_{(1)}, \ldots, \hat{\boldsymbol{r}}_{(N)})$ macht das Lösen von N-Teilchen-Problemen für $N > 2$ im Allgemeinen analytisch unmöglich, inklusive dem Zentralkraftproblem, welches ja für $N = 2$ noch effektiv in ein Ein-Teilchen-Problem übergeführt werden kann (siehe Abschnitt 25).

Ein Spezialfall liegt vor, wenn die einzelnen Teilchen nicht miteinander wechselwirken, das heißt, wenn $\hat{V}(\hat{\boldsymbol{r}}_{(1)}, \ldots, \hat{\boldsymbol{r}}_{(N)})$ von der Form ist:

$$\hat{V}(\hat{\boldsymbol{r}}_{(1)}, \ldots, \hat{\boldsymbol{r}}_{(N)}) = \sum_{(\mu)} \hat{V}_{(\mu)}(\hat{\boldsymbol{r}}_{(\mu)}), \tag{41.23}$$

da in diesem Fall das N-Teilchen-Problem effektiv auf N Ein-Teilchen-Probleme reduziert wird. Tatsächlich ist die Form (41.23) häufig das Ergebnis spezieller Näherungsmethoden: Die **Molekularfeldnäherung** zur Beschreibung des Ferromagnetismus oder auch die **Zentralfeldnäherung** in der Atomphysik (heutzutage hat sich auch der bessere Begriff **Mittelfeldnäherung** aus dem Englischen *''mean field approximation''* etabliert) sind beides Approximationen, die ein System von N miteinander wechselwirkenden Teilchen als N Ein-Teilchen-Systeme in einem effektiven Potential betrachten. Dieses effektive Potential wird dabei als konstant angesehen und ist das Ergebnis eines Mittelungsprozesses, wobei Fluktuationen dann störungstheoretisch erfasst werden können.

42 Die Postulate der Quantenmechanik V: Identische Teilchen und Ununterscheidbarkeit

Nach der eingehenderen Betrachtung des quantenmechanischen Formalismus für ein N-Teilchen-System wollen wir nun untersuchen, welche Konsequenzen die Forderung nach Ununterscheidbarkeit nach sich zieht. Dazu müssen wir uns allerdings erst einmal darüber im Klaren werden, was eigentlich Ununterscheidbarkeit in der Quantenmechanik selbst bedeutet. Vorher ist allerdings zu klären, was eigentlich identische Teilchen sein sollen – ein Aspekt, der oftmals bei der weiteren Betrachtung außer Acht gelassen wird. Dazu hilft die Betrachtung von Symmetriegruppen.

Wir haben in Abschnitt 19 gesehen, dass sich irreduzible unitäre Darstellungen der zentral erweiterten Galilei-Gruppe durch genau zwei Parameter bestimmen lassen: Masse m und Spin s. Dies sind die beiden einzigen raumzeitlichen Größen, durch die sich Punktteilchen unterscheiden können. Das Gleiche gilt für die Poincaré-Gruppe, die wir analog in Abschnitt IV-28 betrachten werden: auch hier erfolgt die Klassifizierung von Einteilchen-Zuständen nach den beiden Parametern Masse m und Spin s. In der relativistischen Quantenmechanik (siehe Abschnitt IV-13) kommt – letztlich als Konsequenz der speziellen Relativitätstheorie – noch ein dritter Parameter hinzu: nämlich die Ladung q, die zwischen Teilchen und Antiteilchen unterscheidet (die – wie wir dort aber betonen werden, nicht zwangsläufig die elektrische Ladung darstellen muss!). Wir greifen dem vor und nehmen den Parameter Ladung an dieser Stelle aufgrund dessen überragender Bedeutung gleich in die nichtrelativistische Betrachtung mit auf.

Damit ist klar, wie man identische Teilchen als solche definieren kann:

Definition (Identische Teilchen). *Zwei Punktteilchen heißen* ***identisch****, wenn sie in den Parametern Masse m, Spin s und Ladung q übereinstimmen.*

Mit dieser präzisen Fassung des Identitätsbegriffs ist nun auch eine eindeutige Aussage im Rahmen des Formalismus möglich, was es mit dem Begriff der Ununterscheidbarkeit auf sich hat. Zuvor müssen wir aber noch den Austauschoperator einführen. Wir betrachten hierzu einen allgemeinen N-Teilchen-Produktzustand

$$|\Psi\rangle = |a_{(1),k_1}, \dots, a_{(\mu),k_\mu}, \dots, a_{(\nu),k_\nu}, \dots, a_{(N),k_N}\rangle,$$

die N Teilchen sind hierbei nicht notwendigerweise identisch. Der **Austauschoperator** $\hat{\pi}_{\mu\nu}$ ist nun wie folgt definiert:

$$\hat{\pi}_{\mu\nu}\colon \mathcal{H}^{(N)} \to \mathcal{H}^{(N)} \tag{42.1}$$

$$\begin{aligned} |\Psi\rangle \mapsto \hat{\pi}_{\mu\nu}\, &|a_{(1),k_1}, \dots, a_{(\mu),k_\mu}, \dots, a_{(\nu),k_\nu}, \dots, a_{(N),k_N}\rangle \\ &= |a_{(1),k_1}, \dots, a_{(\mu),k_\nu}, \dots, a_{(\nu),k_\mu}, \dots, a_{(N),k_N}\rangle. \end{aligned} \tag{42.2}$$

Der Austauschoperator vertauscht also die beiden Teilchen (μ) und (ν), genauer: der Produktzustand $|\Psi\rangle$, in dem das Teilchen (μ) sich im Zustand $|a_{(\mu)}\rangle \in \mathcal{H}_{(\mu)}$ befindet und entsprechendes für das Teilchen (ν) gilt, wird durch die Wirkung des Austauschoperators

$\hat{\pi}_{\mu\nu}$ abgebildet auf den Zustand, in dem das Teilchen (μ) sich im Zustand $|a_{(\nu)}\rangle \in \mathcal{H}_{(\mu)}$ befindet und umgekehrt. Im Allgemeinen sind natürlich $|\Psi\rangle$ und $\hat{\pi}_{\mu\nu}\,|\Psi\rangle$ unterschiedliche Zustände.

Der Austauschoperator $\hat{\pi}_{\mu\nu}$ ist sowohl unitär, denn er vermittelt im Wesentlichen einen Basiswechsel in $\mathcal{H}^{(N)}$, als auch hermitesch, denn die zweifache Anwendung führt zur Identität:

$$\hat{\pi}_{\mu\nu}\hat{\pi}_{\mu\nu} = \mathbb{1},$$

das heißt also, er besitzt die Eigenwerte ± 1. Verschiedene Austauschoperatoren kommutieren im Allgemeinen nicht miteinander:

$$[\hat{\pi}_{\mu_1\nu_1}, \hat{\pi}_{\mu_2\nu_2}] \neq 0, \tag{42.3}$$

es sei denn es gilt entweder

$$\mu_1 = \mu_2 \quad \text{und} \quad \nu_1 = \nu_2 \tag{42.4}$$

oder

$$\mu_1 \neq \mu_2 \quad \text{und} \quad \nu_1 \neq \nu_2, \tag{42.5}$$

was auch anschaulich klar ist.

Im Folgenden wird uns nun eine ganz besondere Klasse von Eigenvektoren von $\hat{\pi}_{\mu\nu}$ interessieren.

Die Ununterscheidbarkeit identischer Teilchen

Wir betrachten ein System aus N identischen Teilchen. In der Umgangssprache wird das „Identische" mit dem „Ununterscheidbaren" gleichgesetzt, was in der Philosophie auf Gottfried Wilhelm Leibniz zurückgeht, und führt am Ende zur Aussage, dass es somit keine zwei identischen Objekte in der Welt gebe. (Die Philosophen unter den Lesern mögen mir die stark verkürzte Diskussion an dieser Stelle verzeihen.) Diese müssten sich ja zumindest in den Raumkoordinaten unterscheiden, und dann könnte man sie zumindest prinzipiell markieren, beispielsweise numerieren, und wenn auch nur in Gedanken. Damit gebe es dann keine zwei „selben" Sachen, höchstens „gleiche", und diese unterscheiden sich dann zumindest in der Lage im Raum. Die deutsche Sprache bietet hier im Unterschied beispielsweise zur englischen Sprache eine klare Begrifflichkeit. So viel zum klassischen Weltbild.

Die Quantenmechanik zeigt uns einmal wieder, dass unsere dem Alltagsempfinden entlehnte Naturerkenntnis, aus der wir philosophische Schlüsse ziehen, so nicht mehr gilt. In der Quantenphysik kann es beliebig viele „selbe" Sachen geben, die sich dann konsequenterweise gar nicht einzeln markieren lassen. Vielmehr stellt die Gesamtheit dieser „selben" Dinge dann eine einzige logisch zusammenhängende Entität dar, mit weitreichenden Konsequenzen, wie wir sehen werden.

Mit der obigen präzisen Definition von „identisch" können wir nun die quantenmechanische Aussage zur Ununterscheidbarkeit ebenso präzise fassen:

Axiom 1 (Ununterscheidbarkeitsaxiom). *Gegeben sei ein quantenmechanisches System Σ aus N identischen Teilchen, und der Hilbert-Raum $\mathcal{H}^{(N)}$ sei der direkte Produktraum*

$$\mathcal{H}^{(N)} = \bigotimes_{(\mu)} \mathcal{H}_{(\mu)} = \left[\mathcal{H}_{(1)}\right]^N .$$

der N Einteilchen-Hilberträume $\mathcal{H}_{(1)}$. Dann ist jeder physikalisch realisierte N-Teilchen-Zustand $|\Psi\rangle \in \mathcal{H}^{(N)}$ von Σ gleichzeitig Eigenzustand zu allen Austauschoperatoren $\hat{\pi}_{\mu\nu}$ mit $\mu, \nu \in \{1 \ldots N\}$ zum jeweils selben Eigenwert +1 *oder* −1.

Daraus ergibt sich unmittelbar, dass – sofern wir Spin-Freiheitsgrade vernachlässigen – für die Wellenfunktion $\Psi(\boldsymbol{r}_{(1)}, \ldots, \boldsymbol{r}_{(N)})$ eines entsprechenden N-Teilchen-Zustands gilt entweder

$$\begin{aligned} &\hat{\pi}_{\mu\nu} |\Psi\rangle = +|\Psi\rangle \quad \text{für alle } \mu, \nu \in \{1 \ldots N\} \\ \Longrightarrow\ &\Psi(\boldsymbol{r}_{(1)}, \ldots, \boldsymbol{r}_{(N)}) = \langle \boldsymbol{r}_{(1)}, \ldots, \boldsymbol{r}_{(N)} |\Psi\rangle \text{ ist vollständig symmetrisch in } (\mu) \end{aligned}$$

oder

$$\begin{aligned} &\hat{\pi}_{\mu\nu} |\Psi\rangle = -|\Psi\rangle \quad \text{für alle } \mu, \nu \in \{1 \ldots N\} \\ \Longrightarrow\ &\Psi(\boldsymbol{r}_{(1)}, \ldots, \boldsymbol{r}_{(N)}) = \langle \boldsymbol{r}_{(1)}, \ldots, \boldsymbol{r}_{(N)} |\Psi\rangle \text{ ist vollständig antisymmetrisch in } (\mu). \end{aligned}$$

Umgangssprachlich spricht man dann auch von einem vollständig symmetrischen beziehungsweise antisymmetrischen Zustand.

Es ist schnell zu sehen, dass die Menge aller vollständig symmetrischen beziehungsweise vollständig antisymmetrischen N-Teilchen-Zustände zwei disjunkte Unter-Hilbert-Räume von $\mathcal{H}^{(N)}$ bilden:

$$\mathcal{H}_S^{(N)} = \{\ |\Psi\rangle \in \mathcal{H}^{(N)} \mid |\Psi\rangle \text{ vollständig symmetrisch}\}, \tag{42.6}$$

$$\mathcal{H}_A^{(N)} = \{\ |\Psi\rangle \in \mathcal{H}^{(N)} \mid |\Psi\rangle \text{ vollständig antisymmetrisch}\}, \tag{42.7}$$

da die Symmetrieeigenschaften bei der linearen Superposition erhalten bleiben.

Historische Anekdote: Austauschentartung und Gibbs-Paradoxon
Eine unmittelbare Konsequenz der Ununterscheidbarkeit identischer Teilchen in der Quantenmechanik ist das Fehlen einer **Austauschentartung**: wären die Teilchen eines N-Teilchen-Systems identisch, aber unterscheidbar – wie beispielsweise in der klassischen Statistischen Physik – dann würde die Vertauschung zweier Teilchen zwar zu einem anderen Zustand führen, der aber die selbe Energie besitzt. Das System würde also eine Entartung aufweisen. In der klassischen Statistische Physik führte dieser Sachverhalt – nämlich das Ausbleibens der Austauschentartung – im 19. Jahrhundert zu einem unverstandenen Problem in der Betrachtung der Mischungsentropie gleicher Stoffe, dem **Gibbs-Paradoxon**.

In einem Gedankenexperiment betrachten wir dazu einen Aufbau, der aus zwei Gefäßen besteht, die nur durch eine Trennwand getrennt sind, die sich öffnen und schließen lässt. Weiterhin sei in beiden Gefäßen der gleiche Stoff – Druck und Temperatur stimmen in beiden

Gefäßen überein. Nach Öffnen der Trennwand kommt es zu einer Vermischung. Schließt man nun die Trennwand wieder, so befindet sich wieder der gleiche Stoff bei demselben Druck und derselben Temperatur in beiden Gefäßen – der Ausgangszustand ist also wieder hergestellt.

Nach der klassischen Statistischen Physik steht man nun vor dem Problem, dass die Entropie durch das Vermischen gestiegen sein muss. Entweder man nimmt willkürlicherweise an, dass man durch Schließen der Trennwand die Entropie wieder verringert hat, was den zweiten Hauptsatz der Thermodynamik verletzen würde und außerdem nur für gleiche Stoffe, nicht aber für verschiedene Stoffe im Anfangszustand angenommen werden müsste. Nimmt man aber an, dass sich in diesem Zyklus die Entropie tatsächlich vergrößert hat, ließe sich mit diesem reversiblen Prozess die Entropie erhöhen, was zu einem Widerspruch führt.

Die Quantenmechanik bietet nun die Auflösung des Gibbs-Paradoxons: durch die Symmetrisierung beziehungsweise Antisymmetrisierung wird die Austauschentartung aufgehoben, und durch den entsprechenden kombinatorischen Vorfaktor wird die Überzählung des Phasenraumvolumens durch Vertauschung identischer Teilchen kompensiert. Dadurch erhöht sich bei der Mischung zweier Volumina des gleichen Stoffs das Phasenraumvolumen nicht – die Entropie bei der Vermischung gleicher Stoffe – welche ein reversibler Prozess darstellt – bleibt unverändert.

Der Spin-Statistik-Zusammenhang

Es ist ein experimenteller Befund, dass jedes Punktteilchen, welches wir ja eingangs durch die drei Parameter Masse, Spin und Ladung eindeutig bestimmt ist, genau einer von beiden Klassen zugeordnet werden kann: entweder dessen N-Teilchen-Zustände $|\Psi\rangle$ sind Elemente von $\mathcal{H}_S^{(N)}$, oder sie sind Elemente von $\mathcal{H}_A^{(N)}$. Im ersten Fall nennen wir das Teilchen ein **Boson**, im zeiten Fall nennen wir es **Fermion**:

$$|\Psi\rangle \in \mathcal{H}_S^{(N)} \iff \text{Teilchen heißt Boson,}$$
$$|\Psi\rangle \in \mathcal{H}_A^{(N)} \iff \text{Teilchen heißt Fermion.}$$

Die Namen „Boson“ und „Fermion“ wurden von Paul Dirac geprägt, angedenk des indischen Physikers Satyendra Nath Bose und des italienischen Physikers Enrico Fermi. Wir nennen einen Zustand $|\Psi\rangle_S \in \mathcal{H}_S^{(N)}$ einen **bosonischen N-Teilchen-Zustand** und fügen das Subskript „S“ hinzu. Entsprechend nennen wir einen Zustand $|\Psi\rangle_A \in \mathcal{H}_A^{(N)}$ einen **fermionischen N-Teilchen-Zustand** und fügen das Subskript „A“ hinzu.

Die Regel, welche Teilchen nun Bosonen und welche Fermionen sind, wird durch den **Spin-Statistik-Zusammenhang** definiert:

Satz (Spin-Statistik-Zusammenhang). *Teilchen mit ganzzahliger Spinquantenzahl s sind Bosonen. Teilchen mit halbzahliger Spinquantenzahl s sind Fermionen.*

Dieser Satz stellt nach heutigem Wissen im Rahmen der nichtrelativistischen Quantentheorie einen experimentellen Befund dar, der zunächst ohne weitere Begründung hingenommen werden muss. Erst im Rahmen der relativistischen Quantenfeldtheorie kann der

Spin-Statistik-Zusammenhang zumindest indirekt bewiesen werden (weswegen wir ihn hier trotz der fehlenden Begründung als Satz formuliert haben). Vergleiche hierzu aber die Diskussion am Ende des Abschnitts I-11.

43 Konstruktion der vollständig (anti-)symmetrischen Hilbert-Räume

Nun, da wir wissen, dass die physikalischen Zustände von Systemen identischer Teilchen Elemente der jeweiligen Unter-Hilbert-Räume $\mathcal{H}_S^{(N)}$ für Bosonen und $\mathcal{H}_A^{(N)}$ für Fermionen sind, interessieren wir uns dafür, wie $\mathcal{H}_S^{(N)}$ und $\mathcal{H}_A^{(N)}$ jeweils aus dem Produktraum $\mathcal{H}^{(N)}$ konstruiert werden können, und wie aus den Elementen $|\Psi\rangle \in \mathcal{H}^{(N)}$ die physikalischen Zustände $|\Psi\rangle_{S,A} \in \mathcal{H}_{S,A}^{(N)}$ konstruiert werden können. Was wir also benötigen, sind Ausdrücke für die Projektionsoperatoren $\hat{P}_{S,A}$ mit den Eigenschaften:

$$|\Psi\rangle_{S,A} = \frac{\hat{P}_{S,A}\,|\Psi\rangle}{\sqrt{\langle\Psi|\hat{P}_{S,A}|\Psi\rangle}}, \tag{43.1}$$

$$\mathcal{H}_{S,A}^{(N)} = \hat{P}_{S,A}\mathcal{H}^{(N)}. \tag{43.2}$$

Der Projektionsoperator $\hat{P}_S$ wird auch **Symmetrisierungsoperator** genannt, und $\hat{P}_A$ entsprechend **Antisymmetrisierungsoperator**.

Ein wichtiges Element in der Konstruktion dieser Projektionsoperatoren ist der allgemeine Permutationsoperator $\hat{\pi}$. Dazu erinnern wir uns zunächst an die Permutation aus der Kombinatorik, die eine bijektive Abbildung darstellt:

$$\begin{aligned} \pi\colon\ &\{1,\ldots,n\} \to \{1,\ldots,n\} \\ &(1,2,\ldots,n) \mapsto (\pi(1),\pi(2),\ldots,\pi(n)) . \end{aligned} \tag{43.3}$$

Die Menge aller Permutationen einer geordneten Menge von n Elementen bildet eine Gruppe, die Permutationsgruppe $\mathcal{S}_n$ der Ordnung n.

Gegeben sei nun $|\Psi\rangle \in \mathcal{H}^{(N)}$ ein N-Teilchen-Produktzustand, die N Teilchen seien hierbei nicht notwendigerweise identisch. Wir definieren nun den **Permutationsoperator** $\hat{\pi}$ wie folgt:

$$\hat{\pi}\colon \mathcal{H}^{(N)} \to \mathcal{H}^{(N)} \tag{43.4}$$

$$\begin{aligned} |\Psi\rangle &\mapsto \hat{\pi}\,|a_{(1),k_1},\ldots,a_{(N),k_N}\rangle \\ &= |a_{(1),k_{\pi(1)}},\ldots,a_{(N),k_{\pi(N)}}\rangle . \end{aligned} \tag{43.5}$$

Während die bislang betrachteten Austauschoperatoren $\hat{\pi}_{\mu\nu}$ gewissermaßen die Positionen von zwei Teilchen vertauscht haben, bewirken die allgemeinen Permutationsoperatoren ganz allgemeine Permutationen von beliebig vielen Teilchen. Da es insgesamt $N!$ verschiedene Möglichkeiten gibt, N Elemente in einer geordneten Menge anzuordnen, gibt es $N!$ verschiedene Permutationsoperatoren.

Ein allgemeiner Permutationsoperator $\hat{\pi}$ kann stets als Verkettung von Austauschoperatoren dargestellt werden. Dabei werden zwei verschiedene Arten von Permutationsoperatoren unterschieden: ein Permutationsoperator heißt **gerade**, wenn er durch die Verkettung einer geradzahligen Anzahl von Austauschoperatoren dargestellt werden kann. Entsprechend heißt er **ungerade**, wenn er durch die Verkettung einer ungeradzahligen Anzahl von Austauschoperatoren dargestellt werden kann:

$$\hat{\pi} = \hat{\pi}_{\mu_1\nu_1}\hat{\pi}_{\mu_2\nu_2}\dots\hat{\pi}_{\mu_n\nu_n} \text{ ist } \begin{cases} \text{gerade, wenn } n \text{ gerade} \\ \text{ungerade, wenn } n \text{ ungerade.} \end{cases}$$

Für bosonische beziehungsweise fermionische Zustände $|\Psi\rangle_{S,A}$ gilt nun:

$$\hat{\pi}\,|\Psi\rangle_S = |\Psi\rangle_S\,, \tag{43.6}$$

$$\hat{\pi}\,|\Psi\rangle_A = (-1)^n\,|\Psi\rangle_A\,, \tag{43.7}$$

wobei n die Anzahl der Austauschoperatoren darstellt, deren Verkettung den Permutationsoperator ergibt.

Damit haben wir alle Zutaten beisammen, um die beiden Projektionsoperatoren $\hat{P}_{S,A}$ zu fomulieren. Es ist:

$$\hat{P}_S = \frac{1}{N!}\sum_i \hat{\pi}_i, \tag{43.8}$$

$$\hat{P}_A = \frac{1}{N!}\sum_i (-1)^{n_i}\hat{\pi}_i, \tag{43.9}$$

wobei der Index i über alle $N!$ verschiedene Permutationen läuft. Nun sei $|\Psi\rangle \in \mathcal{H}^{(N)}$ ein beliebiger normierter N-Teilchen-Zustand, dann ist jeweils:

$$|\Psi\rangle_S = \sqrt{N!}\hat{P}_S\,|\Psi\rangle\,, \tag{43.10}$$

$$|\Psi\rangle_A = \sqrt{N!}\hat{P}_A\,|\Psi\rangle\,, \tag{43.11}$$

mit $|\Psi\rangle_{S,A} \in \mathcal{H}^{(N)}_{S,A}$ ein ebenfalls normierter bosonischer beziehungsweise fermionischer Zustand.

Beweis. Dass die beiden Operatoren $\hat{P}_{S,A}$ vollständig symmetrisieren beziehungsweise antisymmetrisieren, ist per Konstruktion ersichtlich. Wir müssen also noch die Projektoreigenschaften nachweisen. Dann gilt

$$\begin{aligned} \hat{P}_S^2\,|\Psi\rangle &= \frac{1}{N!}\sum_i \hat{\pi}_i\hat{P}_S\,|\Psi\rangle \\ &= \frac{1}{N!}\sum_i \hat{P}_S\,|\Psi\rangle = \hat{P}_S\,|\Psi\rangle\,, \\ \hat{P}_A^2\,|\Psi\rangle &= \frac{1}{N!}\sum_i (-1)^{n_i}\hat{\pi}_i\hat{P}_A\,|\Psi\rangle \\ &= \frac{1}{N!}\sum_i (-1)^{2n_i}\hat{P}_A\,|\Psi\rangle = \hat{P}_A\,|\Psi\rangle \\ \Longrightarrow \hat{P}_{S,A}^2 &= \hat{P}_{S,A}, \end{aligned}$$

und

$$\begin{aligned}
\hat{P}_S\hat{P}_A\,|\Psi\rangle &= \frac{1}{N!}\sum_i \hat{\pi}_i\hat{P}_A\,|\Psi\rangle \\
&= \frac{1}{N!}\sum_i (-1)^{n_i}\hat{P}_A\,|\Psi\rangle = 0, \\
\hat{P}_A\hat{P}_S\,|\Psi\rangle &= \frac{1}{N!}\sum_i (-1)^{n_i}\hat{\pi}_i\hat{P}_S\,|\Psi\rangle \\
&= \frac{1}{N!}\sum_i (-1)^{n_i}\hat{P}_S\,|\Psi\rangle = 0 \\
\Longrightarrow \hat{P}_S\hat{P}_A &= \hat{P}_A\hat{P}_S = 0,
\end{aligned}$$

unter Ausnutzung von (43.6,43.7) und der Tatsache, dass die Menge der Permutationen für $N \geq 2$ stets geradzahlig ist. ■

Aus der letzten Bedingung folgt, dass die beiden Hilbert-Räume $\mathcal{H}_S^{(N)}$ und $\mathcal{H}_A^{(N)}$ orthogonal zueinander sind.

Fermionische Zustände $|\Psi\rangle_A \in \mathcal{H}_A^{(N)}$ stellen die Determinante einer Matrix dar. Ausgehend vom Produktzustand $|\Psi\rangle \in \mathcal{H}^{(N)}$:

$$|\Psi\rangle = |a_{(1),k_1}, \ldots, a_{(N),k_N}\rangle\,,$$

kann man den vollständig antisymmetrischen N-Teilchen-Zustand $|\Psi\rangle_A \in \mathcal{H}_A^{(N)}$ mit Hilfe von (43.9) und (43.11) als sogenannte **Slater-Determinante** schreiben:

$$|\Psi\rangle_A = \frac{1}{\sqrt{N!}}\begin{vmatrix} |a_{(1),k_1}\rangle & |a_{(2),k_1}\rangle & \ldots & |a_{(N),k_1}\rangle \\ |a_{(1),k_2}\rangle & |a_{(2),k_2}\rangle & \ldots & |a_{(N),k_2}\rangle \\ \vdots & \vdots & \ddots & \vdots \\ |a_{(1),k_N}\rangle & |a_{(2),k_N}\rangle & \ldots & |a_{(N),k_N}\rangle \end{vmatrix}, \tag{43.12}$$

benannt nach dem US-amerikanischen theoretischen Physiker und Chemiker John C. Slater.

Der fermionische N-Teilchen-Zustand besitzt eine sehr wichtige Besonderheit, wie schnell an der Slater-Determinante zu erkennen ist: besitzt diese nämlich 2 gleiche Zeilen, verschwindet die Determinante. Physikalisch bedeutet das: sind in einem N-Teilchen-Produktzustand in $\mathcal{H}^{(N)}$ zwei Ein-Teilchen-Zustände identisch: $|a_{(\mu),k_\mu}\rangle = |a_{(\nu),k_\nu}\rangle$, so wird in diesem Fall durch die Wirkung von $\hat{P}_A$ dieser Produktzustand auf den Nullvektor abgebildet, sprich: es gibt keinen fermionischen Zustand.

Dieser Umstand wird als **Pauli-Prinzip** bezeichnet und besitzt eine große Tragweite, wie wir weiter unten genauer beleuchten werden. Wir wollen diesen Satz etwas genauer formulieren:

Satz (Pauli-Prinzip). *Ein fermionischer N-Teilchen-Produktzustand*

$$|\Psi\rangle_A = \hat{P}_A \, |a_{(1),k_1}, \ldots, a_{(N),k_N}\rangle$$

besitzt keine zwei Quantenzahlen k_μ, k_ν *mit* $k_\mu = k_\nu$ *für* $\mu \neq \nu$.

In anderen Worten: in einem quantenmechanischen System aus N Fermionen, beispielsweise Elektronen, müssen diese sich sämtlich in jeweils unterschiedlichen (Ein-Teilchen-)Zuständen befinden. Wegen des Superpositionsprinzips trägt sich dieses Pauli-Prinzip damit auch auf Linearkombinationen von Produktzuständen fort, so dass dieses für den gesamten Hilbert-Raum $\mathcal{H}_A^{(N)}$ gilt. Eine direkte Konsequenz des Pauli-Prinzips ist: ein fermionisches N-Teilchen-System muss mindestens N verschiedene Zustände, sprich Quantenzahlen k_μ besitzen.

Wechseln wir nun in die Ortsdarstellung und betrachten zunächst als Vereinfachung einen bosonischen beziehungsweise fermionischen Zustand $|\Psi\rangle_{S,A}$, der sich als Produktzustand darstellen lässt:

$$|\Psi\rangle_{S,A} = |\phi\rangle \otimes |m_{(1),s_1}, m_{(2),s_2}, \ldots, m_{(N),s_N}\rangle ,$$

mit $|\phi\rangle \in \mathcal{H}_B$ und $|m_{(1),s_1}, m_{(2),s_2}, \ldots, m_{(N),s_N}\rangle \in \mathcal{H}_S$, so dass

$$\langle \boldsymbol{r}_{(1)}, \ldots, \boldsymbol{r}_{(N)}|\Psi\rangle = \phi(\boldsymbol{r}_{(1)}, \ldots, \boldsymbol{r}_{(N)}) \, |m_{(1),s_1}, m_{(2),s_2}, \ldots, m_{(N),s_N}\rangle .$$

Im bosonischen Fall gilt: wenn der räumliche Anteil der Wellenfunktion vollständig symmetrisch ist, so muss auch der Spin-Anteil vollständig symmetrisch sein. Ist der räumliche Anteil jedoch vollständig antisymmetrisch, so ist dies auch der Spin-Anteil. Nur so besitzt $|\Psi\rangle$ insgesamt die richtigen Symmetrieeigenschaften. Im fermionischen Fall hingegen müssen die Raum- und die Spin-Komponenten jeweils entgegengesetzte Symmetrieeigenschaften besitzen. Insgesamt gilt also für Bosonen:

$$\langle \boldsymbol{r}_{(1)}, \ldots, \boldsymbol{r}_{(N)}|\Psi\rangle_S = \begin{cases} \phi(\boldsymbol{r}_{(1)}, \ldots, \boldsymbol{r}_{(N)})_S \, |m_{(1),s_1}, m_{(2),s_2}, \ldots, m_{(N),s_N}\rangle_S \\ \phi(\boldsymbol{r}_{(1)}, \ldots, \boldsymbol{r}_{(N)})_A \, |m_{(1),s_1}, m_{(2),s_2}, \ldots, m_{(N),s_N}\rangle_A \end{cases} , \tag{43.13}$$

und für Fermionen gilt

$$\langle \boldsymbol{r}_{(1)}, \ldots, \boldsymbol{r}_{(N)}|\Psi\rangle_A = \begin{cases} \phi(\boldsymbol{r}_{(1)}, \ldots, \boldsymbol{r}_{(N)})_S \, |m_{(1),s_1}, m_{(2),s_2}, \ldots, m_{(N),s_N}\rangle_A \\ \phi(\boldsymbol{r}_{(1)}, \ldots, \boldsymbol{r}_{(N)})_A \, |m_{(1),s_1}, m_{(2),s_2}, \ldots, m_{(N),s_N}\rangle_S \end{cases} . \tag{43.14}$$

Hebt man die obige Einschränkung auf, dass sich $|\Psi\rangle$ als direktes Produkt schreiben lässt, sondern lässt vielmehr den allgemeinen Fall zu, dass $|\Psi\rangle$ eine Linearkombinationen derartiger Produkte darstellt:

$$|\Psi\rangle_{S,A} = \sum_n |\Psi_n\rangle_{S,A} , \tag{43.15}$$

so gilt die Bedingung an die jeweiligen Symmetreeigenschaften für jeden einzelnen der Summanden $|\Psi_n\rangle_{S,A}$.

Beispiel: 2-Boson-System und 2-Fermion-System
Als einfaches illustratives Beispiel betrachten wir ein System aus zwei identischen Bosonen. Es seien $|\phi_1\rangle, |\phi_2\rangle \in \mathcal{H}$ zwei zueinander orthonormale Einteilchen-Zustände. Dann ist $|\Psi\rangle = |\phi_1, \phi_2\rangle$ ein Produktzustand und Element des Produkt-Hilbert-Raums $\mathcal{H}^{(2)}$. Um den bosonischen Zustand $|\Psi\rangle_S$ zu erhalten, wenden wir (43.8) und (43.10) an und erhalten schnell:

$$|\Psi\rangle_S = \frac{1}{\sqrt{2}} (|\phi_1, \phi_2\rangle + |\phi_2, \phi_1\rangle) .$$

Für ein System aus zwei identischen Fermionen ergibt sich durch vollständige Antisymmetrisierung mit Hilfe von (43.12):

$$|\Psi\rangle_A = \frac{1}{\sqrt{2}} (|\phi_1, \phi_2\rangle - |\phi_2, \phi_1\rangle) .$$

Man beachte, dass im speziellen Fall $N = 2$ gilt:

$$\begin{aligned} &|\Psi\rangle_S + |\Psi\rangle_A = |\Psi\rangle \\ \Longleftrightarrow\ &\hat{P}_S + \hat{P}_A = \mathbb{1} \\ \Longleftrightarrow\ &\mathcal{H}_S^{(2)} \oplus \mathcal{H}_A^{(2)} = \mathcal{H}^{(2)}, \end{aligned}$$

das heißt: die beiden Unter-Hilbert-Räume $\mathcal{H}_S^{(2)}$ und $\mathcal{H}_A^{(2)}$ sind bezüglich $\mathcal{H}^{(2)}$ zueinander komplementär.

Das Separabilitätsprinzip
Ein N-Boson-System besitzt einen vollständig symmetrisierten, ein N-Fermion-System einen vollständig antisymmetrisierten Zustand. Damit sind die mögliche Zustände eines Systems identischer Teilchen stets verschränkt.

Die Frage kommt uns nun in den Sinn, wie wir denn überhaupt Zustände eines beliebigen Teilchens, beispielsweise eines Elektrons, im Labor präparieren können, ohne auf alle anderen im Universum befindlichen Elektronen Rücksicht zu nehmen, um die notwendige Symmetrisierung herbeizuführen. Ist es wirklich notwendig, die Elektronen auf dem Pluto bei der Konstruktion eines Elektronzustands zu berücksichtigen, wenn man ein Wasserstoffatom auf der Erde betrachtet?

Wir fragen uns tatsächlich, ob in absolut jedem Falle dieser Symmetrisierung beziehungsweise Antisymmetrisierung Rechnung getragen werden muss und wann man bequem mit der praktischen Erleichterung leben kann, Produktzustände zu betrachten und die Verschränkung zu ignorieren. Wir untersuchen also die **Separabilität** von Teilsystemen, wie wir sie bereits in Abschnitt I-12 kurz angerissen haben.

Betrachten wir der Einfachheit halber ein System von 2 identischen Teilchen, Bosonen oder Fermionen. Ein jeweils korrekt (anti-)symmetrisierter Zustand $|\Psi\rangle \in \mathcal{H}_{S,A}^{(2)}$ besitzt die Ortsdarstellung:

$$\Psi_{S,A}(\boldsymbol{r}_{(1)}, \boldsymbol{r}_{(2)}) = \frac{1}{\sqrt{2}} \left(\phi_1(\boldsymbol{r}_{(1)})\phi_2(\boldsymbol{r}_{(2)}) \pm \phi_2(\boldsymbol{r}_{(1)})\phi_1(\boldsymbol{r}_{(2)})\right) . \tag{43.16}$$

Wir möchten nun herausfinden, wie groß die Wahrscheinlichkeitsdichte $P(\boldsymbol{r}_{(1)})$ ist, am Ort $\boldsymbol{r}_{\text{Lab}}$ (dort, wo unser Labor steht) ein Teilchen zu messen. Dazu betrachten wir zunächst $P(\boldsymbol{r}_{(1)}, \boldsymbol{r}_{(2)})$, die Wahrscheinlichkeitsdichte, ein Teilchen am Ort $\boldsymbol{r}_{(1)}$ und eines am Ort $\boldsymbol{r}_{(2)}$ zu messen:

$$\begin{aligned} P(\boldsymbol{r}_{(1)}, \boldsymbol{r}_{(2)}) &= |\Psi_{S,A}(\boldsymbol{r}_{(1)}, \boldsymbol{r}_{(2)})|^2 \\ &= \frac{1}{2} \big[|\phi_1(\boldsymbol{r}_{(1)})|^2 |\phi_2(\boldsymbol{r}_{(2)})|^2 + |\phi_1(\boldsymbol{r}_{(2)})|^2 |\phi_2(\boldsymbol{r}_{(1)})|^2 \\ &\quad \pm \phi_1^*(\boldsymbol{r}_{(1)}) \phi_2^*(\boldsymbol{r}_{(2)}) \phi_2(\boldsymbol{r}_{(1)}) \phi_1(\boldsymbol{r}_{(2)}) \\ &\quad \pm \phi_1(\boldsymbol{r}_{(1)}) \phi_2(\boldsymbol{r}_{(2)}) \phi_2^*(\boldsymbol{r}_{(1)}) \phi_1^*(\boldsymbol{r}_{(2)}) \big] . \end{aligned}$$

Gesetzt sei nun der Fall, dass die beiden Teilchen jeweils lokalisiert sind, aber eine große räumliche Separation voneinander besitzen, so dass der Überlapp der Wellenfunktionen verschwindet. Ohne Beschränkung der Allgemeinheit setzen wir also an, dass die Wellenfunktion ϕ_1 bei $\boldsymbol{r}_{\text{Lab}}$ ein scharfes Maximum besitzt und ϕ_2 an derselben Stelle nahezu verschwindet (dafür aber an irgendeiner anderen Stelle ein scharfes Maximum besitzt, wo ϕ_1 nahezu verschwindet).

Dann ist:

$$\begin{aligned} P(\boldsymbol{r}_{\text{Lab}}) &= \int_{\mathbb{R}^3} P(\boldsymbol{r}_{\text{Lab}}, \boldsymbol{r}_{(2)}) \mathrm{d}^3\boldsymbol{r}_{(2)} + \int_{\mathbb{R}^3} P(\boldsymbol{r}_{(1)}, \boldsymbol{r}_{\text{Lab}}) \mathrm{d}^3\boldsymbol{r}_{(1)} \\ &= 2 \cdot \frac{1}{2} \Bigg[|\phi_1(\boldsymbol{r}_{\text{Lab}})|^2 \int_{\mathbb{R}^3} |\phi_2(\boldsymbol{r}')|^2 \mathrm{d}^3\boldsymbol{r}' + |\phi_2(\boldsymbol{r}_{\text{Lab}})|^2 \int_{\mathbb{R}^3} |\phi_1(\boldsymbol{r}')|^2 \mathrm{d}^3\boldsymbol{r}' \\ &\quad \pm \phi_1^*(\boldsymbol{r}_{\text{Lab}}) \phi_2(\boldsymbol{r}_{\text{Lab}}) \int_{\mathbb{R}^3} \phi_2^*(\boldsymbol{r}') \phi_1(\boldsymbol{r}') \mathrm{d}^3\boldsymbol{r}' \\ &\quad \pm \phi_1(\boldsymbol{r}_{\text{Lab}}) \phi_2^*(\boldsymbol{r}_{\text{Lab}}) \int_{\mathbb{R}^3} \phi_2(\boldsymbol{r}') \phi_1^*(\boldsymbol{r}') \mathrm{d}^3\boldsymbol{r}' \Bigg] \\ &= \Big[|\phi_1(\boldsymbol{r}_{\text{Lab}})|^2 + |\phi_2(\boldsymbol{r}_{\text{Lab}})|^2 \\ &\quad \pm \phi_1^*(\boldsymbol{r}_{\text{Lab}}) \phi_2(\boldsymbol{r}_{\text{Lab}}) \int_{\mathbb{R}^3} \phi_2^*(\boldsymbol{r}') \phi_1(\boldsymbol{r}') \mathrm{d}^3\boldsymbol{r}' \\ &\quad \pm \phi_1(\boldsymbol{r}_{\text{Lab}}) \phi_2^*(\boldsymbol{r}_{\text{Lab}}) \int_{\mathbb{R}^3} \phi_2(\boldsymbol{r}') \phi_1^*(\boldsymbol{r}') \mathrm{d}^3\boldsymbol{r}' \Big] , \end{aligned}$$

wobei wir die (Anti-)Symmetrie von $\Psi_{S,A}(\boldsymbol{r}_{(1)}, \boldsymbol{r}_{(2)})$ ausgenutzt haben. Wir sehen, dass von den vier Summanden im Ausdruck für $P(\boldsymbol{r}_{\text{Lab}})$ nur der erste einen signifikanten Beitrag leistet und die anderen drei nahezu verschwinden:

$$P(\boldsymbol{r}_{\text{Lab}}) = |\phi_1(\boldsymbol{r}_{\text{Lab}})|^2. \tag{43.17}$$

Das ist aber exakt derselbe Ausdruck, der sich ergibt, wenn von Anfang an die Notwendigkeit nach (Anti-)Symmetrisierung und der damit einhergehenden Verschränkung des 2-Teilchen-Zustands ignoriert und das 2-Teilchen-System durch einen Produktzustand beschrieben wird. Daraus folgt vereinfacht ausgedrückt, dass aus räumlicher Distanz und Lokalisierbarkeit der Teilchen im Ortsraum Separabilität der beiden Einteilchen-Systeme folgt.

44 Pauli-Prinzip und das Periodensystem der Elemente

Das Pauli-Prinzip ist nicht nur zwingend notwendig, um das Periodensystem der Elemente zu erklären – es stellt die Grundlage der Stabilität der gesamten Materie dar. Existierte das Pauli-Prinzip nicht, würden Elektronen in einem Atom durch Abstrahlung immer tiefer gelegene Energieniveaus besetzen, bis sie alle im Grundzustand des entsprechenden Atoms wären. Eine chemische Bindung wäre so unmöglich. Das gleiche würde sich im Atomkern fortsetzen: ohne das Pauli-Prinzip würde Atomkerne immer weiter „implodieren", mit weitreichenden Auswirkungen auf die Existenz stabiler Kernkonfigurationen und damit chemischer Elemente. Das Pauli-Prinzip ist damit notwendige Bedingung für die Existenz der gesamten Materie, wie wir sie kennen. Daneben wären auch die astrophysikalischen Auswirkungen enorm: Kernfusions- und Kernspaltungsprozesse, wie sie beispielsweise in der Sonne auf natürliche Weise stattfinden, hängen von ebendiesen stabilen beziehungsweise metastabilen Kernkonfigurationen ab. Dass die Existenz von Neutronensternen aus makroskopischer Kernmaterie als ultimativem Materiezustand vor dem endgültigen Gravitationskollaps ebenfalls auf dem Pauli-Prinzip beruht, mag im Alltag dann nur von untergeordneter Bedeutung erscheinen. Man studiere in diesem Zusammenhang Anhang A.1 zum Thema Entartungsdruck von Materie.

Wir erinnern an dieser Stelle an die Lösung des Coulomb-Problems in Abschnitt 29. Die stationären Zustände, historisch **Orbitale** genannt, sind hierbei durch drei Quantenzahlen n, l und m_l klassifiziert, die jeweils die Werte

$$\begin{aligned} n &= 1, 2, 3, \ldots, \\ l &= 0, 1, 2, \ldots, n-1, \\ m &= -l, -l+1, \ldots, l-1, l \end{aligned}$$

annehmen können.

Mit dem Spin des Elektrons kommt nun eine vierte Quantenzahl m_s hinzu. Für die Berechnung der Feinstruktur muss man bereits beim einfachsten Atom, dem Wasserstoffatom, gleichermaßen die Spin-Bahn-Kopplung wie auch relativistische Korrekturen berücksichtigen, und um quantitativ richtige Ergebnisse zu erhalten (siehe Abschnitt III-4). Des weiteren besitzen die einzelnen Energieniveaus natürlich für jedes Atom unterschiedliche Werte. Für ein qualitatives Verständnis des Periodensystems ist dies jedoch im Allgemeinen von untergeordneter Bedeutung, und der Elektronenspin geht nur in Form der **Hundschen Regeln** in die Struktur ein.

Friedrich Hund war vor seiner Habilitation ein Assistent Max Borns in Göttingen, wie Heisenberg und Jordan, danach Privatdozent. Da er Heisenberg während dessen USA-Reise im laufenden Semester vertreten musste, wurden die Seminare irgendwann als *„Seminar Heisenberg mit Hund"* auch international bekannt. Die nach ihm benannten Regeln hat er zunächst rein empirisch aufgestellt und erst 1927, während seines Aufenthalts bei Bohr in Kopenhagen, in einer Reihe von Arbeiten theoretisch begründet [Hun27a; Hun27b; Hun27c].

Wären die Elektronen nun Bosonen, wäre der Grundzustand eines Multi-Elektronen-Atoms dadurch charakterisiert, dass alle Elektronen die Quantenzahlen $(n, l, m) = (1, 0, 0)$

besitzen. Da sie aber Fermionen sind, sorgt das Pauli-Prinzip dafür, dass die einzelnen Elektronen die einzelnen Orbitale gemäß ihres jeweiligen Energieniveaus von unten nach oben auffüllen, was als **Aufbauprinzip** bezeichnet wird. Gemäß der **Hundschen Regel** werden Orbitale gleicher Energie zuerst einfach, dann doppelt belegt. Jedes Orbital kann dann maximal zwei Elektronen aufnehmen, die jeweils die Spin-Quantenzahl $m_s = \pm\frac{1}{2}$ besitzen. Die Elektronen in der äußersten Schale werden als **Valenzelektronen** bezeichnet, da sie die chemischen Eigenschaften des jeweiligen Elements bestimmen.

Die historische Nomenklatur der Elektronkonfiguration im Grundzustand besteht dabei aus Termen von der Form

$$(nl)^{(\text{Anz. Elektronen})} \ldots,$$

wobei n die Hauptquantenzahl ist, l durch den Buchstaben „s“, „p“ und so weiter gegeben ist (siehe Abschnitt 29) und als Superskript die Anzahl der Elektronen in der Unterschale steht. Bereits vollständig gefüllte Schalen tragen den Namen des Elements, das diese Schale füllt, in eckigen Klammern (siehe Tabelle 6.1).

Die sogenannte **spektroskopische Notation** spiegelt die Feinstruktur sowie die Aufspaltung des Grundzustands in Anwesenheit eines äußeren Magnetfeld wider und besitzt die Form

$$^{2S+1}L_J,$$

wobei S den Gesamt-Spin und L den Gesamt-Bahndrehimpuls (mit großen Buchstaben „S“, „P“, und so weiter bezeichnet) aller Valenzelektronen bezeichnet. J ist der Gesamtdrehimpuls, entsprechend der Regeln der Addition von Drehimpulsen aus Kapitel 5:

$$\hat{\boldsymbol{S}} = \sum_i \hat{\boldsymbol{S}}_i,$$

$$\hat{\boldsymbol{L}} = \sum_i \hat{\boldsymbol{L}}_i,$$

$$\hat{\boldsymbol{J}} = \hat{\boldsymbol{L}} + \hat{\boldsymbol{S}}.$$

Man beachte, dass der Gesamt-Spin $\hat{\boldsymbol{S}}$, der Gesamt-Bahndrehimpuls $\hat{\boldsymbol{L}}$ und somit der Gesamt-Drehimpuls $\hat{\boldsymbol{J}}$ einer vollständig gefüllten Hauptschale jeweils Null ist. In dieser Notation wird die Feinstrukturaufspaltung in ein $(2J + 1)$-Multiplett ersichtlich, sofern zu einer quantitativen Berechnung für leichtere Atome die sogenannte **LS-Kopplung** oder **Russell–Saunders-Kopplung** zu verwenden ist [RS25], die zu den Hundschen Regeln führt, aber für immer schwerere Atome immer mehr gegenüber der **jj-Kopplung** an Gültigkeit verliert (siehe auch die Anmerkungen am Schluss des Abschnitts III-5 über den Zeeman-Effekt).

Nur mit Hilfe des Pauli-Prinzips ist es möglich, dass das Orbitalmodell die qualitativen Eigenschaften des Periodensystems und der unterschiedlichen Gruppen von chemischen Elementen erklärt. Tabelle 6.1 zeigt die Elemente für die ersten vier Hauptschalen. Für alle weitergehenden Ausführung bediene man sich eines Standardlehrwerks zur Atomphysik.

Tabelle 6.1: Die ersten vier Reihen des Periodensystems der Elemente nach Ordnungszahl Z geordnet, samt Grundzustandskonfiguration und spektroskopischer Notation.

n (Schale)	Z	Element	Grundzustandskonfiguration	Spektroskopische Notation
1 (K)	1	H	$(1s)^1$	$^2S_{1/2}$
	2	He	$(1s)^2$	$^1S_0$
2 (L)	3	Li	$[He](2s)^1$	$^2S_{1/2}$
	4	Be	$[He](2s)^2$	$^1S_0$
	5	B	$[He](2s)^2(2p)^1$	$^2P_{1/2}$
	6	C	$[He](2s)^2(2p)^2$	$^3P_0$
	7	N	$[He](2s)^2(2p)^3$	$^4S_{3/2}$
	8	O	$[He](2s)^2(2p)^4$	$^3P_2$
	9	F	$[He](2s)^2(2p)^5$	$^2P_{3/2}$
	10	Ne	$[He](2s)^2(2p)^6$	$^1S_0$
3 (M)	11	Na	$[Ne](3s)^1$	$^2S_{1/2}$
	12	Mg	$[Ne](3s)^2$	$^1S_0$
	13	Al	$[Ne](3s)^2(2p)^1$	$^2P_{1/2}$
	14	Si	$[Ne](3s)^2(2p)^2$	$^3P_0$
	15	P	$[Ne](3s)^2(2p)^3$	$^4S_{3/2}$
	16	S	$[Ne](3s)^2(2p)^4$	$^3P_2$
	17	Cl	$[Ne](3s)^2(2p)^5$	$^2P_{3/2}$
	18	Ar	$[Ne](3s)^2(2p)^6$	$^1S_0$
4 (N)	19	K	$[Ar](4s)^1$	$^2S_{1/2}$
	20	Ca	$[Ar](4s)^2$	$^1S_0$
	21	Sc	$[Ar](3d)^1(4s)^2$	$^2D_{3/2}$
	22	Ti	$[Ar](3d)^2(4s)^2$	$^3F_2$
	23	V	$[Ar](3d)^3(4s)^2$	$^4F_{3/2}$
	24	Cr	$[Ar](3d)^4(4s)^2$	$^7S_3$
	25	Mn	$[Ar](3d)^5(4s)^2$	$^6S_{3/2}$
	26	Fe	$[Ar](3d)^6(4s)^2$	$^5D_4$
	27	Co	$[Ar](3d)^7(4s)^2$	$^4F_{9/2}$
	28	Ni	$[Ar](3d)^8(4s)^2$	$^3F_4$
	29	Cu	$[Ar](3d)^9(4s)^2$	$^2S_{1/2}$
	30	Zn	$[Ar](3d)^{10}(4s)^2$	$^1S_0$
	31	Ga	$[Ar](3d)^{10}(4s)^2(4p)^1$	$^2P_{1/2}$
	32	Ge	$[Ar](3d)^{10}(4s)^2(4p)^2$	$^3P_0$
	33	As	$[Ar](3d)^{10}(4s)^2(4p)^3$	$^4S_{3/2}$
	34	Se	$[Ar](3d)^{10}(4s)^2(4p)^4$	$^3P_2$
	35	Br	$[Ar](3d)^{10}(4s)^2(4p)^5$	$^2P_{3/2}$
	36	Kr	$[Ar](3d)^{10}(4s)^2(4p)^6$	$^1S_0$

45 N-Teilchen-Operatoren in Systemen identischer Teilchen

Wie in allen quantenmechanischen Systemen unterliegt die unitäre Zeitentwicklung eines bosonischen oder fermionischen N-Teilchen-Zustands $|\Psi(t)\rangle_{S,A} \in \mathcal{H}_{S,A}^{(N)}$ der Schrödinger-Gleichung

$$i\hbar \frac{\mathrm{d}\,|\Psi(t)\rangle_{S,A}}{\mathrm{d}t} = \hat{H}\,|\Psi(t)\rangle_{S,A}\,. \tag{45.1}$$

Die Randbedingung, dass diese unitäre Zeitentwicklung, vermittelt durch den Zeitentwicklungsoperator $\hat{U}(t,t_0)$, den betrachteten Zustand $|\Psi(t)\rangle_{S,A}$ nicht aus dem (anti-)symmetrisierten Hilbertraum $\mathcal{H}_{S,A}^{(N)}$ „hinausführt", führt zu Symmetrierelationen für $\hat{U}(t,t_0)$. Wir betrachten hierzu als Ausgangspunkt die zeitabhängige Schrödinger-Gleichung

$$i\hbar \frac{\mathrm{d}\hat{\pi}\,|\Psi(t)\rangle_{S,A}}{\mathrm{d}t} = \hat{H}\hat{\pi}\,|\Psi(t)\rangle_{S,A}\,,$$

mit einem allgemeinen Permutationsoperator $\hat{\pi}$, aus der für Bosonen dann folgt:

$$\begin{aligned} i\hbar \frac{\mathrm{d}\,|\Psi(t)\rangle_{S}}{\mathrm{d}t} &= \hat{H}\hat{\pi}\,|\Psi(t)\rangle_{S} \\ &= \hat{H}\,|\Psi(t)\rangle_{S} \\ &\stackrel{!}{=} \hat{\pi}\hat{H}\,|\Psi(t)\rangle_{S}\,, \end{aligned}$$

und für Fermionen:

$$\begin{aligned} i\hbar(-1)^n \frac{\mathrm{d}\,|\Psi(t)\rangle_{A}}{\mathrm{d}t} &= \hat{H}\hat{\pi}\,|\Psi(t)\rangle_{A} \\ &= \hat{H}(-1)^n\,|\Psi(t)\rangle_{A} \\ &\stackrel{!}{=} \hat{\pi}\hat{H}\,|\Psi(t)\rangle_{A}\,, \end{aligned}$$

unter Verwendung von (43.6,43.7). Hierbei ist n die Anzahl der Austauschoperatoren, deren Verkettung den Permutationsoperator ergibt. Daraus folgt sowohl für den bosonischen als auch den fermionischen Fall:

$$[\hat{\pi}, \hat{H}] = 0 \tag{45.2}$$

$$[\hat{\pi}, \hat{U}(t,t_0)] = 0. \tag{45.3}$$

Der Permutationsoperator $\hat{\pi}$ muss also mit dem Hamilton-Operator $\hat{H}$ und damit auch mit dem Zeitentwicklungsoperator $\hat{U}(t,t_0)$ vertauschen.

Als direkte Konsequenz daraus folgt unmittelbar, unter Beachtung, dass $\mathcal{H}_{S}^{(N)}$ und $\mathcal{H}_{A}^{(N)}$ orthogonal zueinander sind:

$${}_A\langle\Psi(t)|\hat{H}|\Psi(t)\rangle_S = 0. \tag{45.4}$$

Das heißt, zu jedem Zeitpunkt verschwinden sämtliche Matrixelemente von $\hat{H}$ zwischen einem bosonischen und einem fermionischen Zustand. Wir haben also eine Auswahlregel vor uns, die auch physikalisch zu erwarten ist. Das ist aber noch nicht alles, denn was für den Hamilton-Operator gilt, muss für alle Observablen gelten: da es durch keine physikalische Messung einen Übergang von einem bosonischen zu einem fermionischen Zustand und umgekehrt geben darf, haben wir eine **Superauswahlregel** vor uns. Wir erinnern uns ja daran, dass die Spin-Quantenzahl s einen **Superauswahlsektor** für die unitären Darstellungen der zentral erweiterten Galilei-Gruppe definiert (Abschnitt 19). Das bedeutet: für alle in $\mathcal{H}_{S,A}^{(N)}$ wirkenden hermiteschen Operatoren $\hat{A}$ muss gelten:

$$_A\langle\Psi(t)|\hat{A}|\Psi(t)\rangle_S \overset{!}{=} 0. \tag{45.5}$$

Da die Superauswahlregel aus der Darstellungstheorie der Galilei-Gruppe folgt und die (Anti-)Symmetrisierung der Zustände aus dem Ununterscheidbarkeitsaxiom folgt, stellt (45.5) letztlich eine Bedingungsgleichung für hermitesche Operatoren (Observable) oder unitäre Operatoren (die ja stets als Exponent eines hermiteschen Operators geschrieben werden können, siehe (14.1)) in $\mathcal{H}_{S,A}^{(N)}$ dar.

Aus (45.5) folgt wiederum unmittelbar, dass für alle hermiteschen Operatoren $\hat{A}$ in $\mathcal{H}_{S,A}^{(N)}$ gelten muss:

$$[\hat{\pi}, \hat{A}] \overset{!}{=} 0. \tag{45.6}$$

Der Permutationsoperator $\hat{\pi}$ ist also ein **Casimir-Operator** innerhalb der Menge der Observablen, entsprechend den Ausführungen in Abschnitt 19. Äquivalent kann man schreiben:

$$\hat{\pi}\hat{A}\hat{\pi}^{-1} \overset{!}{=} \hat{A}, \tag{45.7}$$

was deutlicher zum Ausdruck bringt, dass $\hat{O}$ invariant unter allgemeinen Permutationen sein muss. Diese Kommutatorrelation stellt eine Randbedingung dar, wie Observable eines bosonischen oder fermionischen N-Teilchen-Systems zu konstruieren sind, was wir im Folgenden durch einige Beispiele verdeutlichen wollen.

Ein-Teilchen-Observable

Gegeben sei ein (uneigentlicher) Produktzustand $|\boldsymbol{r}_{(1),1}, \boldsymbol{r}_{(2),2}\rangle \in \mathcal{H}^{(2)}$ in einem allgemeinen 2-Teilchen-System. Man achte nochmals auf die Notation: das Subskript in Klammern (i) bezeichnet die Teilchennummer, das Subskript i kennzeichnet die Position.

Wir betrachten nun die beiden Ein-Teilchen-Operatoren $\hat{\boldsymbol{r}}_{(1)}$ und $\hat{\boldsymbol{r}}_{(2)}$, die also die Position des 1. beziehungsweise 2. Teilchens messen, und fragen uns: sind dies zulässige Observable in $\mathcal{H}_{S,A}^{(2)}$? Wir ahnen: „nein", und wir sehen auch schnell, warum. Es ist:

$$\begin{aligned}
\hat{\boldsymbol{r}}_{(1)}\,|\boldsymbol{r}_{(1),1}, \boldsymbol{r}_{(2),2}\rangle &= \boldsymbol{r}_1\,|\boldsymbol{r}_{(1),1}, \boldsymbol{r}_{(2),2}\rangle\,, \\
\hat{\boldsymbol{r}}_{(2)}\,|\boldsymbol{r}_{(1),1}, \boldsymbol{r}_{(2),2}\rangle &= \boldsymbol{r}_2\,|\boldsymbol{r}_{(1),1}, \boldsymbol{r}_{(2),2}\rangle\,.
\end{aligned}$$

Nun lassen wir den Vertauschungsoperator $\hat{\pi}_{12}$ wirken:

$$\begin{aligned}\hat{\pi}_{12}\hat{\boldsymbol{r}}_{(1)}\hat{\pi}_{12}\left|\boldsymbol{r}_{(1),1},\boldsymbol{r}_{(2),2}\right\rangle &= \hat{\pi}_{12}\hat{\boldsymbol{r}}_{(1)}\left|\boldsymbol{r}_{(1),2},\boldsymbol{r}_{(2),1}\right\rangle \\ &= \hat{\pi}_{12}\boldsymbol{r}_2\left|\boldsymbol{r}_{(1),2},\boldsymbol{r}_{(2),1}\right\rangle \\ &= \boldsymbol{r}_2\left|\boldsymbol{r}_{(1),1},\boldsymbol{r}_{(2),2}\right\rangle,\end{aligned}$$

wobei ja $\hat{\pi}_{12}^{-1} = \hat{\pi}_{12}$ gilt, und eine analoge Rechnung ergibt sich für die Anwendung von $\hat{\pi}_{12}\hat{\boldsymbol{r}}_{(2)}\hat{\pi}_{12}$. Wir sehen also, dass die beiden Ein-Teilchen-Operatoren $\hat{\boldsymbol{r}}_{(1)}$ und $\hat{\boldsymbol{r}}_{(2)}$ *nicht* mit $\hat{\pi}_{12}$ vertauschen. Sie stellen also keine Observable in $\mathcal{H}_{S,A}^{(2)}$ dar.

Was aber, wenn $\hat{\boldsymbol{r}}_{(1)}$ und $\hat{\boldsymbol{r}}_{(2)}$ auf einen bosonischen oder fermionischen Zustand wirken, die ja beide jeweils vollständig symmetrisiert beziehungsweise antisymmetrisiert sind? Schauen wir mal:

$$\begin{aligned}|\Psi_{S,A}\rangle &= \frac{1}{\sqrt{2}}\left(\left|\boldsymbol{r}_{(1),1},\boldsymbol{r}_{(2),2}\right\rangle \pm \left|\boldsymbol{r}_{(1),2},\boldsymbol{r}_{(2),1}\right\rangle\right) \in \mathcal{H}_{S,A}^{(2)} \\ \Longrightarrow \hat{\boldsymbol{r}}_{(1)}\,|\Psi\rangle_{S,A} &= \frac{1}{\sqrt{2}}\left(\boldsymbol{r}_1\left|\boldsymbol{r}_{(1),1},\boldsymbol{r}_{(2),2}\right\rangle \pm \boldsymbol{r}_2\left|\boldsymbol{r}_{(1),2},\boldsymbol{r}_{(2),1}\right\rangle\right) \notin \mathcal{H}_{S,A}^{(2)} \\ \hat{\pi}_{12}\hat{\boldsymbol{r}}_{(1)}\hat{\pi}_{12}\,|\Psi\rangle_{S,A} &= \frac{1}{\sqrt{2}}\left(\boldsymbol{r}_2\left|\boldsymbol{r}_{(1),1},\boldsymbol{r}_{(2),2}\right\rangle \pm \boldsymbol{r}_1\left|\boldsymbol{r}_{(1),2},\boldsymbol{r}_{(2),1}\right\rangle\right) \notin \mathcal{H}_{S,A}^{(2)},\end{aligned}$$

mit analoger Rechnung für die Anwendung von $\hat{\pi}_{12}\hat{\boldsymbol{r}}_{(2)}\hat{\pi}_{12}$. Das bedeutet: die Wirkung von $\hat{\boldsymbol{r}}_{(1)}$ und $\hat{\boldsymbol{r}}_{(2)}$ führt aus $\mathcal{H}_{S,A}^{(2)}$ heraus! Wir sehen also, dass die Ein-Teilchen-Operatoren $\hat{\boldsymbol{r}}_{(1)}, \hat{\boldsymbol{r}}_{(2)}$ selbst dann keine zulässigen Observable in $\mathcal{H}_{S,A}^{(2)}$ darstellen, wenn ihre Wirkung bereits auf $\mathcal{H}_{S,A}^{(2)}$ eingeschränkt ist.

Da $\hat{\boldsymbol{r}}_{(1)}$ und $\hat{\boldsymbol{r}}_{(2)}$ stellvertretend für alle Ein-Teilchen-Operatoren der Form $\hat{A}_{(\mu)}$ in einem System von N identischen Teilchen stehen, kann man zunächst verallgemeinern:

Satz. *Ein Ein-Teilchen-Operator der Form $\hat{A}_{(\mu)}$ transformiert sich unter der Wirkung eines allgemeinen Permutationsoperators $\hat{\pi}$ gemäß:*

$$\hat{\pi}\hat{A}_{(\mu)}\hat{\pi}^{-1} = \hat{A}_{(\pi(\mu))}, \tag{45.8}$$

und stellt keine Observable im bosonischen beziehungsweise fermionischen Hilbert-Raum $\mathcal{H}_{S,A}^{(N)}$ dar.

Damit ist aber nun auch erkenntlich, wie man aus Ein-Teilchen-Operatoren Observable im bosonischen beziehungsweise fermionischen Hilbert-Raum $\mathcal{H}_{S,A}^{(N)}$ konstruieren kann: motivierend hierzu gehen wir nochmals zum Ausgangsbeispiel zurück und betrachten nun zwei mögliche Operatoren

$$\begin{aligned}\hat{\boldsymbol{r}}_S &= \frac{1}{2}\left(\hat{\boldsymbol{r}}_{(1)} + \hat{\boldsymbol{r}}_{(2)}\right), \\ \hat{\boldsymbol{r}}_A &= \frac{1}{2}\left(\hat{\boldsymbol{r}}_{(1)} - \hat{\boldsymbol{r}}_{(2)}\right)\end{aligned}$$

und untersuchen die Wirkung sowohl auf einen allgemeinen Produktzustand

$$|\boldsymbol{r}_{(1),1}, \boldsymbol{r}_{(2),2}\rangle \in \mathcal{H}^{(2)},$$

als auch auf den ebenfalls oben betrachteten bosonischen beziehungsweise fermionischen Zustand

$$\Psi_{S,A} = \frac{1}{\sqrt{2}} \left(|\boldsymbol{r}_{(1),1}, \boldsymbol{r}_{(2),2}\rangle \pm |\boldsymbol{r}_{(1),2}, \boldsymbol{r}_{(2),1}\rangle\right) \in \mathcal{H}^{(2)}_{S,A}.$$

Wir erhalten:

$$\hat{\boldsymbol{r}}_{S,A} |\boldsymbol{r}_{(1),1}, \boldsymbol{r}_{(2),2}\rangle = \frac{1}{2} (\boldsymbol{r}_1 \pm \boldsymbol{r}_2) |\boldsymbol{r}_{(1),1}, \boldsymbol{r}_{(2),2}\rangle,$$

$$\hat{\pi}_{12}\hat{\boldsymbol{r}}_S\hat{\pi}_{12} |\boldsymbol{r}_{(1),1}, \boldsymbol{r}_{(2),2}\rangle = \frac{1}{2} (\boldsymbol{r}_1 + \boldsymbol{r}_2) |\boldsymbol{r}_{(1),1}, \boldsymbol{r}_{(2),2}\rangle$$

$$\Longrightarrow \hat{\boldsymbol{r}}_S = \hat{\pi}_{12}\hat{\boldsymbol{r}}_S\hat{\pi}_{12}$$

und

$$\hat{\pi}_{12}\hat{\boldsymbol{r}}_A\hat{\pi}_{12} |\boldsymbol{r}_{(1),1}, \boldsymbol{r}_{(2),2}\rangle = \frac{1}{2} (\boldsymbol{r}_2 - \boldsymbol{r}_1) |\boldsymbol{r}_{(1),1}, \boldsymbol{r}_{(2),2}\rangle$$

$$\Longrightarrow \hat{\boldsymbol{r}}_A \neq \hat{\pi}_{12}\hat{\boldsymbol{r}}_A\hat{\pi}_{12}.$$

Und ferner:

$$\hat{\boldsymbol{r}}_S |\Psi\rangle_{S,A} = \frac{1}{2} (\boldsymbol{r}_1 + \boldsymbol{r}_2) |\Psi\rangle_{S,A},$$

$$\hat{\boldsymbol{r}}_A |\Psi\rangle_S = \frac{1}{2} (\boldsymbol{r}_1 - \boldsymbol{r}_2) |\Psi\rangle_A,$$

$$\hat{\boldsymbol{r}}_A |\Psi\rangle_A = \frac{1}{2} (\boldsymbol{r}_1 - \boldsymbol{r}_2) |\Psi\rangle_S.$$

Wir werden also zu der Erkenntnis geführt, dass nur der symmetrisierte Operator $\hat{\boldsymbol{r}}_S$ eine Observable sowohl im bosonischen als auch im fermionischen 2-Teilchen-Raum $\mathcal{H}^{(2)}_{S,A}$ darstellt. Wir sagen: $\hat{\boldsymbol{r}}_S$ ist eine **Ein-Teilchen-Observable**. Wir verallgemeinern dies wieder zu folgendem Satz:

Satz. *Es sei $\hat{A}_{(\mu)}$ ein Ein-Teilchen-Operator. Dann stellt der vollständig symmetrisierte Operator*

$$\hat{A}_S = \frac{1}{N} \sum_{\mu} \hat{A}_{(\mu)} \tag{45.9}$$

eine ***Ein-Teilchen-Observable*** *in $\mathcal{H}^{(2)}_S$ beziehungsweise $\mathcal{H}^{(2)}_A$ dar.*

Der Vorfaktor $1/N$ ist im Prinzip willkürlich, jedoch stellt die entstehende Ein-Teilchen-Observable durch diese Wahl probaterweise das arithmetische Mittel der Ein-Teilchen-Operatoren $\hat{A}_{(\mu)}$ dar und findet häufig Anwendung. So stellt beispielsweise die Ein-Teilchen-Observable $\hat{\boldsymbol{r}}_S$ nichts anderes dar als die Schwerpunktskoordinate des N-Teilchen-Systems.

Hamilton-Operator eines bosonischen oder fermionischen N-Teilchen-Systems und 2-Teilchen-Observable

Der Hamilton-Operator eines bosonischen oder fermionischen N-Teilchen-Systems ist im Allgemeinen von der Form:

$$\hat{H} = \sum_{\mu} \frac{\hat{\boldsymbol{p}}_{(\mu)}^2}{2m_{(\mu)}} + \hat{V}(\hat{\boldsymbol{r}}_{(1)}, \ldots, \hat{\boldsymbol{r}}_{(N)}), \tag{45.10}$$

wobei wir das Wechselwirkungspotential der Einfachheit halber wieder zeitunabhängig annehmen. Der kinetische Term des Hamilton-Operators ist bereits vollständig symmetrisiert. Die Frage ist, wie der Potentialterm $\hat{V}(\hat{\boldsymbol{r}}_{(1)}, \ldots, \hat{\boldsymbol{r}}_{(N)})$ beschaffen sein muss, damit (45.5) gilt.

Im nicht-wechselwirkenden Fall besitzt $\hat{V}(\hat{\boldsymbol{r}}_{(1)}, \ldots, \hat{\boldsymbol{r}}_{(N)})$ die Form (41.23):

$$\hat{V}(\hat{\boldsymbol{r}}_{(1)}, \ldots, \hat{\boldsymbol{r}}_{(N)}) = \sum_{(\mu)} \hat{V}_{(\mu)}(\hat{\boldsymbol{r}}_{(\mu)}),$$

und ist damit ebenfalls vollständig symmetrisch.

Ein typisches Wechselwirkungspotential, wie im Falle einer Zweiteilchenwechselwirkung mit Zentralpotential besitzt Terme der Form $\hat{V}(\hat{\boldsymbol{r}}_{(\mu)} - \hat{\boldsymbol{r}}_{(\nu)})$ oder $\hat{V}(|\hat{\boldsymbol{r}}_{(\mu)} - \hat{\boldsymbol{r}}_{(\nu)}|)$. Betrachten wir derartige Terme genauer. Eine einfache Rechnung wie oben für die Ein-Teilchen-Observable liefert:

$$\begin{aligned}
\left(\hat{\boldsymbol{r}}_{(1)} - \hat{\boldsymbol{r}}_{(2)}\right) |\boldsymbol{r}_{(1),1}, \boldsymbol{r}_{(2),2}\rangle &= (\boldsymbol{r}_1 - \boldsymbol{r}_2) |\boldsymbol{r}_{(1),1}, \boldsymbol{r}_{(2),2}\rangle\,, \\
\hat{\pi}\left(\hat{\boldsymbol{r}}_{(1)} - \hat{\boldsymbol{r}}_{(2)}\right) \hat{\pi} |\boldsymbol{r}_{(1),1}, \boldsymbol{r}_{(2),2}\rangle &= (\boldsymbol{r}_2 - \boldsymbol{r}_1) |\boldsymbol{r}_{(1),1}, \boldsymbol{r}_{(2),2}\rangle\,,
\end{aligned}$$

aber

$$\begin{aligned}
\left(\hat{\boldsymbol{r}}_{(1)} - \hat{\boldsymbol{r}}_{(2)}\right)^2 |\boldsymbol{r}_{(1),1}, \boldsymbol{r}_{(2),2}\rangle &= (\boldsymbol{r}_1 - \boldsymbol{r}_2)^2 |\boldsymbol{r}_{(1),1}, \boldsymbol{r}_{(2),2}\rangle\,, \\
\hat{\pi}\left(\hat{\boldsymbol{r}}_{(1)} - \hat{\boldsymbol{r}}_{(2)}\right)^2 \hat{\pi} |\boldsymbol{r}_{(1),1}, \boldsymbol{r}_{(2),2}\rangle &= (\boldsymbol{r}_2 - \boldsymbol{r}_1)^2 |\boldsymbol{r}_{(1),1}, \boldsymbol{r}_{(2),2}\rangle \\
&= \left(\hat{\boldsymbol{r}}_{(1)} - \hat{\boldsymbol{r}}_{(2)}\right)^2 |\boldsymbol{r}_{(1),1}, \boldsymbol{r}_{(2),2}\rangle\,.
\end{aligned}$$

Wir sehen, dass die gerade Potenz des Terms $(\hat{\boldsymbol{r}}_{(1)} - \hat{\boldsymbol{r}}_{(2)})$ den Vorzeichenwechsel kompensiert und damit $(\hat{\boldsymbol{r}}_{(1)} - \hat{\boldsymbol{r}}_{(2)})^2$ tatsächlich eine Observable in $\mathcal{H}_{S,A}^{(2)}$ darstellt. Wir verallgemeinern dieses Ergebnis wieder für bosonische beziehungsweise fermionische N-Teilchen-Systeme:

Satz. *Es sei $\hat{A}_{(\mu)}$ ein Ein-Teilchen-Operator. Dann stellt der vollständig symmetrisierte Operator*

$$\frac{1}{N} \sum_{\substack{\mu,\nu \\ \mu\neq\nu}} \left(\hat{A}_{(\mu)} - \hat{A}_{(\nu)}\right)^n \quad (n \text{ gerade}) \tag{45.11}$$

*eine **Zwei-Teilchen-Observable** in $\mathcal{H}_S^{(2)}$ beziehungsweise $\mathcal{H}_A^{(2)}$ dar. Darüber hinaus stellt ferner auch jede Funktion*

$$\frac{1}{N}\sum_{\substack{\mu,\nu \\ \mu\neq\nu}} f\left(\hat{A}_{(\mu)} - \hat{A}_{(\nu)}\right)^n \quad (n \text{ gerade}) \tag{45.12}$$

eine Zwei-Teilchen-Observable in $\mathcal{H}_S^{(2)}$ beziehungsweise $\mathcal{H}_A^{(2)}$ dar.

Damit sind auch Zentralkraftpotentiale wie $\hat{V}(|\hat{\boldsymbol{r}}_{(\mu)} - \hat{\boldsymbol{r}}_{(\nu)}|)$ ebenfalls zulässige Potentiale bei einem bosonischen oder fermionischen N-Teilchen-System.

46 Besetzungszahldarstellung

In Abschnitt 43 haben wir eine Konstruktionsvorschrift für den Hilbert-Raum $\mathcal{H}_S^{(N)}$ beziehungsweise $\mathcal{H}_A^{(N)}$ von N identischen Bosonen beziehungsweise Fermionen abgeleitet. Als nächstes interessiert uns, wie wir eine geeignete vollständige Orthormalbasis in diesen beiden Hilbert-Räumen erhalten.

Wir erinnern uns: im Produktraum $\mathcal{H}^{(N)}$, der den Hilbert-Raum für N *unter*scheidbare Teilchen darstellt, ist eine vollständige Orthonormalbasis durch die Produktzustände (41.4) gegeben. Durch die Wirkung des Symmetrisierungs- beziehungsweise Antisymmetrisierungsoperators werden diese Produktzustände jedoch auf Linearkombinationen von Produktzuständen abgebildet, was sie ungeeignet macht als Basis von $\mathcal{H}_S^{(N)}$ beziehungsweise $\mathcal{H}_A^{(N)}$. Wir müssen uns also nach einer anderen Basis umschauen.

Diese ist aber recht schnell gefunden. Hierzu betrachten wir explizit nochmals einen beliebigen Produktzustand $|a_{(1),k_1}, \ldots, a_{(N),k_N}\rangle \in \mathcal{H}^{(N)}$ und die Wirkung von $\hat{P}_{S,A}$ auf diesen, siehe (43.1), so dass sich der vollständig symmetrisierte beziehungsweise antisymmetrisierte Zustand

$$|a_{(1),k_1}, \ldots, a_{(N),k_N}\rangle_{S,A} = \frac{\hat{P}_{S,A}\,|a_{(1),k_1}, \ldots, a_{(N),k_N}\rangle}{\sqrt{\langle a_{(1),k_1}, \ldots, a_{(N),k_N}|\hat{P}_{S,A}|a_{(1),k_1}, \ldots, a_{(N),k_N}\rangle}} \tag{46.1}$$

ergibt. Allein durch logisches Kombinieren, oder durch Betrachtung der Definition von $\hat{P}_{S,A}$ (43.8,43.9) ist schnell deutlich, welche Information durch die Wirkung von $\hat{P}_{S,A}$ verloren geht: während die direkten Produktzustände $\{\ |\ a_{(1),k_1}, \ldots, a_{(N),k_N}\rangle\ \} \in \mathcal{H}^{(N)}$ für unterscheidbare Teilchen kennzeichnen, welches Teilchen (μ) sich in welchem Zustand $|a_{(\mu),k_\mu}\rangle$ befindet, kann per Axiom und Konstruktion der Zustand $\hat{P}_{S,A}\,|a_{(1),k_1}, \ldots, a_{(N),k_N}\rangle$ nur noch kennzeichnen, wieviele Teilchen n_k sich insgesamt im Zustand $|a_k\rangle$ befinden, denn alle Permutationen in der Aufteilung auf die einzelnen Ein-Teilchen-Zustände $|a_{(\mu),k_\mu}\rangle$ werden miteinander identifiziert.

Durch die Wirkung von $\hat{P}_{S,A}$ auf $|a_{(1),k_1}, \ldots, a_{(N),k_N}\rangle \in \mathcal{H}^{(N)}$ werden außerdem jeweils $N!$ zueinander orthonormale Basisvektoren auf einen einzelnen Basisvektor abgebildet, der in $\mathcal{H}^{(N)}$ ja eine Linearkombination der ursprünglichen Vektoren darstellt. In der Konsequenz heißt das, dass auch die Zustandsvektoren (46.1) in $\mathcal{H}_{S,A}^{(N)}$ eine Orthonormalbasis darstellen, und wir bezeichnen diese – zunächst für den bosonischen Fall – mit:

$$|n_1, n_2, \ldots\rangle := |a_{(1),k_1}, \ldots, a_{(N),k_N}\rangle_S\,,$$

wobei die sogenannten **Besetzungszahlen** n_k die Anzahl der Teilchen im Zustand $|a_k\rangle$ kennzeichnen.

Eine Besonderheit des fermionischen Falls betrifft die Notwendigkeit einer Phasenkonvention. Da ja unter der Wirkung des Permutationsoperators (43.7) gilt:

$$\hat{\pi}\,|\Psi\rangle_A = (-1)^n\,|\Psi\rangle_A\,,$$

ist $|n_1, n_2, \ldots\rangle$ für fermionische N-Teilchen-Systeme durch die Konstruktion (43.11) nur bis auf Vorzeichen bestimmt. Möchte man hier Eindeutigkeit in der Definition erhalten, kann man die Phasenkonvention treffen, dass $|n_1, n_2, \ldots\rangle \in \mathcal{H}_A^{(N)}$ aus denjenigem Produktzustand $|a_{(1),k_1}, \ldots, a_{(N),k_N}\rangle \in \mathcal{H}^{(N)}$ hervorgeht, bei dem die i_μ eine streng monoton steigende Folge bilden:

$$|n_1, n_2, \ldots\rangle = |a_{(1),k_1}, \ldots, a_{(N),k_N}\rangle_A\Big|_{k_1<k_2<\cdots<k_N}.$$

Wir fassen also zusammen:

$$\text{Bosonen:}\quad |n_1, n_2, \ldots\rangle = |a_{(1),k_1}, \ldots, a_{(N),k_N}\rangle_S, \tag{46.2}$$

$$\text{Fermionen:}\quad |n_1, n_2, \ldots\rangle = |a_{(1),k_1}, \ldots, a_{(N),k_N}\rangle_A\Big|_{k_1<k_2<\cdots<k_N}. \tag{46.3}$$

Die einzelnen Zustände $|n_1, n_2, \ldots\rangle$ zu unterschiedlichen Besetzungszahlen $n_1, n_2, \ldots$ bilden ein vollständiges Orthonormalsystem:

$$\langle n_1, n_2, \ldots | n_1', n_2', \ldots\rangle = \delta_{n_1,n_1'}\delta_{n_2,n_2'}\cdots, \tag{46.4}$$

$$\sum_{\{n_k\}} |n_1, n_2, \ldots\rangle\langle n_1, n_2, \ldots| = \mathbb{1}, \tag{46.5}$$

und es gilt als Randbedingung:

$$\sum_k n_k = N. \tag{46.6}$$

Für fermionische N-Teilchen-Systeme, die ja dem Pauli-Prinzip genügen (Abschnitt 43), gilt darüber hinaus:

$$n_k \in \{0, 1\}, \tag{46.7}$$

denn es können sich keine zwei Fermionen im gleichen Ein-Teilchen-Zustand befinden.

Passend zu den Besetzungszahlen kann man unmittelbar die Besetzungszahloperatoren $\hat{N}_k$ definieren: es sei $|\Psi\rangle_{S,A} \in \mathcal{H}_{S,A}^{(N)}$ ein beliebiger bosonischer beziehungsweise fermionischer Zustand. Dann ist der **Besetzungszahloperator** $\hat{N}_k$ definiert durch:

$$\hat{N}_k |\Psi\rangle = n_k |\Psi\rangle. \tag{46.8}$$

Die symmetrisierten beziehungsweise antisymmetrisierten Produktzustände (46.2) sind also nichts anderes als die gemeinsamen Eigenzustände der Besetzungszahloperatoren $\hat{N}_k$:

$$\hat{N}_k |n_1, n_2, \ldots\rangle = n_k |n_1, n_2, \ldots\rangle, \tag{46.9}$$

woraus trivialerweise folgt:

$$[\hat{N}_k, \hat{N}_{k'}] = 0. \tag{46.10}$$

Observable in Besetzungszahldarstellung

Wie schreiben sich Observable in Besetzungszahldarstellung? Hierzu betrachten wir zunächst als Wiederholung den Ein-Teilchen-Operator $\hat{A}_{(\mu)}$ und dessen Wirkung auf einen bosonischen Zustand:

$$\begin{aligned}
\hat{A}_{(\mu)} |\Psi\rangle_S &= \frac{1}{N!} \sum_i \hat{A}_{(\mu)} \hat{\pi}_i |a_{(1),k_1} \ldots, a_{(N),k_N}\rangle \\
&= \frac{1}{N!} \sum_i \hat{A}_{(\mu)} |a_{(1),\pi_i(k_1)} \ldots, a_{(N),\pi_i(k_N)}\rangle \\
&= \frac{1}{N!} \sum_i a_{\pi_i(k_\mu)} |a_{(1),\pi_i(k_1)} \ldots, a_{(N),\pi_i(k_N)}\rangle \\
\Longrightarrow \hat{A}_S |\Psi\rangle_S &= \frac{1}{N} \sum_\mu \hat{A}_{(\mu)} |\Psi\rangle_S \\
&= a \frac{1}{N!} \sum_i |a_{(1),\pi_i(k_1)} \ldots, a_{(N),\pi_i(k_N)}\rangle = a |\Psi\rangle_S ,
\end{aligned}$$

mit

$$a = \frac{1}{N} \sum_\mu a_{k_\mu} = \frac{1}{N} \sum_k n_k a_k .$$

Entsprechend ergibt sich:

$$\hat{A}_S |\Psi\rangle_A = a |\Psi\rangle_A .$$

Daraus folgt aber nun die Besetzungszahldarstellung der Ein-Teilchen-Observable $\hat{A}_S$:

$$\begin{aligned}
\hat{A}_S |n_1, n_2, \ldots\rangle &= \frac{1}{N} \sum_k n_k a_k |n_1, n_2, \ldots\rangle \\
&= \frac{1}{N} \sum_k a_k \hat{N}_k |n_1, n_2, \ldots\rangle ,
\end{aligned}$$

und somit:

$$\hat{A}_S = \frac{1}{N} \sum_k a_k \hat{N}_k , \tag{46.11}$$

wobei der Laufindex k über alle möglichen Eigenwerte a_k des Ein-Teilchen-Operators $\hat{A}_{(\mu)}$ läuft.

In einem System von N identischen, aber nicht wechselwirkenden Teilchen kommen wir mit Ein-Teilchen-Observablen bereits recht weit, zumindest im Rahmen dessen, was nicht wechselwirkende Teilchen an interessanter Physik zu bieten haben. Wie wir aber in Abschnitt 45 gesehen haben, führen 2-Teilchen-Wechselwirkungen zu 2-Teilchen-Observable der Form (45.11,45.12) im Hamilton-Operator:

$$\hat{V}_S(\hat{A}_{(\mu)}, \hat{A}_{(\nu)}) = \frac{1}{N} \sum_{\substack{\mu,\nu \\ \mu \neq \nu}} f \left(\hat{A}_{(\mu)} - \hat{A}_{(\nu)} \right)^n \quad (n \text{ gerade}). \tag{46.12}$$

Wechselwirkungspotentiale dieser Art führen im Allgemeinen zu Übergängen zwischen zwei Zuständen $|n_1, n_2, \ldots\rangle$ und $|n'_1, n'_2, \ldots\rangle$, und wir stellen uns an dieser Stelle die Frage, wie sich eine solche 2-Teilchen-Observable in der Besetzungszahldarstellung schreibt.

Wir werden im Abschnitt 47 auf diese Frage zurückkommen, und es wird sich herausstellen, dass derartige 2-Teilchen-Observable eine besonders einfache Form annehmen, wenn man den quantenmechanischen Formalismus um ein maßgebliches Konzept erweitert, nämlich um das Konzept der Teilchenerzeugung und -vernichtung. Wie wir im Folgenden sehen werden, ist es genau dieser Schritt, der uns von der Quantenmechanik, wie wir sie bislang als Theoriegebäude untersucht haben, zur Quantenfeldtheorie führt.

47 Der Fock-Raum und der Übergang zur Quantenfeldtheorie

Um ein System von N wechselwirkenden identischen Teilchen zu beschreiben, müssen wir unser bisher erarbeitetes Begriffs- und Theoriegebäude nicht erweitern. Wir *können* es aber tun, um in den Genuss eines sehr eleganten Formalismus zu kommen, der sich für die Beschreibung von Übergängen zwischen zwei Zuständen $|n_1, n_2, \ldots\rangle$ und $|n'_1, n'_2, \ldots\rangle$ anbietet.

Die Erhaltung der Teilchenzahl N war bislang ein unausgesprochenes Gesetz der nichtrelativistischen Quantenmechanik, wie wir sie bislang betrachtet haben. Das liegt daran, dass wir bislang nur quantenmechanische Systeme beziehungsweise Hamilton-Operatoren $\hat{H}(\hat{\boldsymbol{r}}_{(\mu)}, \hat{\boldsymbol{p}}_{(\mu)})$ mit endlich vielen Freiheitsgraden, sprich: mit einer endlichen Anzahl an Observablen betrachtet haben. In dem Augenblick, in dem wir allerdings die Möglichkeit von Teilchenerzeugung und -vernichtung zulassen, ist der Formalismus nicht mehr ausreichend und wir *müssen* ihn erweitern. Als Konsequenz betrachten wir dann ein System mit unendlich vielen Freiheitsgraden.

Diese Erweiterung besteht aus zwei wesentlichen Komponenten: aus der Zugrundelegung des sogenannten Fock-Raums als direkte Summe der einzelnen N-Teilchen-Hilbert-Räume, sowie aus der Einführung von Operatoren, die Übergänge zwischen diesen vermitteln.

Gegeben seien also die einzelnen N-Teilchen-Hilbert-Räume für Bosonen beziehungsweise $\mathcal{H}_{S,A}^{(N)}$. Wir definieren nun den bosonischen beziehungsweise fermionischen **Fock-Raum** $\mathcal{F}_{S,A}$ – benannt nach dem russischen Physiker Vladimir Aleksandrovich Fock [Foc32] – als die direkte Summe:

$$\mathcal{F}_{S,A} := \bigoplus_{N=0}^{\infty} \mathcal{H}_{S,A}^{(N)}. \tag{47.1}$$

Man beachte, dass die direkte Summe auch den Fall $N = 0$ beinhaltet, mit dem **Vakuum-Zustand** $|0\rangle$ als einzigem möglichen Zustand:

$$\mathcal{H}^{(0)} = \{\, |\, 0\rangle \,\}. \tag{47.2}$$

Das Subskript lassen wir in diesem Fall auch weg, da $\mathcal{H}^{(0)}$ für den bosonischen und den fermionischen Fall identisch ist.

Der Fock-Raum $\mathcal{F}_S$ beziehungsweise $\mathcal{F}_A$ ist selbst jeweils ebenfalls ein Hilbert-Raum, auch wenn die Hilbert-Raum-Struktur von $\mathcal{F}_{S,A}$ von untergeordneter Bedeutung ist, da die einzelnen N-Teilchen-Unter-Hilbert-Räume $\mathcal{H}^{(N)}$ Superauswahlsektoren darstellen, innerhalb welcher die Orthonormalitäts- und Vollständigkeitsrelationen (46.4) und (46.5) gelten. Insbesondere gilt im Hilbert-Raum $\mathcal{H}^{(0)}$ für den Vakuumzustand $|0\rangle \in \mathcal{H}^{(0)}$:

$$\langle 0|0\rangle = 1, \tag{47.3}$$

$$|0\rangle\langle 0| = \mathbb{1}. \tag{47.4}$$

Außerdem gilt per Konstruktion des Fock-Raums als direkte Summe der N-Teilchen-Hilbert-Räume:

$$\langle \Psi^{(N_1)}|\Psi^{(N_2)}\rangle = \delta_{N_1 N_2}, \tag{47.5}$$

für alle $\Psi^{(N_1)} \in \mathcal{H}^{(N_1)}$ und $\Psi^{(N_2)} \in \mathcal{H}^{(N_2)}$.

Nun kommt der entscheidende Schritt, die den Fock-Raum erst zu einem sinnvollen Konstrukt machen: wir definieren die beiden in $\mathcal{F}_S$ beziehungsweise $\mathcal{F}_A$ wirkenden Operatoren

$$\begin{aligned} \hat{a}_k &: \mathcal{H}_{S,A}^{(N)} \to \mathcal{H}_{S,A}^{(N-1)}, \\ \hat{a}_k^\dagger &: \mathcal{H}_{S,A}^{(N)} \to \mathcal{H}_{S,A}^{(N+1)}. \end{aligned} \tag{47.6}$$

Der Operator $\hat{a}_k^\dagger$ wird aufgrund seiner Wirkung **Erzeugungsoperator** genannt, der Operator $\hat{a}_k$ entsprechend **Vernichtungsoperator**. (Solange keine Verwechslungen auftreten können, bezeichnen wir die bosonischen und fermionischen Versionen hiervon identisch.) Beide sind uns bei der algebraischen Betrachtung des harmonischen Oszillators (Abschnitt I-34) bereits begegnet, und tatsächlich werden wir die dort diskutierten algebraischen Eigenschaften auch hier wiederfinden, allerdings müssen wir im nun Folgenden zwischen dem bosonischen und dem fermionischen Fall unterscheiden.

1. (bosonischer Fall) dieser Fall entspricht algebraisch dem harmonischen Oszillator aus Abschnitt I-34. Wir definieren Erzeugungs- und Vernichtungsoperator gemäß:

$$\begin{aligned} \hat{a}_k \left|n_1, n_2, \ldots, n_k, \ldots\right\rangle &= \sqrt{n_k} \left|n_1, n_2, \ldots, n_k - 1, \ldots\right\rangle, \\ \hat{a}_k^\dagger \left|n_1, n_2, \ldots, n_k, \ldots\right\rangle &= \sqrt{n_k + 1} \left|n_1, n_2, \ldots, n_k + 1, \ldots\right\rangle. \end{aligned}$$

Daraus erhalten wir nach kurzer Rechnung die Kommutatorrelationen:

$$\begin{aligned} [\hat{a}_k, \hat{a}_l] &= 0, \\ [\hat{a}_k^\dagger, \hat{a}_l^\dagger] &= 0, \\ [\hat{a}_k, \hat{a}_l^\dagger] &= \delta_{kl}, \end{aligned}$$

genau wie in (I-34.10). Der Besetzungszahloperator $\hat{N}_k$ ist gegeben durch:

$$\hat{N}_k := \hat{a}_k^\dagger \hat{a}_k,$$

so dass folgende weitere Kommutatorrelationen gelten:

$$\begin{aligned} [\hat{N}_k, \hat{N}_l] &= 0, \\ [\hat{N}_k, \hat{a}_l] &= -\hat{a}_k \delta_{kl}, \\ [\hat{N}_k, \hat{a}_l^\dagger] &= \hat{a}_k^\dagger \delta_{kl}. \end{aligned}$$

Ein allgemeiner N-Teilchen-Zustand in Besetzungszahldarstellung ist dann gegeben durch:

$$\left|n_1, n_2, \ldots\right\rangle = \frac{(\hat{a}_1^\dagger)^{n_1} (\hat{a}_2^\dagger)^{n_2} \cdots}{\sqrt{n_1!}\sqrt{n_2!} \cdots} \left|0\right\rangle,$$

wobei die Reihenfolge der Erzeugungsoperatoren keine Rolle spielt.

2. (fermionischer Fall) Wie sir sind zunächst geneigt, wie im bosonischen Fall zunächst Erzeugungs- und Vernichtungsoperatoren gemäß

$$\hat{a}_k \, |n_1, n_2, \ldots, n_k, \ldots\rangle = \sqrt{n_k} \, |n_1, n_2, \ldots, n_k - 1, \ldots\rangle,$$
$$\hat{a}_k^\dagger \, |n_1, n_2, \ldots, n_k, \ldots\rangle = \sqrt{n_k + 1} \, |n_1, n_2, \ldots, n_k + 1, \ldots\rangle$$

zu definieren und natürlich zu beachten, dass die Einschränkung $n_k \in \{ 0, 1 \}$ gilt. Diese Einschränkung führt dazu, dass wir fordern müssen:

$$\hat{a}_k \hat{a}_k^\dagger \, |\ldots, 0_{(k)}, \ldots\rangle \stackrel{!}{=} |\ldots, 0_{(k)}, \ldots\rangle,$$
$$\hat{a}_k \hat{a}_k^\dagger \, |\ldots, 1_{(k)}, \ldots\rangle \stackrel{!}{=} 0,$$
$$\hat{a}_k^\dagger \hat{a}_k \, |\ldots, 0_{(k)}, \ldots\rangle \stackrel{!}{=} 0,$$
$$\hat{a}_k^\dagger \hat{a}_k \, |\ldots, 1_{(k)}, \ldots\rangle \stackrel{!}{=} |\ldots, 1_{(k)}, \ldots\rangle.$$

Das bedeutet: der Operator $\hat{a}_k^\dagger \hat{a}_k$ ist immer dann $\mathbb{1}$, wenn $n_k = 1$ ist, beim Operator $\hat{a}_k \hat{a}_k^\dagger$ ist es genau umgekehrt. Wir können also schreiben:

$$\hat{a}_k^\dagger \hat{a}_k = \hat{N}_k,$$
$$\hat{a}_k \hat{a}_k^\dagger = \mathbb{1} - \hat{N}_k$$

und haben somit den gleichen Ausdruck für den Besetzungszahloperator erhalten wie im bosonischen Fall. Außerdem müssen wir wegen des Pauli-Prinzips fordern:

$$(\hat{a}_k)^2 \stackrel{!}{=} 0,$$
$$(\hat{a}_k^\dagger)^2 \stackrel{!}{=} 0.$$

Diese Forderungen sind nur zu erfüllen, wenn keine Kommutatorrelationen zwischen Erzeugungs- und Vernichtungsoperatoren wie im bosonischen Fall gelten, sondern Antikommutatorrelationen:

$$\{\hat{a}_k, \hat{a}_l\} = 0,$$
$$\{\hat{a}_k^\dagger, \hat{a}_l^\dagger\} = 0,$$
$$\{\hat{a}_k, \hat{a}_l^\dagger\} = \delta_{kl},$$

Die folgenden Kommutatorrelationen zwischen $\hat{N}_k$ und den Erzeugungs- und Vernichtungsoperatoren sind dann wieder elementar abzuleiten:

$$[\hat{N}_k, \hat{N}_l] = 0,$$
$$[\hat{N}_k, \hat{a}_l] = -\hat{a}_k \delta_{kl},$$
$$[\hat{N}_k, \hat{a}_l^\dagger] = \hat{a}_k^\dagger \delta_{kl},$$

die auch im fermionischen Fall unverändert gelten.

Nun müssen wir noch auf unsere einschränkende Bemerkung eingangs dieses Paragraphen bezüglich der Definition von $\hat{a}_k, \hat{a}_k^\dagger$ zurückkommen. Wie wir wissen, ist im fermionischen Fall ein N-Teilchen-Zustand in Besetzungszahldarstellung $|n_1, n_2, \ldots\rangle$ nur unter Hinzunahme einer Phasenkonvention (46.3) eindeutig definiert. Diese Phasenkonvention muss sich auch mit Bezug auf die Wirkung von $\hat{a}_k, \hat{a}_k^\dagger$ auf N-Teilchen-Zustände in Besetzungszahldarstellung niederschlagen. Wir definieren daher im Einklang mit (46.3):

$$\hat{a}_k |n_1, n_2, \ldots, n_k, \ldots\rangle = (-1)^{m_k} \sqrt{n_k} |n_1, n_2, \ldots, n_k - 1, \ldots\rangle,$$
$$\hat{a}_k^\dagger |n_1, n_2, \ldots, n_k, \ldots\rangle = (-1)^{m_k} \sqrt{n_k - 1} |n_1, n_2, \ldots, n_k + 1, \ldots\rangle,$$

mit

$$m_k = \sum_{k'<k} n_{k'}.$$

Die Vorfaktoren sorgen dafür, dass die rechte Seite verschwindet, wenn $\hat{a}_k$ auf einen Zustand mit $n_k = 0$ wirkt beziehungsweise, wenn $\hat{a}_k^\dagger$ auf einen Zustand mit $n_k = 1$ wirkt. Die Verwendung des Wurzelterms stellt eine gewisse Ähnlichkeit mit dem bosonischen Ausdruck her.

Ein allgemeiner fermionischer N-Teilchen-Zustand in Besetzungszahldarstellung ist dann gegeben durch:

$$|n_1, n_2, \ldots\rangle = (\hat{a}_1^\dagger)^{n_1} (\hat{a}_2^\dagger)^{n_2} \cdots |0\rangle,$$

wobei der obengenannten Phasenkonvention durch die Reihenfolge der Erzeugungsoperatoren Rechnung getragen wird. Im fermionischen Fall kommt es also darauf an, in welcher Reihenfolge Teilchen erzeugt werden, was sich auch einfach durch die Antikommutatorrelationen ableiten lässt, denn es ist:

$$\hat{a}_k^\dagger \hat{a}_l^\dagger |0\rangle = -\hat{a}_l^\dagger \hat{a}_k^\dagger |0\rangle.$$

Fassen wir nun das soeben Erarbeitete nochmals zusammen.

1. (bosonischer Fall) Die Definition der Erzeugungs- und Vernichtungsoperatoren ist:

$$\hat{a}_k |n_1, n_2, \ldots, n_k, \ldots\rangle = \sqrt{n_k} |n_1, n_2, \ldots, n_k - 1, \ldots\rangle, \tag{47.7}$$
$$\hat{a}_k^\dagger |n_1, n_2, \ldots, n_k, \ldots\rangle = \sqrt{n_k + 1} |n_1, n_2, \ldots, n_k + 1, \ldots\rangle, \tag{47.8}$$

und sie erfüllen die Kommutatorrelationen:

$$[\hat{a}_k, \hat{a}_l] = 0, \tag{47.9}$$
$$[\hat{a}_k^\dagger, \hat{a}_l^\dagger] = 0, \tag{47.10}$$
$$[\hat{a}_k, \hat{a}_l^\dagger] = \delta_{kl}. \tag{47.11}$$

Ein N-Teilchen-Zustand $|n_1, n_2, \ldots\rangle$ in Besetzungszahldarstellung lautet:

$$|n_1, n_2, \ldots\rangle = \frac{(\hat{a}_1^\dagger)^{n_1}(\hat{a}_2^\dagger)^{n_2}\cdots}{\sqrt{n_1!}\sqrt{n_2!}\cdots}|0\rangle . \tag{47.12}$$

Dabei ist die Reihenfolge der Erzeugungsoperatoren $\hat{a}_i^\dagger$ irrelevant.

2. (fermionischer Fall) Die Definition der Erzeugungs- und Vernichtungsoperatoren ist:

$$\hat{a}_k |n_1, n_2, \ldots, n_k, \ldots\rangle = (-1)^{m_k}\sqrt{n_k}\,|n_1, n_2, \ldots, n_k - 1, \ldots\rangle , \tag{47.13}$$

$$\hat{a}_k^\dagger |n_1, n_2, \ldots, n_k, \ldots\rangle = (-1)^{m_k}\sqrt{n_k - 1}\,|n_1, n_2, \ldots, n_k + 1, \ldots\rangle , \tag{47.14}$$

mit $m_k = \sum_{k'<k} n_{k'}$, und sie erfüllen die Antikommutatorrelationen:

$$\{\hat{a}_k, \hat{a}_l\} = 0, \tag{47.15}$$

$$\{\hat{a}_k^\dagger, \hat{a}_l^\dagger\} = 0, \tag{47.16}$$

$$\{\hat{a}_k, \hat{a}_l^\dagger\} = \delta_{kl}. \tag{47.17}$$

Ein N-Teilchen-Zustand $|n_1, n_2, \ldots\rangle$ in Besetzungszahldarstellung lautet:

$$|n_1, n_2, \ldots\rangle = (\hat{a}_1^\dagger)^{n_1}(\hat{a}_2^\dagger)^{n_2}\cdots|0\rangle . \tag{47.18}$$

Dabei ist die Reihenfolge der Erzeugungsoperatoren $\hat{a}_i^\dagger$ zu beachten, anderenfalls kommen Phasenfaktoren zum Tragen.

In beiden Fällen gilt dann für den Besetzungszahloperator $\hat{N}_k = \hat{a}_k^\dagger \hat{a}_k$:

$$[\hat{N}_k, \hat{N}_l] = 0, \tag{47.19}$$

$$[\hat{N}_k, \hat{a}_l] = -\hat{a}_k \delta_{kl}, \tag{47.20}$$

$$[\hat{N}_k, \hat{a}_l^\dagger] = \hat{a}_k^\dagger \delta_{kl}. \tag{47.21}$$

Die Erzeugungs- und Vernichtungsoperatoren sind die entscheidende konzeptionelle Erweiterung, die den Übergang von einer Quantenmechanik mit konstanter Teilchenzahl zu einer Quantenfeldtheorie ermöglichen, in der Teilchen erzeugt und vernichtet werden können. Durch sie (und nur durch sie!) wird die zerfallende Struktur der einzelnen N-Teilchen-Hilbert-Räume in Superauswahl-Sektoren gewissermaßen „aufgebrochen".

Wechsel der Besetzungszahldarstellung

Die Erzeugungs- und Vernichtungsoperatoren $\hat{a}_k^\dagger, \hat{a}_k$ und damit sowohl die Besetzungszahloperatoren $\hat{N}_k$ als auch die Eigenzustände $|n_1, n_2, \ldots\rangle$ sind natürlich abhängig von der Wahl des Ein-Teilchen-Operators $\hat{A}$. Unterschiedliche Ein-Teilchen-Operatoren $\hat{A}$ führen zu unterschiedlichen Besetzungszahldarstellungen, die über unitäre Transformationen ineinander transformiert werden können: Es seien $\hat{A}$, $\hat{B}$ zwei verschiedene Ein-Teilchen-Operatoren mit diskretem Spektrum und den Eigenzuständen $\{\ |\,a_k\rangle\}$, $\{\ |\,b_k\rangle\}$. Ein Darstellungswechsel wird vermittelt über die unitäre Transformation

$$|b_k\rangle = \sum_l |a_l\rangle\,\langle a_l|b_k\rangle\,.$$

Andererseits ist ja im Fock-Raum:

$$\begin{aligned}|a_k\rangle &= \hat{a}_k^\dagger\,|0\rangle\,,\\ |b_k\rangle &= \hat{b}_k^\dagger\,|0\rangle\,,\end{aligned}$$

wenn $\hat{a}_k$, $\hat{b}_k$ jeweils die Erzeugungsoperatoren in der Besetzungszahldarstellung bezüglich der Observablen $\hat{A}$, $\hat{B}$ sind. Es ist also:

$$|b_k\rangle = \underbrace{\sum_l \langle a_l|b_k\rangle\,\hat{a}_l^\dagger}_{=:\hat{b}_k^\dagger}\,|0\rangle\,.$$

Entsprechend ist der Ausdruck für $\hat{b}_k$ zu finden. Wir erhalten also für einen Wechsel in die Besetzungsdarstellung bezüglich $\hat{B}$:

$$\hat{b}_k = \sum_l \langle b_k|a_l\rangle\,\hat{a}_l, \tag{47.22}$$

$$\hat{b}_k^\dagger = \sum_l \langle a_l|b_k\rangle\,\hat{a}_l^\dagger. \tag{47.23}$$

Durch die Unitarität der Transformation $\{\ |\,a_k\rangle\} \mapsto \{\ |\,b_k\rangle\}$ ist sichergestellt, dass auch für die Erzeugungs- und Vernichtungsoperatoren $\hat{b}_k$, $\hat{b}_k^\dagger$ die (Anti-)Kommutatorrelationen wie für $\hat{a}_k$, $\hat{a}_k^\dagger$ gelten.

Feldoperatoren

Besitzt $\hat{A}$ ein diskretes Spektrum, so ergibt sich die Besetzungszahldarstellung, so wie wir sie bislang kennengelernt haben. Besitzt $\hat{A}$ aber ein kontinuierliches Spektrum, wie die sehr wichtigen Operatoren für Ort $\hat{\boldsymbol{r}}$ und Impuls $\hat{\boldsymbol{p}}$, so werden wir auf eine sogenannte Felddarstellung geführt.

Um das Ganze zu illustrieren, betrachten wir zunächst einen Ein-Teilchen-Zustand $|a_k\rangle$, der also Eigenzustand der Observable $\hat{A}$ ist. Er geht aus dem Vakuumzustand $|0\rangle$ durch Anwendung des Erzeugungsoperators $\hat{a}_k^\dagger$ hervor:

$$|a_k\rangle = \hat{a}_k^\dagger\,|0\rangle\,.$$

Ein Basiswechsel in die (uneigentliche) Darstellung des Ortsoperators $\hat{\boldsymbol{r}}$ und zurück wird wie gewohnt durch Einschieben einer Eins vermittelt:

$$\begin{aligned} |a_k\rangle &= \int \mathrm{d}^3\boldsymbol{r}\,|\boldsymbol{r}\rangle\,\langle \boldsymbol{r}|a_k\rangle \\ &= \int \mathrm{d}^3\boldsymbol{r}\psi_k(\boldsymbol{r})\,|\boldsymbol{r}\rangle \\ \Longleftrightarrow |\boldsymbol{r}\rangle &= \sum_k |a_k\rangle\,\langle a_k|\boldsymbol{r}\rangle \\ &= \sum_k \psi_k^*(\boldsymbol{r})\,|a_k\rangle\,, \end{aligned} \tag{47.24}$$

mit $\psi_k(\boldsymbol{r}) = \langle \boldsymbol{r}|a_k\rangle$. Definieren wir nun:

$$\hat{\psi}^\dagger(\boldsymbol{r}) := \sum_k \psi_k^*(\boldsymbol{r})\hat{a}_k^\dagger,$$

so können wir (47.24) schreiben:

$$|\boldsymbol{r}\rangle = \hat{\psi}^\dagger(\boldsymbol{r})\,|0\rangle\,. \tag{47.25}$$

Der Operator $\hat{\psi}^\dagger(\boldsymbol{r})$ ist also ein Erzeugungsoperator in der kontinuierlichen Besetzungszahldarstellung bezüglich des Ortsoperators $\hat{\boldsymbol{r}}$. Er „erzeugt" ein Teilchen am Ort $\boldsymbol{r}$. Entsprechend lässt sich ein Vernichtungsoperator $\hat{\psi}(\boldsymbol{r})$ definieren, der ein Teilchen am Ort $\boldsymbol{r}$ „vernichtet" (sofern ursprünglich vorhanden):

$$\hat{\psi}(\boldsymbol{r}) := \sum_k \psi_k(\boldsymbol{r})\hat{a}_k,$$

so dass

$$|0\rangle = \hat{\psi}(\boldsymbol{r})\,|\boldsymbol{r}\rangle\,. \tag{47.26}$$

Erzeugungs- und Vernichtungsoperatoren in einer kontinuierlichen Besetzungszahldarstellung heißen **Feldoperatoren**, die Darstellung selbst heißt **Felddarstellung**. Noch einmal ordentlich zusammengefasst:

$$\hat{\psi}(\boldsymbol{r}) = \sum_k \psi_k(\boldsymbol{r})\hat{a}_k, \tag{47.27}$$

$$\hat{\psi}^\dagger(\boldsymbol{r}) = \sum_k \psi_k^*(\boldsymbol{r})\hat{a}_k^\dagger. \tag{47.28}$$

Aus Relation (47.25) lässt sich übrigens das Transformationsverhalten von Feldoperatoren in Ortsdarstellung unter Rotationen ableiten. Per Definition ist der Vakuumzustand $|0\rangle$ invariant unter Rotationen. Dann ist aber nach Wirkung von $\hat{U}(R)$ von links auf (47.25):

$$\begin{aligned} \hat{U}(R)\,|\boldsymbol{r}\rangle &= \hat{U}(R)\hat{\psi}^\dagger(\boldsymbol{r})\hat{U}(R)^\dagger\hat{U}(R)\,|0\rangle \\ &= \hat{U}(R)\hat{\psi}^\dagger(\boldsymbol{r})\hat{U}(R)^\dagger\,|0\rangle \end{aligned} \tag{47.29}$$

einerseits, und andererseits mit Hilfe von (16.16):

$$\hat{U}(R)\,|\boldsymbol{r}\rangle = |R\boldsymbol{r}\rangle = \hat{\psi}^\dagger(R\boldsymbol{r})\,|0\rangle\,. \tag{47.30}$$

Wir erhalten also die Relationen

$$\hat{\psi}(R\boldsymbol{r}) = \hat{U}(R)\hat{\psi}(\boldsymbol{r})\hat{U}(R)^\dagger, \tag{47.31}$$

$$\hat{\psi}^\dagger(R\boldsymbol{r}) = \hat{U}(R)\hat{\psi}^\dagger(\boldsymbol{r})\hat{U}(R)^\dagger. \tag{47.32}$$

Die entsprechende Relation für $\hat{\psi}(\boldsymbol{r})$ hat sich hierbei durch hermitesche Konjugation ergeben.

Eine weitere Felddarstellung ist die bezüglich des Impulsoperators $\hat{\boldsymbol{p}}$. Die entsprechenden Feldoperatoren werden gewöhnlich mit $\hat{a}(\boldsymbol{p}), \hat{a}^\dagger(\boldsymbol{p})$ bezeichnet und sind dann gegeben durch:

$$\hat{a}(\boldsymbol{p}) = \sum_k \tilde{\psi}_k(\boldsymbol{p})\hat{a}_k, \tag{47.33}$$

$$\hat{a}^\dagger(\boldsymbol{p}) = \sum_k \tilde{\psi}_k^*(\boldsymbol{p})\hat{a}_k^\dagger, \tag{47.34}$$

mit

$$\tilde{\psi}_k(\boldsymbol{p}) = \langle \boldsymbol{p}|a_k\rangle\,.$$

In Entsprechung zu (47.25) erzeugt $\hat{a}^\dagger(\boldsymbol{p})$ also einen Ein-Teilchen-Zustand mit Impuls $\boldsymbol{p}$:

$$|\boldsymbol{p}\rangle = \hat{a}^\dagger(\boldsymbol{p})\,|0\rangle\,, \tag{47.35}$$

und entsprechend vernichtet $\hat{a}(\boldsymbol{p})$ diesen:

$$|0\rangle = \hat{a}(\boldsymbol{p})\,|\boldsymbol{p}\rangle\,. \tag{47.36}$$

Das Transformationsverhalten von $\hat{a}(\boldsymbol{p}), \hat{a}^\dagger(\boldsymbol{p})$ unter Rotationen ist identisch zu dem von $\hat{\psi}(\boldsymbol{r}), \hat{\psi}^\dagger(\boldsymbol{r})$. Die gleiche Rechnung ergibt schnell:

$$\hat{a}(R\boldsymbol{p}) = \hat{U}(R)\hat{a}(\boldsymbol{p})\hat{U}(R)^\dagger, \tag{47.37}$$

$$\hat{a}^\dagger(R\boldsymbol{p}) = \hat{U}(R)\hat{a}^\dagger(\boldsymbol{p})\hat{U}(R)^\dagger. \tag{47.38}$$

Die Feldoperatoren $\hat{\psi}(\boldsymbol{r}), \hat{\psi}^\dagger(\boldsymbol{r})$ erfüllen die folgenden (Anti-)Kommutatorrelationen:

Bosonischer Fall: $$[\hat{\psi}(\boldsymbol{r}), \hat{\psi}(\boldsymbol{r}')] = 0, \tag{47.39a}$$

$$[\hat{\psi}^\dagger(\boldsymbol{r}), \hat{\psi}^\dagger(\boldsymbol{r}')] = 0, \tag{47.39b}$$

$$[\hat{\psi}(\boldsymbol{r}), \hat{\psi}^\dagger(\boldsymbol{r}')] = \delta(\boldsymbol{r}-\boldsymbol{r}'), \tag{47.39c}$$

Fermionischer Fall: $$\{\hat{\psi}(\boldsymbol{r}), \hat{\psi}(\boldsymbol{r}')\} = 0, \tag{47.39d}$$

$$\{\hat{\psi}^\dagger(\boldsymbol{r}), \hat{\psi}^\dagger(\boldsymbol{r}')\} = 0, \tag{47.39e}$$

$$\{\hat{\psi}(\boldsymbol{r}), \hat{\psi}^\dagger(\boldsymbol{r}')\} = \delta(\boldsymbol{r}-\boldsymbol{r}'). \tag{47.39f}$$

Beweis. Wir beweisen exemplarisch eine der obigen Relationen, der Rest kann analog gezeigt werden. Es ist:

$$\begin{aligned}[\hat{\psi}(\boldsymbol{r}), \hat{\psi}^\dagger(\boldsymbol{r}')] &= \sum_{k,l} \psi_k(\boldsymbol{r})\psi_l^*(\boldsymbol{r}')[\hat{a}_k, \hat{a}_l^\dagger] \\ &= \sum_{k,l} \psi_k(\boldsymbol{r})\psi_l^*(\boldsymbol{r}')\delta_{kl} \\ &= \sum_k \psi_k(\boldsymbol{r})\psi_k^*(\boldsymbol{r}') = \langle \boldsymbol{r}|\boldsymbol{r}'\rangle = \delta(\boldsymbol{r}-\boldsymbol{r}'). \end{aligned}$$ ■

Entsprechend gilt für die Feldoperatoren $\hat{a}(\boldsymbol{p}), \hat{a}^\dagger(\boldsymbol{p})$:

$$\text{Bosonischer Fall:} \quad [\hat{a}(\boldsymbol{p}), \hat{a}(\boldsymbol{p}')] = 0, \tag{47.40a}$$

$$[\hat{a}^\dagger(\boldsymbol{p}), \hat{a}^\dagger(\boldsymbol{p}')] = 0, \tag{47.40b}$$

$$[\hat{a}(\boldsymbol{p}), \hat{a}^\dagger(\boldsymbol{p}')] = \delta(\boldsymbol{p}-\boldsymbol{p}'), \tag{47.40c}$$

$$\text{Fermionischer Fall:} \quad \{\hat{a}(\boldsymbol{p}), \hat{a}(\boldsymbol{p}')\} = 0, \tag{47.40d}$$

$$\{\hat{a}^\dagger(\boldsymbol{p}), \hat{a}^\dagger(\boldsymbol{p}')\} = 0, \tag{47.40e}$$

$$\{\hat{a}(\boldsymbol{p}), \hat{a}^\dagger(\boldsymbol{p}')\} = \delta(\boldsymbol{p}-\boldsymbol{p}'). \tag{47.40f}$$

Die Umkehrung von (47.27,47.28) lautet:

$$\hat{a}_k = \int \mathrm{d}^3\boldsymbol{r}\psi_k^*(\boldsymbol{r})\hat{\psi}(\boldsymbol{r}), \tag{47.41}$$

$$\hat{a}_k^\dagger = \int \mathrm{d}^3\boldsymbol{r}\psi_k(\boldsymbol{r})\hat{\psi}^\dagger(\boldsymbol{r}). \tag{47.42}$$

Mit Hilfe von (I-15.21) und (I-15.22) können wir auch den Übergang zwischen Orts- und Impulsdarstellung der Feldoperatoren formulieren:

$$\begin{aligned}\hat{a}(\boldsymbol{p}) &= \sum_k \tilde{\psi}_k(\boldsymbol{p})\hat{a}_k \\ &= \frac{1}{(2\pi\hbar)^{3/2}} \sum_k \int \mathrm{d}^3\boldsymbol{r}\mathrm{e}^{-\mathrm{i}\boldsymbol{r}\cdot\boldsymbol{p}/\hbar}\psi_k(\boldsymbol{r})\hat{a}_k \\ &= \frac{1}{(2\pi\hbar)^{3/2}} \int \mathrm{d}^3\boldsymbol{r}\mathrm{e}^{-\mathrm{i}\boldsymbol{r}\cdot\boldsymbol{p}/\hbar}\hat{\psi}(\boldsymbol{r}),\end{aligned}$$

so dass wir zusammenfassen können:

$$\hat{a}(\boldsymbol{p}) = \frac{1}{(2\pi\hbar)^{3/2}} \int \mathrm{d}^3 r \mathrm{e}^{-\mathrm{i}\boldsymbol{r}\cdot\boldsymbol{p}/\hbar} \hat{\psi}(\boldsymbol{r}), \tag{47.43a}$$

$$\hat{a}^\dagger(\boldsymbol{p}) = \frac{1}{(2\pi\hbar)^{3/2}} \int \mathrm{d}^3 r \mathrm{e}^{\mathrm{i}\boldsymbol{r}\cdot\boldsymbol{p}/\hbar} \hat{\psi}^\dagger(\boldsymbol{r}), \tag{47.43b}$$

$$\hat{\psi}(\boldsymbol{r}) = \frac{1}{(2\pi\hbar)^{3/2}} \int \mathrm{d}^3 p \mathrm{e}^{\mathrm{i}\boldsymbol{r}\cdot\boldsymbol{p}/\hbar} \hat{a}(\boldsymbol{p}), \tag{47.43c}$$

$$\hat{\psi}^\dagger(\boldsymbol{r}) = \frac{1}{(2\pi\hbar)^{3/2}} \int \mathrm{d}^3 p \mathrm{e}^{-\mathrm{i}\boldsymbol{r}\cdot\boldsymbol{p}/\hbar} \hat{a}^\dagger(\boldsymbol{p}). \tag{47.43d}$$

Wir können einen **Besetzungszahldichteoperator** $\hat{n}(\boldsymbol{r})$ definieren:

$$\hat{n}(\boldsymbol{r}) = \hat{\psi}^\dagger(\boldsymbol{r})\hat{\psi}(\boldsymbol{r}), \tag{47.44}$$

der ein Maß für die Teilchendichte am Ort $\boldsymbol{r}$ darstellt. Integriert über ein Raumvolumen V ergibt sich so der Operator für die Teilchenzahl in V:

$$\hat{N} = \int_V \hat{n}(\boldsymbol{r}) \mathrm{d}^3 \boldsymbol{r}. \tag{47.45}$$

An dieser Stelle seien einige Anmerkungen erlaubt: Man beachte zum einen, dass die Feldoperatoren $\hat{\psi}(\boldsymbol{r}), \hat{\psi}^\dagger(\boldsymbol{r})$ sowie $\hat{a}(\boldsymbol{p}), \hat{a}^\dagger(\boldsymbol{p})$ ein zur Wellenfunktion (in Orts - oder Impulsdarstellung) retrogrades Transformationsverhalten aufweisen, weil im Vergleich zu (16.15) der Operator $\hat{U}(R)$ von rechts auf (47.25) beziehungsweise (47.35) wirkt und damit äquivalent ist zu einer entsprechenden passiven Transformation im Hilbert-Raum, während in (16.15) in diesem Sinne eine aktive Transformation darstellt und von rechts auf einen Zustand $|\psi\rangle$ wirkt.

Zum anderen sei bemerkt: In der nichtrelativistischen Quantentheorie sind Orts- und Impulsdarstellung gleichwertig, da über die Fourier-Transformation eine Symmetrie zwischen beiden Darstellungen existiert. In der relativistischen Quantentheorie geht diese Symmetrie verloren, und der Übergang von der Orts- zur Impulsdarstellung und umgekehrt ist mathematisch nicht-trivial. Während sich die Feldoperatoren $\hat{\psi}(\boldsymbol{r}), \hat{\psi}^\dagger(\boldsymbol{r})$ nach den irreduziblen Darstellungen der Lorentz-Gruppe transformieren, transformieren sich $\hat{a}(\boldsymbol{p}), \hat{a}^\dagger(\boldsymbol{p})$ nach den irreduziblen Darstellungen der je nach Kausalklasse kleinen Gruppe der Poincaré-Gruppe. Die Operatoren $\hat{a}(\boldsymbol{p}), \hat{a}^\dagger(\boldsymbol{p})$ vernichten beziehungsweise erzeugen weiterhin Einteilchen-Zustände (siehe Abschnitte 18 und IV-28), während $\hat{\psi}(\boldsymbol{r}), \hat{\psi}^\dagger(\boldsymbol{r})$ keine Einteilchen-Zustände mehr erzeugen können. Der Grund ist das Fehlen lokalisierter Zustände in der relativistischen Quantentheorie. Wir werden in den Kapiteln IV-2 und IV-3 mehrfach auf diesen Umstand zurückkommen.

Drittens sei folgender Ausblick gewährt: Aufgrund der Tatsache, dass fermionische Feldoperatoren kanonische Antikommutatorrelationen erfüllen anstelle von Kommutatorrelationen, gibt es zunächst kein klassisches Fermion-Feld. In der Pfadintegralformulierung relativistischer Eichtheorien ist es aber technisch notwendig, eine klassische Lagrange-Dichte für fermionische Felder aufzustellen, weshalb man neue mathematische Objekte, sogenannte **Graßmann-Zahlen** einführt, die eine Verallgemeinerung komplexer Zahlen dahingehen sind, dass sie miteinander antikommutieren, es gilt also für zwei Graßmann-Zahlen α, β stets: $\alpha\beta = -\beta\alpha$ und insbesondere $\alpha^2 = 0$. Alle anderen algebraischen Eigenschaften wie Addition oder Multiplikation mit herkömmlichen komplexen Zahlen bleiben unverändert. Es ist außerdem schnell zu sehen, dass das Produkt zweier Graßmann-Zahlen *keine* Graßmann-Zahl ist, sondern eine komplexe Zahl: $(\alpha\beta)\gamma = \gamma(\alpha\beta)$.

In diesem Kontext ist es jedenfalls unschwer zu verstehen, dass ein fermionisches Feld an sich auch keine Observable darstellen kann. Vielmehr sind nur Produkte der Form $\hat{\psi}^\dagger(\boldsymbol{r})\hat{A}\ldots\hat{\psi}(\boldsymbol{r})$ Observable, sogenannte **Bilinearformen**, wie es beispielsweise der Besetzungszahldichteoperator (47.44) ist. Diese genügen dann der Bose–Einstein-Statstik.

Abschließend sei an dieser Stelle die Anmerkung gemacht, dass die Konstruktion des Fock-Raums (47.1) dahingehend eindeutig ist, dass die Darstellung der kanonischen (Anti-)Kommutatorrelationen (47.43) beziehungsweise (47.39) bis auf unitäre Transformationen äquivalent sind, *sofern es einen Vakuumzustand gibt*. Dieser ist dann stets eindeutig. Das ist nichts anderes als eine Version des **Stone–von Neumann-Theorems** für Felddarstellungen. Verzichtet man jedoch auf die Forderung nach Existenz des Vakuumzustands, gibt es kein entsprechendes Stone–von Neumann-Theorem mehr, und es existieren unendlich viele inäquivalente Darstellungen der kanonischen (Anti-)Kommutatorrelationen. Dass das Stone–von Neumann-Theorem für Felddarstellungen nicht mehr gilt, liegt im Übergang zu unendlich vielen Freiheitsgraden begründet. Zur weiteren Vertiefung dieses Themas siehe die weiterführende Literatur zur Mathematik der Quantenmechanik am Ende von Kapitel I-2.

48 Quantendynamik von freien Feldoperatoren im Heisenberg-Bild

Wir erinnern uns an Abschnitt I-20, wo wir das Heisenberg-Bild betrachtet haben. Darin steckt die gesamte Zeitabhängigkeit (die Quantendynamik) in den Operatoren $\hat{A}_\mathrm{H}(t)$, die durch (I-20.3) definiert sind:

$$\hat{A}_\mathrm{H}(t) = \hat{U}^\dagger(t, t_0)\hat{A}\hat{U}(t, t_0),$$

und die Heisenberg-Gleichung (I-20.5)

$$\frac{\mathrm{d}\hat{A}_\mathrm{H}(t)}{\mathrm{d}t} = -\frac{\mathrm{i}}{\hbar}[\hat{A}_\mathrm{H}(t), \hat{H}] + \frac{\partial \hat{A}_\mathrm{H}(t)}{\partial t}$$

erfüllen. In der Quantenfeldtheorie sind Operatoren – allen voran Erzeuger und Vernichter – die vorrangigen Größen zur Beschreibung der Theorie, nicht die Zustände und noch weniger Wellenfunktionen. Von demher hat sich seit Anbeginn der Quantenmechanik die Anwendung des Heisenberg-Bilds zur Beschreibung der Quantendynamik durchgesetzt. *Aus diesem Grunde werden wir im Folgenden (wie auch in der Quantenfeldtheorie allgemein üblich) auf das Subskript „H" für die zeitabhängigen Feldoperatoren* $\hat{a}(\boldsymbol{p}, t), \hat{a}^\dagger(\boldsymbol{p}, t), \hat{\Psi}(\boldsymbol{r}, t), \hat{\Psi}^\dagger(\boldsymbol{r}, t)$ *verzichten.*

Wir setzen ohne Beschränkung der Allgemeinheit $t_0 = 0$. Für die Feldoperatoren gilt dann:

$$\hat{\Psi}^\dagger(\boldsymbol{r}, t) = \hat{U}_0^\dagger(t, 0)\hat{\psi}^\dagger(\boldsymbol{r})\hat{U}_0(t, 0), \tag{48.1a}$$
$$\hat{\Psi}(\boldsymbol{r}, t) = \hat{U}_0^\dagger(t, 0)\hat{\psi}(\boldsymbol{r})\hat{U}_0(t, 0), \tag{48.1b}$$
$$\hat{a}^\dagger(\boldsymbol{p}, t) = \hat{U}_0^\dagger(t, 0)\hat{a}^\dagger(\boldsymbol{p})\hat{U}_0(t, 0), \tag{48.1c}$$
$$\hat{a}(\boldsymbol{p}, t) = \hat{U}_0^\dagger(t, 0)\hat{a}(\boldsymbol{p})\hat{U}_0(t, 0). \tag{48.1d}$$

Die (Anti-)Kommutatorrelationen (47.39) sind zunächst im Schrödinger-Bild formuliert. Im Heisenberg-Bild lauten diese:

$$\text{Bosonischer Fall:} \quad [\hat{\Psi}(\boldsymbol{r}, t), \hat{\Psi}(\boldsymbol{r}', t)] = 0, \tag{48.2a}$$
$$[\hat{\Psi}^\dagger(\boldsymbol{r}, t), \hat{\Psi}^\dagger(\boldsymbol{r}', t)] = 0, \tag{48.2b}$$
$$[\hat{\Psi}(\boldsymbol{r}, t), \hat{\Psi}^\dagger(\boldsymbol{r}', t)] = \delta(\boldsymbol{r} - \boldsymbol{r}'), \tag{48.2c}$$
$$\text{Fermionischer Fall:} \quad \{\hat{\Psi}(\boldsymbol{r}, t), \hat{\Psi}(\boldsymbol{r}', t)\} = 0, \tag{48.2d}$$
$$\{\hat{\Psi}^\dagger(\boldsymbol{r}, t), \hat{\Psi}^\dagger(\boldsymbol{r}', t)\} = 0, \tag{48.2e}$$
$$\{\hat{\Psi}(\boldsymbol{r}, t), \hat{\Psi}^\dagger(\boldsymbol{r}', t)\} = \delta(\boldsymbol{r} - \boldsymbol{r}'), \tag{48.2f}$$

beziehungsweise:

$$\text{Bosonischer Fall:} \quad [\hat{a}(\boldsymbol{p},t),\hat{a}(\boldsymbol{p}',t)] = 0, \tag{48.3a}$$
$$[\hat{a}^\dagger(\boldsymbol{p},t),\hat{a}^\dagger(\boldsymbol{p}',t)] = 0, \tag{48.3b}$$
$$[\hat{a}(\boldsymbol{p},t),\hat{a}^\dagger(\boldsymbol{p}',t)] = \delta(\boldsymbol{p}-\boldsymbol{p}'), \tag{48.3c}$$
$$\text{Fermionischer Fall:} \quad \{\hat{a}(\boldsymbol{p},t),\hat{a}(\boldsymbol{p}',t)\} = 0, \tag{48.3d}$$
$$\{\hat{a}^\dagger(\boldsymbol{p},t),\hat{a}^\dagger(\boldsymbol{p}',t)\} = 0, \tag{48.3e}$$
$$\{\hat{a}(\boldsymbol{p},t),\hat{a}^\dagger(\boldsymbol{p}',t)\} = \delta(\boldsymbol{p}-\boldsymbol{p}'). \tag{48.3f}$$

Sie gelten für einen beliebigen, aber festen Zeitpunkt t. Im Englischen werden die Relationen (48.2,48.3) als *''equal time (anti-)commutation relations''* bezeichnet, im Deutschen ist die Bezeichnung **gleichzeitige (Anti-)Kommutatorrelationen** nicht sonderlich geläufig.

Freie Propagatoren im Fock-Raum

Der freie Schrödinger-Propagator (I-18.4) kann in Felddarstellung recht einfach geschrieben werden:

$$\begin{aligned} K_0(\boldsymbol{r},t;\boldsymbol{r}',t') &= \langle \boldsymbol{r}|\hat{U}_0(t,t')|\boldsymbol{r}'\rangle \\ &= \langle 0|\hat{\psi}(\boldsymbol{r})\hat{U}_0(t,t')\hat{\psi}^\dagger(\boldsymbol{r}')|0\rangle\,, \end{aligned}$$

und damit, unter Verwendung von (48.1):

$$K_0(\boldsymbol{r},t;\boldsymbol{r}',t') = \langle 0|\hat{\Psi}(\boldsymbol{r},t)\hat{\Psi}^\dagger(\boldsymbol{r}',t')|0\rangle\,. \tag{48.4}$$

Insbesondere der kausale Schrödinger-Propagator (I-24.6) ist in der Quantenfeldtheorie von großer Bedeutung:

$$K_0^{(+)}(\boldsymbol{r},t;\boldsymbol{r}',t') = \langle 0|\hat{\Psi}(\boldsymbol{r},t)\hat{\Psi}^\dagger(\boldsymbol{r}',t')|0\rangle\,\Theta(t-t')$$

und wird mit Hilfe des **Zeitordnungsoperators** T ausgedrückt:

$$K_0^{(+)}(\boldsymbol{r},t;\boldsymbol{r}',t') = \langle 0|\,\mathrm{T}\hat{\Psi}(\boldsymbol{r},t)\hat{\Psi}^\dagger(\boldsymbol{r}',t')|0\rangle\,, \tag{48.5}$$

wobei dieser definiert ist durch:

$$\mathrm{T}\hat{\Psi}(\boldsymbol{r},t)\hat{\Psi}^\dagger(\boldsymbol{r}',t') := \begin{cases} \hat{\Psi}(\boldsymbol{r},t)\hat{\Psi}^\dagger(\boldsymbol{r}',t') & t > t' \\ \pm\hat{\Psi}^\dagger(\boldsymbol{r}',t')\hat{\Psi}(\boldsymbol{r},t) & t < t' \end{cases}. \tag{48.6}$$

Hierbei gilt das „+“ bei bosonischen und das „−“ bei fermionischen Feldern.

Die Verwendung des Zeitordnungsoperators ist in der Streutheorie, der zeitabhängigen Störungstheorie und der Quantenfeldtheorie überaus nützlich, da er eine sehr kompakte Formulierung von ansonsten äußerst länglichen Ausdrücken erlaubt. Explizit könnte man ihn durch den Ausdruck

$$\mathrm{T}\hat{\Psi}(\boldsymbol{r},t)\hat{\Psi}^\dagger(\boldsymbol{r}',t') = \Theta(t-t')\hat{\Psi}(\boldsymbol{r},t)\hat{\Psi}^\dagger(\boldsymbol{r}',t') \pm \Theta(t'-t)\hat{\Psi}^\dagger(\boldsymbol{r}',t')\hat{\Psi}(\boldsymbol{r},t) \tag{48.7}$$

ersetzen. Man beachte aber die Kürze der linksseitigen Notation.

49 Observable im Fock-Raum

Eine hermitesche Ein-Teilchen-Observable $\hat{A}$ selbst lässt sich wie folgt darstellen:

$$\begin{aligned}\hat{A} &= \sum_k a_k \left|a_k\right\rangle \left\langle a_k\right| \\ &= \sum_k a_k \hat{a}_k^\dagger \underbrace{\left|0\right\rangle \left\langle 0\right|}_{=\mathbb{1}} \hat{a}_k,\end{aligned}$$

mit den Eigenwerten a_k von $\hat{A}$. Die letzte Gleichung gilt, da ja der Vakuumzustand $|0\rangle$ im 0-Teilchen-Hilbert-Raum $\mathcal{H}^{(0)}$ das einzige Element darstellt. Somit erhalten wir die Besetzungszahldarstellung:

$$\hat{A} = \sum_k a_k \hat{a}_k^\dagger \hat{a}_k = \sum_k a_k \hat{N}_k. \tag{49.1}$$

Damit haben wir auf anderem Wege die Relation (46.11) wiederentdeckt.

Damit sind wir nun auch in der Lage zu sehen, wie sich der Ein-Teilchen-Operator $\hat{A}$ in der Besetzungszahldarstellung in einer anderen Basis, also bezüglich einer Ein-Teilchen-Observablen $\hat{B}$ darstellt:

$$\begin{aligned}\hat{A} &= \sum_k a_k \hat{a}_k^\dagger \hat{a}_k \\ &= \sum_{k,l,l'} a_k \left\langle b_l | a_k\right\rangle \left\langle a_k | b_{l'}\right\rangle \hat{b}_l^\dagger \hat{b}_{l'} \\ &= \sum_{k,l,l'} \left\langle b_l | a_k\right\rangle a_k \left\langle a_k | b_{l'}\right\rangle \hat{b}_l^\dagger \hat{b}_{l'},\end{aligned}$$

das wir nun etwas einfacher schreiben:

$$\hat{A} = \sum_{k,l} \hat{b}_k^\dagger A_{kl} \hat{b}_l, \tag{49.2}$$

mit $A_{kl} = \langle b_k|\hat{A}|b_l\rangle$.

Wir wollen mit Blick auf die Gewöhnung an die in der Streu- und der Störungstheorie recht häufig verwendeten Streudiagramme, sowie an die in der relativistischen Quantenfeldtheorie omnipräsenten (und in einem späteren Nachfolgeband vorgestellten) Feynman-Diagramme, folgende mnemonische Diagrammatik einführen:

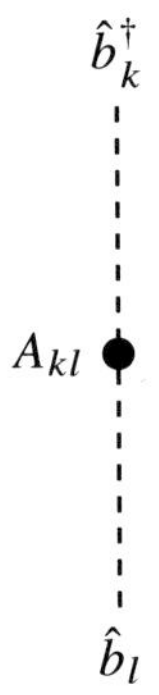

$$= \hat{b}_k^\dagger A_{kl} \hat{b}_l. \tag{49.3}$$

Der Ein-Teilchen-Operator $\hat{A}$ wird also symbolisiert durch ein Diagramm, bestehend aus einer (unteren) äußeren Linie, mit $\hat{b}_l$ markiert. einem Wechselwirkungspunkt, **Vertex** genannt und mit A_{kl} bezeichnet, und einer (oberen) äußeren Linie, mit $\hat{b}_k^\dagger$ markiert. Die Summation über k, l ist implizit. Die Deutung ist die: der Operator $\hat{A}$ ist nicht diagonal in der $\hat{B}$-Basis und induziert also einen Übergang von einem Ein-Teilchen-Zustand $|b_l\rangle$ zu einem Ein-Teilchen-Zustand $|b_k\rangle$. Hierzu wird der Zustand $|b_l\rangle$ zunächst vernichtet, sprich auf den Vakuum-Zustand $|0\rangle$ abgebildet, und anschließend wird der Zustand $|b_k\rangle$ erzeugt. Das Matrixelement A_{kl} ist die **Übergangsamplitude** $\langle b_k|b_l\rangle$ des jeweiligen Einzelprozesses $|b_l\rangle \to |b_k\rangle$.

Ein Ein-Teilchen-Operator $\hat{A}$ besitzt in der Felddarstellung bezüglich $\hat{\boldsymbol{r}}$ die Form:

$$\hat{A} = \int \mathrm{d}^3\boldsymbol{r} \int \mathrm{d}^3\boldsymbol{r}' \hat{\psi}^\dagger(\boldsymbol{r}) A(\boldsymbol{r}, \boldsymbol{r}') \hat{\psi}(\boldsymbol{r}'), \tag{49.4}$$

mit

$$A(\boldsymbol{r}, \boldsymbol{r}') = \langle \boldsymbol{r}|\hat{A}|\boldsymbol{r}'\rangle = \sum_k a_k \psi_k(\boldsymbol{r}) \psi_k^*(\boldsymbol{r}'),$$

unter Verwendung von (47.27) beziehungsweise (47.28). Ist der Operator $\hat{A}$ in der Felddarstellung bezüglich $\hat{\boldsymbol{r}}$ bereits diagonal, so vereinfacht sich dies zu:

$$\hat{A} = \int \mathrm{d}^3\boldsymbol{r} \hat{\psi}^\dagger(\boldsymbol{r}) A(\boldsymbol{r}) \hat{\psi}(\boldsymbol{r}), \tag{49.5}$$

mit

$$A(\boldsymbol{r}) = \sum_k a_k \psi_k(\boldsymbol{r}) \psi_k^*(\boldsymbol{r}).$$

In der Impulsdarstellung nimmt $\hat{A}$ dann die Form an:

$$\begin{aligned}\hat{A} &= \int \mathrm{d}^3\boldsymbol{r}\hat{\psi}^\dagger(\boldsymbol{r})A(\boldsymbol{r})\hat{\psi}(\boldsymbol{r})\\ &= \frac{1}{(2\pi\hbar)^3}\int \mathrm{d}^3\boldsymbol{r}\int \mathrm{d}^3\boldsymbol{p}_1\int \mathrm{d}^3\boldsymbol{p}_2\mathrm{e}^{-\mathrm{i}\boldsymbol{r}\cdot(\boldsymbol{p}_1-\boldsymbol{p}_2)/\hbar}\hat{a}^\dagger(\boldsymbol{p}_1)A(\boldsymbol{r})\hat{a}(\boldsymbol{p}_2)\\ &= \int \mathrm{d}^3\boldsymbol{p}_1\int \mathrm{d}^3\boldsymbol{p}_2\hat{a}^\dagger(\boldsymbol{p}_1)\tilde{A}(\boldsymbol{p}_1-\boldsymbol{p}_2)\hat{a}(\boldsymbol{p}_2).\end{aligned}$$

Die diagrammatische Darstellung ist:

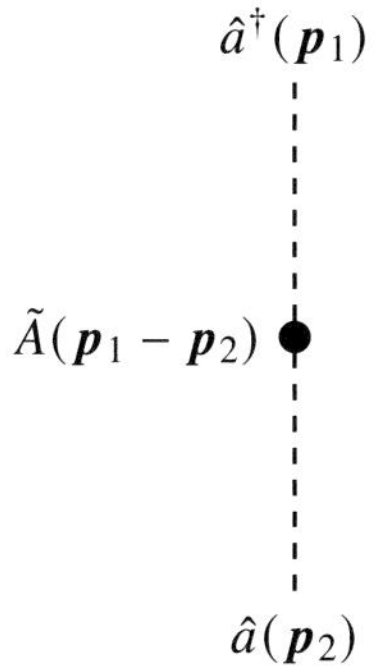

$$= \tilde{A}(\boldsymbol{p}_1-\boldsymbol{p}_2)\hat{a}^\dagger(\boldsymbol{p}_1)\hat{a}(\boldsymbol{p}_2). \tag{49.6}$$

Da $\hat{A}(\boldsymbol{r})$ nicht $\hat{\boldsymbol{p}}$-diagonal ist, induziert er Übergänge $|\boldsymbol{p}_2\rangle \longrightarrow |\boldsymbol{p}_1\rangle$. Die Integration über $\boldsymbol{p}_1, \boldsymbol{p}_2$ ist implizit.

Als Beispiel für einen Operator, der in der Felddarstellung bezüglich $\hat{\boldsymbol{p}}$ bereits diagonal ist, betrachten wir den freien Hamilton-Operator $\hat{H}_0 = \hat{\boldsymbol{p}}^2/(2m)$. Da er diagonal in $\hat{\boldsymbol{p}}$ ist, können wir recht einfach die Besetzungszahldarstellung ableiten:

$$\hat{H}_0 = \int \mathrm{d}^3\boldsymbol{p}\hat{a}^\dagger(\boldsymbol{p})\frac{\boldsymbol{p}^2}{2m}\hat{a}(\boldsymbol{p}), \tag{49.7}$$

in diagrammatischer Darstellung:

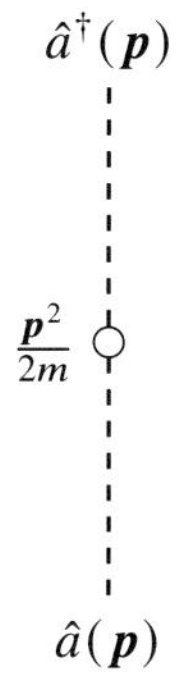

$$= \hat{a}^\dagger(\boldsymbol{p})\frac{\boldsymbol{p}^2}{2m}\hat{a}(\boldsymbol{p}). \tag{49.8}$$

Der Wechsel in die Felddarstellung bezüglich $\boldsymbol{r}$ erfolgt dann einfach gemäß:

$$\begin{aligned}\hat{H}_0 &= \int \mathrm{d}^3\boldsymbol{p}\hat{a}^\dagger(\boldsymbol{p})\frac{\boldsymbol{p}^2}{2m}\hat{a}(\boldsymbol{p})\\ &= \frac{1}{(2\pi\hbar)^3}\int \mathrm{d}^3\boldsymbol{p}\int \mathrm{d}^3\boldsymbol{r}\int \mathrm{d}^3\boldsymbol{r}'\mathrm{e}^{\mathrm{i}(\boldsymbol{r}-\boldsymbol{r}')\cdot\boldsymbol{p}/\hbar}\hat{\psi}^\dagger(\boldsymbol{r})\frac{\boldsymbol{p}^2}{2m}\hat{\psi}(\boldsymbol{r}')\\ &= \frac{1}{(2\pi)^3}\int \mathrm{d}^3\boldsymbol{k}\int \mathrm{d}^3\boldsymbol{r}\int \mathrm{d}^3\boldsymbol{r}'\mathrm{e}^{\mathrm{i}(\boldsymbol{r}-\boldsymbol{r}')\cdot\boldsymbol{p}/\hbar}\hat{\psi}^\dagger(\boldsymbol{r})\left(\frac{-\hbar^2\nabla^2}{2m}\right)\hat{\psi}(\boldsymbol{r}')\\ &= \int \mathrm{d}^3\boldsymbol{r}\int \mathrm{d}^3\boldsymbol{r}'\delta(\boldsymbol{r}-\boldsymbol{r}')\hat{\psi}^\dagger(\boldsymbol{r})\left(\frac{-\hbar^2\nabla^2}{2m}\right)\hat{\psi}(\boldsymbol{r}')\\ &= -\frac{\hbar^2}{2m}\int \mathrm{d}^3\boldsymbol{r}\hat{\psi}^\dagger(\boldsymbol{r})\nabla^2\hat{\psi}(\boldsymbol{r}),\end{aligned}$$

unter Verwendung von (47.43a,47.43b). Setzen wir nun voraus, dass für die Wellenfunktionen in Ortsdarstellung gilt: $\lim_{|\boldsymbol{r}|\to\infty}\Psi(\boldsymbol{r}) = 0$, können wir eine partielle Integration durchführen, bei der die Randterme keinen Beitrag liefern, und wir erhalten:

$$\hat{H}_0 = \frac{\hbar^2}{2m}\int \mathrm{d}^3\boldsymbol{r}\left[\nabla\hat{\psi}^\dagger(\boldsymbol{r})\right]\cdot\nabla\hat{\psi}(\boldsymbol{r}). \tag{49.9}$$

2-Teilchen-Observable in Besetzungszahldarstellung

Wir greifen nun die Diskussion aus dem vorigem Abschnitt über die Besetzungszahldarstellung von 2-Teilchen-Observablen wieder auf und betrachten zunächst eine 2-Teilchen-Observable der Form $\hat{V}_S(\hat{A}_{(\mu)}, \hat{A}_{(\nu)})$ wie in (46.12), und danach den häufigen Fall eines Wechselwirkungspotentials $\hat{V}(\hat{\boldsymbol{r}}_1, \hat{\boldsymbol{r}}_2)$, sowie jeweilige Wechsel in der Besetzungszahldarstellung. Wir haben dann den typischen Fall vor uns, dass die Eigenzustandbasis von $\hat{V}$ nicht mit der anderer Terme des Hamilton-Operators wie beispielsweise des kinetischen Terms übereinstimmt, die aber die Besetzungszahldarstellung definieren.

Die Verallgemeinerung von (46.11) auf eine 2-Teilchen-Observable der Form (46.12) führt zu einem Ausdruck:

$$\hat{V}_S = \frac{1}{2}\sum_{\substack{k,l\\k\neq l}}\hat{N}_k\hat{N}_l V_{kl} + \frac{1}{2}\sum_k \hat{N}_k(\hat{N}_k - 1)V_{kk}, \tag{49.10}$$

mit $V_{kl} = \langle a_k|\hat{V}|a_l\rangle$, wobei $|a_k\rangle$ jeweils einen der Eigenzustände von $\hat{A}$ darstellt. Der erste Summand stellt die Wechselwirkungsenergie zwischen einem Teilchen im Zustand $|a_k\rangle$ und einem Teilchen im Zustand $|a_l\rangle$ dar. Der zweite Term beschreibt die Wechselwirkung zwischen zwei Teilchen im gleichen Zustand $|a_k\rangle$, abzüglich des Selbstwechselwirkungsterms.

Wir können den Ausdruck für $\hat{V}_S$ umschreiben zu:

$$\hat{V}_S = \frac{1}{2}\sum_{k,l}\hat{a}_k^\dagger\hat{a}_l^\dagger V_{kl}\hat{a}_l\hat{a}_k. \tag{49.11}$$

Beweis. Wir schreiben den Ausdruck (49.10) zunächst um in:

$$\hat{V}_S = \frac{1}{2}\sum_{k,l}\hat{N}_k(\hat{N}_l - \delta_{kl})\hat{V}_{kl},$$

und verwenden nun, dass

$$[\hat{N}_l, \hat{a}_k] = -\hat{a}_l\delta_{kl},$$

so dass

$$\begin{aligned} \hat{N}_l\hat{a}_k &= \hat{a}_k(\hat{N}_l - \delta_{kl}) \\ \Longrightarrow \hat{a}_k^\dagger\hat{N}_l\hat{a}_k &= \hat{a}_k^\dagger\hat{a}_l^\dagger\hat{a}_l\hat{a}_k = \hat{N}_k(\hat{N}_l - \delta_{kl}), \end{aligned}$$

und damit

$$\hat{V}_S = \frac{1}{2}\sum_{k,l}\hat{a}_k^\dagger\hat{a}_l^\dagger V_{kl}\hat{a}_l\hat{a}_k.$$ ∎

Die Felddarstellung von $\hat{V}$ bezüglich $\hat{\boldsymbol{r}}$ führt uns dann mit (47.41,47.42) zum Ausdruck:

$$\hat{V}_S = \int \mathrm{d}^3\boldsymbol{r}_1 \int \mathrm{d}^3\boldsymbol{r}_2 \int \mathrm{d}^3\boldsymbol{r}_3 \int \mathrm{d}^3\boldsymbol{r}_4 \hat{\psi}^\dagger(\boldsymbol{r}_1)\hat{\psi}^\dagger(\boldsymbol{r}_2)\,\langle \boldsymbol{r}_1, \boldsymbol{r}_2|\hat{V}|\boldsymbol{r}_3, \boldsymbol{r}_4\rangle\,\hat{\psi}(\boldsymbol{r}_4)\hat{\psi}(\boldsymbol{r}_3). \tag{49.12}$$

Für eine Zwei-Teilchen-Observable, wie sie typischerweise bei einem Wechselwirkungspotential der Form $\hat{V}(\hat{\boldsymbol{r}}_1, \hat{\boldsymbol{r}}_2)$ vorkommt, können wir als Ausgangspunkt die bosonischen beziehungsweise fermionischen Zwei-Teilchen-Zustände bezüglich $\hat{\boldsymbol{r}}$ betrachten. Dann besitzt $\hat{V}_S$ in dieser Darstellung die Form:

$$\hat{V}_S = \frac{1}{2}\int \mathrm{d}^3\boldsymbol{r}_1 \int \mathrm{d}^3\boldsymbol{r}_2 \hat{\psi}^\dagger(\boldsymbol{r}_1)\hat{\psi}^\dagger(\boldsymbol{r}_2)\,|0\rangle\, V(\boldsymbol{r}_1, \boldsymbol{r}_2)\,\langle 0|\,\hat{\psi}(\boldsymbol{r}_2)\hat{\psi}(\boldsymbol{r}_1),$$

und somit:

$$\hat{V}_S = \frac{1}{2}\int \mathrm{d}^3\boldsymbol{r}_1 \int \mathrm{d}^3\boldsymbol{r}_2 \hat{\psi}^\dagger(\boldsymbol{r}_1)\hat{\psi}^\dagger(\boldsymbol{r}_2)V(\boldsymbol{r}_1, \boldsymbol{r}_2)\hat{\psi}(\boldsymbol{r}_2)\hat{\psi}(\boldsymbol{r}_1). \tag{49.13}$$

Der Faktor $\frac{1}{2}$ entstammt der Symmetrisierungsforderung an zulässige Zwei-Teilchen-Observablen, siehe (45.11,45.12).

In einer diskreten Besetzungszahldarstellung bezüglich $\hat{A}$ wird daraus:

$$\begin{aligned} \hat{V}_S &= \frac{1}{2}\sum_{k,l,m,n}\hat{a}_k^\dagger\hat{a}_m^\dagger\hat{a}_l\hat{a}_n \int \mathrm{d}^3\boldsymbol{r}_1 \int \mathrm{d}^3\boldsymbol{r}_2 \psi_k^*(\boldsymbol{r}_1)\psi_m^*(\boldsymbol{r}_2)V(\boldsymbol{r}_1, \boldsymbol{r}_2)\psi_l(\boldsymbol{r}_2)\psi_n(\boldsymbol{r}_1) \\ &= \frac{1}{2}\sum_{k,l,m,n}\hat{a}_k^\dagger\hat{a}_m^\dagger\hat{a}_l\hat{a}_n\,\langle a_k, a_m|V(\boldsymbol{r}_1, \boldsymbol{r}_2)|a_l, a_n\rangle\,, \end{aligned}$$

und damit

$$\hat{V}_S = \frac{1}{2} \sum_{k,l,m,n} \hat{a}_k^\dagger \hat{a}_m^\dagger V_{kmln} \hat{a}_l \hat{a}_n , \tag{49.14}$$

mit

$$V_{kmln} = \langle a_k, a_m | V(\boldsymbol{r}_1, \boldsymbol{r}_2) | a_l, a_n \rangle \,. \tag{49.15}$$

Zuguterletzt betrachten wir noch $\hat{V}_S$ für ein Zentralpotential $V(r)$ mit $r = |\boldsymbol{r}_1 - \boldsymbol{r}_2|$ in Impulsdarstellung, wie durch mehrfache Anwendung der Fourier-Transformation auf (49.13) leicht nachgerechnet werden kann:

$$\begin{aligned}
\hat{V}_S &= \frac{1}{2} \frac{1}{(2\pi\hbar)^6} \int \mathrm{d}^3\boldsymbol{r}_1 \int \mathrm{d}^3\boldsymbol{r}_2 \int \mathrm{d}^3\boldsymbol{p}_1 \int \mathrm{d}^3\boldsymbol{p}_2 \int \mathrm{d}^3\boldsymbol{p}_3 \int \mathrm{d}^3\boldsymbol{p}_4 \times \\
&\quad \times \mathrm{e}^{\mathrm{i}(-\boldsymbol{p}_1\cdot\boldsymbol{r}_1 - \boldsymbol{p}_2\cdot\boldsymbol{r}_2 + \boldsymbol{p}_3\cdot\boldsymbol{r}_2 + \boldsymbol{p}_4\cdot\boldsymbol{r}_1)/\hbar} \hat{a}^\dagger(\boldsymbol{p}_1)\hat{a}^\dagger(\boldsymbol{p}_2) V(r) \hat{a}(\boldsymbol{p}_3)\hat{a}(\boldsymbol{p}_4) \\
&= \frac{1}{2} \frac{1}{(2\pi\hbar)^6} \int \mathrm{d}^3\boldsymbol{r}_2 \int \mathrm{d}^3\boldsymbol{p}_1 \int \mathrm{d}^3\boldsymbol{p}_2 \int \mathrm{d}^3\boldsymbol{p}_3 \int \mathrm{d}^3\boldsymbol{p}_4 \int \mathrm{d}^3\boldsymbol{r} V(r) \mathrm{e}^{\mathrm{i}(\boldsymbol{p}_4 - \boldsymbol{p}_1)\cdot\boldsymbol{r}/\hbar} \times \\
&\quad \times \mathrm{e}^{\mathrm{i}(-\boldsymbol{p}_1 - \boldsymbol{p}_2 + \boldsymbol{p}_3 + \boldsymbol{p}_4)\cdot\boldsymbol{r}_2/\hbar} \hat{a}^\dagger(\boldsymbol{p}_1)\hat{a}^\dagger(\boldsymbol{p}_2)\hat{a}(\boldsymbol{p}_3)\hat{a}(\boldsymbol{p}_4) \\
&= \frac{1}{2} \frac{1}{(2\pi\hbar)^3} \int \mathrm{d}^3\boldsymbol{p}_1 \int \mathrm{d}^3\boldsymbol{p}_2 \int \mathrm{d}^3\boldsymbol{p}_3 \int \mathrm{d}^3\boldsymbol{p}_4 \int \mathrm{d}^3\boldsymbol{r} V(r) \mathrm{e}^{\mathrm{i}(\boldsymbol{p}_4 - \boldsymbol{p}_1)\cdot\boldsymbol{r}/\hbar} \times \\
&\quad \times \delta(\boldsymbol{p}_1 + \boldsymbol{p}_2 - \boldsymbol{p}_3 - \boldsymbol{p}_4) \hat{a}^\dagger(\boldsymbol{p}_1)\hat{a}^\dagger(\boldsymbol{p}_2)\hat{a}(\boldsymbol{p}_3)\hat{a}(\boldsymbol{p}_4) \\
&= \frac{1}{2} \frac{1}{(2\pi\hbar)^3} \int \mathrm{d}^3\boldsymbol{p}_1 \int \mathrm{d}^3\boldsymbol{p}_2 \int \mathrm{d}^3\boldsymbol{p}_3 \int \mathrm{d}^3\boldsymbol{r} V(r) \mathrm{e}^{-\mathrm{i}(\boldsymbol{p}_3 - \boldsymbol{p}_2)\cdot\boldsymbol{r}/\hbar} \times \\
&\quad \times \hat{a}^\dagger(\boldsymbol{p}_1)\hat{a}^\dagger(\boldsymbol{p}_2)\hat{a}(\boldsymbol{p}_3)\hat{a}(\boldsymbol{p}_1 + \boldsymbol{p}_2 - \boldsymbol{p}_3) \\
&= \frac{1}{2} \int \mathrm{d}^3\boldsymbol{p}_1 \int \mathrm{d}^3\boldsymbol{p}_2 \int \mathrm{d}^3\boldsymbol{p}_3 \tilde{V}(\boldsymbol{p}_3 - \boldsymbol{p}_2) \hat{a}^\dagger(\boldsymbol{p}_1)\hat{a}^\dagger(\boldsymbol{p}_2)\hat{a}(\boldsymbol{p}_3)\hat{a}(\boldsymbol{p}_1 + \boldsymbol{p}_2 - \boldsymbol{p}_3)
\end{aligned}$$

wobei wir in der zweiten Zeile $\boldsymbol{r} = \boldsymbol{r}_1 - \boldsymbol{r}_2$ gesetzt haben und in der dritten Zeile über $\mathrm{d}^3\boldsymbol{r}_2$ integriert haben, was uns ein Delta-Funktional beschert. Nun setzen wir noch $\boldsymbol{q} = \boldsymbol{p}_3 - \boldsymbol{p}_2$ und danach $\boldsymbol{p}_1 \mapsto \boldsymbol{p}_1 + \boldsymbol{q}$ und $\boldsymbol{p}_2 \mapsto \boldsymbol{p}_2 - \boldsymbol{q}$, so dass wir schlussendlich erhalten:

$$\hat{V}_S = \frac{1}{2} \int \mathrm{d}^3\boldsymbol{p}_1 \int \mathrm{d}^3\boldsymbol{p}_2 \int \mathrm{d}^3\boldsymbol{q} \tilde{V}(\boldsymbol{q}) \hat{a}^\dagger(\boldsymbol{p}_1 + \boldsymbol{q})\hat{a}^\dagger(\boldsymbol{p}_2 - \boldsymbol{q})\hat{a}(\boldsymbol{p}_2)\hat{a}(\boldsymbol{p}_1) . \tag{49.16}$$

Die diagrammatische Darstellung dieses 2-Teilchen-Operators ist:

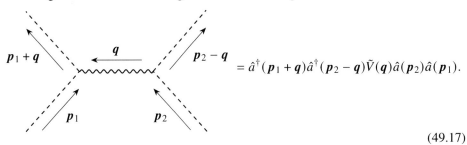

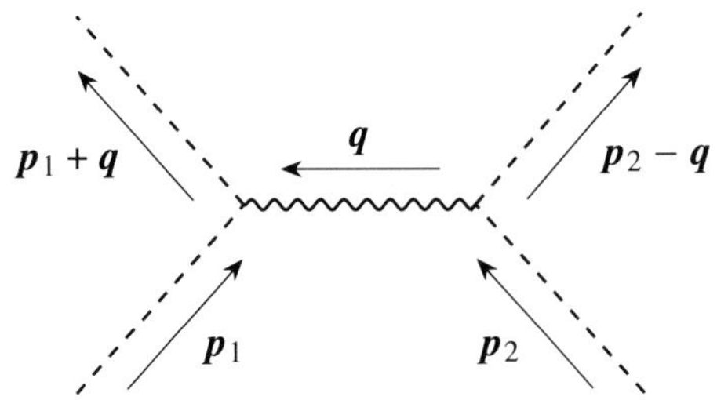

$$= \hat{a}^\dagger(\boldsymbol{p}_1 + \boldsymbol{q})\hat{a}^\dagger(\boldsymbol{p}_2 - \boldsymbol{q})\tilde{V}(\boldsymbol{q})\hat{a}(\boldsymbol{p}_2)\hat{a}(\boldsymbol{p}_1) . \tag{49.17}$$

Ein 2-Teilchen-Zustand

$$|\boldsymbol{p}_2, \boldsymbol{p}_1\rangle$$

wird vernichtet, und ein 2-Teilchen-Zustand

$$|\boldsymbol{p}_2 - \boldsymbol{q}, \boldsymbol{p}_1 + \boldsymbol{q}\rangle$$

wird erzeugt. Durch diesen Prozess wird ein Impuls $\boldsymbol{q}$ vom einen auf das andere Teichen übertragen. Die Integration über $\boldsymbol{p}_1, \boldsymbol{p}_2, \boldsymbol{q}$ ist implizit.

50 Klassische Feldtheorie I: Lagrange- und Hamilton-Formalismus

Bereits auf Jordan und Klein für den bosonischen Fall [JK27] sowie Jordan und Wigner für den fermionischen Fall [JW28] aus den Jahren 1927/28 geht der in den vorangegangenen Abschnitten 47 und 49 vorgestellte Ansatz zurück, Teilchenerzeugung und -vernichtung durch die Einführung von Erzeugungs- und Vernichtungsoperatoren in den nicht-relativistischen quantenmechanischen Formalismus einzubauen, was zuletzt in das Konzept der quantisierten Felder mündet. Motiviert worden war dieser Ansatz durch Dirac [Dir27], der an einer Quantentheorie der Strahlung arbeitete, sprich: an der Formulierung der Quantenelektrodynamik, die notwendigerweise eine relativistische Theorie sein musste. Diese Verquickung von Quantentheorie und spezieller Relativitätstheorie war seit Anbeginn der Quantentheorie an ein essentieller Aspekt, der sich durch die gesamte Entwicklungsgeschichte der Quantentheorie durchzieht wie ein roter Faden und am Ende zwangsläufig zur Quantenfeldtheorie führte.

Es war genau diese Motivation, eine relativistische Quantentheorie zu formulieren, die Heisenberg und Pauli 1929 in einer mehr als 60-seitigen maßgeblichen Arbeit [HP29] (was man im Englischen als *"seminal paper"* bezeichnet) zum Lagrange-Formalismus als Grundlage für die kanonische Feldquantisierung zurückführte, da dieser im Unterschied zum Hamilton-Formalismus die Konstruktion relativistisch invarianter Wirkungsfunktionale erleichtert und eine manifest kovariante Formulierung klassischer Feldtheorien erlaubt, welche dann auch im Rahmen der nicht-relativistischen Quantenfeldtheorie seine Anwendung fand. In einer Nachfolgearbeit aus dem Jahre 1930 [HP30] vereinfachten Heisenberg und Pauli dann die Behandlung der Quantenelektrodynamik, die aufgrund der Eichfreiheit gewisse Schwierigkeiten mit sich bringt, und fassten zusammen, was heute gemeinhin als Noether-Theorem bezeichnet wird (siehe Abschnitt 51).

Wir werden, um die Notation zu vereinfachen, in diesem und in den nachfolgenden Abschnitten die Summenkonvention anwenden, nach der über doppelt vorkommende gleiche Raumzeit-Indizes summiert wird, und zwar sowohl im relativistischen Fall (griechische Indizes) als auch im euklidischen Fall (lateinische Indizes).

Die klassische Lagrange-Mechanik geht bekanntermaßen aus von einer **Lagrange-Funktion** $L(\boldsymbol{q}(t), \dot{\boldsymbol{q}}(t), t)$ mit generalisierten Koordinaten $q_i(t)$, die für Systeme ohne explizite Zeitabhängigkeit, mit einem generalisierten Potential $V(\boldsymbol{q}(t), \dot{\boldsymbol{q}}(t), t)$ und holonomen Zwangsbedingungen die Form

$$L(\boldsymbol{q}(t), \dot{\boldsymbol{q}}(t)) = T(\dot{\boldsymbol{q}}(t)) - V(\boldsymbol{q}(t), \dot{\boldsymbol{q}}(t)) \tag{50.1}$$

annimmt. Die klassischen Bewegungsgleichungen des Systems ergeben sich dann aus einem Variationsprinzip, dem sogenannten **Hamilton-Prinzip**. Es besagt, dass zu gegebenen Anfangs- und Endpunkten im Konfigurationsraum $\boldsymbol{q}(t_0), \boldsymbol{q}(t_1)$ zu den Anfangs- und Endzeitpunkten t_0, t_1 das System diejenige Bahnkurve durchläuft, welche das **Wirkungsintegral**

$$S[\boldsymbol{q}] = \int_{t_0}^{t_1} \mathrm{d}t L(\boldsymbol{q}(t), \dot{\boldsymbol{q}}(t))$$

minimiert. Dieses stellt ein Funktional der Bahnkurve $\boldsymbol{q}(t)$ dar, und das Auffinden der minimierenden Funktion $\boldsymbol{q}(t)$ führt über eine Funktionalableitung (vergleiche Abschnitt I-27) zu den **Lagrange-Gleichungen** (in der Mathematik als **Euler–Lagrange-Gleichungen** bezeichnet):

$$\frac{\partial L}{\partial q_i(t)} - \frac{\mathrm{d}}{\mathrm{d}t}\frac{\partial L}{\partial \dot{q}_i(t)} \stackrel{!}{=} 0. \tag{50.2}$$

Der Übergang von der Lagrange- zur Hamilton-Funktion der klassischen Mechanik erfolgt über die Definition der kanonisch konjugierten Impulse

$$p_i(t) = \frac{\partial L}{\partial \dot{q}_i(t)},$$

anschließender Auflösung dieser Definitionsgleichung nach $\dot{\boldsymbol{q}}$ als Funktion von $\boldsymbol{p}, \boldsymbol{q}$ und anschließender Legendre-Transformation:

$$H(\boldsymbol{p}(t), \boldsymbol{q}(t)) = L(\boldsymbol{q}(t), \dot{\boldsymbol{q}}(\boldsymbol{p}(t), \boldsymbol{q}(t))) - \boldsymbol{p}(t) \cdot \boldsymbol{q}(t).$$

Die so definierten kanonischen Impulse p_i und die generalisierten Koordinaten q_i erfüllen dann die Poisson-Klammern:

$$\{q_i, p_j\} = \delta_{ij},$$
$$\{q_i, q_j\} = \{p_i, p_j\} = 0.$$

Der Hamilton-Formalismus ist, wie wir wissen, dann die formale Grundlage für die kanonische Quantisierung in der nicht-relativistischen Quantenmechanik.

Der Lagrange-Formalismus lässt sich unverändert auf die klassische Feldtheorie anwenden. Die Lagrange-Funktion für ein n-komponentiges Feld $\phi_k(\boldsymbol{r}, t)$ ist in diesem selbst ein Integral, nämlich über die sogenannte **Lagrange-Dichte** $\mathcal{L}(\phi_k(\boldsymbol{r}, t), \partial_i\phi_k(\boldsymbol{r}, t), \dot{\phi}_k(\boldsymbol{r}, t)$, so dass das Wirkungsintegral die Form

$$S[\boldsymbol{q}] = \int_{t_0}^{t_1} \mathrm{d}t \int_{\mathbb{R}^3} \mathrm{d}^3\boldsymbol{r}\, \mathcal{L}(\phi_k(\boldsymbol{r}, t), \partial_i\phi_k(\boldsymbol{r}, t), \dot{\phi}_k(\boldsymbol{r}, t))$$

annimmt. Das Hamilton-Prinzip führt dann zu den Lagrange-Gleichungen für Felder:

$$\frac{\partial \mathcal{L}}{\partial \phi_k(\boldsymbol{r}, t)} - \frac{\partial}{\partial r_i}\frac{\partial \mathcal{L}}{\partial(\partial_i\phi_k(\boldsymbol{r}, t))} - \frac{\partial}{\partial t}\frac{\partial \mathcal{L}}{\partial \dot{\phi}_k(\boldsymbol{r}, t)} \stackrel{!}{=} 0. \tag{50.3}$$

Gleichung (50.3) sieht in ihrer nicht-relativistischen Fassung recht unordentlich aus. Formuliert man sie relativistisch manifest kovariant, nimmt sie eine eingängige Form an:

$$\frac{\partial \mathcal{L}}{\partial \phi_k(x)} - \partial_\mu \frac{\partial \mathcal{L}}{\partial(\partial_\mu\phi_k(x))} \stackrel{!}{=} 0. \tag{50.4}$$

Die kompaktere relativistische Formulierung (50.4) kann selbst für nicht-relativistische Feldtheorien wie das Schrödinger-Feld verwendet werden: obwohl $\partial_0 = \partial/\partial(ct)$ die Lichtgeschwindigkeit c enthält, kürzt sich diese im zweiten Summanden heraus.

Definiert man nun kanonisch konjugierte Feldimpulse gemäß:

$$\Pi_k(\boldsymbol{r}, t) = \frac{\partial \mathcal{L}}{\partial \dot{\phi}_k(\boldsymbol{r}, t)}, \tag{50.5}$$

kommt man wieder per Legendre-Transformation zur **Hamilton-Dichte**:

$$\mathcal{H} = \sum_k \Pi_k \dot{\phi}_k - \mathcal{L}. \tag{50.6}$$

Wichtig ist zu verstehen, welche Größen von welchen in (50.6) abhängig sind. Die Hamilton-Dichte $\mathcal{H}$ auf der linken Seite ist letztlich von $\phi_k, \nabla_l \phi_k, \Pi_k$ abhängig. Also setzt (50.6) voraus, dass zumindest prinzipiell nach (50.5) eine Auflösung nach $\dot{\phi}_k$ erfolgen kann.

Aus der Definitionsgleichung (50.6) folgt nun zum einen:

$$\begin{aligned}
\frac{\partial \mathcal{H}}{\partial \Pi_k} &= \dot{\phi}_k + \Pi_k \frac{\partial \dot{\phi}}{\partial \Pi_k} - \frac{\partial \mathcal{L}}{\partial \dot{\phi}_k} \frac{\partial \dot{\phi}}{\partial \Pi_k} \\
&= \dot{\phi}_k + \left(\Pi_k - \frac{\partial \mathcal{L}}{\partial \dot{\phi}_k} \right) \frac{\partial \dot{\phi}}{\partial \Pi_k} = \dot{\phi}_k,
\end{aligned}$$

und zum anderen:

$$\begin{aligned}
\frac{\partial \mathcal{H}}{\partial \phi_k} &= \Pi_k \frac{\partial \dot{\phi}_k}{\partial \phi_k} - \frac{\partial \mathcal{L}}{\partial \dot{\phi}} \frac{\partial \dot{\phi}_k}{\partial \phi_k} - \frac{\partial \mathcal{L}}{\partial \phi_k} \\
&= \left(\Pi_k - \frac{\partial \mathcal{L}}{\partial \dot{\phi}} \right) \frac{\partial \dot{\phi}_k}{\partial \phi_k} - \frac{\partial \mathcal{L}}{\partial \phi_k} = -\frac{\partial \mathcal{L}}{\partial \phi_k} \\
&= -\dot{\Pi}_k - \partial_l \frac{\partial \mathcal{L}}{\partial(\partial_l \phi_k)}.
\end{aligned}$$

Mit

$$\begin{aligned}
\frac{\partial \mathcal{H}}{\partial(\partial_l \phi_k)} &= \Pi_k \frac{\partial \dot{\phi}_k}{\partial(\partial_l \phi_k)} - \frac{\partial \mathcal{L}}{\partial \dot{\phi}} \frac{\partial \dot{\phi}_k}{\partial(\partial_l \phi_k)} - \frac{\partial \mathcal{L}}{\partial(\partial_l \phi_k)} \\
&= \left(\Pi_k - \frac{\partial \mathcal{L}}{\partial \dot{\phi}} \right) \frac{\partial \dot{\phi}_k}{\partial(\partial_l \phi_k)} - \frac{\partial \mathcal{L}}{\partial(\partial_l \phi_k)} \\
&= -\frac{\partial \mathcal{L}}{\partial(\partial_l \phi_k)}
\end{aligned}$$

erhalten wir so die **Hamilton-Gleichungen** für klassische Feldtheorien:

$$\dot{\phi}_k = \frac{\partial \mathcal{H}}{\partial \Pi_k}, \tag{50.7}$$

$$\dot{\Pi}_k = -\frac{\partial \mathcal{H}}{\partial \phi_k} + \partial_l \frac{\partial \mathcal{H}}{\partial(\partial_l \phi_k)}. \tag{50.8}$$

Gegenüber der klassischen Punktmechanik enthält (50.8) einen weiteren Term, der daher rührt, dass die Hamilton-Dichte (50.6) nicht nur von den Feldern ϕ_k, sondern auch deren räumlichen Ableitungen $\nabla_l \phi_k$ abhängt.

Definieren wir nun die **Poisson-Klammern** für feldabhängige Größen wie folgt:

$$\{A, B\} := \int \mathrm{d}^3 \boldsymbol{r}'' \left(\frac{\delta A[\phi]}{\delta \phi_k(\boldsymbol{r}'', t)} \frac{\delta B[\phi]}{\delta \Pi_k(\boldsymbol{r}'', t)} - \frac{\delta A[\phi]}{\delta \Pi_k(\boldsymbol{r}'', t)} \frac{\delta B[\phi]}{\delta \phi_k(\boldsymbol{r}'', t)} \right), \tag{50.9}$$

dann erfüllen die so definierten kanonischen Impulse Π_k und die generalisierten Koordinaten ϕ_k die Poisson-Klammern:

$$\{\phi_k(\boldsymbol{r}, t), \Pi_l(\boldsymbol{r}', t)\} = \delta_{kl} \delta(\boldsymbol{r} - \boldsymbol{r}'), \tag{50.10a}$$

$$\{\phi_k(\boldsymbol{r}, t), \phi_l(\boldsymbol{r}', t)\} = \{\Pi_k(\boldsymbol{r}, t), \Pi_l(\boldsymbol{r}', t)\} = 0. \tag{50.10b}$$

Kanonische Feldquantisierung

Analog zum Übergang von der klassischen Mechanik zur Quantenmechanik (Abschnitt I-16) erfolgt die **kanonische Feldquantisierung** durch die Ersetzung von Feldfunktionen zu Feldoperatoren (im Heisenberg-Bild), die mathematisch gesehen singuläre operatorwertige Distributionen darstellen. Diese Tatsache führt zu zahlreichen mathematischen Komplikationen, um die wir uns aber an dieser Stelle nicht weiter kümmern. Eine genauere Diskussion sei einem späteren Nachfolgeband zur relativistischen Quantenfeldtheorie vorbehalten, in dem auch weitere, in der modernen Theoretischen Physik mittlerweile deutlich üblichere Quantisierungsschemata vorgestellt werden.

Wir führen also ein:

$$\phi_k(\boldsymbol{r}, t) \longrightarrow \hat{\phi}_k(\boldsymbol{r}, t),$$

$$\Pi_l(\boldsymbol{r}, t) \longrightarrow \hat{\Pi}_l(\boldsymbol{r}, t),$$

und fordern für bosonische Felder die **kanonischen Kommutatorrelationen**

$$[\hat{\phi}_k(\boldsymbol{r}, t), \hat{\Pi}_l(\boldsymbol{r}', t)] = \mathrm{i}\hbar \delta_{kl} \delta(\boldsymbol{r} - \boldsymbol{r}'), \tag{50.11a}$$

$$[\hat{\phi}_k(\boldsymbol{r}, t), \hat{\phi}_l(\boldsymbol{r}', t)] = [\hat{\Pi}_k(\boldsymbol{r}, t), \hat{\Pi}_l(\boldsymbol{r}', t)] = 0, \tag{50.11b}$$

sowie für fermionische Felder die **kanonischen Antikommutatorrelationen**

$$\{\hat{\phi}_k(\boldsymbol{r}, t), \hat{\Pi}_l(\boldsymbol{r}', t)\} = \mathrm{i}\hbar \delta_{kl} \delta(\boldsymbol{r} - \boldsymbol{r}'), \tag{50.12a}$$

$$\{\hat{\phi}_k(\boldsymbol{r}, t), \hat{\phi}_l(\boldsymbol{r}', t)\} = \{\hat{\Pi}_k(\boldsymbol{r}, t), \hat{\Pi}_l(\boldsymbol{r}', t)\} = 0. \tag{50.12b}$$

Die kanonische Feldquantisierung lässt sich wie der gesamte kanonische Lagrange- und Hamilton-Formalismus unverändert auf relativistische Felder anwenden. Insbesondere in diesem Kontext werden die kanonischen (Anti-)Kommutatorrelationen (50.11) und (50.12) auch als **gleichzeitige (Anti-)Kommutatorrelationen** bezeichnet. Im Unterschied zu ihnen stehen die kovarianten Kommutatorrelationen, auf die wir im Zusammenhang mit der

Quantisierung des elektromagnetischen Felds in Abschnitt IV-4 stoßen werden, wenn auch nicht in manifest kovarianter Form.

Der Übergang von den Poisson-Klammern (50.10) hin zu den kanonischen (Anti-)Kommutatorrelationen (50.11) beziehungsweise (50.12) ist dann allerdings nicht mehr unverändert anwendbar, wenn das System sogenannte redundante Freiheitsgrade aufweist und Nebenbedingungen, auch Zwangsbedingungen genannt, eingeführt werden müssen. Dies ist beispielsweise in Eichtheorien der Fall, wie wir bei der kanonischen Quantisierung des elektromagnetischen Felds in Abschnitt IV-4 feststellen werden, aber auch bereits beim nichtrelativistischen Schrödinger-Feld, dem wir uns in Abschnitt 52 zuwenden werden.

Zuvor wenden wir uns aber weiterhin dem Ausbau der klassischen Feldtheorie zu und untersuchen im folgenden Abschnitt 51 die äußerst wichtigen Implikationen beim Vorhandensein von Symmetrietransformationen.

51 Klassische Feldtheorie II: Noether-Theorem

Wir machen in diesem Abschnitt gewissermaßen eine Rolle rückwärts und betrachten das Verhalten klassischer Felder unter Symmetrietransformationen im Allgemeinen und das klassische Schrödinger-Feld im Speziellen.

Nach der deutschen Mathematikerin Emmy Noether ist das **Noether-Theorem** benannt [Noe18b; Noe18a], nachdem zu jeder Erhaltungsgröße eine kontinuierliche Symmetrietransformation gehört und umgekehrt. Emmy Noether war eine der ersten Frauen, die ab 1903 an bayrischen Universitäten zum Studium zugelassen wurden und promovierte 1907 an der Universität Erlangen bei Paul Gordan als zweite Deutsche an einer deutschen Universität in Mathematik.

In der klassischen Physik wird das Noether-Theorem meist im Rahmen der Lagrange-Formulierung der Mechanik und der klassischen Feldtheorie verwendet. Wir verwenden im Folgenden weitestgehend die manifest kovariante Schreibweise, auch für den nichtrelativistischen Fall, da sie zu einer kompakteren Notation führt.

Innere Symmetrien

Gegeben sei wieder ein n-komponentiges klassisches Feld $\phi_k(x)$. Wir betrachten eine Transformation der Art:

$$\phi_k(x) \mapsto \phi_k^{(\alpha)}(x), \tag{51.1}$$

die also abhängt von einem kontinuierlichen Parameter α und fordern, dass diese die Lagrange-Dichte $\mathcal{L}(x)$ invariant lässt. Es ist also:

$$\begin{aligned} 0 = \frac{\mathrm{d}\mathcal{L}}{\mathrm{d}\alpha} &= \sum_k \left(\frac{\partial \mathcal{L}}{\partial \phi_k^{(\alpha)}} \frac{\mathrm{d}\phi_k^{(\alpha)}}{\mathrm{d}\alpha} + \frac{\partial \mathcal{L}}{\partial(\partial_\mu \phi_k^{(\alpha)})} \frac{\mathrm{d}(\partial_\mu \phi_k^{(\alpha)})}{\mathrm{d}\alpha} \right) \\ &= \sum_k \left(\frac{\partial \mathcal{L}}{\partial \phi_k^{(\alpha)}} \frac{\mathrm{d}\phi_k^{(\alpha)}}{\mathrm{d}\alpha} + \frac{\partial \mathcal{L}}{\partial(\partial_\mu \phi_k^{(\alpha)})} \partial_\mu \left(\frac{\mathrm{d}\phi_k^{(\alpha)}}{\mathrm{d}\alpha} \right) \right) \\ &= \sum_k \left(\left[\frac{\partial \mathcal{L}}{\partial \phi_k^{(\alpha)}} - \partial_\mu \frac{\partial \mathcal{L}}{\partial(\partial_\mu \phi_k^{(\alpha)})} \right] \frac{\mathrm{d}\phi_k^{(\alpha)}}{\mathrm{d}\alpha} + \partial_\mu \left(\frac{\partial \mathcal{L}}{\partial(\partial_\mu \phi_k^{(\alpha)})} \frac{\mathrm{d}\phi_k^{(\alpha)}}{\mathrm{d}\alpha} \right) \right). \end{aligned}$$

Erfüllen die Felder $\phi_k^{(\alpha)}(x)$ an der Stelle $\alpha = 0$ nun die Lagrange-Gleichungen, stellen sie also klassische Feldlösungen dar, verschwindet der Term in den eckigen Klammern. Übrig bleibt die Gleichung:

$$\partial_\mu j^\mu(x) = 0, \tag{51.2}$$

mit

$$j^\mu(x) = \sum_k \frac{\partial \mathcal{L}}{\partial(\partial_\mu \phi_k^{(\alpha)})} \frac{\mathrm{d}\phi_k^{(\alpha)}}{\mathrm{d}\alpha} \bigg|_{\alpha=0}. \tag{51.3}$$

Gleichung (51.2) besitzt die Form einer Kontinuitätsgleichung für den **Noether-Strom** $j^\mu(x)$, die – unter der Voraussetzung, dass die Felder $\phi_k(x)$ für $\boldsymbol{x} \to \infty$ verschwinden –

auch in integrierter Form geschrieben werden kann:

$$\frac{\mathrm{d}Q}{\mathrm{d}t} = 0, \tag{51.4}$$

$$\text{mit} \quad Q = \int_{\mathbb{R}^3} \mathrm{d}^3\boldsymbol{r}\, j^0(x). \tag{51.5}$$

Die Erhaltungsgröße Q heißt **Noether-Ladung**.

Ein einfaches, aber wichtiges Beispiel ist die Transformation (wir betrachten ein einziges Feld, $k = 1$)

$$\phi^{(\alpha)}(x) = \mathrm{e}^{\mathrm{i}\alpha}\phi(x). \tag{51.6}$$

Dann ist

$$\left.\frac{\mathrm{d}\phi_k^{(\alpha)}}{\mathrm{d}\alpha}\right|_{\alpha=0} = \mathrm{i},$$

und wir werden in Abschnitt 52 sehen, dass aus Invarianz der Lagrange-Dichte unter dieser Symmetrietransformation die Erhaltung der quantenmechanische Wahrscheinlichkeitsdichte und damit nichts anderes als die Kontinuitätsgleichung (I-19.5) folgt.

Translationen in Raum und Zeit

Als nächstes betrachten wie Raum-Zeit-Transformationen. Hierbei können wir nicht die Invarianz der Lagrange-Dichte $\mathcal{L}(x)$ fordern, sondern vielmehr folgt aus der Forderung nach Invarianz der Wirkung, dass die Lagrange-Dichte sich um einen Divergenzterm ändern kann:

$$\mathcal{L}(x) \mapsto \mathcal{L}(x) + \partial_\mu \mathcal{J}^\mu(x). \tag{51.7}$$

Wir betrachten also Translationen der Form:

$$x^\mu \mapsto x + \alpha\xi^\mu, \tag{51.8}$$

die eine Variation des Feldes bis zur ersten Ordnung in der Taylor-Entwicklung nach sich zieht gemäß

$$\phi_k(x) \mapsto \phi_k^{(\alpha)}(x) = \phi_k(x) + \alpha\xi^\mu\partial_\mu\phi_k(x), \tag{51.9}$$

mit einem konstanten Vektor ξ^μ und dem kontinuierlichen Parameter α. Analog zur vorangehenden Rechnung erhalten wir zunächst:

$$\begin{aligned}\frac{\mathrm{d}\mathcal{L}}{\mathrm{d}\alpha} &= \partial_\mu \sum_k \left(\frac{\partial\mathcal{L}}{\partial(\partial_\mu\phi_k^{(\alpha)})}\frac{\mathrm{d}\phi_k^{(\alpha)}}{\mathrm{d}\alpha}\right) \\ &= \partial_\mu \sum_k \frac{\partial\mathcal{L}}{\partial(\partial_\mu\phi_k)}\xi^\nu\partial_\nu\phi_k(x).\end{aligned} \tag{51.10}$$

Auf der anderen Seite gilt allgemein:

$$\begin{aligned}\frac{\mathrm{d}\mathcal{L}}{\mathrm{d}\alpha} &= (\partial_\mu \mathcal{L})\frac{\mathrm{d}x^\mu}{\mathrm{d}\alpha} \\ &= (\partial_\mu \mathcal{L})\xi^\mu,\end{aligned} \tag{51.11}$$

das heißt, für die Größe $\mathcal{J}^\mu(x)$ in (51.7) gilt:

$$\mathcal{J}^\mu(x) = \mathcal{L}\xi^\mu. \tag{51.12}$$

Gleichsetzen von (51.10) und (51.11) und Herauskürzen des beliebigen Vektors ξ^ν ergibt:

$$\partial_\mu \Theta^\mu{}_\nu(x) = 0, \tag{51.13}$$

mit dem **kanonischen Energie-Impuls-Tensor**

$$\Theta_{\mu\nu}(x) = \sum_k \frac{\partial \mathcal{L}}{\partial(\partial^\mu \phi_k)} \partial_\nu \phi_k(x) - g_{\mu\nu}\mathcal{L}. \tag{51.14}$$

Die entsprechenden Noether-Ladungen

$$p_\nu = \frac{1}{c}\int_V \mathrm{d}^3 \boldsymbol{r} \Theta_{0\nu} \tag{51.15}$$

sind die Komponenten des Viererimpulses $(E/c, \boldsymbol{p})$ des physikalischen Systems. Die räumlichen Komponenten Θ_{ij} des Energie-Impuls-Tensors erkennt man, wenn man ein beliebiges, aber festes Volumen $V \in \mathbb{R}^3$ betrachtet. Aus (51.15) erhalten wir den gesamten Impuls $\boldsymbol{p}_V$, den das Feld $\phi_k(\boldsymbol{r}, t)$ im Volumen V beiträgt:

$$\boldsymbol{p}_V = \boldsymbol{e}_i \frac{1}{c}\int_V \mathrm{d}^3 \boldsymbol{r} \Theta_{0i}, \tag{51.16}$$

und wir erhalten wieder eine Kontinuitätsgleichung:

$$\begin{aligned}\frac{\mathrm{d}}{\mathrm{d}t}\boldsymbol{p}_V &= \boldsymbol{e}_i \int_V \mathrm{d}^3 \boldsymbol{r} \partial^0 \Theta_{0i} \\ &= -\boldsymbol{e}_i \oint_{\partial V} \mathrm{d}S_j \Theta_{ij}.\end{aligned} \tag{51.17}$$

Setzt man $V = \mathbb{R}^3$, so sagt (51.17) aus, dass der Gesamtimpuls des Systems eine Erhaltungsgröße ist. Die (00)-Komponente des Energie-Impuls-Tensors erkennen wir dabei sofort als die Hamilton-Dichte $\Theta_{00} = \mathcal{H}$ des Felds, und die $(0i)$-Komponenten als dessen **Impulsdichte** Θ_{0i}.

Rotationen: skalare Felder
Als nächstes betrachten wir Rotationen der Form:

$$\boldsymbol{r} \mapsto R(\alpha)\boldsymbol{r}, \tag{51.18}$$

$$\phi_k(\boldsymbol{r},t) \mapsto \phi_k^{(\alpha)}(\boldsymbol{r},t) = \phi_k(R(\alpha)\boldsymbol{r},t), \tag{51.19}$$

mit einem kontinuierlichen Winkelparameter α. Wir haben dabei vorausgesetzt, dass die k Feldgrößen $\phi_k(\boldsymbol{r},t)$ sich wie Skalare transformieren, was beispielsweise für das Schrödinger-Feld $\Psi(\boldsymbol{r},t), \Psi^*(\boldsymbol{r},t)$ für Spin-0-Teilchen zutrifft, das wir im nachfolgenden Abschnitt 52 betrachten werden. Anschließend betrachten wir den Fall allgemeinen Spins.

Wir rechnen wieder:

$$\begin{aligned}\frac{\mathrm{d}\mathcal{L}}{\mathrm{d}\alpha} &= \partial_\mu \sum_k \frac{\partial\mathcal{L}}{\partial(\partial_\mu\phi_k^{(\alpha)})}\frac{\mathrm{d}\phi_k^{(\alpha)}}{\mathrm{d}\alpha} \\ &= \partial_\mu \sum_k \frac{\partial\mathcal{L}}{\partial(\partial_\mu\phi_k^{(\alpha)})}(\nabla\phi_k)\cdot\frac{\mathrm{d}}{\mathrm{d}\alpha}(R(\alpha)\boldsymbol{r}),\end{aligned}$$

und Auswertung an der Stelle $\alpha = 0$ ergibt dann:

$$\begin{aligned}\left.\frac{\mathrm{d}\mathcal{L}}{\mathrm{d}\alpha}\right|_{\alpha=0} &= \partial_\mu \sum_k \frac{\partial\mathcal{L}}{\partial(\partial_\mu\phi_k)}(\nabla\phi_k)\cdot(-\mathrm{i}n_l L_l\boldsymbol{r}) \\ &= \partial_\mu \sum_k \frac{\partial\mathcal{L}}{\partial(\partial_\mu\phi_k)}(-\epsilon_{lji}(\partial_j\phi_k^{(\alpha)})n_l r_i),\end{aligned} \tag{51.20}$$

wobei wir in der vorletzten Zeile verwendet haben, dass die drei Komponenten L_l des Drehimpulses die Erzeugenden der Rotationen sind (siehe Abschnitt 6), und anschließend (6.5) verwendet haben. Auf der anderen Seite gilt:

$$\begin{aligned}\left.\frac{\mathrm{d}\mathcal{L}}{\mathrm{d}\alpha}\right|_{\alpha=0} &= (\partial_j\mathcal{L})\left.\frac{\mathrm{d}r_j}{\mathrm{d}\alpha}\right|_{\alpha=0} \\ &= (\partial_j\mathcal{L})(-n_l\epsilon_{lji}r_i),\end{aligned} \tag{51.21}$$

das heißt, für die Größe $\mathcal{J}^\mu(x)$ in (51.7) gilt:

$$\mathcal{J}^0 = 0, \tag{51.22}$$

$$\mathcal{J}_j(\boldsymbol{r},t) = \mathcal{L}\epsilon_{jli}n_l r_i. \tag{51.23}$$

Hierbei haben wir

$$\nabla\times(\mathcal{L}\boldsymbol{r}) = \mathcal{L}\nabla\times\boldsymbol{r} + (\nabla\mathcal{L})\times\boldsymbol{r} = (\nabla\mathcal{L})\times\boldsymbol{r}$$

verwendet.

Gleichsetzen von (51.20) und (51.21), sowie Herauskürzen von $\boldsymbol{n}$ ergibt nun:

$$\partial_\mu \underbrace{\left[-\epsilon_{ijl} r_i \underbrace{\left(\sum_k \frac{\partial \mathcal{L}}{\partial(\partial_\mu \phi_k)} \partial_j \phi_k(\boldsymbol{r}, t) - g^\mu{}_j \mathcal{L} \right)}_{\Theta^\mu{}_j} \right]}_{=:-L^\mu{}_l} = 0. \tag{51.24}$$

Somit erhalten wir:

$$\partial_\mu L^\mu{}_l(\boldsymbol{r}, t) = 0, \tag{51.25}$$

mit

$$L_{\mu l}(\boldsymbol{r}, t) = \epsilon_{ijl} r_i \Theta_{\mu j}(\boldsymbol{r}, t), \tag{51.26}$$

beziehungsweise:

$$\partial_\mu L_i{}^\mu{}_j(\boldsymbol{r}, t) = 0, \tag{51.27}$$

mit

$$L_{i\mu j}(\boldsymbol{r}, t) = \epsilon_{ijl} L_{\mu l} = r_i \Theta_{\mu j}(\boldsymbol{r}, t) - r_j \Theta_{\mu i}(\boldsymbol{r}, t). \tag{51.28}$$

Die ($\mu = 0$)-Komponente $L_{i0l}(\boldsymbol{r}, t)$ stellt den **kanonischen dreidimensionale Bahndrehimpulstensor** des Feldes dar, und L_{0l} die entsprechende **Bahndrehimpulsdichte**. Beide Tensorgrößen sind im Dreidimensionalen zueinander Hodge-dual.

Rotationen: Felder mit Spin

Besitzen die Felder zusätzlich Spin, so muss bei der Transformation (51.19) zusätzlich die Transformation im Spin-Raum $\mathcal{H}_S$ berücksichtigt werden.

Die Indizes σ, σ' indizieren im Folgenden die Dimensionen des Spin-Raums, und doppeltes Vorkommen dieser bedeutet implizit Addition über diese. Desweiteren setzen wir den weitaus häufigsten Fall voraus, dass die Lagrange-Dichte nur ein einzigen, aber komplexen Feldtyp enthält ($k = 1$). Dann lautet die Transformation wie folgt:

$$\phi_\sigma(\boldsymbol{r}, t) \mapsto \phi_\sigma^{(\alpha)}(\boldsymbol{r}, t) = \hat{U}(R^{-1}(\alpha))_{\sigma\sigma'} \phi_{\sigma'}(R(\alpha)\boldsymbol{r}, t), \tag{51.29a}$$

$$\phi_\sigma^*(\boldsymbol{r}, t) \mapsto \phi_\sigma^{(\alpha)*}(\boldsymbol{r}, t) = \hat{U}(R(\alpha))_{\sigma\sigma'} \phi_{\sigma'}^*(R(\alpha)\boldsymbol{r}, t). \tag{51.29b}$$

Wir erhalten:

$$\frac{\mathrm{d}\mathcal{L}}{\mathrm{d}\alpha} = \partial_\mu \left[\underbrace{\frac{\partial \mathcal{L}}{\partial(\partial_\mu \phi_\sigma^{(\alpha)})} \frac{\mathrm{d}\phi_\sigma^{(\alpha)}}{\mathrm{d}\alpha}}_{\mathrm{I}} + \underbrace{\frac{\partial \mathcal{L}}{\partial(\partial_\mu \phi_\sigma^{(\alpha)*})} \frac{\mathrm{d}(\phi^{(\alpha)})_\sigma^*}{\mathrm{d}\alpha}}_{\mathrm{II}} \right],$$

mit

$$\mathrm{I} = \frac{\partial \mathcal{L}}{\partial(\partial_\mu \phi_\sigma^{(\alpha)})} \Big[\hat{U}(R^{-1}(\alpha))_{\sigma\sigma'} (\nabla \phi_{\sigma'}^{(\alpha)}) \cdot \frac{\mathrm{d}}{\mathrm{d}\alpha}(R(\alpha)\boldsymbol{r}) + \frac{\mathrm{d}}{\mathrm{d}\alpha}[\hat{U}(R^{-1}(\alpha))_{\sigma\sigma'}] \phi_{\sigma'}(R(\alpha)\boldsymbol{r}, t) \Big],$$

$$\mathrm{II} = \frac{\partial \mathcal{L}}{\partial(\partial_\mu \phi_\sigma^{(\alpha)*})} \Big[\hat{U}(R(\alpha))_{\sigma\sigma'} (\nabla \phi_{\sigma'}^{(\alpha)*}) \cdot \frac{\mathrm{d}}{\mathrm{d}\alpha}(R(\alpha)\boldsymbol{r}) + \frac{\mathrm{d}}{\mathrm{d}\alpha}[\hat{U}(R(\alpha))_{\sigma\sigma'}] \phi^*_{\sigma'}(R(\alpha)\boldsymbol{r}, t) \Big].$$

Auswertung an der Stelle $\alpha = 0$ ergibt dann:

$$\left.\frac{\mathrm{d}\mathcal{L}}{\mathrm{d}\alpha}\right|_{\alpha=0} = \partial_\mu \left[\frac{\partial \mathcal{L}}{\partial(\partial_\mu \phi_\sigma)} \left[(\nabla \phi_\sigma) \cdot (-\mathrm{i} n_l L_l \boldsymbol{r}) + \mathrm{i}[n_i \hat{S}_i/\hbar]_{\sigma\sigma'} \phi_{\sigma'} \right] + \frac{\partial \mathcal{L}}{\partial(\partial_\mu \phi^*_\sigma)} \left[(\nabla \phi^*_\sigma) \cdot (-\mathrm{i} n_l L_l \boldsymbol{r}) - \mathrm{i}[n_i \hat{S}_i/\hbar]_{\sigma\sigma'} \phi^*_{\sigma'} \right] \right]. \tag{51.30}$$

Auf der anderen Seite gilt wieder (51.21), so dass wir schlussendlich erhalten:

$$\partial_\mu \left[L^\mu{}_l(\boldsymbol{r}, t) + S^\mu{}_l(\boldsymbol{r}, t) \right] = 0, \tag{51.31}$$

mit $L^\mu{}_l(\boldsymbol{r}, t)$ gemäß (51.26), wobei der neu hinzugekommene zweite Summand

$$S^\mu{}_l(\boldsymbol{r}, t) = -\mathrm{i} \frac{\partial \mathcal{L}}{\partial(\partial_\mu \phi_\sigma)} \left[\frac{\hat{S}_l}{\hbar} \right]_{\sigma\sigma'} \phi_{\sigma'}(\boldsymbol{r}, t) + \mathrm{i} \frac{\partial \mathcal{L}}{\partial(\partial_\mu \phi^*_\sigma)} \left[\frac{\hat{S}_l}{\hbar} \right]_{\sigma\sigma'} (\phi)^*_{\sigma'}(\boldsymbol{r}, t) \tag{51.32}$$

den **Spin-Strom** $S^\mu{}_l(\boldsymbol{r}, t)$ des Feldes darstellt. Die Summe

$$J^\mu{}_l(\boldsymbol{r}, t) = L^\mu{}_l(\boldsymbol{r}, t) + S^\mu{}_l(\boldsymbol{r}, t) \tag{51.33}$$

aus kanonischen Drehimpulstensor $L^\mu{}_l(\boldsymbol{r}, t)$ und Spin-Strom $S^\mu{}_l(\boldsymbol{r}, t)$ stellt den Noether-Strom dar, nicht aber jeweils einer der beiden Summanden. Die $(\mu = 0)$-Komponente $S^0{}_l(\boldsymbol{r}, t)$ ist dann die **Spin-Dichte** in l-Richtung und Hodge-Dual zum Spin-Strom $S^0{}_l(\boldsymbol{r}, t)$.

Lorentz-Transformationen

Es bietet sich an dieser Stelle an, auch noch die Lorentz-Transformationen als relativistische Symmetrietransformation zu betrachten, auch wenn wir dabei etwas vorausgreifen, da Lorentz-Transformationen erst in Abschnitt IV-25 genauer betrachten werden. Die entsprechende Verallgemeinerung von (51.29) für Lorentz-Transformationen $\Lambda(\alpha)$ (siehe (IV-25.17)) lautet

$$\phi_\sigma(x) \mapsto \phi_\sigma^{(\alpha)}(x) = \hat{U}(\Lambda^{-1}(\alpha))_{\sigma\sigma'} \phi_{\sigma'}(\Lambda(\alpha)x), \tag{51.34a}$$

$$\phi^*_\sigma(x) \mapsto \phi_\sigma^{(\alpha)*}(x) = \hat{U}(\Lambda(\alpha))_{\sigma\sigma'} \phi^*_{\sigma'}(\Lambda(\alpha)x), \tag{51.34b}$$

so dass wir nach einer entsprechenden Rechnung zur Relation

$$\left.\frac{\mathrm{d}\mathcal{L}}{\mathrm{d}\alpha}\right|_{\alpha=0} = \partial_\mu \left[\frac{\partial \mathcal{L}}{\partial(\partial_\mu \phi_\sigma)} \left[\partial_\nu \phi_\sigma \left(-\frac{\mathrm{i}}{2} \omega_{\eta\rho} [M^{\eta\rho}]^\nu{}_\lambda x^\lambda \right) + \frac{\mathrm{i}}{2\hbar} \omega_{\eta\rho} [\hat{M}^{\eta\rho}]_{\sigma\sigma'} \phi_{\sigma'} \right] \right.$$
$$\left. + \frac{\partial \mathcal{L}}{\partial(\partial_\mu \phi^*_\sigma)} \left[\partial_\nu \phi^*_\sigma \left(-\frac{\mathrm{i}}{2} \omega_{\eta\rho} [M^{\eta\rho}]^\nu{}_\lambda x^\lambda \right) - \frac{\mathrm{i}}{2\hbar} \omega_{\eta\rho} [\hat{M}^{\eta\rho}]_{\sigma\sigma'} \phi^*_{\sigma'} \right] \right], \tag{51.35}$$

geführt werden.

Auf der anderen Seite ist wieder

$$\begin{aligned} \left.\frac{\mathrm{d}\mathcal{L}}{\mathrm{d}\alpha}\right|_{\alpha=0} &= (\partial_\mu \mathcal{L}) \left.\frac{\mathrm{d}x^\mu}{\mathrm{d}\alpha}\right|_{\alpha=0} \\ &= (\partial_\mu \mathcal{L})(-\frac{\mathrm{i}}{2} \omega_{\eta\rho} [M^{\eta\rho}]^\mu{}_\lambda x^\lambda). \end{aligned} \tag{51.36}$$

Setzen wir (51.35) und (51.36) gleich und teilen durch $\frac{1}{2}\omega_{\eta\rho}$, erhalten wir so:

$$\partial_\mu J^{\eta\mu\rho}(x) = 0, \tag{51.37}$$

wobei

$$J^{\eta\mu\rho}(x) = L^{\eta\mu\rho}(x) + S^{\eta\mu\rho}(x), \tag{51.38}$$

mit dem **kanonischen vierdimensionalen Bahndrehimpulstensor**

$$L^{\eta\mu\rho} = (-)(-\mathrm{i}) [M^{\eta\rho}]^\nu{}_\lambda x^\lambda \underbrace{\left(\frac{\partial \mathcal{L}}{\partial(\partial_\mu \phi_\sigma)} [\partial_\nu \phi_\sigma] + \frac{\partial \mathcal{L}}{\partial(\partial_\mu \phi^*_\sigma)} [\partial_\nu \phi^*_\sigma] - \eta^\mu{}_\nu \mathcal{L} \right)}_{\Theta^\mu{}_\nu}, \tag{51.39}$$

beziehungsweise unter Verwendung von (IV-25.11):

$$L^{\eta\mu\rho} = x^\eta \Theta^{\mu\rho} - x^\rho \Theta^{\mu\eta}, \tag{51.40}$$

und dem **vierdimensionalen Spin-Strom**

$$S^{\eta\mu\rho} = -\frac{\mathrm{i}}{\hbar} \left[\frac{\partial \mathcal{L}}{\partial(\partial_\mu \phi_\sigma)} [\hat{M}^{\eta\rho}]_{\sigma\sigma'} \phi_{\sigma'} - \frac{\partial \mathcal{L}}{\partial(\partial_\mu \phi^*_\sigma)} [\hat{M}^{\eta\rho}]_{\sigma\sigma'} \phi^*_{\sigma'} \right] \tag{51.41}$$

des Feldes. Man achte hierbei auf die jeweils korekten Vorzeichen, in Konsistenz mit (51.26) und (51.28).

Zur Symmetrie des Energie-Impuls-Tensors

Aus der Definition (51.14) des kanonischen Energie-Impuls-Tensors $\Theta_{\mu\nu}$ folgt im Allgemeinen nicht notwendigerweise, dass $\Theta_{\mu\nu}$ symmetrisch in den Indizes μ, ν ist. Für skalare

Felder jedoch folgt aus der Kontinuitätsgleichung (51.37) für den kanonischen vierdimensionalen Drehimpulstensor, zusammen mit (51.13) die Symmetrie von $\Theta_{\mu\nu}$ in μ, ν, denn aus (51.37) folgt mit $S^{\eta\mu\rho}(x) \equiv 0$:

$$\begin{aligned}\partial_\mu L^{\eta\mu\rho}(x) &= \partial_\mu \left(x^\eta \Theta^{\mu\rho}(x) - x^\rho \Theta^{\mu\eta}(x)\right)\\ &= \Theta^{\eta\rho}(x) - \Theta^{\rho\eta}(x) = 0,\end{aligned}$$

und damit

$$\Theta^{\eta\rho}(x) = \Theta^{\rho\eta}(x). \tag{51.42}$$

Das bedeutet: translationsinvariante, skalare Felder führen stets zu einem symmetrischen Energie-Impulstensor, wie er in relativistischer Form auch als Quellterm in den Einsteinschen Feldgleichungen der Allgemeinen Relativitätstheorie benötigt wird.

Für translationsinvariante Felder mit Spin gilt aber (51.31), so dass:

$$\begin{aligned}\partial_\mu L^{\eta\mu\rho}(x) &= \Theta^{\eta\rho}(x) - \Theta^{\rho\eta}(x)\\ &= -\partial_\mu S^{\eta\mu\rho}(x),\end{aligned}$$

und damit folgt, dass $\Theta_{\mu\nu}$ im Allgemeinen einen antisymmetrischen Anteil besitzt. Wir werden im Folgenden sehen, dass man den kanonischen Energie-Impuls-Tensor (51.14) dahingehend um einen Divergenzterm ergänzen kann, dass der neue Tensor $T_{\mu\nu}$ zum einen immer noch eine Kontinuitätsgleichung (51.13) erfüllt und darüber hinaus symmetrisch in μ, ν ist.

Die Möglichkeit, einen stets symmetrischen Energie-Impuls-Tensor zu definieren, ergibt sich aus der Tatsache, dass die Hinzufügung einer totalen Vierer-Divergenz der Art

$$T^{\mu\nu} = \Theta^{\mu\nu} + \partial_\kappa \chi^{\kappa\mu\nu} \tag{51.43}$$

die Kontinuitätsgleichung (51.13) erfüllt, sofern $\chi^{\kappa\mu\nu}$ antisymmetrisch in den ersten beiden Indizes κ, μ ist, da $\partial_\mu \partial_\kappa \chi^{\kappa\mu\nu}$ dann identisch verschwindet. Ferner ändern sich Energie und Impuls des Feldes nicht, denn für die Noether-Ladungen in (51.15) gilt:

$$\begin{aligned}\tilde{p}_\nu &= \frac{1}{c}\int_{\mathbb{R}^3} \mathrm{d}^3\boldsymbol{r}\, T_{0\nu}\\ &= \frac{1}{c}\int_{\mathbb{R}^3} \mathrm{d}^3\boldsymbol{r}\,(\Theta_{0\nu} + \underbrace{\partial^0 \chi_{00\nu}}_{=0} + \underbrace{\partial^i \chi_{0i\nu}}_{=0}).\end{aligned}$$

Hierbei verschwindet im Integranden die Zeitableitung wegen der Antisymmetrie von $\chi_{\kappa\mu\nu}$, und unter der Voraussetzung, dass $\chi_{\kappa\mu\nu}$ hinreichend stark im Unendlichen abfällt, trägt der Divergenzterm nichts zum Integral bei.

Des Weiteren besteht nicht nur in der Definition des Energie-Impuls-Tensors eine Restfreiheit, sondern auch in der Definition eines vierdimensionalen Drehimpulstensors. Mit der gleichen Argumentation wie oben für jenen kann man einen neuen Tensor

$$\tilde{J}^{\eta\mu\rho} = J^{\eta\mu\rho} + \partial_\kappa \eta^{\kappa\eta\mu\rho} \tag{51.44}$$

definieren, der ebenfalls die Kontinuitätsgleichung (51.37) erfüllt, sofern $\eta^{\kappa\eta\mu\rho}$ antisymmetrisch in κ, μ ist. Auch in diesem Fall tragen die Divergenzterme dann nichts zum Integral bei, wenn ein hinreichend starkes Abfallen im Unendlichen aufweisen.

Diese vorhandene Freiheit lässt nun zun, neben dem kanonischen Energie-Impuls-Tensor $\Theta^{\mu\nu}$ einen physikalisch äquivalenten Energie-Impuls-Tensor $T^{\mu\nu}$ und einen entsprechend physikalisch äquivalenten vierdimensionalen Drehimpulstensor $\tilde{J}^{\eta\mu\rho}$ zu definieren mit den Eigenschaften:

- $T^{\mu\nu}$ ist symmetrisch in μ, ν
- der vierdimensionale Drehimpulstensor $\tilde{J}^{\eta\mu\rho}$ besitzt die Form $\tilde{J}^{\eta\mu\rho} = x^\eta T^{\mu\rho} - x^\rho T^{\mu\eta}$

Wir denken vom Ende her und verwenden die Zielsetzung $\tilde{J}^{\eta\mu\rho} \stackrel{!}{=} x^\eta T^{\mu\rho} - x^\rho T^{\mu\eta}$, sowie (51.38,51.40,51.44). Wir erhalten zunächst:

$$\begin{aligned} x^\eta T^{\mu\rho} - x^\rho T^{\mu\eta} &\stackrel{!}{=} x^\eta(\Theta^{\mu\rho} + \partial_\kappa \chi^{\kappa\mu\rho}) - x^\rho(\Theta^{\mu\eta} + \partial_\kappa \chi^{\kappa\mu\eta}) \\ &= L^{\eta\mu\rho} + x^\eta \partial_\kappa \chi^{\kappa\mu\rho} - x^\rho \partial_\kappa \chi^{\kappa\mu\eta} \\ &\stackrel{!}{=} L^{\eta\mu\rho} + S^{\eta\mu\rho} + \partial_\kappa \eta^{\kappa\eta\mu\rho}, \end{aligned}$$

und damit

$$x^\eta \partial_\kappa \chi^{\kappa\mu\rho} - x^\rho \partial_\kappa \chi^{\kappa\mu\eta} \stackrel{!}{=} S^{\eta\mu\rho} + \partial_\kappa \eta^{\kappa\eta\mu\rho}. \tag{51.45}$$

Eine Vereinfachung ergibt sich, wenn man für $\eta^{\kappa\eta\mu\rho}$ den Ansatz

$$\eta^{\kappa\eta\mu\rho} = x^\eta \chi^{\kappa\mu\rho} - x^\rho \chi^{\kappa\mu\eta} \tag{51.46}$$

wählt. Die Antisymmetrie in κ, μ ist gegeben, wie man leicht sieht. Setzt man (51.46) in (51.45) ein, erhält man

$$\chi^{\eta\mu\rho} - \chi^{\rho\mu\eta} \stackrel{!}{=} -S^{\eta\mu\rho}. \tag{51.47}$$

Da $S^{\eta\mu\rho}$ antisymmetrisch in η, ρ ist (vergleiche (51.41)), legt (51.47) also den in η, ρ antisymmetrischen Teil fest. Also ist

$$\chi^{\eta\mu\rho} = -\frac{1}{2} S^{\eta\mu\rho} + a^{\eta\mu\rho},$$

mit einem in η, ρ symmetrischen Anteil $a^{\eta\mu\rho}$. Diesen legen wir nun dadurch fest, dass wir die ursprüngliche Antisymmetrie von $\chi^{\eta\mu\rho}$ in den ersten beiden Indizes η, μ einfordern. Diesen konstruieren wir wie folgt:

$$a^{\eta\mu\rho} = \frac{1}{2}(S^{\mu\eta\rho} + S^{\mu\rho\eta}), \tag{51.48}$$

und es ist zuerst einmal leicht zu sehen, dass die notwendige Symmetrie in η, ρ gilt: $a^{\eta\mu\rho} = a^{\rho\mu\eta}$. Es ist mit (51.41) nun auch einfach zu sehen, dass die geforderte Asymetrie von $\chi^{\eta\mu\rho}$ in η, μ gegeben ist.

Damit haben wir einen stets symmetrischen Energie-Impuls-Tensor $T^{\mu\nu}$ und einen modifizierten vierdimensionalen Drehimpulstensor $\tilde{J}^{\eta\mu\rho}$ gefunden, die über einfache Relation

$$\tilde{J}^{\eta\mu\rho} = x^{\eta} T^{\mu\rho} - x^{\rho} T^{\mu\eta} \tag{51.49}$$

miteinander zusammenhängen. Hierbei ist der so konstruierte Tensor

$$T^{\mu\nu} = \Theta^{\mu\nu} - \frac{1}{2}\partial_{\kappa}\left(S^{\kappa\mu\nu} - S^{\mu\kappa\nu} - S^{\mu\nu\kappa}\right) \tag{51.50}$$

der **Belinfante-Tensor** oder auch **Belinfante–Rosenfeld-Tensor**, benannt nach dem niederländischen Physiker Frederik Jozef Belinfante [Bel39; Bel40], sowie nach dem belgischen theoretischen Physiker Léon Rosenfeld [Ros40], der daneben auch zeigte, dass dieser Energie-Impuls-Tensor genau dem Energie-Impuls-Tensor entspricht, der sich per Definition aus der Variation des Materie-Wirkungsterms S_M nach der Metrik $g_{\mu\nu}$ ergibt (im Folgenden ist $g = \det g_{\mu\nu}$):

$$\frac{\delta S_M[g]}{\delta g_{\mu\nu}} = \frac{1}{2c}\sqrt{-g}T^{\mu\nu},$$

mit

$$\begin{aligned} S_M[g] &= \frac{1}{c}\int \mathcal{L}_M \sqrt{-g}\,\mathrm{d}^4x \\ \Longrightarrow \delta S_M[g] &= \frac{1}{2c}\int T^{\mu\nu}\sqrt{-g}\,\delta g_{\mu\nu}\,\mathrm{d}^4x, \end{aligned}$$

und damit den in der Allgemeinen Relativitätstheorie „einzig wahren“ Energie-Impuls-Tensor für Materie darstellt. Es sei aber nur kurz erwähnt, dass die sogenannte Einstein–Cartan-Theorie, eine Verallgemeinerung der Allgemeinen Relativitätstheorie mit Torsion, wiederum den nicht-symmetrischen kanonischen Energie-Impuls-Tensor benötigt.

Noether-Ladungen als Erzeugende der Symmetrietransformationen im Fock-Raum

Mit Hilfe der erhaltenen Noether-Ladungen lassen sich die Erzeugenden der entsprechenden Symmetrietransformationen in der Fock-Raum-Darstellung konstruieren. Den Zusammenhang stellen dabei die kanonischen (Anti-)Kommutatorrelationen der Feldoperatoren (50.11) beziehungsweise (50.12) her. Der Einfachheit halber betrachten wir den Fall der inneren $U(N)$-Symmetrie, und wir betrachten eine Feldtheorie mit einem einzelnen bosonischen Feld ($k = 1$).

Mit (51.3) kann (51.5) geschrieben werden wie:

$$
\begin{aligned}
Q_i &= \int_{\mathbb{R}^3} \mathrm{d}^3 \boldsymbol{r}\, j_i^0(\boldsymbol{r},t) \\
&= \int_{\mathbb{R}^3} \mathrm{d}^3 \boldsymbol{r} \frac{\partial \mathcal{L}}{\partial(\partial_0 \phi_\sigma^{(\alpha)})} \underbrace{\left.\frac{\mathrm{d}\phi_\sigma^{(\alpha)}}{\mathrm{d}\alpha}\right|_{\alpha=0}}_{=\mathrm{i}[G_i]_{\sigma\sigma'}\phi_{\sigma'}} \\
&= \int_{\mathbb{R}^3} \mathrm{d}^3 \boldsymbol{r}\, \Pi_\sigma(\boldsymbol{r},t)[\mathrm{i}G_i]_{\sigma\sigma'}\phi_{\sigma'}(\boldsymbol{r},t).
\end{aligned}
\tag{51.51}
$$

Hierbei ist G_i definitionsgemäß die Erzeugende der Symmetrietransformation für klassische Felder. In Feldquantisierung wird aus (51.51) dann einfach:

$$
\hat{Q}_i = \int_{\mathbb{R}^3} \mathrm{d}^3 \boldsymbol{r}\, \hat{\Pi}_\sigma(\boldsymbol{r},t)[\mathrm{i}G_i]_{\sigma\sigma'}\hat{\phi}_{\sigma'}(\boldsymbol{r},t).
\tag{51.52}
$$

Verwendet man (51.52) in den kanonischen Kommutatorrelationen (50.11), erhält man schnell:

$$
\begin{aligned}
[\hat{Q}_i, \hat{\phi}_\sigma(\boldsymbol{r},t)] &= [\mathrm{i}G_i]_{\sigma'\sigma''} \int_{\mathbb{R}^3} \mathrm{d}^3 \boldsymbol{r}' [\hat{\Pi}_{\sigma'}(\boldsymbol{r}',t)\hat{\phi}_{\sigma''}(\boldsymbol{r}',t), \hat{\phi}_\sigma(\boldsymbol{r},t)] \\
&= [\mathrm{i}G_i]_{\sigma'\sigma''} \int_{\mathbb{R}^3} \mathrm{d}^3 \boldsymbol{r}' \underbrace{[\hat{\Pi}_{\sigma'}(\boldsymbol{r}',t), \hat{\phi}_\sigma(\boldsymbol{r},t)]}_{-\mathrm{i}\hbar\delta(\boldsymbol{r}-\boldsymbol{r}')\delta_{\sigma\sigma'}} \hat{\phi}_{\sigma''}(\boldsymbol{r}',t),
\end{aligned}
$$

und damit

$$
[\hat{Q}_i, \hat{\phi}_\sigma(\boldsymbol{r},t)] = \hbar[G_i]_{\sigma\sigma'}\hat{\phi}_{\sigma'}(\boldsymbol{r},t).
\tag{51.53}
$$

Auf die gleiche Weise zeigt man:

$$
[\hat{Q}_i, \hat{\Pi}_\sigma(\boldsymbol{r},t)] = -\hbar[G_i]_{\sigma'\sigma}\hat{\Pi}_{\sigma'}(\boldsymbol{r},t).
\tag{51.54}
$$

Außerdem gilt:

$$
\begin{aligned}
[\hat{Q}_i, \hat{Q}_j] &= [\mathrm{i}G_j]_{\sigma\sigma'} \int_{\mathbb{R}^3} \mathrm{d}^3\boldsymbol{r}' [\hat{Q}_i, \hat{\Pi}_\sigma(\boldsymbol{r}', t)\hat{\phi}_{\sigma'}(\boldsymbol{r}', t)] \\
&= [\mathrm{i}G_j]_{\sigma\sigma'} \int_{\mathbb{R}^3} \mathrm{d}^3\boldsymbol{r}' \Big(\underbrace{[\hat{Q}_i, \hat{\Pi}_\sigma(\boldsymbol{r}', t)]}_{-\hbar[G_i]_{\sigma''\sigma}\hat{\Pi}_{\sigma''}(\boldsymbol{r}',t)} \hat{\phi}_{\sigma'}(\boldsymbol{r}', t) \\
&\qquad + \hat{\Pi}_\sigma(\boldsymbol{r}', t) \underbrace{[\hat{Q}_i, \hat{\phi}_{\sigma'}(\boldsymbol{r}', t)]}_{\hbar[G_i]_{\sigma'\sigma''}\hat{\phi}_{\sigma''}(\boldsymbol{r}',t)} \Big) \\
&= \mathrm{i}\hbar \int_{\mathbb{R}^3} \mathrm{d}^3\boldsymbol{r}' \big(-[G_i G_j]_{\sigma''\sigma'} \hat{\Pi}_{\sigma''}(\boldsymbol{r}', t)\hat{\phi}_{\sigma'}(\boldsymbol{r}', t) \\
&\qquad + [G_j G_i]_{\sigma\sigma''} \hat{\Pi}_\sigma(\boldsymbol{r}', t)\hat{\phi}_{\sigma''}(\boldsymbol{r}', t)\big) \\
&= -\mathrm{i}\hbar \int_{\mathbb{R}^3} \mathrm{d}^3\boldsymbol{r}' \hat{\Pi}_\sigma(\boldsymbol{r}', t)[G_i, G_j]_{\sigma\sigma'}\hat{\phi}_{\sigma'}(\boldsymbol{r}', t) \\
&= \mathrm{i}\hbar \int_{\mathbb{R}^3} \mathrm{d}^3\boldsymbol{r}' \hat{\Pi}_\sigma(\boldsymbol{r}', t)[\mathrm{i}G_i, \mathrm{i}G_j]_{\sigma\sigma'}\hat{\phi}_{\sigma'}(\boldsymbol{r}', t).
\end{aligned}
$$

Das bedeutet aber: $\hat{Q}_i$ und $\mathrm{i}G_i$ sind Darstellungen derselben Lie-Algebra, denn es ist:

$$
[\mathrm{i}G_i, \mathrm{i}G_j] = \mathrm{i}f_{ijk}[\mathrm{i}G_k] \Longrightarrow [\hat{Q}_i, \hat{Q}_j] = \mathrm{i}f_{ijk}\hat{Q}_k. \tag{51.55}
$$

Mit Hilfe dieses Ergebnisses lässt sich in der relativistischen Quantenfeldtheorie eine Verallgemeinerung des Noether-Theorems in Form der sogenannten **Ward–Takahashi-Identitäten** formulieren.

Ausblick

Es sei an dieser Stelle ohne jegliche Vertiefung erwähnt, dass auf gekrümmten Räumen, die ja die mathematische „Bühne“ der Allgemeinen Relativitätstheorie darstellen, die vergangenen Symmetriebetrachtungen ihre Verallgemeinerungen im Konzept der **Killing-Vektoren** finden, die zu Erhaltungsgrößen führen. An die Stelle von $\mathrm{d}/\mathrm{d}\alpha$, das wir für die Ableitung der Feldgrößen verwendet haben, da wir im flachen Euklidischen beziehungsweise Minkowski-Raum rechnen, tritt dort die **Lie-Ableitung** entlang eines (Tangential-)Vektorfeldes, um die entsprechenden Symmetrietransformationen zu definieren. Dieses die Symmetrietransformation erzeugende Vektorfeld heißt dann **Killing-Feld** und führt zu Erhaltungsgrößen in gekrümmten Räumen. Der Namensgeber ist der deutsche Mathematiker Wilhelm Killing, der noch vor dem Norweger Sophus Lie die Grundsteine für die Theorie der Lie-Algebren legte (die englische Bezeichnung *''Killing field''* klingt aufgrund ihrer Doppeldeutigkeit natürlich ungleich schauriger).

52 Kanonische Quantisierung des Schrödinger-Felds

Exemplarisch für die Durchführung der kanonischen Feldquantisierung betrachten wir das **Schrödinger-Feld**, das sich als klassisches Feld durch die Wellenfunktion $\Psi(\boldsymbol{r},t) = \langle \boldsymbol{r}|\Psi(t)\rangle$ eines quantenmechanischen Zustands in Ortsdarstellung ergibt. Allerdings ergeben sich gleich bei diesem einige Komplikationen, wie wir sehen werden.

Wir beginnen jedenfalls mit der offensichtlich reellen Lagrange-Dichte

$$\begin{aligned}\mathcal{L} = \frac{\mathrm{i}\hbar}{2}\left(\Psi^*(\boldsymbol{r},t)\frac{\partial\Psi(\boldsymbol{r},t)}{\partial t} - \frac{\partial\Psi^*(\boldsymbol{r},t)}{\partial t}\Psi(\boldsymbol{r},t)\right) \\ - \frac{\hbar^2}{2m}\left[\nabla\Psi^*(\boldsymbol{r},t)\right]\cdot\nabla\Psi(\boldsymbol{r},t) - \Psi^*(\boldsymbol{r},t)V(\boldsymbol{r},t)\Psi(\boldsymbol{r},t).\end{aligned} \tag{52.1}$$

Die Lagrange-Dichte (52.1) enthält die Wellenfunktion $\Psi(\boldsymbol{r},t)$ sowie die komplex-konjugierte Wellenfunktion $\Psi^*(\boldsymbol{r},t)$ als unabhängige Felder. Und mit den Lagrange-Gleichungen (50.3) beziehungsweise (50.4) erhält man aus (52.1) schnell die Schrödinger-Gleichung, sowie die komplex-konjugierte Schrödinger-Gleichung:

$$0 = -\mathrm{i}\hbar\frac{\partial}{\partial t}\Psi^*(\boldsymbol{r},t) + \frac{\hbar^2}{2m}\nabla^2\Psi^*(\boldsymbol{r},t) - V(\boldsymbol{r},t)\Psi^*(\boldsymbol{r},t), \tag{52.2}$$

$$0 = \mathrm{i}\hbar\frac{\partial}{\partial t}\Psi(\boldsymbol{r},t) + \frac{\hbar^2}{2m}\nabla^2\Psi(\boldsymbol{r},t) - V(\boldsymbol{r},t)\Psi(\boldsymbol{r},t). \tag{52.3}$$

Bilden wir nun die kanonisch konjugierten Impulse von $\Psi(\boldsymbol{r},t)$ beziehungsweise $\Psi^*(\boldsymbol{r},t)$:

$$\Pi(\boldsymbol{r},t) = \frac{\partial\mathcal{L}}{\partial\dot{\Psi}(\boldsymbol{r},t)} = \frac{\mathrm{i}\hbar}{2}\Psi^*(\boldsymbol{r},t), \tag{52.4}$$

$$\Pi^*(\boldsymbol{r},t) = \frac{\partial\mathcal{L}}{\partial\dot{\Psi}^*(\boldsymbol{r},t)} = -\frac{\mathrm{i}\hbar}{2}\Psi(\boldsymbol{r},t), \tag{52.5}$$

so erhalten wir die Poisson-Klammern:

$$\{\Psi(\boldsymbol{r},t),\Psi^*(\boldsymbol{r}',t)\} = -\frac{2\mathrm{i}}{\hbar}\delta(\boldsymbol{r}-\boldsymbol{r}'), \tag{52.6}$$

$$\{\Psi(\boldsymbol{r},t),\Psi(\boldsymbol{r}',t)\} = \{\Psi^*(\boldsymbol{r},t),\Psi^*(\boldsymbol{r}',t)\} = 0. \tag{52.7}$$

Die Poisson-Klammer (52.6) ist aber eigentlich nicht das, was wir erwartet haben, denn nach naiver kanonischer Quantisierung steht auf der rechten Seite ein Faktor 2, im Unterschied zur bereits bekannten (Anti-)Kommutatorrelation (47.39). Wir haben also ein Problem.

Es gibt ein weiteres, subtileres Problem: die Hamilton-Dichte des klassischen Schrödinger-Felds erhält man durch Legendre-Transformation (50.6) aus der Lagrange-Dichte (52.1):

$$\begin{aligned}\mathcal{H} &= \Pi(\boldsymbol{r},t)\frac{\partial\Psi(\boldsymbol{r},t)}{\partial t} - \Pi^*(\boldsymbol{r},t)\frac{\partial\Psi^*(\boldsymbol{r},t)}{\partial t} - \mathcal{L} \\ &= \frac{\mathrm{i}\hbar}{2}\left[\Psi^*(\boldsymbol{r},t)\frac{\partial\Psi(\boldsymbol{r},t)}{\partial t} - \Psi(\boldsymbol{r},t)\frac{\partial\Psi^*(\boldsymbol{r},t)}{\partial t}\right] - \mathcal{L},\end{aligned}$$

und damit:

$$\mathcal{H} = \frac{\hbar^2}{2m}\,[\nabla\Psi^*(\boldsymbol{r},t)]\cdot\nabla\Psi(\boldsymbol{r},t) + \Psi^*(\boldsymbol{r},t)V(\boldsymbol{r},t)\Psi(\boldsymbol{r},t). \tag{52.8}$$

Das sieht doch eigentlich gut aus! Allerdings haben wir, um (52.8) zu erhalten, bei der Legendre-Transformation geschummelt, weil wir die kanonischen Impulse Π, Π^* wieder in den Zeitableitungen $\dot{\Psi}, \dot{\Psi}^*$ ausgedrückt haben. Dabei hätten wir ja eigentlich zur Durchführung der Legendre-Transformation genau umgekehrt vorgehen und die Zeitableitungen in den kanonischen Variable Ψ, Π ausdrücken müssen! Die Herleitung von (52.8) ist also unsauber.

Eine weitere mögliche Lagrange-Dichte $\mathcal{L}'$ erhält man aus (52.1) durch Addition einer totalen Zeitableitung gemäß

$$\mathcal{L}' = \mathcal{L} + \frac{\mathrm{i}\hbar}{2}\frac{\partial}{\partial t}[\Psi(\boldsymbol{r},t)\Psi^*(\boldsymbol{r},t)],$$

und damit

$$\mathcal{L}' = \mathrm{i}\hbar\Psi^*(\boldsymbol{r},t)\dot{\Psi}(\boldsymbol{r},t) - \frac{\hbar^2}{2m}\,[\nabla\Psi^*(\boldsymbol{r},t)]\cdot\nabla\Psi(\boldsymbol{r},t) - \Psi^*(\boldsymbol{r},t)V(\boldsymbol{r},t)\Psi(\boldsymbol{r},t), \tag{52.9}$$

deren augenscheinlicher Schönheitsfehler darin besteht, dass sie nicht reell ist. Das widerspricht aber zunächst keinem physikalischen Grundsatz, denn bei der Integration über d^4x liefert die imaginäre totale Zeitableitung keinen Beitrag und führt weiterhin zu einer reellen Wirkung. Und wie die Lagrange-Dichte (52.1) liefern ihre Lagrange-Gleichungen wieder die Schrödinger-Gleichung, sowie ihre Komplex-Konjugierte.

Für die kanonischen Impulse erhält man nun:

$$\Pi(\boldsymbol{r},t) = \frac{\partial\mathcal{L}}{\partial\dot{\Psi}(\boldsymbol{r},t)} = \mathrm{i}\hbar\Psi^*(\boldsymbol{r},t), \tag{52.10}$$

$$\Pi^*(\boldsymbol{r},t) = \frac{\partial\mathcal{L}}{\partial\dot{\Psi}^*(\boldsymbol{r},t)} = 0, \tag{52.11}$$

und wir erkennen sofort, dass wir diesmal zwar wie erhofft die Poisson-Klammer

$$\{\Psi(\boldsymbol{r},t), \Psi^*(\boldsymbol{r}',t)\} = -\frac{\mathrm{i}}{\hbar}\delta(\boldsymbol{r}-\boldsymbol{r}') \tag{52.12}$$

erhalten, aber überhaupt keine kanonische Kommutatorrelation zwischen Ψ^* und Π^* aufstellen können! Darüber hinaus erhält man aus (52.9) durch Legendre-Transformation

$$\mathcal{H} = \Pi(\boldsymbol{r},t)\dot{\Psi}(\boldsymbol{r},t) - \mathcal{L}$$

wieder genau den Ausdruck (52.8) für die Hamilton-Dichte, allerdings nur auf die gleiche unsaubere Weise wie oben.

Das Verschwinden des kanonisch-konjugierten Impulses $\Pi^*(\boldsymbol{r}, t)$ bedeutet im kanonischen Formalismus, dass das System redundante Freiheitsgrade besitzt und dass wir den kanonischen Formalismus durch Einführung von **Nebenbedingungen**, auch **Zwangsbedingungen** genannt, modifizieren müssen. Die Ursache dieses „Übels" besteht darin, dass die Schrödinger-Gleichung und damit auch die Lagrange-Dichten (52.1) und (52.9) höchstens erste Zeitableitungen in den Feldern enthalten. Um die unitäre Zeitentwicklung festzulegen, ist ein einziger komplexer Anfangswert $\Psi(\boldsymbol{r}, t = 0)$ notwendig. Betrachtet man daher die Lagrange-Dichte als Funktion zweier unabhängiger Felder Ψ, Ψ^*, führt man von Anfang an eine Dopplung an Freiheitsgraden ein. Zerlegt man hingegen gleich zu Beginn das komplexe Feld $\Psi(\boldsymbol{r}, t)$ in Real- und Imaginärteil und betrachtet lediglich diese als unabhängig voneinander, wird man am Ende zu (52.12) geführt, und es gibt schlichtweg kein unabhängiges Feld Ψ^* und damit auch keinen kanonisch-konjugierten Impuls Π^* [Tas64]. Die Welt ist wieder in Ordnung.

Man beachte die häufig sehr lückenhaften Darstellungen einiger Lehrbücher, die auf die oben beschriebenen Schwierigkeiten meist gar nicht eingehen – eine gut lesbare Zusammenfassung liefert hierbei das Review [Ger02], aber auch [Tas64]. Eine löbliche Ausnahme hiervon bietet die Monographie von Cohen-Tannoudji et al.: *Photons & Atoms – Introduction to Quantum Electrodynamics*, die die gerade ewähnte Zerlegung in Real- und Imaginärteil und die damit verbundene sehr elementare Rechnung im Detail zeigt (siehe das Literaturverzeichnis am Ende von Kapitel IV-1), sowie etwas weniger ausführlich die Lehrbuchreihe von Eckhard Rebhan zur Theoretischen Physik.

Die kanonische Quantisierung des Schrödinger-Felds erfolgt nun, indem man – in Anlehnung an Axiom 5 in Abschnitt I-15 – die Feldgrößen zu Operatoren (genauer: operatorwertigen singulären Distributionen) erhebt:

$$\begin{aligned}\Psi(\boldsymbol{r}, t) &\to \hat{\Psi}(\boldsymbol{r}, t),\\ \Psi^*(\boldsymbol{r}, t) &\to \hat{\Psi}^\dagger(\boldsymbol{r}, t),\end{aligned}$$

und (für bosonische Felder) die kanonischen Kommutatorrelationen fordert:

$$[\hat{\Psi}(\boldsymbol{r}, t), \hat{\Psi}^\dagger(\boldsymbol{r}', t)] = \delta(\boldsymbol{r} - \boldsymbol{r}'), \tag{52.13a}$$

$$[\hat{\Psi}(\boldsymbol{r}, t), \hat{\Psi}(\boldsymbol{r}', t)] = [\hat{\Psi}^\dagger(\boldsymbol{r}, t), \hat{\Psi}^\dagger(\boldsymbol{r}', t)] = 0. \tag{52.13b}$$

Man beachte an dieser Stelle, dass beim Übergang von Poisson-Klammern zu Kommutatoren gemäß

$$\{\} \mapsto -\frac{\mathrm{i}}{\hbar}[]$$

der entsprechende Vorfaktor auf der rechten Seite von (52.6) kompensiert wird. Der Unterschied zum Übergang von klassischen Observablen zu hermiteschen Operatoren ist jedoch, dass die Feldoperatoren $\Psi(\boldsymbol{r}, t), \Psi^\dagger(\boldsymbol{r}, t)$ nicht hermitesch sind, sondern offenkundig komplex und darüber hinaus zueinander hermitesch-konjugiert, da sie aus zueinander komplex-konjugierten Feldern hervorgehen – ein Indiz darauf, dass Feldoperatoren keine Observablen darstellen.

Wir haben also auf einem gänzlich anderem Wege, nämlich durch kanonische Quantisierung des „klassischen" Schrödinger-Felds, dieselben Kommutatorrelationen erhalten wie beim Übergang vom N-Teilchen-Hilbert-Raum zum Fock-Raum durch die Einführung von Erzeugungs- und Vernichtungsoperatoren in Abschnitt 47 und die Betrachtung der Feldoperatoren im Heisenberg-Bild in Abschnitt 48, Gleichung (48.2c). Diese kanonische Feldquantisierung trägt auch den Namen „zweite Quantisierung", eine Bezeichnung, die als „zweite Quantelung" auf Fock zurückgeht [Foc32] und zeitgleich von Jordan in einer Art Anhang zu Focks Arbeit aufgegriffen wurde [Jor32]. Darin verbirgt sich die Sichtweise, dass ein vermeintlich klassisches Feld, nämlich die Wellenfunktion als Ortsdarstellung eines quantenmechanischen Zustands, das ja eigentlich aber durch eine „erste Quantisierung" entstanden ist, selbst wiederum eine Abbildung auf Operatoren (besser: operatorwertige singuläre Distributionen) erfährt und dabei kanonische Kommutatorrelationen erfüllt. In der neueren Literatur zur Quantenmechanik wird dieser Begriff zunehmend vermieden, da „kanonische Quantisierung" die Methode besser beschreibt und auch auf rein klassische Felder anwendbar ist, bei denen keine „erste Quantisierung" vorausging, zum Beispiel das elektromagnetische Feld.

Man vergleiche im Übrigen ebenfalls die Hamilton-Dichte (52.8) mit dem Ausdruck (49.9) für die Felddarstellung des freien Hamilton-Operators. Ungeachtet der Tatsache, dass (49.9) operatorwertig ist und die Integration über $\mathbb{R}^3$ bereits enthält, während (52.8) das klassische Schrödinger-Feld enthält, erkennen wir völlige Konsistenz der kanonischen Quantisierung mit dem Fock-Raum-Formalismus aus Abschnitt 47.

Mit dem Konzept von Teilchenerzeugung und -vernichtung, das wir in diesem Kapitel mittels Einführung des Fock-Raums sowie von Erzeugungs- und Vernichtungsoperatoren erarbeitet haben, besitzen wir das formale Rüstzeug, um allgemeine Quantenfelder zu betrachten. Die kanonische Feldquantisierung, die ihren Ausgangspunkt im Lagrange-Formalismus findet, bietet hierzu die allgemeine Quantisierungsvorschrift. Wir werden in Kapitel IV-1 eine wichtige Anwendung dieses Formalismus eingehender untersuchen, nämlich die Quantisierung des elektromagnetischen Strahlungsfelds. Hierbei werden wir dann auf die weiter oben bereits angesprochene Komplikation stoßen, dass die Anwendung des kanonischen Formalismus auf die klassische Elektrodynamik als Eichtheorie (siehe Kapitel 4) zu redundanten Freiheitsgraden und Nebenbedingungen (Eichbedingungen) führt.

Ausblickend sei an dieser Stelle erwähnt, dass es auch eine systematische Methode gibt, den kanonischen Formalismus auf Systeme mit Zwangsbedingungen zu verallgemeinern. Die Methode der kanonischen Quantisierung mit Nebenbedingungen geht auf Paul Dirac zurück [Dir50]. Weist insbesondere das System sogenannte **Nebenbedingungen 2. Klasse** der Form $\Phi_r(q, p) = 0$ auf, muss die Poisson-Klammer $\{\}$ zur sogenannten **Dirac-Klammer**

$$\{A, B\}^* = \{A, B\} - \{A, \Phi_r\}[M^{-1}]_{rs}\{\Phi_s, B\} \tag{52.14}$$

verallgemeinert werden, mit

$$M_{rs} = \{\Phi_r, \Phi_s\}. \tag{52.15}$$

Die Schrödinger-Theorie, ausgedrückt durch die Lagrange-Dichte (52.1), ist genau von diesem Typ, und die Anwendung des Formalismus zeigt, dass durch Berücksichtigung der

Zwangsbedingungen aus der Poisson-Klammern (52.6) die Dirac-Klammer

$$\{\Psi(\boldsymbol{r},t), \Psi^*(\boldsymbol{r}',t)\}^* = -\frac{\mathrm{i}}{\hbar}\delta(\boldsymbol{r}-\boldsymbol{r}') \tag{52.16}$$

folgt, und diese stellt nun die Grundlage für die kanonische Quantisierung dar. Für eine tiefergehende Betrachtung siehe das Review [Ger02] sowie die weiterführende Literatur am Ende dieses Kapitels.

Einbeziehung von Spin

Unter Einbeziehung von Spin modifiziert sich die Lagrange-Dichte (52.1) für das Schrödinger-Feld:

$$\begin{aligned}\mathcal{L} = \frac{\mathrm{i}\hbar}{2}\sum_\sigma \left(\Psi_\sigma^*(\boldsymbol{r},t)\frac{\partial\Psi_\sigma(\boldsymbol{r},t)}{\partial t} - \frac{\partial\Psi_\sigma^*(\boldsymbol{r},t)}{\partial t}\Psi_\sigma(\boldsymbol{r},t)\right)\\ - \sum_\sigma \frac{\hbar^2}{2m}\left[\nabla\Psi_\sigma^*(\boldsymbol{r},t)\right]\cdot\nabla\Psi_\sigma(\boldsymbol{r},t) - \sum_{\sigma,\sigma'}\Psi_\sigma^*(\boldsymbol{r},t)V_{\sigma\sigma'}(\boldsymbol{r},t)\Psi_{\sigma'}(\boldsymbol{r},t),\end{aligned} \tag{52.17}$$

wobei der Index σ dann über die entsprechenden Freiheitsgrade des Spin-Raums läuft.

Für bosonische Felder (Teilchen mit ganzzahligem Spin) sind die kanonischen Kommutatorrelationen (52.13) wie folgt zu fordern:

$$[\hat{\Psi}_\sigma(\boldsymbol{r},t), \hat{\Psi}^\dagger_{\sigma'}(\boldsymbol{r}',t)] = \delta_{\sigma\sigma'}\delta(\boldsymbol{r}-\boldsymbol{r}'), \tag{52.18a}$$

$$[\hat{\Psi}_\sigma(\boldsymbol{r},t), \hat{\Psi}_{\sigma'}(\boldsymbol{r}',t)] = [\hat{\Psi}^\dagger_\sigma(\boldsymbol{r},t), \hat{\Psi}^\dagger_{\sigma'}(\boldsymbol{r}',t)] = 0, \tag{52.18b}$$

und für fermionische Felder (Teilchen mit halbzahligem Spin) entsprechend kanonische Antikommutatorrelationen:

$$\{\hat{\Psi}_\sigma(\boldsymbol{r},t), \hat{\Psi}^\dagger_{\sigma'}(\boldsymbol{r}',t)\} = \delta_{\sigma\sigma'}\delta(\boldsymbol{r}-\boldsymbol{r}'), \tag{52.19a}$$

$$\{\hat{\Psi}_\sigma(\boldsymbol{r},t), \hat{\Psi}_{\sigma'}(\boldsymbol{r}',t)\} = \{\hat{\Psi}^\dagger_\sigma(\boldsymbol{r},t), \hat{\Psi}^\dagger_{\sigma'}(\boldsymbol{r}',t)\} = 0. \tag{52.19b}$$

Symmetrien und Noether-Theorem für das Schrödinger-Feld

Zuguterletzt wenden wir die Ergebnisse aus Abschnitt 51 auf das Schrödinger-Feld mit der Lagrange-Dichte (52.1) an und leiten die zu den Symmetrietransformationen gehörigen Noether-Ströme ab.

Für Phasentransformationen der Art

$$\begin{aligned}\Psi(\boldsymbol{r},t) &\mapsto \mathrm{e}^{-\mathrm{i}\alpha/\hbar}\Psi(\boldsymbol{r},t),\\ \Psi^*(\boldsymbol{r},t) &\mapsto \mathrm{e}^{\mathrm{i}\alpha/\hbar}\Psi^*(\boldsymbol{r},t)\end{aligned}$$

erhalten wir den Noether-Strom:

$$j^0(\boldsymbol{r},t) = \Psi^*(\boldsymbol{r},t)\Psi(\boldsymbol{r},t), \tag{52.20}$$

$$\boldsymbol{j}(\boldsymbol{r},t) = -\frac{\mathrm{i}\hbar}{2m}\left(\Psi^*(\boldsymbol{r},t)\nabla\Psi(\boldsymbol{r},t) - \Psi(\boldsymbol{r},t)\nabla\Psi^*(\boldsymbol{r},t)\right), \tag{52.21}$$

was nichts anderes ist als die Wahrscheinlichkeitsdichte (I-19.6) und die Wahrscheinlichkeitsstromdichte (I-19.7). Die bekannte Kontinuitätsgleichung (I-19.5) ergibt sich also aus dem Noether-Theorem wegen der Invarianz der Lagrange-Dichte unter Phasentransformationen.

Die Noether-Ströme für die raumzeitlichen Symmetrietransformationen sind ebenfalls leicht zu ermitteln. Wieder angewandt auf das klassische Schrödinger-Feld erhalten wir mit (51.14) aus (52.1) die (00)-Komponente des Energie-Impuls-Tensors, die gleich der Hamilton-Dichte ist:

$$\Theta_{00} = \mathcal{H} = \frac{\hbar^2}{2m}\nabla\Psi^*(\boldsymbol{r},t)\cdot\nabla\Psi(\boldsymbol{r},t) + \Psi^*(\boldsymbol{r},t)V(\boldsymbol{r},t)\Psi(\boldsymbol{r},t), \tag{52.22}$$

sowie die $(0i)$-Komponenten

$$\frac{1}{c}\boldsymbol{e}_i\Theta_{0i} = m\boldsymbol{j}(\boldsymbol{r},t), \tag{52.23}$$

die die Impulsdichte darstellen.

Die $(\mu = 0)$-Komponente des kanonischen dreidimensionalen Bahndrehimpulstensors ergibt sich mit (52.23) zu:

$$\boldsymbol{L}(\boldsymbol{r},t) = \frac{1}{c}\boldsymbol{e}_l L_{0l}(\boldsymbol{r},t) = m\boldsymbol{r}\times\boldsymbol{j}(\boldsymbol{r},t). \tag{52.24}$$

Für ein Schrödinger-Feld mit Spin-$\frac{1}{2}$ ergibt sich für die $(\mu = 0)$-Komponente des Spin-Stroms die **Spin-Dichte** $S_l(\boldsymbol{r},t)$:

$$S_l(\boldsymbol{r},t) = \frac{1}{c}S^0{}_l(\boldsymbol{r},t) = \frac{\hbar}{4}\left(\Psi^*_\sigma(\boldsymbol{r},t)[\sigma_l]_{\sigma\sigma'}\Psi_{\sigma'}(\boldsymbol{r},t) + \Psi_\sigma(\boldsymbol{r},t)[\sigma_l]_{\sigma\sigma'}\Psi^*_{\sigma'}(\boldsymbol{r},t)\right),$$

und damit:

$$\boldsymbol{S}(\boldsymbol{r},t) = \hbar\Psi^*(\boldsymbol{r},t)\frac{\boldsymbol{\sigma}}{2}\Psi(\boldsymbol{r},t), \tag{52.25}$$

letzteres nach Multiplikation mit $\boldsymbol{e}_l$.

Für ein Schrödinger-Feld mit Spin-1 ergibt sich für die Spin-Dichte:

$$S_l(\boldsymbol{r},t) = \frac{1}{c}S^0{}_l(\boldsymbol{r},t) = -\frac{\mathrm{i}\hbar}{2}\left(\Psi^*_\sigma(\boldsymbol{r},t)\epsilon_{l\sigma\sigma'}\Psi_{\sigma'}(\boldsymbol{r},t) + \Psi_\sigma(\boldsymbol{r},t)\epsilon_{l\sigma\sigma'}\Psi^*_{\sigma'}(\boldsymbol{r},t)\right),$$

und somit, wenn man für die Vektorfelder $\boldsymbol{\Psi}, \boldsymbol{\Psi}^*$ notiert:

$$S_l(\boldsymbol{r},t) = -\mathrm{i}\hbar\Psi^*_\sigma(\boldsymbol{r},t)\epsilon_{l\sigma\sigma'}\Psi_{\sigma'}(\boldsymbol{r},t), \tag{52.26}$$

$$\boldsymbol{S}(\boldsymbol{r},t) = -\mathrm{i}\hbar\boldsymbol{\Psi}^*(\boldsymbol{r},t)\times\boldsymbol{\Psi}(\boldsymbol{r},t). \tag{52.27}$$

Weiterführende Literatur

Klassische Feldtheorie

Horaţiu Năstase: *Classical Field Theory*, Cambridge University Press, 2019.

Joel Franklin: *Classical Field Theory*, Cambridge University Press, 2017.

William R. Davis: *Classical Fields, Particles, and the Theory of Relativity*, Gordon and Breach, 1970.

Lorenzo Fatibene, Mauro Francaviglia: *Natural and Gauge Natural Formalism for Classical Field Theories*, Springer-Verlag, 2003.
Eine äußerst mathematische Exposition mit einem differentialgeometrischen Fokus. Ebenso wie die beiden folgenden Werke:

Giovanni Giachetta, Luigi Mangiarotti, Gennadi Sardanashvily: *Advanced Classical Field Theory*, World Scientific, 2009.

Manuel de León, Modesto Salgado, Silvia Vilariño: *Methods of Differential Geometry in Classical Field Theories*, World Scientific, 2016.

Noether-Theorem

Gennadi Sardanashvily: *Noether's Theorems – Applications in Mechanics and Field Theory*, Atlantis Press, 2016.

Yvette Kosmann-Schwarzbach: *The Noether Theorems – Invariance and Conservation Laws in the Twentieth Century*, Springer-Verlag, 2018.
Eine historische Exposition.

James Read, Nicholas J. Teh (eds.): *The Philsophy and Physics of Noether's Theorems – A Centenary Volume*, Cambridge University Press, 2022.
Eine sehr empfehlenswerte Sammlung von Abhandlungen, teils historischer, teils auch philophischer Natur.

Kanonischer Formalismus mit Zwangsbedingungen

E. C. G. Sudarshan, N. Mukunda: *Classical Dynamics – A Modern Perspective*, World Scientific, 2016.
Ein Reprint des Buches, welches ursprünglich 1974 bei John Wiley & Sons erschien.

Kurt Sundermeyer: *Constrained Dynamics: with Applications to Yang–Mills Theory, General Relativity, Classical Spin, Dual String Model*, Springer-Verlag, 1982.

Heinz J. Rothe, Klaus D. Rothe: *Classical and Quantum Dynamics of Constrained Hamiltonian Systems*, World Scientific, 2010.

P A. M. Dirac: *Lectures on Quantum Mechanics*, Dover Publications, 2001.
Vom Meister persönlich, eine Sammlung von vier Vorlesungen an der Belfer Graduate School of Science, Yeshiva University, im Jahre 1964.

Anhang A

Ergänzungen

O. Tennert, *Quantenmechanik II*, https://doi.org/10.1007/978-3-662-68587-7

A.1 Ideale Quantengase

Wir betrachten ein System von N identischen, nicht-wechselwirkenden Teilchen in einem endlichen Volumen V, das durch einen Würfel der Kantenlänge L mit periodischen Randbedingungen gegeben sei. In dem Fall, dass N sehr große Werte annimmt, typischerweise von der Größenordnung der Avogadro-Konstanten N_A, die im Jahre 2019 auf exakt

$$N_\mathrm{A} = 6{,}022\,140\,76 \cdot 10^{23}\,\mathrm{mol}^{-1} \tag{A.1.1}$$

festgelegt wurde [NIS18], ist der Formalismus der **Quantenstatistik** anzuwenden, und das nicht-wechselwirkende N-Teilchen-System wird dann als **ideales Quantengas** bezeichnet.

Wir beginnen zunächst semiklassisch: Es seien ϵ_i die Energieniveaus der Ein-Teilchen-Zustände $|i\rangle$ des Systems, und n_i die jeweiligen Besetzungszahlen. Wir gehen ferner davon aus, dass die Teilchenzahl

$$N = \sum_i n_i \tag{A.1.2}$$

keine Erhaltungsgröße darstellt – entweder, weil das System an ein äußeres Teilchenreservoir gekoppelt ist oder weil Teilchenerzeugung stattfindet. In jedem Falle ist das System thermodynamisch ein offenes System, und wir betrachten daher das großkanonische Ensemble. Die Energie im Ensemble-Mittel ist dann gegeben durch

$$\bar{E} = \sum_i \bar{n}_i \epsilon_i. \tag{A.1.3}$$

Nach den Regeln der klassischen Statistischen Mechanik ist für ein großkanonisches Ensemble die Wahrscheinlichkeit P_i eines Ein-Teilchen-Zustands $|i\rangle$ gegeben durch

$$P_i = \frac{1}{\mathcal{Z}} \mathrm{e}^{-\beta(\epsilon_i - \mu n_i)},$$

mit $\beta = 1/(k_\mathrm{B}T)$ und dem chemischen Potential μ. $\mathcal{Z}(V,T,\mu)$ ist hierbei die großkanonische Zustandssumme

$$\mathcal{Z}(V,T,\mu) = \sum_i \mathrm{e}^{-\beta(\epsilon_i - \mu n_i)}.$$

In der Quantenstatistik (siehe Abschnitt I-28) haben wir entsprechend einen Dichteoperator

$$\hat{\rho} = \frac{1}{\mathcal{Z}} \mathrm{e}^{-\beta(\hat{H} - \mu\hat{N})} \tag{A.1.4}$$

wobei

$$\mathcal{Z}(V,T,\mu) = \mathrm{Tr}\,\mathrm{e}^{-\beta(\hat{H} - \mu\hat{N})}, \tag{A.1.5}$$

mit

$$\hat{N} = \sum_i \hat{a}_i^\dagger \hat{a}_i,$$

$$\hat{H} = \sum_i \epsilon_i \hat{a}_i^\dagger \hat{a}_i,$$

siehe auch Abschnitt 47.

Wir sind nun an den Erwartungswerten $\langle \hat{N}_i \rangle$ interessiert, und wir müssen im Folgenden den bosonischen und den fermionischen Fall unterscheiden.

1. Bosonischer Fall: Es ist

$$\langle \hat{N}_i \rangle = \mathrm{Tr}\left(\hat{\rho}\hat{N}_i\right) = \frac{1}{\mathcal{Z}} \mathrm{Tr}\left(\mathrm{e}^{-\beta(\hat{H}-\mu\hat{N})} \hat{a}_i^\dagger \hat{a}_i\right). \tag{A.1.6}$$

Verwenden wir den Kommutator

$$\begin{aligned} [-\beta(\hat{H} - \mu\hat{N}), \hat{a}_i^\dagger] &= \sum_j [-\beta(\epsilon_j - \mu)\hat{N}_j, \hat{a}_i^\dagger] \\ &= -\beta(\epsilon_i - \mu)\hat{a}_i^\dagger \end{aligned}$$

in der Baker–Campbell–Hausdorff-Formel (I-14.71), so erhalten wir:

$$\mathrm{e}^{-\beta(\hat{H}-\mu\hat{N})} \hat{a}_i^\dagger \mathrm{e}^{+\beta(\hat{H}-\mu\hat{N})} = \mathrm{e}^{-\beta(\epsilon_i-\mu)} \hat{a}_i^\dagger, \tag{A.1.7}$$

beziehungsweise

$$\mathrm{e}^{-\beta(\hat{H}-\mu\hat{N})} \hat{a}_i^\dagger = \mathrm{e}^{-\beta(\epsilon_i-\mu)} \hat{a}_i^\dagger \mathrm{e}^{-\beta(\hat{H}-\mu\hat{N})}. \tag{A.1.8}$$

Damit ist

$$\begin{aligned} \langle \hat{N}_i \rangle &= \frac{1}{\mathcal{Z}} \mathrm{e}^{-\beta(\epsilon_i-\mu)} \mathrm{Tr}\left(\hat{a}_i^\dagger \mathrm{e}^{-\beta(\hat{H}-\mu\hat{N})} \hat{a}_i\right) \\ &= \frac{1}{\mathcal{Z}} \mathrm{e}^{-\beta(\epsilon_i-\mu)} \mathrm{Tr}\left(\mathrm{e}^{-\beta(\hat{H}-\mu\hat{N})} \hat{a}_i \hat{a}_i^\dagger\right), \end{aligned} \tag{A.1.9}$$

wobei wir in der letzten Zeile die Zyklizität der Spur verwendet haben. Mit $[\hat{a}_i, \hat{a}_i^\dagger] = 1$ erhalten wir daher aus (A.1.6) und (A.1.9):

$$\langle \hat{N}_i \rangle = \mathrm{e}^{-\beta(\epsilon_i-\mu)} \left[\langle \hat{N}_i \rangle + 1\right],$$

und somit

$$\langle \hat{N}_i \rangle = \frac{1}{\mathrm{e}^{\beta(\epsilon_i-\mu)} - 1}. \tag{A.1.10}$$

Der Ausdruck (A.1.10) stellt die sogenannte **Bose–Einstein-Verteilung** für Bosonen dar. Bei gegebener Temperatur T ist die durchschnittliche Anzahl identischer Bosonen $\langle \hat{N} \rangle$ im Volumen V gegeben durch

$$\langle \hat{N} \rangle = \sum_i \frac{1}{\mathrm{e}^{\beta(\epsilon_i-\mu)} - 1}. \tag{A.1.11}$$

2. Fermionischer Fall: Der fermionische Fall ist zum bosonischen Fall bis hin zu (A.1.6) und (A.1.9) identisch, erst dann muss im letzten Schritt der Antikommutator anstelle des Kommutators verwendet werden. Mit $\{\hat{a}_i, \hat{a}_i^\dagger\} = 1$ erhalten wir daher

$$\langle \hat{N}_i \rangle = \mathrm{e}^{-\beta(\epsilon_i - \mu)} \left[\langle \hat{N}_i \rangle - 1 \right]$$

und somit

$$\langle \hat{N}_i \rangle = \frac{1}{\mathrm{e}^{\beta(\epsilon_i - \mu)} + 1}. \tag{A.1.12}$$

Der Ausdruck (A.1.12) stellt die sogenannte **Fermi–Dirac-Verteilung** für Fermionen dar. Bei gegebener Temperatur T ist die durchschnittliche Anzahl identischer Fermionen $\langle \hat{N} \rangle$ im Volumen V gegeben durch

$$\langle \hat{N} \rangle = \sum_i \frac{1}{\mathrm{e}^{\beta(\epsilon_i - \mu)} + 1}. \tag{A.1.13}$$

Entartungsdruck des idealen Elektronengases und die Stabilität von Materie
Im Allgemeinen ist das chemische Potential μ temperaturabhängig, was wir in der folgenden vereinfachten Betrachtung allerdings vernachlässigen. Für $T \longrightarrow 0$ strebt μ ohnehin gegen einen konstanten Wert, und dieser Wert wird auch **Fermi-Energie** E_F genannt. Der Impuls

$$p_\mathrm{F} = \sqrt{2mE_\mathrm{F}} \tag{A.1.14}$$

heißt entsprechend **Fermi-Impuls.**

Das ideale Fermi-Gas weist – durch das Pauli-Prinzip bedingt – die Besonderheit auf, dass für $T \longrightarrow 0$ ($\beta \longrightarrow \infty$) gilt:

$$\langle \hat{N}_i \rangle = \begin{cases} 1 & \epsilon_i \leq E_\mathrm{F} \\ 0 & \epsilon_i > E_\mathrm{F} \end{cases}. \tag{A.1.15}$$

Für $T = 0$ sind demnach alle Zustände mit $\epsilon_i \leq E_\mathrm{F}$ belegt, und die mit $\epsilon_i > E_\mathrm{F}$ nicht.

Nähern wir nun atomare Elektronen in Materie durch ein ideales (nichtrelativistisches) Quantengas an, vernachlässigen wir also die potentielle Energie durch das atomare elektrische Potential, so können wir Fermi-Impuls p_F und Fermi-Energie E_F einfach berechnen. Es ist aufgrund der periodischen Randbedingungen

$$\boldsymbol{p_n} = \frac{2\pi\hbar}{L}\boldsymbol{n},$$

mit $\boldsymbol{n}^\mathrm{T} = (n_1, n_2, n_3)$ bei ganzzahligen n_i. Der Impuls $\boldsymbol{p}$ ist also entlang der drei Kantenrichtungen des Würfels gequantelt. Damit gilt für das Energie-Niveau:

$$E_{\boldsymbol{n}} = \frac{\boldsymbol{p}^2}{2m} = \frac{4\pi^2\hbar^2 n^2}{2mL^2},$$

mit $n^2 = n_1^2 + n_2^2 + n_3^2$. Jeder Ein-Teilchen-Zustand $|\boldsymbol{n}, s_z\rangle$ ist also durch den diskreten Vektor $\boldsymbol{n}$ und die Spin-Einstellung charakterisiert.

Der Fermi-Impuls p_F ist nun dadurch gekennzeichnet, dass für ihn n maximal wird:

$$n = \frac{L p_\mathrm{F}}{2\pi\hbar},$$

und die Anzahl N aller möglichen erlaubten Quantenzahlen $\boldsymbol{n}$ ist dann gegeben durch

$$N = 2 \sum_{\boldsymbol{n}} \Theta\left(\frac{L p_\mathrm{F}}{2\pi\hbar} - n\right),$$

wobei der Faktor 2 die zwei möglichen Spin-Einstellungen berücksichtigt. Für $N \approx N_\mathrm{A}$ wird daraus in sehr guter Näherung:

$$N = 2 \int_{-\infty}^{\infty} \mathrm{d}n_x \int_{-\infty}^{\infty} \mathrm{d}n_y \int_{-\infty}^{\infty} \mathrm{d}n_z \Theta\left(\frac{L p_\mathrm{F}}{2\pi\hbar} - n\right) = \frac{p_\mathrm{F}^3 V}{3\pi^2\hbar^3},$$

was wir schnell nach p_F auflösen können, und mit $\rho = N/V$ erhalten wir für den Fermi-Impuls:

$$p_\mathrm{F} = \hbar(3\pi^2\rho)^{1/3}, \tag{A.1.16}$$

und für die Fermi-Energie:

$$E_\mathrm{F} = \frac{\hbar^2}{2m}(3\pi^2\rho)^{2/3}. \tag{A.1.17}$$

Die Gesamtenergie E_total des idealen Elektronengases bei $T = 0$ ist dann gegeben durch

$$E_\mathrm{total} = \int_0^N E_\mathrm{F}(N')\mathrm{d}N' = \frac{3}{5} N E_\mathrm{F},$$

und für die Energiedichte ergibt sich:

$$\frac{E_\mathrm{total}}{V} = \frac{3}{5}\rho E_\mathrm{F} = \frac{\hbar^2}{10m}(3\rho)^{5/3}\pi^{4/3}. \tag{A.1.18}$$

Für gegebenes N geht die Energie E_total offensichtlich wie $V^{-2/3}$. Um ein Fermi-Gas zu komprimieren, muss Energie aufgewandt werden. Der sogenannte **Fermi-Druck** oder **Entartungsdruck** ist dann gegeben durch:

$$P = -\frac{\partial E_\mathrm{total}}{\partial V} = \frac{2}{5}\rho E_\mathrm{F},$$

oder:

$$P = \frac{\hbar^2}{5m}(3\pi^2)^{2/3}\rho^{5/3}. \tag{A.1.19}$$

Dieser Entartungsdruck ist die Grundlage für die Stabilität von Materie und rührt einzig und alleine aus dem Pauli-Prinzip für Fermionen.

Weiterführende Literatur

Lehrbuchklassiker der alten Schule

Albert Messiah: *Quantenmechanik 1*, de Gruyter, 2. Aufl. 1991. *Quantenmechanik 2*, de Gruyter, 3. Aufl. 1990.

Dieser Lehrbuchklassiker zur Quantenmechanik aus dem Jahre 1959 ist zeitlos gut: er enthält den kanonischen Stoff der Quantenmechanik recht vollständig und erklärt nicht nur durch Rechnungen, sondern im klassischen Lehrbuchstil auch durch umfangreiche Erläuterungen, die allesamt lesenswert sind und in heutzutage üblichen Skriptdarstellungen fehlen. Auch die mathematischen Zusammenhänge werden der französischen Lehrbuchtradition entsprechend gründlich erläutert. Relativistische Quantenmechanik und Wechselwirkung von Strahlung mit Materie werden ebenfalls behandelt. Insgesamt wirkt die Notation allerdings etwas angestaubt, und modernere grundlegende Themen wie Pfadintegralformalismus, topologische Aspekte der Quantenmechanik oder Diskussionen zu Messproblem, Verschränkung, offenen Quantensystemen fehlen vollständig.

Eugen Merzbacher: *Quantum Mechanics*, John Wiley & Sons, 3rd ed. 1998.

Ein weiterer Lehrbuchklassiker, für den das Gleiche mit Bezug auf Gründlichkeit der Erklärung im klassischen Lehrbuchstil zutrifft wie für den „Messiah". Auch die Stoffauswahl ist vergleichbar: relativistische Quantenmechanik und Wechselwirkung von Strahlung mit Materie sind in Grundzügen drin, modernere Themen fehlen. Insgesamt ist der „Merzbacher" vielleicht etwas rechnerischer und weniger mathematisch, die Darstellung moderner.

Claude Cohen-Tannoudji, Bernard Diu, Franck Laloë: *Quantenmechanik*, de Gruyter, Bände 1–2: 5. Aufl. 2019, Band 3: 2020.

Ebenfalls ein Klassiker, an dem sich allerdings die Geister scheiden. Auf der einen Seite sehr französisch-enzyklopädisch und mit sehr vielen durchgerechneten Beispielen. Auf der anderen Seite führt die oft ungewohnte Sortierung und die tiefe Gliederung dazu, dass der rote Faden nicht immer ersichtlich ist, und man sich oft fragt, ob gerade ein Beispiel durchgerechnet oder ein zentrales Ergebnis abgeleitet wird. Sucht man allerdings gezielt nach einem Thema, findet man dies sehr gründlich erklärt und durchgerechnet. Mit der zweiten französischen Originalauflage von 2018 (die erste Auflage stammte aus dem Jahre 1973) erschien nun auch ein dritter Band mit lange vermissten Inhalten wie Wechselwirkung von Strahlung mit Materie oder zweite Quantisierung. Relativistische Quantenmechanik fehlt allerdings nach wie vor.

Leonard I. Schiff: *Quantum Mechanics*, McGraw-Hill, 3rd ed. 1968.

Begründer der amerikanischen Schule in der Literatur zur und lange Zeit das führende Lehrbuch zur Quantenmechanik. Sprachlich in einem sehr guten, typisch amerikanischen Stil geschrieben, mit einem großen Schwerpunkt auf physikalischem

O. Tennert, *Quantenmechanik II*, https://doi.org/10.1007/978-3-662-68587-7

Verständnis. Im Unterschied zu den Werken oben ist es aber eher knapp in den Ausführungen. Es streift zwar sehr viele Themen, lässt die Rechnungen aber häufig lediglich anskizziert.

A. S. Dawydow: *Quantenmechanik*, Johann Ambrosius Barth, 8. Aufl. 1992.
Basierend auf der zweiten russischen Auflage von 1973, die leider im Vergleich zur ersten um einige fortgeschrittene Themen gekürzt, dafür um andere ergänzt wurde. Die deutsche Übersetzung bietet zusätzliche Kapitel zu Festkörpern und Supraleitern. Dieses Lehrbuch russischer Schule bietet eine exzellente Darstellung der Quantenmechanik, mit sehr präziser Notation und fundierten physikalischen Diskussionen.

Neuere Lehrbücher und Monographien

Jun John Sakurai, Jim Napolitano: *Modern Quantum Mechanics*, Cambridge University Press, 3rd ed. 2020.
Eines der ältesten „modernen" Lehrbücher und das erste, das das Zwei-Zustands-System als Modellsystem für die Erarbeitung der quantenmechanischen Konzepte heranzog. Leider zu Lebzeiten des Autors unvollendet und seitdem nie wirklich „aus einem Guss". In der nun vorliegenden dritten Auflage hat Jim Napolitano dieses didaktisch hervorragende Werk aber in eine wirklich sehr gute, fehlerbereinigte und etwas „geradegezogene" Form gebracht.

Nouredine Zettili: *Quantum Mechanics – Concepts and Applications*, John Wiley & Sons, 3rd ed. 2022.
Ein einführendes Lehrbuch mit einer eher konservativen Stoffauswahl, dafür aber mit sehr gründlichen Rechnungen und vielen explizit durchgerechneten Beispielen und Problemen. Die dritte Auflage enthält nun auch Kapitel zur relativistischen Quantenmechanik.

Ramamurti Shankar: *Principles of Quantum Mechanics*, Plenum Press, 2nd ed. 1994, seit 2011 Springer-Verlag.
Mittlerweile eines der neueren Standardwerke.

David J. Griffiths, Darrell F. Schroeter: *Introduction to Quantum Mechanics*, Cambridge University Press, 3rd ed. 2018.
Definitiv eines der gegenwärtigen Standardwerke für den Einstieg.

B. H. Bransden, C. J. Joachain: *Quantum Mechanics*, Pearson Education, 2nd ed. 2000.
Eine hervorragende Darstellung mit sehr gründlichen Diskussionen.

Kenichi Konishi, Giampiero Paffuti: *Quantum Mechanics – A New Introduction*, Oxford University Press, 2009.
Einer der interessanteren Neuzugänge in der Lehrbuchliteratur zur Quantenmechanik, der den Versuch unternimmt, sowohl eine Einführung zum Thema zu sein als auch einige fortgeschrittene Themen mindestens einmal anzusprechen, wobei im letzteren Fall die Darstellung häufig an die Grenzen der platzlichen Darstellbarkeit stößt. Die Autoren haben sich auch sehr viel Mühe bei der grafischen Illustration gegeben.

Gennaro Auletta, Mauro Fortunato, Giorgio Parisi: *Quantum Mechanics into a Modern Perspective*, Cambridge University Press, 2009.

Ein recht modernes Lehrbuch mit einem speziellen Fokus: zu den Stärken gehört die ausführliche Behandlung des Messproblems in der Quantenmechanik, der Quantenoptik und der Quanteninformationstheorie, sowie offener Quantensysteme. Die Schwächen sind allerdings, dass einige Standardthemen sehr zu kurz kommen: die Streutheorie wird am Rande im Rahmen von Störungstheorie und Pfadintegralen erwähnt, relativistische Quantenmechanik fehlt vollständig.

Steven Weinberg: *Lectures on Quantum Mechanics*, Cambridge University Press, 2nd ed. 2015.

Von einem der bedeutendsten Großmeister der Quantenfeldtheorie als *Lecture Notes* angesetzt, besticht dieses recht schlanke Werk durch einige hintergründige Betrachtungen zu Themen, wie sie in anderen Lehrbüchern eher selten anzutreffen sind. Allerdings sind diese *Lectures* mit Bezug auf Stofffülle und Ausführlichkeit in keiner Weise mit dem Opus Magnum des Nobelpreisträgers, dem dreibändigen Werk zur Quantenfeldtheorie, zu vergleichen.

Kurt Gottfried, Tung-Mow Yan: *Quantum Mechanics: Fundamentals*, 2nd ed. 2003, Springer-Verlag.

Eine hervorragende Monographie mit einer sehr guten Themenauswahl in moderner Darstellung.

Reinhold Bertlmann, Nicolai Friis: *Modern Quantum Mechanics – From Quantum Mechanics to Entanglement and Quantum Information*, Oxford University Press, 2023.

Alberto Galindo, Pedro Pascual: *Quantum Mechanics I*, Springer-Verlag, 1990; *Quantum Mechanics II*, Springer-Verlag, 1991.

Ein hervorragender, aber anspruchsvoller monographischer Text, der sicher keine Erstlektüre zur Quantenmechanik darstellt. Die Autoren halten sich insgesamt eher knapp mit den Formulierungen, legen aber sehr viel Wert auf begriffliche und mathematische Präzision und bieten einen wahren Schatz an Verweisen auf Originalarbeiten. Inhaltlich beschränkt sich die Monographie allerdings auf den nichtrelativistischen Kanon.

Arno Bohm: *Quantum Mechanics – Foundations and Applications*, Springer-Verlag, 3rd ed. 1993.

Ein weitere, sehr gründliche Monographie zur Quantenmechanik, die sehr viel Wert auf eine genaue Begrifflichkeit legt und die ebenfalls nicht zur Einstiegsliteratur zählt. Mathematische Genauigkeit und physikalische Darstellung sind in einem sehr ausgewogenen Verhältnis zueinander, aber auf hohem Niveau. Auch komplizierte Rechnungen werden ausführlich gezeigt. Dennoch ist auch hier der Inhalt auf den nichtrelativistischen Kanon beschränkt. Definitiv zur Vertiefung vieler Themen geeignet, insbesondere aus den Bereichen der zeitabhängigen Systeme, der Streutheorie sowie zu geometrischen Phasen. Es gibt seit 2019 eine Art Prequel hierzu:

Arno Bohm, Piotr Kielanowski, G. Bruce Mainland: *Quantum Physics – States, Observables and Their Time Evolution*, Springer-Verlag, 2019.

Leslie E. Ballentine: *Quantum Mechanics: A Modern Development*, World Scientific, 2nd ed. 2014.

Eine sehr gelungene Darstellung der Quantenmechanik, das schon seit der ersten Auflage 1990 mit sehr viel modernen Themen glänzt. Leslie Ballentine gehört zum Anhänger der sogenannten Ensemble-Interpretation der Quantenmechanik, was man der Darstellung ansieht. Relativistische Quantentheorie fehlt vollständig.

K. T. Hecht: *Quantum Mechanics*, Springer-Verlag, 2000.
Sehr umfangreich, sehr gründlich, mit recht vielen Spezialthemen. Die Sortierung ist bisweilen etwas merkwürdig.

Ernest S. Abers: *Quantum Mechanics*, Pearson Education, 2004.
Ein inhaltlich eigentlich sehr gelungenes, wenn auch knappes Buch mit fortgeschrittenen Themen. Allein die schiere Anzahl an Druckfehlern (es gibt eine 63-seitige Errata-Liste!) trübt den Eindruck.

Michel Le Bellac: *Quantum Physics*, Cambridge University Press, 2006.
Die englische Übersetzung der ersten französischen Auflage von 2003. Mittlerweile ist aber die stark erweiterte dritte französische Auflage 2013 in zwei Bänden erschienen.

S. Rajasekar, R. Velusamy: *Quantum Mechanics I: The Fundamentals*, CRC Press, 2nd ed. 2023; *Quantum Mechanics II: Advanced Topics*, CRC Press, 2nd ed. 2023.

Harald J. W. Müller-Kirsten: *Introduction to Quantum Mechanics: Schrödinger Equation and Path Integral*, World Scientific, 2nd ed. 2012.

Ravinder R. Puri: *Non-Relativistic Quantum Mechanics*, Cambridge University Press, 2017.

Thomas Banks: *Quantum Mechanics – An Introduction*, CRC Press, 2019.

E. B. Manoukian: *Quantum Mechanics – A Wide Spectrum*, Springer-Verlag, 2006.
Diese recht neue Monographie bietet in der Tat ein sehr weites Spektrum an Themen.

Jean-Louis Basdevant, Jean Dalibard: *Quantum Mechanics*, Springer-Verlag, 2002.

Bipin R. Desai: *Quantum Mechanics With Basic Field Theory*, Cambridge University Press, 2010.

Vishnu Swarup Mathur, Surendra Singh: *Concepts in Quantum Mechanics*, CRC Press, 2009.

Roger G. Newton: *Quantum Physics – A Text for Graduate Students*, Springer-Verlag, 2002.

Horaţiu Năstase: *Quantum Mechanics: A Graduate Course*, Cambridge University Press, 2023.

Literatur zu *''Advanced Quantum Mechanics''*

In den mit *''Advanced Quantum Mechanics''* bezeichneten Vorlesungen werden an US-amerikanischen Universitäten typischerweise die Themen Streutheorie, Theorie der Strahlung und Einführung in die relativistische Quantentheorie behandelt, welche dann je nach Fakultät oder *Lecturer* unterschiedlich tief in die relativistische Quantenfeldtheorie hineinragt.

Barry R. Holstein: *Topics in Advanced Quantum Mechanics*, Addison-Wesley, 1992.

Rainer Dick: *Advanced Quantum Mechanics – Materials and Photons*, Springer-Verlag, 3. Aufl. 2020.

J. J. Sakurai: *Advanced Quantum Mechanics*, Addison-Wesley, 1967.

Michael D. Scadron: *Advanced Quantum Theory*, World Scientific, 3rd ed. 2007.
Rubin H. Landau: *Quantum Mechanics II: A Second Course in Quantum Theory*, John Wiley & Sons, 1996.
Paul Roman: *Advanced Quantum Theory: An Outline of the Fundamental Ideas*, Addison-Wesley, 1965.
J. M. Ziman: *Elements of Advanced Quantum Theory*, Cambridge University Press, 1969.
Hans A. Bethe, Roman Jackiw: *Intermediate Quantum Mechanics*, Westview Press, 3rd ed. 1986.
Yuli V. Nazarov, Jeroen Danon: *Advanced Quantum Mechanics – a practical guide*, Cambridge University Press, 2013.
Giampiero Esposito, Giuseppe Marmo, Gennaro Miele, George Sudarshan: *Advanced Concepts in Quantum Mechanics*, Cambridge University Press, 2015.
Ein Buch, das einen gemischten Eindruck hinterlässt: es finden sich Kapitel zu elementaren Themen auf Einführungsniveau neben Kapiteln zur Phasenraumquantisierung, die dann aber recht knapp geraten sind.

Literatur zur Mathematik für Physiker

Helmut Fischer, Helmut Kaul: *Mathematik für Physiker*, Springer-Verlag, Band 1: 8. Aufl. 2018, Band 2: 4. Aufl. 2014, Band 3: 4. Aufl. 2017.
Karl-Heinz Goldhorn, Hans-Peter Heinz: *Mathematik für Physiker*, Springer-Verlag, Bände 1–2: 2007, Band 3: 2008.
Karl-Heinz Goldhorn, Hans-Peter Heinz, Margarita Kraus: *Moderne mathematische Methoden der Physik*, Spinger-Verlag, Band 1: 2009, Band 2: 2010.
Hans Kerner, Wolf von Wahl: *Mathematik für Physiker*, Springer-Verlag, 3. Aufl. 2013.
Klaus Jänich: *Mathematik 1: Geschrieben für Physiker*, Springer-Verlag, 2. Aufl. 2005; *Mathematik 2: Geschrieben für Physiker*, Springer-Verlag, 2. Aufl. 2011; *Analysis für Physiker und Ingenieure*, Springer-Verlag, 4. Aufl. 2001.
Richard Courant, David Hilbert: *Methoden der mathematischen Physik*, Springer-Verlag, 4. Aufl. 1993.
Der Klassiker hat einige Neuauflagen und auch eine Übersetzung ins Englische erfahren. Es handelt sich im Wesentlichen um die 3. Auflage von Band I, mitsamt eines Kapitels der 2. Auflage von Band II:
Richard Courant, David Hilbert: *Methoden der mathematischen Physik Band II*, Springer-Verlag, 2. Aufl. 1967.
Michael Stone, Paul Goldbart: *Mathematics for Physics: A Guided Tour for Graduate Students*, Cambridge University Press, 2009.
Kevin Cahill: *Physical Mathematics*, Cambridge University Press, 2nd ed. 2019.
Walter Appel: *Mathematics for Physics and Physicists*, Princeton University Press, 2007.
Sadri Hassani: *Mathematical Physics: A Modern Introduction to Its Foundations*, Springer-Verlag, 2nd ed. 2013.
Peter Szekeres: *A Course in Modern Mathematical Physics: Groups, Hilbert Space and Differential Geometry*, Cambridge University Press, 2004.
Esko Keski-Vakkuri, Claus K. Montonen, Marco Panero: *Mathematical Methods for*

Physicists – An Introduction to Group Theory, Topology, and Geometry, Cambridge University Press, 2022.
George B. Arfken, Hans J. Weber, Frank E. Harris: *Mathematical Methods for Physicists – A Comprehensive Guide*, Academic Press, 7th ed. 2013.
Philip M. Morse, Herman Feshbach: *Methods of Theoretical Physics – 2 Volumes*, McGraw-Hill, 1953.
Harold Jeffreys, Bertha Jeffreys: *Methods of Mathematical Physics*, Cambridge University Press, 3rd ed. 1956.
Paul Bamberg, Shlomo Sternberg: *A Course in Mathematics for Students of Physics: 1*, Cambridge University Press, 1988; *A Course in Mathematics for Students of Physics: 2*, Cambridge University Press, 1990.
Frederick W. Byron, Robert W. Fuller: *Mathematics of Classical and Quantum Physics*, Dover Publications, 1970.
Robert D. Richtmyer: *Principles of Advanced Mathematical Physics – Volume I*, Springer-Verlag, 1978; *Principles of Advanced Mathematical Physics – Volume II*, Springer-Verlag, 1981.
Nirmala Prakash: *Mathematical Perspectives on Theoretical Physics – A Journey From Black Holes to Superstrings*, Imperial College Press, 2003.

Literatur zur Funktionalanalysis

Siegfried Grossmann: *Funktionalanalysis*, Springer-Verlag, 5. Aufl. 2014.
Joachim Weidmann: *Lineare Operatoren in Hilberträumen Teil I: Grundlagen*, B. G. Teubner, 2000; *Lineare Operatoren in Hilberträumen Teil II: Anwendungen*, B. G. Teubner, 2003.
Dirk Werner: *Funktionalanalysis*, Springer-Verlag, 8. Aufl. 2018.
Herbert Schröder: *Funktionalanalysis*, Verlag Harri Deutsch, 2. Aufl. 2000.
Harro Heuser: *Funktionalanalysis*, B. G. Teubner, 4. Aufl. 2006.

Literatur zur Gruppentheorie

Wu-Ki Tung: *Group Theory in Physics – An Introduction to Symmetry Principles, Group Representations, and Special Functions in Classical and Quantum Physics*, World Scientific, 1985.
Ein hervorragender Text mit einer sehr gründlichen Behandlung der Darstellungstheorie wichtiger Lie-Gruppen und -Algebren. Der Übungs- und Lösungsband hierzu:
Wu-Ki Tung: *Group Theory in Physics – Problems & Solutions*, World Scientific, 1991.
Morton Hamermesh: *Group Theory and Its Application to Physical Problems*, Dover Publications, 1989.
Ein immer noch sehr gut lesbarer, einführender Klassiker aus dem Jahre 1962.
Robert Gilmore: *Lie Groups, Lie Algebras, and Some of Their Applications*, Dover Publications, 2006.
Original von 1974, ist dieser Klassiker ein sehr ausführlich geschriebenes Buch über Lie-Gruppen und -Algebren in der Physik. Das nächste Buch ist eine Art aktualisierte, aber gestraffte Version hiervon:

Robert Gilmore: *Lie Groups, Physics, and Geometry – An Introduction for Physicists, Engineers and Chemists*, Cambridge University Press, 2008.

H. F. Jones: *Groups, Representations and Physics*, Taylor & Francis, 2nd ed. 1998.

S. Sternberg: *Group Theory and Physics*, Cambridge University Press, 1994.
Eine hervorragende Lektüre für Physiker.

W. Ludwig, C. Falter: *Symmetries in Physics – Group Theory Applied to Physical Problems*, Springer-Verlag, 2nd ed. 1996.

Willard Miller, Jr.: *Symmetry Groups and Their Applications*, Academic Press, 1972.

Rolf Berndt: *Representations of Linear Groups – An Introduction Based on Examples from Physics and Number Theory*, Vieweg-Verlag, 2007.

Manfred Böhm: *Lie-Gruppen und Lie-Algebren in der Physik – Eine Einführung in die mathematischen Grundlagen*, Springer-Verlag, 2011.

Wolfgang Lucha, Franz F. Schöberl: *Gruppentheorie – Eine elementare Einführung für Physiker*, B.I.-Wissenschaftsverlag, 1993.

Pierre Ramond: *Group Theory – A Physicist's Survey*, Cambridge University Press, 2010.

Brian G. Wybourne: *Classical Groups for Physicists*, John Wiley & Sons, 1974.
Ebenfalls ein hervorragendes Werk mit sehr vielen *''case studies''*, unter anderem zur Symmetrie des Coulomb-Potentials.

T. Inui, Y. Tanabe, Y. Onodera: *Group Theory and Its Application in Physics*, Springer-Verlag, 1990.
Ein sehr kompaktes und äußerst leicht lesbares Werk, sehr gut als Erstlektüre geeignet.

J. F. Cornwell: *Group Theory in Physics – An Introduction*, Academic Press, 1997.
Eine stark gekürzte Ausgabe von den Bänden 1 und 2 des dreibändigen Werks von 1984 beziehungsweise 1989:

J. F. Cornwell: *Group Theory in Physics: Volume 1*, Academic Press, 1984; *Group Theory in Physics: Volume 2*, Academic Press, 1984; *Group Theory in Physics: Volume 3*, Academic Press, 1989.

Asim O. Barut, Ryszard Rączka: *Theory of Group Representations and Applications*, Polish Scientific Publishers, 2nd ed. 1980.
Ein sehr umfangreiches, aber hervorragend geschiebenes Werk zur Anwendung der Darstellungstheorie insbesondere von Lie-Gruppen in der Theoretischen Physik. Mittlerweile im Dover-Verlag erhältlich.

J. P. Elliott, P. G. Dawber: *Symmetry in Physics – Vol. 1: Principles and Simple Applications*, Macmillan Press, 1979; *Symmetry in Physics – Vol. 2: Further Applications*, Macmillan Press, 1979.

Jürgen Fuchs, Christoph Schweigert: *Symmetries, Lie Algebras and Representations – A Graduate Course for Physicists*, Cambridge University Press, 1997.

José A. de Azcárraga, José M. Izquierdo: *Lie Groups, Lie Algebras, Cohomology and Some Applications in Physics*, Cambridge University Press,1995.

Roe Goodman, Nolan R. Wallach: *Symmetry, Representations, and Invariants*, Springer-Verlag, 2009.

J. D. Vergados: *Group and Representation Theory*, World Scientific, 2017.

Brian Hall: *Lie Groups, Lie Algebras, and Representations: An Elementary Introduction*, Springer-Verlag, 2. Aufl. 2015.

Francesco Iachello: *Lie Algebras and Applications*, Springer-Verlag, 2nd ed. 2015.

Peter Woit: *Quantum Theory, Groups and Representations: An Introduction*, Springer-Verlag, 2017.

D. H. Sattinger, O. L. Weaver: *Lie Groups and Algebras with Applications to Physics, Geometry, and Mechanics*, Springer-Verlag, 1986.

Theodor Bröcker, Tammo tom Dieck: *Representations of Compact Lie Groups*, Springer-Verlag, 1985.

Alexander Kirillov, Jr.: *An Introduction to Lie Groups and Lie Algebras*, Cambridge University Press, 2008.

Luiz A. B. Martin: *Lie Groups*, Springer-Verlag, 2021.

Joachim Hilgert, Karl-Hermann Neeb: *Structure and Geometry of Lie Groups*, Springer-Verlag, 2010.
Eine aktualisierte englische Neuauflage des folgenden Werks:

J. Hilgert, K.-H. Neeb: *Lie-Gruppen und Lie-Algebren*, Springer-Verlag, 1991.

Jean Gallier, Jocelyn Quaintance: *Differential Geometry and Lie Groups – A Computational Perspective*, Springer-Verlag, 2020; *Differential Geometry and Lie Groups – A Second Course*, Springer-Verlag, 2020.

Literatur zur Differentialgeometrie und Topologie

M. Crampin, F. A. E. Pirani: *Applicable Differential Geometry*, Cambridge University Press, 1986.

Robert H. Wasserman: *Tensors and Manifolds with Applications to Physics*, Oxford University Press, 2nd ed. 2004.

Mikio Nakahara: *Geometry, Topology and Physics*, IOP Publishing, 2nd ed. 2003.

Marián Fecko: *Differential Geometry and Lie Groups for Physicists*, Cambridge University Press, 2006.

Theodore Frankel: *The Geometry of Physics – An Introduction*, Cambridge University Press, 3rd ed. 2012.

Helmut Eschrig: *Topology and Geometry for Physics*, Springer-Verlag, 2011.

Daniel Martin: *Manifold Theory: An Introduction for Mathematical Physicists*, Horwood Publishing, 2002.

Liviu I. Nicolaescu: *Lectures on the Geometry of Manifolds*, World Scientific, 3rd ed. 2021.

R. Sulanke, P. Wintgen: *Differentialgeometrie und Faserbündel*, Springer-Verlag, 1972.

Adam Marsh: *Mathematics for Physics – An Illustrated Handbook*, World Scientific, 2018.

Yvonne Choquet-Bruhat, Cécile DeWitt-Morette: *Analysis, Manifolds and Physics – Part I: Basics*, North-Holland, Revised ed. 1982; *Analysis, Manifolds and Physics – Part II: Applications*, North-Holland, Revised and Enlarged ed. 2000.

Michael Spivak: *A Comprehensive Introduction to Differential Geometry, Vols. 1–5*, Publish or Perish, 3rd ed. 1999.
Ein voluminöses, umfassendes Epos zur modernen Differentialgeometrie, in einem sehr ansprechenden sprachlichen Stil geschrieben.

Bernard Schutz: *Geometrical methods of mathematical physics*, Cambridge University Press, 1980.

M. Göckeler, T. Schücker: *Differential Geometry, Gauge Theories, and Gravity*, Cambridge University Press, 1987.

Chris J. Isham: *Modern Differential Geometry for Physicists*, World Scientific, 2nd ed. 1999.

Charles Nash, Siddhartha Sen: *Topology and Geometry for Physicists*, Academic Press, 1983.

Ein zwar knappes, aber sehr eingängig geschriebenes Werk, das insbesondere sehr stark auf die Motivation eingeht, warum viele der mathematischen Konzepte in der Topologie und Differentialgeometrie eine Rolle spielen. Leider enthält es doch einige Druckfehler, auch an relevanten Stellen. Mittlerweile im Dover-Verlag als Nachdruck erhältlich.

Jeffrey M. Lee: *Manifolds and Differential Geometry*, AMS, 2009.

Joel W. Robbin, Dietmar A. Salamon: *Introduction to Differential Geometry*, Springer-Verlag, 2022.

Harley Flanders: *Differential Forms with Applications to the Physical Sciences*, Dover Publications, 1989.

Ein Klassiker, ehemals 1963 bei Academic Press erschienen.

Samuel I. Goldberg: *Curvature and Homology*, Dover Publications, Revised & Enlarged ed. 1989.

Richard L. Bishop, Samuel I. Goldberg: *Tensor Analysis and Manifolds*, Dover Publications, 1980.

Ehemals bei Macmillan 1968 erschienen.

Shoshichi Kobayashi, Katsumi Nomizu: *Foundations of Differential Geometry Volume I*, John Wiley & Sons, 1963; *Foundations of Differential Geometry Volume II*, John Wiley & Sons, 1969.

Ein äußerst empfehlenswerter ausführlicher Klassiker der modernen Differentialgeometrie.

John M. Lee: *Introduction to Topological Manifolds*, Springer-Verlag, 2nd ed. 2011; *Introduction to Smooth Manifolds*, Springer-Verlag, 2nd ed. 2013; *Introduction to Riemannian Manifolds*, Springer-Verlag, 2nd ed. 2018.

Eines der (nach meinem persönlichen Geschmack natürlich) besten neueren Werke zur Differentialgeometrie. Sehr ausführlich und umfassend.

Loring W. Tu: *An Introduction to Manifolds*, Springer-Verlag, 2nd ed. 2011; *Differential Geometry – Connections, Curvature, and Characteristic Classes*, Springer-Verlag, 2017.

Ein weiteres neueres und modernes, sehr zu empfehlendes Werk zur Differentialgeometrie.

Literaturverzeichnis

[AB59] Y. Aharonov and D. Bohm. “Significance of Electromagnetic Potentials in the Quantum Theory”. In: *Phys. Rev.* 115 (1959), pp. 485–491 (cit. on pp. 263 sq.).

[ABS64] M. F. Atiyah, R. Bott, and A. Shapiro. “Clifford Modules”. In: *Topology* 3 (1964), pp. 3–38 (cit. on p. 94).

[AC84] Y. Aharonov and A. Casher. “Topological Quantum Effects for Neutral Particles”. In: *Phys. Rev. Lett.* 53 (1984), pp. 319–321 (cit. on p. 266).

[AS65] Milton Abramowitz and Irene A. Stegun. *Handbook of Mathematical Functions*. Dover Publications, 1965 (cit. on p. vii).

[AW05] George B. Arfken and Hans J. Weber. *Mathematical Methods for Physicists*. 6th ed. Academic Press, 2005 (cit. on p. vii).

[AWH13] George B. Arfken, Hans J. Weber, and Frank E. Harris. *Mathematical Methods for Physicists*. 7th ed. Academic Press, 2013 (cit. on p. vii).

[Bar36] V. Bargmann. „Zur Theorie des Wasserstoffatoms. Bemerkungen zur gleichnamigen Arbeit von V. Fock.“ In: *Z. Phys.* 99 (1936), S. 576–582 (siehe S. 206).

[Bar54] V. Bargmann. “On unitary ray representations of continuous groups”. In: *Ann. Math.* 59 (1954), pp. 1–46 (cit. on pp. 111, 139).

[Bar64] V. Bargmann. “Note on Wigner’s Theorem on Symmetry Operations”. In: *J. Math. Phys.* 5 (1964), pp. 862–868 (cit. on p. 101).

[Bau59] G. Bauer. „Von den Coefficienten der Reihen von Kugelfunctionen einer Variablen.“ In: *Journal für die reine und angewandte Mathematik* 1859 (1859), S. 101–121 (siehe S. 171).

[Bel39] F. J. Belinfante. “On the spin angular momentum of mesons”. In: *Physica* 6 (1939), pp. 887–898 (cit. on p. 380).

[Bel40] F. J. Belinfante. “On the current and the density of the electric charge, the energy, the linear momentum and the angular momentum of arbitrary fields”. In: *Physica* 7 (1940), pp. 449–474 (cit. on p. 380).

[Ber84] M. V. Berry. “Quantal phase factors accompanying adiabatic changes”. In: *Proc. R. Soc. Lond. A* 392 (1984), pp. 45–57 (cit. on p. 265).

[BI66a] M. Bander and C. Itzykson. “Group Theory and the Hydrogen Atom (I).” In: *Rev. Mod. Phys.* 38 (1966), pp. 330–345 (cit. on p. 206).

[BI66b] M. Bander and C. Itzykson. “Group Theory and the Hydrogen Atom (II).” In: *Rev. Mod. Phys.* 38 (1966), pp. 346–358 (cit. on p. 206).

[BJ30] Max Born und Pascual Jordan. *Elementare Quantenmechanik (Zweiter Band der Vorlesungen über Atommechanik)*. Springer-Verlag, 1930 (siehe S. 33).

O. Tennert, *Quantenmechanik II*, https://doi.org/10.1007/978-3-662-68587-7

[BNZ79] Richard A. Brandt, Filippo Neri, and Daniel Zwanziger. "Lorentz invariance from classical particle paths in quantum field theory of electric and magnetic charge". In: *Phys. Rev. D* 19 (1979), pp. 1153–1167 (cit. on p. 250).

[Bou97] J.-P. Bourguignon. "Spinors in 1995". In: Claude Chevalley. *The Algebraic Theory of Spinors and Clifford Algebras (Collected Works of Claude Chevalley: Volume 2)*. Ed. by Pierre Cartier and Catherine Chevalley. Springer-Verlag, 1997, pp. 199–210 (cit. on p. 82).

[BW35] Richard Brauer and Hermann Weyl. "Spinors in *n* Dimensions". In: *Am. J. Math.* 57 (1935), pp. 425–449 (cit. on p. 81).

[Car13] E. Cartan. « Les groupes projectifs qui ne laissent invariante aucune multiplicité plane ». In : *Bull. Soc. Math. France* 31 (1913), p. 53-96 (cf. p. 81).

[Che46] Shiing-shen Chern. "Characteristic Classes of Hermitian Manifolds". In: *Ann. Math.* 47 (1946), pp. 85–121 (cit. on p. 244).

[Col83] Sidney Coleman. "The Magnetic Monopole Fifty Years Later". In: *The Unity of the Fundamental Interactions*. Ed. by Antonino Zichichi. Plenum Press, 1983, pp. 21–117 (cit. on pp. 246–248).

[Dir27] P. A. M. Dirac. "The Quantum Theory of the Emission and Absorption of Radiation." In: *Proc. R. Soc. A* 114 (1927), pp. 243–265 (cit. on p. 365).

[Dir31] P. A. M. Dirac. "Quantised Singularities in the Electromagnetic Field." In: *Proc. R. Soc. A* 133 (1931), pp. 60–72 (cit. on p. 245).

[Dir50] P. A. M. Dirac. "Generalized Hamiltonian Dynamics". In: *Canad. J. Math.* 2 (1950), pp. 129–148 (cit. on p. 386).

[DK95] Adel Diek and R. Kantowski. "Some Clifford Algebra History". In: *Clifford Algebras and Spinor Structures*. Ed. by Rafał Abłamowicz and Pertti Lounesto. Springer-Verlag, 1995, pp. 3–12 (cit. on p. 82).

[DV80] M. Daniel and C. M. Viallet. "The geometrical setting of gauge theories of the Yang–Mills type". In: *Rev. Mod. Phys.* 52 (1980), pp. 175–197 (cit. on p. 239).

[Eck30] Carl Eckart. "The Application of Group theory to the Quantum Dynamics of Monatomic Systems". In: *Rev. Mod. Phys.* 2 (1930), pp. 305–380 (cit. on p. 303).

[EGH80] Tohru Eguchi, Peter B. Gilkey, and Andrew J. Hanson. "Gravitation, gauge theories and differential geometry". In: *Phys. Rep.* 66 (1980), pp. 213–393 (cit. on p. 239).

[ES49] Werner Ehrenberg and Raymond E. Siday. "The Refractive Index in Electron Optics and the Principles of Dynamics". In: *Proc. Phys. Soc. B* 62 (1949), pp. 8–21 (cit. on p. 263).

[Foc32] V. Fock. „Konfigurationsraum und zweite Quantelung." In: *Z. Phys.* 75 (1932), S. 622–647 (siehe S. 343, 386).

[Foc35] V. Fock. „Zur Theorie des Wasserstoffatoms." In: *Z. Phys.* 98 (1935), S. 145–154 (siehe S. 206).

[Fra39] Walter Franz. „Elektroneninterferenzen im Magnetfeld". In: *Verh. d. Dt. Phys. Ges.* 20 (1939), S. 65–66 (siehe S. 263).

[Gal08] Jean Gallier. “Clifford Algebras, Clifford Groups, and a Generalization of the Quaternions: The **Pin** and **Spin** Groups”. In: *arXiv e-prints* (2008). arXiv: `0805.0311 [math.GM]` (cit. on p. 81).

[Ger02] László Á. Gergely. “On Hamiltonian Formulations of the Schrödinger System”. In: *Ann. Phys.* 298 (2002), pp. 394–402 (cit. on pp. 385, 387).

[Giu96] Domenico Giulini. “On Galilei Invariance in Quantum Mechanics and the Bargmann Superselection Rule”. In: *Ann. Phys.* 249 (1996), pp. 222–235 (cit. on p. 139).

[Gol76] Alfred S. Goldhaber. “Connection of Spin and Statistics for Charge-Monopole Composites”. In: *Phys. Rev. Lett.* 36 (1976), pp. 1122–1125 (cit. on p. 247).

[Hea97] Richard Healey. “Nonlocality and the Aharonov-Bohm Effect”. In: *Philosophy of Science* 64 (1997), pp. 18–41 (cit. on p. 266).

[Hil13] Basil Hiley. “The Early History of the Aharonov-Bohm Effect”. In: *arXiv e-prints* (2013). arXiv: `1304.4736 [physics.hist-ph]` (cit. on p. 263).

[HKW68] G. C. Hegerfeldt, K. Kraus, and E. P. Wigner. “Proof of the Fermion Superselection Rule without the Assumption of Time-Reversal Invariance”. In: *J. Math. Phys.* 9 (1968), pp. 2029–2031 (cit. on p. 139).

[Hol95] Barry R. Holstein. “The Aharonov–Bohm effect and variations”. In: *Contemporary Physics* 36 (1995), pp. 93–102 (cit. on p. 265).

[HP29] W. Heisenberg und W. Pauli. „Zur Quantendynamik der Wellenfelder.“ In: *Z. Phys.* 56 (1929), S. 1–61 (siehe S. 365).

[HP30] W. Heisenberg und W. Pauli. „Zur Quantentheorie der Wellenfelder. II.“ In: *Z. Phys.* 59 (1930), S. 168–190 (siehe S. 365).

[Hun27a] F. Hund. „Zur Deutung der Molekelspektren. I.“ In: *Z. Phys.* 40 (1927), S. 742–764 (siehe S. 329).

[Hun27b] F. Hund. „Zur Deutung der Molekelspektren. II.“ In: *Z. Phys.* 42 (1927), S. 93–120 (siehe S. 329).

[Hun27c] F. Hund. „Zur Deutung der Molekelspektren. III. Bemerkungen über das Schwingungs- und Rotationsspektrum bei Molekeln mit mehr als zwei Kernen.“ In: *Z. Phys.* 43 (1927), S. 805–826 (siehe S. 329).

[JK27] P. Jordan und O. Klein. „Zum Mehrkörperproblem der Quantentheorie.“ In: *Z. Phys.* 45 (1927), S. 751–765 (siehe S. 365).

[Jor32] P. Jordan. „Zur Methode der zweiten Quantelung.“ In: *Z. Phys.* 75 (1932), S. 648–653 (siehe S. 386).

[Jor35] P. Jordan. „Der Zusammenhang der symmetrischen und linearen Gruppen und das Mehrkörperproblem.“ In: *Z. Phys.* 94 (1935), S. 531–535 (siehe S. 57).

[JW28] P. Jordan und E. Wigner. „Über das Paulische Äquivalenzverbot.“ In: *Z. Phys.* 47 (1928), S. 631–651 (siehe S. 365).

[Kra30] H. A. Kramers. « Théorie générale de la rotation paramagnétique dans les cristaux ». In : *Proceedings Koninklijke Akademie van Wetenschappen* 33 (1930), p. 959-972 (cf. p. 151).

[Kre65] Martin Kretzschmar. “On the Aharonov-Bohm Effect for Bound States”. In: *Z. Phys.* 185 (1965), pp. 97–110 (cit. on p. 265).

[Lan75] A. Landé. "Quantum fact and fiction.IV". In: *Am. J. Phys.* 43 (1975), pp. 701–704 (cit. on p. 134).

[Lec18] Kurt Lechner. *Classical Electrodynamics – A Modern Perspective.* Springer-Verlag, 2018 (cit. on p. 251).

[Lév63] J.-M. Lévy-Leblond. "Galilei group and nonrelativistic quantum mechanics". In: *J. Math. Phys.* 4 (1963), pp. 776–788 (cit. on pp. 69, 111).

[Lév67] J.-M. Lévy-Leblond. "Nonrelativistic particles and wave equations". In: *Commun. Math. Phys.* 6 (1967), pp. 286–311 (cit. on p. 69).

[Lév76] J.-M. Lévy-Leblond. "Quantum fact and classical fiction: Clarifying Landé's pseudo-paradox". In: *Am. J. Phys.* 44 (1976), pp. 1130–1132 (cit. on p. 134).

[LM00] Kurt Lechner and Pieralberto A. Marchetti. "Spin-statistics transmutation in relativistic quantum field theories of dyons". In: *JHEP* 2000.12 (2000), p. 028 (cit. on p. 250).

[Mar10] P. A. Marchetti. "Spin-Statistics Transmutation in Quantum Field Theory". In: *Found. Phys.* 40 (2010), pp. 746–764 (cit. on p. 250).

[Min79] Masatsugu Minami. "Dirac's monopole and the Hopf Map". In: *Prog. Theor. Phys.* 42 (1979), pp. 1128–1142 (cit. on p. 247).

[MO77] C. Montonen and D. Olive. "Magnetic monopoles as gauge particles?" In: *Phys. Lett. B* 72 (1977), pp. 117–120 (cit. on p. 251).

[NIS18] NIST. *Fundamental Physical Contants from NIST.* 2018. URL: `http://physics.nist.gov/cuu/Constants/` (cit. on p. 393).

[Noa85] C. C. Noack. „Bemerkungen zur Quantentheorie des Bahndrehimpulses". In: *Phys. Bl.* 41 (1985), S. 283–285 (siehe S. 33, 35).

[Noe18a] Emmy Noether. „Invariante Variationsprobleme." In: *Nachrichten von der Gesellschaft der Wissenschaften zu Göttingen, Mathematisch-Physikalische Klasse* 1918 (1918), S. 235–257 (siehe S. 371).

[Noe18b] Emmy Noether. „Invarianten beliebiger Differentialausdrücke." In: *Nachrichten von der Gesellschaft der Wissenschaften zu Göttingen, Mathematisch-Physikalische Klasse* 1918 (1918), S. 37–44 (siehe S. 371).

[Olv+10] Frank W. J. Olver et al., eds. *NIST Handbook of Mathematical Functions.* Cambridge University Press, 2010 (cit. on p. vii).

[Olv+22] F. W. J. Olver et al., eds. *NIST Digital Library of Mathematical Functions.* Version 1.1.8. 2022. URL: `http://dlmf.nist.gov/` (cit. on p. vii).

[Ono01] E. Onofri. "Landau Levels on a Torus". In: *Int. J. Theor. Phys.* 40 (2001), pp. 537–549 (cit. on p. 262).

[Pau26] Wolfgang Pauli. „Über das Wasserstoffspektrum vom Standpunkt der neuen Quantenmechanik". In: *Z. Phys.* 36 (1926), S. 336–363 (siehe S. 201).

[Rad71] J. M. Radcliffe. "Some properties of coherent spin states". In: *J. Phys. A: Gen. Phys.* 4 (1971), pp. 313–323 (cit. on p. 68).

[Ros40] Léon Rosenfeld. « Sur le tenseur d'impulsion-énergie ». In : *Mémoires Acad. Roy. de Belgique* 18 (1940), p. 1-30 (cf. p. 380).

[RS25] H. N. Russell and F. A. Saunders. "New Regularities in the Spectra of the Alkaline Earths". In: *Astrophys. J.* 61 (1925), pp. 38–69 (cit. on p. 330).

[Ryd80] L. H. Ryder. "Dirac monopoles and the Hopf map $S^3 \to S^2$". In: *J. Phys. A: Math. Gen.* 13 (1980), pp. 437–447 (cit. on p. 247).

[Sch06] Erhard Scholz. "Introducing groups into quantum theory (1926–1930)". In: *Historia Mathematica* 33 (2006), pp. 440–490 (cit. on p. 99).

[Sch15] Julian Schwinger. *On Angular Momentum.* Dover Publications, 2015 (cit. on p. 57).

[Sch26] Erwin Schrödinger. „Quantisierung als Eigenwertproblem (Dritte Mitteilung)". In: *Ann. Phys.* 385 (1926), S. 437–490 (siehe S. 214).

[Sch52] Julian Schwinger. *On Angular Momentum.* Tech. rep. US Atomic Energy Commission (AEC) (US), Jan. 26, 1952. DOI: 10.2172/4389568 (cit. on p. 57).

[Sch66] Julian Schwinger. "Magnetic Charge and Quantum Field Theory". In: *Phys. Rev.* 144 (1966), pp. 1087–1093 (cit. on p. 248).

[Sch68] Julian Schwinger. "Sources and Magnetic Charge". In: *Phys. Rev.* 173 (1968), pp. 1536–1544 (cit. on p. 248).

[Sch69] Julian Schwinger. "A Magnetic Model of Matter". In: *Science* 165 (1969), pp. 757–761 (cit. on p. 248).

[Sch75] Julian Schwinger. "Magnetic charge and the charge quantization condition". In: *Phys. Rev. D* 12 (1975), pp. 3105–3111 (cit. on p. 250).

[Sto] Anthony Stone. *Anthony Stone's Wigner coefficient calculator.* URL: http://www-stone.ch.cam.ac.uk/wigner.shtml (cit. on p. 289).

[Tas64] L. J. Tassie. "Canonical Quantization of the Schrödinger Equation". In: *Am. J. Phys.* 32 (1964), pp. 609–611 (cit. on p. 385).

[Tod11] I. Todorov. "Clifford Algebras and Spinors". In: *Bulg. J. Phys.* 38 (2011), pp. 3–28 (cit. on p. 81).

[Tra77] Andrzej Trautman. "Solutions of the Maxwell and Yang–Mills equations associated with Hopf fibrings". In: *Int. J. Theor. Phys.* 16 (1977), pp. 561–565 (cit. on p. 247).

[Voi65a] J. Voisin. "On Some Unitary Representations of the Galilei Group I. Irreducible Representations". In: *J. Math. Phys.* 6 (1965), pp. 1519–1529 (cit. on p. 139).

[Voi65b] J. Voisin. "On Some Unitary Representations of the Galilei Group II. Two-Particle Systems". In: *J. Math. Phys.* 6 (1965), pp. 1822–1832 (cit. on p. 139).

[Wae29] B. L. van der Waerden. „Spinoranalyse". In: *Nachrichten von der Gesellschaft der Wissenschaften zu Göttingen, Mathematisch-Physikalische Klasse* (1929), S. 100–109 (siehe S. 81).

[Wei] Eric W. Weisstein. *MathWorld – A Wolfram Web Resource.* URL: http://mathworld.wolfram.com/ (cit. on p. vii).

[Wei09] Eric W. Weisstein, ed. *The CRC Encyclopedia of Mathematics (3 Volumes).* 3rd ed. CRC Press, 2009 (cit. on p. vii).

[Wei95] Steven Weinberg. *The Theory of Quantum Fields – Volume I: Foundations.* Cambridge University Press, 1995 (cit. on p. 101).

[Wig27] E. Wigner. „Einige Folgerungen aus der Schrödingerschen Theorie für die Termstrukturen.“ In: *Z. Phys.* 43 (1927), S. 624–652 (siehe S. 303).

[Wig31] Eugen Wigner. *Gruppentheorie und ihre Anwendungen auf die Quantenmechanik der Atomspektren.* Friedrich Vieweg & Sohn, 1931 (siehe S. 101).

[Wig32] E. Wigner. „Über die Operation der Zeitumkehr in der Quantenmechanik.“ In: *Nachrichten von der Gesellschaft der Wissenschaften zu Göttingen, Mathematisch-Physikalische Klasse* 1932 (1932), S. 546–559 (siehe S. 144, 151).

[Wig95] A. S. Wightman. “Superselection Rules; Old and New.” In: *Il Nuovo Cim. B (1971–1996)* 110 (1995), pp. 751–769 (cit. on p. 139).

[Wol] Wolfram Research, Inc. *Wolfram|Alpha.* URL: `https://www.wolframalpha.com/input/?i=Clebsch-Gordan+calculator` (cit. on p. 289).

[WY75] Tai Tsun Wu and Chen Ning Yang. “Concept of nonintegrable phase factors and global formulation of gauge fields”. In: *Phys. Rev. D* 12 (1975), pp. 3845–3857 (cit. on pp. 237, 245, 265).

[Zwa75] Daniel Zwanziger. “Quantum Field Theory of Particles with Both Electric and Magnetic Charges”. In: *Phys. Rev.* 176 (1975), pp. 1489–1495 (cit. on p. 250).

Personenverzeichnis

O. Tennert, *Quantenmechanik II*, https://doi.org/10.1007/978-3-662-68587-7

Stichwortverzeichnis

O. Tennert, *Quantenmechanik II*, https://doi.org/10.1007/978-3-662-68587-7

D

E

F

Personenverzeichnis aller Bände

O. Tennert, *Quantenmechanik II*, https://doi.org/10.1007/978-3-662-68587-7

Stichwortverzeichnis aller Bände

O. Tennert, *Quantenmechanik II*, https://doi.org/10.1007/978-3-662-68587-7

E

G

H

I

L

M

Q

R

S

T

U

Printed in the United States
by Baker & Taylor Publisher Services